MINISTERIO DE EDUCACION, CULTURA Y DEPORTE

MINISTERIO DE SANIDAD Y CONSUMO

PRUEBAS SELECTIVAS 2002 - CONVOCATORIA ÚNICA -

CUADERNO DE EXAMEN

QUÍMICOS

ADVERTENCIA IMPORTANTE

ANTES DE COMENZAR SU EXAMEN, LEA ATENTAMENTE LAS SIGUIENTES

INSTRUCCIONES

1. Compruebe que este Cuaderno de Examen lleva todas sus páginas y no tiene defectos de impresión. Si detecta alguna anomalía, pida otro Cuaderno de Examen a la Mesa.

2. Sólo se valoran las respuestas marcadas en la "Hoja de Respuestas", siempre que se tengan en cuenta las instrucciones contenidas en la misma.

3. Compruebe que la respuesta que va a señalar en la "Hoja de Respuestas" corresponde al número de pregunta del cuestionario.

4. La "Hoja de Respuestas" se compone de tres ejemplares en papel autocopiativo que deben colocarse correctamente para permitir la impresión de las contestaciones en todos ellos. Coloque las etiquetas identificativas en el espacio señalado para ellas.

5. Si inutiliza su "Hoja de Respuestas" pida un nuevo juego de repuesto a la Mesa de Examen y **no olvide** consignar sus datos personales.

6. Recuerde que el tiempo de realización de este ejercicio es de **cinco horas improrrogables**.

7. Podrá retirar su Cuaderno de Examen una vez finalizado el ejercicio y hayan sido recogidas las "Hojas de Respuesta" por la Mesa.

1. **Decidir sobre el desplazamiento de la reacción. AgF + LiI ⇌ AgI + LiF:**

   1. Está desplazada hacia los productos.
   2. Está desplazada hacia los reactivos.
   3. Está desplazada hacia los productos y reactivos.
   4. Se originan otros productos.
   5. La reacción no tiene lugar en condiciones normales.

2. **La masa de las partículas α expresada en unidades de masa atómica es:**

   1. 0
   2. 1
   3. 2
   4. 3
   5. 4

3. **Considere los siguientes compuestos: $[V(CO)_6]^-$, $V(CO)_6$ y $Cr(CO)_6$:**

   1. Los tres cumplen la regla de los dieciocho electrones.
   2. Sólo la cumplen los compuestos de vanadio.
   3. Sólo la cumple el compuesto de cromo.
   4. La cumplen los compuestos neutros.
   5. La cumplen $[V(CO)_6]^-$, $V(CO)_6$.

4. **Los orbitales en los que el número cuántico del momento angular orbital, l, tiene el valor de dos se denomina:**

   1. s.
   2. p.
   3. d.
   4. f.
   5. g.

5. **De acuerdo con las reglas de Slater, calcular la carga nuclear efectiva para un electrón de cada uno de los orbitales del litio (Z = 3):**

   1. 1s = 3; 2s = 2.
   2. 1s = 2; 2s = 2.3.
   3. 1s = 2.7; 2s = 1.3.
   4. 1s = 3; 2s = 3.
   5. 1s = 2.7; 2s = 1.3; 3s = 1.

6. **El número de coordinación del metal en una estructura tipo cloruro sódico es de:**

   1. 4
   2. 5
   3. 6
   4. 7
   5. 8

7. **Acerca de las moléculas de agua y de dióxido de carbono cabe afirmar:**

   1. Ambas moléculas son lineales.
   2. Ambas son angulares.
   3. La molécula de agua es angular y la de dióxido de carbono lineal.
   4. La molécula de agua es lineal y la de dióxido de carbono angular.
   5. La molécula de agua tiene una estructura octaédrica.

8. **Indicar en cual de los siguientes compuestos cabe esperar un valor mayor de la energía reticular:**

   1. Ioduro de litio.
   2. Bromuro sódico.
   3. Cloruro potásico.
   4. Fluoruro de litio.
   5. Fluoruro de cesio.

9. **Indicar cuál será el ion con el carácter oxidante más fuerte en medio ácido de acuerdo con sus potenciales estándar de reducción:**

   1. Li (I):   - 3.04 V.
   2. Fe (II): - 0.44 V.
   3. Zn (II): - 0.76 V.
   4. Ca (II): - 2.87 V.
   5. Al (III): - 1.68 V.

10. **Cuando se disuelve fluoruro potásico en agua la disolución resultante es:**

    1. Acida.
    2. Básica.
    3. Neutra.
    4. No tiene propiedades ácido-base.
    5. El potasio hace que la disolución sea alcalina y básica.

11. **El cloro puede actuar con diferentes estados de oxidación cuando forma un óxido. Indicar cuál de los siguientes NO es usado por el cloro:**

    1. Siete.
    2. Seis.
    3. Cuatro.
    4. Tres.
    5. Uno.

12. **Indicar cuál de los siguientes ácidos de Pearson es un ácido blando:**

    1. H^+.
    2. Na^+.
    3. Au^+.
    4. Mg^{2+}.
    5. SO_3.

13. **Indicar cuál de los siguientes ligandos puede comportarse como ambidentado cuando se une a un metal para formar un compuesto de coordinación:**

1. Monóxido de carbono.
2. Etiléndiamina.
3. Sulfocianuro.
4. Agua.
5. Trifenil fosfina.

14. **Las espinelas son óxidos mixtos que contienen dos metales, A y B, diferentes o uno solo en dos estados de oxidación diferentes, y cuya estequiometría es:**

    1. ABO_3.
    2. AB_3O_4.
    3. A_2O_3.
    4. AB_2O_4.
    5. ABO_4.

15. **La propiedad que tienen algunos cristales inorgánicos de producir un campo eléctrico cuando se someten a un esfuerzo externo se denomina:**

    1. Ferroelectricidad.
    2. Piezoelectricidad.
    3. Superconductividad.
    4. Efecto Meissner.
    5. Ferrielectricidad.

16. **De acuerdo con las reglas de Pauling que sistematizan la fortaleza ácida de los oxoaniones mononucleares, indique cuál de los siguientes ácidos tendrá el valor de pKa_1 menor:**

    1. H_2SO_4.
    2. H_3PO_4.
    3. HNO_3.
    4. $HClO$.
    5. $HClO_4$.

17. **De acuerdo con la teoría ácido-base que clasifica a estas sustancias en duros y blandos, indicar cuál de los siguientes iones tendrá más tendencia a formar su correspondiente sulfuro:**

    1. Na (I).
    2. Be (II).
    3. Hg (II).
    4. Cr (III).
    5. Al (III).

18. **Indicar cuál de los siguientes elementos presentan mayor radio covalente cuando forman compuestos con otros elementos en los que el orden de enlace es uno:**

    1. H.
    2. C.
    3. N.
    4. O.
    5. F.

19. **A que se debe que a temperatura ambiente y presión atmosférica el azufre sea sólido y el oxígeno gaseoso:**

    1. Al mayor tamaño del átomo de azufre.
    2. Al pobre solapamiento π de los orbiltales del azufre.
    3. A la menor electronegatividad del azufre.
    4. Al mayor número de formas alotrópicas del azufre.
    5. Al mayor peso atómico del azufre.

20. **De los halógenos el que presenta mayor afinidad electrónica es el:**

    1. Flúor.
    2. Cloro.
    3. Bromo.
    4. Yodo.
    5. Astato.

21. **Una variable cualitativa ordinal sirve para:**

    1. Medir.
    2. Jerarquizar.
    3. Clasificar.
    4. Contar.
    5. Medir y clasificar.

22. **En los gráficos de cajas (Box plot) la altura del rectángulo o caja corresponde a:**

    1. Recorrido intercuartílico.
    2. Recorrido semi-intercuratílico.
    3. Primer cuartil.
    4. Mediana.
    5. Tercer cuartil.

23. **¿Cuál de las siguientes NO es una medida de dispersión?:**

    1. Varianza.
    2. Desviación estándar.
    3. Coeficiente de variación.
    4. Error estándar de la media.
    5. Quintil.

24. **¿Cuál de las siguientes pruebas NO es aplicable cuando tanto la variable independiente o predictora como la dependiente o de respuesta son categóricas?:**

    1. Regresión múltiple.
    2. Regresión logística.
    3. Ji cuadrado.
    4. Test de McNemar.
    5. Prueba exacta de Fischer.

25. **¿Cuál de los siguientes NO es un test que sirva para comprobar la normalidad?:**

    1. Test de Shapiro-Wilk.
    2. Test de Levene.

3. Test de D'Agostino.
   4. Test de Kolmogorv-Smirnov.
   5. Test de Lilliefors.

26. **Un subconjunto del espacio muestral se llama:**

    1. Suceso elemental.
    2. Suceso seguro.
    3. Suceso imposible.
    4. Suceso aleatorio.
    5. Suceso incompatible.

27. **¿Cuál de los siguiente NO corresponde al error α o tipo I?:**

    1. Es controlable.
    2. Está fijado de antemano.
    3. Es un único número.
    4. Si todo lo demás permanece fijo, aumenta si disminuye el error β o tipo II.
    5. Disminuye conforme la hipótesis alternativa se aleja de la nula y conforme aumenta el tamaño de la muestra (si todo lo demás permanece fijo).

28. **¿Cuál de los siguientes tests se debe aplicar para comparar dos proporciones de muestras independientes?:**

    1. Test de Wilcoxon.
    2. Test de Mann-Wihtney.
    3. Test de Welch.
    4. Test exacto de Fisher.
    5. Test de McNemar.

29. **En una muestra de las notas obtenidas por alumnos en el examen parcial de diciembre y en el examen de febrero se desea conocer si existen diferencias estadísticamente significativas (Las notas no siguen una distribución normal). ¿Cuál de los siguientes tests se debe aplicar?:**

    1. U de Mann-Whitney.
    2. t de Student para datos pareados.
    3. t de Student para datos independientes.
    4. Wilcoxon para datos pareados.
    5. Welch.

30. **El test F que se lleva a cabo en el ANOVA de una regresión y que compara la varianza debida a la regresión con la varianza residual, es indicativo de:**

    1. La homogeneidad de las varianzas.
    2. La bondad del ajuste.
    3. La normalidad de los residuales.
    4. La normalidad de las variables estudiadas.
    5. La significación estadística de la pendiente.

31. **En cromatografía iónica, el supresor se utiliza para:**

    1. Eliminar el ruido de la detección.
    2. Disminuir el tiempo de retención.
    3. Eliminar la conductividad del eluyente.
    4. Transformar todos los cationes en H^+ y todos los aniones en OH^-.
    5. Evitar la formación de pares iónicos.

32. **Al contrario que otros haluros de ácido, el ácido fluorhídrico es débil en disolución acuosa:**

    1. Debido a su tendencia a captar iones hidróxido.
    2. Por su capacidad de dimerización.
    3. Porque posee enlace covalente puro.
    4. Por efecto de ion común.
    5. Por su tendencia a formar pares iónicos con el ion hidronio.

33. **En la determinación espectrofotométrica de hierro en suero en uno de sus pasos se añade ácido tricloroacético. Señalar el fundamento analítico de su utilización:**

    1. Como reductor del Fe^{3+} a Fe^{2+}.
    2. Como complejante del Fe^{3+}.
    3. Como enmascarante de otros cationes.
    4. Como taponante
    5. Como precipitante de proteínas.

34. **¿Cuál es la modalidad más habitual del método de adición de patrón?:**

    1. Variación continua de la concentración de patrón y muestra en un volumen total constante.
    2. Variación continua de la concentración de patrón en un volumen total constante.
    3. Variación continua de la concentración de muestra en un volumen total constante.
    4. Adición simple de un volumen variable de patrón.
    5. Variación continua de la concentración de patrón en un volumen total variable.

35. **¿Cuál de los siguientes grupos dc compuestos se separaran mejor en cromatografía gaseosa mediante una columna no polar?:**

    1. Aminoalcoholes.
    2. Mercaptanos.
    3. Fenoles.
    4. Polifenoles.
    5. Aminas primarias.

36. **Establecer el balance de ligando en una disolución de complejo $Ag(NH_3)_2^+$:**

    1. $2[Ag^+] + [AgNH_3^+] = [NH_3]$.
    2. $[Ag^+] + [AgNH_3^+] = [NH_3]$.
    3. $[NH_3] + [AgNH_3^+] = [Ag^+]$.
    4. $[Ag^+] + 2[AgNH_3^+] = [NH_3]$.
    5. $[Ag^+] + [AgNH_3^+] = 2[NH_3]$.

37. El reactivo precipitante utilizado habitualmente para la determinación gravimétrica de níquel es:

   1. Cupferrón.
   2. Oxina.
   3. Nitrón.
   4. Tetrafenilborato sódico.
   5. Dimetilglioxima.

38. En cromatografía de exclusión molecular, el volumen de elución (V_e) de un analito es:

   1. Directamente proporcional al peso molecular del analito.
   2. Inversamente proporcional a su peso molecular.
   3. Independiente del peso molecular.
   4. Igual al volumen interno de la partícula del gel.
   5. Igual al volumen intersticial.

39. Cuando una molécula de formaldehido absorbe radiación infrarroja, se producen hasta 6 formas diferentes de vibración. ¿Cuál de las siguientes precisará de una radiación de número de onda más bajo (1167 cm^{-1})?:

   1. Flexión fuera del plano.
   2. Estiramiento C-H simétrico.
   3. Estiramiento C-H asimétrico.
   4. Flexión simétrica.
   5. Estiramiento C-O.

40. ¿Cómo se llama al tiempo transcurrido entre el inicio de la señal analítica de un analizador automático continuo de flujo segmentado y el instante en que esta se hace estable?:

   1. Tiempo de aspiración.
   2. Tiempo medio de lavado.
   3. Tiempo de llegada.
   4. Tiempo externo.
   5. Tiempo de retraso de fase.

41. Señalar cuál de las siguientes sustancias puede utilizarse como indicador de adsorción en el método de Fajans:

   1. Ferroína.
   2. Murexida.
   3. Difenilaminosulfonato sódico.
   4. Difenilamina.
   5. Diclorofluoresceína.

42. Cuando un vapor atómico se expone a un intenso campo magnético se produce un desdoblamiento de los niveles energéticos de los átomos. Este efecto, utilizado en espectrometría de absorción atómica, recibe el nombre de:

   1. Efecto Doppler.
   2. Efecto Faraday.
   3. Efecto Zeeman.
   4. Efecto Overhauser.
   5. Efecto Compton.

43. Si las constantes de disociación ácida del ácido carbónico son: $pK_1=6.4$ y $pK_2=10.3$, el pH de una mezcla de carbonato sódico y bicarbonato sódico viene dado por la ecuación:

   1. pH = 6.4 + log ([CO_3^{2-}]/[HCO_3^-]).
   2. PH = (6.4 + 10.3)/2.
   3. pH = 7.6 + log ([CO_3^{2-}]/[HCO_3^-]).
   4. pH = 10.3 + log ([CO_3^{2-}]/[HCO_3^-]).
   5. pH = 3.7 + log ([CO_3^{2-}]/[HCO_3^-]).

44. El denominado gráfico de Scatchard se emplea en la aplicación de la espectrofotometría a:

   1. Al método de las variaciones continuas.
   2. A la determinación de la constante de equilibrio.
   3. A la observación del punto isosbástico.
   4. Al análisis de espectros solapados.
   5. Al análisis por inyección en flujo.

45. ¿Quién es el responsable en un análisis por inyección en flujo de reducir la concentración de analito en las paredes y así eliminar la contaminación entre muestras?:

   1. La difusión radial.
   2. La convección.
   3. La presión.
   4. La difusión longitudinal.
   5. La velocidad de bombeo.

46. Una disolución contiene Ag(I) y Hg(I) en concentración 0.01 M cada uno de ellos. Con los datos siguientes: pK_S (AgI) = 16 y pK_S (Hg_2I_2) = 28, calcular la concentración mínima de yoduro que debe quedar en disolución para separar ambos iones por precipitación cuantitativa (99.9%) del catión mercurioso:

   1. [I^-] = $10^{-11.5}$ M.
   2. [I^-] = 10^{-8} M.
   3. [I^-] = 10^{-14} M.
   4. [I^-] = 10^{-9} M.
   5. [I^-] = 10^{-11} M.

47. La valoración de Karl Fischer está relacionada con:

   1. La dureza de un agua.
   2. La determinación del punto isoiónico de una proteína
   3. La determinación de agua.
   4. El electrodo de Clark.
   5. La determinación potenciométrica de haluros.

48. La expresión del balance de cargas de una disolución de carbonato sódico es:

    1. $[CO_3^{2-}] + [OH^-] = [H^+] + [Na^+]$.
    2. $[CO_3^{2-}] + [HCO_3^-] + [OH^-] = [H^+] + [Na^+]$.
    3. $[CO_3^{2-}] + [OH^-] = [H^+] + 2[Na^+]$.
    4. $2[CO_3^{2-}] + [HCO_3^-] + [OH^-] = [H^+] + [Na^+]$.
    5. $[HCO_3^-] + 2[H_2CO_3] + [H^+] = [OH^-]$.

49. El proceso de debilitamiento de emisión de una molécula excitada por transferencia energética a otra molécula, de interés en las medidas de luminiscencia en química analítica, se denomina:

    1. Emisión.
    2. Desactivación.
    3. Iluminación.
    4. Amortiguación.
    5. Absorción.

50. ¿Qué técnica no es adecuada para la determinación de analitos volátiles por cromatografía de gases?:

    1. Microextracción en fase sólida.
    2. Espacio en cabeza.
    3. Extracción en fase sólida.
    4. Enfoque criogénico.
    5. Desorción térmica.

51. A partir de los siguientes datos: $E^0 (Cu^{2+}/Cu^0) = 0.339$ V y $E^0 (Fe^{3+}/Fe^{2+}) = 0.771$ V, calcular la constante de equilibrio (log K) de la reacción: $Cu^0 + 2\ Fe^{3+} \Leftrightarrow Cu^{2+} + 2\ Fe^{2+}$:

    1. 37.6.
    2. 14.6.
    3. -14.6.
    4. -37.6.
    5. 3.15.

52. El mayor inconveniente del detector de ionización de llama que se emplea en cromatografía de gases, es:

    1. Su baja sensibilidad.
    2. Es destructivo para la muestra.
    3. Pequeño intervalo lineal.
    4. Alto ruido.
    5. Poco resistente.

53. El ácido dehidroascórbico, al que designaremos D, es el producto de la oxidación del ácido ascórbico, H_2A, según: $D + 2\ H^+ + 2\ e \Leftrightarrow H_2A + H_2O$ con un potencial normal $E^0 = 0.390$ V. Para este sistema se cumple que, al aumentar el pH:

    1. Aumenta el poder oxidante del ácido ascórbico.
    2. Aumenta el valor del potencial.
    3. Aumenta el poder reductor del ácido ascórbico.
    4. Disminuye el poder oxidante del ácido dehidroascórbico.
    5. Aumenta el poder reductor del ácido dehidroascórbico.

54. ¿Cuál de los siguientes fenómenos NO está relacionado con el mecanismo de funcionamiento de un láser?:

    1. Absorción.
    2. Bombeo.
    3. Emisión estimulada.
    4. Reflexión.
    5. Emisión espontánea.

55. Señale que afirmación es FALSA en relación con el sobrepotencial que se origina de la polarización de transferencia de carga:

    1. El sobrepotencial varia con la composición del electrodo.
    2. El sobrepotencial normalmente aumenta con el aumento de temperatura.
    3. El sobrepotencial aumenta con la densidad de corriente.
    4. El sobrepotencial es mayor en procesos que originan gases que en los que se deposita un metal.
    5. La magnitud del sobrepotencial no se puede predecir exactamente en cualquier situación.

56. En relación con la técnica de espectrometría de masas con plasma de acoplamiento inductivo (ICP), señalar la afirmación que considere INCORRECTA:

    1. Se trata de una técnica atómica.
    2. Permite el análisis isotópico.
    3. Los espectros obtenidos son más sencillos que los que se obtienen con la técnica de ICP convencional.
    4. La señal analítica está relacionada con el proceso de emisión atómica.
    5. Sirve para el análisis cualitativo y cuantitativo de la mayoría de los elementos.

57. ¿Cuántos mililitros de ácido clorhídrico 0.01 M deberán añadirse a 0.5 milimoles de fosfato disódico para preparar un regulador de pH=pK_2?:

    1. 5.0
    2. 0.25
    3. 2.5
    4. 0.5
    5. 25.0

58. Los coeficientes de actividad de las especies neutras se consideran:

1. La unidad.
2. Cero.
3. 1/2.
4. Infinito.
5. Despreciables.

59. **¿Cuál de los siguientes factores NO afecta a la intensidad de una especie fluorescente en disolución acuosa?:**

    1. El pH.
    2. El oxígeno disuelto.
    3. La temperatura.
    4. La presión.
    5. El tipo de disolvente.

60. **Cuando un mol de glicerol se oxida con ácido peryodico se originan:**

    1. Dos moles de formaldehido.
    2. Dos moles de ácido fórmico.
    3. Dos moles de ácido fórmico y un mol de formaldehido.
    4. Un mol de formaldehido y un mol de ácido fórmico.
    5. Dos moles de formaldehido y un mol de ácido fórmico.

61. **Se tiene un ácido fuerte HA. El anión de ese ácido:**

    1. No tiene propiedades ácido-base.
    2. Es una base fuerte.
    3. Es una base débil.
    4. Es un anfolito.
    5. Es un ácido muy débil.

62. **Para el ácido sulfúrico, sólo se dispone de una constante de disociación, $pK_a=2.0$. Este dato corresponde a:**

    1. El primer equilibrio de disociación, ya que el segundo es muy débil.
    2. La única disociación posible.
    3. El segundo equilibrio de disociación, ya que es fuerte en el primero.
    4. El segundo equilibrio de disociación, ya que el primero es muy débil.
    5. La constante de disociación global.

63. **Señalar la sustancia que con más frecuencia se utiliza como fase móvil en cromatrografía de fluidos supercríticos:**

    1. Eter dietílico.
    2. Metanol.
    3. Amoniaco.
    4. Dióxido de carbono.
    5. Agua.

64. **Si la tolerancia en el volumen contenido en un matraz volumétrico de clase A de 100 mL es de 0.08 mL, la correspondiente para uno idéntico de clase B será de:**

    1. 0.02 mL.
    2. 0.04 mL.
    3. 0.08 mL.
    4. 0.16 mL.
    5. 0.40 mL.

65. **Al intervalo de valores en que puede encontrarse el valor verdadero, el valor medio y un resultado dado se denomina:**

    1. Incertidumbre específica.
    2. Intervalo de confianza.
    3. Precisión.
    4. Límite de confianza.
    5. Incertidumbre genérica.

66. **En un disolvente prótico de constante de autoprotólisis K_d, el valor de pH neutro corresponde a:**

    1. pK_d.
    2. El pH de una disolución 10^{-7} M de H^+ en dicho disolvente.
    3. El pH de una disolución 10^{-7} M del ácido conjugado de dicho disolvente.
    4. $pK_d/2$.
    5. En un disolvente prótico no hay transferencia de protones.

67. **La modalidad de electroforesis capilar que utiliza micelas que forman una fase pseudoestacionaria se conoce por el acrónimo:**

    1. PAGE.
    2. MEKC.
    3. TLC.
    4. CE.
    5. EC.

68. **Con relación a los métodos yodimétricos y yodométricos de análisis, indicar la respuesta correcta:**

    1. En un método yodométrico el analito se valora directamente con yodo.
    2. En un método yodométrico el analito se valora directamente con yoduro.
    3. En un método yodométrico se añade un exceso de yoduro y el yodo formado se valora con tiosulfato.
    4. En un método yodimétrico el analito se valora directamente con yoduro.
    5. En un método yodimétrico se añade un exceso de yodo y el yoduro formado se valora con un oxidante.

69. **¿Cuál es la causa del error alcalino en la medida del pH con un electrodo de vidrio?:**

1. Los grupos OH⁻.
2. Los cationes monovalentes.
3. Los cationes polivalentes.
4. La materia orgánica.
5. Los agentes complejantes.

70. **¿De qué factor no depende la dispersión de un monocromador de red?:**

    1. Orden de difracción.
    2. Longitud de onda.
    3. Distancia entre lineas.
    4. Angulo de reflexión.
    5. Rendija de salida.

71. **Si el coeficiente de reparto de un soluto A entre cloroformo y agua es igual a 3, ¿qué fracción de A permanecerá en la fase acuosa si se extraen 100 ml de una disolución 0.1 M de A con 500 ml de disolvente?:**

    1. 0.31
    2. 0.062
    3. 0.125
    4. 0.625
    5. 0.18

72. **¿Cuál de los siguientes tipos de interferencia NO es una interferencia química en espectroscopía de absorción atómica?:**

    1. Formación de compuestos poco volátiles.
    2. Equilibrios de disolución.
    3. Formación de compuestos termoestables.
    4. Formación de iones.
    5. Absorción de fondo.

73. **En la curva de valoración de un ácido débil con una base fuerte el punto de pH=pK$_a$ es el:**

    1. Final de la valoración.
    2. De equivalencia.
    3. Inicial.
    4. De inflexión.
    5. De semineutralización.

74. **¿Cómo se denomina al pH obtenido al disolver en agua un ácido poliprótico neutro?:**

    1. Isoeléctrico.
    2. De equilibrio.
    3. Isoosmótico.
    4. De equivalencia.
    5. Isoiónico.

75. **¿Cuál de los siguientes ácidos NO puede utilizarse en las operaciones de análisis gravimétrico con instrumentos de vidrio "pyrex"?:**

    1. Sulfúrico.
    2. Perclórico.
    3. Nítrico.
    4. Fluorhídrico.
    5. Clorhídrico.

76. **¿De que factor NO depende la cantidad de muestra que se analiza mediante reflexión total atenuada?:**

    1. Del índice de refracción del cristal ATR.
    2. De la longitud de onda de la radiación.
    3. De la geometría óptica.
    4. De la apertura numérica.
    5. Del índice de refracción de la muestra.

77. **¿Qué cantidad de ácido oxálico dihidratado (PM 126) debe utilizarse para preparar 250 ml de disolución 0.150 M?:**

    1. 3.375 g.
    2. 6.075 g.
    3. 4.725 g.
    4. 0.4725 g.
    5. 33.75 g.

78. **¿Qué tipo de instrumentos se basan en el principio del ángulo crítico?:**

    1. Contadores de centelleo.
    2. Detectores de conductividad.
    3. Refractómetros de inmersión.
    4. Espectrofluorímetros.
    5. Nefelómetros.

79. **¿Cuál será el orden de elución de los siguientes trihalometanos: triclorometano, tribromometano, diclorobromometano, y dibromoclorometano, cuando se separan mediante cromatografía de gases usando una columna empaquetada con fase estacionaria no polar?:**

    1. Triclorometano, tribromometano, diclorobromometano, dibromoclorometano.
    2. Triclorometano, diclorobromometano, dibromoclorometano, tribromometano.
    3. Dibromoclorometano, diclorobromometano, tribromometano, triclorometano.
    4. Diclorobromometano, dibromoclorometano, triclorometano, tribromometano.
    5. Tribromometano, dibromoclorometano, diclorobromometano, triclorometano.

80. **En el método de Kjeldahl para la determinación de nitrógeno se emplea un catalizador:**

    1. En la etapa de destilación del amoníaco.
    2. En la etapa de reducción con aleación Devarda.
    3. Cuando es preciso digerir la muestra en medio alcalino.
    4. En la etapa de digestión en medio sulfúrico.
    5. En la valoración del anión borato.

81. **¿Cuál de las siguientes afirmaciones relativas a**

las características que debe tener un patrón interno para espectroscopía de emisión atómica es FALSA?:

1. Su concentración debe ser igual en la muestra y en los patrones.
2. Las energías de ionización del patrón interno y del elemento de interés deben ser similares.
3. Sus propiedades físicas y químicas deben ser lo más parecidas posible a las del elemento de interés.
4. El patrón interno debe ser un elemento del mismo grupo de la tabla periódica que el del elemento de interés.
5. Las líneas atómicas del patrón interno y del elemento de interés deben estar en la misma región espectral.

82. Por blanco de Youden se entiende:

1. Una muestra que no contiene analito.
2. Un procedimiento utilizado para corregir interferencias químicas.
3. Un blanco utilizado para verificar que un procedimiento da resultados aceptables.
4. Un blanco que corrige la señal debida a las interacciones analito-matriz.
5. Procedimiento utilizado para evaluar las fuentes de error sistemático y aleatorio que afectan a un método.

83. ¿Qué cabe esperar cuando en una separación de dos sustancias por cromatografía líquida de alta resolución en la que sus picos aparecen solapados, se cambia la fase móvil de forma que se modifican diferencialmente sus factores de capacidad?:

1. Que no se modifique la resolución.
2. Que aumente la resolución al ser los picos más estrechos.
3. Que disminuya la resolución por aumentar el solapamiento.
4. Que aumente la resolución por modificarse para uno de ellos los tiempos de retención.
5. Que aumente la resolución por aumentar para ambos los tiempos de retención.

84. El método de Winkler para la determinación de oxígeno en aguas se basa en:

1. La valoración del oxígeno con permanganato.
2. La oxidación del Mn(II) por el oxígeno en medio alcalino.
3. La oxidación del MnO_2 por el oxígeno en medio alcalino.
4. La oxidación previa del permanganato por el oxígeno en medio alcalino.
5. La reducción del oxígeno a peróxido de hidrógeno en medio ácido.

85. En el ánalisis gravimétrico, un precipitado debe reunir determinadas características físicas. Indicar cuál es la más importante.

1. Su mofología.
2. Su volumen.
3. Que los núcleos primarios sean amorfos.
4. Que se pueda separar por filtración.
5. La carga eléctrica de sus partículas.

86. La transmitancia de una disolución es del 80% cuando se mide en una cubeta de 1 cm de paso óptico. ¿Cuál será la transmitancia si se usa una cubeta de 10 cm de paso óptico?:

1. 31.1%.
2. 10.7%.
3. 90.8%.
4. 1.7%.
5. 8.0%.

87. Al diluir un ácido débil:

1. Disminuye el pH.
2. La concentración total permanece constante.
3. La concentración de la forma no disociada aumenta.
4. La concentración de la base conjugada aumenta.
5. La fracción disociada aumenta.

88. En las separaciones por electroforesis capilar, la introducción de un tensoactivo en la disolución altera la situación y permite la separación de:

1. Analitos ácidos.
2. Analitos neutros.
3. Analitos cargados.
4. Especies negativas.
5. Especies positivas.

89. ¿Para qué rango de pH tendrá el oxalato cálcico una solubilidad mínima?:

1. pH>4.27.
2. pH>8.33.
3. 4.27<pH<8.33.
4. pH<4.27.
5. pH>10.12.

90. La microextracción en fase sólida es una técnica usada en análisis de trazas que se basa en:

1. Extracción de un gran volumen de muestra con un pequeño volumen de disolvente orgánico.
2. Paso de la muestra a través de un cartucho relleno con una fase sólida.
3. Introducción en la muestra de una fibra de vidrio recubierta con una fase sólida.
4. Calentamiento de la muestra y retención en una fase sólida.

5. Extracción de un pequeño volumen de muestra con otro similar de un disolvente orgánico.

91. Los iones enolatos se producen por desprotonación de:

1. Compuestos carbonílicos.
2. Hidrocarburos.
3. Alcoholes.
4. Aminas secundarias.
5. Éteres cíclicos.

92. ¿Cuál de los siguientes compuestos presenta una menor energía de disociación?:

1. Etano.
2. Isobutano.
3. Etileno.
4. Acetileno.
5. Tolueno.

93. El edulcorante sintético aspartamo es el éster metílico de un dipéptido de:

1. Acido L-glutámico y L-cisteina.
2. Acido L-glutámico y L-fenilalanina.
3. Acido L-aspáratico y L-fenilalanina.
4. Acido L-glutámico y L-triptófano.
5. Acido L-aspártico y glicina.

94. El catión pirilio es un heterociclo totalmente insaturado con un átomo de oxígeno que posee una carga positiva de:

1. 3 miembros.
2. 4 miembros.
3. 5 miembros.
4. 6 miembros.
5. 7 miembros.

95. Los reactivos organometálicos se adicionan a los carbonilos α,β-insaturados en forma de adición:

1. Controlada térmicamente.
2. 1,2 ó 1,4.
3. 1,2 pero nunca 1,4.
4. 1,4 pero nunca 1,2.
5. No se adicionan.

96. Los compuestos que tienen centros estereogénicos, pero son aquirales se donominan:

1. Compuestos meso.
2. Compuestos racémicos.
3. Anoméricos.
4. Idénticos.
5. Isómeros.

97. ¿Cuál de los siguientes ácidos carboxílicos presenta una mayor acidez?:

1. Acético.
2. Fluoroacético.
3. Cloroacético.
4. Hidoxiacético.
5. Nitroacético.

98. Las estructuras que no se pueden superponer con su imagen especular se denominan:

1. Quirales.
2. Equivalentes.
3. Anoméricas.
4. Idénticas.
5. Isómeros.

99. ¿Cuál de los siguientes reactivos es una especie no electrófila?:

1. HCl.
2. HBr.
3. Cl_2.
4. H_2SO_4.
5. PH_3.

100. La adición conjugada de iones enolatos a aldehidos y cetonas α,β-insaturados se conoce como reacción de:

1. Claisen.
2. Michael.
3. Wittig.
4. Robinson.
5. Hofmann.

101. En la hidrogenación catalítica de un alqueno los dos hidrógenos llegan a la misma cara de la molécula. Se trata de una reacción:

1. TRANS diastereoselectiva.
2. SIN diastereoselectiva.
3. TRANS estereoespecífica.
4. SIN estereoespecífica.
5. Ninguna de ellas.

102. ¿Cuántos estereoisómeros tiene el 2,3-diclorobutano?:

1. Uno.
2. Dos.
3. Tres.
4. Cuatro.
5. Ninguno.

103. La aromatización descarboxilativa de ácido prefénico produce:

1. Alanina.
2. Triptófano.
3. Acido pirúvico.
4. Acido corísmico.
5. Acido fenilpirúvico.

104. La bromación en el carbono en α de ácidos alcanoicos se consigue por reacción del ácido con bromo en presencia de:

1. Mercurio.
2. Magnesio, limaduras.
3. Fosforo elemental (rojo).
4. Sodio.
5. Tricloruro de aluminio.

105. Los terpenos son compuestos que proceden de una unidad ramificada de cinco átomos de carbono, el pirofosfato de isopentenilo. Entre ellos nos encontramos los diterpenos con un número de átomos de carbono de:

1. Dos.
2. Cinco.
3. Diez.
4. Veinte.
5. Treinta.

106. ¿Cuál de los siguientes iones es el más nucleófilo?:

1. Hidróxido.
2. Hidrosulfuro.
3. Fluoruro.
4. Bromuro.
5. Fenóxido.

107. Los ácidos dicarboxílicos reaccionan con las aminas primarias para dar:

1. Dioximas.
2. Diamidas.
3. Anhídridos cíclicos.
4. Imidas.
5. Hidrazonas.

108. La reacción de formación de un nuevo enlace σ entre los extremos de un polieno conjugado o la reacción inversa se denominan reacciones:

1. Polares.
2. Electrocíclicas.
3. De Diels-Alder.
4. De Wargner-Meerwein.
5. Radicalarias.

109. ¿Qué compuestos se obtienen cuando se hace reaccionar el 1-cloro-2-buteno con acetona acuosa al 50%?:

1. 2-buten-1-ol y 3-buten-2-ol.
2. 2-buten-1-ol y 3-buten-1-ol.
3. 3-buten-2-ol.
4. 2-buten-1-ol.
5. 3-buten-1-ol.

110. En general, cualquier tetrahidropirano que soporte un grupo electronegativo en la posición 2, prefiere que el sustituyente sea axial. Este efecto se conoce como:

1. Mutarrotación.
2. Efecto halogenado.
3. Efecto polar.
4. Efecto anomérico.
5. Efecto salino.

111. Los grupos hidroxilo en un anillo bencénico para el ataque electrofílico, son:

1. Orto y para dirigentes y desactivadores.
2. Orto y para dirigentes y activadores.
3. Meta dirigentes y desactivadores.
4. Meta dirigentes y activadores.
5. Para dirigentes.

112. ¿Cuál de los alquenos que se relaciona a continuación es el más estable?:

1. 1-Buteno.
2. (Z)-2-Buteno.
3. (E)-2-Buteno.
4. 2-Metil-1-buteno.
5. 2-Metil-2-buteno.

113. Indicar cuál de los siguientes cetoácidos se descarboxila con mayor facilidad en condiciones suaves:

1. α-cetoácido.
2. β-cetoácido.
3. γ-cetoácido.
4. δ-cetoácido.
5. ω-cetoácido.

114. La reducción de una imina, obtenida a partir de un carbonilo y una amina, a una amina saturada, se conoce como:

1. Reducción polar.
2. Hidrogenación.
3. Reducción metálica.
4. Aminación reductora.
5. Aminación selectiva.

115. El meso-2,3-butanodiol se prepara a partir del (Z)-2-buteno, indicar un reactivo que pueda emplearse en esta transformación.

1. Ozono.
2. Diborano.
3. Acido m-cloroperoxibenzoico.
4. Permanganato potásico.
5. Peróxido de hidrógeno.

116. En Química Orgánica, los grupos que no pueden distinguirse de ninguna forma, es decir que son completamente idénticos químicamente se denominan:

1. Diasterotópicos.
2. Convergentes.
3. Homotópicos.
4. Enantiotópicos.
5. Similares.

117. **El orden de reactividad creciente de los ácidos carboxílicos y derivados es:**

    1. Cloruros de ácido > ésteres > ácidos > amidas > anidridos.
    2. Anhidridos de ácido > ésteres > ácidos > amidas > cloruros de ácido.
    3. Cloruros de ácido > anhidridos > ésteres > ácidos > amidas.
    4. Cloruros de ácido > anhidridos > ácidos > ésteres > amidas.
    5. Amidas > cloruros de ácido > anhidridos > ácidos > ésteres.

118. **Se habla de "inversión de polarización" en las transformaciones en que:**

    1. Un aldehido reacciona con otro carbonilo en presencia de metóxido de sodio.
    2. Un aldehido reacciona, en forma de anión del correspondiente 1,3-ditiano con otro carbonilo.
    3. Un aldehido reacciona con una cetona en presecia de p-TsOH.
    4. Un compuesto carbonílico reacciona con un ester
    5. Un β-cetoester reacciona con un carbonilo α,β-insaturado.

119. **La monohalogenación α de un grupo ácido carboxílico se consigue por tratamiento de un ácido carboxílico que tiene átomos de hidrógeno en α con bromo en presencia de tribromuro de fósforo. Este procedimiento se conoce con el nombre de reacción de:**

    1. Hell-Vollhard-Zelinski.
    2. Formación de haluros de ácido.
    3. Halogenación.
    4. Bromación.
    5. Adición.

120. **Cuando el 4-cloro-1-butanol se trata con hidróxido de sodio, se obtiene con un buen rendimiento:**

    1. Dioxano.
    2. Furano.
    3. Tetrahidrofurano.
    4. Pirano.
    5. Oxetano.

121. **La hidrogenación catalítica de un alqueno es una reacción de:**

    1. Adición *sin*, estereoespecífica.
    2. Adición *anti*, estereoespecífica.
    3. Adición *sin*, regioselectiva.
    4. Adición de Markovnikov.
    5. Sustitución electrófila.

122. **La migración de un grupo alquilo a un centro catiónico se denomina:**

    1. Transposición pinacolínica.
    2. Reordenamiento de Beckman.
    3. Reordenamiento sigmatrópico.
    4. Reordenamiento de Wargner-Meerwein.
    5. Reacción electrofílica.

123. **La reacción de un alcóxido con un haloalcano primario o un sulfonato en condiciones SN2, se conoce como síntesis de éteres de:**

    1. Willstätter.
    2. Wacker.
    3. Claisen.
    4. Wittig.
    5. Williamson.

124. **La melamina se sintetiza por la trimerización de tres unidades de:**

    1. Piridina.
    2. Amida sódica.
    3. Isonitrilo.
    4. Cianuro.
    5. Cianamida.

125. **¿Indicar que utiliza como oxidante el reactivo de Swern?:**

    1. Trióxido de cromo.
    2. Clorocromato de piridinio.
    3. Sulfóxido de dimetilo.
    4. Dicromato de sodio.
    5. Dióxido de manganeso

126. **Los alcoholes, reaccionan con los aldehídos en un proceso de equilibrio dando compuestos conocidos como:**

    1. Hidratos.
    2. Cianhidrinas.
    3. Hemiacetales.
    4. Acetales
    5. Esteres.

127. **En la transposición de Beckmann una oxima se convierte en:**

    1. Acido.
    2. Aldehído.
    3. Cetona.
    4. Amina
    5. Amida.

128. **Los aldehídos reaccionan fácilmente con las**

aminas dando unos compuestos conocidos como:

1. Oximas.
2. Hidrazonas.
3. Azinas.
4. Enaminas.
5. Iminas.

129. Los metales alcalinos (Li, Na, K) reaccionan con los alcoholes formando:

1. Organometálicos.
2. Derivados de Grignard.
3. Alcóxidos.
4. Olefinas.
5. Acetilenos.

130. El orden de reactividad frente a la sustitución electrofílica es:

1. Nitrobenceno>benceno>piridina.
2. Nitrobenceno>piridina>benceno.
3. Piridina>nitrobenceno>benceno.
4. Piridina>benceno>nitrobenceno.
5. Benceno>nitrobenceno>piridina.

131. El desplazamiento químico de un hidrógeno en resonancia magnética nuclear depende del:

1. Número de hidrógenos que lo rodean.
2. Entorno electrónico de ese núcleo.
3. Aparato en el que se realice la medida.
4. Número de hidrógenos equivalentes.
5. Ninguna de las anteriores.

132. ¿Cuál de los siguientes derivados de ácido presenta una mayor reactividad frente a la sustitución nucleofílica?:

1. Ester.
2. Acido.
3. Anhídrido.
4. Amida.
5. Haluro de ácido.

133. El pirrol es un anillo aromático que tiene:

1. Un nitrógeno y dos dobles enlaces.
2. Un oxígeno y dos dobles enlaces.
3. Un azufre y dos dobles enlaces.
4. Un nitrógeno y tres dobles enlaces.
5. Un oxígeno y tres dobles enlaces.

134. La ciclación de arilhidrazonas mediante calentamiento, por lo general en presencia de un ácido protonado o un ácido de Lewis como catalizador conduce a:

1. Pirazoles.
2. Imidazoles.
3. Pirroles.
4. Piridinas.
5. Indoles.

135. El grado de insaturación de una molécula orgánica puede definirse como la suma:

1. Del número de dobles y triples enlaces.
2. De dobles enlaces C-C y C-O.
3. De olefinas y enlaces oxigenados.
4. Del número de anillos y enlaces π.
5. De olefinas, carbonilos y carboxilos.

136. Cuando dos moles de un reactivo de Grignard reaccionan con un único mol de un éster, se forma un:

1. Alcohol primario.
2. Alcohol secundario.
3. Alcohol terciario.
4. Eter.
5. Acido.

137. La distancia entre los picos de un multiplete en resonancia magnética nuclear se denomina:

1. Constante de acoplamiento.
2. Constante de inducción.
3. Distancia magnética.
4. Desplazamiento.
5. Campo magnético.

138. El bromuro de hidrógeno puede adicionarse a los alquenos de manera anti-Markovnikov cuando la reacción se hace:

1. En medio acuoso.
2. En condiciones radicalarias.
3. Calentando a ebullición en la oscuridad.
4. En presencia de ácidos de Lewis.
5. Ninguna de las anteriores.

139. La reacción de oxidación de Baeyer Villiger transforma las cetonas cíclicas en:

1. Lactidas.
2. Lactamas.
3. Lactonas.
4. Acidos.
5. Anhídridos.

140. El proceso para obtener aminas que utiliza la reacción de alquilación de ftalamida potásica y posterior hidrólisis se conoce como síntesis de:

1. Hoffmann.
2. Mannich.
3. Kiliani-Fischer.
4. Kolbe.
5. Gabriel.

141. Sobre termodinamica:

1. La energía libre de un sistema es el calor absorbido a presión constante.
2. La entropía es el calor absorbido a volumen constante.
3. Cuando un sistema absorbe calor ΔH es positivo.
4. Cuando un sistema absorbe calor ΔH es negativo.
5. Los sistemas tienden espontáneamente a un aumento de la entalpía y una disminución de la entropía.

142. **La vitamina B6 o piridoxina:**

    1. Interviene como coenzima en muchas reacciones del metabolismo de las proteínas.
    2. Es un constituyente de la coenzima A.
    3. Su carencia ocasiona la pelagra.
    4. Es una vitamina liposoluble.
    5. Interviene en la formación de los glóbulos rojos.

143. **¿Cuál de las siguientes NO es correcta?:**

    1. Los lípidos son sustancias anfipáticas.
    2. Los lípidos contienen regiones hidrófobas.
    3. La mayoría de los ácidos grasos que se encuentran en la naturaleza contienen un número impar de carbonos.
    4. Los ácidos grasos están presentes en las grasas.
    5. Las membranas contienen lípidos.

144. **Una de las siguientes moléculas es un derivado de aminoácido:**

    1. Esfingomielina.
    2. Colesterol.
    3. Vitamina K.
    4. Dopamina.
    5. Leucotrienos.

145. **La vitamina B1:**

    1. Es frecuente su deficiencia en alcohólicos.
    2. Su carencia ocasiona el beri-beri.
    3. Su forma activa, pirofosfato de tiamina (TPP), actúa como coenzima en el metabolismo de hidratos de carbono y aminoácidos.
    4. Es muy abundante en los cereales con cáscara y en la carne de cerdo.
    5. Todas las respuestas son correctas.

146. **Sobre la molécula de ATP:**

    1. Es el compuesto más energético de los seres vivos.
    2. Su reacción de hidrólisis tiene un $\Delta G^{0'}$ mucho más negativo que el GTP.
    3. Su reacción de hidrólisis tiene un $\Delta G^{0'}$ positivo.
    4. Sus productos de hidrólisis están estabilizados por resonancia.
    5. Los productos de su hidrólisis se atraen eléctricamente.

147. **Un consumo excesivo de proteínas conduce a:**

    1. La excreción del exceso de proteínas por la orina.
    2. Un aumento en las reservas de proteínas.
    3. Un aumento en la síntesis de proteínas musculares.
    4. Un aumento de las proteínas en el plasma.
    5. Un aumento en la cantidad de tejido adiposo.

148. **Una histona es:**

    1. Un aminoácido proteico básico.
    2. Una vitamina hidrofílica.
    3. Una proteína de núcleos eucariotas.
    4. Un mediador celular.
    5. Un factor sérico.

149. **En relación con el colesterol, ¿cuál de las siguientes respuestas es FALSA?:**

    1. Es precursor de las hormonas sexuales masculinas y femeninas.
    2. Es precursor de los ácidos biliares.
    3. Es precursor de las hormonas adrenocorticales.
    4. Es precursor de la vitamina E.
    5. Es precursor de la vitamina D.

150. **¿Cuál de las siguientes afirmaciones sobre los acilgliceroles o glicéridos es FALSA?:**

    1. Son los lípidos más abundantes en la dieta de los mamíferos.
    2. Su metabolismo es muy activo.
    3. Están formados por glicerol y ácidos grasos.
    4. Los ácidos grasos son siempre insaturados.
    5. Su oxidación proporciona una gran cantidad de energía.

151. **Un ayuno prolongado provoca un aumento de la concentración sanguínea de:**

    1. Acidos grasos.
    2. Glucosa.
    3. Alanina.
    4. Piruvato.
    5. Lactato.

152. **Una helicasa es:**

    1. Una enzima con estructura de hélice α.
    2. Una enzima que induce la desnaturalización de las proteínas.
    3. Una enzima que cataliza la conversión de los topoisómeros del DNA.
    4. Una enzima que desenrolla la doble cadena de DNA.

5. Una proteína que estabiliza las regiones no helicoidales del DNA.

153. **El cianuro produce envenenamiento al fijarse al:**

    1. Citocromo a, a_3.
    2. Citocromo c.
    3. Citocromo b.
    4. Citocromo c_1.
    5. Citocromo d.

154. **Como puede regenerarse el NAD^+ consumido en la glucolisis anaeróbica.**

    1. En la reacción catalizada por la piruvato deshidrogenasa.
    2. En la reacción catalizada por la α-cetoglutarato deshidrogenasa.
    3. En la reacción catalizada por la hexoquinasa.
    4. En la reacción catalizada por la lactato deshidrogenasa.
    5. En la síntesis de acetil-CoA.

155. **El ácido hialurónico:**

    1. Está sulfatado.
    2. Está unido covalentemente a una proteína.
    3. No lo producen las bacterias.
    4. Consiste en unidades repetitivas de N-acetilglucosamina y ácido glucurónico.
    5. Todas las anteriores.

156. **Señalar un inhibidor alostérico de la fosfofructoquinasa:**

    1. AMP.
    2. Isocitrato.
    3. Citrato.
    4. Acetil CoA.
    5. α-cetoglutarato.

157. **Las hormonas peptídicas se unen a su receptor en:**

    1. El citoplasma.
    2. El núcleo.
    3. El aparato de Golgi.
    4. La membrana nuclear.
    5. La membrana plasmática.

158. **En los nucleótidos, el enlace entre la base nitrogenada y la ribosa se realiza entre:**

    1. El C-3 de las purinas y el C-1' de la ribosa.
    2. El N-1 de las purinas y el C-1' de la ribosa.
    3. El N-3 de las pirimidinas y el C-5' de la ribosa.
    4. El N-3 de las purinas y el C-1' de la ribosa.
    5. El N-1 de las pirimidinas y el C-1' de la ribosa.

159. **En cuanto a la irradiación con luz ultravioleta del DNA:**

    1. No le afecta.
    2. Afecta principalmente a las purinas.
    3. Afecta principalmente a las pirimidinas.
    4. Se forman dímeros de adenina.
    5. Se forman dímeros de guanina.

160. **¿Qué tipo de moléculas son precursoras de la Vitamina K?:**

    1. Carotenos.
    2. Quinonas.
    3. Retinoles.
    4. Tocoferoles.
    5. Calciferoles.

161. **¿Cuál de las siguientes sustancias puede utilizarse en general para la determinación cuantitativa de aminoácidos?:**

    1. Anhídrido acético.
    2. Yodoacetato.
    3. Ninhidrina.
    4. Reactivo de Pauly.
    5. La reacción de Sakaguchi.

162. **Identifique la función bioquímica correcta para la coenzima lipoamida entre todas las descritas:**

    1. Transportador de grupos acilo activados acoplado con hidroxilación.
    2. Oxidación de grupos hidroxilo.
    3. Oxidación para formar dobles enlaces carbono-carbono.
    4. Transportador de grupos acilo activados acoplado con oxidación-reducción.
    5. Reducción de grupos carbonilo.

163. **En la fosforilación a nivel de sustrato:**

    1. El sustrato reacciona para formar un producto que contiene un enlace de alta energía.
    2. La síntesis de ATP está ligada a la disipación de un gradiente de protones.
    3. No pueden aislarse intermediarios ricos en energía.
    4. La oxidación de una molécula de sustrato está ligada a la síntesis de más de una molécula de ATP.
    5. Participan las mitocondrias pero no el citoplasma.

164. **¿Cuál de las siguientes vitaminas posee en su estructura una unidad de ácido para-amino benzoico?:**

    1. El ácido fólico.
    2. La cobalamina.
    3. La piridoxina.
    4. La vitamina C.

5. La vitamina D.

165. La fructosa:

1. Al contrario que la glucosa, no puede catabolizarse mediante la glucólisis.
2. En el hígado se incorpora directamente a la glucólisis en forma de fructosa 6-fosfato.
3. Debe isomerizarse a glucosa antes de poder metabolizarse.
4. Se une a UDP y a continuación se epimeriza a UDP-glucosa.
5. En su catabolismo hepático interviene la fructoquinasa y un aldolasa específica que reconoce la fructosa 1-fosfato.

166. La biosíntesis neta de glucosa a partir de Acetil-CoA se produce en plantas y algunas bacterias por medio de una de las siguientes rutas metabólicas:

1. Ruta de las pentosas fosfato.
2. Conversión de la Acetil-CoA en Piruvato.
3. Ruta del glioxilato.
4. Cadena de transporte microsomal.
5. Conversión de la Acetil-CoA en oxalacetato.

167. En la biosíntesis del colesterol:

1. La HMG CoA sintasa mitocondrial sintetiza el 3-hidroxi-3-metil glutaril CoA (HMG CoA).
2. La HMG CoA reductasa cataliza el paso limitante de la velocidad.
3. La conversión de ácido mevalónico en farnesil pirofosfato transcurre por condensación de tres moléculas de ácido mevalónico.
4. La condensación de dos farnesil pirofosfatos para formar escualeno es una reacción reversible.
5. La conversión de escualeno en lanosterol se inicia mediante la formación del sistema anular fusionado, seguida por adición de oxígeno.

168. Una de las siguientes características del enlace peptídico es INCORRECTA, indique cuál:
1. Aporta propiedades amortiguadoras al polipéptido.
2. Tiene carácter parcial de doble enlace.
3. La configuración trans es más favorable.
4. Puede romperse enzimáticamente.
5. Los átomos implicados en el enlace O,C,N y H son casi coplanares.

169. El hecho de que la Km de las aminotransferasas para los aminoácidos sea mucho mayor que la de las aminoacil-tRNA sintetasas significa que:

1. A bajas concentraciones de aminoácidos, la síntesis de proteínas tendrá preferencia sobre el catabolismo de los aminoácidos.
2. El hígado no puede acumular aminoácidos.
3. Los aminoácidos sufren transaminación en cuanto llegan al hígado.
4. Cualquier aminoácido que se encuentre en exceso con respecto a las necesidades inmediatas de obtener energía se incorporará a las proteínas.
5. Los aminoácidos sólo se pueden catabolizar si se hallan presentes en la dieta.

170. Los ácidos biliares:

1. Son derivados esteroideos.
2. Se segregan en el intestino.
3. Se sintetizan en el hígado a partir de la progesterona.
4. Tienen propiedades tensoactivas, por lo que impiden la emulsión de las grasas.
5. Están generalmente unidos a glicina o taurina mediante un enlace sulfhidrilo.

171. En la formación de aminoacil-tRNA:

1. ADP y Pi son productos de la reacción.
2. El aminoacil adenilato aparece en solución como un intermediario libre.
3. Se cree que la aminoacil-tRNA sintetasa reconoce e hidroliza los aminoacil-tRNA incorrectos que pueda haber producido.
4. Existe una aminoacil-tRNA sintetasa diferente para cada aminoácido que aparece en las proteínas funcionales finales.
5. Existe una aminoacil-tRNA sintetasa distinta para cada especie de tRNA.

172. El enlace entre un aminoácido y el t-RNA es:

1. Fosfodiéster.
2. Glicosídico.
3. Peptídico.
4. Anhidrido.
5. Ester.

173. Para hacer un DNA recombinante se requiere:

1. Poli (dT).
2. El corte escalonado de las moléculas de DNA por medio de enzimas de restricción.
3. El corte por medio de enzimas de restricción para generar fragmentos con los extremos romos.
4. DNA ligasa.
5. cDNA.

174. La xantina se forma por desaminación oxidativa, inducida por el ácido nitroso, de una de las siguientes bases nitrogenadas:

1. Adenina.
2. Citosina.
3. Timina.
4. Guanina.
5. Hipoxantina.

175. La expresión completa del operón "lac" requiere:

1. Lactosa y cAMP.
2. Alolactosa y cAMP.
3. Sólo lactosa.
4. Sólo alolactosa.
5. Ausencia o inactivación del correpresor "lac".

176. **Sobre la vitamina C, una de las siguientes aseveraciones es FALSA:**

    1. Es un antioxidante celular.
    2. Se trata del ácido ascórbico.
    3. Su carencia origina el escorbuto.
    4. Es la conezima de la hidroxilasa de prolina en la síntesis de colágeno.
    5. Es una vitamina liposoluble de función extracelular.

177. **La principal regulación a corto plazo de la actividad glucoquinasa en el hígado se efectúa por:**

    1. La concentración de sustrato.
    2. La concentración de fructosa 1-fosfato.
    3. La inducción de la síntesis de la glucoquinasa por la elevada concentración de glucosa intracelular.
    4. El aumento inducido por la insulina de la transcripción del gen de la glucoquinasa.
    5. La activación alostérica por ADP.

178. **¿Cuál de estos orgánulos NO puede encontrarse en células animales?:**

    1. Mitocondrias.
    2. Lisosomas.
    3. Peroxisomas.
    4. Núcleo.
    5. Glioxisomas.

179. **La carboxilación de la acetil CoA a malonil CoA por la enzima acetil CoA carboxilasa es:**

    1. El proceso metabólico que compromete a la acetil CoA en la síntesis de ácidos grasos.
    2. Es el proceso metabólico que inicia la gluconeogénesis.
    3. Es la primera etapa del ciclo de los ácidos tricarboxilicos.
    4. Es la etapa reguladora en la síntesis de acetoacetato.
    5. Es la reacción que permite la interconversión entre los distintos tipos de cuerpos cetonicos.

180. **La ruta de las pentosas fosfato tiene como uno de sus objetivos:**

    1. La obtención de energía en forma de ATP.
    2. La síntesis de NADH.
    3. La síntesis de NADPH.
    4. La síntesis de glucógeno.
    5. La síntesis de glucosa-6-fosfato.

181. **Los glicerofosfolípidos:**

    1. No están en las membranas.
    2. Se sintetizan a partir del ácido fosfatídico.
    3. No forman parte del tejido nervioso.
    4. Se sintetizan a partir de compuestos esteroideos.
    5. No incluyen a los glucoesfingolípidos.

182. **¿Cuál de las siguientes afirmaciones sobre los icosanoides es FALSA?:**

    1. Derivan del heterociclo tetraciclopentano perhidrofenantreno.
    2. Actúan en el mismo sitio que se producen.
    3. Presentan un alto recambio metabólico.
    4. Promueven reacciones de inflamación.
    5. Inducen la agregación plaquetaria.

183. **Para los triacilgliceroles, son ciertas todas EXCEPTO:**

    1. Son formas de almacenamiento de energía biológica.
    2. Los del alimento se digieren y sintetizan de nuevo.
    3. Se transportan a los tejidos periféricos como lipoproteinas.
    4. Son reservas grasas.
    5. Se sintetizan mediante la adición de fragmentos de 3 carbonos.

184. **Señale cuál de las siguientes proteínas interviene en el proceso de replicación en los organismos procariotas:**

    1. RNA polimerasa.
    2. Transcriptasa inversa.
    3. DNA metilasa.
    4. Primasa
    5. DNA fotoliasa.

185. **Con relación a la gluconeogénesis todas son correctas EXCEPTO:**

    1. Se sintetizan hidratos de carbono a partir de compuestos de 2 Carbonos.
    2. Utiliza siete enzimas glucolíticas.
    3. Utiliza cuatro enzimas glucogénicas específicas.
    4. Participan mecanismos hormonales.
    5. Participan mecanismos alostéricos.

186. **Respecto al transporte de lípidos por el plasma sanguíneo:**

    1. La albúmina transporta ácidos grasos libres.
    2. La albúmina transporta triacilgliceroles.
    3. Las LDL transportan mayoritariamente fosfolípidos de membrana.
    4. El colesterol es transportado por las HDL desde el hígado a los tejidos periféricos.
    5. El transporte de LDL está regulado por el AMPc.

187. En el ciclo del ácido nicotínico todo es verdad EXCEPTO:

1. Es la ruta de oxidación de hidratos de carbono.
2. No participa el piruvato producido en la glucólisis.
3. Utiliza cinco coenzimas.
4. En cada vuelta entran 2 carbonos como grupo acetilo.
5. En cada vuelta se pierden 2 carbonos como CO_2.

188. Indique cuál de las siguientes DNA polimerasas eucariotas se encarga de iniciar la replicación y posee además una actividad primasa asociada:

1. DNA polimerasa α.
2. DNA polimerasa β.
3. DNA polimerasa δ.
4. DNA polimerasa ε.
5. DNA polimerasa γ.

189. Para demostrar y caracterizar las interaciones proteína-proteína, NO se utiliza:

1. Reactivos bifuncionales de entrecruzamiento.
2. Cromatografía de afinidad.
3. Espectrometría de masas.
4. Análisis cinético.
5. Polarización de fluorescencia.

190. La enzima piruvato carboxilasa requiere como coenzima:

1. Coenzima A.
2. NAD^+.
3. Biotina.
4. Pirofosfato de tiamina.
5. Acido fólico.

191. ¿Cuál de las siguientes NO es una coenzima?:

1. Pirofosfato de tiamina.
2. Dinucleótidos de nicotinamida y adenina.
3. Biotina.
4. Niacina.
5. Adeosil cobalamina.

192. La DNA ligasa cataliza la reacción en la que se produce:

1. La unión covalente de un extremo 3'-OH con un extremo 5'-fosfato.
2. La unión covalente de dos extremos 5'-fosfato.
3. La unión covalente de dos extremos 3'-OH.
4. La hidrólisis de un enlace fosfodiéster próximo al extremo 3'-OH.
5. La hidrólisis de un enlace fosfodiéster próximo al extremo 5'-fosfato.

193. ¿Cuál de los siguientes aminoácidos contiene azufre en su molécula?:

1. Aspártico.
2. Lisina.
3. Metionina.
4. Arginina.
5. Histidina.

194. ¿Qué componente protéico no está presente en la horquilla de replicación?:

1. DNA polimerasa.
2. Helicasas.
3. Primasas.
4. Topoisomerasas.
5. RNAsa.

195. El plegado de una proteína globular es un proceso favorecido termodinámicamente por los siguientes factores, EXCEPTO:

1. Entropía conformacional.
2. Enlace covalente.
3. Interaciones carga-carga.
4. Enlaces de hidrógeno internos.
5. Interaciones de Van der Waals.

196. ¿Cuál de los siguientes compuestos son derivados del ácido araquidónico?:

1. Acidos biliares.
2. Retinoles.
3. Corticoesteroides.
4. Prostaglandinas.
5. Hormonas esteroídicas.

197. La actividad de la lisil oxidasa estará disminuida en el caso de que haya una deficiencia de:

1. Cobalto
2. Níquel.
3. Cobre.
4. Hierro.
5. Manganeso.

198. El centro activo de una enzima:

1. Está situado en el centro de la estructura de la enzima.
2. Se une por enlaces covalentes al sustrato.
3. Contiene los residuos responsables de la producción y ruptura de enlaces.
4. Presenta una elevada especificidad por el producto.
5. Se encuentra siempre en el extremo carboxi terminal de la enzima.

199. La carbamoil fosfato sintetasa es inactiva en ausencia de un activador alostérico, ¿cuál?:

1. N-acetilcisteina.
2. N-acetilglicina.
3. N-acetilserina.
4. N-acetilglutamato.
5. N-acetil aspartato.

200. **La secuencia Shine-Dalgarno interviene durante la biosíntesis de proteínas en el siguiente proceso:**

    1. Reconocimiento codón-anticodón.
    2. Fijación del mRNA al ribosoma.
    3. Formación de enlaces peptídicos.
    4. Translocación.
    5. Regneración del GDP a GTP.

201. **En el colágeno:**

    1. Los puentes de hidrógeno intracatenarios estabilizan la estructura nativa.
    2. Debido a la estructura de la glicina, tres cadenas con conformación helicoidal de poliprolina de tipo II pueden enrollarse entre sí y formar una superhélice.
    3. Los ángulos "fi" aportados por la prolina pueden rotar libremente, pero la rotación de los ángulos "psi" está limitada por el anillo.
    4. Las regiones superhelicoides incluyen toda la estructura excepto los restos N y C terminales.
    5. Los enlaces cruzados entre las hélices triples se forman después de que un enzima intracelular convierta alguna de las lisinas en alisina.

202. **La quimotripsina produce la rotura de enlaces peptídicos. Por ello se clasifica entre las:**

    1. Oxidorreductasas.
    2. Transferasas.
    3. Hidrolasas.
    4. Liasas.
    5. Isomerasas.

203. **En una reacción enzimática, un inhibidor competitivo:**

    1. Modifica la Km.
    2. Modifica la Km y la Vmax.
    3. Se une al complejo ES.
    4. Modifica la Vmax.
    5. No modifica la relación Kcat/Km.

204. **¿Cuál de las siguientes afirmaciones sobre los cerebrósidos es FALSA?:**

    1. Pertenecen al grupo de los esfingolípidos.
    2. Su variedad depende del componente glucídico.
    3. Son muy abundantes en el tejido nervioso.
    4. También están presentes en músculo, higado, bazo y sangre.
    5. Su papel en el organismo es fundamentalmente energético.

205. **¿Qué son las ribozimas?:**

    1. Enzimas que intervienen en la síntesis de RNA de transferencia.
    2. Moléculas de RNA con capacidad para actuar como enzimas.
    3. Proteínas que forman parte de la estructura del ribosoma.
    4. Enzimas que intervienen en el proceso de maduración del RNA mensajero.
    5. Enzimas con capacidad para formar híbridos DNA-RNA.

206. **¿Cuál de las siguientes afirmaciones es cierta?:**

    1. La insulina estimula la gluconeogénesis.
    2. El glucagón estimula la glucolisis.
    3. El glucagón inhibe la glucogenolis.
    4. La insulina estimula la glucolisis.
    5. La insulina estimula la glucogenolisis.

207. **¿Cuál de las siguientes afirmaciones sobre la fosforilación oxidativa NO es correcta?:**

    1. Tiene lugar en la membrana interior de las mitocondrias.
    2. Es la fuente principal de ATP en los organismos aerobios.
    3. Los electrones se transfieren desde el NADH o el $FADH_2$ hasta el oxígeno.
    4. La CoA sirve como transportador de electrones entre las flavoproteínas y los citocromos de la cadena de transporte electrónico.
    5. El NADH y el $FADH_2$ se generan fundamentalmente en la glucolisis, oxidación de ácidos grasos y en el ciclo del ácido cítrico.

208. **Las metilxantinas (cafeína y teofilina):**

    1. Activan la proteína quinasa A.
    2. Activan proteínas G de membrana plasmática.
    3. Son enzimas implicadas en el metabolismo de nucleótidos.
    4. Inhiben el catabolismo del AMP cíclico.
    5. Inhiben la degradación del glucógeno.

209. **En una doble hélice de DNA:**

    1. Las cadenas individuales no son helicoidales.
    2. Los puentes de hidrógeno se forman entre dos bases púricas o dos pirimidínicas.
    3. La adenina de una cadena forma puentes de hidrógeno con la timina de la cadena opuesta.
    4. Las cadenas son paralelas.
    5. La parte externa de la hélice es neutra.

210. **Una coenzima es:**

    1. Un cofactor orgánico de una enzima.
    2. Un ión metálico que sirve de puente entre la enzima y el sustrato.
    3. Un cofactor inorgánico de una enzima.

4. Un compuesto enzimático que no se altera durante la reacción.
5. Una proteína sin cofactor.

211. **La biosíntesis de ácidos grasos:**

1. Necesita NADH para las reacciones de reducción.
2. Comienza con la entrada de acetil-CoA y malonil-CoA al complejo ácido graso sintasa.
3. Es un proceso oxidativo que requiere NAD^+.
4. Requiere NADPH que es suministrado íntegramente por el ciclo citrato/malato.
5. Requiere NADH que es suministrado por la ruta de las pentosas fosfato.

212. **¿Cuál de las siguientes afirmaciones sobre las DNA polimerasas de E. coli es correcta?:**

1. Todas las polimerasas tienen las dos actividades exonucleolíticas 3'→ 5' y 5'→ 3'.
2. La función principal de la DNA polimerasa III es la reparación del DNA.
3. Las polimerasas I y III requieren cebador y molde.
4. La polimerasa I tiende a permanecer pegada al molde hasta que se ha añadido un número muy grande de nucleótidos.
5. La especificidad de la reacción de la polimerasa es inherente a la naturaleza de las polimerasas.

213. **El aumento de la secreción del glucagón provoca, entre otros efectos:**

1. Disminución de la concentración de cAMP.
2. El pase de la forma a a la b de la glucógeno fosforilasa.
3. Disminución de la glucogenolisis.
4. Desfosforilación de la glucógeno sintasa.
5. La fosforilación de la piruvato quinasa.

214. **La S-adenosilmetionina:**

1. Es un importante regulador de la glucolisis.
2. Es un importante regulador de la piruvatodeshidrogenasa.
3. En su síntesis se libera ADP.
4. Interviene en el metabolismo de las poliaminas.
5. En sus síntesis en imprescindible el ADP.

215. **¿Cuál de los siguientes enunciados es descriptivo de una característica de la hemoglobina?:**

1. La unión del efector alostérico 2,3-bisfosfoglicerato (2,3-BPG) se produce en el mismo sitio de unión del O_2.
2. Los grupos hemo están unidos por enlaces covalentes al resto de la proteína.
3. El CO_2 se une en la desoxihemoglobina al Fe^{2+} del grupo hemo.
4. La histidina distal está unida por un enlace de hidrógeno a la porfirina.
5. El hemo se sitúa en un bolsillo hidrófobo, que inhibe la oxidación del Fe^{2+}.

216. **La enzima aspartato transcarbamilasa interviene en uno de los siguientes procesos de biosíntesis:**

1. De pirimidinas.
2. De purinas.
3. De ácido aspártico.
4. De la urea.
5. Del grupo hemo.

217. **¿Qué enzima está ausente en el músculo pero presente en el hígado normal?:**

1. Glucógeno fosforilasa.
2. Fosfoglucomutasa.
3. Fosfoglucoquinasa.
4. Glucosa-6-fosfatasa.
5. Enzima desramificante.

218. **Desde el punto de vista de su estructura química, las ceras son:**

1. Esteres de alcoholes de cadena larga y ácidos grasos de cadena larga.
2. Esteres de glicerol y ácidos grasos poliinsaturados de cadena larga.
3. Esteres de ceramida, fosfato y un alcohol nitrogenado hidrofóbico.
4. Esteres de ácido fosfatídico y alcohol nitrogenado.
5. Compuestos formados por aposición de varias unidades isoprenoides.

219. **El ácido malónico se diferencia del ácido succínico en que tiene un solo grupo metileno. Por esta razón, es un inhibidor de la succinato deshidrogenasa de tipo:**

1. Irreversible.
2. Competitivo.
3. No competitivo.
4. Incompetitivo.
5. Mixto.

220. **¿Cuál de las siguientes afirmaciones sobre la Vitamina D es verdadera?:**

1. Se utiliza como anabolizante.
2. Tratamiento habitual en los procesos inflamatorios.
3. Regula la tensión arterial.
4. Regula el metabolismo del fósforo y del calcio.
5. Su síntesis depende de fosfolipasas.

221. **La malonil-CoA**

1. Es un inhibidor de la entrada de Acil-CoA en la mitocondria.
2. Es sustrato de la Acetil-CoA carboxilasa citosólica.
3. Es un metabolito intermediario en la degradación de ácidos grasos de cadena larga.
4. Es un intermediario en la síntesis de cuerpos cetónicos en el hígado.
5. Forma parte de la Coenzima A.

222. **El proceso metabólico de obtención de glucosa a partir de glucógeno (glucogenolisis) se produce mediante un mecanismo de:**

1. Hidrólisis.
2. Fosforolisis.
3. Fosforilación oxidativa.
4. Condensación aldólica.
5. Isomerización.

223. **En la glucolisis:**

1. La glucosa 6 fosfato inhibe a la glucoquinasa pero no a la hexoquinasa.
2. Se lleva a cabo en el citosol y en la mitocondria.
3. Se generan 38 moléculas de ATP a partir de 1 molécula de glucosa.
4. La piruvato quinasa lleva a cabo una fosforilación a nivel de sustrato.
5. Se inhibe en presencia de oxígeno.

224. **Uno de los siguientes metabolitos no es un intermediario del ciclo del ácido cítrico (o de Krebs):**

1. Succinato.
2. Citrato.
3. Fumarato.
4. Malato.
5. Glutamato.

225. **Sobre los cuerpos cetónicos:**

1. Se sintetizan en el músculo esquelético después de un ejercicio prolongado.
2. Se sintetizan en el hígado a partir de Acetil-CoA excedente de la degradación de ácidos grasos.
3. Se transportan por el plasma unidos a proteínas específicas.
4. Se metabolizan en el hígado para obtener ATP en ausencia de hidratos de carbono.
5. Se metabolizan en el cerebro cuando hay un exceso de glucosa en plasma.

226. **La transcriptasa inversa es una enzima presente en:**

1. Procariotas.
2. Adenovirus.
3. Parvovirus.
4. Levaduras.
5. Retrovirus.

227. **¿Cuál de los siguientes aminoácidos tiene dos carbonos asimétricos.**

1. Prolina.
2. Metionina.
3. Treonina.
4. Alanina.
5. Glicina.

228. **Para separar dos proteínas de diferente tamaño usaremos:**

1. Una electroforesis de alto voltaje.
2. Una cromatografía de alta presión en fase reversa.
3. Un electroenfoque.
4. Una precipitación salina.
5. Una cromatografía de filtración en gel.

229. **La síntesis de ATP en la fosforilación oxidativa se lleva a cabo:**

1. Gracias a la transferencia de electrones desde el NADH o el $FADH_2$ hasta el O_2.
2. Gracias a la transferencia de electrones desde el NADH, el NADPH o el $FADH_2$ hasta el O_2.
3. Gracias a la cadena transportadora de electrones de la membrana externa mitocondrial.
4. En el ciclo tricarboxílico.
5. En el citoplasma.

230. **La vitamina E:**

1. También se denomina eicosanol.
2. También se denomina colecalciferol.
3. Impide la peroxidación de ácidos grasos.
4. Es un compuesto isoprénico de carácter mixto.
5. Es hidrosoluble.

231. **La unidad catalítica del complejo ATP-sintasa es:**

1. La unidad F0.
2. Las unidades F0 y F1.
3. La unidad F1.
4. Todas las unidades en conjunto.
5. Cualquiera de las unidades aisladas.

232. **Respecto a la desnaturalización de una proteína:**

1. Consiste en la pérdida de su estructura primaria.
2. Consiste en la pérdida de su estructura tridimensional.
3. Consiste en la pérdida de sus aminoácidos esenciales.
4. Implica la separación de su grupo prostético.
5. En general ocurre a temperaturas superiores a los 100ºC.

233. ¿Cuál es la estructura química que define el carácter polar del colesterol?:

   1. La cadena hidrocarbonada en C17.
   2. La disposición espacial que adoptan los cuatro anillos que forman el heterociclo denominado tetraciclopentano perhidrofenantreno.
   3. El grupo hidroxilo en C3.
   4. El doble enlace entre C5 y C6.
   5. Todo lo anterior es falso porque el colesterol es una molécula totalmente polar.

234. ¿Cuál de las siguientes afirmaciones acerca de la estructura de proteínas es correcta?:

   1. La estructura en hélice-α es típica del colágeno.
   2. La estructura β u hoja plegada se estabiliza mediante puentes disulfuro intercatenarios.
   3. La estabilidad de la hélice-α se mantiene por la presencia de puentes de hidrógeno intracatenarios.
   4. La estructura tridimensional funcional se mantiene mediante enlaces peptídicos.
   5. Las cadenas laterales hidrofóbicas de la proteína tienden a situarse en el exterior de la estructura nativa.

235. ¿Cuál de las siguientes proteínas NO tiene estructura cuaternaria?:

   1. Hemoglobina.
   2. Inmunoglobulina G.
   3. Insulina.
   4. Lisozima.
   5. Piruvato deshidrogenasa.

236. ¿Cuál es la molécula común a todos los esfingolípidos?:

   1. Ceramida.
   2. Amioazúcares.
   3. Colesterol.
   4. Fosfocolina.
   5. Triacilglicéridos.

237. ¿Qué compuesto es un importante regulador fisiológico de la glucolisis?:

   1. Fructosa-2,3-bisfosfato.
   2. Fructosa-2,6-bisfosfato.
   3. Dihidroxiacetona fosfato.
   4. Fructosa.
   5. Galactosa.

238. En la cadena transportadora de electrones mitocondrial:

   1. El transporte de electrones del NADH (H$^+$) al citocromo c lo realiza el complejo I.
   2. El complejo II transporta electrones del FADH$_2$ al citocromo c.
   3. El transporte de electrones de la coenzima Q reducida al citocromo c lo realiza el complejo III.
   4. El complejo I transporta electrones del FADH$_2$ a la conezima Q oxidada.
   5. El complejo IV transporta electrones del ubiquinol al citocromo c.

239. Los inhibidores irreversibles de una reacción enzimática:

   1. Producen una elevación aparente de la Km.
   2. Modifican covalentemente la estructura de la enzima.
   3. Su acción es independiente del tiempo de contacto entre enzima e inhibidor.
   4. Su acción se elimina mediante diálisis.
   5. Son análogos estructurles del sustrato.

240. ¿Qué relación existe entre α-D-glucosa y β-D-glucosa?:

   1. Anómeros.
   2. Epímeros.
   3. Isómeros.
   4. Enantiómeros.
   5. Topoisómeros.

241. La actividad peptidil-transferasa en procariotas reside en una de las siguientes moléculas:

   1. rRNA 5S.
   2. rRNA 16S.
   3. rRNA 23S.
   4. Aminoacil-tRNA sintetasa.
   5. RNA polimerasa I.

242. Indique cuál de las siguientes proteínas es globular, oligomérica, contiene un grupo prostético y su estructura secundaria presenta un elevado porcentaje en α-hélice:

   1. Mioglobina.
   2. Colágeno.
   3. Hemoglobina.
   4. β-queratinas.
   5. Fibroína.

243. En el péptido de estructura Ser-Val-Ile-Glu-Pro-Gly:

   1. El grupo α-amino libre pertenece al residuo de Gly.
   2. El grupo C-terminal pertenece al residuo de Gly.
   3. Es un péptido que presenta seis enlaces peptídicos.
   4. Hay cuatro grupos carboxilo libres.
   5. Se encuentra un aminoácido aromático.

244. ¿Cuál de las siguientes enzimas interviene en la glucolisis?:

1. Aminotransferasa.
2. Fructosa 1,6 bisfosfatasa.
3. Succinato deshidrogenasa.
4. Hexoquinasa.
5. Fosfoenolpiruvato carboxiquinasa.

245. En la fase luminosa de la fotosíntesis se obtienen:

1. Compuestos de carbono reducidos a partir del CO_2.
2. Aminoácidos y cetoácidos.
3. ATP, ADP y acetil-CoA.
4. NADPH y ATP.
5. Electrones para reducir el ATP.

246. La desaminación del ácido glutámico por parte de la enzima glutamato deshidrogenasa da lugar a uno de los siguientes compuestos:

1. Piruvato.
2. Oxalacetato.
3. Succinil-CoA.
4. Oxalosuccinato.
5. α-cetoglutarato.

247. ¿En cuál de los siguientes compartimentos celulares tiene lugar la transformación de una molécula de glucosa en dos de piruvato?:

1. Matriz mitocondrial.
2. Membrana mitocondrial externa.
3. Retículo endoplásmico.
4. Membrana mitocondrial interna.
5. Citosol.

248. ¿Cuál de estas enzimas tiene mayor similitud con la piruvato deshidrogenasa, en cuanto al tipo de reacción que catalizan?:

1. Lactato deshidrogenasa.
2. α-cetoglotarato deshidrogenasa.
3. Aconitasa.
4. Citrato sintasa.
5. Malato deshidrogenasa.

249. La secreción de glucagón trae como consecuencia:

1. El aumento de fructosa-2,6-bisfosfato.
2. El aumento de la síntesis de glucógeno.
3. La disminución de la fructosa-2,6-bisfosfato y el aumento de la glucolisis.
4. La disminución de la fructosa-2,6-bisfosfato y el aumento de la gluconeogenesis.
5. Ninguna es correcta.

250. El síndrome de Lesch-Nyhan:

1. Es consecuencia de la ausencia de la enzima hipoxantina-guanina fosforribosiltransferasa.
2. Es consecuencia de la ausencia de la enzima PRPP sintasa.
3. Es consecuencia de la ausencia de la enzima PRPP amidoransferasa.
4. Es consecuencia de un exceso de nucleótidos en la dieta.
5. Presenta un diagnóstico inviable con las técnicas actuales.

251. El pH de una disolución 0.1 M de acetato amónico, con $K_a(HAc)=4.8$ y $K_a(NH_4^+)=9.2$ es:

1. 4.8
2. 9.2
3. 5.8
4. 7.0
5. 8.2

252. Una mezcla de cantidades iguales de enantiómeros, que es ópticamente inactiva se denomina:

1. Diastereomérica.
2. Racémica.
3. Enantiomérica.
4. Quiral.
5. Inactiva.

253. Indicar a que se debe que el punto de ebullición del helio sea el más bajo de todas las sustancias conocidas:

1. Al pequeño tamaño del átomo de helio.
2. A que es un gas monoatómico.
3. A las debilísimas fuerzas de dispersión entre átomos.
4. A su baja afinidad electrónica.
5. A su alta entalpía de ionización.

254. ¿Cuál de las siguientes afirmaciones sobre la Vitamina E es FALSA?:

1. Es antioxidante.
2. Es una vitamina hidrosoluble.
3. Previene la oxidación de lípidos de membrana.
4. Está relacionada con el envejecimiento.
5. Su déficit es raro en mamíferos.

255. ¿Qué tipo de método espectroscópico, de los basados en la radiación electromagnética, tiene su fundamento en las transiciones cuánticas asociadas al espin de los núcleos?:

1. Emisión de rayos gamma.
2. Resonancia nuclear magnética.
3. Espectrometría de masas.
4. Resonancia de espin electrónico.
5. Difracción de rayos X.

256. Un fragmento de OKAZAKI es:

1. Un RNA cebador.
2. Un producto de digestión de la enzima EcoR1.
3. Un pequeño fragmento de DNA sintetizado sobre la cadena retardada.
4. Un dominio catalítico de la DNA polimerasa.
5. Un segmento de replicación autónomo del DNA de levaduras.

257. ¿Cuál de los siguientes índices de tendencia central resulta útil cuando la variable crece exponencialmente?:

1. Mediana.
2. Moda.
3. Media armónica.
4. Media aritmética.
5. Media geométrica.

258. ¿Cuál de estas proteínas NO tiene actividad enzimática?:

1. Glucosa permeasa.
2. Citocromo P450.
3. Lactasa.
4. Glucoquinasa.
5. Trombina.

259. Los iones enolatos por naturaleza son:

1. Monodentados.
2. Ambidentados.
3. Poco reactivos.
4. Tridentados.
5. Muy estables.

260. En cuanto a las proteínas integrales de membrana:

1. Suelen contener una proporción elevada de aminoácidos hidrofílicos para interaccionar con la bicapa lipídica.
2. Se extraen de las bicapas con un detergente.
3. Todas son glucoproteínas.
4. Forman parte de la matriz extracelular.
5. Están ancladas a la membrana por interacciones iónicas y enlaces de hidrógeno.

Titulación: QUÍMICA
Convocatoria: 2002
Nº de versión de examen: 0
V = Nº de la pregunta en versión de examen 0.
RC = Respuesta correcta

V	RC	V	RC	V	RC	V	RC	V	RC
1	1	53	3	105	4	157	5	209	3
2		54	4	106	2	158	5	210	1
3	5	55	2	107	4	159	3	211	2
4	3	56	4	108	2	160	2	212	3
5	3	57	5	109	1	161	3	213	5
6	3	58	1	110	4	162	4	214	4
7	3	59	4	111	2	163	1	215	5
8	4	60	5	112	5	164	1	216	1
9	2	61	3	113	2	165	5	217	4
10	2	62	3	114	4	166	3	218	1
11		63	4	115	4	167	2	219	2
12	3	64	4	116	3	168	1	220	4
13	3	65	1	117	3	169	1	221	1
14	4	66	4	118	2	170	1	222	2
15	2	67	2	119	1	171		223	4
16	5	68	3	120	3	172	5	224	5
17	3	69	2	121	1	173	4	225	2
18	2	70	2	122	4	174	4	226	5
19	2	71	2	123	5	175	2	227	3
20	2	72	5	124	5	176	5	228	5
21	2	73	5	125	3	177	1	229	1
22	1	74	5	126	3	178	5	230	3
23	5	75	4	127	5	179	1	231	3
24	1	76	4	128	5	180	3	232	2
25	2	77	3	129	3	181		233	3
26	4	78	3	130	5	182		234	3
27	5	79	2	131	2	183	5	235	4
28	4	80	4	132	5	184	4	236	1
29	4	81	4	133	1	185	1	237	2
30	2	82	4	134	5	186	1	238	3
31	3	83	4	135	4	187		239	2
32	5	84	2	136	3	188	1	240	1
33	5	85	4	137	1	189	3	241	3
34	2	86	2	138	2	190	3	242	3
35	2	87	5	139	3	191		243	2
36	1	88	2	140	5	192	1	244	4

37	5	89	1	141	3	193	3	245	4
38	2	90	3	142	1	194	5	246	5
39	1	91	1	143	3	195	2	247	5
40	5	92	5	144	4	196	4	248	2
41	5	93		145	5	197	3	249	4
42	3	94	4	146	4	198	3	250	1
43	4	95	2	147	5	199	4	251	4
44	2	96	1	148	3	200	2	252	2
45	1	97	5	149	4	201	2	253	3
46	1	98	1	150	4	202	3	254	2
47	3	99	5	151	1	203	1	255	2
48	4	100	2	152	4	204	5	256	3
49	4	101	4	153	1	205	2	257	5
50	3	102	3	154	4	206	4	258	1
51	2	103	5	155	4	207	4	259	2
52	2	104	3	156	3	208	4	260	2

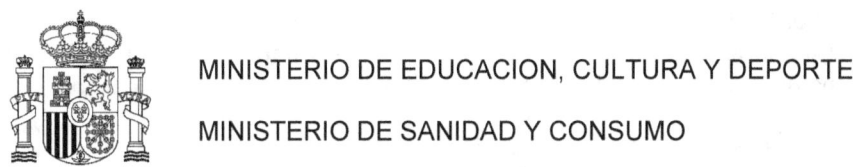

MINISTERIO DE EDUCACION, CULTURA Y DEPORTE

MINISTERIO DE SANIDAD Y CONSUMO

PRUEBAS SELECTIVAS 2003 - CONVOCATORIA ÚNICA -

CUADERNO DE EXAMEN

QUÍMICOS

ADVERTENCIA IMPORTANTE

ANTES DE COMENZAR SU EXAMEN, LEA ATENTAMENTE LAS SIGUIENTES

INSTRUCCIONES

1. Compruebe que este Cuaderno de Examen lleva todas sus páginas y no tiene defectos de impresión. Si detecta alguna anomalía, pida otro Cuaderno de Examen a la Mesa.

2. La "Hoja de Respuestas" se compone de tres ejemplares en papel autocopiativo que deben colocarse correctamente para permitir la impresión de las contestaciones en todos ellos. Compruebe sus datos identificativos impresos en ellas. Recuerde que debe firmar esta Hoja.

3. Sólo se valoran las respuestas marcadas en la "Hoja de Respuestas", siempre que se tengan en cuenta las instrucciones contenidas en la misma.

4. Compruebe que la respuesta que va a señalar en la "Hoja de Respuestas" corresponde al número de pregunta del cuestionario.

5. Si inutiliza su "Hoja de Respuestas" pida un nuevo juego de repuesto a la Mesa de Examen y **no olvide** consignar sus datos personales.

6. Recuerde que el tiempo de realización de este ejercicio es de **cinco horas improrrogables**.

7. Podrá retirar su Cuaderno de Examen una vez finalizado el ejercicio y hayan sido recogidas las "Hojas de Respuesta" por la Mesa.

1. De acuerdo con la masa que presentan los isómeros del hidrógeno, la energía del punto cero de las moléculas diatómicas homonucleares, varía en el orden:

   1. $H_2 < D_2 < T_2$.
   2. $D_2 < H_2 < T_2$.
   3. $D_2 < T_2 < H_2$.
   4. $T_2 < H_2 < D_2$.
   5. $T_2 < D_2 < H_2$.

2. Señalar cuál de las siguientes afirmaciones es correcta:

   1. El ácido HI es más débil que el HBr.
   2. Los ácidos HI y HBr presentan pK positivas en agua.
   3. El ácido HI presenta, en agua, una constante de acidez menor que 1.
   4. La fuerza de los ácidos HI y HBr, en agua, no se puede diferenciar.
   5. La acidez de HBr desaparece en amoníaco líquido.

3. Dentro de los isómeros de espín nuclear del dihidrógeno, el ortohidrógeno:

   1. Se favorece a bajas temperaturas.
   2. Es el de menor energía.
   3. Presenta los dos espines nucleares paralelos.
   4. Puede obtenerse el cien por cien.
   5. Tiene un número cuántico de espín nuclear cero.

4. Indicar cuál de las siguientes afirmaciones sobre el Na_2O_2 es ERRONEA:

   1. Es un poderoso agente oxidante.
   2. Oxida al Cr^{3+} a dicromato.
   3. Reacciona con CO_2 para dar carbonato sódico y oxígeno.
   4. Contiene el anión peróxido.
   5. Es una sustancia paramagnética.

5. El complejo octaédrico $[Mn(CN)_6]^{4-}$, de campo fuerte, tiene según la teoría del campo cristalino:

   1. Un electrón desapareado.
   2. Dos electrones desapareados.
   3. Tres electrones desapareados.
   4. Cuatro electrones desapareados.
   5. Cinco electrones desapareados.

6. Dentro de los boranos, el diborano, pertenece al grupo de los:

   1. Closoboranos.
   2. Nidoboranos.
   3. Aracnoboranos.
   4. Hifoboranos.
   5. Conjuntoboranos.

7. Señalar el Grupo Puntual al que pertenece la molécula BrF_3:

   1. D_{5h}
   2. C_{2v}
   3. D_{4d}
   4. C_{4v}
   5. D_{3h}

8. La configuración electrónica del fósforo es:

   1. $[He]2s^22p^3$.
   2. $[He]2s^22p^4$.
   3. $[He]2s^22p^2$.
   4. $[Ne]3s^23p^3$.
   5. $[Ne]3s^23p^4$.

9. ¿Cuántos orbitales existen en la capa de un átomo con número cuántico principal n = 4?:

   1. 4
   2. 5
   3. 9
   4. 12
   5. 16

10. En la siguiente reacción nuclear $^{23}_{10}Ne + ^{4}_{2}\alpha \rightarrow X + ^{1}_{0}n$:

    1. O
    2. F
    3. Na
    4. Mg
    5. Al

11. De acuerdo con la teoría de la repulsión de pares electrónicos de la capa de valencia la forma de una molécula de tetrafluoruro de xenón es:

    1. Piramidal.
    2. Plano cuadrada.
    3. En balancín.
    4. Tetraédrica.
    5. Bipiramidal trigonal.

12. ¿Cuántos planos verticales de simetría presenta una molécula de agua?:

    1. Ninguno.
    2. Uno.
    3. Dos.
    4. Tres.
    5. Cuatro.

13. ¿Cuántos ejes de rotación ternarios presenta una molécula que pertenece al grupo de simetría Oh?:

    1. Ninguno.
    2. Uno.

3. Dos.
4. Tres.
5. Cuatro.

14. **Según la teoría del enlace de valencia la geometría plano cuadrada de los compuestos de coordinación se explica mediante orbitales híbridos:**

    1. sp^3.
    2. sd^3.
    3. dsp^2.
    4. pd^3.
    5. d^2sp.

15. **De acuerdo con la denominación de las interacciones ácido-base como duras o blandas indicar cuál de los siguientes elementos cabe encontrar en la Naturaleza en forma de sulfuro:**

    1. Rubidio.
    2. Aluminio.
    3. Cromo.
    4. Cadmio.
    5. Calcio.

16. **Indicar el tipo de estructura de un óxido binario en el que los iones óxido presentan un empaquetamiento cúbico centrado en las caras y los cationes metálicos ocupan todos los huecos tetraédricos:**

    1. Fluorita.
    2. Antifluorita.
    3. Blenda.
    4. Wurtzita.
    5. Sal gema.

17. **Indicar la estequiometría de un sulfuro de un metal de transición en el que los iones azufre presentan un empaquetamiento hexagonal compacto y los cationes metálicos ocupan la mitad de los huecos tetraédricos:**

    1. MS.
    2. M2S.
    3. MS2.
    4. M2S3.
    5. M3S2.

18. **La aparición de un lugar vacante en un retículo cristalino perfecto se denomina:**

    1. Defecto tipo Schottky.
    2. Defecto tipo Frnkel.
    3. Defecto extrínseco.
    4. Defecto Wadsley.
    5. Centro de color.

19. **Todos los sólidos en condiciones ambientales tienen defectos intrínsecos en su estructura cristalina:**

    1. No es correcto.
    2. Porque aumenta la entalpía de formación.
    3. Porque disminuye la entalpía de formación.
    4. Porque disminuye la entropía del sólido.
    5. Porque aumenta la entropía del sólido.

20. **Seleccionar el óxido con las características ácidas más fuertes:**

    1. Cl_2O_7.
    2. SO_3.
    3. NO_2.
    4. Cl_2O_5.
    5. CO_2.

21. **La existencia de efecto matriz en el análisis de una muestra por un método instrumental se detecta por:**

    1. La diferencia entre las pendientes del calibrado externo y el de adiciones de patrón.
    2. La curvatura del calibrado de adiciones de patrón.
    3. La mayor ordenada en el origen del calibrado de adiciones de patrón.
    4. El incremento de la señal en los puntos centrales del calibrado externo.
    5. La disminución de la señal en los puntos centrales del calibrado externo.

22. **Un buen instrumento de análisis debería tener una relación señal/ruido:**

    1. Menor de 1.
    2. Igual a 1.
    3. Lo más pequeña posible.
    4. Lo más grande posible.
    5. Igual a 0.5.

23. **Las curvas de valoración de iones metálicos con AEDT tienen saltos de pM cuya magnitud:**

    1. No depende del pH.
    2. Aumenta al aumentar la constante de formación del complejo.
    3. Disminuye al aumentar la constante de formación del complejo.
    4. No depende de la constante de formación del complejo.
    5. Aumenta al aumentar la concentración de un complejante auxiliar.

24. **Indicar cuál de estas afirmaciones es FALSA. En cromatografía de gases, el índice de retención o de Kovats:**

    1. Es un parámetro que se utiliza para la identificación cualitativa de solutos.
    2. Para los alcanos, su valor es prácticamente independiente de la temperatura.
    3. El índice de retención del heptano es 700.
    4. Se determina utilizando como referencia una serie homóloga de hidrocarburos saturados.

5. Su valor es igual a la relación entre los factores de retención del soluto y de la especie menos retenida.

25. El intervalo dinámico lineal de un método analítico es:

1. El intervalo de concentraciones para el que se obtiene alguna respuesta en el detector.
2. El intervalo útil de concentración del analito.
3. El intervalo de concentraciones para el que la señal está por encima de tres veces el nivel de ruido.
4. El intervalo de concentraciones en el que la sensibilidad se mantiene aproximadamente constante.
5. El intervalo de concentraciones comprendido entre cero y el límite superior del calibrado.

26. La separación cromatográfica de dos analitos adyacentes se considera analíticamente adecuada cuando el valor de la resolución Rs es:

1. 0.5
2. menor de 0.5
3. 1
4. comprendido entre 0.5 y 1
5. 1.5

27. El análisis de mezclas por espectrofotometría de absorción molecular se basa en que, a una misma longitud de onda:

1. Las absorbancias de todos los componentes de la mezcla son iguales.
2. Las absorbancias de todos los componentes de la mezcla son aditivas.
3. Todos los componentes de la mezcla presentan su máximo de absorción.
4. Las absortividades molares de todos los componentes de la mezcla son iguales.
5. Dos o más componentes de la mezcla no absorben.

28. Cuando se determina una base mediante una volumetría ácido-base, debe escogerse un indicador cuyo intervalo de viraje:

1. Incluya siempre el valor de pH 7.
2. Sea básico.
3. Incluya siempre el valor de pH = pK_b de la base valorada.
4. Sea ácido.
5. Abarque al menos dos unidades de pH por encima del valor de pK_b de la base valorada.

29. ¿Cuál es la fuerza iónica de una disolución que es 0.05 M en KNO_3 y 0.1 M en Na_2SO_4?:

1. 0.30 M.
2. 0.15 M.
3. 0.35 M.
4. 0.70 M.
5. 0.1 M.

30. En la separación cromatográfica de dos vitaminas liposolubles mediante HPLC en fase inversa y en régimen isocrático, un aumento en el contenido de metanol de la fase móvil provoca:

1. Un aumento de los tiempos de retención para ambas vitaminas.
2. Una disminución de los tiempos de retención para ambas vitaminas.
3. Un aumento del tiempo de retención para una sola de las vitaminas.
4. Una disminución del tiempo de retención para una sola de las vitaminas.
5. No influye en los tiempos de retención.

31. El balance de ligando para una disolución del complejo ML_2 perteneciente a un sistema M, ML, ML_2, ML_3, es:

1. $[L] + [ML_2] = [ML] + [ML_3]$
2. $[L] + [ML] + [M] = [ML_3]$
3. $[L] + [ML_3] = [M] + [ML]$
4. $2[L] + [ML_3] = [M] + [ML]$
5. $[L] + [ML_3] = [ML] + 2[M]$

32. El producto de la reacción entre un ácido de Lewis y una base de Lewis se llama:

1. Quelato.
2. Sal doble.
3. Acido conjugado.
4. Aducto.
5. Par iónico.

33. Los productos de solubilidad, K_s, del CdS y del Tl_2S son, respectivamente, 1×10^{-27} y 6×10^{-22}. Si a una disolución de Cd^{2+} y Tl^+ ambos 0.1 M se le añade otra de sulfuro, calcular la concentración $[S^{2-}]$ necesaria para que precipite cuantitativamente (99.9%) el sulfuro menos insoluble:

1. 6×10^{-14} M.
2. 1×10^{-23} M.
3. 6×10^{-21} M.
4. 1×10^{-26} M.
5. 6×10^{-20} M.

34. La fluorescencia y la fosforescencia tienen en común que en ambas:

1. El tiempo de duración de la emisión luminiscente es del orden de 10^{-8} s.
2. Se producen transiciones no radiantes entre los estados singlete y triplete.
3. La molécula se desactiva por fenómenos de conversión interna.
4. Se produce la relajación de la molécula entre los niveles vibracionales del estado singlete

excitado
5. Es indiferente que la muestra absorba o no energía radiante.

35. Cuando se mezclan 25.0 ml de $AgNO_3$ 0.2 M con 50.0 ml de Na_2CO_3 0.08 M se forma una masa de carbonato de plata precipitado (Pm = 276) de:

   1. 1.104 g.
   2. 1.380 g.
   3. 0.690 g.
   4. 0.552 g.
   5. 2.760 g.

36. Se aplica el método de Liebig para determinar cianuro en 100.0 ml de una muestra, empleando como valorante una disolución patrón de Ag^+ 0.0143 M. Si se consumieron 32.3 ml hasta aparición de turbidez permanente, calcular los miligramos de KCN (Pm = 65) presentes en la muestra:

   1. 30.0 mg.
   2. 60.0 mg.
   3. 15.0 mg.
   4. 45.0 mg.
   5. 3.00 mg.

37. En presencia de HBr 10^{-4} M, la disolución del agua es menor debido:

   1. A que varía la constante de equilibrio.
   2. Al efecto salino.
   3. A la presencia de un anión voluminoso.
   4. Al efecto de ion común.
   5. Al aumento de la fuerza iónica.

38. El valor de la constante condicional de formación del complejo de Cu^{2+} con AEDT (Y^{4-}) en medio de pH 9 regulado con NH_4Cl/NH_3:

   1. Es independiente de la concentración de regulador.
   2. Depende de la concentración libre de AEDT.
   3. Es independiente del valor de la constante aparente del complejo CuY^{2-}.
   4. Es independiente de las constantes globales de formación de los complejos de Cu^{2+} con amoniaco.
   5. Depende de la concentración libre de amoniaco.

39. El yodato potásico en medio ácido y en presencia de un exceso de yoduro genera yodo que se puede valorar con tiosulfato. Si hacemos reaccionar 2.5 milimoles de yodato ¿cuántos milimoles de tiosulfato se consumirán?:

   1. 2.5
   2. 5
   3. 10
   4. 15
   5. 20

40. En la extracción de cationes metálicos mediante la formación de quelatos neutros se denomina $pH_{0.5}$ o $pH_{1/2}$ al valor de pH para el cual la relación de distribución es:

   1. 0.5
   2. 1
   3. 1.5
   4. 2.5
   5. 3.5

41. En una gravimetría, la sensibilidad viene condicionada por:

   1. La concentración de analito.
   2. La masa de precipitado.
   3. La perfecta limpieza del precipitado.
   4. El valor del factor gravimétrico.
   5. Unicamente por el peso atómico o molecular del analito.

42. ¿Cuál es el pH final de una disolución que contiene 2.0 mmol de HF ($pK_a = 3.2$) y 2.0 mmol de NaF, si se le añaden 0.5 mmol de HCl sin que varíe el volumen?:

   1. 3.0
   2. 3.2
   3. 3.4
   4. 2.8
   5. 3.6

43. La plataforma de L'vov, que se utiliza en espectrometría de absorción atómica forma parte de los:

   1. Nebulizadores ultrasónicos.
   2. Nebulizadores neumáticos.
   3. Atomizadores electrotérmicos.
   4. Atomizadores basados en plasmas de Ar.
   5. Detectores de masas.

44. Un plasma de utilidad analítica puede ser definido como:

   1. Un líquido caliente y conductor de la corriente eléctrica.
   2. Un líquido frío y conductor de la corriente eléctrica.
   3. Un gas frío, ionizado y cargado positivamente.
   4. Un gas parcialmente ionizado y de carga neta cero.
   5. Un gas que se encuentra a presión y temperatura críticas.

45. Si se extrae un ácido del tipo R-COOH mediante un disolvente orgánico adecuado, la fracción extraída (E) se calcula mediante la expresión:

1. $E=1-(1+rD)^{-n}$.
2. $E=1+(1+rD)^{-n}$.
3. $E=1-(1-rD)^{-n}$.
4. $E=1+(1-rD)^{-n}$.
5. $E=1-(1+r/D)^{-n}$.

46. **Indicar cuál de estas afirmaciones es FALSA: en una valoración redox, el potencial en el punto de equivalencia depende:**

    1. Del pH cuando los protones intervienen en alguna semirreacción.
    2. Del número total de electrones transferidos.
    3. De los potenciales normales de los sistemas implicados.
    4. De la concentración inicial de la especie valorada.
    5. Del potencial del electrodo de referencia empleado.

47. **La orina se regula por una disolución amortiguadora de $NaH_2PO_4/NaHPO_4$. Si el pH de una muestra de orina es 6.6, ¿cuál será la proporción de $H_2PO_4^-/H_2PO_4^{2-}$? DATOS: Para el ácido fosfórico, $pK_1=2.2$; $pK_2=7.2$; $pK_3=12.0$:**

    1. 0.25
    2. 4.0
    3. 0.6
    4. −0.6
    5. 1.7

48. **Si una disolución 0.1 M de ácido fosfórico ($pK_1=2.2$, $pK_2=7.2$, $pK_3=12.3$) se tapona a pH=10 la especie predominante en disolución es:**

    1. H_3PO_4.
    2. $H_2PO_4^-$.
    3. HPO_4^{2-}.
    4. PO_4^{3-}.
    5. Ninguna especie es prodominante.

49. **La isotacoferesis capilar en un método analítico utilizado habitualmente para la separación:**

    1. De especies catiónicas o aniónicas.
    2. Conjunta de especies catiónicas y aniónicas.
    3. De especies muy hidrofóbicas.
    4. De especies neutras de alto peso molecular.
    5. De especies muy insolubles en agua.

50. **La solubilidad de un precipitado siempre aumenta en presencia de:**

    1. Un ácido fuerte.
    2. Una base débil que reaccione con el anión del precipitado.
    3. Otro precipitado que contenga el mismo catión.
    4. Un complejante del catión del precipitado.
    5. Una sal que posea algún ion común con los del precipitado.

51. **¿Qué se entiende por calibración metodológica analítica?:**

    1. Caracterización de la respuesta de un procedimiento cuando se emplea un estandar interno.
    2. Aseguramiento de que un instrumento presenta una respuesta instrumental correcta.
    3. Caracterización de la respuesta de un aparato en función de las propiedades de un analito o analitos.
    4. Caracterización de la respuesta de un instrumento en función de las propiedades de un analito o analitos.
    5. Evaluación de la respuesta de un laboratorio usando un material de referencia certificado.

52. **En el curso de las separaciones cromatográficas los componentes de la muestra son transportados por la fase móvil a través de un volumen líquido o de una capa de partículas que tiene diversos nombres comunes pero el término correcto en solamente uno de los que se citan a continuación. ¿Cuál?:**

    1. Soporte sólido.
    2. Adsorbente.
    3. Fase estática.
    4. Fase estacionaria.
    5. Material de empaque.

53. **¿Cuántos gramos de hidrógeno ftalato potásico (Pm 204.1 g/mol) deben pesarse para constrastar una disolución aproximadamente 0.05 M de NaOH de forma que se consuman alrededor de 30 ml?:**

    1. 0.15 g.
    2. 0.31 g.
    3. 0.10 g.
    4. 0.21 g.
    5. 0.61 g.

54. **Los métodos electroanalíticos comunes pueden agruparse seleccionando aquellos que se basan en fenómenos que tienen lugar en la interfase entre los electrodos y las disoluciones. Estos a su vez se agrupan en métodos dinámicos y estáticos. ¿Cuál de entre los que se citan pertenece a este último grupo de métodos estáticos?:**

    1. Electrogravimetría.
    2. Potenciometría.
    3. Voltamperometría.
    4. Culombimetría a potencial del electrodo constante.
    5. Conductimetría.

55. **¿Qué técnica LIDAR (Light Detection and**

Ranging) es la más utilizada para la determinación de gases atmosféricos?:

1. DIAL (differential absorption LIDAR).
2. Está técnica no se utiliza para gases atmosféricos.
3. MRL (Multiple Receivers LIDARs).
4. Doppler LIDAR.
5. RFL (Range Finder LIDAR).

56. Las lámparas de argón son fuentes de tipo continuo empleadas para instrumentos espectroscópicos que trabajan solamente en una región espectral de entre las que se citan:

1. Visible.
2. Ultravioleta.
3. Ultravioleta de vacio.
4. Infrarrojo.
5. Infrarrojo lejano.

57. En la cromatografía de exclusión molecular:

1. Iones de la fase móvil son atraídos por contraiones unidos covalentemente a la fase estacionaria.
2. Los solutos penetran en extensión diferente según tamaño en los huecos de la fase estacionaria.
3. Los solutos en la fase móvil son atraídos por grupos específicos unidos covalentemente por la fase estacionaria.
4. Los solutos se equilibran entre la fase móvil y una película de líquido unida a la fase estacionaria.
5. Los solutos se equilibran entre la fase móvil y la superficie de la fase estacionaria.

58. Para las aplicaciones de la espectrometría de absorción molecular ultravioleta/visible los métodos hacen uso de diferentes disolventes. ¿Cuál de entre los que se citan tiene un mínimo de transparencia, expresado en nanómetros, mas bajo?:

1. Etanol.
2. Benceno.
3. Acetona.
4. Agua.
5. Ciclohexano.

59. Si tiene que analizar una mezcla compuesta por compuestos aromáticos e insaturados mediante cromatografía de gases ¿qué detector seleccionaría?:

1. Fotoionización.
2. Captura electrónica.
3. Emisión atómica.
4. Fotómetro de llama.
5. Nitrógeno-Fósforo.

60. El mecanismo de precipitación de los compuestos iónicos a partir de soluciones homogéneas se compone de un conjunto de etapas ordenadas. ¿Cuál de las que se citan se produce en primer lugar?:

1. Nucleación.
2. Sobresaturación.
3. Crecimiento cristalino.
4. Oclusión.
5. Agregación.

61. ¿Cuál será el orden de elución de los siguientes compuestos: 1-pentanol, 1-hexanona, heptano, octano, nonano y decano, cuando se separan mediante cromatografía de gases usando una columna empaquetada con polietilenglicol?:

1. Heptano, octano, nonano, decano, 2-hexanona, 1-pentanol.
2. Decano, nonano, octano, heptano, 2-hexanona, 1-pentanol.
3. 1-Pentanol, 2-hexanona, decano, nonano, octano, heptano.
4. 1-Pentanol, 2-hexanona, heptano, octano, nonano, decano.
5. 2-Hexanona, 1-pentanol, heptano, octano, nonano, decano.

62. ¿Cuál de los siguientes componentes habituales de un espectrómetro de masas no precisa estar dentro de la parte del instrumento que trabaja en condiciones de vacío?:

1. El sistema de entrada de muestra.
2. La fuente de iones.
3. El detector.
4. El procesador de la señal.
5. El analizador de masas.

63. ¿Cómo se denomina la interferencia que se observa cuando las líneas de emisión aparecen superpuestas sobre bandas emitidas por óxidos y otras especies moleculares de la muestra, del combustible o del oxidante?:

1. Autoabsorción.
2. Interferencia de banda.
3. Interferencia de línea espectral.
4. Interferencia química.
5. Autoinversión.

64. ¿Cuál de entre los siguientes disolventes empleados como fase móvil cromatográfica posee un índice de polaridad (P) más elevado?:

1. Nitrometano.
2. Metanol.
3. Tolueno.
4. Cloroformo.
5. Acetonitrilo.

65. ¿Qué problema puede presentarse en la medida de pH cuando se emplea como electrodo de referencia el de Ag/AgCl y contiene este más de 350 mg/l de plata o la solución de analito contiene un reductor?:

    1. Error alcalino.
    2. Aumento del tiempo de hidratación.
    3. Deriva del potencial de unión líquida.
    4. Aumento del tiempo de equilibración.
    5. Error ácido.

66. En la cromatografía de intercambio iónico, la fase estacionaria es una resina polimerizada mediante enlaces cruzados. Existen varias categorias de resinas y una que posea como grupos funcionales iónicos aminas cuaternarias se deberá encuadrar en la categoría de:

    1. Intercambiadores catiónicos de ácidos fuertes.
    2. Intercambiadores de iones en disoluciones muy ácidas.
    3. Intercambiadores catiónicos de ácidos débiles.
    4. Intercambiadores aniónicos de bases débiles.
    5. Intercambiadores aniónicos de bases fuertes.

67. Para el análisis de aluminio en presencia de hierro se puede utilizar como agente enmascarante:

    1. Fluoruro.
    2. Oxalato.
    3. Tiocianato.
    4. Acido tioglicólico.
    5. Tartrato.

68. Las antorchas de plasma acoplado por inducción que se utilizan en espectroscopía de emisión permiten alcanzar temperaturas que están en el rango de:

    1. 500 a 1000ºK.
    2. 2000 a 4000ºK.
    3. 6000 a 10000ºK.
    4. 20000 a 40000ºK.
    5. 120000 a 150000ºK.

69. Cuando dos moles de permanganato se reducen con yoduro se originan:

    1. Dos moles de yodo.
    2. Cinco moles de yodo.
    3. Un mol de yodo.
    4. Seis moles de yodo.
    5. Diez moles de yodo.

70. El material empleado como referencia para calibrar equipos de medida o contrastar la trazabilidad de las medidas se denomina:

    1. Material de Referencia.
    2. Material de Referencia certificado
    3. Patrón.
    4. Material Contrastado.
    5. Patrón Primario.

71. La fiabilidad es:

    1. La capacidad que presenta un método para mantener los resultados al ser aplicado a las mismas muestras en diferentes laboratorios.
    2. El peligro que presenta un método para la salud humana y para el medio ambiente.
    3. La resistencia al cambio que ofrece un método cuando se modifican las condiciones en las que se efectúa.
    4. La capacidad de un método para realizar lo que se espera de él.
    5. La capacidad de un método para mantener la exactitud y la precisión a lo largo del tiempo.

72. Los patrones analíticos deben reunir una serie de requisitos que se recogen a continuación pero uno de ellos es FALSO. Señalarlo:

    1. Deben obtenerse con facilidad, purificarse, secarse y conservarse en estado puro.
    2. No deben alterarse en contacto con el aire al ser pesados o manipulados.
    3. Su nivel de impurezas se podrá comprobar con facilidad y no debe exceder generalmente del 0.02% en peso.
    4. Deben poseer un bajo peso molecular para facilitar su pesada.
    5. Deben ser fácilmente solubles en agua o en el disolvente apropiado en las condiciones de trabajo.

73. La concentración de corte es:

    1. La concentración que corresponde a una señal que puede distinguirse estadísticamente del blanco.
    2. Aquella concentración decidida por el analista para asegurar la respuesta binaria con un nivel de probabilidad determinado.
    3. El nivel máximo establecido por la legislación para decidir si una muestra tiene una calificación dada.
    4. La cantidad más pequeña de analito que se puede identificar por unidad de volumen.
    5. La concentración que corresponde a la señal del blanco.

74. La "cantidad de material que llega al laboratorio para ser analizada" se corresponde con:

    1. La muestra.
    2. La muestra analítica.
    3. La muestra de laboratorio.
    4. La porción analítica.
    5. La toma de muestra.

75. ¿Qué es un método de referencia?:

1. Aquel que ha sido descrito detalladamente y sus propiedades han sido estudiadas y publicadas.
2. Aquel que ha sido adoptado y publicado por organismos gubernamentales.
3. Aquel que se emplea para contrastar la exactitud e incertidumbre de metodologías rutinarias.
4. Aquel que no se basa en el empleo de estándares analíticos.
5. Aquel cuyos resultados deben ser aceptados sin usar la referencia a un estándar analítico.

76. **Una de las fuentes de error en la toma de muestra que se citan a continuación puede considerarse como atribuible a las operaciones del muestreo primario. Señalarla:**

    1. Heterogeneidad del material.
    2. Documentación insuficiente o no adecuada.
    3. Personal no cualificado.
    4. Identificación incorrecta.
    5. Definición inadecuada o incompleta del objeto y campo de aplicación del muestreo.

77. **¿En qué factor hay que reducir el radio de las partículas de una muestra bruta de 100 g si la muestra de laboratorio es de 0.5 g?:**

    1. No es necesario reducir el tamaño de partícula.
    2. 20.
    3. 4.5.
    4. 9.
    5. 2.7.

78. **Los indicadores de iones metálicos se utilizan para detectar el punto final en las valoraciones con EDTA. Indicar cuál de los que se citan a continuación forma un complejo de color azul con el ion metálico:**

    1. Murexida.
    2. Violeta de pirocatenol.
    3. Naranja de Xilemol.
    4. Calmagita.
    5. Negro de Eriocromo T.

79. **¿Cuál es el balance protónico en una disolución acuosa de cloruro de trimetilamonio?:**

    1. $[H^+]$ = [trimetilamina] + $[OH^-]$.
    2. $[H^+]$ + [trimetilamonio] = $[OH^-]$ + $[Cl^-]$.
    3. $[H^+]$ = [trimetilamonio] + $[OH^-]$.
    4. $[H^+]$ = [trimetilamina] + $[Cl^-]$.
    5. $[OH^-]$ = [trimetilamina] + $[Cl^-]$.

80. **En las técnicas de voltametría cíclica es de gran interés el uso de microelectrodos que pueden ser introducidos dentro de las células vivas. Indicar cuál de las ventajas de su uso que se describen a continuación NO es cierta:**

    1. Se pueden utilizar en espacios muy pequeños.
    2. Permiten hacer barridos rápidos de voltaje.
    3. Permiten estudiar especies de vida larga.
    4. Son útiles en medios no acuosos de resistencia eléctrica.
    5. Permiten un aumento de sensibilidad en varios ordenes de magnitud.

81. **¿Cuál de los siguientes es un test de aleatoriedad?:**

    1. Test d'Agostino.
    2. Test de Welch.
    3. Test exacto de Fisher.
    4. Test de Mc Nemar.
    5. Test de las rachas.

82. **Un estimador se dice que es consistente:**

    1. Cuando se aproxima al parámetro poblacional a medida que aumenta el tamaño de la muestra.
    2. Cuando se aproxima al parámetro poblacional a medida que disminuye el tamaño de la muestra.
    3. Cuando su varianza es máxima.
    4. Cuando su varianza es mínima.
    5. Cuando no tiene sesgo.

83. **La probabilidad de rechazar una hipótesis nula que es falsa se llama:**

    1. Eficiencia.
    2. Especificidad.
    3. Sensibilidad.
    4. Potencia.
    5. Exactitud.

84. **¿Con qué conjunto de supuestos de los siguientes se puede aplicar el modelo estocástico básico de regresión lineal?:**

    1. Normalidad, homocedasticidad, existencia de autocorrelación.
    2. Normalidad, homocedasticidad, no existencia de autocorrelación.
    3. Normalidad, heterocedasticidad, existencia de autocorrelación.
    4. Normalidad, heterocedasticidad, no existencia de autocorrelación.
    5. No normalidad, homocedasticidad, existencia de autocorrelación.

85. **¿Con cuál de los siguientes supuestos o condiciones NO se puede aplicar un análisis de varianza como prueba paramétrica?:**

    1. Que las variables tengan un nivel de medida por lo menos igual a la escala de intervalos.
    2. Que las muestras o grupos analizados sean independientes y hayan sido obtenidas de poblaciones distribuidas normalmente.

3. Que estas poblaciones tengan la misma varianza.
4. Que no exista interacción.
5. Que no exista homocedasticidad.

86. ¿Cuál de lo siguiente referido al error estándar es FALSO?:

1. El error estándar es una medida de la precisión de la estimación de un parámetro poblacional.
2. El error estándar está siempre ligado a un parámetro.
3. Si pretendemos describir los resultados de un estudio, como la altura media de un grupo debemos usar el error estándar.
4. El error estándar de una estimación disminuye al aumentar el tamaño de la muestra.
5. El error estándar de una estimación aumenta conforme se incrementa el tamaño de la muestra.

87. Si queremos predecir el peso de un niño usando exclusivamente su edad, ¿cuál de los siguientes procedimientos se debe utilizar?:

1. ANOVA de un factor.
2. Regresión lineal simple.
3. Regresión múltiple.
4. Regresión logística.
5. Regresión de Cox.

88. Si queremos determinar qué factores explican que los españoles aciertan o no a definir correctamente el concepto de dieta sana, indicar cuál de los siguientes procedimientos se debe utilizar:

1. Regresión logística.
2. ANOVA de un factor.
3. Regresión lineal simple.
4. Regresión de Cox.
5. Regresión múltiple.

89. ¿Cuál de las siguientes NO es una medida estadística de posición ni de tendencia central?:

1. Media.
2. Percentil.
3. Rango.
4. Mediana.
5. Moda.

90. Si la media aritmética de edad de una base de datos es de 35 años ¿cuál sería la media aritmética si todos los datos se copiaran íntegramente a continuación de los originales y se duplicase artificialmente el tamaño de la base de datos?:

1. 70.
2. 35.
3. 17.5.
4. Es impredecible.
5. 105.

91. Las oximas se convierten por acción de un ácido de Lewis o un ácido prótico fuerte en:

1. Cetonas.
2. Aldehídos.
3. Aminas.
4. Amidas.
5. Ésteres.

92. Alquenos simples no conjugados son:

1. Inertes químicamente.
2. Nucleófilos y reaccionan con nucleófilos.
3. Electrófilos y reaccionan con electrófilos.
4. Electrófilos y reaccionan con nucleófilos.
5. Nucleófilos y reaccionan con electrófilos.

93. La hidroboración-oxidación de un alqueno es una reacción de obtención de:

1. Hidrocarburos.
2. Ácidos.
3. Carbonilos.
4. Alcoholes.
5. Compuestos aromáticos.

94. En la Química de aniones, el anión que se forma el último:

1. No reacciona.
2. Descompone.
3. Reacciona el primero.
4. Reacciona el último.
5. No se forma.

95. La regla de MarKovnikov predice la regioselectividad en las reacciones de:

1. Adición electrófila.
2. Adición nucleófila.
3. Sustitución nucleófila.
4. Sustitución electrófila aromática.
5. Oxidación de alcoholes.

96. Los ácidos carboxílicos que tienen un grupo carbonilo en la posición β, son inestables y pierden fácilmente:

1. Monóxido de carbono.
2. Dióxido de carbono.
3. Formaldehído.
4. Oxígeno.
5. Metano.

97. El etino industrial puede prepararse por reacción de:

1. Etanol con litio.
2. Alcohol con hidrógeno.

3. Metanol con oxígeno.
4. Benceno con hidrógeno y calentando.
5. Carbón con hidrógeno a temperaturas elevadas.

98. **En las adiciones nucleófilas a grupos carbonilo, la catálisis ácida funciona:**

    1. Haciendo al grupo carbonilo más electrófilo.
    2. Haciendo al grupo carbonilo más nucleófilo.
    3. Sin afectar al grupo carbonilo.
    4. Por deshidratación.
    5. Desactivando al grupo carbonilo.

99. **La reacción de oximercuriación-desmercuriación es un método sintéticamente útil de transformar los alquenos en:**

    1. Acidos.
    2. Aldehídos.
    3. Hidrocarburos saturados.
    4. Halogenuros de alquilo.
    5. Alcoholes o éteres.

100. **Cuando los tioacetales de los compuestos carbonílicos se hacen reaccionar con níquel-Raney se transforman en:**

    1. Alcanos.
    2. Alquenos.
    3. Alquinos.
    4. Alcoholes.
    5. Éteres.

101. **La adición catalizada por paladio de aril, vinil, o grupos vinilos sustituidos a haluros orgánicos se denomina, reacción de:**

    1. Suzuki.
    2. Humada.
    3. Sonogashira.
    4. Heck.
    5. Stille.

102. **Los reactivos organometálicos alílicos pueden actuar como:**

    1. Nucleófilos de tres carbonos.
    2. Electrófilos de tres carbonos.
    3. Acidos de Lewis.
    4. Compuestos solubles de agua.
    5. Compuestos inertes.

103. **La fosfina, PH_3 tiene ángulos:**

    1. De 180 grados aproximadamente e hibridación sp.
    2. De 120 grados aproximadamente e hibridación sp^2.
    3. De 109 grados aproximadamente e hibridación sp^3.
    4. De 90 grados aproximadamente y no tiene necesidad de hibridación.
    5. De 103 grados aproximadamente e hibridación sp^3.

104. **Las reacciones electrocíclicas son:**

    1. Concertadas y estereoespecíficas.
    2. Iónicas y estereoespecíficas.
    3. Racicalarias y regioselectivas.
    4. Catiónicas y no estereoselectivas.
    5. No concertadas pero estereoselectivas.

105. **La aminación de piridina y heterociclos relacionados con amiduro sódico, se denomina reacción de:**

    1. Mitsunobu.
    2. Chichibabin.
    3. Hantzsch.
    4. Paal-Knorr.
    5. Sustitución.

106. **La reacción del haloformo es una reacción típica de:**

    1. Acidos carboxílicos.
    2. Alcaloides.
    3. Aldehidos.
    4. Metil cetonas.
    5. Acetilenos.

107. **¿Qué tipo de compuesto se obtiene cuando se hace reaccionar ciclohexanona con pirrolidina?:**

    1. Imina.
    2. Enamina.
    3. Oxima.
    4. Hidrazona.
    5. Amina.

108. **Isopentenilpirofosfato y dimetilalilpirofosfato son intermedios en la ruta biosintética de:**

    1. Alcaloides.
    2. Terpenos.
    3. Lignanos.
    4. Azúcares.
    5. Prostaglandinas.

109. **El átomo de nitrógeno de la piridina es nucleófilo porque:**

    1. No tiene pares de electrones disponibles.
    2. El par de electrones solitario del nitrógeno está deslocalizado en el anillo.
    3. El anillo suministra electrones al nitrógeno.
    4. El anillo está desactivado.
    5. El par de electrones solitario del nitrógeno no puede deslocalizarse en el anillo.

110. **La reacción de esterificación de un ácido car**

boxílico transcurre con catálisis ácida a través de un mecanismo de:

1. Adición electrófila.
2. Sustitución electrófila.
3. Adición-eliminación.
4. Adición-reducción.
5. Oxidación de aldehidos.

111. En el espectro infrarrojo la región que contiene la mayoría de las vibraciones complejas de una molécula se denomina región de la huella dactilar y está comprendida aproximadamente entre:

1. 3500-3000 cm^{-1}.
2. 3000-2400 cm^{-1}.
3. 2400-1400 cm^{-1}.
4. 1400-600 cm^{-1}.
5. 600-300 cm^{-1}.

112. Cuando los iones alcóxidos reaccionan con haluros de alquilo primarios se forman:

1. Alquenos.
2. Alquinos.
3. Éteres.
4. Ésteres.
5. Alcoholes.

113. El compuesto formado a partir de un hidroxiácido, por reacción del grupo hidroxilo con el ácido carboxílico, se denomina:

1. Lactama.
2. Lactona.
3. Acido deshidratado.
4. Amida.
5. Haluro de ácido.

114. Un sistema de tres átomos con cuatro electrones π deslocalizados en los tres átomos, se denomina:

1. Sistema conjugado.
2. Dipolarófilo.
3. Dieno.
4. 1,3-Dipolo.
5. Dienófilo.

115. La magnitud de la constante de acoplamiento de una señal en un espectro de RMN depende del número y tipo de enlaces que conectan los protones acoplados:

1. Falso, depende de la radiofrecuencia aplicada.
2. Sólo depende del número de enlaces.
3. Verdadero, depende de ambos factores.
4. Sólo depende del tipo de enlaces.
5. Falso, depende del campo magnético del espectrómetro.

116. La formación de acetales es una reacción que necesita ser catalizada por:

1. Acidos.
2. Bases.
3. Metales.
4. Sales de amonio.
5. Alcoholes terciarios.

117. Cuando se calienta en medio ácido fenilhidrazina con un aldehído o cetona se obtiene:

1. Un fenol.
2. Una quinolina.
3. Un indol.
4. Una piridina.
5. Una fenilhidrazona.

118. Indicar, qué reactivo actúa como oxidante en la reacción de oxidación de Swern?:

1. Clorocromato de piridinio.
2. Dicromato sódico.
3. Dicloruro de oxalilo.
4. Acido m-cloroperbenzoico.
5. Sulfóxido de dimetilo.

119. ¿Qué tipo de compuesto se obtiene, cuando se hace reaccionar cianuro de hidrógeno con aldehídos o cetonas?:

1. Amidas.
2. Aminas.
3. Nitrilos.
4. Cianhidrinas.
5. Azidas.

120. El nombre IUPAC del ácido maleico es:

1. Acido butenoico.
2. Acido *cis*-2-butenodioico.
3. Acido 2-hidroxibutanoico.
4. Acido *trans*-2-butenodioico.
5. Acido 4-hidroxibutanoico.

121. Los ácidos aldónicos se obtienen a escala preparativa por oxidación de las aldosas con:

1. Reactivo Jones.
2. Reactivo Sarret.
3. Acido nítrico diluido y caliente.
4. Acido sulfúrico concentrado y frío.
5. Bromo en solución acuosa tamponada.

122. Los isómeros derivados de la migración de un protón y el movimiento de un doble enlace, se denominan:

1. Isómeros estructurales.
2. Diasteroisómeros.
3. Enantiómeros.
4. Tautómeros.

5. Epímeros.

123. Los alquenos internos y termodinámicamente más estables se forman más rápidamente que los isómeros terminales, esto es lo que indica la regla de:

1. Hückel.
2. Hoffmannn.
3. Saytzev.
4. Ingold.
5. Hooke.

124. Los iluros de fósforo son reactivos que se utilizan en la reacción de:

1. Michael.
2. Wittig.
3. Knoevanagel.
4. Diels-Alder.
5. Baeyer-Villiger.

125. El aminoácido L-histidina contiene un anillo de:

1. Tiofeno.
2. Indol.
3. Piridina.
4. Pirrol.
5. Imidazol.

126. ¿Qué tipo de reacción se produce, cuando se hace reaccionar 1-cloro-2,4-dinitrobenceno con hidrazina?:

1. Adición nucleófila.
2. Sustitución nucleófila.
3. Adición electrófila.
4. Sustitución electrófila.
5. Eliminación.

127. La preferencia de sustituyentes electronegativos en la posición anomérica de una piranosa y generalmente en la posición 2 de un tetrahidropirano, por ocupar la posición axial en vez de la ecuatorial se conoce como:

1. Efecto inductivo.
2. Conformación axial.
3. Efecto anomérico.
4. Efecto conformacional.
5. Efecto mesómero.

128. Los reactivos de Grignard y los compuestos de alquil-litio por reacción con el oxaciclopropano a través de un mecanismo $S_N 2$ experimentan:

1. Oxidación a ácidos.
2. 2-hidroxietilación.
3. Reducción a hidrocarburos.
4. Desoxigenación.
5. No reaccionan.

129. La reacción de eliminación de Hofmann, es un procedimiento importante para obtener:

1. Alcanos.
2. Alquenos.
3. Alquinos.
4. Aminas.
5. Amidas.

130. La hidroxilamina reacciona con aldehidos y cetonas para dar:

1. Hidrazonas.
2. Semicarbazonas.
3. Hidrazinas.
4. Oximas.
5. Azidas.

131. ¿Qué tipo de compuestos se forman, cuando se hace reaccionar una sal de diazonio con un fenol o una amina aromática?:

1. Azida.
2. Azoderivado.
3. Hidrazona.
4. Oxima.
5. Enamina.

132. La reacción de metales como litio o magnesio con haloalcanos permite la formación de un tipo de compuestos denominados:

1. Reactivo de Raney.
2. Reactivo de Simmons-Smith.
3. Reactivos organometálicos.
4. Reactivo de Wittig.
5. Reactivo de Mannich.

133. Indicar, cuál de los compuestos relacionados a continuación presenta una mayor acidez:

1. p-cresol.
2. Fenol.
3. p-nitrofenol.
4. 2,4-dinitrofenol.
5. p-clorofenol.

134. Las sales de diazonio se obtienen por reacción de arilaminas con:

1. Nitrito sódico en disolución ácida.
2. Nitrato potásico en disolución básica.
3. Cloruro potásico en medio neutro.
4. Acido clorhídrico.
5. Acido sulfúrico diluido.

135. Un átomo que da lugar a estereoisómeros cuando sus grupos se intercambian, se denomina:

1. Estereocentro.
2. Estereoisómero.
3. Diasteroisómero.

4. Quiral.
5. Tautómero.

136. **El acetaldehído reacciona consigo mismo en medio ácido o básico para dar un:**

    1. Acetal.
    2. Alcohol.
    3. Aldol.
    4. Éster.
    5. Éter.

137. **El metanol se prepara a gran escala a partir de una mezcla a presion de CO e hidrógeno denominada:**

    1. Gas noble.
    2. Gas natural.
    3. Gas mostaza.
    4. Gas de síntesis.
    5. Gasohol.

138. **La reducción de las azidas orgánicas con hidruro de aluminio y litio, conduce a la formación de:**

    1. Aminas.
    2. Amidas.
    3. Iminas.
    4. Enaminas.
    5. Oximas.

139. **Los compuestos que contienen cuatro o más átomos de oxígeno en un anillo de 12 o más átomos de carbono se denominan:**

    1. Ionóforos.
    2. Tetrahidropiranos.
    3. Anómeros.
    4. Éteres corona.
    5. Tetrahidrofuranos.

140. **Los tioles se oxidan en condiciones suaves a disulfuros por reacción con:**

    1. Reactivo Jones.
    2. Permanganato potásico.
    3. Yodo.
    4. Magnesio o litio.
    5. Reactivo Collins.

141. **El glucógeno:**

    1. Sólo contiene enlaces α 1-4.
    2. Sólo contiene enlaces α 1-6.
    3. Contiene enlaces β 1-4 exclusivamente.
    4. Contiene enlaces β 1-4 y α 1-6.
    5. Ninguna es correcta.

142. **De los siguientes factores, ¿cuál NO interviene en la estabilización de la estructura terciaria de una proteína?:**

    1. El enlace peptídico.
    2. Las interacciones hidrófobas entre restos de aminoácidos.
    3. Las interacciones electroestáticas entre restos iónicos.
    4. El establecimiento de enlaces covalentes entre restos de aminoácidos.
    5. La formación de puentes salinos.

143. **¿Cuál de las siguientes aseveraciones sobre el ciclo del ácido cítrico es FALSA?:**

    1. Opera sólo en condiciones aerobias pues requiere el suministro de NAD^+ y FAD.
    2. Es una fuente de precursores metabólicos.
    3. Cataliza la oxidación de unidades de dos carbonos.
    4. Produce ATP.
    5. Tiene lugar en la mitocondria.

144. **La curva de unión del oxígeno a la hemoglobina:**

    1. Es hiperbólica gracias a la presencia de varias subunidades que actúan de forma cooperativa.
    2. Es sigmoidea gracias a la presencia de varias subunidades que actúan de forma cooperativa.
    3. Permite explicar que a la concentración de oxígeno de los tejidos la hemoglobina esté saturada de oxígeno.
    4. Se modifica por la presencia de moduladores alostéricos positivos pero no negativos.
    5. No puede explicarse por cambios en la conformación de la proteína.

145. **¿Cuál de las siguientes lipoproteínas plasmáticas transporta mayor cantidad de colesterol?:**

    1. Quilomicrones.
    2. HDL.
    3. LDL.
    4. IDL.
    5. VLDL.

146. **Las interacciones hidrófobas son un tipo de fuerzas que intervienen en la estabilización de las proteínas. Se caracterizan por:**

    1. Ser interacciones fuertes entre moléculas polares y apolares.
    2. Producirse como consecuencia de la atracción electrostática entre moléculas apolares.
    3. Ser un tipo de enlace por puente de hidrógeno.
    4. Ser las fuerzas que mantienen juntas las regiones polares de las moléculas.
    5. Ser las fuerzas que mantienen juntas las regiones apolares de las moléculas.

147. **La glucosa 6-fosfato:**

    1. Se utiliza en las mitocondrias como donador de grupos fosfato.

2. Su utilización metabólica en el citosol permite la obtención de NADH.
3. En el músculo esquelético se sintetiza a partir de piruvato.
4. Se puede obtener en adipocitos por degradación de los ácidos grasos.
5. Su metabolismo en el citosol conduce a la oxidación del NADPH.

148. ¿Cuál de las siguientes afirmaciones sobre el enlace peptídico es verdadera?:

1. Es un enlace carbono-carbono.
2. El oxígeno y el hidrógeno adoptan configuración *cis*.
3. Es plano.
4. Puede rotar libremente.
5. Se encuentra en los ácidos grasos.

149. Las enzimas:

1. Aceleran el equilibrio de las reacciones.
2. Aumentan las velocidades de reacción disminuyendo las energías de activación.
3. Se consumen en las reacciones enzimáticas.
4. Son inespecíficas aunque con alto poder catalítico.
5. Se unen a los sustratos mediante enlaces covalentes.

150. La ubiquitina:

1. Cataliza el plegamiento de las proteínas recién sintetizadas.
2. Se une al mRNA antes de la traducción.
3. Es una de las histonas más importantes.
4. Interviene en las desaminaciones oxidativas.
5. Marca las proteínas que van a ser degradadas.

151. Respecto a la vía de las pentosas fosfato es cierto que:

1. El NADH es un producto de reacción mayoritario de la fase oxidativa de la vía.
2. Es una vía por la cual se obtiene glucosa a partir de moléculas no glucídicas.
3. Su función primordial es proporcionar ATP a las células.
4. Es poco o nada activa en los tejidos que sintetizan muy activamente ácidos grasos.
5. Los productos inmediatos de la oxidación de la glucosa-6-fosfato son 2 NADPH, 1 Ribulosa-5-fosfato y 1 CO_2.

152. En la cromatina:

1. El nucleosoma consiste en cuatro moléculas de histonas que rodean al DNA núcleo.
2. Los surcos mayor y menor del DNA en el nucleosoma quedan hacia la parte exterior, más accesibles en la transcripción.
3. El DNA espaciador es el único capaz de unir factores de transcripción.
4. El octámero de histonas consiste en 8 tipos diferentes de histonas.
5. El inicio de la transcripción sólo se da si el DNA se libera del nucleosoma.

153. La coenzima Q es:

1. Un efector alostérico de la piruvato quinasa.
2. Una coenzima de la fructosa 1-fosfato aldolasa.
3. Un represor de la expresión génica del operón *ara*.
4. Un transportador de electrones.
5. Un metabolito de la síntesis de aminoácidos.

154. ¿Cuál de los siguientes compuestos tiene un alto potencial de transferencia de fosfato?:

1. Fosfoenolpiruvato.
2. Glucosa.
3. Acido palmítico.
4. Piruvato.
5. Piridoxal.

155. El efecto Pasteur:

1. Consiste en la inhibición de la glicólisis por el oxígeno.
2. Tiene lugar cuando los ribosomas se unen al RNA mensajero.
3. Se da en bacterias sometidas a estrés anaerobio.
4. Consiste en la activación del metabolismo del glucógeno en el hígado.
5. Tiene lugar en enzimas con mecanismo catalítico de tipo ping-pong.

156. La lisozima es:

1. Una enzima digestiva que segrega el páncreas.
2. Una proteína ferrosulfurada que participa en el transporte electrónico mitocondrial.
3. Una enzima que hidroliza polisacáridos de paredes bacterianas.
4. Una ribozima.
5. Una proteína que se sintetiza en el hígado como zimógeno.

157. La estructura secundaria de las proteínas:

1. Es el número de aminoácidos que forman la proteína.
2. Aparece como consecuencia del plegado local de la secuencia de aminoácidos de la proteína.
3. Es la secuencia de aminoácidos que forman la proteína.
4. Se estabiliza únicamente por fuerzas de Van der Waals.
5. Se estabiliza gracias a los puentes disulfuro intracatenarios.

158. En el proceso de la replicación del DNA:

1. La DNA polimerasa cataliza la formación de los enlaces fosfodiéster entre los desoxirribonucleótidos en la cadena de DNA.
2. La DNA polimerasa cataliza la reacción química de síntesis de DNA en ambas direcciones (5'-3' y 3'-5').
3. Los fragmentos de Okazaki se rompen espontáneamente al final del proceso.
4. La DNA ligasa cataliza la formación de enlaces disulfuro entre los desoxirribonucleótidos de la cadena de DNA.
5. Las helicasas enrollan las hebras de DNA que se sintetizan de forma paralela.

159. **El donador de metilos para la biosíntesis de aminoácidos es:**

    1. Tetrahidrofolato.
    2. Metanol.
    3. Glutamina.
    4. S-adenosilmetionina.
    5. Cisteína.

160. **Si un aminoácido de una cadena polipeptídica reacciona con fenilisotiocianato es que:**

    1. Se trata del aminoácido N-terminal de la cadena.
    2. Posee una cadena lateral aromática.
    3. Posee un grupo carboxilo libre.
    4. Se trata de un aminoácido no proteico.
    5. No se trata de un L-aminoácido.

161. **La secuencia consenso TATA ("TATA box") es:**

    1. Lugar de unión de proteínas histónicas.
    2. Lugar de asociación del ribosoma al mRNA.
    3. Lugar de metilación del DNA.
    4. Señal de iniciación para la replicación del DNA.
    5. Señal de iniciación para la síntesis de RNA.

162. **La estructura terciaria de una proteína:**

    1. Es importante pero no necesaria para la función.
    2. Es independiente de la secuencia de aminoácidos pero dependiente del tipo de aminoácidos que integran la proteína.
    3. Se forma gracias a las interacciones entre las cadenas laterales de los aminoácidos.
    4. Se forma, exclusivamente, gracias a las interacciones entre los carbonos que forman el enlace peptídico.
    5. Se forma, exclusivamente, gracias a las interacciones covalentes de las cadenas laterales de los aminoácidos.

163. **El codón AUG es:**

    1. Una señal de terminación de la síntesis de la cadena polipeptídica.
    2. Un codón sin sentido.
    3. Una señal para que la proteína recién sintetizada se libere del ribosoma.
    4. Un codón de iniciación de la síntesis de la cadena polipeptídica.
    5. Un codón duplicado.

164. **Para que una transformación metabólica pueda ocurrir espontáneamente:**

    1. Ha de ser exotérmica.
    2. Ha de ser exergónica.
    3. Hay que suministrarle energía exógenamente.
    4. Inicialmente ha de estar en equilibrio.
    5. El valor de la variación de entropía ha de ser positivo.

165. **De la urea se puede decir que:**

    1. Es un donador de nitrógeno en la biosíntesis de los aminoácidos proteicos.
    2. Regula a la enzima glutamato deshidrogenasa.
    3. Es un metabolito necesario en la síntesis de guanina.
    4. Es la forma de excreción más importante de nitrógeno en los mamíferos.
    5. Es una forma de transporte de amoníaco desde numerosos tejidos al hígado.

166. **¿Cuál de estas enzimas está regulada por fosforilación reversible?:**

    1. Fosfoglicerato mutasa.
    2. Carboxipeptidasa.
    3. Peptidil transferasa.
    4. Hexoquinasa.
    5. Glucógeno fosforilasa.

167. **En las reacciones acopladas:**

    1. Se aprovecha la energía de hidrólisis de un compuesto en la producción de calor.
    2. El incremento de energía libre neto es positivo.
    3. Se aprovecha la energía producida en una reacción para llevar a cabo otra reacción que tenga un incremento de energía libre positivo.
    4. Se llevan a cabo reacciones de reducción.
    5. Se producen electrones.

168. **El ácido mevalónico:**

    1. Es un aminoácido no proteico.
    2. Se produce durante la degradación del colesterol en el hígado.
    3. Es un cuerpo cetónico producido en el hígado.
    4. Es un mediador celular secretado por los linfocitos.
    5. Se produce por la actividad de la HMG-CoA reductasa.

169. **En la regulación de la glucolisis:**

    1. Las enzimas clave son: hexoquinasa, fosfo

fructoquinasa-1 (PFK-1) y piruvato quinasa.
2. Bajos niveles de ATP inhiben la PFK-1 y altos niveles de ATP la estimulan.
3. La fructosa 2,6-bisfosfato es un inhibidor alostérico de la PFK-1.
4. La insulina y dietas ricas en glúcidos inhiben la síntesis de la piruvato quinasa.
5. La glucolisis no presenta regulación en eucariotas.

170. **Estudiando la cinética de una enzima, en ausencia y presencia de un inhibidor, encontramos que el inhibidor no modifica la Vmáx pero si la Km, por lo que deducimos que es una inhibición:**

1. Competitiva.
2. No competitiva.
3. Alostérica.
4. Acompetitiva.
5. Irreversible.

171. **Los procesos de "corte y empalme" que tienen lugar en los RNA mensajeros:**

1. Comienzan siempre en la secuencia de bases CCA.
2. Son catalizados por las helicasas.
3. Son catalizados por las sintetasas.
4. Eliminan los exones.
5. Eliminan los intrones.

172. **El sistema de transporte que mantiene los gradientes de Na⁺ y K⁺ a través de la membrana celular:**

1. Implica a una ATPasa.
2. Es un sistema de cotransporte.
3. Mueve sodio hacia dentro o hacia fuera de la célula.
4. Es un sistema eléctricamente neutro.
5. El ATP se hidroliza en el proceso independientemente de que los iones Na⁺ o K⁺ se muevan.

173. **El fluorouracilo y el metotrexato son fármacos anticancerígenos de gran valor clínico porque:**

1. El fluorouracilo impide la síntesis del timidilato (dTMP) inhibiendo la reducción del TMP a dTMP.
2. El metrotrexato impide la síntesis del timidilato inhibiendo la enzima dihidrofolato reductasa.
3. El fluorouracilo es un inhibidor suicida de la dihidrofolato reductasa.
4. El metrotrexato se une covalentemente al dUMP.
5. El fluorouracilo se une covalentemente al DNA, impidiendo su replicación.

174. **Para funcionar adecuadamente, ciertas enzimas necesitan, además del componente proteico, otras entidades químicas de naturaleza no proteica. A la parte proteica se la denomina:**

1. Coenzima.
2. Isoenzima.
3. Holoenzima.
4. Apoenzima.
5. Proenzima.

175. **El agua es un excelente disolvente por su capacidad de establecer:**

1. Puentes de hidrógeno con moléculas apolares.
2. Puentse de hidrógeno con cadenas alifáticas.
3. Dipolos con moléculas apolares.
4. Dipolos con cadenas alifáticas.
5. Puentes de hidrógeno y su carácter dipolar.

176. **Sobre las mutaciones que pueden provocarse en el DNA:**

1. Una "mutación de transición" es aquélla en la que se sustituye una purina por una pirimidina, o al revés.
2. Los agentes xenobióticos impiden la aparición de mutaciones.
3. Las radiaciones ionizantes como las UV estimulan la formación de dímeros de pirimidinas.
4. La protonación de los N-3 y N-7 de la guanina protege el DNA de la despurinación.
5. La forma imino de la adenina, desviación tautomérica espontánea, se aparea con timina.

177. **La activación de los aminoácidos en la biosíntesis de proteínas se produce por:**

1. La unión del aminoácido a una molécula de rRNA del ribosoma.
2. El acoplamiento del aminoácido a un factor de iniciación.
3. La unión covalente a una molécula de GTP.
4. El acoplamiento a un tRNA específico.
5. La unión del aminoácido a una proteína perteneciente al ribosoma.

178. **Una de las siguientes afirmaciones respecto a la acetil coenzima A carboxilasa es FALSA:**

1. Requiere biotina.
2. Sufre interconversiones entre unidades monoméricas y el polímero en su proceso de regulación fisiológica.
3. Se inhibe por una fosforilación mediada por AMP cíclico.
4. Se activa por palmitil CoA y por citrato.
5. Su contenido celular responde a cambios en el contenido en grasas de la dieta.

179. **Un efector alostérico negativo:**

1. Se une covalentemente a la enzima.

2. Bloquea la unión del sustrato uniéndose al centro activo.
3. Inhibe un grupo funcional aminoacídico de la enzima.
4. Tiene una estructura semejante a la del sustrato normal.
5. Induce un cambio conformacional en la enzima.

180. **Un gangliósido NO puede contener:**

    1. Ceramida.
    2. Glucosa o galactosa.
    3. Fosfato.
    4. Uno o más ácidos siálicos.
    5. Esfingosina.

181. **¿Cuál de los siguientes aminoácidos es el más compatible con la estructura en hélice-α de las proteínas?:**

    1. Triptófano.
    2. Alanina.
    3. Lisina.
    4. Prolina.
    5. Cisteína.

182. **Los ácidos grasos:**

    1. Se activan en la membrana externa mitocondrial y se oxidan en la matriz mitocondrial.
    2. Atraviesan libremente la membrana mitocondrial interna.
    3. Se almacenan en los adipocitos.
    4. Se transforman directamente en glucosa en los animales.
    5. Se sintetizan y degradan en una única ruta metabólica.

183. **Un determinante antígeno es:**

    1. La zona de la inmunoglobulina que se une al antígeno.
    2. Una denominación equivalente a antígeno.
    3. El sitio de interacción de la inmunoglobulina con el linfocito B.
    4. Cada zona del antígeno donde se une una inmunoglobulina.
    5. Cada uno de los dominios de inmunoglobulina.

184. **En la alcaptonuria, enfermedad metabólica hereditaria, ¿cuál de los siguientes compuestos se acumula en la orina?:**

    1. Fenilalanina.
    2. Homogentisato.
    3. Fumarato.
    4. Acetoacetato.
    5. Tirosina.

185. **El grupo hemo:**

    1. Es capaz de transportar oxígeno, CO_2 y protones.
    2. Contiene hierro en su estado más oxidado.
    3. Se localiza en bolsillos hidrofóbicos de la hemoglobina para evitar la oxidación del hierro.
    4. Es el grupo prostético de la hemoglobina responsable de la unión del oxígeno. La parte proteica de la hemoglobina no interviene en el correcto funcionamiento de este proceso.
    5. Es exclusivo de la hemoglobina.

186. **La lámina β:**

    1. Consiste en varias cintas β estabilizadas por enlaces covalentes entre las cadenas laterales.
    2. Está formada por, al menos, tres hélices superenrolladas.
    3. Es una estructura secundaria helicoidal, muy extendida, cuya unidad básica es la cinta β.
    4. Es un tipo de conformación del DNA.
    5. Es muy abundante en el colágeno.

187. **¿Cuál de los siguientes zimógenos o proenzimas, NO es precursor de una enzima gastrointestinal?:**

    1. Ribonucleasa.
    2. Tripsina.
    3. Quimotripsina.
    4. Carboxipeptidasa.
    5. Pepsina.

188. **Respecto a las membranas celulares:**

    1. El colesterol es el lípido más abundante en ellas.
    2. Presentan proteínas integrales y periféricas.
    3. No contienen esfingolípidos.
    4. Contienen hidratos de carbono libres como la glucosa.
    5. Contienen grandes cantidades de triacilgliceroles.

189. **El organismo necesita carnitina porque:**

    1. Es un inhibidor de la biosíntesis de ácidos grasos.
    2. Es necesaria para la actuación de la fosfofructoquinasa II.
    3. Activa tres proteínas G diferentes.
    4. Se requiere para la entrada de los ácidos grasos en la mitocondria.
    5. Es un glúcido de almacén.

190. **La hipótesis del acoplamiento quimiosmótico de la fosforilación oxidativa propone que el ATP se forma porque:**

    1. Se establece un potencial de membrana y un gradiente de protones a ambos lados de la

membrana interna mitocondrial.
2. Cambia la permeabilidad de la membrana interna mitocondrial al ADP.
3. Se forman enlaces de alta energía en proteínas mitocondriales.
4. El ADP es bombeado fuera de la matriz del espacio intermembrana.
5. La ATP sintasa utiliza la energía de los enlaces ricos en energía de ciertas proteínas mitocondriales.

191. Las aminoacil-tRNA sintetasas:

1. Catalizan la activación de los aminoácidos y la subsiguiente unión al tRNA.
2. Catalizan la síntesis de RNA de transferencia.
3. Catalizan la formación de un enlace peptídico entre el grupo amino de un aminoácido y el grupo carboxilo de otro.
4. Son enzimas muy inespecíficas.
5. Reconocen y se unen al RNA mensajero.

192. La contracción del músculo esquelético se inicia por la unión de calcio a:

1. Tropomiosina.
2. Troponina.
3. Miosina.
4. Actomiosina.
5. Actina.

193. La adenilato ciclasa:

1. Se activa por AMP cíclico y transforma el ATP en AMP.
2. Forma AMP cíclico a partir de AMP.
3. Forma AMP cíclico a partir de ATP.
4. Se sitúa en el citosol, donde interacciona con el ADP.
5. Transforma el GMP cíclico en AMP cíclico.

194. ¿En qué lugar del hepatocito se sintetizan los cuerpos cetónicos?:

1. Membrana plasmática.
2. Retículo endoplásmico.
3. Mitocondria.
4. Citosol.
5. Aparato de Golgi.

195. Respecto al metabolismo de los aminoácidos:

1. Los aminoácidos glucogénicos se degradan a piruvato e intermediarios del ciclo de Krebs.
2. Los aminoácidos cetogénicos se degradan a acetil-CoA.
3. Hay aminoácidos que se degradan a acetil-CoA e intermediarios del ciclo de Krebs.
4. El esqueleto carbonado de los aminoácidos glucogénicos puede servir para la síntesis de glucosa.
5. Todo lo anterior es cierto.

196. Sobre la estructura del Z-DNA:

1. La hélice es más ancha y corta que la del B-DNA.
2. Se da en secuencias ricas en adenina.
3. Es una doble hélice levógira.
4. Se origina cuando se reduce la humedad relativa por debajo del 75%.
5. Es la estructura del DNA mayoritario en procariontes.

197. ¿Cuál de los siguientes compuestos conecta al ciclo del ácido cítrico con el ciclo de la urea?:

1. Malato.
2. Succinato.
3. Isocitrato.
4. Citrato.
5. Fumarato.

198. El ácido ascórbico puede asociarse con los siguientes procesos SALVO uno:

1. Absorción de hierro.
2. Formación ósea.
3. Enfermedad renal aguda, si se ingieren altas dosis.
4. Curación de heridas.
5. Participación en reacciones de hidroxilación.

199. ¿En qué sentido se traduce el RNA mensajero?:

1. Siempre en el sentido 3'→5'.
2. Siempre en el sentido 5'→3'.
3. Indistintamente en cualquiera de los dos sentidos.
4. Generalmente en 3'→5', aunque depende del tipo de mRNA.
5. Generalmente en 5'→3', aunque depende del tipo de mRNA.

200. La degradación de la palmitil-CoA (acil-CoA de 16 átomos de carbono):

1. Requiere 8 ciclos de oxidación, proporcionando 8 moléculas de acetil-CoA y 8 de $FADH_2$.
2. Requiere 7 ciclos de oxidación, proporcionando 7 moléculas de acetil-CoA y una de propionil-CoA.
3. Requiere 7 ciclos de oxidación, proporcionando 8 moléculas de acetil-Co-A y 7 de $FADH_2$.
4. Por oxidación total a CO_2 y H_2O proporcionará 8 moléculas de $FADH_2$ y 8 de NADH.
5. Solamente ocurre en el citoplasma.

201. Todas las frases siguientes describen un operón SALVO una:

1. Incluye genes estructurales.
2. Mecanismo de control de genes eucariotas.
3. Codifica para un RNA mensajero policistrónicos.

4. Contiene secuencias de control como en el operador.
5. Puede tener múltiples promotores.

202. **Los siguientes aminoácidos, EXCEPTO uno, se encuentran en cantidades inusualmente grandes en el colágeno. ¿Cuál?:**

1. Glicina.
2. Isoleucina.
3. Hidroxileucina.
4. Prolina.
5. Hidroxiprolina.

203. **La enzima que elimina el RNA cebador durante la replicación del DNA es:**

1. Peptidil-transferasa.
2. Ribonucleasa H.
3. Polinucleótido fosforilasa.
4. DNA polimerasa I.
5. RNA polimerasa II.

204. **Con respecto al ciclo de Krebs:**

1. Es un proceso citosólico.
2. Un intermediario del ciclo es el glioxilato.
3. Consume NADH (H$^+$).
4. Oxalacetato y citrato se condensan en acetil-CoA.
5. Oxalacetato y acetil-CoA se condensan en citrato.

205. **La biotina participa en:**

1. Descarboxilaciones.
2. Carboxilaciones.
3. Hidroxilaciones.
4. Desaminaciones oxidativas.
5. Desamidaciones.

206. **Las sales biliares:**

1. Son nutrientes hepáticos.
2. Son coenzimas de la lipasa pancreática.
3. Se sintetizan en la vesícula biliar.
4. Se sintetizan en el hígado a partir de colesterol.
5. Contienen en su estructura una molécula de ácido graso.

207. **¿Cuál de los siguientes compuestos NO es un glucosaminoglucano?:**

1. Colágeno.
2. Ácido hialurónico.
3. Condroitín sulfato.
4. Heparina.
5. Queratán sulfato.

208. **Si 5'-UUC-3' es un codón en el mRNA, ¿cuál de los siguientes sería el anticodón en el tRNA?:**

1. 5'-UUC-3'.
2. 5'-CUU-3'.
3. 5'-GAA-3'.
4. 5'-CAA-3'.
5. 5'-AAG-3'.

209. **Con relación al ciclo del ácido cítrico (o de Krebs):**

1. La reacción catalizada por la isocitrato deshidrogenasa es una fosforilación a nivel de sustrato.
2. La enzima citrato sintasa cataliza la transformación de citrato a isocitrato.
3. Es una vía común en la degradación de glúcidos, ácidos grasos y aminoácidos.
4. En el paso de succinil-CoA a succinato se desprende ATP y agua.
5. Tiene lugar en el citosol de las células.

210. **Un operón es:**

1. Un conjunto de genes ligados que se regulan como una unidad.
2. La secuencia de DNA a la que se une un represor.
3. El conjunto del ribosoma y el mRNA unido.
4. La asociación de enzimas implicadas en la replicación del DNA.
5. Un conjunto de genes constitutivos.

211. **De los siguientes aminoácidos, ¿cuál es más polar a pH 7?:**

1. Leucina.
2. Fenilalanina.
3. Cisteína.
4. Valina.
5. Metionina.

212. **El AMP cíclico se sintetiza por la acción de la:**

1. Adenilato quinasa.
2. AMP fosforilasa.
3. Adenilato ciclasa.
4. Acil-malonil ciclasa.
5. Adenosin monofosfatasa.

213. **¿Cuál de los siguientes sustratos NO es un precursor gluconeogénico?:**

1. Lactato.
2. Alanina.
3. Glicerol.
4. Leucina.
5. Propionato.

214. **Como regla general, la capacidad de una partícula de atravesar por permeabilidad pasiva una membrana?:**

1. Es mayor cuanto mayor es el diámetro eficaz de la partícula.
2. Es mayor cuanto más hidrófila es la partícula.
3. Es mayor cuando las cargas eléctricas se distribuyen de manera asimétrica en la partícula.
4. Es mayor cuantos más grupos metilo y metileno contenga la partícula.
5. Es mayor para los electrolitos.

215. ¿Qué mezcla gaseosa produce más temperatura en la espectrofotometría de llama?:

1. Aire/Gas natural.
2. Oxido nitroso/Acetileno.
3. Aire/Propano.
4. Aire/Acetileno.
5. Aire/Butano.

216. ¿Qué pareja de iones puede encontrarse al analizar un cálculo urinario producido por una orina continua y marcadamente ácida?:

1. Oxalato (II), calcio (II).
2. Fosfato (III), magnesio (II).
3. Carbonato (II), sodio (I).
4. Cloruro (I), bario (II).
5. Urato (III), calcio (II).

217. A un pH de 7,0, ¿cuál de los siguientes aminoácidos tendrá una carga positiva neta?:

1. Lisina.
2. Glicina.
3. Ácido aspártico.
4. Cisteína.
5. Ácido glutámico.

218. De las sustancias citadas a continuación, ¿en cuál de ellas un mol coincide con un osmol?:

1. Glucosa.
2. Bicarbonato sódico.
3. Cloruro potásico.
4. Fosfato monopotásico.
5. Fosfato monosódico.

219. Entre los siguientes pares de aminoácidos hay uno que tiene 2 carbonos asimétricos en cada aminoácido:

1. Prolina-Isoleucina.
2. Isoleucina-Metionina.
3. Treonina-Arginina.
4. Triptófano-Treonina.
5. Treonina-Isoleucina.

220. Un gen lo podemos definir como:

1. Una parte de una molécula de DNA.
2. El genotipo de un individuo.
3. Uno de los 46 cromosomas que tiene el ser humano.
4. Una molécula de RNA mensajero.
5. Una parte de la molécula de RNA.

221. Una de las funciones principales de la ruta de las pentosas fosfato en proporcionar:

1. ATP.
2. NAD^+.
3. NADPH.
4. FAD.
5. AMP cíclico.

222. Son proteínas homólogas:

1. La hemoglobina, la mioglobina y el citocromo b5.
2. La hemoglobina, el citocromo b5 y el citocromo c.
3. La mioglobina, el citocromo b5 y el citocromo c.
4. La hemoglobina, la mioglobina y el citocromo c.
5. Ninguna de las anteriores.

223. El poder de resolución de un microscopio NO depende de:

1. Apertura angular.
2. Aumento total.
3. Índice de refracción.
4. Ancho del objetivo.
5. Longitud de onda de la luz incidente.

224. La "novedad" aportada por el estudio de la encefalopatía espongiforme bovina (mal de las "vacas locas") ha sido:

1. La certeza de que las proteínas, por sí mismas, pueden transmitir enfermedades.
2. Los herbívoros no deben de comer carne.
3. El virus que la transmite es de una nueva clase extremadamente virulenta.
4. No ha aportado nada nuevo.
5. Ninguna, la bacteria que la produce ya se conocía.

225. La prueba de Hoesch se utiliza para la detección de:

1. Porfobilinógeno en orina.
2. Glucosa en plasma seminal.
3. Proteínas en orina.
4. Cuerpos cetónicos en orina.
5. Nitritos en orina.

226. ¿Qué tipo de radiación electromagnética se puede medir en un contador de centelleo líquido?:

1. Rayos X.
2. Rayos α.
3. Rayos β.

4. Rayos γ.
5. Rayos β y γ.

227. **Cuando se habla de estructura secundaria y terciaria de una proteína, se hace referencia, principal y respectivamente a:**

1. Interacciones electrostáticas; α-hélice.
2. Secuencias de aminoácidos; enlaces por puentes de hidrógeno.
3. Enlaces por puentes de hidrógeno; enlaces hidrofóbicos y otros tipos de enlaces.
4. Fuerzas de Van der Waals; fuerzas repulsivas.
5. Enlaces disulfuros; enlaces covalentes coordinados.

228. **Un coenzima es:**

1. Un cofactor orgánico de una enzima.
2. Un ión metálico que sirve de puente entre la enzima y el sustrato.
3. Un cofactor inorgánico de una enzima.
4. Un compuesto enzimático que no se altera durante la reacción.
5. Una proteína sin cofactor.

229. **¿Con qué ruta metabólica relacionaría el efecto Pasteur?:**

1. Ciclo de la urea.
2. Beta oxidación de los ácidos grasos.
3. Glucolisis.
4. Gluconeogénesis.
5. Glucogenolisis.

230. **En la conversión de glucosa a etanol vía fermentación alcohólica el rendimiento neto de NADH es:**

1. 4.
2. 3.
3. 2.
4. 1.
5. 0.

231. **El microscopio de fluorescencia se basa en la capacidad de determinadas moléculas para:**

1. Emitir luz en forma continua a una longitud de onda constante.
2. Absorber luz a muchas longitudes de onda diferentes.
3. Absorber luz a una longitud de onda determinada y luego emitir luz a una longitud de onda mayor.
4. Absorber luz a una longitud de onda determinada y luego emitir luz a una longitud de onda menor.
5. Absorber luz a una longitud de onda determinada y emitir a la misma longitud de onda.

232. **¿Con cuál de las siguientes técnicas analíticas pueden analizarse directamente muestras sólidas?:**

1. Absorción atómica.
2. Electroforesis capilar.
3. Cromatografía líquida de alta resolución y detección amperométrica.
4. Espectrometría de masas MALDI-TOF.
5. Citometría de flujo.

233. **La enzima piruvato-descarboxilasa es una:**

1. Liasa.
2. Ligasa.
3. Transferasa.
4. Peptidasa.
5. Esterasa.

234. **¿Cuál de los siguientes es un electrodo de referencia?:**

1. Electrodo de Clark.
2. Electrodo de cloruro de plata.
3. Electrodo de presión de oxígeno.
4. Electrodo enzimático.
5. Electrodo selectivo de sodio.

235. **Respecto a la hemoglobina (Hb), ¿cuál de las siguientes afirmaciones es FALSA?:**

1. Su curva de disociación del oxígeno es hiperbólica.
2. La unión del oxígeno a la Hb es cooperativa.
3. La afinidad de la Hb por el oxígeno depende del pH, cuando éste es más ácido se libera más oxígeno.
4. El bisfosfoglicerato (BPG) reduce la afinidad de la Hb por el oxígeno.
5. El incremento de CO_2 promueve la liberación de oxígeno de la Hb.

236. **El proceso de degradación de una molécula glucosa (glucolisis), da como resultado:**

1. 2 moléculas de ácido pirúvico + 2ATP + 2NADH.
2. 2 moléculas de ácido pirúvico + 3ATP + 2NADH.
3. 1 molécula de ácido pirúvico + 2ATP + 2NADH.
4. 2 moléculas de acetil CoA + 2 ATP + 2 NADPH.
5. 2 moléculas de ácido pirúvico + 2ATP + 2NADPH.

237. **¿A partir de que ácido graso se sintetiza el ácido araquidónico?:**

1. Linoleico.
2. Esteárico.
3. Palmítico.
4. Oleico.

5. Linolénico.

238. ¿En qué hemoproteína el grupo prostético (hemo) se halla unido covalentemente a la proteína?:

1. Citocromo c.
2. Citocromo b.
3. Citocromo a.
4. Hemoglobina.
5. Mioglobina.

239. Comparado con los demás tipos de microscopio óptico, una ventaja distintiva del microscopio de fluorescencia es:

1. Mayor aumento de las estructuras celulares.
2. Capacidad para determinar la localización intracelular de una molécula.
3. Capacidad para determinar la localización intracelular del núcleo.
4. Mayor resolución de las estructuras celulares.
5. Ninguna de las anteriores.

240. ¿Qué pareja de instrumentos permite medir cantidades exactas?:

1. Cromatógrafo de gases, espectrómetro de masas.
2. Probeta graduada, balanza analítica.
3. Espectrofotómetro de absorción atómica, probeta graduada.
4. Pipeta de doble enrase, balanza analítica.
5. Coulómetro, espectrómetro de RMN.

241. La cromatografía basada en la separación de solutos por distribución entre dos fases inmiscibles se denomina:

1. Afinidad.
2. Distribución de contracorriente.
3. Adsorción.
4. Filtración.
5. Intercambio iónico.

242. Respecto al modelo helicoidal del DNA una de las siguientes afirmaciones es FALSA:

1. Las dos cadenas son antiparalelas respecto a los enlaces 3'-5'.
2. Los fosfatos sirven de puentes entre la base de nucleótido y el azúcar del adyacente.
3. Las bases guanina y citosina están unidas por tres enlaces por puente de hidrógeno.
4. Las bases en las dos cadenas son complementarias.
5. Nada de lo anterior es cierto.

243. ¿Cuál de las siguientes enzimas participa en la síntesis de colesterol?:

1. Citrato sintasa.
2. Acetil Coenzima A sintetasa.
3. Tiolasa.
4. HMG-CoA reductasa.
5. Lipoproteína lipasa.

244. ¿Sobre qué enzima del metabolismo de las purinas actúa el alopurinol, usado en el tratamiento de la gota?:

1. Adenosina desaminasa.
2. Guanina desaminasa.
3. HGPRT asa.
4. Nucleotidasa.
5. Xantina oxidasa.

245. Los derivados de ácidos grasos y carnitina transportan los ácidos grasos:

1. En el plasma.
2. Durante la beta-oxidación.
3. Durante la síntesis de ácidos grasos.
4. A través de la membrana mitocondrial.
5. A través de la membrana celular citoplasmática.

246. La variación total en los resultados obtenidos de individuos sanos se diferencia en los componentes siguientes, EXCEPTO:

1. Variación analítica.
2. Preparación del individuo.
3. Conservación de la muestra.
4. Variación fisiológica intraindividual.
5. Variación biológica interindivual.

247. El descubrimiento de las enzimas de restricción constituye un hecho clave en el desarrollo técnico de la ingeniería genética. Su función es:

1. Fosforilación de nucleósidos.
2. Son una clase de transportadores intramembranarios.
3. Cortan la cadena de DNA siempre por el mismo lugar.
4. Polimerizan un segmento predeterminado de DNA.
5. Pliegan el DNA para su presentación al RNA mensajero.

248. En espectrometría de masas las partículas cargadas se separan en base a:

1. Cantidad de sustancia/Carga.
2. Densidad/Carga.
3. Capacidad/Carga.
4. Masa/Carga.
5. Intensidad luminosa/Carga.

249. Para que la glucosa pueda utilizarse en la vía glucolítica tiene que estar:

1. Fosforilada en posición 1.
2. Fosforilada en posición 6.

3. Oxidada en posición 1.
4. Oxidada en posición 6.
5. Reducida en las posiciones 1 y 6.

250. En la degradación de los aminoácidos ¿Cuál es el principal mecanismo por el cual los aminácidos pierden su grupo amino?:

1. Desaminación oxidativa.
2. Transaminación.
3. Desaminación hidrolítica.
4. Transpeptidación.
5. Desaminación reductiva.

251. La reacción redox que transcurre con el aumento y disminución simultáneo del número de oxidación de un elemento se denomina:

1. Pasivación.
2. Desproporción.
3. Comproporción.
4. Transferencia electrónica.
5. Reacción no complementaria.

252. ¿Qué estructura de las proteínas forma el complejo con el cobre (II), en medio básico ("reacción del biuret"), la cual permite la determinación fotométrica de las mismas?:

1. Grupos aromáticos de los aminoácidos.
2. Enlace peptídico.
3. Grupos amino-terminales.
4. Grupos carboxilo-terminales.
5. La alanina y la valina incluidas en su estructura primaria.

253. Cuando se realiza la toma de muestras gaseosas se pueden presentar diferentes objetivos de análisis que es importante diferenciar. En este sentido se tratará del estudio de un aerosol cuando:

1. El tamaño molecular sea inferior a 0.002 micras.
2. No condensa a temperatura ambiente.
3. La muestra incluye partículas pequeñas que permanecen en suspensión en la atmósfera.
4. Incluye materia particulada.
5. La muestra incluye líquidos volátiles.

254. Se pretende comparar la concentración de leucocitos en individuos con SIDA tratados con Filgrastin frente a los de un grupo de control asignados a placebo. La concentración de leucocitos no se ajusta a una distribución normal. ¿Cuál de los siguientes test se debe emplear?:

1. t de Student para muestras independientes.
2. U de Mann-Whitney.
3. t de Student para muestras apareadas.
4. Wilcoxon para datos apareados.
5. Test de Welch.

255. En un operón:

1. Cada gen del operón se regula independientemente para conseguir los niveles de expresión necesarios para la célula.
2. El control puede ejercerse por medio de la inducción o por medio de la represión.
3. Operador y promotor pueden estar en trans respecto los genes que regulan.
4. Los genes estructurales o no se regulan en absoluto o se expresan completamente.
5. El control de la expresión génica consiste exclusivamente en la inducción y en la represión.

256. De acuerdo con los potenciales estándar en disolución acuosa a 25° C, indicar cual de las especies reducidas tendrá el mayor potencial redox:

1. Zn^{2+}/Zn -0,76 V.
2. Fe^{2+}/Fe -0,44 V.
3. Al^{3+}/I^- -1,68 V.
4. I^{3-}/I^- +0,54 V.
5. Fe^{3+}/Fe +0,77 V.

257. La técnica para la separación y/o caracterización de partículas cargadas basándose en sus velocidades específicas de migración en un campo eléctrico, se denomina:

1. Cromatografía.
2. Electrodeposición.
3. Electrolisis.
4. Electroforesis.
5. Dispersión electrónica.

258. Indique que afirmación es FALSA acerca del sobrepotencial que surge de la polarización por transferencia de carga:

1. Los sobrepotenciales disminuyen cuando aumenta la temperatura.
2. Los sobrepotenciales son más acusados para procesos que originan productos gaseosos.
3. La magnitud del sobrepotencial no se puede predecir exactamente.
4. Los sobrepotenciales varían con la composición química del electrodo.
5. Los sobrepontenciales disminuyen con la densidad de corriente.

259. La elección de una hipótesis alternativa dependerá en primer lugar de:

1. Los datos obtenidos del estudio.
2. Lo que el investigador esté interesado en determinar.
3. La región crítica.
4. El nivel de significación.
5. La potencia del test.

260. ¿Cuál de las siguientes NO es correcta:

1. La afinidad de una proteína por un ligando en particular se refiere a la fuerza de unión.
2. La especificidad, a la restricción de unión para uno o pocos ligandos específicos.
3. Las enzimas son proteínas catalíticas que deceleran la velocidad de las reacciones celulares.
4. La función de casi todas las proteinas depende de su capacidad para fijar otras moléculas.
5. Los sitios activos de las enzimas comprenden dos parte funcionales.

Titulación: QUÍMICA
Convocatoria: 2003
Nº de versión de examen: 0
V = Nº de la pregunta en versión de examen 0.
RC = Respuesta correcta

V	RC	V	RC	V	RC	V	RC	V	RC
1	5	53	2	105	2	157	2	209	3
2	4	54	2	106	4	158	1	210	1
3	3	55	1	107	2	159	4	211	3
4	5	56	2	108	2	160	1	212	3
5	1	57	2	109	5	161	5	213	4
6	2	58	4	110	3	162	3	214	4
7	2	59	1	111	4	163	4	215	2
8	4	60	1	112	3	164	2	216	1
9	5	61		113	2	165	4	217	1
10	4	62	4	114	4	166	5	218	1
11	2	63	2	115	3	167	3	219	5
12	3	64	1	116	1	168	5	220	1
13	5	65	3	117	5	169	1	221	3
14	3	66	5	118	5	170	1	222	1
15	4	67	4	119	4	171	5	223	4
16	2	68	3	120	2	172	1	224	1
17	1	69	2	121	5	173	2	225	1
18	1	70	2	122	4	174	4	226	3
19	3	71	5	123	3	175	5	227	3
20	1	72	4	124	2	176	3	228	1
21	1	73	2	125	5	177	4	229	3
22	4	74	3	126	2	178	4	230	5
23	2	75	3	127	3	179	5	231	3
24	5	76	4	128	2	180	3	232	4
25	4	77	5	129	2	181	2	233	1
26	5	78	2	130	4	182	1	234	2
27	2	79	1	131	2	183		235	1
28	4	80	3	132	3	184	2	236	1
29	3	81	5	133	4	185	3	237	1
30	1	82	1	134	1	186		238	1
31	5	83	4	135	1	187	1	239	2
32	4	84	2	136	3	188	2	240	4
33	5	85	5	137	4	189	4	241	2
34	4	86	5	138	1	190	1	242	2
35	3	87	2	139	4	191	1	243	4
36	1	88	1	140	3	192	2	244	5
37	4	89	3	141	5	193	3	245	4

38	5	90	2	142	1	194	3	246	4
39	4	91	4	143	4	195	5	247	3
40	2	92	5	144	2	196	3	248	4
41	4	93	4	145	3	197	5	249	2
42	1	94	3	146	5	198	3	250	2
43	3	95	1	147	2	199	2	251	2
44	4	96	2	148	3	200	3	252	2
45	1	97	5	149	2	201	2	253	3
46	4	98	1	150	5	202		254	2
47		99	5	151	5	203	4	255	2
48	3	100	1	152	2	204	5	256	
49		101	4	153	4	205	2	257	4
50	4	102	1	154	1	206	4	258	5
51	4	103	4	155	1	207	1	259	2
52	4	104	1	156	3	208	3	260	3

MINISTERIO DE EDUCACIÓN Y CIENCIA

MINISTERIO DE SANIDAD Y CONSUMO

PRUEBAS SELECTIVAS 2004

CUADERNO DE EXAMEN

QUÍMICOS

ADVERTENCIA IMPORTANTE

ANTES DE COMENZAR SU EXAMEN, LEA ATENTAMENTE LAS SIGUIENTES

INSTRUCCIONES

1. Compruebe que este Cuaderno de Examen lleva todas sus páginas y no tiene defectos de impresión. Si detecta alguna anomalía, pida otro Cuaderno de Examen a la Mesa.

2. La "Hoja de Respuestas" está nominalizada. Se compone de tres ejemplares en papel autocopiativo que deben colocarse correctamente para permitir la impresión de las contestaciones en todos ellos. Recuerde que debe firmar esta Hoja y rellenar la fecha.

3. Compruebe que la respuesta que va a señalar en la "Hoja de Respuestas" corresponde al número de pregunta del cuestionario.

4. **Solamente se valoran** las respuestas marcadas en la "Hoja de Respuestas", siempre que se tengan en cuenta las instrucciones contenidas en la misma.

5. Si inutiliza su "Hoja de Respuestas" pida un nuevo juego de repuesto a la Mesa de Examen y **no olvide** consignar sus datos personales.

6. Recuerde que el tiempo de realización de este ejercicio es de **cinco horas improrrogables**.

7. Podrá retirar su Cuaderno de Examen una vez finalizado el ejercicio y hayan sido recogidas las "Hojas de Respuesta" por la Mesa.

1. ¿Cuál de los siguientes oxoaniones es tetraédrico?:

   1. Sulfito.
   2. Hidrogenosulfito.
   3. Perclorato.
   4. Oxalato.
   5. Carbonato.

2. El anión tri(oxalato)ferrato(III) puede clasificarse como:

   1. Anión simple.
   2. Oxoanión discreto.
   3. Anión complejo.
   4. Anión haluro complejo.
   5. Oxoanión polimérico.

3. De las siguientes disposiciones geométricas. ¿Cuál es la MENOS frecuente en complejos de metales de transición?:

   1. Cuadrado.
   2. Tetraedro.
   3. Pentágono.
   4. Pirámide cuadrada.
   5. Octaedro.

4. ¿Cuál de las denominaciones siguientes NO es adecuada para definir las características de sulfatos de metales de transición?:

   1. Sulfato de hierro (II).
   2. Vitriolo azul.
   3. Alumbre de cromo.
   4. Espinela.
   5. Schoenita.

5. ¿Cuál de los siguientes compuestos NO contiene nitrógeno?:

   1. Sulfato de hidrazonio.
   2. Azida sódica.
   3. Hidrogenosulfato de nitrosonio.
   4. Fosfaceno.
   5. Corindón.

6. ¿Cuál de los siguientes oxoaniones NO es plano?:

   1. Carbonato.
   2. Hidrogenocarbonato.
   3. Nitrito.
   4. Nitrato.
   5. Sulfito.

7. El número de orbitales que existen en la capa con número cuántico principal n = 3 de un átomo es de:

   1. 1.
   2. 4.
   3. 7.
   4. 9.
   5. 16.

8. La configuración electrónica: [Ar]3d10 4s2 4p2 corresponde al átomo de:

   1. Si.
   2. As.
   3. P.
   4. Ge.
   5. Sn.

9. La configuración electrónica del hierro en estado de oxidación (II) es:

   1. [Ar]3d6.
   2. [Ar]3d7.
   3. [Ar]3d5.
   4. [Ar]3d4.
   5. [Ar]3d8.

10. Indicar el grupo puntual de simetría al que pertenece la molécula de ozono:

    1. Oh.
    2. Td.
    3. D4h.
    4. C2v.
    5. Ih.

11. ¿Cuántos planos de simetría posee una molécula de amoniaco?:

    1. 0.
    2. 1.
    3. 2.
    4. 3.
    5. 4.

12. Los elementos de los grupos principales de la Tabla Periódica son:

    1. Los del bloque s.
    2. Los del bloque p.
    3. Los del bloque d.
    4. Los del bloque d y f.
    5. Los del bloque s y p.

13. El poder que tiene el átomo de un elemento para atraer electrones cuando forma parte de un compuesto se denomina:

    1. Potencial de ionización.
    2. Afinidad electrónica.
    3. Electronegatividad.
    4. Polarizabilidad.
    5. Carácter donante.

14. En la tabla Periódica el número del grupo al que pertenecen los elementos indica:

1. Número de electrones de la capa de valencia.
2. Estado de oxidación máximo del elemento.
3. Número cuántico principal de la capa de valencia.
4. Número de orbitales de la capa de valencia.
5. Número de estados de oxidación del elemento.

15. La estructura tipo blenda tiene una coordinación:

    1. (8,8).
    2. (6,6).
    3. (8,4).
    4. (6,3).
    5. (4,4).

16. La magnetita, Fe_3O_4, es un óxido mixto que pertenece al grupo de:

    1. Espinela normal.
    2. Espinela inversa.
    3. Ilmenita.
    4. Perovsquita.
    5. Wurtzita.

17. Indicar el término fundamental del Ti(III):

    1. 3D.
    2. 2D.
    3. 1S.
    4. 4F.
    5. 3F.

18. ¿Cuántos electrones desapareados presenta el ión complejo hexaacuo cobre (II)?:

    1. 0.
    2. 1.
    3. 2.
    4. 3.
    5. 4.

19. De acuerdo con la teoría de repulsión de pares electrónicos de la capa de valencia la estructura del hexafluoruro de xenón es:

    1. Bipiramidal cuadrada.
    2. Prismática trigonal.
    3. Octaédrica distorsionada.
    4. Octaédrica.
    5. Plana hexagonal.

20. Un sólido semiconductor tipo n está impurificado sustitucionalmente con átomos que:

    1. Donan electrones a la banda de valencia.
    2. Donan electrones a la banda de conducción.
    3. Aceptan electrones de la banda de valencia.
    4. Aceptan electrones de la banda de conducción.
    5. Transportan electrones de la banda de valencia a la de conducción.

21. El pH de una disolución de cloruro de trimetilamonio 0.100 M (pKa=9.8) es:

    1. 4.
    2. 4.4.
    3. 5.4.
    4. 9.
    5. 9.8.

22. En la determinación volumétrica de Hierro con Permanganato se reduce previamente el Fe (III) con el denominado reductor de Jones. ¿Qué contiene este reductor?:

    1. Na + K.
    2. Na + Hg.
    3. K + Hg.
    4. Zn + Hg.
    5. Pb + Tl.

23. Si en la determinación gravimétrica de Ca (II) con Oxalato, el precipitado obtenido se calienta a 500ºC la forma de pesada es:

    1. $Ca(C_2O_4) \cdot 2H_2O$.
    2. $Ca(C_2O_4) \cdot H_2O$.
    3. $Ca(C_2O_4)$.
    4. $CaCO_3 \cdot H_2O$.
    5. $CaCO_3$.

24. El permanganato potásico, en medio neutro o ligeramente alcalino reacciona con Mn (II) generando:

    1. MnO.
    2. MnO_2.
    3. MnO_4^{2-}.
    4. Mn (III).
    5. Mn (V).

25. Si hacemos reaccionar 1 mol de yodato con un exceso de yoduro en medio ácido ¿cuántos milimoles de tiosulfato se consumirán para valorar el yodo generado?:

    1. 2.
    2. 4.
    3. 6.
    4. 8.
    5. 10.

26. La presencia de un efecto de matriz en una determinación analítica puede ser detectado si se observa:

    1. El valor de R^2.
    2. El valor medio de las respuestas.
    3. Si hay cambios en la pendiente.
    4. El intervalo de confianza de un resultado.
    5. El intervalo de confianza de la media de resultados.

27. **El valor más adecuado del factor de retención k o factor de capacidad (K') debería estar comprendido entre:**

    1. –5 y 0.
    2. 0 y 0.2.
    3. 0.2 y 1.
    4. 2 y 10.
    5. 20 y 30.

28. **¿En cuál de las siguientes técnicas analíticas es necesario tener en cuenta la existencia de flujo electroosmótico?:**

    1. Gavimetría en fase homogénea.
    2. Cromatografía de afinidad.
    3. Espectrometría del infrarrojo cercano.
    4. Isotacoforesis.
    5. Bioluminiscencia.

29. **En espectrometría de masas cuando se hace referencia a MALDI, nos estamos refiriendo a una técnica de ionización que utiliza como agente ionizante:**

    1. Electrones de alta energía.
    2. Iones gaseosos reactivos.
    3. Un laser.
    4. Elevadas temperaturas.
    5. Campos eléctricos.

30. **La fuerza relativa de un ácido débil aumenta:**

    1. Al diluir la disolución, ya que aumenta la disociación.
    2. Al preparar la disolución en un disolvente más ácido.
    3. Al aumentar la fuerza iónica de la disolución por disminuir los factores de actividad.
    4. Al disolverlo en un disolvente aprótico.
    5. En presencia de su base conjugada.

31. **La estabilidad de los complejos metal-AEDT:**

    1. Aumenta al aumentar el pH para todos los iones metálicos.
    2. No depende del pH.
    3. Aumenta al aumentar el pH para los iones metálicos más ácidos.
    4. Disminuye al aumentar el pH para los iones metálicos más ácidos.
    5. Es máxima en todos los casos a los valores de pH próximos a la neutralidad.

32. **El intervalo de viraje de un indicador redox es de ± 0.059/n voltios en torno al potencial:**

    1. En el punto de equivalencia teórico.
    2. Normal del sistema a valorar.
    3. Normal del sistema valorante.
    4. Normal del indicador.
    5. En el punto final de la valoración.

33. **El ácido H_2L^+ ($pK_1 = 3$; $pK_2 = 10$) en concentración 0.1 M se valora con NaOH 0.100 M. La curva de valoración mostrará:**

    1. Dos puntos finales.
    2. Un punto final correspondiente a la formación de HL.
    3. Un punto final correspondiente a la formación de L^-.
    4. Un punto final correspondiente a la mezcla HL + L^-.
    5. Un punto final correspondiente al exceso de valorante.

34. **La condición necesaria para que una molécula emita radiación de fluorescencia es que:**

    1. Posea en su estructura varios anillos condensados.
    2. Se encuentre previamente en un estado electrónico excitado.
    3. Se encuentre en un entorno rígido.
    4. Se encuentre previamente en un estado triplete excitado.
    5. Sea posible su desactivación entre los niveles vibracionales.

35. **La elución isocrática en HPLC es aquella en que se mantiene constante:**

    1. La composición de la fase móvil.
    2. La presión de la columna.
    3. La temperatura.
    4. El caudal de la disolución.
    5. El pH.

36. **El cloruro de magnesio se encuentra en el océano en una concentración 0.054 M. ¿Cuántos gramos hay en 25 ml de agua de mar?:**
    DATOS: Masas atómicas: Cl, 35.5; Mg, 24.3

    1. 1.3.
    2. 1.30.
    3. 0.13.
    4. 0.0013.
    5. 13.

37. **Se llama intervalo dinámico:**

    1. Al intervalo de concentraciones dentro del cual la respuesta varía linealmente con la concentración.
    2. Al intervalo de señales dentro del cual se sitúan las concentraciones del calibrado.
    3. Al intervalo de concentraciones que produce un cambio de respuesta.
    4. Al intervalo comprendido entre 0 y la concentración máxima del calibrado.
    5. Al intervalo de concentraciones comprendido entre el primer y último puntos del calibrado.

38. En relación al patrón interno, indicar cuál de estas afirmaciones es FALSA:

1. Es una especie diferente al analito.
2. Debe proporcionar señales idénticas a las del analito.
3. Se añade a la muestra en una cantidad conocida.
4. Su uso implica el empleo de respuestas relativas.
5. Su uso permite corregir las pérdidas del analito.

39. El cloruro de plata es menos insoluble que el yoduro de plata. En la valoración con ion plata, el valor de pAg del cloruro:

1. Es menor que el del yoduro.
2. Es igual que el del yoduro porque la estequiometría es la misma.
3. Es mayor que el del yoduro.
4. Es mayor o menor que el del yoduro dependiendo de las concentraciones relativas.
5. Es igual al del yoduro si ambos iones están a la misma concentración.

40. La relación señal/ruido (S/R) es el cociente entre:

1. La señal neta y el límite de detección.
2. La señal neta y su desviación estándar relativa.
3. La señal neta y la señal media del primer punto de calibrado.
4. Las desviaciones estándar de la señal y del ruido.
5. La señal neta y su desviación estándar.

41. El equilibrio que explica el comportamiento ácido del ion anilinio es:

1. $Ph-NH_3^+ + H_2O \Leftrightarrow Ph-NH_2OH + 2H^+$.
2. $Ph-NH_3^+ + H_2O \Leftrightarrow Ph-NH_2OH + H^+$.
3. $Ph-NH_3^+ + H_2O \Leftrightarrow Ph-NH=OH + 3H^+$.
4. $Ph-NH_3^+ + OH^- \Leftrightarrow Ph-NH_2 + H_2O$.
5. $Ph-NH_3^+ + H_2O \Leftrightarrow Ph-NH_2 + H_3O^+$.

42. Indicar cuál de estas afirmaciones es FALSA. En la ecuación de Henderson-Hasselbalch, el pH depende:

1. Del valor del pK_a del ácido conjugado.
2. Del número de milimoles del ácido conjugado.
3. De la concentración del ácido conjugado.
4. Del volumen de la disolución.
5. De la relación de concentraciones ácido/base conjugada.

43. En las volumetrías por retroceso es imprescindible:

1. Utilizar dos disoluciones patrón.
2. Hacer dos valoraciones.
3. Detectar más de un punto final.
4. Emplear dos indicadores.
5. Obtener la curva de valoración.

44. La fuerza iónica de una disolución del electrólito AB, donde A y B son iones monovalentes es igual a:

1. La raíz cuadrada de la concentración.
2. El cuadrado de la concentración.
3. La concentración.
4. La mitad del cuadrado de la concentración.
5. La mitad de la raíz cuadrada de la concentración.

45. Los indicadores de adsorción se basan en que al alcanzarse el punto de equivalencia:

1. Cambia el signo de la carga superficial del precipitado.
2. Aumenta la movilidad de los iones del indicador.
3. Disminuye la movilidad de los iones del precipitado.
4. La superficie del precipitado se hace eléctricamente neutra.
5. El precipitado se rodea de moléculas de disolvente.

46. El electrodo de Clark:

1. Es un sensor amperométrico de oxígeno.
2. Permite la determinación potenciométrica del oxígeno disuelto.
3. Es un sensor amperométrico de CO_2.
4. Proporciona una medida absoluta de la concentración de oxígeno.
5. Se basa en un cristal de ZrO_2.

47. El valor del producto de solubilidad, K_{ps}, de un precipitado varía:

1. En presencia de un electrólito que posea iones comunes con los del precipitado.
2. Al diluir.
3. Al aumentar la temperatura.
4. En presencia de un complejante del ion metálico del precipitado.
5. En presencia de un ácido si el anión del precipitado es una base débil.

48. Para una determinación de proteínas se aplicó la prueba de adsorción de colorante de Bradford, midiendo la absorbancia a 595 nm. Si la ecuación del calibrado obtenido con patrones fue y = 0.038 x + 0.46, con x en unidades de μg/g, calcular la concentración de proteína en

una muestra cuya absorbancia fue de 0.973 unidades:

1. 37.7 µg/g.
2. 13.5 µg/g.
3. 0.497 µg/g.
4. 3.77 µg/g.
5. 4.97 µg/g.

49. El error alcalino de un electrodo de vidrio para la medida del pH se debe a:

1. Que el electrodo ha sido mal calibrado.
2. Que se ha desajustado la pendiente.
3. Que ha aumentado el potencial de asimetría.
4. La interferencia de los iones alcalinos.
5. La interferencia de los iones OH^-.

50. Se preparó un "arbol de plata" intoduciendo un cilindro de cobre en una disolución de nitrato de plata. Demostrar que la reacción que tiene lugar es cuantitativa calculando la constante de equilibrio:
DATOS: $E°\ Cu^{2+}/Cu = 0.34$; $E°\ Ag^+/Ag = 0.80$

1. log K = 15.6.
2. log K = 7.8.
3. log K = 4.0.
4. log K = 5.2.
5. log K = 1.

51. ¿Cuál es el factor gravimétrico en la determinación de magnesio cuando se precipita y pesa como pirofosfato de magnesio ($Mg_2P_2O_7$)?:

1. 3.26178.
2. 0.30658.
3. 0.15329.
4. 0.52355.
5. 1.63089.

52. En el campo del análisis químico, una "secuencia fija de acciones que se llevan a cabo en un procedimiento analítico", se corresponde con la definición de:

1. Técnica.
2. Análisis.
3. Determinación.
4. Cuantificación.
5. Método.

53. Calcular el pH de una disolución 0.01 M en NH_3 y 0.005 M en HCl, sabiendo que el pKa del amonio es 4.75:

1. 10.25.
2. 8.75.
3. 9.75.
4. 9.25.
5. 9.0.

54. Una red de difracción espectroscópica es un dispositivo que permite expandir las diferentes longitudes de onda de una radiación electromagnética en diferentes ángulos. A esta acción se le denomina:

1. Refracción.
2. Dispersión.
3. Modulación.
4. Interferencia constructiva.
5. Interferencia destructiva.

55. De las siguientes afirmaciones respecto a las ventajas de la espectrofotometría de absorción atómica con atomización electrotérmica indique cuál es FALSA:

1. La preparación de muestras es sencilla.
2. Presenta elevadas sensibilidades analíticas.
3. Emplea pequeños volúmenes de muestra.
4. El intervalo de linalidad suele ser corto.
5. No presenta interferencias químicas.

56. Un espectrómetro de absorción atómica con llama consta de una serie de partes. ¿En cuál de ellas se integra el nebulizador?:

1. En el detector.
2. En la fuente de radiación.
3. En el monocromador.
4. En el atomizador.
5. En el sistema para compensar la absorción de fondo.

57. ¿Qué plan de muestreo NO sería adecuado para controlar el cambio estacional en el contenido en fosfato de pantano?:

1. Tomas muestra cada seis meses.
2. Tomar muestra cada tres meses.
3. Tomar muestra cada ocho meses
4. Tomar muestra cada dos meses.
5. Tomar muestra cada mes.

58. Los métodos analíticos de separación pueden clasificarse según se establezca un estado de equilibrio en el sistema o sean procesos controlados cinéticamente. ¿Cuál de entre los que se citan pertenece a este último grupo?:

1. Destilación.
2. Extracción.
3. Cromatografía.
4. Precipitación.
5. Difusión.

59. ¿Cuál debe ser la relación de distribución de un soluto para que se pueda extraer el 99% del mismo de 100 ml de una disolución usando 100 ml de disolvente orgánico?:

1. 99.
2. 9.9.
3. 0.99.
4. 8.
5. 50.

60. ¿Cuál de entre las técnicas de extracción con disolventes que se citan se basa solamente en la distribución de la muestra entre dos fases inmiscibles en base a las diferentes solubilidades del analito y la matriz?:

1. Líquido-líquido.
2. Sólido-líquido.
3. Con fluidos supercríticos.
4. Acelerada por disolventes.
5. Asistida por microondas.

61. Indique cuál de los siguientes estandares no es un estándar químico:

1. Isótopo 12 del carbono.
2. Pesos atómicos.
3. Mol.
4. Número de Avogadro.
5. Plata ultrapura.

62. ¿Cuál de entre los que se citan NO se corresponde con un efecto causante de ensanchamiento de las bandas cromatográficas en cromatografía de gases?:

1. Difusión Eddy o mezcla por convección.
2. Difusión molecular longitudinal.
3. Difusión molecular transversal.
4. Efecto de la transferencia de masa en la fase móvil.
5. Efecto de la transferencia de masa en la fase estacionaria.

63. Si se considera la reacción del ácido oxálico con amoniaco, una proposición correcta referida a esta reacción es:

1. Una disolución normal de ácido oxálico contiene dos equivalentes por litro.
2. Una disolución normal de ácido oxálico contiene dos moles.
3. Un equivalente de ácido oxálico reacciona con dos equivalentes de amoniaco.
4. Un litro de disolución molar de ácido oxálico reacciona con dos moles de amoniaco.
5. Una disolución normal de amoniaco contiene dos moles por litro.

64. El objetivo de un analizador de masas utilizado en un espectrómetro de masas es:

1. Ionizar los átomos.
2. Separar los iones en función de su relación masa/carga.
3. Neutralizar los iones.
4. Atraer los iones hacia un electrodo.
5. Separar los iones positivos de los negativos.

65. La concentración límite se refiere a:

1. La que corresponde a la señal del blanco.
2. La cantidad más pequeña de analito que se puede identificar por unidad de volumen.
3. La establecida por el analista para asegurar la respuesta binaria con un nivel de probabilidad determinado.
4. El nivel máximo establecido por la legislación o un cliente para decidir si una muestra tiene una calificación dada.
5. La que corresponde a una señal que puede distinguirse estadísticamente del blanco.

66. En el diagrama potencial – pH de los sistemas del agua la llamada zona de estabilidad del agua corresponde a la especie:

1. H_2O.
2. O_2.
3. OH^-
4. H_3O^+.
5. H_2.

67. ¿Cuál es el límite de longitud de onda producido por un tubo de rayos X que tiene un blanco de plata y trabaja a 100 kV?:

1. 0.248 angstroms.
2. 0.124 angstroms.
3. 0.496 angstroms.
4. 0.062 angstroms.
5. 0.992 angstroms.

68. De las etapas que tienen lugar en una reacción oxidante + n electrones para dar reductor, en un electrodo índice, ¿cuál es FALSA?:

1. Cambio de estado físico.
2. Transferencia de masa.
3. Reacción química.
4. Transferencia de electrones.
5. Volatilización.

69. ¿Qué característica ha de poseer un precipitado para ser usado como forma de pesada en una gravimetría?:

1. Alto peso molecular.
2. Alta pureza.
3. Composición definida en un intervalo de temperaturas.
4. Estructura cristalina.
5. Estabilidad frente al oxígeno.

70. ¿Cuál de las siguientes causas NO produce una desviación de la ley de Beer?:

1. Las concentraciones elevadas de analito.

2. Los equilibrios de disociación.
3. Las desviaciones originadas por radiación policromática.
4. El espesor de la cubeta.
5. La desviación causada por radiación parásita.

71. ¿Con qué procesos de desactivación compite la fluorescencia?:

    1. Cruce entre sistemas.
    2. Conversión externa.
    3. Relajación vibracional.
    4. Quimioluminiscencia.
    5. Conversión interna.

72. ¿Cuál de las siguientes propiedades NO es deseable en un espectrómetro de emisión atómica?:

    1. Elevada resolución.
    2. Adquisición de la señal y recuperación rápidas.
    3. Altos valores de absorbancia.
    4. Exactitud y precisión en la identificación y selección de la longitud de onda.
    5. Elevada estabilidad con respecto a los cambios ambientales.

73. La precisión intermedia expresa:

    1. Las variaciones en la precisión entre laboratorios.
    2. Las variaciones en la precisión dentro del laboratorio.
    3. La precisión bajo las mismas condiciones operatorias.
    4. La precisión a concentraciones intermedias del rango.
    5. El valor medio de la precisión encontrada para diferentes concentraciones.

74. ¿Cuál de los siguientes elementos ópticos NO se encuentra en un monocromador de red?:

    1. Espejos cóncavos.
    2. Filtro.
    3. Rendija de entrada.
    4. Red de difracción.
    5. Rendija de salida.

75. Indique qué método de preconcentración aplicaría si tiene que analizar mercurio total en una muestra de orina:

    1. Extracción con disolventes.
    2. Evaporación.
    3. Precipitación.
    4. Cambio iónico.
    5. Volatilización.

76. ¿Cuál de los siguientes procesos NO está relacionado con el funcionamiento del laser?:

    1. Bombeo.
    2. Difracción.
    3. Emisión espontánea.
    4. Absorción.
    5. Emisión estimulada.

77. La inmunodifusión radial de Mancini permite cuantificar antígenos porque la concentración de antígeno es proporcional a:

    1. La velocidad de difusión.
    2. El grosor de las bandas de precipitado.
    3. El número de bandas de precipitado.
    4. El área del círculo de precipitado.
    5. El tiempo que tarda en aparecer el precipitado.

78. Para una especie absorbente de una radiación electromagnética, indicar de cuál de entre los factores que se citan no depende la absorbancia:

    1. La absorptividad molar.
    2. La longitud de onda.
    3. El espesor de la cubeta de muestra.
    4. La intensidad de la fuente.
    5. La concentración.

79. En una solución saturada de fluoruro de estroncio se encontró que la concentración de iones fluoruro era de 0.002 M. ¿Cuál es el producto de solubilidad del fluoruro de estroncio?:

    1. pKs=5.4.
    2. pKs=5.7.
    3. pKs=3.2.
    4. pks=8.4.
    5. pKs=9.0.

80. Indicar cuál de las siguientes causas de error no está relacionada con el funcionamiento de los indicadores ácido-base:

    1. Cambios de temperatura.
    2. Presencia de sales en la disolución.
    3. Cambio de disolvente.
    4. Presencia de electrolitos coloidales en la disolución.
    5. Cambios de presión.

81. La reacción de ácidos peroxicarboxílicos con el grupo carbonílico de cetonas produce:

    1. Éteres.
    2. Amidas.
    3. Esteres.
    4. Hidrocarburos.
    5. Olefinas.

82. Completar el enunciado siguiente: Alqueno más............da un epóxido:

1. Tetróxido de osmio.
2. Metóxido sódico.
3. Ácido peryódico.
4. Ácido peroxibenzoico.
5. Permanganato potásico.

83. **De los procedimientos que se indican a continuación ¿cuál sería el más adecuado para la preparación de dimetilfenilcarbinol?:**

    1. Hidrogenación catalítica de fenilmetilcetona.
    2. Reacción de fenilacetaldehído con hidruro de aluminio y litio.
    3. Reacción de ácido benzoico con sulfato de dimetilo en medio básico.
    4. Reacción de benzoato de metilo con yoduro de metilmagnesio.
    5. Reacción de ácido benzoico con diazometano.

84. **En espectrometría de masas, la pérdida de un fragmento de alqueno por reordenamiento de un compuesto carbonílico que tiene hidrógenos en posición γ se denomina reordenamiento:**

    1. De McLafferty.
    2. De Beckmann.
    3. Sigmatrópico.
    4. Bencílico.
    5. De Barton.

85. **Las aminas primarias y secundarias dan reacciones de condensación con aldehidos y cetonas, proporcionando respectivamente:**

    1. Iminas y enaminas.
    2. Iminas y oximas.
    3. Oximas e iminas.
    4. Hidrazonas y semicarbazonas.
    5. Oxazonas.

86. **El metabolito esteroide que se forma fotoquímicamente en animales por irradiación solar a partir de 7-dehidrocolesterol, se conoce como:**

    1. Vitamina E_1.
    2. Vitamina Q.
    3. Vitamina D_3.
    4. Vitamina C.
    5. Ácido fusídico.

87. **Una amida cíclica se denomina:**

    1. Quinolina.
    2. Lactosa.
    3. Lactona.
    4. Lactama.
    5. Lactida.

88. **El grupo carbonilo es un grupo funcional que en la nomenclatura de moléculas orgánicas:**

    1. Tiene preferencia sobre los grupos hidroxilo, alquenilo y alquinilo.
    2. No tiene preferencia sobre los grupos hidroxilo, alquenilo y alquinilo.
    3. Tiene preferencia sobre el grupo carboxilo.
    4. No tiene preferencia sobre los hidrocarburos cíclicos.
    5. Ninguna de las anteriores.

89. **La pirimidina es un heterociclo de seis miembros con:**

    1. Tres nitrógenos situados en posiciones 1, 2, 4.
    2. Tres nitrógenos situados en posiciones 1, 2, 3.
    3. Dos nitrógenos situados en posiciones 1, 2.
    4. Dos nitrógenos situados en posiciones 1, 3.
    5. Dos nitrógenos situados en posiciones 1, 4.

90. **La oxidación con permanganato potásico de los 1,2-dialquilbencenos conduce a:**

    1. Alquinilbenceno.
    2. Alcohol bencílico.
    3. Benzaldehido.
    4. Ácido benzoico.
    5. Ácido ftálico.

91. **Los ácidos carboxílicos se pueden transformar en sus ésteres metílicos por adición de una disolución etérea de:**

    1. Diazometano.
    2. Isocianato de metilo.
    3. Formamida.
    4. Formaldehido.
    5. Anhídrido acético.

92. **Las reacciones de alquilación de Friedel-Crafts conducen a productos que:**

    1. Desactivan el anillo aromático frente a nuevas sustituciones.
    2. Activan el anillo aromático frente a nuevas sustituciones.
    3. Facilitan las reacciones de diazotación.
    4. Facilitan las reacciones de formación de éteres.
    5. Ninguna de las anteriores.

93. **La adición del ión cianuro a un grupo carbonilo da origen a la formación de un compuesto:**

    1. Carbolina.
    2. Carbamina.
    3. Imina.
    4. Cianohidrina.
    5. Cianamina.

94. **En el espectro infrarrojo, las bandas de absorción corresponden a la cantidad de energía necesaria para incrementar la amplitud de las:**

    1. Tensiones de anillo.

2. Vibraciones moleculares.
3. Bandas moleculares.
4. Asociaciones moleculares.
5. Flexiones de enlaces.

95. La estabilidad de los alquenos es mayor cuanto más sustituidos están y el isómero *trans* es más estable que el *cis*. ¿Qué variable permite establecer la estabilidad relativa de los alquenos?:

    1. La constante de acidez.
    2. El punto de ebullición.
    3. El descenso crioscópico.
    4. El calor de hidrogenación.
    5. No se puede establecer.

96. La sulfonación del benceno es un proceso:

    1. Irreversible.
    2. Inviable.
    3. Reversible.
    4. Que sólo se produce en presencia de un reductor.
    5. Que sólo se produce en presencia de sulfato de bario.

97. ¿Cuál es el mejor disolvente para llevar a cabo la preparación de un reactivo de Grignard?:

    1. Etilenglicol.
    2. Isopropanol.
    3. Acetona.
    4. Dietiléter.
    5. Acetato de etilo.

98. En la hidrogenación catalítica de un alqueno los dos hidrógenos llegan a la misma cara de la molécula. Se trata de una reacción:

    1. TRANS diastereoselectiva.
    2. SIN diastereoselectiva.
    3. TRANS estereoespecífica.
    4. SIN estereoespecífica.
    5. Ninguna de ellas.

99. Una aziridina es una amina cíclica en la que un nitrógeno forma parte de un anillo de:

    1. No hay nitrógeno sino oxígeno en el anillo.
    2. Seis miembros.
    3. Cinco miembros.
    4. Cuatro miembros.
    5. Tres miembros.

100. La reacción más importante del benceno es la:

    1. Sustitución nucleófila aromática.
    2. Adición electrófila.
    3. Adición nucleófila.
    4. Sustitución electrófila aromática.
    5. Oxidación y reducción.

101. Las reacciones electrocíclicas térmicas que involucran $(4n + 2)\pi$ electrones son:

    1. Conrotatorias.
    2. Disrotatorias.
    3. Polares.
    4. Reordenamientos de Wargner-Meerwein.
    5. Radicalarias.

102. Cuando un alil aril éter se calienta a 200ºC, su grupo alilo migra desde el oxígeno al átomo de carbono del anillo, orto respecto al oxígeno. Esta reacción se llama:

    1. Transposición de Beckman.
    2. Reordenamiento de Nazarov.
    3. Transposición bencílica.
    4. Transposición pinacolínica.
    5. Reordenamiento de Claisen.

103. Los productos de reacción de diferentes ácidos butanodioicos con aminas primarias se denominan:

    1. Iminas.
    2. Imidas.
    3. Amidas.
    4. Diamidas.
    5. Oximas.

104. El compuesto orgánico conocido como pirrol es un:

    1. Heterociclo.
    2. Éter.
    3. Hidrocarburo.
    4. Alcohol.
    5. Ácido carboxílico.

105. En general, cualquier tetrahidropirano que soporte un grupo electronegativo en la posición 2, prefiere que el sustituyente sea axial. Este efecto se conoce como:

    1. Mutarrotación.
    2. Halogenado.
    3. Polar.
    4. Anomérico.
    5. Salino.

106. Los reactivos organocupratos se adicionan a los aldehídos y cetonas α,β-insaturados preferentemente en la forma:

    1. Adición 1,2.
    2. Adición 1,4.
    3. Adición 1,2 a las cetonas y 1,4 a los aldehídos.
    4. No se adicionan.
    5. Adición 1,2 a las cetonas cíclicas y 1,4 a los aldehídos.

107. Las cumarinas son productos naturales derivados de:

    1. Antraquinona.
    2. Quinonas.
    3. Piridinas.
    4. Ácido mevalónico.
    5. Lactona del ácido cinámico.

108. Para una reacción química, el exceso enantiomérico de los productos en relación a los materiales de partida se denominan:

    1. Rendimiento quiral.
    2. Esceso quiral.
    3. Exceso diastereomérico.
    4. Rendimiento óptico.
    5. Actividad óptica.

109. Los carbenos y carbenoides son útiles para sintetizar ciclopropanos a partir de:

    1. Alcanos.
    2. Alquenos.
    3. Alcoholes.
    4. Aminas.
    5. Aldehídos.

110. El grupo funcional –SH está presente en uno de los siguientes tipos de compuestos orgánicos:

    1. Ácido carboxílico.
    2. Éster.
    3. Alcohol.
    4. Tiol.
    5. Hidrazina.

111. La monohalogenación α de un grupo ácido carboxílico se consigue por tratamiento de un ácido carboxílico que tiene átomos de hidrógeno en α con bromo en presencia de tribromuro de fósforo. Este procedimiento se conoce con el nombre de reacción de:

    1. Hell-Vollhard-Zelinski.
    2. Formación de haluros de ácido.
    3. Halogenación.
    4. Bromación.
    5. Adición.

112. En resonancia magnética nuclear, la diferencia en partes por millón entre la frecuencia de resonancia del hidrógeno que se observa y la de los hidrógenos del tetrametilsilano se denomina:

    1. Campo magnético.
    2. Frecuencia.
    3. Constante de acoplamiento.
    4. Desplazamiento químico.
    5. Resonancia.

113. En la reacción entre un cloruro de ácido y un alcohol se produce un:

    1. Aldehído.
    2. Éter.
    3. Alqueno.
    4. Éster.
    5. Ácido.

114. A escala preparativa, los ácidos aldónicos se obtienen por oxidación de las aldosas con:

    1. Bromo en solución acuosa tamponada.
    2. Reactivos de Collins.
    3. Perrutenato.
    4. Dioxiranos.
    5. Ácido nítrico diluido y caliente.

115. Un polímero con todas las cadenas laterales del mismo lado del esqueleto polimérico se denomina:

    1. Homopolímero.
    2. Isotáctico.
    3. Copolímero.
    4. Termoplástico.
    5. Monómero.

116. Una especia rica en electrones que puede donar un par de electrones para formar un enlace se denomina:

    1. Nucleófila.
    2. Electrófila.
    3. Aromática.
    4. Grupo saliente.
    5. Prótica.

117. La reacción de Diels-Alder es una cicloadición concertada y estereoespecífica que sigue la regla *endo* y tiene lugar entre un:

    1. Alcano y un dieno.
    2. Dieno s-cis y un dienofilo.
    3. Dieno s-trans y un dienofilo.
    4. Alcano y un dienofilo.
    5. Alcano y un dienofilo cíclico.

118. Los alquenos pueden reaccionar consigo mismo, sólo en presencia de:

    1. Un catalizador apropiado como un ácido, un radical, una base o un metal de transición.
    2. Metales en disolución.
    3. Carbonilos, cuando están conjugados.
    4. Hidrocarburos saturados y a elevadas temperaturas.
    5. Consigo mismo no reaccionan nunca.

119. Desde el punto de vista estructural, el indol es un hidroxiderivado de:

1. Indano.
2. Indeno.
3. Furano.
4. Pirano.
5. Pirrol.

120. En el laboratorio, el proceso que transforma una imina en una amina saturada se denomina:

1. Aminación reductora.
2. Reacción de Beckman.
3. Aminación oxidativa.
4. Eliminación.
5. Aminación oxidativa.

121. Los estereoisómeros de la misma constitución y configuración, que difieren únicamente en los ángulos de torsión se denominan:

1. Diastereoisómeros.
2. Enantiómeros.
3. Rotámeros.
4. Racémicos.
5. Quirales.

122. Cuando se hacen reaccionar las cetonas cíclicas con peroxiácidos se forman:

1. Alcoholes.
2. Lactonas.
3. Éteres.
4. Amidas.
5. Epóxidos.

123. La sulfonación con H_2SO_4 o SO_3 en H_2SO_4, convierte los compuestos aromáticos en:

1. Ácidos sulfínicos aromáticos.
2. Sulfonas aromáticas.
3. Ácidos sulfónicos aromáticos.
4. Tioéteres aromáticos.
5. Quinonas.

124. El dióxido de manganeso es un reactivo que oxida alcoholes:

1. Saturados y fenoles.
2. Fenoles exclusivamente.
3. Bencílicos y saturados.
4. Alílicos y bencílicos.
5. Terciarios.

125. ¿Cuál de los compuestos que se relacionan a continuación reacciona con bromuro de propilo en presencia de etóxido sódico?:

1. 2-Butino.
2. Acetoacetato de etilo.
3. Etileno.
4. Benzaldehído.
5. Acetofenona.

126. La separación total o parcial de enantiómeros debido a la diferencia de la velocidad de reacción de los dos enantiómeros en una mezcla racémica con un reactivo quiral no racémico se denomina:

1. Rendimiento quiral.
2. Resolución paralela.
3. Exceso diastereomérico.
4. Resolución cinética.
5. Actividad óptica.

127. La reacción de benzamida con bromo en medio básico conduce a:

1. Fenilacetonitrilo.
2. *m*-Bromoanilina.
3. Ácido fenilacético.
4. Anilina.
5. Feniletilamina.

128. La ciclación de arilhidrazonas mediante calentamiento, por lo general en presencia de un ácido protonado o un ácido de Lewis como catalizador conduce a:

1. Pirazoles.
2. Imidazoles.
3. Pirroles.
4. Piridinas.
5. Indoles.

129. En la hidrogenación de alquenos se utiliza el catalizador de Lindlar envenenado con quinoleína. Este catalizador está compuesto por:

1. Sulfato de bario y paladio.
2. Sulfato cálcico y platino.
3. Carbonato cálcico y paladio.
4. Carbonato cálcico y platino.
5. Carbonato de cobre y plata metálica.

130. Los estereoisómeros que no son imágenes especulares se denominan:

1. Quirales.
2. Racémicos.
3. Enantiómeros.
4. Diastereoisómeros.
5. No quirales.

131. ¿Cuál de los siguientes estadísticos básicos NO corresponde a una variable cuantitativa?:

1. Frecuencia relativa.
2. Media aritmética.
3. Mediana.
4. Mínimo.
5. Amplitud.

132. ¿Cuál de las siguientes expresiones NO es correcta?:

1. La desviación estándar mide la cantidad de variabilidad en la población.
2. El error estándar de la media mide la cantidad de variabilidad de la media muestral.
3. El error estándar de la media disminuye al aumentar el tamaño de la muestra.
4. Si el intervalo de confianza a 95% no contiene el cero, p es menor de 0.5.
5. Si el intervalo de confianza a 99% contiene el cero, p es menor de 0.1.

133. **El valor de la distribución normal estándar correspondiente a su cuantil se llama:**

    1. Segundo momento.
    2. Tercer momento.
    3. Cuarto momento.
    4. Probit.
    5. Sesgo.

134. **¿Cuál de los siguientes métodos se debe utilizar en el análisis de un estudio observacional en el que el tipo de exposición es categórico y el tipo de resultado es binario?:**

    1. Regresión lineal múltiple.
    2. Regresión logística.
    3. Análisis de la varianza.
    4. Regresión de Poison.
    5. Regresión de Cox.

135. **La medida estadística calculada con base en todos los datos de la población de referencia se llama:**

    1. Parámetro.
    2. Estimador.
    3. Estimación.
    4. Medida descriptiva.
    5. Atributo.

136. **En una prueba estadística, la probabilidad de rechazar una hipótesis nula que es falsa, se llama:**

    1. Eficiencia.
    2. Error tipo I.
    3. Error tipo II.
    4. Potencia.
    5. Especificidad.

137. **Si queremos evaluar la intensidad de la asociación entre dos variables cuantitativas que no siguen una distribución normal, usaremos:**

    1. Regresión lineal simple.
    2. Coeficiente de correlación de Pearson.
    3. Coeficiencia de correlación de Spearman.
    4. Regresión logística.
    5. Coeficiente de determinación.

138. **Dados los sucesos A y B con probabilidad no nula e incompatibles, la probabilidad de A condicionada a B es:**

    1. 1.
    2. p (B) xp (A).
    3. 0.
    4. p (B).
    5. p (A).

139. **Una vez que hemos rechazado la hipótesis nula, ¿cuál es la probabilidad de cometer un error tipo II?:**

    1. 1.
    2. Dependerá de la potencia.
    3. Dependerá del tamaño de la muestra.
    4. 0.
    5. 2 y 3 ciertas.

140. **¿Qué diferencia hay entre el intervalo que estima la media poblacional y el intervalo que estima la mediana poblacional?:**

    1. El intervalo que estima la media es mayor que el que estima la mediana, incluso 2 veces cuando se estudian muestras pequeñas.
    2. No existen diferencias entre ambos intervalos.
    3. El intervalo que estima la mediana es menor que el que estima la media.
    4. 1 y 3 ciertas.
    5. El intervalo que estima la mediana es mayor que el que estima la media.

141. **El ciclo de Cori:**

    1. Relaciona el metabolismo energético del tejido muscular con el metabolismo hepático.
    2. Presenta un balance energético neto positivo.
    3. Permite la oxidación completa del piruvato obtenido en la glucolisis.
    4. No se ve afectado por una inhibición de la enzima láctato deshidrogenasa.
    5. Implica un gasto neto de NAD^+.

142. **La síntesis de DNA por parte de la DNA polimerasa III de procariotas:**

    1. Se realiza en dirección 3'-5'.
    2. No requiere la presencia de un cebador.
    3. Requiere la presencia de un cebador.
    4. Permite incorporar nucleótidos al azar.
    5. Es independiente de la existencia de una cadena de DNA molde.

143. **Acerca de las membranas celulares:**

    1. Son estructuras compuestas por triglicéridos, hidratos de carbono y proteínas.
    2. Los hidratos de carbono se encuentran situados en la cara citoplasmática de la membrana plasmática.

3. Son estructuras simétricas.
4. Los lípidos de la membrana son moléculas anfipáticas.
5. Su fluidez es mayor al disminuir el número de enlaces insaturados de los ácidos grasos que la componen.

144. **Considerando estos componentes moleculares: glicerol, ácido graso, fosfato, alcohol de cadena larga e hidrato de carbono, ¿qué dos componentes están ambos presentes en las ceras y esfingomielinas?:**

    1. Glicerol y alcohol de cadena larga.
    2. Hidrato de carbono y alcohol de cadena larga.
    3. Fosfato y glicerol.
    4. Ácido graso y alcohol de cadena larga.
    5. Ácido graso y glicerol.

145. **Con relación a la estructura del DNA:**

    1. Se forman puentes de hidrógeno (p de H) entre las bases C con T (3 p de H) y A con G (2 p de H).
    2. Contiene en su molécula todas las bases púricas y pirimidínicas, excepto la timina.
    3. Dos hebras polinucleotídicas se orientan de manera antiparalela en una estructura superhelicoidal.
    4. Es una estructura helicoidal tan extendida que no se producen fuerzas de Van der Waals.
    5. La forma B-DNA se caracteriza porque carece de grupos fosfato.

146. **¿En cuál de los siguientes procesos interviene el tRNA?:**

    1. En la replicación del DNA.
    2. En la estabilidad del RNA de doble cadena.
    3. En la síntesis de proteínas.
    4. En el desenrollamiento del DNA durante la replicación.
    5. En ninguno de los procesos anteriores.

147. **El glóbulo fundido:**

    1. Es una estructura característica de los anticuerpos.
    2. Es una proteína plegada incorrectamente, que da lugar a los priones.
    3. Hace referencia a una proteína desnaturalizada que mantiene intactos sus puentes disulfuro.
    4. Es un estado intermedio de plegamiento, en el que se han formado casi todos los elementos de estructura secundaria de una proteína.
    5. Es una estructura que se forma únicamente durante el plegamiento de proteínas oligoméricas.

148. **¿Cómo se llama el t-RNA que reconoce un codón de terminación?:**

    1. t-RNA sin sentido.
    2. t-RNA de terminación.
    3. t-RNA cebador.
    4. t-RNA supresor.
    5. t-RNA continuador.

149. **La arginina tiene un pK_R de 12.5. Por lo tanto, a pH fisiológico (7.4), la carga neta del aminoácido es:**

    1. Neutra (0).
    2. Negativa (1-).
    3. Positiva (1+).
    4. Negativa (2-).
    5. Positiva (2+).

150. **El complejo enzimático que se localiza en la horquilla de replicación durante la replicación del DNA se denomina:**

    1. Proteosoma.
    2. Espliceosoma.
    3. Endosoma.
    4. Primosoma.
    5. Polisoma.

151. **El colágeno:**

    1. Está formado por dos hélices α enrolladas entre sí, que posteriormente se enrollan con otras dos.
    2. Presenta como unidad básica una hélice triple.
    3. Presenta el máximo grado de estiramiento de la cadena polipeptídica.
    4. Contiene mayoritariamente aminoácidos esenciales.
    5. Tiene una secuencia muy variable que le permite adoptar un gran número de estructuras secundarias diferentes.

152. **El hipocromismo del DNA es una disminución de la absorción de luz ultravioleta producida por:**

    1. La desnaturalización de la doble hélice del DNA.
    2. La interacción con proteínas, principalmente histonas.
    3. Cualquier modificación química de las bases nitrogenadas.
    4. El apilamiento de las bases nitrogenadas en la estructura nativa.
    5. La interacción con antibióticos β-lactámicos.

153. **La movilidad de las moléculas mediante electroforesis en geles de poliacrilamida en presencia de dodecil sulfato sódico (SDS) depende de:**

    1. La carga.
    2. El tamaño.
    3. La densidad.
    4. La temperatura.

5. La solubilidad.

154. **La S-adenosilmetionina:**

    1. Es un aminoácido no proteico presente en algunas proteínas estructurales.
    2. Tiene acción hormonal sobre el metabolismo de la glucosa.
    3. Participa en reacciones metabólicas de transferencia de grupos metilo.
    4. Se sintetiza a partir de metionina y AMP.
    5. Participa en reacciones metabólicas de transferencia de grupos adenililo.

155. **Los cuerpos cetónicos:**

    1. Son productos de desecho y no sirven como combustible para el organismo.
    2. Son producidos por el hígado y utilizados por los tejidos extrahepáticos.
    3. Son un buen combustible para todos los tejidos, incluido el hígado.
    4. El hígado es el único órgano capaz de metabolizarlos.
    5. Se producen cuando la dieta ingerida es rica en hidratos de carbono.

156. **La piruvato deshidrogenasa está inhibida por:**

    1. Piruvato.
    2. NAD.
    3. ADP.
    4. Coenzima A.
    5. Acetil-CoA.

157. **Señale cuál de las siguientes respuestas es INCORRECTA. El exceso de aminoácidos necesario para la síntesis de proteínas:**

    1. Se almacena en la célula como sucede con los ácidos grasos y la glucosa.
    2. No puede excretarse como tal.
    3. Se utiliza como combustible metabólico.
    4. La mayoría de los grupos amino de estos aminoácidos se convierten en urea.
    5. Los esqueletos carbonados se transforman en acetil-CoA, pirúvico, acetoacetilCoA, o en intermediarios del ciclo de Krebs.

158. **¿Cuál de los siguientes ácidos grasos es saturado?:**

    1. Oleico.
    2. Araquidónico.
    3. Palmitoleico.
    4. Palmítico.
    5. Linoleico.

159. **¿Qué vitaminas participan en reacciones del ciclo de Krebs en forma de coenzimas?:**

    1. Riboflavina, niacina y tiamina.
    2. Riboflavina, biotina y piridoxina.
    3. Riboflavina, niacina y biotina.
    4. Niacina, tiamina y biotina.
    5. Tiamina, biotina y piridoxina.

160. **En un proceso bioquímico, ¿qué significa $\Delta G=0$?:**

    1. Que el proceso está favorecido.
    2. No tiene ningún significado.
    3. Que necesita un catalizador para estar favorecido.
    4. Que el proceso está en equilibrio y es reversible.
    5. Que el proceso está desfavorecido.

161. **A pH fisiológico, ¿qué aminoácido es más polar?:**

    1. Fenilalanina.
    2. Leucina.
    3. Cisteína.
    4. Metionina.
    5. Valina.

162. **¿Qué tipo de detector espectrofotométrico "visible-ultravioleta" permite el diseño de equipos sin partes móviles?:**

    1. Fototubo.
    2. Diodos en circuito impreso.
    3. Lámpara de cátodo hueco.
    4. Semiconductor de sulfuro de plomo.
    5. Ninguno de los anteriores.

163. **¿Cuál de los siguientes aminoácidos tiene una carga neta positiva a pH fisiológico?:**

    1. Cisteína.
    2. Ácido glutámico.
    3. Lisina.
    4. Triptófano.
    5. Valina.

164. **La deficiencia de Glucosa 6 Fosfatasa produce la glucogenosis de tipo:**

    1. I o Von Gierke.
    2. II o Pompe.
    3. III o Cori-Forbes.
    4. IV o Anderson.
    5. V o McArdle.

165. **El grupo acetilo de la acetil-CoA de mamíferos:**

    1. Puede dar lugar a la formación neta de glucosa, por lo que si se marca uno de sus carbonos, el marcaje va a parar a la glucosa.
    2. No puede dar lugar a ácidos grasos, pues su destino es la combustión hasta CO_2 y H_2O en las mitocondrias.
    3. Se une a la coenzima A en una reacción no

catalizada por enzimas.
4. No puede dar lugar a la formación neta de glucosa, pero si se marca uno de sus carbonos, el marcaje puede ir a parar a la glucosa.
5. Se une al citrato de las mitocondrias dando lugar a oxalacetato.

166. La transaminación de diferentes aminoácidos puede dar lugar a:

1. Piruvato.
2. α-cetoglutarato.
3. Succinil-CoA.
4. Fumarato.
5. Todos los anteriores.

167. Indique cuál de los siguientes aminoácidos es esencial:

1. Alanina.
2. Prolina.
3. Triptofano.
4. Serina.
5. Tirosina.

168. ¿Cuántos pares de electrones son transferidos a los transportadores de electrones en la transformación de una molécula de citrato a oxalacetato en el ciclo del ácido cítrico?:

1. 3.
2. 4.
3. 5.
4. 6.
5. 7.

169. ¿Qué Apoproteína se encuentra principalmente en las Lipoproteínas LDL?:

1. AI-II.
2. CIII.
3. B.
4. D.
5. CI-II.

170. De los compuestos que se citan a continuación, ¿cuál contiene un enlace fosfato de más elevada energía?:

1. Adenosina trifosfato (ATP).
2. Adenosina monofosfato (AMP).
3. Pirofosfato.
4. Creatina fosfato.
5. Fosfoenolpiruvato.

171. La existencia de los complejos de transferencia de carga explican la reacción clásica de Jaffé o del picrato alcalino, que permite determinar en medios biológicos:

1. Glucosa.
2. Urea.
3. Sodio.
4. Creatinina.
5. Albúmina.

172. ¿Cuál de las siguientes sustancias disminuyen la afinidad de la hemoglobina por el oxígeno?:

1. Iones cloruro.
2. Glucosa.
3. Iones potasio.
4. 2,3-Difosfoglicerato.
5. Iones sodio.

173. La degradación de la glucosa a través del ciclo de las pentosas produce a nivel celular:

1. NADP y Ribosa 5P.
2. NADH y ATP.
3. NADPH y Ribosa 5P.
4. Ribosa 5P.
5. NADH y Ribulosa 5P.

174. Cuando una reacción se acopla a la hidrólisis de ATP, en la nueva reacción acoplada, respecto a la no acoplada:

1. La Keq se eleva extraordinariamente.
2. La ΔG no varía, pero la reacción es más probable.
3. La Keq no varía, pero la reacción va mucho más rápida.
4. La Keq disminuye extraordinariamente.
5. La ΔG se hace mucho más positiva.

175. Señale la respuesta INCORRECTA. El compuesto precursor de la gluconcogénesis es el oxalacetato que se forma:

1. Por oxidación de diversos intermediarios del ciclo de Krebs.
2. Por degradación de algunos aminoácidos.
3. Por carboxilación del piruvato.
4. A partir del lactato producido por las células musculares durante la contracción.
5. Por hidratación del malato.

176. La regulación hormonal por el glucagón implica la activación, entre otras rutas metabólicas, de:

1. Gluconeogénesis y glucogenogénesis.
2. Glucolisis y glucogenolisis.
3. Gluconeogénesis y glucogenolisis.
4. Glucolisis y glucogenogénesis.
5. Glucolisis y gluconeogénesis.

177. En la regulación del proceso glucolítico:

1. Intervienen la hexoquinasa, fosfofructoquinasa-1 (PFK-1) y piruvato quinasa.
2. Los bajos niveles de ATP inhiben la PFK-1 y los altos niveles de ATP la estimulan.

3. La fructosa 2,6-bisfosfato es un inhibidor alostérico de la PFK-1.
4. La insulina y las dietas ricas en hidratos de carbono inhiben la síntesis de la piruvato quinasa.
5. Nada de lo anterior es cierto.

178. Los dímeros de timina:

1. Son apareamientos no covalentes anómalos timina-timina entre las dos hebras del DNA bicatenario.
2. Son dímeros covalentes de timina inducidos por actuación anómala de la DNA ligasa.
3. Se inducen por acción de la luz ultravioleta sobre el DNA.
4. Son esenciales para la correcta metilación del DNA procariota.
5. Se inducen por bromuro de etidio y otras sustancias de tipo intercalante.

179. El ciclo del glioxilato es una ruta:

1. Anabólica variante del ciclo del ácido cítrico.
2. Alternativa a la glicólisis en plantas.
3. Por la que se lleva a cabo la interconversión lactato-piruvato.
4. Anabólica por la que se metaboliza el glicerolfosfato.
5. Por la que se lleva a cabo la síntesis de lípidos en los glioxisomas.

180. La ATP sintasa:

1. Es una única cadena polipeptídica transmembrana que está implicada en la biosíntesis de ATP.
2. Está formada por un componente transportador de protones y otro catalítico, ambos formados por varias subunidades.
3. Está implicada en la biosíntesis de ATP aprovechando un gradiente electroquímico de Ca^{2+}.
4. Es un complejo multienzimático de la membrana externa mitocondrial encargado de la síntesis de ATP.
5. Sólo está presente en los organismos eucariotas superiores.

181. De las siguientes enzimas, ¿cuál se encuentra soluble en el citosol y no en la mitocondria?:

1. Piruvato deshidrogenasa.
2. Citrato sintasa.
3. Succinato deshidrogenasa.
4. ATP sintasa.
5. Lactato deshidrogenasa.

182. El arsenato (AsO_4^{3-}) es químicamente similar al fosfato inorgánico e inhibe la producción de ATP en la glicolisis. ¿Cuál es la enzima diana?:

1. Glicerol quinasa.
2. Gliceraldehído-3-fosfato deshidrogenasa.
3. Fosfoglucomutasa.
4. Fosfofructoquinasa.
5. Glucógeno fosforilasa.

183. Los citocromos P450:

1. Son monooxigenasas implicadas en la hidroxilación de esteroides.
2. Son monooxigenasas implicadas en la biosíntesis de serina.
3. Son monooxigenasas que contienen un grupo hemo sin hierro.
4. Son oxigenasas que incorporan los dos átomos de oxígeno del O_2 al sustrato que hidroxilan.
5. Forman parte esencial de la citocromo c oxidasa mitocondrial.

184. La degradación completa de 1 mol de palmitil-CoA por el proceso de β-oxidación genera:

1. 7 moles de acetil-CoA, uno de malonil-CoA y uno de NADH.
2. 7 moles de acetil-CoA, uno de propionil-CoA y uno de FADH.
3. 8 moles de acetil-CoA, uno de NADH y uno de FADH.
4. 8 moles de acetil-CoA, 7 de NADH y 7 de FADH.
5. 8 moles de acetil-CoA, 7 de ATP y 7 de NADH.

185. Las helicasas son enzimas que:

1. Actúan junto con las endonucleasas en la biosíntesis de la doble hélice de DNA.
2. Separan las hebras del DNA de doble cadena en presencia de ATP.
3. Intervienen en el complejo de reparación de la doble hélice de DNA.
4. Estabilizan la formación de hélices α en proteínas citoplásmicas.
5. Estabilizan la formación de hélices β en proteínas de membrana.

186. ¿Cuál es el enzima cuya deficiencia ocasiona la esfingolipidosis conocida como enfermedad de Fabri?:

1. Hexosaminidasa A.
2. Esfingomielinasa.
3. Arilsulfatasa A.
4. Glucocerebrosidasa.
5. α-Galactosidasa.

187. En la secuencia de transferencia de electrones en la cadena respiratoria, durante la fosforilación oxidativa, el orden de los citocromos a b y c es:

1. a, b, c.
2. a, c, b.
3. b, a, c.
4. b, c, a.
5. c, a, b.

188. El aclaramiento de creatinina es útil para:

1. El funcionamiento pancreático.
2. El funcionamiento hepático.
3. El control del trasplante renal.
4. El funcionamiento intestinal.
5. El déficit de glucosa.

189. ¿Cuál de las siguientes técnicas utilizaría para determinar con mayor exactitud el peso molecular de una proteína?:

1. Espectrometría de masas.
2. Ultracentrifugación.
3. Cromatografía de filtración en gel.
4. Electroforesis en gel de agarosa.
5. Electroforesis en gel de poliacrilamida.

190. ¿A cuál de los elementos metálicos siguientes NO se le conocen funciones en el hombre?:

1. Cobre.
2. Manganeso.
3. Zinc.
4. Cobalto.
5. Plomo.

191. El ácido vanilmandélico es un catabolito de:

1. Prolactina.
2. Catecolaminas.
3. Serotonina.
4. Cortisol.
5. Ácido glutámico.

192. En enzimología clínica la Unidad Internacional hace referencia a la cantidad de enzima que cataliza la conversión de:

1. Un micromol de sustrato por minuto.
2. Un mol de sustrato por minuto.
3. Un milimol de sustrato por segundo.
4. Un micromol de sustrato por segundo.
5. Un equivalente de sustrato por minuto.

193. Señale lo que es cierto sobre un represor:

1. Es un gen de acción negativa.
2. Puede originar inducción si es inactivado por un inductor.
3. Es un segmento de DNA con acción negativa sobre la RNA polimerasa.
4. Es un inhibidor alostérico de una enzima central del metabolismo.
5. El activo se inactiva mediante la unión de un correpresor.

194. ¿Cuál de estos compuestos es un polisacárido?:

1. Inulina.
2. Heparina.
3. Quitina.
4. Ácido hialurónico.
5. Todos son polisacáridos.

195. El producto final de la oxidación de los ácidos grasos con un número impar de átomos de carbono es:

1. Acetil CoA.
2. Acetoacetato.
3. Propionil CoA.
4. β-hidroxibutirato.
5. Los ácidos grasos con un número impar de átomos de carbono no pueden ser oxidados.

196. ¿Cuál de las siguientes DNA polimerasas de los eucariotas se localiza en el compartimento mitocondrial?:

1. α.
2. β.
3. γ.
4. δ.
5. Ninguna de ellas.

197. Los quilomicrones son:

1. Las apolipoproteínas principales de las HDL y LDL.
2. Las lipoproteínas plasmáticas de menor densidad.
3. Las proteínas que exportan lípidos desde el hígado a la sangre.
4. Los receptores de LDL en músculo.
5. Las únicas lipoproteínas en las que los lípidos se liberan por endocitosis.

198. La enzima piruvato deshidrogenasa:

1. Cataliza la transformación de acetil-CoA en piruvato.
2. Es un complejo multienzimático que presenta actividad descarboxilasa, transacetilasa y deshidrogenasa.
3. No presenta ningún tipo de regulación.
4. Requiere NADP como coenzima.
5. Cataliza una reacción de la β-oxidación.

199. En estructura de proteínas, una subunidad se define como:

1. Cada una de las regiones de una cadena polipeptídica con estructura tridimensional independiente.
2. Una cadena polipeptídica con actividad catalítica perteneciente a una proteína oligomérica.

3. La región que engloba el centro activo de una enzima.
4. Una cadena polipeptídica perteneciente a la estructura cuaternaria de una proteína.
5. Cada una de las cadenas polipeptídicas que se pueden obtener de una proteína cuando en ésta se reducen los puentes disulfuro.

200. **La malonil-Coenzima A:**

1. Es un intermediario del ciclo de los ácidos tricarboxílicos.
2. Es un metabolito intermediario esencial en el proceso de β-oxidación de los ácidos grasos.
3. Se genera por carboxilación de la acetil-Coenzima A en la matriz mitocondrial durante la síntesis de novo de los ácidos grasos.
4. Su síntesis en el citosol requiere biotina.
5. Participa en el transporte de los ácidos grasos a la matriz mitocondrial.

201. **En el ser humano, la reserva energética más importante (en kilocalorías) es:**

1. El glucógeno hepático.
2. El glucógeno muscular.
3. El glucógeno hepático más el muscular.
4. Las proteínas musculares.
5. Los triacilgliceroles del tejido adiposo.

202. **¿Qué parámetro cinético se utiliza para comparar la actividad de dos enzimas diferentes?:**

1. Kcat.
2. K_M.
3. Eficacia catalítica.
4. Número de recambio.
5. V_{max}.

203. **Respecto al metabolismo de los aminoácidos:**

1. Los aminoácidos gluconeogénicos forman piruvato e intermediarios del ciclo de Krebs.
2. Los aminoácidos cetogénicos se degradan a acetil-CoA.
3. Hay aminoácidos que se degradan a acetil-CoA e intermediarios del ciclo de Krebs.
4. El esqueleto carbonado de los aminoácidos glucogénicos puede servir para la síntesis de glucosa.
5. Todo lo anterior es cierto.

204. **¿Cuál de los siguientes compuestos NO forma parte del DNA?:**

1. Timina.
2. Ácido fosfórico.
3. Desoxirribosa.
4. Ribosa.
5. Adenina.

205. **¿Cuál de las siguientes hormonas iniciaría su actividad cruzando la membrana plasmática y después uniéndose a su receptor?:**

1. Glucagón.
2. Progesterona.
3. Insulina.
4. Noradrenalina.
5. Hormona adrenocorticotropa.

206. **La proteína de Bence-Jones está constituida por:**

1. Dímeros de cadenas ligeras (L) de la inmunoglobulina G.
2. Dímeros de cadenas pesadas (H) de la inmunoglobulina G.
3. Dímeros de cadenas ligeras (L) y pesadas (H) de la inmunoglobulina G.
4. Tetrámeros de cadenas ligeras (L) y pesadas (H) de la inmunoglobulina G.
5. Hexámeros de cadenas ligeras (L) y pesadas (H) de la inmunoglobulina G.

207. **El receptor de LDL es una proteína de membrana que como otras muchas proteínas se sintetiza en:**

1. El complejo de Golgi.
2. Las mitocondrias.
3. El núcleo.
4. La misma membrana celular.
5. El retículo endoplásmico.

208. **¿Cuál es la vía probable de acción de las estatinas hipocolesterolemiantes en la infección por VIH?:**

1. Inhibición de la formación de clatrinas o bolsas-membrana.
2. Bloqueo de la enzima transcriptasa inversa.
3. Desnaturalización del virus, previa destrucción del receptor CD4.
4. Estimulación del sistema inmunitario.
5. Interferencia en la reorganización del citoesqueleto vía GTPasa "Rho".

209. **La molécula de colesterol estructuralmente corresponde a un:**

1. Anillo heterocíclico.
2. Anillo aromático.
3. Terpeno.
4. Esteroide.
5. Anillo piridínico.

210. **Señale lo que es cierto sobre la inhibición competitiva:**

1. La Km aparente del sustrato disminuye en presencia del inhibidor.
2. La velocidad máxima disminuye en presencia del inhibidor.

3. El inhibidor se une a un sitio distinto que el sustrato.
4. El centro activo sufre modificación covalente.
5. Puede compensarse aumentando la concentración de sustrato.

211. El AMP es:

1. Nucleósido.
2. Holoproteína.
3. Nucleótido.
4. Grupo prostético.
5. Base nitrogenada púrica.

212. ¿Cuál de los siguientes aminoácidos puede ser tanto glucogénico como cetogénico?:

1. Histidina.
2. Alanina.
3. Triptófano.
4. Asparagina.
5. Isoleucina.

213. El ácido oleico es un ácido graso omega:

1. 3.
2. 6.
3. 9.
4. 12.
5. 15.

214. ¿Cuál de las siguientes moléculas que se citan a continuación NO es un segundo mensajero en el sistema de transducción de señales celular?:

1. AMP cíclico.
2. GMP cíclico.
3. Ión calcio.
4. Ión zinc.
5. Diacilglicerol.

215. La intoxicación por ácido cianhídrico se debe a:

1. La destrucción celular pulmonar causada por el ión cianuro.
2. Que forma cianuro de metilo en presencia de aminoácidos.
3. Que interrumpe la cadena respiratoria al inhibir la enzima citocromo-oxidasa.
4. Que en el medio reductor del organismo aparecen carburos altamente inflamables.
5. Que sustituye al oxígeno de la hemoglobina.

216. La ubiquitina es:

1. Un derivado muy abundante de la quitina que participa en el recambio proteico.
2. Un componente de la pared celular de los hongos.
3. Una molécula de tipo quinona que participa en la cascada de transporte electrónico de la fosforilación oxidativa.
4. Una proteína de pequeño tamaño muy resistente a la degradación proteolítica que está relacionada con el recambio proteico.
5. Una proteína termoestable, detectada únicamente en células de mamíferos, que etiqueta a las proteínas para su destrucción.

217. ¿Cuál de las siguientes enzimas es específica del proceso gluconeogénico?:

1. Hexoquinasa.
2. Fosfofructoquinasa-1.
3. Piruvato quinasa.
4. Acetil-CoA carboxilasa.
5. Glucosa-6-fosfatasa.

218. Sobre la inhibición de los diferentes pasos en la síntesis de proteínas que provocan algunos fármacos:

1. La puromicina afecta a la elongación.
2. Las tetraciclinas actúan sobre la iniciación.
3. La estreptomicina interviene en la translocación.
4. La eritromicina afecta a la translocación.
5. La cicloheximida interfiere la unión del aminoacil-tRNA.

219. Las enzimas reguladas alostéricamente:

1. En ocasiones siguen la cinética de Michaelis-Menten.
2. Siempre necesitan una coenzima para llevar a cabo la catálisis de la reacción.
3. Presentan una Km menor que las no reguladas alostéricamente.
4. Son características de las reacciones no regulables.
5. No siguen la cinética de Michaelis-Menten.

220. Las reacciones anapleróticas:

1. Están relacionadas con la regulación hormonal de los deseos sexuales.
2. Son reacciones oxidativas relacionadas con la síntesis de ácidos grasos.
3. Regulan la concentración de algunos de los intermediarios del ciclo de los ácidos tricarboxílicos.
4. Aumentan el balance energético de la oxidación de hidratos de carbono.
5. Inhiben el ciclo de Krebs.

221. Con relación a los gangliósidos:

1. Son glucoesfingolípidos que contienen restos de ácido siálico.
2. El ácido *N*-acetilneuramínico nunca está presente en su estructura.
3. La gangliosa es el hidrato de carbono fundamental de su estructura.
4. Pueden ser receptores de toxinas como la del

cólera o la tetánica.
5. Se localizan fundamentalmente en tejidos extraneurales.

222. La fosfatidilserina:

1. Es un fosfolípido neutro muy abundante en las membranas de las neuronas cerebrales.
2. Es un fosfolípido cuya expresión es mayoritaria en la hoja interna de la bicapa que forma la membrana plasmática de las células eucariotas.
3. Es un fosfolípido ácido que se une covalentemente al colesterol en la membrana plasmática.
4. Es un fosfolípido que se forma por una reacción enzimática directa entre diacilglicerol y serina.
5. Es un fosfolípido ácido muy abundante en la cara externa de las membranas de las células eucariotas.

223. Según la hipótesis del acoplamiento quimiosmótico para la fosforilación oxidativa:

1. La membrana interna mitocondrial es permeable a los protones.
2. El aceptor final de electrones es el ADP.
3. El ATP se forma a partir de AMP y pirofosfato.
4. Se forma un gradiente de protones a través de la membrana interna.
5. Los protones se acumulan en la matriz mitocondrial.

224. El ácido nicotínico es una vitamina:

1. Liposoluble precursora de un pigmento visual.
2. Hidrosoluble precursora del NADH.
3. Hidrosoluble precursora de la tiamina pirofosfato.
4. Hidrosoluble precursora del piridoxal fosfato.
5. Hidrosoluble precursora de un pigmento visual.

225. El DNA de los eucariotas contiene una serie de fragmentos que no contienen información génica. ¿Cómo se llaman estos fragmentos?:

1. Intrínsecos.
2. Vectores.
3. Insertos.
4. Intrones.
5. Exones.

226. ¿Cuál de las siguientes vitaminas necesita combinarse con un factor intrínseco para su absorción?:

1. Vitamina A.
2. Vitamina E.
3. Vitamina B_{12}.
4. Vitamina C.
5. Vitamina D.

227. La difusión facilitada (o transporte pasivo facilitado):

1. Ocurre con consumo de energía metabólica.
2. Muestra cinética de saturación.
3. No requiere un transportador específico.
4. Permite el transporte en contra de un gradiente de concentración.
5. Es el mecanismo de la bomba sodio-potasio.

228. La gluconeogénesis es:

1. La síntesis de glucosa a partir de precursores que no son hidratos de carbono.
2. La síntesis de glucosa a partir de hidratos de carbono.
3. La síntesis de glucógeno a partir de glucosa.
4. La síntesis de glucógeno por carboxilación del pirúvico.
5. La síntesis de glucógeno a partir del ácido láctico, producido por las células musculares durante su contracción.

229. ¿Cuál es la vitamina a partir de la cual deriva la coenzima A?:

1. Tiamina.
2. Niacina.
3. Piridoxina.
4. Ácido fólico.
5. Ácido pantoténico.

230. ¿Cuántos equivalentes reductores participan en la reducción de una molécula de oxígeno gaseoso a dos de agua?:

1. 0.
2. 2.
3. 4.
4. 6.
5. 8.

231. La técnica PCR (reacción en cadena de la polimerasa) es, en definitiva:

1. Un sistema para desnaturalizar DNA.
2. Un procedimiento para obtener cantidades apreciables de fragmentos de DNA.
3. Una electroforesis de proteínas.
4. Una electroforesis de DNA.
5. Un método para averiguar la secuencia de aminoácidos de una proteína.

232. Indica lo que es verdad sobre las VLDL:

1. En una centrifugación en gradiente de densidad, quedan más cerca del fondo del tubo que las LDL.
2. Son de menor tamaño que las HDL.

3. Se forman principalmente en el intestino.
4. Sus triacilgliceroles son sustrato de la lipoproteína lipasa.
5. Se forman a partir de las LDL.

233. En el ser humano, ¿cuál es el producto final de la degradación de las purinas?:

1. Hipoxantina.
2. Xantina.
3. Ácido β-aminoisobutírico.
4. Ácido úrico.
5. β-alanina.

234. Indica lo que es cierto respecto del glucógeno:

1. Puede degradarse en el músculo hasta glucosa libre.
2. Puede degradarse en el hígado hasta glucosa libre.
3. Normalmente hay más en 100 g de músculo que en 100 g de hígado.
4. La principal enzima de su degradación es la glucógeno fosfatasa.
5. La insulina inhibe su síntesis en el músculo y en el hígado.

235. Acerca del control de la síntesis de ácidos grasos:

1. La enzima de la ruta que ejerce más control es la acetil-CoA carboxilasa.
2. Las fosforilaciones inducidas por el cAMP activan la ruta.
3. La insulina inhibe la ruta.
4. El glucagón activa la ruta.
5. La acetil-CoA es un inhibidor alostérico de la ácido graso sintasa.

236. La función como coenzima del tetrahidrofolato consiste en:

1. Transferir los grupos amino en las reacciones de transaminación.
2. Movilizar y utilizar grupos funcionales de un carbono.
3. Activar y transferir grupos acilo.
4. Participar en reacciones de oxidación-reducción.
5. Participar en reacciones de isomerización.

237. En los organismos eucariotas, ¿cómo se llama al DNA compuesto por fragmentos que se repiten múltiples veces?:

1. DNA no codificante.
2. DNA estelar.
3. DNA represor.
4. DNA satélite.
5. DNA regulador.

238. La información que determina la estructura tridimensional de una proteína:

1. Es importante pero no determina la función de esa proteína.
2. Es independiente de la secuencia de aminoácidos pero dependiente del tipo de aminoácidos que integran la proteína.
3. La lleva la secuencia de aminoácidos de esa proteína.
4. Depende, exclusivamente, de las interacciones entre los carbonos que forman el enlace peptídico.
5. Depende, exclusivamente, de las interacciones covalentes de las cadenas laterales de los aminoácidos.

239. Los fragmentos de Okazaki:

1. Aparecen en la replicación del DNA al sintetizarse la hebra retardada.
2. Son pequeñas cadenas de RNA que actúan como cebadores en la replicación del DNA.
3. Son péptidos que se originan tras la degradación de proteínas ubiquitinadas por el proteasoma.
4. Son péptidos que participan en la replicación del DNA.
5. Son reguladores de la expresión de determinados factores de transcripción.

240. Respecto a los genes, ¿cuál de las siguientes afirmaciones es FALSA?:

1. Son responsables de nuestro fenotipo.
2. El producto final de su expresión es de naturaleza proteica.
3. En eucariotas suelen ser discontinuos.
4. Están compuestos por ácido ribonucleico.
5. Su expresión está muy regulada.

241. Sobre el funcionamiento de los agentes desacoplantes de la fosforilación oxidativa:

1. Su efecto consiste en aumentar el gradiente de potencial transmembrana.
2. El efecto del 2,4-dinitrofenol es disminuir el gradiente de potencial, pero no el de pH, transmembrana.
3. El 2,4-dinitrofenol reintroduce H^+ a la matriz mitocondrial.
4. Incrementan la cantidad de ATP producido.
5. Aumentan el consumo de oxígeno.

242. ¿Con cuál de la siguientes técnicas no es posible estimar la masa molecular de una proteína?:

1. Cromatografía de penetrabilidad o filtración en gel.
2. Cromatografía de intercambio iónico.
3. Electroforesis en geles de poliacrilamida.
4. Ultracentrifugación analítica.
5. Espectrometría de masas MALDI-TOF.

243. Un inhibidor suicida es:

1. Un inhibidor enzimático, sobre el que la enzima actúa catalíticamente, pero que altera de manera irreversible el lugar activo de la enzima en el proceso.
2. Un inhibidor que provoca la desnaturalización irreversible de la enzima.
3. Un inhibidor específico que se degrada después de ejercer su acción sobre la enzima.
4. Un grupo de residuos de la propia enzima que a un pH específico bloquean el sitio activo.
5. Un inhibidor compuesto por un ión metálico formando complejo con el ATP.

244. La enzima succinato deshidrogenasa:

1. Forma parte de un complejo multienzimático que participa en la biosíntesis de novo de ácidos grasos.
2. Es una enzima del ciclo de los ácidos tricarboxílicos que oxida el succinato a fumatato, generando directamente NADH.
3. Forma parte del complejo succinato-ubiquinona reductasa que se encuentra integrado en la membrana mitocondrial interna.
4. Es una enzima soluble del espacio intermembrana mitocondrial que forma parte del ciclo de los ácidos tricarboxílicos.
5. Es una enzima citoplasmática soluble implicada en la regulación del poder reductor celular.

245. El transportador de naturaleza lipídica que participa en la cadena respiratoria en reacciones redox es:

1. El citocromo c.
2. La coenzima A.
3. La coenzima Q.
4. El fosfatidilinositol 4,5-bisfosfato.
5. El diacilglicerol.

246. Para que una transformación metabólica pueda ocurrir espontáneamente:

1. Ha de ser exotérmica.
2. Ha de ser exergónica.
3. Hay que suministrarle energía exógenamente.
4. Inicialmente ha de estar en equilibrio.
5. El valor de la variación de entropía (ΔS) ha de ser positivo.

247. La solubilidad de una proteína:

1. Es mínima en la proximidad de su punto isoeléctrico.
2. Es independiente del punto isoeléctrico.
3. Es máxima en la proximidad de su punto isoeléctrico.
4. No se ve afectada por el pH de la disolución.
5. No varía en función de la fuerza iónica.

248. Los diagramas de Ramachandran:

1. Determinan las diferentes regiones de estructura secundaria ordenada de una cadena polipeptídica.
2. Establecen la configuración *cis* o *trans* de los enlaces peptídicos en una proteína.
3. Representan los valores permitidos de los ángulos diedros de los residuos de aminoácidos en las cadenas polipeptídicas.
4. Describen el orden paralelo o antiparalelo en láminas β de proteínas.
5. Representan las disposiciones permitidas de puentes de hidrógeno dentro de una hélice α o una lámina β de una proteína.

249. La carnitina:

1. Participa en el transporte de los ácidos grasos de cadena larga activados hasta la matriz mitocondrial.
2. Es una proteína integral de membrana con actividad translocasa.
3. Es un compuesto con alto potencial de transferencia de grupos fosforilo.
4. Es un fosfolípido abundante en las vainas de mielina de las neuronas.
5. Es un metabolito que proviene de la degradación oxidativa de las bases púricas.

250. La conformación nativa de una proteína:

1. Presenta sólo elementos de estructura secundaria como hélices o láminas.
2. Hace referencia a la estabilidad de dicha proteína, no a su función.
3. Es la estructura tridimensional más estable termodinámicamente y que le permite desempeñar una función.
4. Es un modelo teórico obtenido a partir de un gran número de estructuras tridimensionales.
5. Es la secuencia lineal de aminoácidos.

251. Si 100 mL de una disolución acuosa se extraen con 10 mL de cloroformo, la relación de fases (r) es:

1. 100.
2. 10.
3. 1.
4. 0.1.
5. 0.01.

252. Cada pastilla de un suplemento dietético contiene 15 mg de hierro. ¿Cuántas pastillas se tienen que disolver para obtener aproximadamente 0.250 g de Fe_2O_3:

1. 12.
2. 13.
3. 10.

4. 8.
5. 9.

253. La determinación del principio activo del fármaco Prozac, la fluoxetina, se determina en suero mediante HPLC previa separación de la matriz. ¿Cuál es la técnica más adecuada para realizar dicha separación?:

1. Microextracción en fase sólida.
2. Extracción en fase sólida.
3. Extracción en columna.
4. Espacio en cabeza.
5. Extracción líquido-líquido.

254. El grupo protector Boc (*terc*-butoxicarbonilo) se utiliza como grupo protector en la síntesis de:

1. Esteroides.
2. Prostaglandinas.
3. Disacáridos.
4. Triglicéridos.
5. Péptidos.

255. La molécula del fullereno C60 tiene una geometría esférica y está formada por anillos de átomos de carbono:

1. Cuadrados y hexagonales.
2. Cuadrados y pentagonales.
3. Pentagonales y octogonales.
4. Pentagonales y hexagonales.
5. Hexagonales y octogonales.

256. Respecto al RNA, ¿cuál de las siguientes afirmaciones es FALSA?:

1. Forma parte de los ribosomas.
2. Contiene bases nitrogenadas modificadas.
3. Interviene en la síntesis de proteínas.
4. Puede adoptar múltiples estructuras.
5. Se encuentra exclusivamente en el núcleo.

257. Una variable que puede tomar un conjunto infinito de valores y cualesquiera de sus valores intermedios, pero en los que el cero no tiene un significado de ausencia total de característica reflejada con dicha variable, se llama variable:

1. Discreta de intervalo.
2. Continua de intervalo.
3. Continua de razón.
4. Ordinal.
5. Nominal.

258. ¿Cuál de las siguiente afirmaciones sobre la biosíntesis del colesterol NO es cierta?:

1. El principal punto de regulación de esta ruta es la enzima HMG-CoA reductasa.
2. Al igual que las reacciones de la cetogénesis, la biosíntesis del colesterol tiene lugar en las mitocondrias y el citosol.
3. Tiene lugar principalmente en el hígado.
4. La ciclación del escualeno da lugar a lanosterol.
5. Un compuesto intermedio en la ruta de biosíntesis del colestrol es el geranil pirofosfato.

259. ¿Cuál de las siguientes afirmaciones explica que la glucosa y la manosa sean epímeros?:

1. Una es una aldosa y otra una cetosa.
2. Una es piranosa y otra furanosa.
3. Son imágenes no superponibles.
4. Desvían la luz polarizada en direcciones opuestas.
5. Sólo difieren en la configuración de un átomo de carbono.

260. ¿Cuál de las siguientes proteínas tiene un tamaño menor?:

1. Hemoglobina.
2. Insulina.
3. Preproinsulina.
4. Proinsulina.
5. Mioglobina.

Titulación: QUÍMICA
Convocatoria: 2004
Nº de versión de examen: 0
V = Nº de la pregunta en versión de examen 0.
RC = Respuesta correcta

V	RC	V	RC	V	RC	V	RC	V	RC
1	3	53	4	105	4	157	1	209	4
2	3	54	2	106	2	158	4	210	5
3	3	55	5	107	5	159	1	211	3
4	4	56	4	108	4	160	4	212	
5	5	57	3	109	2	161	3	213	3
6	5	58	5	110	4	162	2	214	4
7	4	59	1	111	1	163	3	215	3
8	4	60	1	112	4	164	1	216	4
9	1	61	3	113	4	165	4	217	5
10	4	62	3	114	1	166	5	218	4
11	4	63	4	115	2	167	3	219	5
12	5	64	2	116	1	168	2	220	3
13	3	65	4	117	2	169	3	221	1
14	1	66	1	118	1	170	5	222	2
15	5	67	3	119	5	171	4	223	4
16	2	68	5	120	1	172	4	224	2
17	2	69		121	3	173	3	225	4
18	2	70	4	122	2	174	1	226	3
19	3	71		123	3	175	5	227	2
20	2	72	3	124	4	176	3	228	1
21	3	73	2	125	2	177	1	229	5
22	4	74	2	126	4	178	3	230	3
23	5	75	5	127	4	179	1	231	2
24	2	76	2	128	5	180	2	232	4
25		77	4	129		181	5	233	4
26	3	78	4	130	4	182	2	234	2
27	4	79	4	131	1	183	1	235	1
28	4	80	5	132		184	4	236	2
29	3	81	3	133	4	185	2	237	4
30		82	4	134	2	186	5	238	3
31	4	83	4	135	1	187	4	239	1
32	4	84	1	136	4	188	3	240	4
33	2	85	1	137	3	189	1	241	3
34	2	86	3	138	3	190	5	242	2
35	1	87	4	139	3	191	2	243	1
36	3	88	1	140	5	192	1	244	3
37	3	89	4	141	1	193	2	245	3

38	2	90	5	142	3	194	5	246	2
39	1	91	1	143	4	195	3	247	1
40	5	92	2	144	4	196	3	248	3
41	5	93	4	145	3	197	2	249	1
42	4	94	2	146	3	198	2	250	3
43	1	95	4	147	4	199	4	251	4
44	3	96	3	148		200	4	252	1
45	1	97	4	149	3	201	5	253	2
46	1	98	4	150	4	202	3	254	5
47	3	99	5	151	2	203	5	255	4
48	2	100	4	152	4	204	4	256	5
49	4	101	2	153	2	205	2	257	3
50	1	102	5	154	3	206	1	258	2
51		103	2	155	2	207	5	259	5
52	5	104	1	156	5	208	5	260	2

MINISTERIO DE SANIDAD Y CONSUMO

PRUEBAS SELECTIVAS 2005

CUADERNO DE EXAMEN

QUÍMICOS

ADVERTENCIA IMPORTANTE

ANTES DE COMENZAR SU EXAMEN, LEA ATENTAMENTE LAS SIGUIENTES

INSTRUCCIONES

1. Compruebe que este Cuaderno de Examen lleva todas sus páginas y no tiene defectos de impresión. Si detecta alguna anomalía, pida otro Cuaderno de Examen a la Mesa.

2. La "Hoja de Respuestas" está nominalizada. Se compone de tres ejemplares en papel autocopiativo que deben colocarse correctamente para permitir la impresión de las contestaciones en todos ellos. Recuerde que debe firmar esta Hoja y rellenar la fecha.

3. Compruebe que la respuesta que va a señalar en la "Hoja de Respuestas" corresponde al número de pregunta del cuestionario.

4. **Solamente se valoran** las respuestas marcadas en la "Hoja de Respuestas", siempre que se tengan en cuenta las instrucciones contenidas en la misma.

5. Si inutiliza su "Hoja de Respuestas" pida un nuevo juego de repuesto a la Mesa de Examen y **no olvide** consignar sus datos personales.

6. Recuerde que el tiempo de realización de este ejercicio es de **cinco horas improrrogables** y que están **prohibidos** el uso de **calculadoras** (excepto en Radiofísicos) y la utilización de **teléfonos móviles**.

7. Podrá retirar su Cuaderno de Examen una vez finalizado el ejercicio y hayan sido recogidas las "Hojas de Respuesta" por la Mesa.

1. **El enlace en los boranos es bastante peculiar. Así, el enlace puente en el diborano se realiza mediante un orbital:**

   1. Tetracéntrico con dos electrones.
   2. Tetracéntrico con tres electrones.
   3. Tricéntrico con dos electrones.
   4. Tricéntrico con tres electrones.
   5. Tricéntrico con cuatro electrones.

2. **De los siguientes ligandos situados en un campo de geometría octaédrica indicar cuál es el que produciría el campo más débil:**

   1. Ión cloruro.
   2. Amoniaco.
   3. Monóxido de carbono.
   4. Trimetil fosfina.
   5. Ión cianuro.

3. **La forma alotrópica más estable del carbono tiene una estructura:**

   1. Cúbica centrada en las caras.
   2. Laminar.
   3. Esférica.
   4. Fibrosa.
   5. Nanotubo.

4. **La molécula del fullereno C_{60} pertenece al grupo puntual de simetría:**

   1. O_h.
   2. T_d.
   3. $D_{?h}$.
   4. C_{2v}.
   5. I_h.

5. **Las disoluciones acuosas del ácido bórico tienen propiedades antisépticas y se han utilizado como lociones para los ojos y la garganta. El ácido bórico:**

   1. No se deshidrata al calentar.
   2. Es un ácido tribásico.
   3. Es un ácido muy débil.
   4. No forma esteres borato.
   5. Al fundirse no forma un vidrio.

6. **Cuantos ejes de rotación ternarios, C_3, posee una molécula de metano:**

   1. 0.
   2. 1.
   3. 2.
   4. 3.
   5. 4.

7. **De las estructuras indicadas señalar cuál es la que presenta coordinación (8:8):**

   1. Sal gema.
   2. Blenda.
   3. Wurtzita.
   4. Cloruro de cesio.
   5. Arseniuro de níquel.

8. **El trióxido de azufre es una molécula:**

   1. Cuadrada plana.
   2. Tetraédrica.
   3. Plana triangular.
   4. Lineal.
   5. Que no puede polimerizarse.

9. **La temperatura de Curie de un sólido con propiedades magnéticas indica la transición de:**

   1. Paramagnetismo a Diamagnetismo.
   2. Ferromagnetismo a Diamagnetismo.
   3. Ferromagnetismo a Paramagnetismo.
   4. Antiferromagnetismo a Paramagnetismo.
   5. Ferromagnetismo a Antiferromagnetismo.

10. **La estructura del ortosilicato de magnesio se describe por un empaquetamiento hexagonal compacto de iones óxido e iones magnesio ocupando:**

    1. Un cuarto de los huecos octaédricos.
    2. Todos los huecos octaédricos.
    3. Todos los huecos tetraédricos.
    4. La mitad de los huecos octaédricos.
    5. Un 10% de los huecos octaédricos.

11. **El ácido ortofosforoso es un ácido dibásico y se caracteriza por:**

    1. Ser un oxidante fuerte.
    2. Ser una molécula plana.
    3. No formar fosfitos condensados.
    4. No experimentar dismutación en disolución acuosa.
    5. Dar lugar a dos tipos de sales.

12. **Indicar cuál de las siguientes NO es una forma alotrópica del carbono:**

    1. Diamante cúbico.
    2. Diamante hexagonal.
    3. Grafito cúbico.
    4. Grafito hexagonal.
    5. Carbinos.

13. **Indicar cuál de las siguientes afirmaciones referidas al agua es INCORRECTA:**

    1. Alcanza su máxima densidad a los 4°C.
    2. Hidrata los materiales iónicos.
    3. Su entalpía de formación es más exotérmica que la del H_2S.
    4. El ángulo de enlace H-O-H es mayor que el ángulo de enlace H-S-H.
    5. Su volatilidad es anormalmente baja.

14. **Los elementos de transición presentan, gene-**

ralmente, varios estados de oxidación. Indicar cuál de los siguientes elementos tiene el mayor número de estados de oxidación:

1. Cu.
2. Ni.
3. Co.
4. Fe.
5. Mn.

15. ¿Cuál de los siguientes iones es un oxoanión?:

1. Bromuro.
2. Permanganato.
3. Pentaioduro.
4. Tetracianoplatinato (II).
5. Tetraclorocobaltato (II).

16. ¿Cuál de los siguientes ácidos tendrá la mayor fortaleza ácida según las reglas de Pauling:

1. $HClO$.
2. $HClO_2$.
3. $HClO_3$.
4. $HClO_4$.
5. HNO_3.

17. El Cl_2 se obtiene en el laboratorio por la acción del HCl sobre la pirolusita. ¿Cómo se purifica posteriormente?:

1. Lavando con agua y secando con ácido sulfúrico.
2. Lavando con agua y secando con alcohol etílico.
3. Lavando con alcohol etílico y secando con éter.
4. Lavando con ácido clorhídrico y secando con alcohol etílico.
5. Lavando con ácido clorhídrico y secando con cloruro cálcico.

18. ¿Cuál de los siguientes iones tiene como término fundamental ^6S?:

1. V (II).
2. Cr (II).
3. Mn (II).
4. Fe (II).
5. Co (II).

19. Algunos materiales exhiben el efecto Meissner, el cual consiste en que:

1. Son polarizados por un campo eléctrico.
2. Son atraídos por un campo magnético.
3. Son excluidos de un campo magnético.
4. Son repelidos por el campo eléctrico.
5. Son capaces de originar un campo magnético.

20. ¿Por qué los metales del grupo del Cu son los más dúctiles y maleables?:

1. Por su estructura cúbica centrada en el cuerpo.
2. Por su estructura hexagonal compacta.
3. Por su estructura cúbica compleja.
4. Por su estructura cúbica centrada en las caras.
5. Por su estructura romboédrica.

21. El test de Wilcoxon de los rangos asignados sólo se puede aplicar para hacer contrastes de hipódetesis respecto a:

1. La mediana.
2. La moda.
3. La media.
4. El percentil 25.
5. El percentil 75.

22. ¿Cuál de los siguientes tests se utiliza para hacer contrastes no paramétricos de independencia?:

1. De los signos.
2. Mann-Whitney-Wilcoxon.
3. Kruskal-Wallis.
4. Kendal.
5. Kolmogorow-Smirnow.

23. ¿Cuál de los siguientes NO es un principio de reducción de datos?:

1. Principio de verosimilitud.
2. Paradoja de Stein.
3. Principio de suficiencia.
4. Principio de condicionalidad.
5. Teorema de Birnbaun.

24. ¿Cuál de los siguientes es un método de construcción de estimadores?:

1. De estimación por punto.
2. De la máxima verosimilitud.
3. De la obtención de intervalos de confianza.
4. De estimación de regiones de confianza.
5. De hipótesis.

25. ¿Cuál de los siguientes tests se debe utilizar para determinar si unos datos numéricos son aleatorios?:

1. De las rachas.
2. Wilcoxon.
3. Student.
4. Ji cuadrado de Pearson.
5. De los signos.

26. ¿Cuál de los siguientes métodos NO se utiliza para la estimación de las variaciones estacionales?:

1. Del porcentaje medio.
2. Del porcentaje de tendencia.
3. Del promedio móvil.
4. De la relación de enlace.
5. De los momentos.

27. En un modelo de regresión lineal. ¿Cuál de los siguientes índices estadísticos es clave para estimar intervalos de confianza en las predicciones que pueden hacerse a partir de dicho modelo?:

1. Varianza residual.
2. Test de Student.
3. Test de Wald.
4. Grados de libertad.
5. Test F.

28. ¿Qué nombre recibe el tipo de diseño de un estudio experimental cuando los individuos reciben combinaciones de tratamientos?:

1. De muestras independientes.
2. Cruzado.
3. Estratificado.
4. Factorial.
5. Secuencial.

29. ¿Cuál de los siguientes tests se debe aplicar cuando se quiere comparar varias proporciones apareadas?:

1. Cochran.
2. Kruskal-Wallis.
3. Friedman.
4. Newman y Keuls.
5. Levene.

30. ¿Qué condiciones tiene que cumplir una variable para poder aplicar la U de Mann-Whitney?:

1. Datos pareados.
2. Que los datos sean las medias de los distintos estudios.
3. Que los datos sigan una distribución normal.
4. Homogeneidad de varianzas.
5. Ninguna de las anteriores.

31. De los siguientes sistemas de introducción de muestra en espectroscopía atómica, indica cuál se utiliza sólo para introducción de muestras sólidas:

1. Ablación por arco.
2. Nebulizador neumático.
3. Nebulizador ultrasónico.
4. Nebulizador de flujo cruzado.
5. Vaporización electrotérmica.

32. ¿Cuál de las siguientes pruebas usaría para confirmar la presencia de cobalto en un problema?:

1. Adición de KSCN y observación de un color rojo.
2. Adición de KSCN, NaF y acetona y observación de un color azul.
3. Adición de cromato potásico y observación de un precipitado amarillo.
4. Adición de peróxido de hidrógeno y observación de un color amarillo tras calentar.
5. Adición de hexacianoferrato (II) de potasio y observación de un precipitado azul.

33. Los electrodos de referencia de calomelanos se componen de:

1. $Ag/AgCl/KCl$ 0.1 M.
2. $Ag/AgCl/KCl$ 1.0 M.
3. $Hg/Hg_2Cl_2/KCl$ 1.0 M.
4. $Hg/Hg_2Br_2/KCl$ 0.1 M.
5. $Cu/CuCl/KCl$ saturado.

34. El coeficiente de actividad de un ión según la ecuación de Debye-Hückel NO depende de:

1. La carga del ión.
2. La fuerza iónica de la disolución.
3. El diámetro efectivo del ión.
4. El potencial de ionización del elemento.
5. Una constante que depende de la temperatura.

35. Para la determinación de algunos ésteres, las muestras se tratan con un exceso de disolución de una base, valorándose posteriormente el sobrante con un ácido patrón. Según esto, la ecuación que permite la determinación de formiato de metilo, por tratamiento con hidróxido sódico y valoración con ácido clorhídrico es:

1. mmol OH^- = mmol éster + mmol HCl.
2. mmol éster = mmol OH^- + mmol HCl.
3. mmol HCl = mmol OH^- + mmol éster.
4. mmol OH^- = 2 x mmol éster + mmol HCl.
5. mmol éster = 2 x mmol OH^- + mmol HCl.

36. De las siguientes características que debe tener el producto formado en una reacción de precipitación con aplicación gravimétrica, indica cuál es FALSA:

1. Debe poder filtrarse y lavarse fácilmente para quedar libre de contaminación.
2. Debe tener una solubilidad baja para que no haya pérdidas durante la filtración y lavado.
3. Debe ser un oxidante fuerte.
4. No debe reaccionar con los componentes atmosféricos.
5. Debe tener una composición conocida después de secado ó calcinado.

37. Cuando se valora en condiciones adecuadas una disolución de Mg (II) con el ácido etilendiaminotetraacético (AEDT) se gastan 2.0 milimoles de AEDT. ¿Cuántos milimoles de Mg (II) contiene la muestra?:

1. 0.5.
2. 1.
3. 1.5.
4. 2.

5. 2.5.

38. Indique cuál es el balance protónico para una disolución de hipoclorito sódico 0.1 M:

   1. $[H^+] + [HClO] = [OH^-]$.
   2. $[Na^+] = [HClO] + [ClO^-]$.
   3. $[H^+] = [OH^-] + [ClO^-]$.
   4. $[H^+] + [Na^+] = [OH^-] + [ClO^-]$.
   5. $[H^+] + [Na^+] = [ClO^-]$.

39. En el proceso de la precipitación, el tamaño de partícula:

   1. Aumenta al aumentar la solubilidad.
   2. Disminuye al emplear disoluciones diluídas.
   3. Es muy pequeño para los sulfuros debido a su elevado producto de solubilidad.
   4. Aumenta cuando se favorece el fenómeno de la nucleación.
   5. Aumenta cuando se favorece la sobresaturación.

40. La demanda química de oxígeno es:

   1. La cantidad de oxígeno que necesita un ser vivo para respirar.
   2. El oxígeno necesario para un proceso redox dado.
   3. La cantidad de oxígeno en mg/L necesario para oxidar a reductores presentes en agua.
   4. La cantidad equivalente de oxígeno que tiene una disolución de un oxidante.
   5. La cantidad de oxígeno en mg/L necesaria para oxidar a reductores orgánicos presentes en agua.

41. Un análisis de componentes principales se utiliza para:

   1. Reducir la cantidad de datos.
   2. Conocer la precisión de un método de análisis.
   3. Determinar la sensibilidad de un método de análisis.
   4. Calcular el límite de detección.
   5. El error sistemático de una determinación.

42. Los hidróxidos alcalinos se comportan como bases fuertes:

   1. Únicamente frente a los ácidos fuertes.
   2. Únicamente frente a los ácidos fuertes y débiles.
   3. Frente a todos los ácidos y el disolvente agua.
   4. Frente a todos los ácidos, el agua y todos los disolventes menos ácidos que el agua.
   5. Frente a todos los ácidos, el agua y todos los disolventes más ácidos que el agua.

43. Los sistemas coloidales pueden clasificarse según sus propiedades en sistemas disformes y sistemas dispersos. De los siguientes tipos de coloides indica cuál pertenece a los sistemas disformes:

   1. Películas.
   2. Macromoléculas.
   3. Suspensiones.
   4. Emulsiones.
   5. Aerosoles.

44. Los métodos gravimétricos:

   1. Son métodos relativos, ya que requieren la calibración de la balanza analítica con pesas de masa conocida.
   2. Son métodos relativos porque debe establecerse previamente una estandarización con patrones de concentración conocida.
   3. Son métodos relativos porque la masa del precipitado se calcula por diferencia respecto al pesasustancias vacío.
   4. Son métodos absolutos porque los resultados se calculan a partir de los datos experimentales y las masas moleculares y atómicas.
   5. Son métodos absolutos porque los resultados no dependen de los datos experimentales.

45. El par redox ácido L-dehidroascórbico/ácido L-ascórbico tiene un valor de potencial normal de 0.390 V y los valores de pKa del ácido ascórbico son: 4.1 y 11.8. ¿A qué valores de pH será más estable a la oxidación el ácido ascórbico?:

   1. pH<4.1.
   2. pH=7.95.
   3. pH>11.8.
   4. 4.1<pH<11.8.
   5. 4.1>pH>11.8.

46. Indica de cuál de los siguientes factores NO depende la sobretensión que se produce sobre un electrodo en una célula electroquímica:

   1. El metal utilizado en la construcción del electrodo.
   2. La posición del metal del electrodo en el sistema periódico.
   3. La densidad de corriente.
   4. La temperatura.
   5. La fuerza iónica.

47. La expresión correcta de la ecuación de Nernst para la reducción del ión plata en presencia de cloruro de plata es:

   1. $E = E^o + 0.059 \log (K_{ps} / [Cl^-])$.
   2. $E = E^o + 0.059 \log [Cl^-]$.
   3. $E = E^o - 0.059 \log [Cl^-][Ag^+]$.
   4. $E = E^o - 0.059 \log ([Cl^-] / [Ag^+])$.
   5. $E = E^o + 0.059 \log ([Cl^-] / [Ag^+])$.

48. ¿Cuál debe ser el tamaño mínimo teórico de una red de difracción que origina una línea de primer orden a 500 nm con una anchura de

0.002 nm, sabiendo que el número de líneas por milímetro es de 2400?:

1. 10.4 m.
2. 52 mm.
3. 26 mm.
4. 104 mm.
5. 208 mm.

49. **Los indicadores ácido-base:**

1. Se eligen en función del pK_a del valorante empleado.
2. Presentan coloraciones características que dependen del pK_a de la especie a valorar.
3. Poseen un intervalo de viraje que depende del pK_a del propio indicador.
4. Siempre viran en torno al valor de pH neutro.
5. Tienen carácter ácido cuando se valoran bases y básico cuando se valoran ácidos.

50. **De las siguientes sustancias indica cuál NO se utiliza como patrón primario en las reacciones de neutralización:**

1. Nitrato de Plata.
2. Ácido benzoico.
3. Carbonato sódico.
4. Óxido de mercurio.
5. Tetraborato sódico.

51. **Cuando se utilizan capilares de sílice en las separaciones electroforéticas, el flujo electroendosmótico tiene su origen en:**

1. El medio tamponado utilizado para la separación.
2. Los grupos silanol del capilar.
3. La fuerza iónica.
4. La constante dieléctrica del medio.
5. El recubrimiento de poliimida del capilar.

52. **Una disolución industrial contiene 0.01 M de Zn (II) y 0.1 M de cianuro. A qué valor de pH debe almacenarse esta disolución antes de enviarla a la planta de tratamiento de residuos tóxicos y peligrosos. pKa HCN = 9.3:**

1. 9.3.
2. No es necesario ajustar el pH.
3. 11.
4. 2.
5. 7.

53. **El pK_a de un ácido débil puede conocerse a partir de la curva de valoración con una base fuerte:**

1. Directamente por el valor de pH en el punto de semineutralización.
2. Directamente por el valor de pH en el punto inicial.
3. Directamente por el valor de pH en el punto de equivalencia.
4. Por el valor de pH en el punto de equivalencia, conociendo la estequiometría de la reacción.
5. Por el valor de pH en el punto de equivalencia, conociendo el intervalo de viraje del indicador.

54. **Indica cuál de las siguientes NO es una causa de error en el manejo de los indicadores ácido-base:**

1. La variación de la temperatura.
2. El volumen usado en la valoración.
3. El contenido de sales de la disolución.
4. La presencia de electrolitos coloidales.
5. El cambio de disolvente.

55. **Si la especie HA es la forma intermedia del sistema de un ácido diprótico H_2A^+, las disoluciones de HA:**

1. Se comportan como reguladores de pH de máxima capacidad reguladora.
2. Tienen propiedades ácidas o básicas según el pH de la disolución.
3. No poseen capacidad reguladora.
4. Contienen esa forma predominante a todos los valores de pH.
5. Tienen el mismo pH independientemente de su concentración.

56. **Un método cinético diferencial de punto único opera en condiciones de:**

1. Pseudo primer orden.
2. Primer orden.
3. Da igual el orden de la reacción.
4. Molecularidad uno.
5. Pseudo orden cero.

57. **En un método espectrofotométrico, el valor elevado de la absortividad molar significa que:**

1. El método posee una elevada exactitud.
2. El calibrado se extiende en un amplio margen de linealidad.
3. Existen muy pocas interferencias.
4. El método es muy sensible.
5. El método es muy robusto.

58. **De las siguientes características del potencial estándar de electrodo, indica cuál es FALSA:**

1. Depende de la temperatura.
2. Depende de que la semirreacción sea espontánea.
3. Es una cantidad relativa.
4. Se refiere a una reacción de oxidación.
5. Mide la fuerza relativa para dirigir la semirreacción.

59. **La coprecipitación se produce:**

1. Por adsorción de especies en la superficie de un precipitado.
2. Por formación de cristales mixtos.
3. Por oclusión en los huecos del cristal del precipitado.
4. Por adsorción y formación de cristales mixtos, pero no por oclusión.
5. Por cualquiera de los fenómenos anteriores.

60. **¿Cuál de las siguientes causas de error NO es cierta en la medida de pH con un electrodo de vidrio?:**

    1. El error alcalino en disoluciones básicas.
    2. La deshidratación del electrodo.
    3. La diferencia de fuerza iónica entre patrones y problema.
    4. La resistencia del voltímetro es mucho mayor que la de la celda.
    5. La incertidumbre del pH de los patrones.

61. **La elución isocrática en HPLC es aquélla en la que se mantiene constante:**

    1. La concentración de electrólito.
    2. La temperatura.
    3. El pH de la fase móvil.
    4. La composición de la fase móvil.
    5. El volumen de muestra.

62. **De los siguientes reactivos indica cuál NO puede utilizarse como agente oxidante patrón:**

    1. Ioduro.
    2. Dicromato potásico.
    3. Cerio (IV).
    4. Bromato potásico.
    5. Permanganato potásico.

63. **El sulfuro de cobre (II) precipita cuantitativamente a pH 2 porque:**

    1. Su solubilidad no depende del pH.
    2. Su solubilidad disminuye al aumentar el pH.
    3. El producto de solubilidad condicional tiene un valor muy bajo a ese pH.
    4. El producto de solubilidad condicional no depende del pH.
    5. El ión Cu (II) no participa en reacciones secundarias a ese pH.

64. **Para preparar 100 mL de HCl 0.1 M a partir de HCl 0.5 M se necesitan tomar:**

    1. 5 mL.
    2. 10 mL.
    3. 15 mL.
    4. 20 mL.
    5. 25 mL.

65. **Si sobre una disolución de Na_2CO_3 0.01 M se añaden dos gotas de fenolftaleína, la disolución resultante presenta un color:**

    1. Incolora.
    2. Violeta.
    3. Amarilla.
    4. Azul.
    5. Verde.

66. **Los supresores de conductividad se emplean en cromatografía iónica para:**

    1. Eliminar los iones del eluyente.
    2. Evitar la formación de complejos con el electrolito.
    3. Disminuir la conductividad de la muestra.
    4. Nivelar la fuerza iónica del disolvente.
    5. Evitar el excesivo calentamiento del conductímetro.

67. **De las siguientes reacciones que se pueden producir cuando el ácido clorhídrico disuelve a una sustancia poco soluble en agua indica cuál es FALSA:**

    1. Reacciones de neutralización de óxidos, hidróxidos o sales básicas.
    2. Oxidación de algunos agentes reductores fuertes.
    3. Pérdida de productos volátiles.
    4. Formación de un ácido poco disociado.
    5. Formación de cloruros complejos.

68. **El valor de pH de una disolución acuosa de la especie NaHA (H_2A: $pK_1 = 4$; $pK_2 = 7$) es distinto al de la disolución de una especie de tipo HA ($pK_a = 7$) porque:**

    1. El ión sodio tiene carácter ácido.
    2. El ión sodio tiene una fuerte tendencia a reaccionar con el agua formando NaOH, que es una base fuerte.
    3. La especie HA es un ácido más débil.
    4. HA^- es anfiprótica.
    5. HA^- es una base más débil.

69. **Para la determinación de fluoruro en una muestra de té por potenciometría con un electrodo selectivo, debe añadirse a la disolución una mezcla de reactivos que contiene, entre otros, ácido acético, ácido cítrico, NaOH y NaCl. Esta mezcla sirve para:**

    1. Ajustar la fuerza iónica y el pH.
    2. Ajustar el pH y evitar interferencias.
    3. Ajustar el pH, la fuerza iónica y evitar interferencias.
    4. Aumentar el intervalo lineal del calibrado.
    5. Evitar el efecto matriz de los compuestos orgánicos del té.

70. **El orden de elución de una mezcla de acetofenona, nitrobenceno, fenol, metilbenzoato y tolueno mediante cromatografía líquida en una columna de fase inversa es:**

1. Acetofenona, nitrobenceno, fenol, metilbenzoato, tolueno.
2. Fenol, acetofenona, nitrobenceno, metilbenzoato, tolueno.
3. Nitrobenceno, metilbenzoato, tolueno, fenol, acetofenona.
4. Metilbenzoato, tolueno, fenol, nitrobenceno, acetofenona.
5. Nitrobenceno, metilbenzoato, fenol, tolueno, acetofenona.

71. **La lámpara de cátodo hueco se utiliza habitualmente en:**

    1. Amperometría.
    2. Fluorimetría.
    3. Redisolución anódica.
    4. Espectrometría de infrarrojos.
    5. Espectrometría de absorción atómica.

72. **¿Cuál de los siguientes componentes NO está presente en un espectrofotómetro UV-Vis de doble haz?:**

    1. Fuente de luz.
    2. Filtro de absorción.
    3. Cubeta de referencia.
    4. Monocromador.
    5. Detector.

73. **Algunos compuestos orgánicos se derivatizan a especies fluorescentes de forma previa a su determinación por cromatografía líquida. Con este tratamiento se consigue:**

    1. Aumentar la sensibilidad de la detección.
    2. Aumentar el número de platos teóricos.
    3. Aumentar la resolución.
    4. Disminuir los tiempos de retención.
    5. Disminuir la señal del fondo.

74. **¿Cuántas rayas debe tener una red que nos permita separar dos líneas a 499.9 y 501.1 nm en el espectro de primer orden?:**

    1. 3710.
    2. 4500.
    3. 2500.
    4. 1950.
    5. 4250.

75. **Si 1µL de una disolución que contiene HCl 1.0 M se diluye en un matraz de 10 mL la concentración final de HCl será:**

    1. 0.1.
    2. 0.01.
    3. 0.001.
    4. 0.0001.
    5. 0.00001.

76. **En la determinación volumétrica de peróxido de hidrógeno, el H_2O_2 reacciona con yoduro en medio ácido, según la ecuación:**
    $aH_2O_2 + bI^- + cH^+ \rightarrow dI_2 + fH_2O$.
    ¿Cuáles son los valores de a y b?:

    1. a=1 y b=1.
    2. a=1 y b=2.
    3. a=2 y b=1.
    4. a=2 y b=2.
    5. a=3 y b=3.

77. **Indica cuál de los siguientes procesos NO está implicado en el funcionamiento de un láser:**

    1. Emisión espontánea.
    2. Absorción.
    3. Bombeo.
    4. Desintegración.
    5. Emisión estimulada.

78. **Los métodos de extracción en fase sólida se caracterizan por:**

    1. Basarse en el empleo de adsorbentes en forma de disco o cartucho.
    2. No utilizar disolventes orgánicos.
    3. Aplicarse exclusivamente a microvolúmenes de muestra.
    4. Emplear una fase adsorbente pulverulenta que se añade a la disolución de la muestra.
    5. Proporcionar siempre volúmenes bajos de ruptura.

79. **En fosforescencia a temperatura ambiente la fuente de excitación habitual es:**

    1. Una lámpara de wolframio.
    2. Un FID.
    3. Un analizador de masas cuadrupolar.
    4. Una reacción química homogénea.
    5. Una lámpara de arco de Xenón.

80. **Los sensores piezoeléctricos se basan en la adquisición de carga eléctrica sobre su superficie cuando se someten a:**

    1. Una diferencia de potencial.
    2. Cambios en intensidad de corriente.
    3. Una diferencia de temperatura.
    4. Una presión mecánica.
    5. Una radiación electromagnética.

81. **Un proceso quimioluminiscente es aquél en el que:**

    1. La luminiscencia se produce por una reacción inducida electroquímicamente.
    2. Se genera un producto luminiscente a través de una reacción química.
    3. Un radical intermedio de la reacción es siempre el producto luminiscente.
    4. La luminiscencia se produce por reacción de

un radical inestable con el disolvente.
5. La luminiscencia se debe siempre a una ruptura de enlaces.

82. **El método del patrón interno, en cromatografía de gases, se utiliza para:**

    1. Favorecer la volatilización de la muestra.
    2. Atenuar el ruido de la detección.
    3. Evitar la imprecisión en la medida del tiempo de retención.
    4. Evitar la incertidumbre asociada a la inyección de la muestra.
    5. Disminuir el punto de ebullición de los analitos.

83. **¿De cuál de los siguientes parámetros NO dependen las longitudes de onda dispersadas por una red de difracción de escalerilla?:**

    1. El seno del ángulo de incidencia.
    2. El material de la red.
    3. El seno del ángulo de reflexión.
    4. El espaciado entre las superficies reflectantes.
    5. El orden de difracción.

84. **La determinación bromométrica de fenol se realiza añadiendo disolución de concentración conocida de bromato potásico y exceso de bromuro potásico sólido y tras reaccionar añadir yoduro potásico y valorar el yodo liberado. ¿Cuál es el peso equivalente del fenol?:**

    1. Peso molecular/3.
    2. Peso molecular.
    3. Peso molecular/6.
    4. Peso molecular/4.
    5. Peso molecular/10.

85. **La polarografía es una técnica electroquímica que se basa en el empleo de:**

    1. Un electrodo gotero de mercurio.
    2. Un electrodo auxiliar de platino.
    3. Un electrodo de referencia de calomelanos.
    4. Un electrodo de película de mercurio.
    5. Una célula electroquímica de dos electrodos.

86. **Indica cuál de la siguientes afirmaciones NO es una ventaja inherente de la espectrometría de transformada de Fourier:**

    1. El rendimiento o ventaja Jaquinot.
    2. Su bajo precio.
    3. Su elevado poder de resolución.
    4. Su elevada reproducibilidad.
    5. Su carácter multiplex o ventaja Fellgett.

87. **Que técnica analítica utiliza, en alguna de sus modalidades, el punto isoeléctrico como base de la separación:**

    1. Espectrometría de masas.
    2. Amperometría.
    3. Espectrometría de fluorescencia atómica.
    4. Electroforesis.
    5. Luminiscencia molecular.

88. **¿Qué afirmación NO es cierta respecto a la técnica de combustión seca en atmósfera abierta para la destrucción de matrices orgánicas en análisis de trazas?:**

    1. Las grasas y aceites exigen un pretratamiento.
    2. Origina pérdidas de analito debido a retención.
    3. Puede necesitar la adición de reactivos auxiliares.
    4. Origina pérdida de volátiles.
    5. Necesita vigilancia continua.

89. **¿Cuál de las siguientes sustancias NO se puede considerar como una sustancia patrón?:**

    1. Óxido de mercurio (II).
    2. Trióxido de arsénico.
    3. Ftalato de potasio.
    4. Dicromato de potasio.
    5. Carbonato cálcico.

90. **Indica cuál de los siguientes métodos NO se utiliza como sistema de corrección de fondo en espectroscopía atómica:**

    1. Método de las dos líneas.
    2. Método de adición.
    3. Método con una fuente contínua.
    4. Método basado en el efecto Zeeman.
    5. Método Smith-Hieftje.

91. **Los componentes de la serie homóloga de los alcanos se distinguen:**

    1. Por la ausencia o adición de un grupo metileno.
    2. Por la ausencia o adición de un doble enlace.
    3. Por la ausencia o presencia de un nuevo anillo.
    4. Por la ausencia o presencia de un triple enlace.
    5. Por ninguna de las anteriores.

92. **Indicar qué ácido presenta una mayor acidez:**

    1. Sulfúrico.
    2. Nítrico.
    3. Acético.
    4. Iodídrico.
    5. Clorhídrico.

93. **La ciclación de arilhidrazonas mediante calentamiento, por lo general en presencia de un ácido protonado o un ácido de Lewis como catalizador, conduce a:**

    1. Pirazoles.
    2. Imidazoles.
    3. Pirroles.
    4. Piridinas.

5. Indoles.

94. La separación total o parcial de enantiómeros debido a la diferencia en la velocidad de reacción de los dos enantiómeros en una mezcla racémica con un reactivo quiral no racémico se denomina:

    1. Rendimiento quiral.
    2. Resolución paralela.
    3. Exceso diastereomérico.
    4. Resolución cinética.
    5. Actividad óptica.

95. Cuando un dialquilcuprato de litio se hace reaccionar con un haluro de alquilo se obtiene un:

    1. Alcohol.
    2. Éter.
    3. Alcano.
    4. Alqueno.
    5. Alquino.

96. La reactividad relativa de los diversos enlaces C-H en la cloración radicalaria de alcanos a 25ºC es:

    1. Primario>Secundario>Terciario.
    2. Secundario>Primario>Terciario.
    3. Terciario>Secundario>Primario.
    4. Secundario>Terciario>Primario.
    5. Son todos igual de reactivos.

97. En las reacciones electrofílicas, los grupos hidroxilo en los anillos bencénicos son:

    1. Activantes y orto-para dirigentes.
    2. Desactivantes y orto-para dirigentes.
    3. Activantes y meta dirigentes.
    4. Desactivantes y meta dirigentes.
    5. Activantes y orto-meta dirigentes.

98. Indicar qué molécula de las representadas contiene un estereocentro:

    1. 1-cloropropano.
    2. 1-cloro-2-metilpropano.
    3. 2-cloro-2-metilpropano.
    4. 2-clorobutano.
    5. 3-cloropentano.

99. El confórmero más estable del metilciclohexano es el que se encuentra en conformación:

    1. De bote con el metilo axial.
    2. De silla con el metilo ecuatorial.
    3. De silla con el metilo axial.
    4. De bote con el metilo ecuatorial.
    5. Torcida con el metilo ecuatorial.

100. Cuando un alil aril éter se calienta a 200ºC, su grupo alilo migra desde el oxígeno al átomo de carbono del anillo, orto respecto al oxígeno. Esta reacción se llama:

    1. Transposición de Beckman.
    2. Reordenamiento de Nazarov.
    3. Transposición bencílica.
    4. Transposición pinacolínica.
    5. Reordenamiento de Claisen.

101. Indicar cuál es el alqueno más estable de los relacionados a continuación:

    1. 2-metil-2-buteno.
    2. 3-metil-1-buteno.
    3. 2-metil-1-buteno.
    4. 2-buteno.
    5. 1-buteno.

102. Los estereoisómeros de la misma constitución y configuración, que difieren únicamente en los ángulos de torsión se denominan:

    1. Diastereoisómeros.
    2. Enantiómeros.
    3. Rotámeros.
    4. Racémicos.
    5. Quirales.

103. La configuración absoluta:

    1. Está correlacionada con el signo de la rotación óptica.
    2. No está correlacionada con el signo de la rotación óptica.
    3. Está correlacionada con el signo de la rotación óptica y el valor del exceso enantiomérico.
    4. Está correlacionada con el signo de la rotación óptica y el valor del exceso diasteromérico.
    5. Con ninguna de las anteriores.

104. En la naturaleza, la aminación reductora se lleva a cabo mediante dos piridinas sustituidas conocidas como:

    1. Piridina y pirrolidina.
    2. Piridoxal y timina.
    3. Piridina y piperidina.
    4. Piridoxamina y piridoxal.
    5. Piridoxamina y piridina.

105. Indique qué compuesto de los relacionados presenta una mayor acidez:

    1. Etanol.
    2. Agua.
    3. Acetileno.
    4. Amoniaco.
    5. Eteno.

106. Los estereoisómeros que no guardan una relación de imagen especular se llaman:

    1. Enantiómeros.
    2. Racémicos.

3. Diasterómeros.
4. Isómeros de posición.
5. Isómeros de esqueleto.

107. **Para una reacción química, el exceso enantiomérico de los productos en relación a los materiales de partida se denomina:**

    1. Rendimiento quiral.
    2. Exceso quiral.
    3. Exceso diastereomérico.
    4. Rendimiento óptico.
    5. Actividad óptica.

108. **Los grupos sustituyentes con efecto inductivo electroatrayente son:**

    1. Desactivantes y meta dirigentes.
    2. Activantes y orto-para dirigentes.
    3. Desactivantes y orto-para dirigentes.
    4. Oxidantes.
    5. Reductores.

109. **Los sesquiterpenos son terpenos constituidos por las siguientes unidades de isopreno:**

    1. Una.
    2. Dos.
    3. Tres.
    4. Cuatro.
    5. Cinco.

110. **En los compuestos con dobles enlaces, el efecto del control de la conformación por un sustituyente CIS se conoce como:**

    1. Efecto anomérico.
    2. Efecto halogenado.
    3. Efecto polar.
    4. Tensión alílica.
    5. Efecto salino.

111. **Los sulfonatos de alquilo poseen excelentes grupos salientes y se pueden obtener por reacción de un:**

    1. Cloruro de alilo y un alcohol secundario.
    2. Ácido carboxílico y ácido sulfúrico.
    3. Cloruro de sulfonilo y un alcohol.
    4. Fosgeno y un alcohol.
    5. Cloruro de ácido y amina.

112. **El benzoil éster de la metilecgonina se conoce como:**

    1. Purina.
    2. Cocaína.
    3. Ornitina.
    4. Tropinona.
    5. Cuscohigrina.

113. **Los aldehídos reaccionan fácilmente con aminas primarias formándose:**

    1. Oximas.
    2. Hidrazonas.
    3. Azinas.
    4. Enaminas.
    5. Iminas.

114. **En la deshidratación de alcoholes en presencia de ácido fuerte suele obtenerse una mezcla de productos en la que es mayoritario:**

    1. El alqueno menos sustituido.
    2. El alqueno más estable.
    3. El alcano cíclico.
    4. El alqueno menos estable.
    5. El alqueno bicíclico.

115. **La síntesis de péptidos empleando soporte sólido basado en poliestireno, se conoce como:**

    1. Síntesis de Overman.
    2. Síntesis de Beckmann.
    3. Síntesis de Merrifield.
    4. Síntesis de Corey.
    5. Síntesis clonada.

116. **El indol, benzofurano y benzotiofeno contienen un anillo bencénico fusionado con un anillo aromático de:**

    1. Cuatro miembros.
    2. Cinco miembros.
    3. Seis miembros.
    4. Tres miembros.
    5. Siete miembros.

117. **Un grupo funcional con un grupo alcoxilo y un grupo hidroxilo unidos al mismo átomo de carbono se denomina:**

    1. Cetal.
    2. Acetal.
    3. Tetrahidropirano.
    4. Hemiacetal.
    5. Grupo mixto.

118. **¿Cuál de los siguientes compuestos presenta isomería cis-trans?:**

    1. 1-buteno.
    2. 2-metilpropeno.
    3. 2-penteno.
    4. 2-metil-2-penteno.
    5. 1,1-dicloro-1-buteno.

119. **Un carbono que contiene cuatro grupos diferentes es un:**

    1. Carbono isotópico.
    2. Carbono diastereomérico.
    3. Carbono enantiomérico.
    4. Centro estereogénico o quiral.
    5. Carbono no quiral.

120. La reacción de hidrogenación de alquenos:

    1. No es estereoespecífica.
    2. Es estereoespecífica.
    3. Depende del sustrato si es o no estereoespecífica.
    4. Depende del disolvente si es o no estereoespecífica.
    5. Ninguna de las anteriores.

121. La pérdida de actividad óptica que ocurre cuando una reacción no muestra total retención de la configuración ni total inversión de la configuración se denomina:

    1. Racemización.
    2. Polarización.
    3. Solvolisis.
    4. Diastereoselección.
    5. Enantioselección.

122. La vancomicina es un antibiótico:

    1. Ácido graso.
    2. Aromático.
    3. Cumarínico.
    4. Diterpénico.
    5. Glicopeptídico.

123. La tendencia de un compuesto o grupo funcional a actuar como ácido y como base se conoce como:

    1. Carácter neutro.
    2. Mezcla racémica.
    3. Dualidad.
    4. Carácter ambifílico.
    5. Punto isoeléctrico.

124. Cuando se trata el orto-bromotolueno con amiduro sódico en amoniaco líquido se produce la orto-toluidina y la meta-toluidina. ¿Cómo se denomina la sustitución que conduce al segundo producto?:

    1. Directa.
    2. Inversa.
    3. Cine.
    4. Radicalaria.
    5. Electrofílica.

125. Cuando los éteres reaccionan con ácidos, se forma una sal de:

    1. Diazonio.
    2. Oxonio.
    3. Iminio.
    4. Azolio.
    5. Amonio.

126. En espectrometría de masas, la pérdida de un fragmento de alqueno por reordenamiento de un compuesto carbonílico que tiene hidrógenos en posición γ se denomina reordenamiento:

    1. De McLafferty.
    2. De Beckmann.
    3. Sigmatrópico.
    4. Bencílico.
    5. De Barton.

127. Un catión con una carga positiva en uno de los dos átomos de carbono de un doble enlace C=C se conoce como:

    1. Catión alílico.
    2. Catión vinílico.
    3. Catión bencílico.
    4. Carbanión.
    5. Catión anomérico.

128. El clorocromato de piridinio (PCC) es un reactivo muy empleado en química orgánica para oxidar:

    1. Alquenos a alcoholes.
    2. Alcoholes primarios a ácidos.
    3. Alcoholes primarios a aldehídos.
    4. Aldehídos a ácidos carboxílicos.
    5. Aminas terciarias a N-óxidos de aminas terciarias.

129. El calentamiento con azufre de una goma natural o sintética para formar puentes disulfuro que le den durabilidad y elasticidad se conoce como:

    1. Plastificación.
    2. Vulcanización.
    3. Sulfuración.
    4. Desulfuración.
    5. Protonización.

130. Una aziridina es una amina cíclica en la que un nitrógeno forma parte de un anillo de:

    1. No hay nitrógeno sino oxígeno en el anillo.
    2. Seis miembros.
    3. Cinco miembros.
    4. Cuatro miembros.
    5. Tres miembros.

131. El ión arenio es un intermedio de reacción que se produce en las reacciones de:

    1. Sustitución nucleofílica.
    2. Adición electrofílica.
    3. Sustitución nucleofílica aromática.
    4. Sustitución electrofílica aromática.
    5. Adición nucleofílica.

132. En resonancia magnética nuclear, la razón giromagnética es una constante que depende de:

1. Campo magnético.
2. Frecuencia.
3. Constante de acoplamiento.
4. Momento magnético del núcleo en estudio.
5. Resonancia magnética.

133. **Las aminas secundarias reaccionan con ácido nitroso y se transforman en:**

    1. Hidrazonas.
    2. Oximas.
    3. Sal de diazonio.
    4. Enaminas.
    5. N-nitrosoaminas.

134. **Los iluros de fósforo son reactivos que se utilizan para sintetizar:**

    1. Alcanos.
    2. Alquenos.
    3. Alquinos.
    4. Alcoholes.
    5. Aldehídos.

135. **El compuesto que consta de un anillo aromático de cinco miembros, con un nitrógeno y dos dobles enlace se conoce como:**

    1. Piridina.
    2. Pirimidina.
    3. Pirazina.
    4. Pirrol.
    5. Pirrolidina.

136. **El ácido adípico se utiliza en la síntesis de:**

    1. Nilon 6,6.
    2. Poliuretano.
    3. Formamida.
    4. Formaldehído.
    5. Poliesteres.

137. **Cuando el 1,4-butanodiol se calienta en presencia de ácidos se obtiene:**

    1. Óxido de etileno.
    2. Furano.
    3. Tetrahidrofurano.
    4. Pirano.
    5. Dioxano.

138. **En el espectro infrarrojo, las bandas de absorción corresponden a la cantidad de energía necesaria para incrementar la amplitud de las:**

    1. Tensiones de anillo.
    2. Vibraciones moleculares.
    3. Bandas moleculares.
    4. Asociaciones moleculares.
    5. Flexiones de enlaces.

139. **Cuando las oximas cíclicas se hacen reaccionar con ácido sulfúrico, se transforman en:**

    1. Lactonas.
    2. Ésteres.
    3. Lactamas.
    4. Hidrazonas.
    5. Lactidas.

140. **Los cloruros de ácido se transforman en aldehídos por hidrogenación catalítica y dicha reacción se conoce como reducción:**

    1. De Clemmensen.
    2. De Wolff-Kishner.
    3. De Meerwein-Ponndorf-Verlag.
    4. De Rosenmund.
    5. Bimolecular.

141. **Las proteínas absorben luz ultravioleta alrededor de los 280 nm debido mayoritariamente a:**

    1. La presencia de los enlaces peptídicos.
    2. La dispersión de luz originada por su estructura globular.
    3. La formación de puentes de hidrógeno que estabilizan la estructura secundaria.
    4. La presencia de aminoácidos aromáticos.
    5. La emisión de fluorescencia de los residuos de tirosina y triptófano presentes en las mismas.

142. **Un zimógeno es:**

    1. Un precursor inactivo de una enzima.
    2. Un fragmento peptídico que se libera al activarse las enzimas digestivas.
    3. Un péptido liberado en la cascada de la coagulación sanguínea.
    4. Un tipo de colágeno que forma parte de la pared del estómago.
    5. El producto activo de una proenzima.

143. **La ruta de las pentosas fosfato:**

    1. Permite reducir $NADP^+$ a NADPH a costa de la oxidación de NADH a NAD^+.
    2. Permite producir ribosa-5-fosfato a partir de glucosa con gasto de ATP.
    3. Permite producir galactosa-1-fosfato a partir de glucosa sin gasto de ATP.
    4. No incluye ninguna etapa de descarboxilación.
    5. Tiene como metabolitos comunes con la glucolisis sólo la glucosa y la glucosa-6-P.

144. **La adenilato ciclasa:**

    1. Cataliza la transformación de ATP en AMP.
    2. Forma AMP cíclico a partir de AMP.
    3. Cataliza la formación de AMP cíclico a partir de ATP.
    4. Se sitúa en el citosol, donde interacciona con el ADP.
    5. Transforma el GMP cíclico en AMP cíclico.

145. **Si en una célula no hubiera ATP ni AMP, pero**

sí ADP, la carga energética de adenilato de dicha célula sería:

1. 0.
2. 0.25.
3. 0.333.
4. 0.5.
5. 1.

146. **La enzima piruvato quinasa:**

1. Cataliza la fosforilación del piruvato para dar fosfoenolpiruvato.
2. Cataliza una fosforilación a nivel de sustrato que implica la síntesis de ATP.
3. No presenta ningún tipo de regulación.
4. Requiere NADP como coenzima.
5. Cataliza una reacción de la β-oxidación.

147. **¿Cuál de los siguientes metabolitos NO tiene su origen en la molécula de colesterol?:**

1. Adrenalina.
2. Cortisol.
3. Aldosterona.
4. Estradiol.
5. Ácido quenodesoxicólico.

148. **Las aminoacil-tRNA sintetasas catalizan:**

1. La síntesis del RNA de transferencia.
2. La formación de un enlace peptídico entre el grupo amino de un aminoácido y el grupo carboxilo de otro.
3. Reacciones altamente inespecíficas.
4. La activación de los aminoácidos y la subsiguiente unión al tRNA.
5. La síntesis del RNA mensajero.

149. **Los inhibidores enzimáticos de tipo no competitivo:**

1. Se unen al centro activo de la enzima de forma no covalente.
2. Se unen al centro activo de la enzima de forma covalente.
3. No impiden la unión del sustrato al centro activo.
4. Se unen siempre de forma covalente a un sitio distinto del centro activo de la enzima.
5. No modifican la velocidad máxima de la enzima pero sí la constante de Michaelis aparente.

150. **La pérdida del centro alostérico para el ATP en la fosfofructoquinasa:**

1. Acelera la glucólisis en las células hepáticas.
2. Reduce la velocidad de la glucólisis en las células hepáticas.
3. No afecta al proceso glucolítico en las células hepáticas.
4. Inhibe la actividad catalítica de la fosfofructoquinasa.
5. Acelera la ruta biosintetica de la gluconeogénesis.

151. **¿Cuál de las siguientes afirmaciones sobre la hemoglobina NO es cierta?:**

1. El descenso del pH reduce la afinidad de la hemoglobina por el oxígeno (efecto Bohr).
2. El bisfosfoglicerato (BPG) es un efector alostérico de la hemoglobina.
3. La drepanocitosis se debe a la sustitución de una sola base en la cadena beta de la hemoglobina.
4. La hemoglobina fetal tiene una afinidad por el bisfofoglicerato (BPG) muy superior a la que posee la hemoglobina del adulto.
5. La hemoglobina fetal está compuesta por dos cadenas alfa y dos cadenas gamma.

152. **El efecto Bohr es:**

1. La regulación ejercida por el corismato sobre la biosíntesis de los aminoácidos aromáticos.
2. La regulación del transporte de O_2 por los hidrogeniones y el dióxido de carbono.
3. La regulación de la alolactosa sobre el operón *lac*.
4. El aumento de la presión sanguínea debido a la acción de la vasopresina.
5. La acción de las sales biliares sobre al absorción del colesterol.

153. **Los citocromos:**

1. Son proteínas que contienen átomos de hierro que forman parte de centros ferro-sulfo.
2. Son determinados grupos hemo unidos a enzimas implicadas en la cadena de transporte electrónico.
3. Son proteínas que contienen grupos hemo unidos siempre de forma covalente a residuos de cisteína.
4. Son proteínas que contienen un grupo hemo con un átomo de hierro unido que puede cambiar su estado de óxido-reducción.
5. Son enzimas que contienen un grupo hemo igual al de la hemoglobina y la mioglobina y que poseen un átomo de hierro que permanece siempre en estado reducido.

154. **¿Cómo se denominan las regiones responsables de la interacción con el antígeno en la molécula de anticuerpo?:**

1. Anti-antígeno.
2. Constantes de la cadena pesada.
3. Hipervariables.
4. Variables.
5. Fab.

155. **¿Cuál de los siguientes lípidos NO es de naturaleza isoprenoide?:**

1. Lanosterol.
2. Dolicol.
3. Vitamina A1.
4. Fosfatidil colina.
5. Vitamina D3.

156. Los peptidoglucanos:

1. Forman una capa fina con una membrana lipídica externa en la pared celular de las bacterias gramnegativas.
2. Tienen carácter polianiónico, están constituidos por más proteínas que hidratos de carbono y los podemos encontrar en el cartílago.
3. Son polisacáridos homogéneos de carácter polar de la membrana plasmática.
4. Son moléculas hidrófobas constituidas por más proteínas que hidratos de carbono.
5. Forman una capa fina con una membrana lipídica externa en la pared celular de las bacterias grampositivas.

157. Indique qué característica de la degradación anaerobia de la glucosa en el músculo esquelético es FALSA:

1. Es más rápida que la aerobia.
2. Produce menos ATP por molécula de glucosa que la aerobia.
3. Genera menos acidez que la aerobia.
4. Todas sus etapas son citosólicas.
5. Degrada la glucosa hasta lactato.

158. ¿Cuál de las respuestas siguientes es una característica de la membrana plasmática?:

1. Está compuesta principalmente por triacilgliceroles y colesterol.
2. Contiene principalmente lípidos apolares.
3. Contiene fosfolípidos con sus grupos acilos expuestos hacia el citosol.
4. Contiene más fosfatidilserina en la semicapa interna que en la externa.
5. Contiene oligosacáridos colocados entre las semicapas interna y externa.

159. Los ácidos biliares:

1. Reducen la tensión superficial de las grasas.
2. Rompen el enlace entre el glicerol y el ácido graso.
3. Activan la lipasa.
4. Inhiben la lipasa.
5. Son secretados por el páncreas.

160. La glicosilación de las proteínas tiene lugar en:

1. El núcleo celular.
2. La membrana plasmática de la célula.
3. El interior del retículo endoplásmico y el aparato de Golgi.
4. Los endosomas y los gránulos de secreción.
5. El periplasma bacteriano y el citoesqueleto de las células eucariotas.

161. ¿Qué tipo de fuerzas estabilizan dos cintas β entre sí?:

1. Enlace covalente.
2. Puentes de hidrógeno.
3. Fuerzas de van der Waals.
4. Doble enlace.
5. Coordinación.

162. ¿Cuál de los siguientes aminoácidos es el precursor de la serotonina en el ser humano?:

1. Triptófano.
2. Tirosina.
3. Fenilalanina.
4. Arginina.
5. Lisina.

163. Las chaperoninas o chaperonas moleculares son:

1. Estados intermedios en el plegamiento de las proteínas estructurales.
2. Agregados de proteínas plegadas incorrectamente.
3. Moléculas de RNA que presentan actividad catalítica.
4. Proteínas de membrana que forman canales iónicos.
5. Proteínas que colaboran en el plegamiento adecuado de las cadenas polipeptídicas.

164. El enlace peptídico:

1. Une los diferentes nucleótidos.
2. Está formado por el enlace N-H.
3. Se encuentra en todas las estructuras proteicas excepto en el colágeno.
4. Es una estructura que se estabiliza por resonancia.
5. El grupo C=O es un fuerte donador, y el N-H es un fuerte aceptor de puentes de hidrógeno.

165. El manganeso es un activador enzimático de:

1. Citocromo c oxidasa.
2. Superóxido dismutasa.
3. Hidrolasas.
4. Amina oxidasa.
5. Xantino oxidasa.

166. ¿Cuál de las siguientes vitaminas es precursora de la Vitamina A?:

1. Riboflavina.
2. Pantotenato.
3. Tiamina.
4. Cobalanina.
5. Piridoxamina.

167. En la biosíntesis de los esteroides, el primer derivado con estructura cíclica es:

1. Colesterol.
2. Escualeno.
3. Lanosterol.
4. Isopreno.
5. Estradiol.

168. Los hidratos de carbono pueden unirse covalentemente a las proteínas a través de:

1. Interacciones con residuos hidrofóbicos (enlaces H).
2. Residuos de asparagina (enlaces N) o bien residuos de treonina o serina (enlaces O).
3. Residuos de serina, treonina o tirosina (enlaces O).
4. Residuos de lisina o arginina (enlaces N).
5. El nitrógeno amídico de residuos de asparagina o glutamina (enlaces N).

169. ¿Cuál de las siguientes enzimas NO participa en el ciclo del ácido cítrico?:

1. Succinil CoA sintetasa.
2. Citrato sintasa.
3. Alfa-cetoglutarato deshidrogenasa.
4. Piruvato deshidrogenasa.
5. Malato deshidrogenasa.

170. Un epítopo es:

1. Un grupo específico de la superficie de una molécula grande reconocido por una inmunoglobulina.
2. Los aminoácidos que constituyen la región Fc de una inmunoglobulina.
3. Un grupo de aminoácidos específicos de la región hipervariable de una inmunoglobulina.
4. El sitio de unión de un hidrato de carbono a una inmunoglobulina.
5. La región variable Fab de una inmunoglobulina.

171. La incapacidad en el ser humano de sintetizar ácido ascórbico reside en la deficiencia de:

1. Superóxido dismutasa.
2. Aconitasa.
3. Gulonolactona oxidasa.
4. Lactonasa.
5. Piridoxamina.

172. La síntesis de glucosa a partir de piruvato:

1. Es uno de los objetivos de la glucogenólisis.
2. Tiene como intermediario al lactato.
3. Tiene como intermediaria la fructosa-2,6-bisfosfato.
4. Tiene como intermediario al oxalacetato.
5. Se inhibe por concentraciones elevadas de ATP en la célula.

173. Indica lo que NO es verdad sobre los quilomicrones:

1. En una centrifugación en gradiente de densidad, quedan más lejos del fondo del tubo que las LDL.
2. Son de mayor tamaño que las HDL.
3. Se forman en el intestino.
4. Sus triacilgliceroles son sustrato de la lipoproteína lipasa.
5. Se convierten en LDL.

174. La trombina es:

1. Una proteína de membrana específica de las plaquetas.
2. Una enzima proteolítica que participa en la coagulación sanguínea.
3. El sustrato de los factores de coagulación VII y XII.
4. Un hidrato de carbono que se asocia al coágulo de fibrina.
5. Un hexapéptido originado tras la proteolisis del fibrinógeno por la tripsina.

175. Los oligosacáridos de las glucoproteínas tienen como una importante función:

1. Determinar la estructura primaria de la proteína.
2. Determinar la estructura secundaria de la proteína.
3. Determinar el carácter hidrófobo o hidrófilo de la cadena lateral de los aminoácidos.
4. Colaborar en el reconocimiento molecular entre determinadas glucoproteínas y sus ligandos.
5. Determinar el carácter hidrófobo o hidrófilo del esqueleto polipeptídico de una proteína.

176. El tipo de RNA más abundante en la célula es:

1. tRNA.
2. rRNA.
3. mRNa.
4. snRNA.
5. hnRNA.

177. La enzima que elimina los RNA cebadores se llama:

1. DNA polimerasa.
2. Telomerasa.
3. RNA polimerasa.
4. DNasa.
5. RNasa.

178. En el grupo prostético de la glutatión peroxidasa se encuentra:

1. Hierro.
2. Cobre.

3. Zinc.
4. Selenio.
5. Cromo

179. Una definición enzimática se asocia con la anemia hemolítica inducida por primaquina, ¿de qué enzima?:

    1. Glucosa-6-fosfato fosfatasa.
    2. Glucosa-6-fosfato deshidrogenasa.
    3. Fosfoglucomutasa.
    4. Transaldolasa.
    5. Fosfofructoquinasa.

180. ¿Qué ruta metabólica está alterada en las personas con porfiria?:

    1. Conjugación de la bilirrubina.
    2. Biosíntesis de serotonina.
    3. Síntesis de ácido úrico.
    4. Síntesis del grupo hemo.
    5. Ciclo de la urea.

181. ¿Cómo se llama el segmento de DNA que contiene un lugar de iniciación y secuencias reguladoras adecuadas?:

    1. Replicón.
    2. Replisoma.
    3. Horquilla de replicación.
    4. Secuencia inicial.
    5. Primosoma.

182. La secuencia Shine-Dalgarno:

    1. Es una región del tRNA implicada en la unión con el rRNA.
    2. Es una zona del DNA implicada en la iniciación de la transcripción.
    3. Es la secuencia consenso de 15 aminoácidos de las histonas que interacciona con el DNA.
    4. Es el centro catalítico de la RNA polimerasa II eucariota.
    5. Es una región del mRNA implicada en la iniciación de la traducción.

183. ¿Cuál es la misión de la proteína metalotioneína?:

    1. Interviene en la síntesis de DNA.
    2. Precursora de melatoninas.
    3. Precursora de melaninas.
    4. Secuestra metales tóxicos.
    5. Ninguna opción es correcta.

184. ¿Cuál de las siguientes vitaminas es liposoluble?:

    1. Vitamina PP.
    2. Vitamina E.
    3. Vitamina B1.
    4. Vitamina C.
    5. Vitamina H.

185. Un sistema de transporte que expulsa 3 iones sodio a la vez que capta 2 iones potasio es:

    1. Cotransporte paralelo.
    2. Electroneutro.
    3. Electropositivo.
    4. Electrogénico.
    5. Simporte.

186. La mayor parte de energía para la contracción muscular se almacena en el tejido muscular como:

    1. ADP.
    2. Fosfoenolpiruvato.
    3. AMP cíclico.
    4. ATP.
    5. Creatina fosfato.

187. Como componente de las membranas biológicas, el colesterol:

    1. Induce la formación de canales iónicos.
    2. Provoca efectos en la fluidez de la membrana al alterar la regularidad de su estructura.
    3. Actúa como transportador de aminoácidos con cadena lateral hidrofóbica.
    4. Facilita el empaquetamiento de los fosfolípidos por su interacción con las cadenas de ácidos grasos.
    5. Disminuye en gran medida la temperatura de transición de fase de la membrana plasmática.

188. ¿Qué enzima de las siguientes regula la biosíntesis de los ácidos grasos?:

    1. Hexoquinasa.
    2. Citrato sintasa.
    3. Ácido graso sintasa.
    4. Acetil CoA carboxilasa.
    5. Enzima málica.

189. ¿Cuál de los siguientes compuestos o enzimas es incapaz de proteger contra el daño de los radicales libres?:

    1. β-caroteno.
    2. Glutatión peroxidasa.
    3. Superóxido dismutasa.
    4. Ácido úrico.
    5. Vitamina B6.

190. ¿Qué inmunoglobulina adopta una estructura pentamérica?:

    1. Ig A.
    2. Ig M.
    3. Ig G.
    4. Ig E.
    5. Ig D.

191. Indique cuál de las siguientes afirmaciones es

correcta:

1. El ciclo de Cori relaciona el metabolismo energético del tejido muscular con el metabolismo hepático.
2. La fermentación láctica permite una obtención rápida de acetil CoA.
3. La glucólisis es una ruta de carácter anabólico.
4. El balance global del ciclo de Cori desde un punto de vista energético es positivo.
5. La piruvato deshidrogenasa implica la reducción del piruvato.

192. Las prostaglandinas derivan de:

1. Esteroles.
2. Aminoácidos.
3. Terpenos.
4. Tromboxanos.
5. Ácidos grasos.

193. El glutatión es:

1. Un oligosacárido.
2. Un péptido.
3. Un ácido graso.
4. Un proteoglucano.
5. Una glucoproteína.

194. La transcetolasa:

1. Es una enzima que participa en el metabolismo de los cuerpos cetónicos.
2. Es una enzima homóloga a la subunidad E3, dihidrolipoamida deshidrogenasa, del complejo piruvato deshidrogenasa.
3. Transfiere una unidad de tres carbonos a una aldosa.
4. Requiere pirofosfato de tiamina como coenzima.
5. Es una enzima clave del metabolismo de los cetoácidos.

195. ¿Qué citocromo está directamente implicado en el proceso de desintoxicación?:

1. a.
2. b.
3. a3.
4. P450.
5. bc.

196. Señala lo que es cierto en relación a los cuerpos cetónicos:

1. Son siempre el principal sustrato energético del cerebro.
2. Los exporta principalmente el hígado.
3. Son una importante fuente de energía para el hígado durante el ayuno.
4. Las dos primeras etapas de su formación a partir de acetil CoA son citosólicas; el resto, mitocondriales.
5. Durante el ayuno, pueden servir de sustrato para formar de forma neta glucosa.

197. Señala cuál de los siguientes agentes reguladores de la glucólisis tiene un efecto positivo sobre la actividad de la Fosfofructoquinasa-1:

1. Fructosa-2,6-bisfosfato.
2. Citrato.
3. Glucagón.
4. ATP.
5. H^+.

198. La glicina es un aminoácido proteico que:

1. Presenta estereoisomería y actividad óptica.
2. Tiene un metilo como cadena lateral.
3. Es totalmente insoluble en agua.
4. Su pequeño tamaño favorece el plegamiento proteico.
5. Tiene, como todos los aminoácidos, un centro quiral.

199. La oxidación del ácido acetoacético hasta dióxido de carbono y agua:

1. Rinde 38 ATP por molécula de ácido acetoacético.
2. Tiene lugar en la mitocondria hepática después de reaccionar directamente con CoASH.
3. Requiere el uso de dos enlaces fosfato de alta energía.
4. Tiene lugar preferentemente en el cerebro.
5. Requiere la transferencia de CoA procedente de succinil CoA.

200. Si 5'-GGC-3' es un codón en el mRNA, ¿cuál de los siguientes sería el anticodón en el tRNA?:

1. 5'-GCC-3'.
2. 5'-CCG-3'.
3. 5'-CCC-3'.
4. 5'-CGC-3'.
5. 5'-GGC-3'.

201. ¿Cuántos moles de ATP se pueden formar por cada mol de $FADH_2$ en la cadena respiratoria mitocondrial?:

1. 1.
2. 2.
3. 3.
4. 7.
5. 0.

202. Durante la degradación de las hemoproteínas en los animales, ¿qué sustancia liberada debe solubilizarse para su excreción?:

1. Hierro.
2. Aminoácidos.
3. Ácido úrico.
4. Bilirrubina.

5. Urea.

203. La transcripción en procariotas:

1. Es semiconservativa.
2. Implica la síntesis de un RNA mensajero que contiene intrones.
3. Implica la síntesis de un RNA mensajero que contiene una cola de adeninas en su extremo 3'.
4. Implica la síntesis de un RNA mensajero que contiene una cola de adeninas en su extremo 5'.
5. Implica la síntesis de un RNA mensajero cuya secuencia es idéntica a la de la cadena no codificante del DNA.

204. La coenzima que interviene en las reacciones de activación y transferencia de CO_2 es:

1. Biotina.
2. NADH.
3. Piridoxal fosfato.
4. Coenzima A.
5. Tetrahidrofolato.

205. En los mamíferos, ¿cuál de las enzimas siguientes NO participa en la síntesis de DNA?:

1. Helicasa.
2. Ligasa.
3. DNA-fotoliasa.
4. DNA-polimerasa.
5. Girasa.

206. El 2,3-bisfosfoglicerato:

1. Es un efector alostérico positivo de la hemoglobina.
2. Es un efector alostérico negativo de la hemoglobina.
3. Es un efector alostérico positivo de la mioglobina.
4. Es un efector alostérico negativo de la mioglobina.
5. No afecta a la unión del oxígeno a la hemoglobina.

207. En la porfiria aguda intermitente la enzima deficiente es:

1. Uroporfirinógeno III-sintetasa.
2. Ferroquelatasa.
3. PBG-sintetasa.
4. PBG-desaminasa.
5. Protoporfirinógeno III-oxidasa.

208. ¿Cuál de los siguientes compuestos NO forma parte de la matriz extracelular?:

1. Fibronectina.
2. Elastina.
3. Laminina.
4. Ácido hialurónico.
5. Troponina.

209. Durante la replicación del DNA ¿cuántos RNA cebadores se requieren por cada fragmento de Okazaki?:

1. Uno.
2. Dos.
3. Tres.
4. Ninguno.
5. Depende de la especie.

210. ¿Cómo se denomina el cambio espontáneo que, en las bases nitrogenadas, interconvierte los grupos amino e imino?:

1. Transposición.
2. Escisión hidrolítica.
3. Biotransformación.
4. Mutación.
5. Desviación tautomérica.

211. ¿Cuál de las sustancias siguientes es un fosfolípido?:

1. Glucógeno.
2. Esfingomielina.
3. Prostaglandina.
4. Ácido oleico.
5. Triglicérido.

212. Uno de los inhibidores más significativos de la enzima fosfofructoquinasa es:

1. Fructosa 2,6-bisfosfato.
2. Citrato.
3. AMP.
4. ADP.
5. Glucosa 6-fosfato.

213. La generación de la fuerza protón-motriz se debe a:

1. La variación total de energía libre asociada a la translocación de protones a través de la membrana mitocondrial interna.
2. El potencial de membrana.
3. El gradiente de protones a ambos lados de la membrana mitocondrial interna.
4. La energía libre generada en la glucólisis aerobia.
5. La energía libre liberada en los procesos de fosforilación unida a sustrato que se producen en la matriz mitocondrial.

214. ¿En qué se diferencian los distintos topoisómeros de DNA?:

1. La velocidad de replicación.
2. El número de unidades de replicación.
3. El grado de complejidad.
4. El grado de enrollamiento.

5. El tamaño de los fragmentos de Okazaki.

215. **En la cinética enzimática multisustrato, el mecanismo secuencial se caracteriza por:**

    1. La liberación de uno o más productos antes de que todos los sustratos se unan a la enzima.
    2. La existencia de un intermedio modificado de la enzima tras la liberación del primer producto.
    3. La unión de todos los sustratos a la enzima antes de que se libere cualquier producto.
    4. La cooperatividad, es decir, la activación de la unión del segundo sustrato tras unirse el primer sustrato al centro activo.
    5. La liberación ordenada de todos los productos.

216. **¿Cuál de los siguientes compuestos NO sirve para realizar la gluconeogénesis?:**

    1. Lactato.
    2. Alanina.
    3. Glicerol.
    4. Propionato.
    5. Ácido palmítico.

217. **Señale cuál de las siguientes moléculas NO es un ácido graso:**

    1. Palmítico.
    2. Oleico.
    3. Araquidónico.
    4. Cólico.
    5. Esteárico.

218. **El ácido homovanílico es un catabolito de:**

    1. Prolactina.
    2. Catecolaminas.
    3. Serotonina.
    4. Cortisol.
    5. Ácido glutámico.

219. **Los plásmidos son:**

    1. DNA circular de doble hebra donde aparece codificada toda la información genética en muchas bacterias.
    2. Los cromosomas bacterianos.
    3. Formas de DNA monocatenario circular que se replica simultáneamente al cromosoma bacteriano.
    4. Formas de DNA circular bacteriano extracromosómico de pocos miles de pares de bases y que contienen genes accesorios.
    5. DNA circular bacteriano extracromosómico que se encuentra normalmente en el periplasma de las bacterias gram negativas.

220. **Un aminoácido tanto glucogénico como cetogénico es:**

    1. Alanina.
    2. Triptófano.
    3. Isoleucina.
    4. Glicina.
    5. Leucina.

221. **La fosfolipasa que hidroliza el enlace entre el ácido fosfórico y el glicerol de la fosfatidilcolina es la fosfolipasa:**

    1. A1.
    2. A2.
    3. B.
    4. C.
    5. D.

222. **La niacina es una vitamina:**

    1. Liposoluble precursora de un pigmento visual.
    2. Hidrosoluble precursora del NADH.
    3. Hidrosoluble precursora del FADH2.
    4. Hidrosoluble precursora del piridoxal fosfato.
    5. Hidrosoluble precursora de un pigmento visual.

223. **¿Qué transportador electrónico es una benzoquinona ligada a diversas unidades de isopreno?:**

    1. NADH.
    2. Citocromo c.
    3. Coenzima Q.
    4. Citocromo P450.
    5. Citocromo a3.

224. **Señala lo que NO es cierto respecto a la biosíntesis de colesterol:**

    1. La principal enzima controladora de la ruta es la HMG-CoA reductasa.
    2. La llevan a cabo enzimas libres en el citoplasma y enzimas ligadas al retículo endoplásmico.
    3. Para formar una molécula de colesterol a partir de acetil CoA, se requiere un total de 15 moléculas de éste.
    4. Todas sus etapas son anaerobias.
    5. Es más activa en las arterias que en ningún otro órgano o tejido.

225. **Todas las holoenzimas RNA polimerasas de bacterias:**

    1. Tienen las mismas subunidades.
    2. Tienen el mismo "núcleo", pero hay varios tipos de subunidades sigma.
    3. Reconocen eficientemente todos los promotores.
    4. Se descomponen en sus subunidades constituyentes cuando finaliza la transcripción.
    5. Pertenecen a una de estas tres clases: I, II o III.

226. **En los acodamientos de las cadenas polipeptídicas se encuentran estructuras del tipo:**

1. Hélice α.
2. Cintas β.
3. Hélice ∏.
4. Hélice 310.
5. Giro β.

227. **Los complejos enzimáticos de la cadena respiratoria responsables del transporte de H⁺ a través de la membrana mitocondrial interna son:**

1. El complejo NADH-Q oxidorreductasa (I), la succinato deshidrogenasa (II) y la Coenzima Q-citocromo c oxidorreductasa (III).
2. Sólo el complejo NADH-Q oxidorreductasa (I).
3. Los complejos (I, II y III) más la citocromo c oxidasa.
4. Los complejos I, III y IV.
5. Un canal iónico asociado a la ATP sintasa.

228. **En el ciclo de la urea de los mamíferos terrestres:**

1. Los dos átomos de nitrógeno proceden del ácido aspártico.
2. Los dos átomos de nitrógeno proceden del carbamil fosfato.
3. Están implicados aminoácidos no proteicos como la ornitina y la citrulina.
4. Se puede generar ácido úrico como subproducto.
5. No hay consumo de ATP.

229. **La vía que desencadena un aumento de inositol-1,4,5-trisfosfato está asociada a:**

1. Proteínas G_s.
2. Proteínas G_i.
3. Proteínas Ras.
4. Proteínas G_p.
5. Tirosina quinasa.

230. **Un centro alostérico:**

1. Suele estar localizado en el centro activo de una enzima.
2. Es el centro de unión de la coenzima en una holoenzima.
3. Es el lugar de unión de un inhibidor no competitivo.
4. Es un centro regulador en una enzima, diferente del centro activo de unión del sustrato.
5. Es la localización donde se produce la interacción de las subunidades de una proteína oligomérica.

231. **¿Cuál de las siguientes coenzimas es capaz de transportar unidades de carbono en distintos estados de oxidación?:**

1. Biotina.
2. Vitamina B6.
3. Tetrahidrofolato.
4. Vitamina B12.
5. Ácido ascórbico (Vitamina C).

232. **La piruvato carboxilasa es una enzima clave en la ruta de la gluconeogénesis, pero ¿cómo se clasifica según su funcionalidad?:**

1. Oxidorreductasa.
2. Transferasa.
3. Hidrolasa.
4. Ligasa.
5. Liasa.

233. **La regulación hormonal vía glucagón inhibe, entre otras rutas metabólicas, las siguientes rutas:**

1. Gluconeogénesis y glucogenogénesis.
2. Glucólisis y glucogenólisis.
3. Gluconeogénesis y glucogenólisis.
4. Glucólisis y glucogenogénesis.
5. Glucólisis y gluconeogénesis.

234. **¿Cuál de los siguientes compuestos es un agente intercalante en el DNA?:**

1. Cistina.
2. Cafeína.
3. Acridina.
4. S-adenosil metionina.
5. Noradrenalina.

235. **Uno de los siguientes compuestos NO es precursor de los átomos del anillo de las purinas:**

1. Glicina.
2. Aspartato.
3. CO_2.
4. N5, N10 metenil tetrahidrofolato.
5. N5 formil tetrahidrofolato.

236. **Indicar cuál de las siguientes afirmaciones es cierta:**

1. La afinidad de la mioglobina por el oxígeno depende del pH.
2. La mioglobina tiene una menor afinidad por el oxígeno que la hemoglobina.
3. El oxígeno se une a la mioglobina cooperativamente.
4. La afinidad de la hemoglobina por el oxígeno se regula por fosfatos orgánicos.
5. La hemoglobina y la mioglobina tienen igual afinidad por el oxígeno.

237. **La ecuación que relaciona el potencial eléctrico que existe a través de una membrana con las concentraciones de iones presentes a ambos lados de la misma se conoce como de:**

1. Nernst.

2. Velocidad.
3. Bohr.
4. Michaelis-Menten.
5. Pasteur.

238. **El ciclo de las pentosas fosfato tiene como uno de sus objetivos:**

    1. La obtención de energía en forma de ADP.
    2. La síntesis de NADH.
    3. La síntesis de ribosa-5-fosfato.
    4. La síntesis de glucógeno.
    5. La síntesis de glucosa-6-fosfato.

239. **Señalar entre los siguientes aminoácidos, cuál de ellos tiene una cadena lateral con carácter básico:**

    1. Prolina.
    2. Fenilalanina.
    3. Triptófano.
    4. Histidina.
    5. Valina.

240. **Señala lo que NO es cierto sobre la glucoquinasa:**

    1. Se inhibe por la glucosa-6-P.
    2. Cataliza la fosforilación de glucosa a glucosa-6-P.
    3. Se induce por la insulina.
    4. Tiene una Km alta para la glucosa.
    5. Es una isoenzima de la hexoquinasa característica del hígado.

241. **Los nucleosomas son:**

    1. Formas particulares de los cuerpos de inclusión bacterianos.
    2. Proteínas que forman parte del cromosoma bacteriano.
    3. Estructuras formadas por interacción entre histonas y el DNA cromosómico en eucariotas.
    4. Los micronúcleos que aparecen en algunos tipos de protozoos como los paramecios.
    5. Estructuras formadas por interacción de plásmidos con histonas y que se agrupan formando polinucleosomas.

242. **La enzima acetil CoA carboxilasa:**

    1. Forma parte de la ruta de degradación de los ácidos grasos.
    2. Cataliza la formación de malonil CoA.
    3. Cataliza la formación de hidroximetilglutaril-CoA.
    4. Es activa cuando se encuentra fosforilada y en su forma monomérica.
    5. Forma parte de la gluconeogénesis.

243. **Las vitaminas del complejo vitamínico B se agrupan en conjunto por:**

    1. Ser similares químicamente.
    2. Sus efectos análogos.
    3. Su origen común.
    4. Su naturaleza liposoluble.
    5. Ninguna de las anteriores.

244. **Sobre la molécula del ATP:**

    1. Es el compuesto más energético de los seres vivos.
    2. Puede sintetizarse mediante fosforilación a nivel de sustrato por el fosfato proveniente del glicerol 3-fosfato.
    3. Tiene una capacidad de transferencia de fosfato superior a la del fosfoenolpiruvato.
    4. Sus productos de hidrólisis están estabilizados por resonancia.
    5. Los productos de su hidrólisis se atraen eléctricamente.

245. **El proceso de biosíntesis de los ácidos grasos:**

    1. Requiere NADH para las reacciones de reducción.
    2. Comienza con la entrada de acetil CoA y malonil CoA al complejo ácido graso sintasa.
    3. Es un proceso oxidativo que requiere NAD.
    4. Requiere NADPH que es suministrado íntegramente por el ciclo citrato/malato.
    5. Requiere NADH que es suministrado por el ciclo de las pentosas fosfato.

246. **¿Cuáles de las siguientes enzimas actúan como principales puntos de control de la glucólisis?:**

    1. Hexoquinasa y Fosfofructoquinasa.
    2. Enolasa y Piruvato quinasa.
    3. Fosfofructoquinasa y Piruvato quinasa.
    4. Fosfofructoquinasa y piruvato descarboxilasa.
    5. Fosfogliceratoquinasa y lactato deshidrogenasa.

247. **¿Qué lipoproteínas son responsables del transporte de colesterol entre el hígado y los tejidos periféricos?:**

    1. Quilomicrones y VLDL.
    2. VLDL y LDL.
    3. VLDL y HDL.
    4. LDL y HDL.
    5. HDL e IDL.

248. **La lanzadera del malato:**

    1. Transfiere electrones del NADH citoplasmático al FAD de la membrana mitocondrial interna.
    2. Consigue que cada NADH citoplasmático equivalga energéticamente a 1.5 ATP.
    3. Permite la entrada a la mitocondria de electrones del malato sin que a la mitocondria entre en ningún momento el propio malato.

4. Requiere una malato deshidrogenasa citosólica y otra mitocondrial.
5. Requiere un transportador malato/oxalacetato en la membrana mitocondrial interna.

249. **La gluconeogénesis:**

1. Se produce en todas las células de mamíferos.
2. Permite la hidrólisis de glucógeno.
3. Se inhibe cuando aumenta la concentración de fructosa-2,6-bisfosfato.
4. Se inhibe cuando disminuye la concentración de fructosa-2,6-bisfosfato.
5. Permite la síntesis de ATP a partir de piruvato.

250. **¿Qué tipo de interacción no covalente ayuda a estabilizar la estructura secundaria de las proteínas?:**

1. Interacciones electrostáticas.
2. Interacciones hidrofóbicas.
3. Fuerzas de Van der Waals.
4. Enlaces de hidrógeno.
5. Todas las anteriores.

251. **¿Cuál de los siguientes compuestos NO es un esfingolípido?:**

1. Ceramidas.
2. Cerebrósidos.
3. Esfingomielinas.
4. Cardiolipinas.
5. Gangliósidos.

252. **El enlace peptídico:**

1. Se forma por la interacción entre el grupo amino del primer aminoácido y el grupo carboxilo del segundo aminoácido.
2. Es un híbrido de resonancia con carácter de doble enlace.
3. Forma parte de los péptidos pero no de las proteínas.
4. Normalmente presenta configuración *cis*.
5. Se caracteriza por tener carácter de enlace simple.

253. **El mercurio se obtiene a partir del cinabrio por:**

1. Tostación.
2. Reducción.
3. Tostación y reducción.
4. Electrolisis.
5. Tratamientos ácidos.

254. **¿Cuál de los siguientes detectores NO se utiliza en cromatografía de gases?:**

1. De ionización de llama.
2. De conductividad térmica.
3. De captura de electrones.
4. UV-Visible.
5. De Emisión atómica.

255. **El tamaño mínimo de muestra necesario estadísticamente significativo para comparar dos medias aumenta cuando:**

1. Aumenta la media poblacional.
2. Disminuye el error estándar de la media a nivel poblacional.
3. Aumenta el error alfa.
4. Aumenta el error beta.
5. Disminuye la diferencia entre las medias.

256. **El etino es una molécula:**

1. Lineal de enlaces cortos y fuertes.
2. Lineal de enlaces cortos y débiles.
3. Lineal de enlaces largos y débiles.
4. No es lineal.
5. Ninguna de las anteriores.

257. **En los haloalcanos C-X, conforme aumenta el tamaño de X, la fuerza del enlace C-X:**

1. Aumenta.
2. Disminuye.
3. No varía.
4. Aumenta arbitrariamente.
5. Disminuye arbitrariamente.

258. **La descarboxilación de uno de los siguientes aminoácidos produce un compuesto vasodilatador. ¿Cuál es?:**

1. Arginina.
2. Ácido aspártico.
3. Histidina.
4. Glutamina.
5. Prolina.

259. **¿Cuál es la función de la enzima fotoliasa?:**

1. Desenrollar el DNA.
2. Reparar el DNA.
3. Participar en la recombinación del DNA.
4. Metilar el DNA en zonas específicas.
5. Participar en la síntesis de ácidos nucleicos.

260. **En espectrometría de masas la formación de iones mediante impacto electrónico se considera como una fuente de ionización:**

1. Que utiliza iones generados previamente.
2. Que produce mucha fragmentación.
3. Que produce poca fragmentación.
4. Es una técnica de las denominadas blandas.
5. Que utiliza una fuente láser.

Titulación: QUÍMICA
Convocatoria: 2005
Nº de versión de examen: 0
V = Nº de la pregunta en versión de examen 0.
RC = Respuesta correcta

V	RC	V	RC	V	RC	V	RC	V	RC
1	3	53	1	105	2	157	3	209	1
2	1	54	2	106	3	158	4	210	5
3	2	55	3	107	4	159	1	211	2
4	5	56	5	108	1	160	3	212	2
5	3	57	4	109	3	161	2	213	1
6	5	58	4	110	4	162	1	214	4
7	4	59	5	111	3	163	5	215	3
8	3	60	4	112	2	164	4	216	5
9	3	61	4	113	5	165	3	217	4
10	4	62		114	2	166		218	2
11	5	63	3	115	3	167	3	219	4
12	5	64	4	116	2	168	2	220	
13		65	2	117	4	169	4	221	4
14	5	66	1	118	3	170	1	222	2
15	2	67	2	119	4	171	3	223	3
16	4	68	4	120	2	172	4	224	4
17	1	69	3	121	1	173	5	225	2
18	3	70	2	122	5	174	2	226	5
19	3	71	5	123	4	175	4	227	4
20	4	72	2	124	3	176	2	228	3
21	1	73	1	125	2	177	1	229	1
22	4	74	3	126	1	178	4	230	4
23	2	75	4	127	2	179	2	231	3
24	2	76	2	128	3	180	4	232	4
25	1	77	4	129	2	181	1	233	4
26	5	78	1	130	5	182	5	234	3
27	1	79	5	131	4	183	4	235	
28	4	80	4	132	4	184	2	236	4
29	1	81	2	133	5	185	4	237	1
30	5	82	4	134	2	186	5	238	3
31	1	83	2	135	4	187	2	239	4
32	2	84	3	136	1	188	4	240	1
33	3	85	1	137	3	189	5	241	3
34	4	86	2	138	2	190	2	242	2
35	1	87	4	139	3	191	1	243	3
36	3	88	5	140	4	192	5	244	4
37	4	89	3	141	4	193	2	245	2

38	1	90	2	142	1	194	4	246	3
39	1	91	1	143	2	195	4	247	4
40	3	92	4	144	3	196	2	248	4
41	1	93	5	145	4	197	1	249	3
42	5	94	4	146	2	198	4	250	4
43	1	95	3	147	1	199	5	251	4
44	4	96	3	148	4	200	1	252	2
45	1	97	1	149	3	201	2	253	1
46	5	98	4	150	1	202	4	254	4
47	1	99	2	151	4	203		255	5
48	4	100	5	152	2	204	1	256	1
49	3	101	1	153	4	205	3	257	2
50	1	102	3	154	3	206	2	258	3
51	2	103	2	155	4	207	4	259	2
52	3	104	4	156	1	208	5	260	2

MINISTERIO DE SANIDAD Y CONSUMO

PRUEBAS SELECTIVAS 2006

CUADERNO DE EXAMEN

QUÍMICOS

ADVERTENCIA IMPORTANTE

ANTES DE COMENZAR SU EXAMEN, LEA ATENTAMENTE LAS SIGUIENTES

INSTRUCCIONES

1. Compruebe que este Cuaderno de Examen lleva todas sus páginas y no tiene defectos de impresión. Si detecta alguna anomalía, pida otro Cuaderno de Examen a la Mesa.

2. La "Hoja de Respuestas" está nominalizada. Se compone de tres ejemplares en papel autocopiativo que deben colocarse correctamente para permitir la impresión de las contestaciones en todos ellos. Recuerde que debe firmar esta Hoja y rellenar la fecha.

3. Compruebe que la respuesta que va a señalar en la "Hoja de Respuestas" corresponde al número de pregunta del cuestionario.

4. **Solamente se valoran** las respuestas marcadas en la "Hoja de Respuestas", siempre que se tengan en cuenta las instrucciones contenidas en la misma.

5. Si inutiliza su "Hoja de Respuestas" pida un nuevo juego de repuesto a la Mesa de Examen y **no olvide** consignar sus datos personales.

6. Recuerde que el tiempo de realización de este ejercicio es de **cinco horas improrrogables** y que están **prohibidos** el uso de **calculadoras** (excepto en Radiofísicos) y la utilización de **teléfonos móviles**, o de cualquier otro dispositivo con capacidad de almacenamiento de información o posibilidad de comunicación mediante voz o datos.

7. Podrá retirar su Cuaderno de Examen una vez finalizado el ejercicio y hayan sido recogidas las "Hojas de Respuesta" por la Mesa.

1. El carbonato de litio se utiliza en el tratamiento de trastornos maníaco-depresivos. Esta sustancia es:

    1. Un sólido covalente.
    2. Una base débil en disolución acuosa.
    3. Insoluble en agua.
    4. Un sólido de color rojo oscuro.
    5. Un oxidante fuerte.

2. El gel de sílice, después de lavado y secado, se emplea como agente desecante, como soporte para catalizadores, como relleno para columnas cromatográficas y como aislante térmico. Este producto se puede obtener:

    1. Disolviendo sílice en ácido clorhídrico.
    2. Disolviendo sílice en ácido fluorhídrico.
    3. Tratando sílice con hidróxido sódico fundido.
    4. Tratando sílice con carbonato sódico fundido.
    5. Acidificando, con ácido clorhídrico, una disolución de silicato sódico.

3. El superóxido de potasio se utiliza para mejorar la calidad del aire enrarecido y para facilitar la respiración a pacientes con enfermedades pulmonares. Una característica del superóxido de potasio es que:

    1. Este compuesto no reacciona con el dióxido de carbono.
    2. El compuesto es paramagnético.
    3. Es un sólido de color verde.
    4. Se obtiene al calentar al aire carbonato de potasio.
    5. Produce monóxido de carbono cuando reacciona con el dióxido de carbono.

4. Un agua dura contiene, disueltos, hidrógenocarbonatos de calcio y de magnesio y cuando se hierve aparece un precipitado de color blanco. En este proceso:

    1. Se produce carbonato de calcio.
    2. Precipita ácido carbónico.
    3. Se disuelve dióxido de carbono.
    4. Aumenta la concentración de ión bicarbonato.
    5. Aumenta la concentración de dióxido de carbono.

5. Láminas de berilio metálico son utilizadas como ventanas en los tubos de rayos X. Esta aplicación se debe a que el berilio:

    1. Es un metal muy denso.
    2. Posee pocos electrones y permite el paso de los rayos X.
    3. Es un elemento muy poco tóxico.
    4. Reacciona rápidamente con el agua caliente.
    5. No experimenta reacciones nucleares.

6. El aluminio utilizado en latas u otros objetos puede reciclarse en un proceso económicamente rentable. Esto se debe a que:

    1. Es un elemento muy poco abundante en la naturaleza.
    2. Se explota desde la antigüedad y sus principales menas están muy agotadas.
    3. Es el elemento más metálico de los de su grupo.
    4. Es muy denso y poco resistente a la corrosión.
    5. Se fabrica en un proceso que requiere gran cantidad de energía eléctrica.

7. La configuración electrónica $[Ar]3d^6 4s^2$ corresponde al elemento:

    1. Cromo.
    2. Manganeso.
    3. Hierro.
    4. Cobalto.
    5. Níquel.

8. Indicar cuantos electrones desapareados tiene el ión Fe(II) situado en un campo fuerte de ligandos de simetría O_h:

    1. 0.
    2. 1.
    3. 2.
    4. 3.
    5. 4.

9. Una molécula lineal con centro de simetría, como es la del dióxido de carbono, pertenece a un grupo puntual de simetría:

    1. C_{2v}.
    2. $C_{\infty v}$.
    3. D_{3h}.
    4. D_{4h}.
    5. $D_{\infty h}$.

10. ¿Cuántos ejes de rotación cuaternarios posee la molécula de hexafluoruro de azufre?:

    1. 1.
    2. 2.
    3. 3.
    4. 4.
    5. 5.

11. De acuerdo con el modelo de repulsión de pares electrónicos de la capa de valencia la geometría de la molécula de amoníaco es:

    1. Angular.
    2. Piramidal trigonal.
    3. Tetraédrica.
    4. Plana trigonal.
    5. Plano cuadrada.

12. De los carbonatos de los metales alcalinotérreos indicar el menos soluble en agua a temperatura ambiente:

1. Radio.
2. Bario.
3. Estroncio.
4. Calcio.
5. Magnesio.

13. La coordinación en una estructura tipo sal gema es:

    1. (8:8).
    2. (8:4).
    3. (4:4).
    4. (6:6).
    5. (6:4).

14. Indique cual de las siguientes configuraciones electrónicas está favorecida para dar un complejo octaédrico distorsionado por efecto Jahn-Teller:

    1. $t_{2g}^3 e_g^0$.
    2. $t_{2g}^3 e_g^1$.
    3. $t_{2g}^3 e_g^2$.
    4. $t_{2g}^6 e_g^0$.
    5. $t_{2g}^6 e_g^2$.

15. Indique cual de los siguientes carbonilos metálicos tiene existencia real:

    1. $Cr(CO)_5$.
    2. $Co(CO)_5$.
    3. $Mn(CO)_5$.
    4. $Ni(CO)_5$.
    5. $Fe(CO)_5$.

16. Indique mediante qué diagrama se pueden conocer las condiciones de pH y potencial bajo las cuales las especies químicas son termodinámicamente estables en agua:

    1. Frost.
    2. Ellingham.
    3. Latimer.
    4. Richardson.
    5. Pourbaix.

17. En un campo de ligandos plano cuadrado el orbital "d" de mayor energía es:

    1. d_{z^2}.
    2. $d_{x^2-y^2}$.
    3. d_{xy}.
    4. d_{xz}.
    5. d_{yz}.

18. Indique qué ión metálico formará el acuocomplejo más inerte:

    1. Cs^+.
    2. Cu^{2+}.
    3. Ba^{2+}.
    4. Al^{3+}.
    5. Cr^{3+}.

19. ¿Cuál de los siguientes sólidos tiene propiedades de tamiz molecular?:

    1. Feldespatos.
    2. Espinelas.
    3. Perovsquitas
    4. Zeolitas.
    5. Ilmenitas.

20. De los siguientes haluros indicar el que presenta mayor energía reticular:

    1. LiF.
    2. LiI.
    3. CsF.
    4. CsI.
    5. NaCl.

21. El término fundamental de una configuración electrónica d^1 es:

    1. ^6S
    2. ^2D
    3. ^3F
    4. ^4F
    5. ^5D

22. Indique cual de los siguientes acuocomplejos presenta una fortaleza ácida mayor:

    1. $[Fe(H_2O)_6]^{2+}$.
    2. $[Al(H_2O)_6]^{3+}$.
    3. $[Ca(H_2O)_n]^{2+}$.
    4. $[Mg(H_2O)_n]^{2+}$.
    5. $[Fe(H_2O)_6]^{3+}$.

23. El hidruro de boro B_5H_9 pertenece a los nido-boranos según las reglas de Wade. Indique el número de pares electrónicos que posee en el esqueleto:

    1. 4.
    2. 5.
    3. 6.
    4. 7.
    5. 8.

24. Por encima de 31°C el CO_2 no se puede licuar por más que se incremente la presión. Esta temperatura recibe el nombre de:

    1. Punto triple.
    2. Licuación.
    3. Crítica.
    4. Supercrítica.
    5. De transición líquida.

25. El berilo y la esmeralda son aluminosilicatos de berilio. La única diferencia es que el color verde de la esmeralda proviene de que contiene un 2% de:

1. Mn.
2. Ni.
3. Fe.
4. Cr.
5. Cu.

26. **El método de obtención del tiosulfato sódico en el laboratorio consiste en:**

    1. Hervir una disolución de sulfito sódico con azufre.
    2. Oxidar una disolución de sulfito sódico.
    3. Hidrólisis alcalina de diotionito sódico.
    4. Reducir una disolución de sulfato sódico.
    5. reducir una disolución de ditionato sódico.

27. **Se utiliza un biosensor para determinar glucosa en suero. La ecuación del calibrado de patrones externos es: S = 54C + 0.3, y la de adiciones patrón es: S = 7C + 0.05. Estas ecuaciones indican que:**

    1. El método es poco sensible.
    2. Las medidas tienen un alto nivel de ruido.
    3. La relación señal/ruido es elevada.
    4. Existe efecto matriz.
    5. Hay interferencias.

28. **En el punto isoeléctrico, el pH de la disolución de un ácido diprótico es igual a:**

    1. Cero.
    2. Siete.
    3. pK_1.
    4. $pK_1 + pK_2$.
    5. $1/2\ (pK_1 + pK_2)$.

29. **En las determinaciones gravimétricas, la digestión de los precipitados consiste en:**

    1. Añadir más agente precipitante.
    2. Enfriar de modo rápido el precipitado formado.
    3. Mantener caliente el precipitado en el agua madre.
    4. Hacer pasar el precipitado a través de un papel adecuado.
    5. Añadir más disolución amortiguadora.

30. **Una base muy débil en agua podría ser valorada en medio:**

    1. Acético con ácido superclórico.
    2. Amoniacal con ácido acético.
    3. Amoniacal con ácido perclórico.
    4. Acético con hidróxido sódico.
    5. Acético con agua.

31. **En las valoraciones complexométricas con AEDT (H_4Y), el significado de α_Y^{4+} es:**

    1. La relación entre la concentración total de AEDT y la concentración libre.
    2. La relación entre la concentración total de AEDT no unida al ión metálico y la concentración libre.
    3. La relación entre la concentración libre de AEDT y la concentración total.
    4. La relación entre la concentración total de AEDT y la concentración libre no unida al ión metálico.
    5. La relación entre la concentración de AEDT unido al ión metálico y la concentración libre.

32. **En la valoración de HCl 0.1 M con NaOH utilizando fenolftaleína como indicador, el punto final se detecta mediante el siguiente cambio de color:**

    1. Incoloro-violeta.
    2. Violeta-incoloro.
    3. Incoloro-azul.
    4. Azul-incoloro.
    5. Azul-verde.

33. **En las medidas potenciométricas, el electrodo indicador:**

    1. Tiene un potencial constante.
    2. Responde a los cambios de corriente.
    3. Responde a los cambios de concentración.
    4. Responde a los cambios de actividad.
    5. Responde a los cambios de frecuencia.

34. **Se valoran 25.0 mL de una disolución de ácido Láctico 0.1000 M (pKa=3.9) con NaOH 0.1000M. ¿Cuál sería el pH de la disolución resultante una vez valorado el 50% del ácido inicial?:**

    1. 2.3.
    2. 3.5.
    3. 3.9.
    4. 7.2.
    5. 9.5.

35. **Una disolución que contiene 4.48 ppm de $KMnO_4$ (PM = 158) proporciona una transmitancia de 0.309 en una célula de 1 cm, a 520 nm. Calcular la absortividad molar:**

    1. $1.8 \times 10^4\ l\ mol^{-1}\ cm^{-1}$.
    2. $1.1 \times 10^4\ l\ mol^{-1}\ cm^{-1}$.
    3. $1.8 \times 10^3\ l\ mol^{-1}\ cm^{-1}$.
    4. $1.1 \times 10^2\ l\ mol^{-1}\ cm^{-1}$.
    5. $7.2 \times 10^5\ l\ mol^{-1}\ cm^{-1}$.

36. **¿Por qué las disoluciones que contienen Hierro (III) y el ligando tiocianato presentan color rojo?:**

    1. Emiten radiación verde.
    2. Emiten radiación roja.
    3. Absorben radiación roja de la luz blanca incidente.

4. Absorben radiación amarilla de la luz blanca incidente.
5. Absorben radiación verde de la luz blanca incidente.

37. **Se obtienen los espectros de absorción de una serie de disoluciones de un indicador ácido-base preparadas a distintos pH. Todos estos espectros se cortan en un punto que se llama:**

    1. De equivalencia.
    2. Hipsocrómico.
    3. Isobárico.
    4. Isosbéstico.
    5. Isotrópico.

38. **La reacción de generación de bromo a partir de bromato potásico es:**

    1. $BrO_4^- + 7\ Br^- + 8\ H^+ \rightarrow 4\ Br_2 + 4\ H_2O$.
    2. $2\ BrO_2^- + 4\ Br^- + 8\ H^+ \rightarrow 3\ Br_2 + 4\ H_2O$.
    3. $2\ BrO_3^- + 12\ H^+ \rightarrow Br_2 + 6\ H_2O$.
    4. $BrO_3^- + 5\ Br^- + 6\ H^+ \rightarrow 3\ Br_2 + 3\ H_2O$.
    5. $BrO_3^- + Br^- + 2\ K^+ \rightarrow Br_2 + 2\ KOH + H_2O$.

39. **Indicar cual de las disoluciones siguientes puede actuar como una disolución amortiguadora de pH o disolución tampón:**

    1. 50 mL de Ácido fórmico 0.1 M.
    2. 50 mL de Formiato Sódico 0.2 M.
    3. 50 mL de Ácido fórmico 0.1 M + 25 mL de NaOH 0.1 M.
    4. 50 mL de Ácido fórmico 0.1 M + 50 mL de NaOH 0.1 M.
    5. 50 mL de Ácido fórmico 0.1 M + 75 mL de NaOH 0.1 M.

40. **La cromatografía líquida en fase normal se caracteriza por:**

    1. Emplear disolventes orgánicos como fase móvil.
    2. Emplear fases estacionarias polares.
    3. Disminuir el tiempo de elución al aumentar la polaridad de la fase móvil.
    4. Eluir primero el componente menor polar.
    5. Todas las anteriores son ciertas.

41. **Cuando se utiliza una curva de calibrado obtenida por mínimos cuadrados, la incertidumbre mínima en la predicción se obtiene cuando la señal analítica medida está cerca del:**

    1. Límite de detección.
    2. Límite de cuantificación.
    3. Centroide de la curva de calibrado.
    4. Punto superior de la curva de calibrado.
    5. Punto inferior de la curva de calibrado.

42. **En una valoración se emplea un indicador redox $In(ox) + ne^- \leftrightarrow In(red)$, cuyo potencial normal es E°. El cambio de color se producirá:**

    1. Al potencial del punto de equivalencia.
    2. Al valor de E°.
    3. En el intervalo $E° \pm 0.059/n$.
    4. En el intervalo E° (ox) – E° (red) si se valora con un reductor.
    5. Al potencial de $0.059/n$.

43. **Las disoluciones blanco correspondiente a una determinación analítica, miden la respuesta:**

    1. Del analito diluido.
    2. Del disolvente.
    3. De los reactivos utilizados.
    4. De los reactivos utilizados y el disolvente.
    5. De los reactivos utilizados, el disolvente y el analito diluido.

44. **La constante de autoprotólisis del agua, K_w:**

    1. Depende de la temperatura.
    2. Es mayor a 0°C que a 25°C.
    3. Es independiente de la fuerza iónica.
    4. Es mayor a pH ácido.
    5. Es mayor a pH básico.

45. **Los nebulizadores se utilizan habitualmente para introducir muestras en la técnica analítica denominada:**

    1. Polarografía.
    2. Cromatografía de líquidos.
    3. Electroforesis capilar.
    4. Absorción atómica.
    5. Cromatografía de gases.

46. **En una separación cromatográfica en fase inversa la fuerza eluyente de la fase móvil:**

    1. No depende de la polaridad del disolvente.
    2. Aumenta con el punto de ebullición.
    3. Aumenta con el índice de refracción.
    4. Aumenta con el contenido de agua.
    5. Disminuye con el contenido de agua.

47. **Un patrón primario adecuado para normalizar una disolución de HCl sería:**

    1. Na_2CO_3.
    2. NaOH.
    3. $Na_2C_2O_4$.
    4. NH_3.
    5. KOH.

48. **La fuente de ionización que utiliza el detector de captura electrónica en cromatografía de gases es:**

    1. Una llama.
    2. Una lámpara de Deuterio.
    3. Un electrodo de Pt.
    4. Una lámina de ^{63}Ni radiactivo.
    5. Una descarga luminiscente.

49. **Se emplea un electrodo selectivo de CN⁻ para establecer un calibrado a fuerza iónica constante. Los datos que se representan son:**

    1. E frente a log [CN⁻].
    2. E frente a [CN⁻].
    3. i frente a log [CN⁻].
    4. E frente 0.059 [CN⁻¹].
    5. log E frente a [CN⁻].

50. **Si se quiere extraer la mayor cantidad posible del ácido COOH-R-COOH ($pK_1=4$; $pK_2=10$), en un disolvente orgánico, el pH de la disolución acuosa debería ajustarse a:**

    1. 0.
    2. 4.
    3. 8.
    4. 10.
    5. 12.

51. **En la precipitación homogénea:**

    1. Se forman instantáneamente los precipitados de todos los solutos.
    2. Se genera lentamente un reactivo precipitante en toda la disolución.
    3. El reactivo precipitante se hace caer gota a gota sobre la disolución.
    4. El precipitado se forma en la superficie de un electrodo.
    5. No hace falta filtrar.

52. **La relación señal/ruido mejora cuando se promedian señales:**

    1. Porque disminuye el ruido blanco.
    2. Porque disminuye el ruido de deriva.
    3. Porque aumenta la frecuencia.
    4. Sólo si el ruido es positivo.
    5. Porque el ruido es aleatorio.

53. **Se analizan 12 pastillas dietéticas de hierro por un método gravimétrico, obteniéndose una masa de Fe_2O_3 (PM= 159.70) de 0.277 g. Hallar la masa de hierro (PA = 55.85) por pastilla:**

    1. 16 mg.
    2. 16 g.
    3. 1.6 g.
    4. 0.16 g.
    5. 1.6 mg.

54. **La concentración de glucosa (PM = 180) en sangre oscila entre 80 mg/100 ml y 120 mg/100 ml, respectivamente, antes y después de las comidas. La molaridad correspondiente es:**

    1. 0.8 M y 1.2 M.
    2. 4.4×10^{-4} M y 6.7×10^{-4} M.
    3. 4.4×10^{-3} M y 6.7×10^{-3} M.
    4. 0.44 M y 0.67 M.
    5. 0.044 M y 0.067 M.

55. **El método de patrón interno sirve para aumentar la precisión del análisis en cromatografía de gases, porque:**

    1. Disminuye el tiempo de análisis.
    2. Se basa en la medida de la altura de pico y no del área.
    3. Disminuye los tiempos de retención.
    4. Minimiza errores instrumentales.
    5. Se basa en un calibrado de adiciones estándar.

56. **Se quiere preparar un litro de disolución reguladora NH_3/NH_4^+ de máxima capacidad de tamponamiento. ¿Cuántos mililitros de NH_4Cl 0.1 M deberán añadirse a 500 ml de NH_3 0.05 M (pKa = 9.2)?:**

    1. 500 ml.
    2. 150 ml.
    3. 250 ml.
    4. 100 ml.
    5. 200 ml.

57. **El método de ajuste de matriz consiste en añadir:**

    1. Al problema una cierta cantidad de disolvente.
    2. A la muestra una cantidad conocida de una disolución estándar de analito.
    3. A las muestras, estándares y blanco una cantidad conocida de una especie de referencia.
    4. A la muestra, estándar y blanco una cantidad conocida de un modificador de matriz.
    5. A las disoluciones estándar y blanco los constituyentes principales del problema.

58. **La determinación volumétrica de hidracina se realiza utilizando una disolución de concentración conocida de yodo. ¿Cuál es el peso equivalente de la hidracina?:**

    1. Peso molecular.
    2. Peso molecular/2.
    3. Peso molecular/4.
    4. peso molecular x 2.
    5. peso molecular/3.

59. **Indique de qué factores depende la constante de equilibrio de una reacción redox:**

    1. De los potenciales normales de los pares involucrados en la reacción.
    2. De la capacidad reguladora redox de la disolución resultante.
    3. De la concentración de oxidante presente.
    4. Del potencial redox del disolvente.
    5. De la concentración de reductor presente.

60. **La ecuación de Stern-Volmer nos relaciona:**

    1. La altura de plato con la velocidad de flujo.

2. La emisión luminiscente relativa con la concentración de atenuador.
3. El cologaritmo de la transmitancia con la concentración de absorbente.
4. El pH de una disolución con el logaritmo del cociente entre ácido y base conjugada.
5. La resolución cromatográfica con el número de platos, la retención relativa y el factor de capacidad.

61. **La eficacia en electroforesis capilar es independiente de:**

    1. La longitud de la muestra cuando se carga.
    2. La difusión de analito a lo largo de la dirección de migración.
    3. La longitud del capilar utilizado.
    4. Las interacciones con la pared.
    5. La temperatura y el pH usado.

62. **La presencia de EDTA minimiza o elimina las interferencias de silicato, fosfato y sulfato en la determinación de calcio por espectrometría de absorción atómica debido a que:**

    1. Actúa como supresor de ionización.
    2. Ajusta el pH de la disolución.
    3. Actúa como un agente protector.
    4. Actúa como un agente de liberación.
    5. Facilita en proceso de nebulización y desolvatación.

63. **¿Qué masa de aceite que circula por una conducción debería tomarse para que la desviación estándar relativa del muestreo sea como máximo del 4,0%, si la constante de muestreo de dicho aceite es de 16,0 g?:**

    1. 0.25 g.
    2. 4.0 g.
    3. 64.0 g.
    4. 1.0 g.
    5. 2.0 g.

64. **De un gráfico de Shewhart que muestra dos resultados consecutivos al mismo lado de la media, concluimos:**

    1. Una indicación de errores aleatorios considerables.
    2. La existencia de errores sistemáticos.
    3. Que se necesita una revisión del proceso.
    4. Que no se requiere ninguna acción.
    5. Que el sistema está fuera de control estadístico.

65. **¿Qué señal de excitación se utiliza en voltamperometría cíclica?:**

    1. Barrido lineal.
    2. Onda cuadrada.
    3. Onda triangular.
    4. Impulso diferencial.
    5. Onda sinusoidal.

66. **La interferencia de Hg(II) en la determinación gravimétrica de cloruros como AgCl se debe a:**

    1. Hidrólisis y precipitación de sales básicas.
    2. Coprecipitación.
    3. Formación de clorocomplejos.
    4. Reducción y adsorción.
    5. Formación de coloides.

67. **Para una celda galvánica, una de las siguientes afirmaciones NO es correcta:**

    1. La reacción que tiene lugar entre los dos pares redox que la componen, es espontánea.
    2. Se rige por la ecuación de Nernst y por la ecuación $\Delta G = - n \cdot F \cdot E$.
    3. El ánodo es el polo positivo y el cátodo, el polo negativo.
    4. Los electrones circulan del ánodo al cátodo.
    5. La reacción química que tiene lugar produce una corriente eléctrica.

68. **En relación con los potenciales estándar de electrodo, una de las siguientes afirmaciones NO es correcta:**

    1. Como se miden frente al electrodo estándar de hidrógeno, son potenciales relativos.
    2. Cuanto mayor es su valor, mayor es la tendencia de un electrodo a reducirse.
    3. Cuanto menor es su valor, el electrodo es más oxidante.
    4. Cuanto más negativo es su valor, el electrodo es mejor agente reductor.
    5. Corresponden a procesos de reducción de los distintos electrodos.

69. **¿Qué valor alcanza la fuerza iónica de una disolución que es 0.10 M en sulfato sódico y 0.010 M en cloruro potásico?:**

    1. 0.45.
    2. 0.31.
    3. 0.22.
    4. 0.13.
    5. 0.025.

70. **¿Cuál es la concentración molar de ión hidronio en una disolución 0.150 M de ácido cloroacético? (Ka = 1.36×10^{-3}):**

    1. 0.0120 M
    2. 0.0145 M
    3. 0.0136 M
    4. 0.0159 M
    5. 0.0180 M

71. **¿Qué analizador de iones debe montar un espectrómetro de masas para que tenga como ventaja su aplicación a analitos con un rango de masas ilimitado?:**

1. Sector magnético.
2. Doble enfoque.
3. Cuadrupolo.
4. Tiempo de vuelo.
5. Trampa iónica.

72. **En espectrometría de masas la formación de iones mediante ionización por electroespray se considera como una fuente de ionización:**

    1. Que utiliza iones generados previamente.
    2. Que produce mucha fragmentación.
    3. Que utiliza descarga de electrones.
    4. Es una técnica de las denominadas blandas.
    5. Que utiliza una fuente láser.

73. **¿Cuál de las siguientes técnicas analíticas permite analizar muestras sólidas directamente?:**

    1. Espectroscopía de absorción atómica.
    2. Electroforesis capilar.
    3. Cromatografía líquida de alta resolución.
    4. Electrogravimetría.
    5. Plasma acoplado por inducción.

74. **¿Cuál de las siguientes técnicas NO se considera como técnica tandem?:**

    1. Cromatografía de gases/Espectrometría de masas.
    2. Electroforesis capilar/Espectrometría de masas.
    3. Espectrometría de masas/Espectrometría de masas.
    4. Cromatografía líquida/Espectrometría de masas.
    5. Extracción sólido-líquido/Espectrometría de masas.

75. **¿Cuál de las siguientes propiedades NO es necesaria para que una disolución pueda ser empleada como patrón primario en el análisis volumétrico?:**

    1. Ser suficientemente estable.
    2. Reaccionar rápidamente con el analito.
    3. Ser intensamente coloreada.
    4. Reaccionar de forma selectiva con el analito.
    5. Reaccionar completamente con el analito.

76. **¿Cuál de los siguientes reactivos NO se utiliza para la extracción de metales de muestras líquidas?:**

    1. 8-Hidroxiquinoleina.
    2. Acetilacetona.
    3. Tenoiltrifluoroacetona.
    4. Ácido sulfúrico.
    5. Dibenzo-18-corona 6.

77. **De las siguientes ecuaciones relativas a los términos absorbancia y transmitancia, señala cual NO es correcta:**

    1. $A = -\log T$.
    2. $\% T = P/B \times 100$.
    3. $T = -\log A$.
    4. $A = \log P_o/P$.
    5. $T = P/P_o$.

78. **¿Cuál de los siguientes componentes NO pertenece a un monocromador?:**

    1. Rendija de entrada.
    2. Lente colimadora.
    3. Filtro digital.
    4. Rendija de salida.
    5. Prisma.

79. **¿Cuál de las siguientes causas NO está relacionada con el ensanchamiento de las líneas atómicas?:**

    1. Efecto de incertidumbre.
    2. Efecto de la fuerza iónica.
    3. Efectos de presión debidos a colisiones.
    4. Efecto Doppler.
    5. Efectos del campo magnético y eléctrico.

80. **¿Cuál de los siguientes métodos NO corresponde a métodos para corregir la absorción de fondo en espectroscopía de absorción atómica?:**

    1. Método de corrección con fuente contínua.
    2. Método de corrección de las dos líneas.
    3. Método de la línea de base.
    4. Corrección de fondo basada en el efecto Zeeman.
    5. Corrección de fondo basada en una fuente con autoinversión.

81. **De las siguientes fuentes de iones, indica cual NO se utiliza en espectroscopía de masas:**

    1. Plasma de argón de elevada temperatura.
    2. Chispa eléctrica de radiofrecuencia.
    3. Plasma de descarga luminiscente.
    4. Llama aire-acetileno.
    5. Haz láser focalizado.

82. **De los siguientes detectores, señala cuál NO se utiliza como detector de Rayos X:**

    1. Fototubo de vacío.
    2. Cámaras de ionización.
    3. Tubos Geiger.
    4. Contadores de centelleo.
    5. Contadores proporcionales.

83. **¿De cual de los siguientes factores no depende el rendimiento cuántico o la eficacia cuántica de fluorescencia?:**

    1. Cruce entre sistemas.
    2. Conversión externa.

3. Conversión interna.
4. Transición n a sigma.
5. Disociación.

84. **Señala cual es el intervalo de viraje de un indicador ácido-base con una constante de equilibrio Kh:**

    1. Kh +/- 0.5.
    2. Kh +/- 1.
    3. Kh +/- 5.
    4. Kh +/- 2.
    5. Kh +/- 0.1.

85. **Teniendo en cuenta la Ley de Lambert, 1 unidad de absorbancia correspondería a:**

    1. 90% de transmisión.
    2. 90% de absorción.
    3. 10% de absorción.
    4. Una absorción total de la radiación incidente.
    5. 1% de absorción.

86. **En absorción molecular ¿Cómo se llama el principio según el cual cuando se produce una transición electrónica los núcleos de la molécula tienden a permanecer en su posición durante la transición?:**

    1. Ley de Stokes.
    2. Ley de Boltzmann.
    3. Principio de Stern-Volmer.
    4. Principio de Franck-Condon.
    5. Ninguna de las respuestas anteriores es correcta.

87. **Un sistema anular de porfirina consiste en cuatro anillos de pirrol unidos por puentes de un átomo de:**

    1. Carbono.
    2. Oxígeno.
    3. Nitrógeno.
    4. Azufre.
    5. Hierro.

88. **Las conformaciones más importantes de un compuesto carbonílico con un centro esterogénico adyacente al grupo carbonilo son aquellas que:**

    1. Sitúan al grupo menos voluminoso eclipsando al grupo carbonilo.
    2. Sitúan al grupo más voluminoso eclipsando al grupo carbonilo.
    3. Sitúan al grupo menos voluminoso perpendicular al grupo carbonilo.
    4. Sitúan al grupo más voluminoso perpendicular al grupo carbonilo.
    5. Ninguna de las anteriores.

89. **El catalizador de hidrogenación, conocido como "catalizador Lindlar" se utiliza para transformar:**

    1. Alquenos en alcanos.
    2. Alquinos en alquenos.
    3. Alquinos en alcanos.
    4. Aldehídos en alcoholes.
    5. Cloruros de ácidos en aldehídos.

90. **Las radiaciones ultravioleta y visible producen:**

    1. Transiciones electrónicas.
    2. Vibraciones de enlace.
    3. En ningún caso alteran las moléculas.
    4. Descomponen las moléculas siempre.
    5. Ninguna de las anteriores es cierta.

91. **El diacilester de glicerol 3-fosfato se conoce como:**

    1. Ácido fosfatídico.
    2. Ácido fosfórico.
    3. Glicerol.
    4. Gliceraldehído.
    5. Glicerofosfato.

92. **Las reducciones de anillos aromáticos con metal-amoniaco-alcohol se conocen como reducciones:**

    1. De Clemensen.
    2. De Birch.
    3. De Wolf-Kishner.
    4. De Hoffmann.
    5. Acetálicas.

93. **Los estereoisómeros que se relacionan como un objeto y su imagen especular no superponible, se clasifican como:**

    1. Enantiómeros.
    2. Diasterómeros.
    3. Efímeros.
    4. Forma meso.
    5. Racémico.

94. **Cuando los ésteres metílicos se hacen reaccionar con dos moles de un reactivo de Grignard, se transforman en:**

    1. Alcoholes primarios.
    2. Alcoholes secundarios.
    3. Alcoholes terciarios.
    4. Aldehídos.
    5. Ácidos.

95. **Los términos nucleófilo y base de Lewis:**

    1. Son contrarios.
    2. Son prácticamente antónimos.
    3. Son prácticamente sinónimos.
    4. No tienen ninguna relación.
    5. Ninguna de las anteriores.

96. Cuando se rompe un enlace entre dos átomos de modo que cada uno retiene uno de los electrones del enlace se denomina ruptura:

    1. Homolítica.
    2. Heterolítica.
    3. Polar.
    4. Electrocíclica.
    5. Heteropolar.

97. El catión ciclolexadienilo o ión arenio es un "intermedio de reacción" que se forma en las reacciones de:

    1. Adición electrófila.
    2. Adición nucleófila.
    3. Sustitución electrófila aromática.
    4. Sustitución nucleófila aromática.
    5. Eliminación.

98. Los orbitales moleculares que se forman a partir de orbitales atómicos s u orbitales híbridos con carácter s se describen como orbitales moleculares:

    1. Enlazantes.
    2. Antienlazantes.
    3. Ganma.
    4. Sigma.
    5. Pi.

99. El orden de reactividad de los derivados de ácidos carboxílicos es:

    1. Anhídridos > cloruros de ácido > tioésteres > ésteres > amidas.
    2. Cloruros de ácido > tioésteres > ésteres > amidas > anhídridos.
    3. Cloruros de ácido > anhídridos > tioésteres > ésteres > amidas.
    4. Cloruros de ácido > anhídridos > tioésteres > amidas > ésteres.
    5. Cloruros de ácido > anhídridos > amidas > tioésteres > ésteres.

100. Los dienos conjugados son:

    1. Menos estables que los no conjugados.
    2. Más estables que los no conjugados.
    3. La estabilidad no depende de la conjugación.
    4. Tienen la misma estabilidad que los no conjugados.
    5. Ninguna de las anteriores.

101. Cuando se calienta fenóxido sódico con dióxido de carbono a presión y después se acidula la mezcla de reacción se obtiene:

    1. Glioxal.
    2. Quinona.
    3. Ácido benzoico.
    4. Fenol.
    5. Ácido salicílico.

102. Las reacciones electrocíclicas térmicas que involucran (4n+2n) electrones π son:

    1. Prohibidas y conrotatorias.
    2. Permitidas y conrotatorias.
    3. Prohibidas y disrotatorias.
    4. Permitidas y disrotatorias.
    5. Ninguna de las anteriores.

103. La desestabilización que causa la repulsión de van der Waals de grupos cercanos entre sí se conoce como:

    1. Repulsión por puentes de hidrógeno.
    2. Repulsión polar.
    3. Efecto estérico.
    4. Repulsión iónica.
    5. Repulsión de Bohr.

104. Las cicloadiciones en las que un componente es un átomo simple se conocen como reacciones:

    1. Diastereotópicas.
    2. Diels-Alder.
    3. Sigmatrópicas.
    4. Disrotatorias.
    5. Quelotrópicas.

105. Las reducciones de alquinos mediante transferencia monoelectrónica secuencial producen:

    1. Alquenos cis.
    2. Alquenos trans.
    3. Alcoholes.
    4. Carbonilos conjugados.
    5. Ninguna de las anteriores.

106. Los nucleofilos impedidos estéricamente, en general:

    1. Son muy reactivos.
    2. Son más reactivos que los poco impedidos.
    3. Son poco reactivos.
    4. No tienen reactividad definida.
    5. Ninguna de las anteriores.

107. Una molécula que es superponible a su imagen especular es:

    1. Ópticamente activa.
    2. Racémica.
    3. Quiral.
    4. Aquiral.
    5. Asimétrica.

108. La adición de un ión cianuro a un grupo carbonilo da origen a la formación de un nuevo enlace carbono-carbono en el producto conocido como:

    1. Cianohidrina.

2. Nitrilo.
3. Imina.
4. Enamina.
5. Quinoleina.

109. **Una mezcla con cantidades equimoleculares de dos enantiómeros se denomina mezcla:**

    1. Diasteroisomérica.
    2. Racémica.
    3. Enantiomérica.
    4. Tautomérica.
    5. Isotópica.

110. **La N,N-dimetilformamida:**

    1. Es un disolvente polar prótico.
    2. Es un disolvente polar aprótico.
    3. No es un disolvente.
    4. Es un sólido incoloro.
    5. Ninguna de las anteriores.

111. **La cicloadición de Diels-Alder es una reacción:**

    1. No concertada.
    2. Radicalaria.
    3. Concertada.
    4. Iónica.
    5. Ninguna de las anteriores.

112. **Una especie con cargas positiva y negativa en átomos adyacentes se conoce como:**

    1. Tautómero.
    2. Compuesto neutro.
    3. Isoeléctrico.
    4. Wittig.
    5. Iluro.

113. **La adición del Br_2 al (Z)-2-buteno da lugar a:**

    1. Un compuesto meso.
    2. Un enantiómero.
    3. Una mezcla racémica.
    4. Un diasterómero.
    5. Un epímero.

114. **El mecanismo de las reacciones de eliminación bimolecular E2:**

    1. Consta de dos etapas.
    2. Consta de una sola etapa.
    3. Es radicalario.
    4. Es en cadena.
    5. Ninguna de las anteriores.

115. **El método común de preparar yoduros de arilo es hacer reaccionar yoduro potásico con:**

    1. Sal de amonio.
    2. Quinoleina.
    3. Anilina.
    4. Sal de arildiazonio.
    5. Arilnitrilos.

116. **El neopreno es un polímero producido a partir de unidades de:**

    1. 2-clorobutadieno.
    2. Isopreno.
    3. Butadieno.
    4. Ácido adípico.
    5. Butironitrilo.

117. **Los sustituyentes del anillo de benceno con efecto electrodador son:**

    1. Desactivantes y meta dirigentes.
    2. Desactivantes y orto/para dirigentes.
    3. Activantes y orto/para dirigentes.
    4. Activantes y meta dirigentes.
    5. Ninguna de las anteriores.

118. **Los alcoholes se pueden obtener por reacción de:**

    1. Oxidación de carbonilos con permanganato.
    2. Ácidos con diazometano.
    3. Aminas con halogenuros de alquilo.
    4. Reducción de carbonilos con hidruros.
    5. Ninguna de las anteriores.

119. **Indicar, qué compuesto de los relacionados, presenta una mayor acidez:**

    1. Etano.
    2. Eteno.
    3. Acetileno.
    4. Amoniaco.
    5. Agua.

120. **Los dialquil cupratos de litio, reaccionan con los halogenuros de alquilo para producir:**

    1. Alcanos.
    2. Alquenos.
    3. Alquinos.
    4. Alcoholes.
    5. Aldehídos.

121. **α-bisabolol, partenolida, α-santonina, son:**

    1. Monoterpenos.
    2. Sesquiterpenos.
    3. Diterpenos.
    4. Triterpenos.
    5. Tetraterpenos.

122. **Los éteres cíclicos se pueden preparar por síntesis de:**

    1. Claisen.
    2. Robinson intermolecular.
    3. Perkin intramolecular.
    4. Williamson intramolecular.
    5. Ninguna de las anteriores.

123. Los sulfuros reaccionan con los halogenuros de alquilo y forman:

    1. Sales de sulfonio.
    2. Sales de diazonio.
    3. Sulfonas.
    4. Sulfóxidos.
    5. Sulfatos.

124. El producto inicial de la adición de un equivalente de alcohol a un grupo carbonilo de aldehídos y cetonas se denomina:

    1. Cetal.
    2. Acetal.
    3. Hemiacetal.
    4. Aminal.
    5. Hemiaminal.

125. Los aldehídos y las cetonas reaccionan con las aminas secundarias y forman:

    1. Iminas.
    2. Enaminas.
    3. Oximas.
    4. Hidrazonas.
    5. Azinas.

126. La fosfina tiene un ángulo de enlace aproximadamente de:

    1. 90 Grados.
    2. 103 Grados.
    3. 135 Grados.
    4. 120 Grados.
    5. 180 Grados.

127. El doble enlace de un alqueno está formado por:

    1. Dos enlaces sigma.
    2. Dos enlaces pi.
    3. Un enlace pi y dos sigma.
    4. Un enlace sigma y un enlace pi.
    5. Ninguna de las anteriores.

128. Los iluros de fósforo convierten los aldehídos y cetonas en:

    1. Alcoholes primarios.
    2. Alcoholes secundarios.
    3. Alcoholes terciarios.
    4. Alcanos.
    5. Alquenos.

129. Los grupos hidroxilos en un anillo bencénico con respecto a un ataque electrófilo:

    1. Desactivan y dirigen el ataque a las posiciones orto y para.
    2. Activan y dirigen el ataque a las posiciones meta.
    3. Activan y dirigen el ataque a las posiciones orto y para.
    4. Activan y dirigen el ataque a las posiciones meta y para.
    5. Desactivan y dirigen el ataque a las posiciones meta.

130. Una amina cíclica en la que el átomo de nitrógeno forma parte de un anillo de tres miembros se denomina:

    1. Azetidina.
    2. Pirrol.
    3. Piridina.
    4. Aziridina.
    5. Sal de amonio.

131. La adición nucleófila de carbaniones a cetonas α,ß-insaturadas, se conoce como:

    1. Condensación Aldólica.
    2. Reacción de Diels Alder.
    3. Condensación de Claisen.
    4. Reacción de Wittig.
    5. Reacción de Michael.

132. La reducción de las azidas de alquilo con hidruro de litio y aluminio, conduce a:

    1. Amidas.
    2. Enaminas.
    3. Iminas.
    4. Aminas primarias.
    5. Aminas secundarias.

133. La formación de acetales es una reacción que:

    1. No necesita catalizador.
    2. Necesita catálisis básica.
    3. Necesita catálisis ácida.
    4. Necesita un catalizador básico o uno ácido.
    5. Ninguna de las anteriores.

134. Cuando un aldehído o cetona se calientan en una disolución básica de hidracina, el grupo carbonilo se transforma en un grupo metileno. Esta reacción se conoce con el nombre de:

    1. Claisen.
    2. Nazarov.
    3. Clemensen.
    4. Wolff-Kishner.
    5. Chichibabin.

135. Un compuesto formado por fusión de un anillo de pirimidina con un núcleo de imidazol se llama:

    1. Bencimidazol.
    2. Benzoxazol.
    3. Quinolina.
    4. Isoquinolina.
    5. Purina.

136. Cuando los alcoholes primarios se calientan en presencia de ácido sulfúrico, se convierten en:

    1. Alcanos.
    2. Alquenos.
    3. Alquinos.
    4. Éteres.
    5. Ésteres.

137. Estudiando la cinética de una enzima, en ausencia y presencia de un inhibidor, encontramos que el inhibidor modifica la Km pero no la Vmax, por lo que deducimos que se trata de una inhibición:

    1. No competitiva.
    2. Alostérica.
    3. Acompetitiva.
    4. Irreversible.
    5. Competitiva.

138. ¿Cuál de los siguientes componentes no es un precursor del anillo de purina?:

    1. Glutamina.
    2. Glicina.
    3. Aspartato.
    4. Histidina.
    5. N^{10}-Formil-tetrahidrofolato.

139. La avidina, una proteína que se encuentra en la clara de huevo, es un inhibidor específico de las enzimas que contienen biotina. ¿Cuáles de los siguientes procesos metabólicos serían bloqueados por la avidina?:

    1. Glucosa → 2 gliceraldehído 3-fosfato.
    2. Glucosa → 2 lactato.
    3. 2 Lactato → glucosa.
    4. Piruvato → etanol + CO_2.
    5. Fructosa → 2 piruvato.

140. Si a partir de 1 mol de palmitato (16:0) se generan 129 moles de ATP por el proceso completo de ß-oxidación, ¿cuál será el rendimiento de 1 mol de ácido esteárico (18:0)?:

    1. 146.
    2. 136.
    3. 141.
    4. 151.
    5. 180.

141. La tripsina, la quimotripsina y la elastasa son ezimas proteolíticas pertenecientes:

    1. Al grupo de proteasas ácidas que actúan en el páncreas.
    2. Al sistema del proteasoma.
    3. A la familia de metaloproteasas.
    4. Al sistema del complemento.
    5. A la familia de serín-proteasas.

142. ¿Cuál de estas moléculas NO es un componente de las membranas celulares?:

    1. Colesterol.
    2. Fosfatidilserina.
    3. Ácido hialurónico.
    4. Fosfatidilinositol.
    5. Fosfatidilcolina.

143. El genoma mitocondrial está compuesto por:

    1. Una copia de DNA circular de cadena sencilla.
    2. Una copia de DNA lineal.
    3. Varias copias de DNA circular de cadena sencilla.
    4. Varias copias de DNA circular de doble cadena.
    5. Varias copias de DNA lineal.

144. ¿Qué compuesto de los siguientes actúa bloqueando la transferencia de electrones entre el citocromo c y el oxígeno?:

    1. Rotenoma.
    2. Antimicina.
    3. Malonato.
    4. Cianuro.
    5. Ninguno.

145. La glicosilación terminal de las proteínas ocurre en:

    1. El citoplasma.
    2. El retículo endoplasmático.
    3. El aparato de Golgi.
    4. Los peroxisomas.
    5. Las mitocondrias.

146. ¿Qué complejo se encarga de transferir electrones entre el citocromo c y el oxígeno?:

    1. I.
    2. II.
    3. III.
    4. IV.
    5. ATPasa.

147. La característica más sobresaliente de los promotores eucariotas transcritos por la RNA polimerasa II es que:

    1. Son reconocidos por un único factor proteico.
    2. Son regiones constituidas por secuencias ricas en los nucleótidos guanina y citosina.
    3. Son secuencias palindrómicas capaces de formar estructuras en horquilla.
    4. Utilizan múltiples sitios de unión de factores de transcripción para regular la actividad génica.
    5. Poseen algunas bases nucleotídicas metiladas.

148. Los ácidos grasos liberados por las lipasas son transportados en el torrente sanguíneo por:

    1. Los quilomicrones.
    2. La albúmina sérica.
    3. Las lipoproteínas de alta densidad (HDL).
    4. Las lipoproteínas de baja densidad (LDL).
    5. Cualquiera de las lipoproteínas plasmáticas.

149. Señale en cual de las siguientes enfermedades se produce almacenamiento de glucógeno:

    1. Enfermedad de Von Gierke.
    2. Enfermedad de Pompe.
    3. Enfermedad de Cori.
    4. Enfermedad de Andersen.
    5. Todas las respuestas son correctas.

150. La carnitina:

    1. Es un péptido neurotransmisor.
    2. Es un cofactor de la cadena de transporte electrónico.
    3. Es una proteína esencial para la beta-oxidación de los ácidos grasos.
    4. Transporta grupos acilo a través de la membrana mitocondrial interna.
    5. Es un ácido graso insaturado.

151. La adicción de una cola de ácido polirriboadenílico:

    1. Es característica del mRNA en las células eucariotas.
    2. Es la formación de una caperuza de guanina en el mRNA.
    3. Es la eliminación de intrones.
    4. Es la eliminación de exones.
    5. Es un sistema de inhibición de la traducción.

152. ¿Cuál de estos aminoácidos es el único capaz de formar un enlace covalente?:

    1. Leucina.
    2. Tirosina.
    3. Cisteina.
    4. Alanina.
    5. Ácido aspártico.

153. El modelo de acción enzimática en el que la enzima reconoce al estado de transición (ES$^{\#}$) se llama:

    1. Alostérico.
    2. Cooperativo.
    3. Fischer o llave-cerradura.
    4. Koshland o ajuste inducido.
    5. Modelo de Hill.

154. En presencia de rotenona ¿cuántos moles de ATP se pueden formar a partir de 1 mol de succinato oxidado en la cadena respiratoria mitocondrial?:

    1. 0.
    2. 2.
    3. 3.
    4. 4.
    5. 7.

155. Las caspasas:

    1. Son quinasas.
    2. Intervienen en la necrosis.
    3. Son proteasas.
    4. Son lipasas.
    5. Ninguna de las respuestas anteriores es correcta.

156. ¿Qué coenzima vitamínica participa en reacciones de transferencia de electrones?:

    1. Tiamina.
    2. Pirofosfato de pirodoxal.
    3. Vitamina A.
    4. Colecalciferol.
    5. FAD.

157. La estructura secundaria de una proteína:

    1. Está estabilizada por enlaces de hidrógeno entre cadenas laterales de diferentes aminoácidos.
    2. Excluye los giros y los elementos de estructura no ordenada.
    3. Es la estructura tridimensional más estable termodinámicamente y que le permite desempeñar una función.
    4. Se forma por interacción entre aminoácidos próximos en la secuencia sin que participen interacciones entre las cadenas laterales de los mismos.
    5. Es la secuencia lineal de aminoácidos.

158. El alopurinol:

    1. Es un regulador alostérico de la enzima hipoxantina oxidasa.
    2. Es un inhibidor competitivo de la xantina oxidasa.
    3. Es un inhibidor suicida de la xantina oxidasa.
    4. Es un análogo estructural de la aloxantina.
    5. Activa la xantina oxidasa y por ello es un excelente fármaco en el tratamiento de la gota.

159. En la síntesis de proteínas en las mitocondrias de células animales:

    1. Los tRNA son de síntesis nuclear.
    2. Los tRNA son de síntesis mitocondrial.
    3. Los tRNA son de síntesis en parte nuclear y en parte mitocondrial.
    4. Al ser parecidas a procariotas no se necesita tRNA.
    5. Las proteínas se inician con el aminoácido

triptófano.

160. **La bilirrubina:**

1. Es un producto muy soluble procedente de la degradación del grupo hemo, que se elimina con facilidad por la orina.
2. Es el precursor metabólico del anillo de protoporfirina IX del grupo hemo de las hemoproteínas.
3. Se conjuga con ácido glucurónico en el hígado para facilitar su excreción del organismo a través de la bilis.
4. Es un anillo tetrapirrólico que no se conjuga con hierro.
5. Es un tetrapirrol lineal con acción hormonal.

161. **La esterificación de los ácidos grasos con glicerol-3-fosfato está catalizada por la enzima llamada:**

1. Glicerol-3-fosfato esterasa.
2. Ácido graso transferasa.
3. Acil-CoA sintetasa.
4. Glicerol-3-fosfato-acil transferasa.
5. Acil-CoA glicerol transacetilasa.

162. **¿Cuál de los siguientes enunciados NO es descriptivo de las características generales de las enzimas?:**

1. Todas las enzimas son proteínas.
2. Las enzimas incrementan las velocidades de reacción al disminuir la barrera de energía de activación.
3. Los complejos enzima-sustrato se mantienen unidos mediante interacciones no covalentes.
4. Las enzimas tienen, por lo general, sustratos específicos.
5. La acción catalítica de algunas enzimas puede regularse.

163. **Los ácidos grasos:**

1. Son normalmente cadenas alifáticas ramificadas con un grupo formilo en un extremo (denominado carbono ω).
2. Su punto de fusión disminuye al aumentar la longitud de su cadena y aumenta con el grado de saturación.
3. Los de mayor punto de fusión contribuyen a la fluidez de nuestras membranas celulares.
4. En la mayoría de ellos, los dobles enlaces existen en configuración *cis*.
5. La mayoría de los que existen en el ser humano tienen un número impar de átomos de carbono.

164. **Las hormonas esteroideas transmiten señales a través de:**

1. Las proteínas G.
2. Los receptores con actividad tirosina quinasa.
3. La activación de la adenilato ciclasa.
4. Un aumento de la traducción.
5. La activación de la transcripción.

165. **El poder reductor obtenido en el ciclo de Krebs puede acoplarse a la cadena de transporte de electrones mitocondrial a través de:**

1. Ubiquinona.
2. Plastoquinona.
3. Succinato deshidrogenasa.
4. NADPH reductasa.
5. Citocromo c.

166. **Indique cuál de las siguientes afirmaciones relacionadas con la fotosíntesis no cíclica es verdadera:**

1. El fotosistema II transfiere electrones del agua a la Fd- NADP-reductasa.
2. El aceptor final de los electrones es NAD^+.
3. El aceptor final en la cadena de transporte de electrones es el O_2.
4. El fotosistema I transfiere electrones del agua al fotosistema II.
5. El fotosistema II transfiere electrones del agua a la plastoquinona y genera un gradiente de protones.

167. **La hemoglobina transporta eficazmente el oxígeno de los pulmones a los tejidos por:**

1. La presencia de varias subunidades que actúan de forma cooperativa.
2. La ausencia de estructura cuaternaria.
3. Su cinética hiperbólica de unión al oxígeno.
4. Es la mioglobina la responsable del transporte de oxígeno de los pulmones a los tejidos.
5. Por la presencia de cobre.

168. **Una de las reacciones irreversibles de la glucólisis está catalizada por:**

1. Fumarasa.
2. Fosfofructoquinasa.
3. Aconitasa.
4. Triosa fosfato isomerasa.
5. Glucógeno fosforilasa.

169. **Señale el fosfolípido que NO deriva del glicerol:**

1. Fosfatidilserina.
2. Fosfatidiletanolamina.
3. Fosfatidilinositol.
4. Esfingomielina.
5. Difosfatidilglicerol.

170. **¿Qué enzima, de las siguientes, es absolutamente necesaria para que haya gluconeogénesis?:**

1. Glucosa-6-fosfato deshidrogenasa.
2. Hexoquinasa.
3. Glucosa-6-fosfatasa.

4. Piruvato deshidrogenasa.
5. Fosfofructoquinasa.

171. **Los proteoglicanos:**

    1. Tienen carácter polianiónico, están constituidos por más glúcidos que prótidos y los podemos encontrar en la matriz extracelular.
    2. Tiene carácter polianiónico, están constituidos por más prótidos que glúcidos y los podemos encontrar en la pared celular bacteriana.
    3. Son polisacáridos homogéneos de carácter apolar de la membrana plasmática.
    4. Son moléculas hidrófobas constituidas por más prótidos que glúcidos.
    5. Son glicolípidos característicos de la pared celular de las bacterias Gram-positivas.

172. **Sobre las propiedades de los distintos tipos de células musculares:**

    1. Las de tipo I son de contracción lenta y de bajo nivel oxidativo.
    2. Todas tienen alta capacidad oxidativa.
    3. Las de tipo IIa son de contracción muy rápida y baja capacidad glucolítica.
    4. Las de tipo IIb son de contracción intermedia y alta capacidad oxidativa.
    5. Todas tienen un alto contenido de hemoglobina.

173. **¿Qué enzima ejerce una función clave en la biosíntesis de los ácidos grasos?:**

    1. Hexoquinasa.
    2. Citrato sintasa.
    3. Ácido graso sintasa.
    4. Acetil-CoA carboxilasa.
    5. Citrato liasa.

174. **Entre moléculas de agua se forman:**

    1. Enlaces covalentes.
    2. Enlaces amida.
    3. Enlaces covalentes coordinados.
    4. Puentes de hidrógeno.
    5. Estructuras que actúan como quelantes.

175. **Sobre el efecto de las hormonas en el metabolismo del glucógeno:**

    1. Insulina y glucagón son antagonistas en la degradación y síntesis del glucógeno.
    2. La adrenalina estimula la glucogenogénesis.
    3. Adrenalina y glucagón tienen efectos antagónicos.
    4. La adrenalina, cuando interacciona con los receptores α-adrenérgicos hepáticos, inhibe la vía del mensajero secundario IP3.
    5. La vía del IP3 se activa cuando la adrenalina interacciona con los receptores ß-adrenérgicos musculares.

176. **¿Qué coenzima derivada del ácido pantoténico, posee un grupo sulfhidrilo y participa en reacciones de transferencia de acilo?:**

    1. Biotina.
    2. Tiamina.
    3. Tetrahidrobiopterina.
    4. Coenzima B.
    5. Coenzima A.

177. **La reacción que cataliza la piruvato deshidrogenasa:**

    1. Es una reacción exclusiva del metabolismo glucídico.
    2. Es la parte más importante de la glucólisis anaeróbica.
    3. Es una descarboxilación oxidativa.
    4. Requiere NADH.
    5. Carece de regulación por modificación covalente.

178. **La ornitina:**

    1. Es un aminoácido no proteico derivado de la arginina en el ciclo de la urea.
    2. Es un péptido vasoactivo muy abundante en las aves.
    3. Es un aminoácido muy importante en la composición del colágeno y de la elastina.
    4. Es un metabolito importante del ciclo de los ácidos tricarboxílicos.
    5. Es un metabolito intermediario en la biosíntesis de aminoácidos aromáticos.

179. **El óxido nítrico:**

    1. Es un producto de la reducción del NO_2.
    2. Se sintetiza, entre otras localizaciones, en células endoteliales.
    3. Se obtiene a partir de la L-citrulina.
    4. Es un potente vasoconstrictor.
    5. Posee cuatro isoformas.

180. **Un co-transporte que expulsa un ión calcio captando dos iones potasio es:**

    1. Electroneutro.
    2. Simporte.
    3. Simple.
    4. Paralelo.
    5. Electrogénico.

181. **La solubilidad de una proteína:**

    1. No depende del pH de la disolución en la que se encuentre.
    2. Es máxima en las proximidades de su punto isoeléctrico.
    3. Es mínima en las proximidades de su punto isoeléctrico.
    4. Es máxima a valores extremos de pH.
    5. Es siempre mayor a pH ácido que básico.

182. **Identifique cuál de las siguientes proteínas es fibrosa:**

    1. Mioglobina.
    2. Insulina.
    3. Hemoglobina.
    4. α-queratina.
    5. Albúmina sérica.

183. **¿Cuál de estas enzimas participa en la síntesis de aminoácidos aromáticos?:**

    1. ß-galactósido permeasa.
    2. γ-glutamil transpeptidasa.
    3. Enolasa.
    4. Piruvato deshidrogenasa.
    5. L-fenilalanina hidroxilasa.

184. **En su biosíntesis el colesterol obtiene todos sus átomos de carbono de:**

    1. El ácido araquidónico.
    2. El ácido cítrico.
    3. La acetilcoenzima A.
    4. El estradiol.
    5. El inositol.

185. **Una de las siguientes vitaminas previene del denominado estrés oxidativo porque actúa contra los radicales libres. ¿Cuál es?:**

    1. Vitamina E.
    2. Vitamina K.
    3. Cianocobalamina.
    4. NADH(H$^+$).
    5. Colecalciferol.

186. **Señale cuál de los siguientes reactivos produce una ruptura de las proteínas en el lado carboxílico de residuos de lisina y arginina:**

    1. Bromuro de cianógeno.
    2. Hidroxilamina.
    3. 2-Nitro-5-tiocianobenzoato.
    4. Proteasa de Staphylococcus.
    5. Tripsina.

187. **El proteasoma:**

    1. Es un complejo proteico que da estabilidad conformacional a proteínas que se están sintetizando.
    2. Es el núcleo proteico de una enzima.
    3. Está encargado de digerir proteínas marcadas con ubiquitina.
    4. Es el equivalente a los cuerpos de inclusión bacterianos en células eucariotas.
    5. Forma parte de los complejos enzimáticos de la fosforilación oxidativa.

188. **La degeneración del código genético implica la existencia de:**

    1. Múltiples codones para un mismo aminoácido.
    2. Varios aminoácidos codificados por un único codón.
    3. La presencia de códigos genéticos distintos para las diferentes especies.
    4. Codones que no codifican ningún aminoácido.
    5. Bases inusuales en algunos tripletes.

189. **Los telómeros son:**

    1. Pequeñas proteínas básicas asociadas al DNA eucariota.
    2. Proteínas que forman parte del ribosoma interaccionando con el RNA ribosómico.
    3. Proteínas oligoméricas que forman parte del complejo de reparación del DNA.
    4. Estructuras de DNA características de los extremos de los cromosomas.
    5. Estructuras de RNA ribosómico que interaccionan con el RNA de transferencia.

190. **Los radicales libres:**

    1. Se producen únicamente cuando el organismo se encuentra falto de oxígeno.
    2. Se originan cuando, por ejemplo, el oxígeno acepta más de dos protones y dos electrones en el proceso de transporte electrónico mitocondrial.
    3. Son compuestos que siempre se generan de manera enzimática.
    4. El peróxido de hidrógeno (H_2O_2) es el radical libre más activo.
    5. Los de oxígeno (ROS, radicales libre de oxígeno) se originan por la reducción incompleta del oxígeno.

191. **Si un mol de piruvato se oxida a acetil-CoA, y el acetil-CoA resultante se oxida completamente en el ciclo de Krebs, ¿cuántos moles de ATP se forman?:**

    1. 21.
    2. 15.
    3. 3.
    4. 7.
    5. 9.

192. **Indique qué afirmación respecto a la hemoglobina es ERRÓNEA:**

    1. La unión del oxígeno a la hemoglobina presenta cooperatividad positiva.
    2. La hemoglobina presenta más afinidad por el oxígeno que por el monóxido de carbono.
    3. La estructura cuaternaria de la hemoglobina permite que se den procesos de cooperatividad y alosterismo en la unión del oxígeno a la hemoglobina.
    4. La histidina F8 de la hemoglobina se encuentra unida al átomo de hierro mediante un enlace de coordinación.

5. La unión del 2,3-BPG a la hemoglobina favorece la formación de la estructura correspondiente a la desoxihemoglobina.

193. El citocromo P450:

1. Es una enzima con escaso número de isoformas que está implicada exclusivamente en la biosíntesis de hormonas esteroideas.
2. Es una familia de enzimas que está implicada exclusivamente en la biosíntesis de hormonas esteroideas.
3. Tiene actividad monooxigenasa y requiere poder reductor.
4. Está presente exclusivamente en animales y participa en reacciones fisiológicas transformando sustancias endógenas y facilitando la eliminación de xenobióticos lipófilos.
5. Es una enzima que aparece exclusivamente en la membrana mitocondrial interna y que contiene, en la misma cadena polipeptídica, una actividad reductasa y otra monooxigenasa.

194. Señalar la afirmación correcta respecto al colágeno:

1. Está formado por dos hélices alfa enrolladas entre sí, que posteriormente se enrollan con otras dos.
2. El fallo en la hidroxilación de prolina y lisina tiene importantes consecuencias patológicas.
3. Presenta el máximo grado de estiramiento de la cadena polipeptídica.
4. Es una proteína globular que confiere resistencia a los tejidos.
5. Es la principal reserva de glucosa.

195. Indique qué efecto NO es mediado por la cascada del fosfoinosítido:

1. Glucogenólisis en células hepáticas.
2. Secreción de histamina en mastocitos.
3. Liberación de serotonina por plaquetas sanguíneas.
4. Secreción de adrenalina por las células cromafínicas adrenales.
5. Contracción del músculo esquelético.

196. El monóxido de carbono:

1. Oxida el Fe(II) de la hemoglobina a Fe(III) impidiendo el transporte de oxígeno.
2. Se une a la forma reducida de los grupos hemo de la hemoglobina y de los citocromos impidiendo la unión de la molécula de oxígeno.
3. Presenta menor afinidad por el grupo hemo de la hemoglobina que la molécula de oxígeno, pero al unirse covalentemente a dicho grupo impide el transporte de oxígeno.
4. Penetra en el organismo únicamente por vía respiratoria, no existiendo ninguna reacción fisiológica endógena que lo genere.
5. Es un potente inhibidor de enzimas con grupos hemo uniéndose exclusivamente a la forma oxidada del hierro (Fe III) en dichos grupos.

197. Un sistema de transporte facilitado activo:

1. No presenta saturación aunque la concentración del ligando sea extremadamente alta.
2. Es más lento que el transporte por difusión simple.
3. Transporta solutos en contra del gradiente de concentración.
4. El ligando que se transporta se une inespecíficamente al transportador.
5. Existe únicamente en las membranas plasmáticas.

198. Las endonucleasas de restricción son enzimas que:

1. Catalizan la ruptura de la doble cadena de DNA en secuencias de bases específicas.
2. Catalizan específicamente la degradación del RNA mensajero.
3. Degradan el DNA específicamente en secuencias con alto contenido de bases púricas.
4. Separan las cadenas de DNA de doble cadena en presencia de ATP.
5. Participan en el proceso de entrecortado o "splicing" para originar el RNA mensajero maduro.

199. La ATP sintasa:

1. Es una única cadena polipeptídica transmembrana que sintetiza ATP aprovechando un gradiente de concentración de protones.
2. Es un complejo proteico soluble que sintetiza ATP a partir de fosfágenos de alta energía.
3. Es un complejo proteico que genera ATP en el espacio intermembrana de las mitocondrias.
4. Aparece exclusivamente en células eucariotas.
5. Está formada por un complejo transmembrana transportador de protones y un complejo catalítico del lado de la matriz mitocondrial.

200. Indique cuál de las siguientes afirmaciones es correcta, en relación con las lipoproteínas:

1. El transporte de colesterol ingerido en la dieta se realiza a través de HDL.
2. Las LDL transportan colesterol desde el hígado hacia los tejidos periféricos.
3. Los quilomicrones son los responsables del transporte del colesterol ingerido en una dieta.
4. Un aumento de HDL en sangre implica un mayor riesgo de enfermedades de tipo coronario.
5. Las LDL eliminan el colesterol sobrante de las células de los tejidos periféricos.

201. La RNA polimerasa que realiza la transcripción

de los rRNA en los eucariotas es:

1. RNA pol I.
2. RNA pol II y RNA pol III.
3. RNA pol II.
4. RNA pol I y RNA pol III.
5. RNA pol III.

202. La apoptosis es la:

1. Pérdida del componente no proteico por parte de una proteína.
2. Endocitosis de un compuesto no dependiente de receptor.
3. Muerte programada de una célula.
4. Lisis celular inducida por los linfocitos T.
5. Eliminación del péptido señal en la biosíntesis de proteínas.

203. El término grupo prostético se refiere a:

1. Todo ión metálico necesario para la actividad de una metalo-enzima.
2. El centro activo o triada catalítica de serín-proteasas.
3. El dominio de unión a NADH de deshidrogenasas NAD dependientes.
4. La región de unión de prostaglandinas a sus correspondientes receptores celulares.
5. Toda molécula pequeña unida fuertemente a una proteína que la capacita para cumplir sus funciones.

204. La procesividad de una DNA polimerasa hace referencia a:

1. La especificidad de la enzima en la replicación de un determinado conjunto de genes.
2. La fidelidad de replicación que posee la enzima mediante el uso de mecanismos de corrección.
3. La capacidad catalítica que mantiene la enzima a temperaturas elevadas.
4. La capacidad de la enzima para catalizar muchas reacciones consecutivas sin desprenderse del molde de DNA.
5. La capacidad de la enzima de presentar otras actividades catalíticas, tales como la de exonucleasa o la de helicasa.

205. Señale cuál de las siguientes afirmaciones es correcta:

1. La histona H1 forma parte del núcleo nucleosómico.
2. La interacción correcta entre el DNA y el núcleo nucleosómico no requiere factores adicionales.
3. La H1 es la histona más variable molecularmente.
4. Las histonas son proteínas ácidas.
5. Las histonas son siempre las encargadas del empaquetamiento del DNA.

206. Señale cuál de los siguientes aminoácidos es esencial para el hombre:

1. Alanina.
2. Asparagina.
3. Valina.
4. Serina.
5. Cisteina.

207. ¿Qué elemento químico es un constituyente esencial de la enzima glutatión peroxidasa?:

1. Cobre.
2. Zinc.
3. Selenio.
4. Cadmio.
5. Hierro.

208. ¿Cuál es la inmunoglobulina de mayor peso molecular?:

1. IgA.
2. IgD.
3. IgE.
4. IgG.
5. IgM.

209. Un hapteno es una sustancia:

1. Capaz de inducir una respuesta inmune.
2. Incapaz de inducir una respuesta inmune.
3. Volátil.
4. Radioactiva.
5. De alto peso molecular.

210. ¿Cuál es el método de referencia para la determinación de ácidos orgánicos en muestras biológicas?:

1. Cromatografía en papel.
2. Espectroscopia de absorción atómica.
3. Cromatografía gas-líquido.
4. Potenciometría.
5. Inmunoanálisis.

211. El ácido 5-hidroxiindolacético es el principal metabolito en la orina, ¿de qué sustancia?:

1. Serotonina.
2. Noradrenalina.
3. Adrenalina.
4. Dopamina.
5. Ácido vanilmandelico.

212. ¿Qué tipo de ciclo constituye el núcleo de las porfirinas?:

1. Bencénico.
2. Indol.
3. Imidazol.
4. Pirrólico.
5. Fenólico.

213. ¿Cuál es el anión de mayor concentración en el plasma?:

    1. Cloruro.
    2. Sulfato.
    3. Sulfito.
    4. Fosfato.
    5. Bicarbonato.

214. ¿Cuál es el componente del tejido muscular que contiene actividad ATPasa, requerida para la contracción?:

    1. Actina.
    2. Miosina.
    3. Retículo sarcoplásmico.
    4. Placa motriz terminal.
    5. Calcio.

215. De los siguientes compuestos, ¿cuál es el componente regulador osmótico primario del plasma?:

    1. Inmunoglobulinas.
    2. Eritrocitos.
    3. Urea.
    4. Albúmina.
    5. Glucosa.

216. ¿Cuál de los componentes siguientes del cuerpo son capaces de sintetizar cuerpos cetónicos a partir de ácidos grasos?:

    1. Eritrocitos.
    2. Cerebro.
    3. Músculo estriado.
    4. Corazón.
    5. Hígado.

217. ¿Cuál de las enzimas siguientes funciona tanto en la glucólisis como en la glucoconeogénesis?:

    1. Piruvato quinasa.
    2. Piruvato carboxilasa.
    3. Gliceraldehído 3-fosfato deshidrogenasa.
    4. Fructosa 1,6-difosfatasa.
    5. Hexoquinasa.

218. El fosfolípido cardiolipina se encuentra casi exclusivamente en las membranas:

    1. Mitocondriales.
    2. Plasmáticas.
    3. Lisosómicas.
    4. Del retículo endoplásmico liso.
    5. Del retículo endoplásmico rugoso.

219. ¿Qué enzima tiene la mayor especificidad por los enlaces peptídicos del lado carboxílico de una cadena lateral catiónica de aminoácido?:

    1. Carboxipeptidasa.
    2. Quimotripsina.
    3. Pepsina.
    4. Renina.
    5. Tripsina.

220. ¿Qué fenómenos son objeto de medida en un citómetro de flujo?:

    1. Conductividad y quimioluminiscencia.
    2. Dispersión y fluorescencia.
    3. Absorción y dispersión.
    4. Reflexión y conductividad.
    5. Absorción y difracción.

221. La potenciometría es una técnica en la que la magnitud experimental que se relaciona con la concentración es:

    1. Paso de corriente en función del tiempo.
    2. Potencial del electrodo indicador:
    3. Voltaje en función de la intensidad.
    4. Intensidad de corriente.
    5. Conductividad de la disolución.

222. En electroforesis zonal ¿Qué condición debe cumplir un soporte NO restrictivo?:

    1. Debe ser compatible con los tampones habitualmente empleados.
    2. Debe ser totalmente hidratable.
    3. El tamaño de poro deberá ser lo suficientemente grande para permitir el paso de las moléculas a separar como ácidos nucleicos o proteínas.
    4. No debe tener cargas.
    5. Todas las respuestas anteriores son ciertas.

223. En electroforesis la presencia de cargas negativas en algunos soportes puede dar lugar a la aparición de:

    1. Electroendósmosis.
    2. Aumento de la fuerza iónica del medio.
    3. Disminución de la densidad de carga de las moléculas a separar.
    4. Electroenfoque.
    5. Tamizado molecular.

224. Los diuréticos que actúan como antagonistas de la aldosterona se caracterizan por:

    1. Ser los diuréticos más efectivos, al provocar una mayor natriuresis.
    2. Provoca la aparición de hipocalemia secundaria a alcalosis metabólica.
    3. Provoca hipocalemia secundaria a un aumento de la eliminación de potasio a nivel renal.
    4. Ser diuréticos ahorradores de potasio.
    5. Actuar a la altura del túbulo proximal de la nefrona.

225. Muchas enfermedades están directamente relacionadas con un elemento químico, debido a

carencias, intoxicaciones, problemas genéticos que afectan a la utilización de estos elementos por el organismo. ¿Cuál de las siguientes parejas enfermedad-elemento químico NO es correcta?:

1. Enfermedad de Wilson-Cobre.
2. Acrodermatitis enteropática-Magnesio.
3. Saturnismo-Plomo.
4. Cretinismo-Iodo.
5. Enfermedad de Menkes-Cobre.

226. En una situación de acidosis metabólica con GAP aniónico alto y concentración sérica de anión cloruro normal, ¿Cuál podría ser la causa?:

1. Acidosis láctica.
2. Acidosis tubular renal.
3. Inhibidores de la anhidrasa carbónica.
4. Hipoaldosteronismo.
5. Pérdidas gastrointestinales de anión bicarbonato.

227. En relación con la concentración plasmática de sodio, ¿Cuál de estas situaciones NO sería fisiológicamente posible?:

1. Hiponatremia hipotónica hipovolémica.
2. Hiponatremia hipotónica isovolémica.
3. Hiponatremia hipotónica hipervolémica.
4. Hiponatremia hipertónica.
5. Todas son posibles.

228. El tratamiento de ribonucleasa con urea 8 molar pero sin añadir mercaptoetanol:

1. Simplificaría el análisis en el experimento clásico de Anfinsen sobre la ribonucleasa.
2. No desplegaría la ribonucleasa.
3. También desnaturaliza la ribonucleasa.
4. Provoca la desnaturalización irreversible de la ribonucleasa.
5. También provoca la formación de residuos Cys-SH.

229. Para una cadena polipeptídica lineal formada por 10 unidades de glicina, la fórmula molecular es:

1. C20H50O20N10.
2. C20H40O10N10.
3. C20H30O10N10.
4. C20H32O11N10.
5. C20H42O11N10.

230. ¿Cuál de las siguientes afirmaciones es FALSA con respecto a la replicación del DNA?:

1. En células procariotas la replicación comienza a partir de un único punto.
2. El movimiento de las horquillas de replicación es más rápido en las células eucariotas que en las procariotas.
3. Los fragmentos de Okazaki son más cortos en las células eucariotas que en las procariotas.
4. En las células eucariotas intervienen múltiples horquillas de replicación simultáneamente.
5. En la replicación de las células eucariotas y de las procariotas intervienen distintas enzimas.

231. Indique el enunciado FALSO respecto a las queratinas:

1. La fibroína nativa posee múltiples enlaces disulfuro transversales.
2. La fibroína es una beta-queratina.
3. En las alfa-queratinas nativas las cadenas polipeptídicas son paralelas.
4. La fibroína es rica en aminoácidos con restos (grupos R) poco voluminosos.
5. En las beta-queratinas nativas las cadenas polipeptídicas adyacentes son antiparalelas.

232. ¿Cuál de las siguientes proteínas NO es una glucoproteína?:

1. Pepsina.
2. Fibrinógeno.
3. Hormona estimulante del tiroides.
4. Avidina.
5. Caseína.

233. ¿Cómo cambian las posiciones relativas de los átomos de hierro y los anillos de imidazol de los restos de histidina a los que están unidos respecto a los grupos hemo, al pasar de deoxihemoglobina A a oxihemoglobina A?:

1. No hay variación.
2. El átomo de hierro se introduce en el plano del grupo hemo.
3. El átomo de hierro sale del plano del grupo hemo y el anillo de imidazol se acerca al centro de dicho grupo.
4. El átomo de hierro sale del plano del grupo hemo y el anillo de imidazol se aleja del centro de dicho grupo.
5. El átomo de hierro sale del plano del grupo hemo y el anillo de imidazol permanece invariable.

234. La gluconeogénesis a partir de lactato NO requiere la actividad de:

1. Fructosa difosfato aldolasa.
2. Fosfofructoquinasa.
3. Gliceraldeído-3-fosfato deshidrogenasa.
4. Triosa fosfato isomerasa.
5. Fosfoglicerato quinasa.

235. Señale el enunciado FALSO respecto de la hormona del crecimiento humana:

1. Consta de 191 aminoácidos.
2. Consta de dos cadenas polipeptídicas.

3. Se acumula en la hipófisis.
4. Se degrada rápidamente después de haber sido secretada en el plasma.
5. Es secretada por la hipófisis anterior.

236. Respecto de las histonas, NO es cierto que:

1. Son relativamente pequeñas.
2. Su peso molecular está comprendido entre 10000 y 20000.
3. Se clasifican en cinco grupos principales.
4. Las clases de histonas se diferencian por su contenido en histidina y serina.
5. Son uno de los compuestos básicos de la cromatina.

237. Los ácidos grasos con un número impar de átomos de carbono pueden contribuir a la síntesis neta de glucosa porque:

1. Incrementan la relación NAD/NADH.
2. Pueden producir metilmalonil CoA susceptible de transformarse en succinil CoA.
3. Rinden NADPH en su oxidación.
4. Inhiben la lipasa.
5. Se transforman en acetoacetato y beta-hidroxibutirato.

238. En la síntesis de fosfolípidos, tanto el ácido fosfatídico como los alcoholes que serán los grupos de cabeza, son activados para su transferencia por conjugación con:

1. CMP.
2. AMP.
3. CoA.
4. Carnitina.
5. Piridoxal fosfato.

239. ¿Cuál de las siguientes sustancias es un intermedio de la síntesis de triacilgliceroles y diacilfosfoglicéridos?:

1. Ácido fosfatídico.
2. CDP-colina.
3. Aldehídos grasos.
4. Fosfatidil inositol.
5. Colesterol.

240. Un residuo amino terminal se puede identificar con el reactivo:

1. Urea.
2. Fenilisocianato.
3. Ácido valproico.
4. Ninhidrina.
5. Furosemida.

241. ¿Qué condición debe cumplir un método para que se pueda considerar homocedástico?:

1. Que la varianza de los residuos sea dependiente de la concentración.
2. Que los residuos estén distribuidos aleatoriamente.
3. Que el número de residuos positivos y negativos no sea el mismo.
4. Que los residuos no estén distribuidos aleatoriamente.
5. Que el valor numérico de los residuos no sea el mismo.

242. ¿Cuál de las siguientes expresiones para el cálculo de la varianza corresponde a una distribución de la variable según la ley binomial?:

1. $p(1-p)$.
2. $np(1-p)$.
3. $3n$.
4. $2n$.
5. $n/(n-2)$.

243. Si la distribución de la variable se ajusta a la distribución de Student, su media es:

1. p.
2. np.
3. n.
4. 0.
5. 2n.

244. ¿Cuál de los siguientes es un test de igualdad de dos distribuciones?:

1. Wilcoxon de rangos signados.
2. Mann - Whitney.
3. Student para muestras apareadas.
4. Student para muestras independientes.
5. De simetría.

245. ¿Cuál de lo siguiente es FALSO?:

1. La desviación estándar mide la variabilidad de la población.
2. El error estándar de la media cuantifica la incertidumbre en el cálculo de media.
3. El error estándar de la media no depende del tamaño de la muestra.
4. La desviación estándar y el error estándar de la media miden elementos distintos.
5. Cuando la población no tiene una distribución normal se utiliza la mediana y no la media como medida de tendencia central.

246. De las siguientes medidas, ¿cuál define mejor la tendencia central de los datos: 3, 4, 6, 44, 3, 20, 12?:

1. La media.
2. La proporción.
3. La mediana.
4. El sesgo.
5. El rango.

247. El porcentaje de individuos con bronquitis entre los fumadores se puede interpretar como

una probabilidad:

1. Condicionada.
2. De un suceso de unión.
3. A posteriori.
4. De un suceso complementario.
5. De un suceso de intersección.

248. Si queremos comparar la variabilidad relativa del peso y la concentración de colesterol en sangre de una serie de individuos, utilizaremos:

1. Los rangos.
2. Los coeficientes de variación.
3. Las desviaciones estándards.
4. Las diferencias de las medianas.
5. Las diferencias de las medias.

249. A unos enfermos se les pide que valoren su grado de mejoría después de un tratamiento de una escala de 1 a 6. De las siguientes posibilidades ¿cuál resume mejor los mismos?:

1. Mínimo y máximo.
2. Media y desviación estándar.
3. Percentil 25, percentil 50 y percentil 75.
4. Media, mediana y desviación estándar.
5. Mediana y desviación estándar.

250. En una población, el 80% de las alturas consideradas "más normales" están:

1. Por debajo del cuantil 0.20.
2. Por encima del percentil 80.
3. Entre la media y la mediana.
4. Entre el percentil 20 y el 80.
5. Entre el percentil 10 y el 90.

251. El rendimiento cuántico de fluorescencia es:

1. El cociente entre las moléculas excitadas y las que emiten fluorescencia.
2. El número total de moléculas excitadas.
3. El cociente entre el número de moléculas que emiten fluorescencia y las excitadas.
4. El número total de moléculas que emiten fluorescencia.
5. El número total de moléculas que emiten fluorescencia y fosforescencia.

252. ¿Qué característica NO es propia de las ribozimas?:

1. Son moléculas de RNA.
2. Son moléculas de DNA.
3. Participan en el procesamiento postraducción.
4. Son catalizadores del tipo de las enzimas.
5. Rompen el RNA.

253. El galvanizado del hierro y del acero consiste en un tratamiento anticorrosión que se lleva a cabo mediante recubrimiento con:

1. Aluminio.
2. Lacas.
3. Cinc.
4. Minio.
5. Cromo.

254. La luz ultravioleta es una radiación electromagnética cuya longitud de onda está entre:

1. 50 y 100 nanómetros.
2. 780 y 1300 nanómetros.
3. 180 y 400 nanómetros.
4. 1200 y 1600 nanómetros.
5. 1600 y 2000 nanómetros.

255. ¿Cuál de los siguientes elementos de transición puede actuar con estado de oxidación ocho?:

1. Cr.
2. Mo.
3. Fe.
4. Ru.
5. Pd.

256. La vitamina K_1 es un derivado de:

1. Naftoquinona.
2. Antraquinona.
3. Antraceno.
4. Fenantrenona.
5. Acetona.

257. De acuerdo con la teoría del enlace de valencia, los complejos plano cuadrados de Ni(II) son:

1. Diamagnéticos.
2. Ferromagnéticos.
3. Paramagnéticos con dos electrones desapareados.
4. Antiferromagnéticos.
5. Paramagnéticos con un electrón desapareado.

258. El fluordinitrobenceno (FDNB):

1. Es un agente de tinción en electroforesis, específico de proteínas.
2. Es un agente de tinción en electroforesis, específico de ácidos nucleicos.
3. Es un reactivo utilizado para identificar el residuo amino terminal de una proteína.
4. Es un inhibidor irreversible de proteasas.
5. Es un marcador de cebadores de ácidos nucleicos para utilizarlos como sondas fluorescentes.

259. ¿Qué ventaja no es cierta acerca del uso de modificadores químicos en espectrometría atómica?:

1. Mejora la etapa de limpieza.
2. Aumenta la volatilidad del analito durante la atomización.
3. Favorece la pirolisis de matrices orgánicas.

4. Permite la vaporización del analito durante los procesos de secado y pirolisis.
5. Favorece el contacto de la muestra con la superficie del atomizador.

260. En cromatografía en fase inversa, el orden de elución de los compuestos indicados es:

1. Benceno, éter dietílico, n-hexano.
2. Éter dietílico, benceno, n-hexano.
3. n-Hexano, benceno, éter dietílico.
4. n-Hexano, éter dietílico, benceno.
5. Éter dietílico, n-hexano, benceno.

Titulación: QUÍMICA
Convocatoria: 2006
Nº de versión de examen: 0
V = Nº de la pregunta en versión de examen 0.
RC = Respuesta correcta

V	RC	V	RC	V	RC	V	RC	V	RC
1	2	53	1	105	2	157	4	209	2
2	5	54	3	106	3	158	2	210	3
3	2	55	4	107	4	159	2	211	1
4	1	56	3	108	1	160	3	212	4
5	2	57	5	109	2	161	4	213	1
6	5	58	2	110	2	162	1	214	2
7	3	59	1	111	3	163	4	215	4
8	1	60	2	112	5	164	5	216	5
9	5	61	3	113	3	165	3	217	3
10	3	62	3	114	2	166	5	218	1
11	2	63	4	115	4	167	1	219	5
12	1	64	2	116	1	168	2	220	2
13	4	65	3	117	3	169	4	221	2
14	2	66	3	118	4	170	3	222	5
15	5	67	3	119	5	171	1	223	1
16	5	68	3	120	1	172		224	4
17	2	69	2	121	2	173	4	225	2
18	5	70	3	122	4	174	4	226	1
19	4	71	4	123	1	175	1	227	5
20	1	72	4	124	3	176	5	228	3
21	2	73	1	125	2	177	3	229	4
22	2	74	5	126	1	178	1	230	2
23	4	75	3	127	4	179	2	231	1
24	3	76	4	128	5	180	1	232	5
25	4	77	3	129	3	181	3	233	2
26	1	78	3	130	4	182	4	234	2
27	4	79	2	131	5	183	5	235	2
28	5	80	3	132	4	184	3	236	4
29	3	81	4	133	3	185	1	237	2
30		82	1	134	4	186	5	238	1
31		83	4	135	5	187	3	239	1
32	1	84		136	4	188	1	240	2
33	4	85	2	137	5	189	4	241	2
34	3	86	4	138	4	190	5	242	2
35	1	87	1	139	3	191	2	243	4
36	5	88	4	140	1	192	2	244	2
37	4	89	2	141	5	193	3	245	3

38	4	90	1	142	3	194	2	246	3
39	3	91	1	143	4	195		247	1
40	5	92	2	144	4	196	2	248	2
41	3	93	1	145	3	197	3	249	3
42	3	94	3	146	4	198	1	250	5
43	4	95	3	147	4	199	5	251	3
44	1	96	1	148	2	200	3	252	2
45	4	97	3	149	5	201	4	253	3
46	5	98	4	150	4	202	3	254	3
47	1	99	3	151	1	203	5	255	4
48	4	100	2	152	3	204	4	256	1
49	1	101	5	153	4	205	3	257	1
50	1	102	4	154	2	206	3	258	3
51	2	103	3	155	3	207	3	259	4
52	5	104	5	156	5	208	5	260	2

MINISTERIO DE SANIDAD Y CONSUMO

PRUEBAS SELECTIVAS 2007

CUADERNO DE EXAMEN

QUÍMICOS

ADVERTENCIA IMPORTANTE

ANTES DE COMENZAR SU EXAMEN, LEA ATENTAMENTE LAS SIGUIENTES

INSTRUCCIONES

1. Compruebe que este Cuaderno de Examen lleva todas sus páginas y no tiene defectos de impresión. Si detecta alguna anomalía, pida otro Cuaderno de Examen a la Mesa.

2. La "Hoja de Respuestas" está nominalizada. Se compone de tres ejemplares en papel autocopiativo que deben colocarse correctamente para permitir la impresión de las contestaciones en todos ellos. Recuerde que debe firmar esta Hoja y rellenar la fecha.

3. Compruebe que la respuesta que va a señalar en la "Hoja de Respuestas" corresponde al número de pregunta del cuestionario.

4. **Solamente se valoran** las respuestas marcadas en la "Hoja de Respuestas", siempre que se tengan en cuenta las instrucciones contenidas en la misma.

5. Si inutiliza su "Hoja de Respuestas" pida un nuevo juego de repuesto a la Mesa de Examen y **no olvide** consignar sus datos personales.

6. Recuerde que el tiempo de realización de este ejercicio es de **cinco horas improrrogables** y que están **prohibidos** el uso de **calculadoras** (excepto en Radiofísicos) y la utilización de **teléfonos móviles**, o de cualquier otro dispositivo con capacidad de almacenamiento de información o posibilidad de comunicación mediante voz o datos.

7. Podrá retirar su Cuaderno de Examen una vez finalizado el ejercicio y hayan sido recogidas las "Hojas de Respuesta" por la Mesa.

1. **El fosfato de piridoxal es el grupo prostético de:**

   1. La mioglobina.
   2. Las transaminasas.
   3. La catalasa.
   4. La succinato deshidrogenasa.
   5. La rodopsina.

2. **Refiriéndose a los cofactores enzimáticos podemos decir que:**

   1. Son siempre moléculas complejas.
   2. No pueden ser de naturaleza orgánica.
   3. Son imprescindibles para la función de la holoenzima.
   4. Forman parte de la apoenzima.
   5. No tienen nada que ver con las coenzimas.

3. **La glucoquinasa:**

   1. Se inhibe por la glucosa-6-P.
   2. Existe en todos los tejidos.
   3. Tiene afinidad alta por la glucosa.
   4. Se inhibe por fosforilación.
   5. Se inhibe por la fructosa-6-fosfato.

4. **De las siguientes enzimas del Ciclo de la Urea, ¿cuál introduce aspartato en el ciclo?:**

   1. Arginasa.
   2. Carbamoil fosfato sintetasa.
   3. Arginino succinato sintetasa.
   4. Arginino succinato liasa.
   5. Ornitina transcarbamoilasa.

5. **Las histonas:**

   1. Son pequeñas proteínas ácidas.
   2. Están presentes en los nucleosomas de las células procariotas.
   3. Están unidas a la clorofila en los tilacoides de las plantas fanerógamas.
   4. Tienen estructuras primarias que se han mantenido constantes a lo largo de la evolución.
   5. Son polipéptidos de poli-histidinas.

6. **La lanzadera del malato-aspartato:**

   1. Permite la regeneración del NADH citosólico necesario para la glucólisis.
   2. Sirve para lanzar los electrones del NADH citosólico a la mitocondria.
   3. Los electrones del NADH citosólico se transfieren al citrato.
   4. Es un complejo transportador de electrones.
   5. Su enzima más importante es la Glicerol-3-fosfato deshidrogenada mitocondrial.

7. **El precursor del aminoácido prolina es:**

   1. Aspartato.
   2. Glutamato.
   3. 3-fosfoglicerato.
   4. Tetrahidrofolato.
   5. Homocisteína.

8. **El complejo F0-F1-ATPasa:**

   1. Es el transportador que intercambia ADP por ATP.
   2. Es una bomba de protones de la membrana plasmática.
   3. Contiene un canal de protones y la enzima que sintetiza ATP.
   4. Co-transporta protones y ATP a la matriz mitocondrial.
   5. Es un complejo multienzimático con tres enzimas y cinco coenzimas.

9. **Los glucosaminoglucanos (GAG):**

   1. Son polímeros ramificados de polisacáridos.
   2. Son el componente principal de los proteoglucanos.
   3. Carecen de residuos aminados.
   4. Carecen de residuos sulfatados.
   5. Forman parte, exclusivamente, del tejido óseo.

10. **La estructura secundaria del DNA:**

    1. Es una α-hélice.
    2. Es una hoja plegada β.
    3. Es una hélice anfipática.
    4. Es una doble hélice.
    5. Se estabiliza mediante enlaces covalentes.

11. **La metilación del DNA:**

    1. Tiene lugar en los residuos de timina.
    2. Ocurre en la guanina de secuencias con abundante GC (denominadas islas GC).
    3. En determinados casos, los genes metilados se transcriben con mayor facilidad que los que no están metilados.
    4. Existe una metilación diferencial dependiente del sexo.
    5. Existe sólo en procariotas.

12. **La capacidad de corrección de errores de las DNA Polimerasas depende de:**

    1. Su actividad polimerizante 5' → 3'.
    2. Su actividad exonucleasa 3' → 5'.
    3. Su actividad exonucleasa 5' → 3'.
    4. Su actividad endonucleasa.
    5. Su actividad ribonucleasa.

13. **El flujo electrónico cíclico en la fotosíntesis de plantas:**

    1. Implica la utilización del fotosistema II y el conjunto de plastoquinonas.
    2. Produce NADPH de forma neta.
    3. Produce NADPH y ATP de forma neta.
    4. Utiliza los componentes del fotosistema I junto con la plastocianina y el complejo cito-

cromo bc.
5. No existe, sólo se da en bacterias fotosintéticas.

14. **Las histonas:**

    1. Son esenciales para el empaquetamiento del DNA en la cromatina.
    2. Son proteínas muy ácidas.
    3. Son esenciales para resolver problemas topológicos en el DNA.
    4. Son proteínas con grupo hemo.
    5. Tienen actividad helicasa.

15. **¿Dónde tiene lugar el ciclo de la urea?:**

    1. En las células renales.
    2. En las mitocondrias de los hepatocitos.
    3. En las mitocondrias y citoplasma de los hepatocitos.
    4. En las mitocondrias y citoplasma de las células musculares.
    5. En las células de la vejiga urinaria.

16. **La propiedad esencial de la DNA polimerasa empleada en la PCR es que:**

    1. No requiere cebador.
    2. Es termoestable.
    3. Replica DNA de doble cadena.
    4. Permite subclonar directamente fragmentos de DNA.
    5. Su temperatura óptima depende de la naturaleza del DNA que se va a amplificar.

17. **¿Cuál de los siguientes reactivos que se utilizan habitualmente en química de las proteínas es el más adecuado para llevar a cabo una desnaturalización reversible de una proteína que no tiene enlaces disulfuro?:**

    1. Urea.
    2. Mercaptoetanol.
    3. Tripsina.
    4. CNBr.
    5. Fenilisotiocianato.

18. **La glucosilación de proteínas:**

    1. Se produce únicamente a través de un enlace entre el azúcar y el átomo de nitrógeno amídico de la cadena lateral de la asparagina.
    2. Se produce sólo en proteínas de membrana.
    3. Tiene lugar en el aparato de Golgi y en el retículo endoplásmico.
    4. Se inicia por la transferencia de un disacárido formado por dos manosas.
    5. Impide el plegamiento correcto de la proteína.

19. **En la transcripción del DNA:**

    1. Se utilizan como molde cualquiera de las dos cadenas del DNA.
    2. Se copia toda la información contenida en la cadena molde de DNA.
    3. Se copia la información correspondiente a una unidad de transcripción.
    4. El RNA sintetizado es idéntico en secuencia a la cadena molde de DNA.
    5. Intervienen Ribonucleasas.

20. **La acetilación de las histonas da lugar a una estructura más abierta porque:**

    1. Se debilita la atracción electrostática entre las histonas y el DNA.
    2. Se estimula la interacción e las histonas con el dominio C-terminal de la RNA polimerasa.
    3. Se facilita la metilación del DNA.
    4. Se favorece la interacción de los factores de transcripción con el DNA.
    5. Se aumenta la temperatura de transición del DNA.

21. **El glutatión es:**

    1. Una hormona peptídica que eleva la concentración de glucosa en sangre.
    2. Una proteína rica en cisteínas que participa en el plegamiento de polipéptidos debido a su actividad de proteína disulfuro isomerasa.
    3. Un polipéptido de 55 aminoácidos que actúa como inhibidor reversible de la tripsina.
    4. El producto principal del catabolismo de los aminoácidos glutámico y glutamina.
    5. Un tripéptido que actúa como reductor intracelular.

22. **En el código genético:**

    1. Un triplete o codón puede codificar varios aminoácidos.
    2. Cada triplete codifica un único aminoácido.
    3. Un aminoácido puede estar codificado por varios codones.
    4. Hay tres codones de iniciación y tres de terminación.
    5. Hay un codón de iniciación y uno de terminación.

23. **La relación Kcat/Km de una enzima:**

    1. Indica su eficacia catalítica.
    2. Indica la afinidad de la enzima para metabolizar un sustrato.
    3. Es la mitad de la concentración de sustrato dividida por la Vmáx.
    4. Indica si la reacción es exergónica o endergónica.
    5. Se calcula con precisión a partir de la función hiperbólica de Michaelis-Menten.

24. **La actividad Telomerasa:**

    1. Es una endonucleasa que corta los telómeros.
    2. Es una polimerasa que replica los extremos de

los cromosomas lineales.
   3. Es una topoisomerasa que interconvierte isómeros topológicos de DNA.
   4. Es una helicasa que desenrolla el DNA.
   5. Está implicada en el procesamiento de los tRNA.

25. **La carga neta de una proteína:**
   1. No depende del pH de la disolución en la que se encuentre.
   2. Es positiva a pH inferior al punto isoeléctrico.
   3. Es positiva a pH superior al punto isoeléctrico.
   4. Es cero a valores extremos de pH.
   5. Es negativa a pH inferior al punto isoeléctrico.

26. **Las chaperoninas:**
   1. Son enzimas que aceleran la conversión *cis-trans* en los residuos de prolina.
   2. Catalizan el reagrupamiento de los enlaces disulfuro.
   3. Facilitan la agregación de una proteína.
   4. Ayudan al plegamiento correcto de una proteína recién formada.
   5. Forman parte de la estructura primaria de la proteína funcional.

27. **¿Cuál de los siguientes sustratos producirá un mayor rendimiento de ATP al oxidarse por completo a CO_2 en un homogenado de células de mamífero?:**
   Supóngase que la glucólisis, el ciclo del ácido cítrico y la fosforilación oxidativa funcionan a pleno rendimiento.
   1. Piruvato.
   2. Lactato.
   3. Fructosa 1,6-bisfosfato.
   4. Fosfoenolpiruvato.
   5. Dihidroxiacetona fosfato.

28. **El Promotor es:**
   1. Complejo de proteína-RNA responsable del procesamiento de los intrones en los precursores de los mRNA eucariotas.
   2. Secuencia de RNA codificante que se traduce a un polipéptido.
   3. Complejo de proteasas dependientes de ATP.
   4. Complejo enzimático que se encuentra en la horquilla de replicación.
   5. Secuencia de DNA que puede unirse a la RNA polimerasa dando lugar a la iniciación de la transcripción.

29. **Las aminoacil-tRNA sintetasas son enzimas que:**
   1. Catalizan la síntesis de los tRNA.
   2. Catalizan la síntesis de los aminoácidos.
   3. Cargan los tRNA con el aminoácido especificado por su secuencia anticodón.
   4. Participan en la formación de los enlaces peptídicos.
   5. Procesan los precursores de los tRNA.

30. **La fosfatidilcolina y la fosfatidiletanolamina son:**
   1. Los únicos fosfolípidos sintetizados a partir del ácido fosfatídico.
   2. Los únicos fosfolípidos que forman parte de la membrana mitocondrial.
   3. Fosfolípidos de carácter básico a pH fisiológico.
   4. Fosfolípidos de carácter ácido a pH fisiológico.
   5. Fosfolípidos de carácter neutro a pH fisiológico.

31. **La gluconeogénesis es la ruta metabólica de:**
   1. Síntesis de glucógeno a partir de glucosa.
   2. Degradación de glucosa hasta piruvato.
   3. Movilización de glucógeno.
   4. Síntesis de glucosa a partir de precursores no glucídicos.
   5. Síntesis de pentosas-fosfato.

32. **El ión Ca^{2+}:**
   1. Tiene una concentración citosólica en células en reposo de 100 μM.
   2. No puede unirse a proteínas.
   3. Es un mensajero intracelular.
   4. Su concentración libre en las células aumenta mediante la introducción el agente EGTA.
   5. Activa la calmodulina cuando su concentración en el citosol supera a 1 μM.

33. **¿Qué son las lectinas?:**
   1. Proteínas que unen glúcidos con gran afinidad y especificidad.
   2. Proteínas que unen lípidos con gran afinidad y especificidad.
   3. Lípidos que unen glúcidos con gran afinidad y especificidad.
   4. Un tipo de polisacárido.
   5. Un tipo de lípido componente de las membranas biológicas.

34. **Para que una proteína se adsorba a una columna cromatográfica de intercambio aniónico:**
   1. El intercambiador debe de estar en forma aniónica.
   2. La concentración de sales tiene que ser alta.
   3. La concentración de sales debe de ser baja.
   4. El pH del tampón debe ser más ácido que el pI de la proteína.
   5. El pH del tampón debe ser más básico que el pI de la proteína.

35. **Los ácidos grasos:**

    1. Tienen sus carbonos más reducidos que los de la glucosa, por lo que su contenido calórico es inferior al de ésta.
    2. Tienen menor contenido calórico que el etanol.
    3. Sus carbonos disponen de menos electrones en los enlaces C-H que los de la glucosa.
    4. Sus carbonos poseen más electrones en los enlaces C-H que los del etanol.
    5. Sus carbonos se encuentran todos parcialmente reducidos.

36. **El inositol trifosfato:**

    1. Se produce a través de la proteína G_0.
    2. Activa la proteína quinasa C.
    3. Aumenta la concentración de AMPc.
    4. Tiene receptores en la membrana plasmática.
    5. Actúa en la membrana del retículo endoplásmico.

37. **Indique qué afirmación es correcta en relación con la glucogenolisis:**

    1. Se realiza a partir del extremo reductor del glucógeno.
    2. La primera reacción permite la obtención de glucosa-1-P sin gasto de ATP.
    3. La primera reacción utiliza ácido clorhídrico.
    4. La enzima más importante es la glucógeno sintasa.
    5. Permite la liberación de glucosa que se incorpora a la glucogenina.

38. **Al referirse a las enzimas alostéricas podemos afirmar que:**

    1. Siguen la cinética de Michaelis.
    2. Suelen poseer una sola cadena proteica.
    3. Unen sus moduladores en el mismo sitio que el sustrato.
    4. Experimentan cambios conformacionales.
    5. No son importantes en la regulación metabólica.

39. **¿Cómo se sintetizan los desoxirribonucleótidos?:**

    1. *De novo* como los ribonucleótidos.
    2. A partir de los desoxirribonucleótidos de la dieta.
    3. Por reducción de los ribonucleótidos.
    4. A partir de desoxirribosa y aminoácidos.
    5. A partir de ribosa y aminoácidos.

40. **El único aminoácido proteico aquiral es:**

    1. Glicina.
    2. Alanina.
    3. Prolina.
    4. Leucina.
    5. Isoleucina.

41. **La hemoglobina es una proteína transportadora de oxígeno. Al referirnos a los grupos hemo de la forma oxigenada podemos afirmar que:**

    1. Contienen Fe^{3+}.
    2. Tienen la quinta posición de coordinación ocupada por el oxígeno.
    3. Están unidos a las histidinas proximales.
    4. No derivan de la protoporfirina IX.
    5. Nunca pueden unirse al agua.

42. **¿Cuál de los siguientes compuestos pertenece al grupo de las glucoproteínas?:**

    1. Inmunoglobulinas.
    2. Insulina.
    3. Queratina.
    4. Tropomiosina.
    5. Todas las respuestas son verdaderas.

43. **La S-adenosilmetionina:**

    1. Es la única molécula donadora de grupos metilo en el metabolismo humano.
    2. Es un aminoácido proteico derivado de la metionina.
    3. Se sintetiza por transferencia de un grupo adenosilo desde el ATP al átomo de azufre de la metionina.
    4. Está implicada en la transferencia de azufre entre aminoácidos.
    5. Es también conocida como vitamina B_{12}.

44. **La ruta de las pentosas fosfato:**

    1. Permite la síntesis de NADH.
    2. Proporciona compuestos fundamentales para la síntesis de ácidos grasos y ácidos nucleicos.
    3. Es exclusiva de pentosas modificadas covalentemente.
    4. Implica gasto de NADPH.
    5. No existe.

45. **Un inhibidor enzimático no competitivo se distingue de otro de tipo competitivo porque:**

    1. Es de tipo irreversible.
    2. No puede eliminarse por diálisis.
    3. Modifica la Km.
    4. Reduce la actividad de la enzima por el sustrato.
    5. Puede unirse al complejo enzima-sustrato.

46. **La bomba de Na^+ y K^+ es:**

    1. Una ATPasa de membrana que requiere Na^+ y K^+ como cofactores para realizar su función.
    2. Una enzima que utiliza la hidrólisis de ATP para el transporte activo de salida de Na^+ y entrada de K^+ a través de la membrana celular.
    3. Un canal iónico constituido por porinas para

el transporte de Na⁺ y K⁺ a través de la membrana plasmática.
4. Un motivo proteico estructural en forma de cilindros β transmembranales que facilita el transporte activo de los cationes Na⁺ y K⁺.
5. Una enzima que hidroliza los fosfolípidos de membrana para suministrar la energía necesaria para el transporte activo de los cationes Na⁺ y K⁺.

47. La degeneración del código genético denota la existencia de:

1. Varios codones para un único aminoácido.
2. Codones de dos bases.
3. Tripletes que no codifican ningún aminoácido.
4. Tripletes que codifican varios aminoácidos.
5. Codones con una o varias bases modificadas.

48. La fosfofructoquinasa-1 está modulada de forma positiva por:

1. Citrato.
2. Fructosa-1,6-bisfosfato.
3. Glucosa-6-fosfato.
4. ATP.
5. AMP.

49. ¿Cuál de estas enzimas está directamente implicada en el sistema de reparación del DNA de *E. coli* basado en la escisión de nucleótidos?:

1. DNA glucosilasa.
2. AP endonucleasa.
3. Exonucleasa I.
4. DNA polimerasa I.
5. DNA metiltransferasa.

50. La hidroxiprolina:

1. Es un aminoácido muy abundante en el colágeno, que está codificado por codones diferentes a los de la prolina.
2. Es un aminoácido hidroxilado derivado de la prolina y que es esencial para la estabilización de la molécula de tubulina.
3. Se origina por modificación post-transcripcional de residuos de prolina en presencia de peróxido de hidrógeno.
4. Es esencial para la estabilización de la triple hélice de colágeno por formar enlaces covalentes con residuos de hidroxilisina.
5. Requiere ascorbato (vitamina C) para su síntesis.

51. ¿Cuál de los siguientes compuestos químicos impide la síntesis de purinas *de novo*?:

1. Aciclovir.
2. 5-Fluorouracilo.
3. Aminopterina.
4. Hidroxiurea.
5. AZT (3'-azido-3'-desoxitimidina).

52. El motivo estructural más comúnmente utilizado por las proteínas de membrana para su interacción con las bicapas lipídicas está constituido por:

1. Hélices α transmembranales.
2. Barriles de láminas β transmembranales.
3. Unidades de transmembrana hélice α - horquilla – lámina β.
4. Hélices anfipáticas compuestas por residuos hidrófobos.
5. Láminas β antiparalelas transmembranales.

53. La beta-oxidación de ácidos grasos con un número impar de carbonos:

1. Produce únicamente acetil-CoA como molécula portadora de carbono.
2. Se realiza en el citosol de las células.
3. Produce una molécula de propionil-CoA en el último ciclo.
4. No existen ácidos grasos con número impar de carbonos.
5. Es en realidad una alfa-oxidación.

54. En los eucariotas el DNA satélite:

1. Se puede separar del DNA cromosómico por centrifugación diferencial en tampón fosfato.
2. Está asociado con los lisosomas.
3. Es el mitocondrial.
4. Está asociado con los centrómeros.
5. Es el microsomal.

55. La enzima proteolítica que cataliza la conversión de fibrinógeno en fibrina es:

1. Pepsina.
2. Factor X de coagulación.
3. Quimotripsina.
4. Tripsina.
5. Trombina.

56. ¿En qué reacción del ciclo del ácido cítrico se forma FADH$_2$? Conversión de:

1. Succinato en malato.
2. Succinato en oxalacetato.
3. Succinato en fumarato.
4. Malato en oxalacetato.
5. Oxalacetato en citrato.

57. El compuesto que enlaza el ciclo de la urea con el ciclo de Krebs es:

1. Urea.
2. Aspartato.
3. Citrato.
4. Fumarato.
5. Acetil-CoA.

58. ¿Por qué el metotrexato inhibe la síntesis de

histidina y metionina?:

1. Porque la síntesis de histidina y metionina requiere NADP$^+$ y el metotrexato es un inhibidor de la síntesis de niacina.
2. Porque la síntesis de histidina y metionina depende de la enzima aspartoquinasa que es inhibida por metotrexato.
3. Porque el metotrexato inhibe la regeneración del THF requerido para la síntesis de histidina y metionina.
4. Porque la síntesis de histidina y metionina depende de la enzima aspartoquinasa que se inhibe por metotrexato.
5. Porque el metotrexato es un inhibidor competitivo de la glutamina amidotransferasa.

59. **En el ciclo de Calvin:**

    1. Se sintetizan hexosas a partir de dióxido de carbono y agua.
    2. Tienen lugar las reacciones de la fase luminosa de la fotosíntesis.
    3. Se precisa un poder oxidante en forma de NADH.
    4. Las reacciones tienen lugar en la mitocondria.
    5. Se comienza con la fijación del CO_2 a la fructosa 6-fosfato.

60. **En la formación del complejo de iniciación de la síntesis proteica en procariotas se requiere:**

    1. CTP sintetasa.
    2. Peptidil transferasa.
    3. EF-Tu.
    4. mRNA.
    5. EF-G.

61. **Durante el estado de ayuno:**

    1. La glucemia se mantiene gracias a la disminución en las concentraciones de insulina y glucagón.
    2. Los triacilgliceroles del tejido adiposo representan la fuente principal de energía.
    3. La mayoría de los ácidos grasos es capaz de proporcionar carbono para la gluconeogénesis.
    4. La glucogenolisis hepática es la única fuente de glucosa.
    5. Los eritrocitos utilizan la oxidación de los ácidos grasos como fuente de energía.

62. **Sobre los antibióticos que inhiben la síntesis de proteínas:**

    1. La estreptomicina se une a la subunidad ribosómica 30S de procariotas e impide el proceso de iniciación de la traducción.
    2. El cloranfenicol se une a la subunidad ribosómica 30S e impide la translocación.
    3. La eritromicina se une a la subunidad ribosómica 50S e inhibe la actividad peptidiltransferasa.
    4. La eritromicina, como todo antibiótico β-lactámico, impide la formación del complejo de iniciación.
    5. La tetraciclina se une a la subunidad ribosómica 50S e impide la unión del aminoacil-tRNA.

63. **Las enzimas son catalizadores biológicos de los que puede afirmarse que:**

    1. Son siempre de naturaleza proteica.
    2. Alteran el equilibrio de las reacciones en las que intervienen.
    3. Modifican la energía libre del proceso.
    4. Estabilizan el estado de transición.
    5. Siempre requieren cofactores para su actividad.

64. **El ácido esteárico es un ácido graso:**

    1. Saturado de 18 carbonos.
    2. Monoinsaturado de 18 carbonos.
    3. Esencial de la serie omega 3.
    4. Esencial de la serie omega 6.
    5. Saturado de 16 carbonos.

65. **La enzima limitante en la biosíntesis de los ácidos grasos es:**

    1. Citrato sintasa.
    2. Citrato liasa.
    3. Acil transferasa.
    4. Gliceroquinasa.
    5. Acetil-CoA carboxilasa.

66. **El AZT, que se usa en el tratamiento del SIDA, actúa en las células infectadas por el virus:**

    1. Bloqueando la producción de ATP.
    2. Inhibiendo el procesamiento del RNA.
    3. Inhibiendo la RNA polimerasa II.
    4. Inhibiendo la transcriptasa inversa.
    5. Bloqueando la síntesis de desoxirribonucleótidos.

67. **Las proteínas desacoplantes de la membrana mitocondrial:**

    1. Forman canales de protones a través de la membrana mitocondrial externa.
    2. Conducen protones desde el espacio intermembrana hasta la matriz mitocondrial, cortocircuitando la ATP sintasa.
    3. Una de ellas es la termogenina, asociada a la producción de calor en el músculo esquelético.
    4. Su función es inhibida por los nucleótidos de purina.
    5. Cuando se activan, disminuyen la cantidad de energía de la oxidación de combustible que está siendo liberada como calor.

68. **Un operador es:**

1. Un regulador alostérico de una enzima.
2. La región del promotor donde se une la subunidad sigma de la RNA polimerasa.
3. Una secuencia palindrómica del DNA donde se une el represor.
4. Un segundo mensajero que activa proteína tirosina quinasas intracelulares.
5. Un activador de un zimógeno.

69. **Los cromosomas bacterianos:**

    1. Contienen nucleosomas.
    2. Están constituidos por DNA de una sola cadena.
    3. Cuando se extienden en su conformación B tienen la misma longitud que la célula bacteriana.
    4. Se localizan en el núcleo.
    5. Se replican mucho más rápido que los cromosomas eucariotas.

70. **¿Cuál de las siguientes moléculas o iones sería transportada por difusión simple a través de la membrana plasmática del eritrocito?:**

    1. Fenilalanina.
    2. Lactosa.
    3. CO_2.
    4. Cl^-.
    5. K^+.

71. **La migración de una proteína en una electroforesis en gel de poliacrilamida con SDS depende principalmente de:**

    1. La capacidad antigénica de la proteína.
    2. El peso molecular de la proteína.
    3. La hidrofobicidad.
    4. La estructura terciaria.
    5. El punto isoeléctrico.

72. **El colesterol:**

    1. No puede ser sintetizado por el hombre y necesita ingerirlo en la dieta.
    2. Es el precursor de hormonas esteroideas como el glucagón.
    3. Es esencial para la regulación de la fluidez de las membranas de las células procariotas.
    4. Es el principal precursor metabólico del grupo hemo.
    5. Posee 27 átomos de carbono que proceden todos ellos de la acetil-CoA.

73. **En una mutación transicional:**

    1. Una purina se sustituye por una pirimidina.
    2. Se eliminan uno o varios pares de bases.
    3. Se forman dímeros de pirimidinas.
    4. Se forman dímeros de purinas.
    5. Se deleciona un gen.

74. **La enzima carbamoil fosfato sintetasa:**

    1. Cataliza la síntesis de carbono inorgánico.
    2. Cataliza la síntesis del primer sustrato del ciclo de la urea.
    3. Sintetiza carbamoil fosfato por condensación de urea y bicarbonato.
    4. Cataliza la degradación de carbamoil fosfato.
    5. Participa en la cetogénesis.

75. **La tripsina pertenece al grupo de enzimas denominado:**

    1. Hidroxilasas.
    2. Hidrolasas.
    3. Liasas.
    4. Ligasas.
    5. Transferasas.

76. **¿Cuál de los siguientes compuestos NO pertenece a la cadena respiratoria?:**

    1. Citocromo c.
    2. Citocromo oxidasa.
    3. Citocromo reductasa.
    4. Citocromo bf.
    5. NADH deshidrogenasa.

77. **Las proteínas naturales normalmente contienen el isómero L de los aminoácidos que las integran. Las EXCEPCIONES a esta regla son:**

    1. Los residuos fosforilados.
    2. Las formil-metioninas.
    3. Los residuos de glicina.
    4. Los aminoácidos aromáticos.
    5. Los residuos C-terminales.

78. **¿Por qué los fosfolípidos son los componentes mayoritarios de las membranas biológicas?:**

    1. Porque son moléculas hidrosolubles.
    2. Porque se unen mediante enlaces covalentes a las proteínas.
    3. Porque son moléculas muy hidratadas.
    4. Porque están formados por ácidos grasos saturados.
    5. Porque son moléculas anfipáticas.

79. **La "acidez estomacal", producto de nuestro agitado y acelerado estilo de vida, se trata muy a menudo con antiácidos. Con base a su conocimiento de la química ácido-base, señale cuál de los siguientes compuestos NO sería ingrediente de los antiácidos que se venden sin receta:**

    1. $NaHCO_3$.
    2. CH_3COOH.
    3. $Mg(OH)_2$.
    4. $NaAl(OH)_2CO_3$.
    5. $CaCO_3$.

80. Todos estos aminoácidos son capaces de formar puentes de hidrógeno EXCEPTO:

   1. Asparagina.
   2. Glutámico.
   3. Isoleucina.
   4. Serina.
   5. Histidina.

81. En los sistemas biológicos una reacción termodinámicamente desfavorable:

   1. Nunca puede llevarse a cabo.
   2. Tiene un incremento de energía libre neto negativo.
   3. Puede ser dirigida por otra reacción termodinámicamente favorable acoplada a ella.
   4. Es una reacción de óxido-reducción.
   5. Es aquélla en la que se sintetiza ATP.

82. Los cuerpos cetónicos:

   1. Aumentan durante el ayuno prolongado y se convierten en el principal combustible para el cerebro.
   2. Son la principal fuente energética del cerebro excepto en condiciones de ayuno prolongado.
   3. Son ácidos grasos de cadena larga con un grupo cetónico.
   4. No pueden atravesar la barrera hematoencefálica.
   5. Se producen mayoritariamente en el cerebro en condiciones de ayuno prolongado.

83. Indique cuál de las siguientes afirmaciones relacionadas con los monosacáridos es verdadera:

   1. La glucosa es una pentosa fundamental en el metabolismo.
   2. La glucosa es una cetosa.
   3. La glucosa y la galactosa son diastereoisómeros.
   4. La fructosa es el componente fundamental del almidón.
   5. Los monosacáridos más abundantes son los que tienen configuración L.

84. Los dominios proteicos se definen como:

   1. Cadenas polipeptídicas pertenecientes a la estructura cuaternaria de una proteína.
   2. Regiones globulares compactas que se encuentran dentro de una cadena polipeptídica.
   3. Los aminoácidos que conforman el centro activo de una proteína.
   4. Los núcleos hidrofóbicos a través de los cuales se pliega una proteína.
   5. Regiones de proteínas de membrana que interaccionan con las bicapas lipídicas.

85. Al realizar la representación de Lineweaver-Burk para una reacción monosustrato en presencia y en ausencia de un inhibidor, se obtienen dos líneas rectas que se cortan en el eje de abscisas, lo cual indica que:

   1. El inhibidor disminuye la Km.
   2. El inhibidor aumenta la Km.
   3. La Vmax es distinta y varía en presencia del inhibidor.
   4. El inhibidor reduce la afinidad del sustrato por el enzima.
   5. La relación Vmax/Km es igual en ambas reacciones.

86. La esfingosina es:

   1. Un ácido graso de los fosfolípidos.
   2. Un aminoalcohol que forma parte de algunos lípidos.
   3. Un fosfolípido de la membrana.
   4. Un esteroide.
   5. Un precursor de eicosanoides.

87. ¿Cuál de las siguientes enzimas NO participa en la glucólisis?:

   1. Hexoquinasa.
   2. Fosfofructoquinasa.
   3. Triosa fosfato isomerasa.
   4. Fosfoglucosa mutasa.
   5. Fosfoglucosa isomerasa.

88. La mayoría de las proteínas tiene un máximo de absorción a 280 nm. Esta propiedad se relaciona con:

   1. La presencia de residuos de treonina y serina.
   2. El estado nativo de las proteínas.
   3. La existencia de residuos de triptófano y tirosina.
   4. Los residuos de tiroxina.
   5. Los extremos amino bloqueados.

89. ¿Cuál de las enzimas siguientes da lugar a la formación de peróxido de hidrógeno?:

   1. Catalasa.
   2. Xantina oxidasa.
   3. Glutatión peroxidasa.
   4. Glutatión reductasa.
   5. Citocromo-c-oxidasa.

90. La ecuación de Henderson-Hasselbalch indica:

   1. La constante de disociación de un ácido.
   2. La capacidad disgregante de una proteasa.
   3. La curva de valoración de un aminoácido.
   4. La velocidad máxima de una enzima.
   5. La velocidad de disociación de un ácido.

91. Señale qué enzima toma parte en la ruta gluconeogénica pero NO en la glucolítica:

   1. Fructosa-2,6-bisfosfatasa.

2. Fructosa-1,6-bisfosfato aldolasa.
3. Piruvato carboxilasa.
4. Piruvato deshidrogenasa.
5. Glicerol-3-fosfato deshidrogenasa.

92. ¿Cuál de las siguientes biomoléculas presenta dos enlaces fosfoanhídrido?:

1. ATP.
2. ADP.
3. AMP.
4. 1,3-Bisfosfoglicerato.
5. Fosfoenolpiruvato.

93. La esfingomielina se sintetiza mediante la condensación de:

1. Esfingosina y acil-CoA.
2. Esfingosina y fosfatidilcolina.
3. Ceramida y fosfatidilcolina.
4. Ceramida y UDP-Glucosa.
5. Esfingomielina y UDP-Glucosa.

94. El AMP cíclico, el inositol trifosfato y el diacilglicerol son:

1. Componentes de la membrana interna de las mitocondrias.
2. Segundos mensajeros en las vías de transducción de señales.
3. Cofactores de la familia de proteína quinasas de membrana.
4. Metabolitos intermediarios en la biosíntesis de ácidos grasos.
5. Metabolitos intermediarios en la biosíntesis de acetil-CoA.

95. La rodopsina:

1. Absorbe luz ultravioleta.
2. Tiene un coeficiente de absorción inferior al del triptófano.
3. Es la molécula fotorreceptora de los bastones.
4. Se isomeriza su grupo 11-trans-retinal a su forma todo-*cis* al absorber la luz.
5. Tiene un componente proteico miembro del grupo de receptores 6TM.

96. La bilirrubina:

1. Es un anillo pirrólico muy soluble derivado de la degradación del grupo hemo.
2. Es un tetrapirrol de cadena abierta poco soluble derivado de la degradación del grupo hemo.
3. Es una de las moléculas precursoras en la biosíntesis del grupo hemo.
4. Es una sal biliar relativamente abundante en la bilis.
5. Es un producto exclusivo de la degradación de las hemoproteínas vegetales.

97. Las vitaminas liposolubles son:

1. Precursoras de las isoenzimas.
2. Moléculas anfipáticas.
3. Lípidos isoprenoides.
4. Precursoras del colesterol.
5. Moléculas ancladas a la membrana celular.

98. ¿Cuál de las siguientes opciones describe con mayor exactitud el resultado de la oxidación de un grupo acetilo hasta dos moléculas de CO_2 en el ciclo de los ácidos tricarboxílicos?:

1. 2 NADH + 3 $FADH_2$ + 1 GTP.
2. 2 NADH + 1 $FADH_2$ + 1 GTP.
3. 3 NADH + 1 $FADH_2$ + 1 GTP.
4. 1 NADH + 3 $FADH_2$ + 2 GTP.
5. 3 NADH.

99. ¿Cuál de los siguientes monosacáridos presenta un número de centros quirales distinto de los demas?:

1. Glucosamina.
2. Sedoheptulosa.
3. 6-Desoxiglucosa.
4. *N*-Acetilglucosamina.
5. Ribosa.

100. El puente de hidrógeno:

1. Es un enlace covalente que se establece entre un donador de electrones y un aceptor de protones.
2. Es un tipo de interacción iónica.
3. Es una interacción entre un átomo de H unido covalentemente a un grupo donador y un par de electrones libres de un grupo aceptor.
4. Posee una energía de enlace notablemente menor que la mayoría de los demás enlaces no covalentes.
5. Es un tipo de enlace muy frecuente entre las proteínas y los lípidos que forman parte de las membranas biológicas.

101. Las prostaglandinas:

1. Son marcadores específicos del cáncer de próstata.
2. Son derivados de ácidos grasos de cadena corta con acción hormonal.
3. Son polipéptidos relacionados, entre otros procesos, con la inducción de procesos inflamatorios.
4. Son eicosanoides derivados del ácido araquidónico que actúan como hormonas de acción local.
5. Son hormonas locales de naturaleza esteroídica.

102. Una de las reacciones del Ciclo de Krebs está catalizada por un complejo multienzimático denominado:

1. Fumarasa.
2. α-Cetoglutarato deshidrogenada.
3. Aldolasa.
4. Piruvato deshidrogenasa.
5. Glucógeno fosforilasa.

103. **Una disolución acuosa contiene DNA polimerasa I y las sales magnésicas de dATP, dGTP, dCTP y TTP. A diferentes alícuotas de esta disolución se les añaden las moléculas de DNA que se indican a continuación. ¿Cuál de ellas conduciría a la síntesis de DNA?:**

    1. Un círculo cerrado de una única cadena que contiene 1000 nucleótidos.
    2. Un círculo cerrado de doble cadena que contiene 1000 pares de nucleótidos.
    3. Un círculo cerrado de una cadena que contiene 1000 nucleótidos emparejados con una cadena lineal de 500 nucleótidos con un extremo 3'-OH libre.
    4. Una molécula lineal de doble cadena que contiene 1000 pares de nucleótidos, con el grupo 3'-OH libre en cada uno de los extremos.
    5. Ninguna de las respuestas anteriores es correcta.

104. **El ciclo de Cori:**

    1. Relaciona el metabolismo hepático con el del corazón.
    2. Es fundamental para el mantenimiento del metabolismo energético muscular durante un ejercicio intenso.
    3. Regula la concentración de algunos de los intermediarios del ciclo de los ácidos tricarboxílicos.
    4. Produce de forma neta 4 moléculas de ATP.
    5. Es una alteración metabólica detectada a una familia de Italia.

105. **El aumento de la transaminasa GPT en plasma es indicativo de:**

    1. Distrofia muscular.
    2. Lesión cardiaca.
    3. Lesión hepática.
    4. Lesión renal.
    5. Mononucleosis.

106. **El ácido δ-aminolevulínico (ALA) es:**

    1. Un metabolito intermediario de la biosíntesis del aminoácido alanina.
    2. Junto con la bilirrubina, un producto de la degradación del grupo hemo.
    3. El precursor de las biosíntesis del grupo hemo y de las clorofilas.
    4. Un aminoácido presente en la composición de proteínas de reserva de plantas y bacterias fotosintéticas.
    5. El precursor de la biosíntesis de los β-carotenos de las plantas.

107. **Indique qué afirmación sobre el catabolismo es FALSA:**

    1. Implica rutas de degradación de compuestos para obtener intermediarios metabólicos más sencillos.
    2. Implica reacciones oxidativas catalizadas por deshidrogenasas.
    3. Supone la obtención de energía en forma de ATP.
    4. Supone la obtención de transportadores electrónicos oxidados.
    5. La glucólisis y la glucogenolisis son rutas catabólicas.

108. **¿Cuál de los siguientes zimógenos NO se sintetiza en el páncreas?:**

    1. Quimotripsinógeno.
    2. Pepsinógeno.
    3. Tripsinógeno.
    4. Procarboxipeptidasa.
    5. Proelastasa.

109. **¿Cuál de las siguientes afirmaciones con respecto a la RNA polimerasa de *E. coli* es FALSA?:**

    1. La holoenzima tiene varias subunidades.
    2. La enzima no sintetiza RNA en ausencia de DNA.
    3. La enzima puede unirse a regiones específicas del DNA pero no inicia la síntesis sin el factor sigma.
    4. La enzima añade nucleótidos al extremo 3' de la cadena creciente de RNA.
    5. El RNA producido es totalmente complementario al DNA molde.

110. **Una proteína integral o intrínseca:**

    1. Requiere un tratamiento mediante detergentes para solubilizarla.
    2. Se designa así atendiendo a su integridad estructural.
    3. Son solubles en disolventes polares.
    4. Tienen largos segmentos constituidos por aminoácidos de naturaleza hidrófila.
    5. Posee una función exclusivamente de reserva.

111. **En la fermentación láctica:**

    1. Actúa la alcohol deshidrogenasa.
    2. Se obtiene CO_2.
    3. Se oxida NADH.
    4. Hay transferencia de grupos fosforilo.
    5. Hay una deshidratación.

112. **Las proteínas son macromoléculas con diversos niveles estructurales. Al referirnos a sus estructuras primarias, ¿cuál de las siguientes afirmaciones es FALSA?:**

1. Son polímeros lineales no ramificados.
2. Están codificadas en los genes.
3. Determinan el tipo de estructuras secundarias.
4. Pueden modificarse en presencia de detergentes.
5. Tienen polaridad.

113. **Los aminoácidos, en su punto isoeléctrico:**

    1. Aparecen como mezcla racémica de las formas L y D.
    2. Se encuentran en forma de ión dipolar.
    3. Poseen carga neta.
    4. Presentan capacidad de tamponamiento a pH fisiológico.
    5. Actúan como ácidos fuertes.

114. **La regulación hormonal vía insulina implica la inhibición, entre otras rutas metabólicas, de:**

    1. Gluconeogénesis y glucogenogénesis.
    2. Glucólisis y glucogenolisis.
    3. Gluconeogénesis y glucogenolisis.
    4. Glucólisis y glucogenogénesis.
    5. Glucólisis y gluconeogénesis.

115. **Las secuencias codificantes de los genes se denominan:**

    1. Exones.
    2. Intrones.
    3. Espliceosomas.
    4. Secuencias intercaladas.
    5. Microsatélites.

116. **La DNA polimerasa I:**

    1. Posee actividad DNA ligasa.
    2. Si además del resto de los componentes necesarios se le suministra γ^{32} PdGTP el DNA resultante será radiactivo.
    3. Tiene actividad 3'→5' exonucleasa.
    4. Se transcribe por la RNA polimerasa.
    5. La reacción que cataliza es termodinámicamente desfavorable.

117. **El glucógeno:**

    1. Sólo contiene enlaces alfa 1-4.
    2. Sólo contiene enlaces beta 1-6.
    3. Contiene enlaces beta 1-4 exclusivamente.
    4. Contiene enlaces alfa 1-4 y alfa 1-6.
    5. Ninguna es correcta.

118. **Un sistema de transporte activo secundario:**

    1. No se satura por el ligando.
    2. Se denominan también de cotransporte.
    3. Transporta solutos en contra del gradiente de concentración utilizando la energía del ATP.
    4. El ligando que se transporta se une inespecíficamente al transportador.
    5. Es el utilizado por los canales de voltaje.

119. **La mayoría de los vertebrados terrestres:**

    1. Eliminan la mayor parte del ion amonio excedente en forma de ácido úrico.
    2. Eliminan la mayor parte del ion amonio excedente directamente por la orina.
    3. Transforman urea en ion amonio mediante el ciclo de la urea para facilitar la excreción de nitrógeno.
    4. Convierten el ion amonio excedente en urea para su excreción.
    5. Son uricotélicos a semejanza de las aves.

120. **El proceso de traducción en eucariotas:**

    1. Se realiza simultáneamente al proceso de transcripción.
    2. Comienza a partir de la secuencia Shine-Dalgarno.
    3. Comienza en el codón de iniciación más próximo a la caperuza en el extremo 5' del RNA mensajero.
    4. Se refiere a la capacidad para duplicarse del DNA.
    5. Se realiza en el núcleo celular.

121. **Los psoralenos son:**

    1. Furocumarinas.
    2. Piridinocumarinas.
    3. Indoles.
    4. Pirrolcumarinas.
    5. Carbazoles.

122. **Los carbenos tripletes tienen:**

    1. Dos electrones desapareados, un par en un orbital sp^2 y un orbital p vacío.
    2. Dos electrones desapareados, uno en un orbital sp^2 y otro en un orbital p.
    3. Tres electrones, dos en un orbital sp^2 y otro en un orbital p.
    4. Tres electrones, dos en un orbital p y otro en un orbital sp^2.
    5. Un electrón en un orbital p.

123. **Indicar qué utiliza como oxidante el reactivo de Swern:**

    1. Clorocromato de piridinio.
    2. Trióxido de cromo.
    3. Dicromato de sodio.
    4. Dióxido de manganeso.
    5. Dimetilsulfóxido.

124. **El farnesil difosfato es el precursor fundamental de los:**

    1. Monoterpenos.
    2. Sesquiterpenos.
    3. Diterpenos.

4. Sesterterpenos.
5. Triterpenos.

125. **Por reacción de cetonas con perácidos se producen:**

    1. Ésteres.
    2. Amidas.
    3. Éteres.
    4. Olefinas.
    5. Acetilenos.

126. **El orden de reactividad de los derivados de ácidos carboxílicos es:**

    1. Anhídridos > cloruros de ácido > tioésteres > ésteres > amidas.
    2. Cloruros de ácido > tioésteres > ésteres > amidas > anhídridos.
    3. Cloruros de ácido > anhídridos > tioésteres > ésteres > amidas.
    4. Cloruros de ácido > anhídridos > tioésteres > amidas > ésteres.
    5. Cloruros de ácido > anhídridos > amidas > tioésteres > ésteres.

127. **¿Cuántos estereoisómeros tiene el 2,3-dibromobutano?:**

    1. Uno.
    2. Dos.
    3. Tres.
    4. Cuatro.
    5. Ninguno.

128. **El nombre genérico para un grupo de compuestos clorofluorocarbonados que se utilizan como refrigerantes, propelentes y disolventes, es:**

    1. Uretanos.
    2. Nylon.
    3. Rayon.
    4. Poliamidas.
    5. Freones.

129. **La deoxigenación de un aldehído o cetona, mediante la conversión en hidrazona seguida de tratamiento con base fuerte se conoce como reducción de:**

    1. Wolff-Kishner.
    2. Clemensen.
    3. Meerwein-Pondorf-Verley.
    4. Birch.
    5. Opennauer.

130. **Cuando el 4-cloro-1-butanol se trata con hidróxido de sodio, se obtiene:**

    1. Furano.
    2. Tetrahidrofurano.
    3. Pirano.
    4. Dioxano.
    5. Oxetano.

131. **Los compuestos nitrogenados básicos encontrados principalmente en plantas, pero también en microorganismos y animales se conocen como:**

    1. Terpenos.
    2. Lignanos.
    3. Alcaloides.
    4. Prostaglandinas.
    5. Policétidos.

132. **El principio que establece, que en cualquier equilibrio, la secuencia de intermedios y estados de transición encontrados conforme los reactivos se convierten en productos en una dirección, también debe encontrarse, en el orden precisamente inverso en la dirección opuesta, se conoce como principio de:**

    1. Acción y reacción.
    2. Entropía.
    3. Bayer.
    4. Le Chatelier.
    5. Reversibilidad microscópica.

133. **Si un átomo de carbono está unido a dos hidrógenos y a dos grupos diferentes, los dos hidrógenos se denominan:**

    1. Enantiotópicos.
    2. Diastereotópicos.
    3. Homotópicos.
    4. Idénticos.
    5. Iguales.

134. **Cuando un nucleófilo ataca al grupo carbonilo de un derivado de ácido carboxílico el enlace π carbono-oxígeno se rompe. El producto que se obtiene se denomina un intermedio:**

    1. Polar.
    2. Tetraédrico.
    3. Electrofílico.
    4. Nucleofílico.
    5. Trigonal.

135. **Los aldehídos reaccionan con los alcoholes en un proceso de equilibrio dando lugar a:**

    1. Cianidrinas.
    2. Hidratos.
    3. Ésteres.
    4. Hemiacetales.
    5. Acetales.

136. **La formación de derivados 1,3-dioxolanos, acetales cíclicos utilizados en protección de carbonilos se cataliza con:**

    1. Bases.
    2. Metales.
    3. Ácidos.

4. Alcoholes.
5. Sales de amonio.

137. ¿Cuál de los siguientes reactivos es una especie NO electrofílica?:

1. Br_2.
2. HCl.
3. HBr.
4. H_2SO_4.
5. PH_3.

138. Los tres tipos de reacciones pericíclicas son:

1. Cicloadiciones, reordenamientos sigmatrópicos, reacciones electrocíclicas.
2. Cicloadiciones, reordenamientos sigmatrópicos, reacciones de sustitución nucleófila.
3. Cicloadiciones, reordenamientos sigmatrópicos, reacciones de sustitución electrofílica.
4. Cicloadiciones, reacciones de sustitución electrofílica, reacciones de sustitución nucleofílica.
5. Reacciones de adición, reacciones de sustitución electrofílica, reacciones de sustitución nucleofílica.

139. El reordenamiento [3,3] sigmatrópico de un alilvinil éter se conoce como reordenamiento:

1. De Wagner-Meerwein.
2. De McLafferty.
3. De Cope.
4. De Claisen.
5. Polar.

140. La coordinación de dos heteroátomos que poseen pares de electrones solitarios al mismo átomo metálico se conoce como:

1. Efecto hiperconjugativo.
2. Efecto mesómero.
3. Efecto metálico.
4. Efecto inductivo.
5. Quelación.

141. Las reacciones de sustitución electrófila aromática son las más importantes de:

1. Piridina.
2. Benceno.
3. Butano.
4. Butadieno.
5. Alquinos.

142. El caucho natural es un polímero de:

1. 1-metil-1,3-butadieno.
2. 2-metil-1,3-pentadieno.
3. 2-metil-1,3-butadieno.
4. 1-metil-1,3-pentadieno.
5. Butadieno.

143. La reacción de Chichibabin es un ejemplo de sustitución nucleófila en un anillo de:

1. Piridina.
2. Benceno.
3. Antraceno.
4. Bifenilo.
5. Pirrol.

144. El ión arenio es un intermedio de reacción que se forma en las reacciones de:

1. Adición electrofílica.
2. Adición nucleofílica.
3. Sustitución electrofílica aromática.
4. Sustitución nucleofílica aromática.
5. Eliminación.

145. Los compuestos ciclopropánicos se pueden conseguir por reacción de carbenos y carbenoides con:

1. Alcanos.
2. Alcoholes.
3. Amidas.
4. Alquenos.
5. Aldehídos.

146. El acoplamiento catalizado por paladio de un alquino terminal con un haluro de vinilo o arilo se conoce como reacción de:

1. Stille.
2. Heck.
3. Sonogashira.
4. Chichibabin.
5. Suzuki.

147. El dimetilsulfóxido (DMSO):

1. Es un disolvente polar aprótico.
2. Es un disolvente polar prótico.
3. No es un disolvente.
4. Es un sólido incoloro.
5. Ninguna de las anteriores.

148. Por reacción de carbonilos con aminas primarias y secundarias se obtienen:

1. Iminas y oximas.
2. Oxazonas e hidrazonas.
3. Iminas y enaminas.
4. Semicarbazonas y nitronas.
5. Ninguna de las anteriores.

149. ¿Cuál de los siguientes cationes es el más estable?:

1. *Terc*-butilo.
2. Butilo.
3. Metilo.
4. Alilo.
5. Isopropilo.

150. **El tribromuro de fósforo reacciona con alcoholes para formar:**

    1. Olefinas y ácido fosfórico.
    2. Olefinas y alcanos.
    3. Bromuros de alquilo y ácido fosfórico.
    4. Bromuros de alquilo y ácido fosforoso.
    5. Ésteres y ácido fosfórico.

151. **Por reacción de hidroboración-oxidación de alquenos se obtienen:**

    1. Carbonilos.
    2. Ácidos.
    3. Alcoholes.
    4. Aminas.
    5. Ninguna de las anteriores.

152. **¿Cuál de los siguientes aniones es el más nucleófilo?:**

    1. Fluoruro.
    2. Cloruro.
    3. Bromuro.
    4. Hidróxido.
    5. Hidrosulfuro.

153. **En los haloalcanos C-X, conforme disminuye el tamaño de X, la fuerza del enlace C-X:**

    1. Aumenta.
    2. Disminuye.
    3. No varía.
    4. Varía arbitrariamente.
    5. Ninguna de las anteriores.

154. **Existen tres anillos de cinco miembros diazoles o triazoles benzofusionados con un solo anillo bencénico, que son:**

    1. Indazol, benzoimidazol, benzotriazol.
    2. Indazol, indol, benzotriazol.
    3. Indazol, pirrol, benzotriazol.
    4. Indol, benzoimidazol, benzotriazol.
    5. Piridina, benzoimidazol, benzotriazol.

155. **Los aldehídos reaccionan con las aminas primarias dando unos compuestos conocidos como:**

    1. Hidrazonas.
    2. Oximas.
    3. Bases de Schiff.
    4. Enaminas.
    5. Azinas.

156. **Un método industrial de preparación de etino utiliza la reacción de:**

    1. Benceno con hidrógeno y calor.
    2. Robinson intermolecular.
    3. Perkin intramolecular.
    4. Carbón con hidrógeno a temperaturas elevadas.
    5. Ninguna de las anteriores.

157. **¿Cuál de los siguientes ácidos carboxílicos presenta una mayor acidez?:**

    1. Fluoroacético.
    2. Cloroacético.
    3. Hidroxiacético.
    4. Acético.
    5. Tricloroacético.

158. **Indicar cuál de los siguientes compuestos se descarboxila con mayor facilidad en condiciones suaves:**

    1. α-aminoácido.
    2. β-lactamas.
    3. β-cetoácido.
    4. δ-lactonas.
    5. Ninguna de las anteriores.

159. **Cuando un reactivo de Grignard se trata con dióxido de carbono se forma un:**

    1. Éter.
    2. Ácido.
    3. Alcohol primario.
    4. Alcohol secundario.
    5. Alcohol terciario.

160. **Las reacciones pericíclicas son procesos:**

    1. Iónicos y regioselectivos.
    2. Radicalarios y estereoselectivos.
    3. Catiónicos y estereoespecíficos.
    4. Concertados y estereoespecíficos.
    5. Ninguna de las anteriores.

161. **La reacción de oxidación de Baeyer Villiger transforma las cetonas acíclicas en:**

    1. Ácidos.
    2. Ésteres.
    3. Anhídridos.
    4. Lactosas.
    5. Lactidas.

162. **La reacción de hidrogenación catalítica de un alqueno es una:**

    1. Adición *anti* estereoespecífica.
    2. Adición *sin*, regioespecífica.
    3. Adición *sin*, estereoespecífica.
    4. Adición polar.
    5. Ninguna de las anteriores.

163. **La anelación de Robison es un método sintético para la obtención de derivados de:**

    1. Ciclopentanona.
    2. Ciclohexanol.

3. Ciclopentenona.
4. Ciclohexenona.
5. Hexenona.

164. El heterociclo de seis miembros totalmente insaturado con un oxígeno que soporta una carga positiva en el mismo se denomina:

    1. Furanilo.
    2. Catión pirilio.
    3. Pirano.
    4. Furano.
    5. Oxirano.

165. Los anillos heterocíclicos saturados de cuatro miembros que contienen un único oxígeno se denominan:

    1. Oxanos.
    2. Oxetanos.
    3. Oxiranos.
    4. Oxolanos.
    5. Dioxanos.

166. Un sustituyente alquilo en un anillo aromático, activa este anillo frente a la sustitución electrofílica aromática, por:

    1. Sustracción electrónica por efecto conjugativo.
    2. Sustracción electrónica por efecto inductivo.
    3. Donación electrónica por efecto conjugativo.
    4. Donación electrónica por efecto inductivo.
    5. Donación electrónica por efecto conjugativo y sustracción por efecto inductivo.

167. ¿Cuál de los alquenos que se relacionan a continuación es el más estable?:

    1. 2-metil-2-buteno.
    2. 2-metil-1-buteno.
    3. (E)-2-buteno.
    4. (Z)-2-buteno.
    5. 1-buteno.

168. Las reducciones de anillos aromáticos con metal-amoniaco-alcohol se conocen con el nombre de reducciones:

    1. Bencílicas.
    2. Pinacolínicas.
    3. Meerwein-Pondorf-Verley.
    4. Birch.
    5. Huang-Milon.

169. Las tres posibles metilpiridinas también se conocen como:

    1. Pirimidinas.
    2. Imidazolinas.
    3. Picolinas.
    4. Purinas.
    5. Indolizidinas.

170. El agua, los alcoholes y los ácidos carboxílicos se clasifican como disolventes:

    1. No polares próticos.
    2. Polares próticos.
    3. No polares apróticos.
    4. Polares apróticos.
    5. Iónicos.

171. El cianuro de potasio es tóxico porque:

    1. El ión cianuro se coordina fuertemente a los átomos de hierro de la hemoglobina.
    2. El ión cianuro puede reducirse hasta cianógeno.
    3. El ión cianuro oxida irreversiblemente a la desoxihemoglobina.
    4. El ión cianuro es isoelectrónico con el CO_2.
    5. El cianuro potásico no se hidroliza en el estómago.

172. Para un número cuántico principal n igual a 2, ¿cuál es el número de orbitales atómicos posible?:

    1. Dos.
    2. Cuatro.
    3. Nueve.
    4. Uno.
    5. Dieciséis.

173. El peróxido de hidrógeno, que puede encontrarse en el comercio como disolución acuosa (agua oxigenada) es:

    1. Un compuesto termodinámicamente estable.
    2. Un ácido más débil que el agua.
    3. Un líquido con mayor punto de ebullición que el agua.
    4. Un compuesto estable en presencia de sales de Fe^{3+}.
    5. Consta de moléculas planas.

174. El etanol se disuelve bien en agua debido a que:

    1. El etanol es una molécula lineal.
    2. El etanol forma enlaces de hidrógeno con el agua.
    3. El etanol está muy disociado dado su carácter ácido.
    4. El etanol se convierte rápidamente en ácido acético (que sí es soluble).
    5. El agua se autodisocia.

175. El plomo metálico es atacado con facilidad por el ácido:

    1. Sulfúrico.
    2. Clorhídrico.
    3. Fluorhídrico.
    4. Nítrico.
    5. Acético (en ausencia de aire).

176. **El empleo de sales de litio (como el carbonato) en medicina se fundamenta en que:**

    1. El litio es uno de los elementos esenciales.
    2. El litio no presenta efectos secundarios.
    3. El litio tiene efectos antidepresivos.
    4. El litio estimula el buen funcionamiento del riñón.
    5. Las sales de litio son insolubles en agua.

177. **¿Qué orbital atómico tiene valores de n=4 y l=2?:**

    1. 4f.
    2. 4d.
    3. 4p.
    4. 3d.
    5. 3p.

178. **El óxido de calcio:**

    1. Se obtiene habitualmente a partir de sus elementos.
    2. Es el único compuesto conocido que forman el oxígeno y el calcio.
    3. Tiene estructura de rutilo.
    4. Tiene un punto de fusión en torno a los 100ºC.
    5. Reacciona con el agua y el dióxido de carbono.

179. **El H_2S es otro de los posibles contaminantes de la atmósfera, el cual:**

    1. Se encuentra en el gas natural.
    2. No puede obtenerse por reacción entre el azufre y el hidrógeno.
    3. No reacciona con amoniaco.
    4. Cuando arde produce exclusivamente SO_2.
    5. No es soluble en agua.

180. **El CO_2 es más soluble que el O_2 en agua a 20ºC porque:**

    1. Tiene mayor momento dipolar.
    2. Tiene mayor peso molecular.
    3. El dióxido de carbono reacciona con el disolvente.
    4. Las moléculas diatómicas son insolubles en agua.
    5. El CO_2 se licua más fácilmente.

181. **La ingesta de compuestos de plomo puede producir envenenamiento agudo, siendo más alto el riesgo si se trata de:**

    1. Sulfato de plomo.
    2. Sulfuro de plomo.
    3. Pb_3O_4.
    4. Acetato de plomo.
    5. Sales de plomo.

182. **¿En cuál de las siguientes moléculas el átomo central viola la regla del octeto?:**

    1. H_2S.
    2. CH_4.
    3. HCN.
    4. SO_2.
    5. CO_2.

183. **A 25ºC y a presión atmosférica el amoniaco es un gas que:**

    1. Es paramagnético.
    2. Arde en oxígeno puro sin catalizadores para dar principalmente NO y H_2O.
    3. Todavía no se ha podido obtener a partir de sus elementos.
    4. Al disolverse en agua no produce cambios de pH en el medio.
    5. En estado líquido es capaz de disolver calcio metálico.

184. **El dióxido de azufre es una sustancia clave para la industria y un posible contaminante de la atmósfera, el cual:**

    1. No reacciona con oxígeno sin la ayuda de catalizadores.
    2. No puede obtenerse partiendo de piritas.
    3. No reacciona con el agua.
    4. Puede obtenerse a partir de azufre.
    5. Se forma por deshidratación del ácido sulfúrico.

185. **El aluminio metálico es estable al aire porque:**

    1. Es un metal noble como el oro.
    2. En contacto con el aire se forma una capa de óxido impermeable.
    3. Se ha recubierto previamente con una capa de cinc, (galvanizado del aluminio).
    4. Hasta los 100ºC el metal es totalmente inerte.
    5. Se recubre con una capa de nitruro de aluminio impermeable.

186. **El monóxido de carbono, CO:**

    1. Forma un complejo con el hierro de la hemoglobina aun cuando la presión parcial del CO sea baja.
    2. Reacciona con el agua a temperatura ambiente dando ácido fórmico.
    3. Prácticamente no reacciona con H_2, ni en las condiciones más extremas.
    4. Actúa como ligando en poquísimos compuestos de coordinación.
    5. Impide la reducción de los óxidos de hierro en el alto horno.

187. **El ácido nítrico:**

    1. Es un ácido débil.
    2. Industrialmente se emplea para obtener amoniaco.

3. Es biocompatible, no ataca los tejidos.
4. Se emplea para preparar fertilizantes.
5. Disuelve el oro.

188. ¿Cuál de las siguientes moléculas es polar?:

1. CF_4.
2. CHF_3.
3. BBr_3.
4. CS_2.
5. $SiCl_4$.

189. El cobre es un metal:

1. De color rojo debido a impurezas de óxido de cobre (I).
2. Que es atacado rápidamente por el HCl (en ausencia de aire).
3. Se disuelve en ácido nítrico desprendiendo hidrógeno.
4. Forma aleación con cinc llamada latón.
5. Peor conductor eléctrico que el hierro.

190. El fósforo blanco arde en el aire a una temperatura ligeramente superior a 50ºC con una llama amarilla para dar P_4O_{10}:

1. Es una información correcta.
2. Es falso porque en esas condiciones se obtiene fundamentalmente P_4O_8.
3. Es falso, es el fósforo violeta el que reacciona a esa temperatura.
4. Es falso, esa reacción sólo tiene lugar a 1000ºC.
5. Sólo ocurre si hay un 10% de O_3 en volumen.

191. La configuración electrónica del argón en su estado fundamental es:

1. $1s^2$.
2. $1s^2 2s^2 2p^6$.
3. $1s^2 2s^2 2p^6 3s^2 3p^6$.
4. $1s^2 2s^2 2p^6 3s^2 3p^3$.
5. $1s^2 2s^2 2p^6 3s^2 3p^6 3d^{10} 4s^2 4p^6$.

192. Al pasar una corriente de cloro por agua:

1. El halógeno se disuelve parcialmente en agua y da un pH ácido.
2. El gas se disuelve pero el agua permanece a pH 7.
3. Resulta una disolución básica.
4. (A oscuras) se produce una reacción violenta y se genera O_2.
5. No pasa nada, el cloro es insoluble en agua.

193. Sólo se conocen compuestos de oxígeno en los siguientes estados de oxidación:

1. -2, -1 y 0.
2. -2, -1, -1/2 y 0.
3. -2, -1, -1/2, -1/3 y 0.
4. -2, -1, -1/2, 0 y +1/2.
5. -2, -1, -1/2, -1/3, 0 y +1/2.

194. ¿Cuál de las siguientes moléculas diatómicas es paramagnética?:

1. H_2.
2. Li_2.
3. C_2.
4. O_2.
5. F_2.

195. ¿Por qué es posible utilizar el yodo como trazador en aplicaciones médicas?:

1. El yodo sólo tiene un isótopo natural y es radiactivo.
2. El yodo natural tiene varios isótopos radiactivos.
3. El isótopo yodo-131, producido artificialmente, es un emisor beta.
4. El yodo es más abundante que el flúor.
5. El yodo es muy soluble en agua.

196. ¿Cuál de las siguientes moléculas contiene un eje propio de orden 6?:

1. Benceno.
2. Boracina.
3. Piridina.
4. S_6.
5. Metano.

197. El llamado arsénico, que es un sólido blanco algo soluble en agua conocido como veneno desde muy antiguo, es:

1. El arsénico elemental.
2. El sulfuro de arsénico.
3. El trióxido de arsénico.
4. El ácido arsenioso.
5. El carbonato de arsénico.

198. Dos nucleidos que ocupan el mismo lugar en la tabla periódica son:

1. Isótonos.
2. Isótopos.
3. Isócronos.
4. Isomorfos.
5. Isóbaros.

199. ¿Cuántos grados de libertad vibracionales posee una molécula $SiCl_4$?:

1. Cinco.
2. Seis.
3. Siete.
4. Ocho.
5. Nueve.

200. El grupo puntual al que pertenece un ión quiral puede incluir los elementos de simetría:

1. i.
2. σ$_h$.
3. S$_n$.
4. C$_n$.
5. σ$_v$.

201. Un disolvente diferenciador es aquél que permite diferenciar:

1. Los ácidos de las bases.
2. Los ácidos de las especies anfóteras.
3. La fuerza entre ácidos.
4. Los ácidos cargados de los neutros.
5. Las bases cargadas de las neutras.

202. Un puente salino en una célula electroquímica sirve para cerrar el circuito eléctrico y por él:

1. Pasan sólo electrones.
2. Pasan electrones y aniones.
3. Sólo existe migración iónica.
4. Pasa agar-agar.
5. Pasan electrones y cationes.

203. En una volumetría ácido-base, el criterio de cuantitatividad de la reacción de neutralización se establece para un valor de la constante de equilibrio superior a 10^4 (log K_e = 4). ¿Podrá valorarse cuantitativamente un ácido HA (pK_b = 4.1) con una base B (pK_b = 5.5)?:

1. No, porque log K_e = -4.4.
2. Sí, porque log K_e = 4.4.
3. No, porque log K_e = 1.4.
4. Sí, porque log K_e = 9.6.
5. Sí, porque log K_e = 12.6.

204. En cromatografía líquida en fase inversa, la fase móvil es:

1. Más polar que la fase estacionaria.
2. Menos polar que la fase estacionaria.
3. Indiferente.
4. Helio.
5. CO_2 en condiciones críticas.

205. Los biosensores enzimáticos aprovechan analíticamente las reacciones catalizadas por enzimas. En muchas de estas reacciones el analito se oxida en presencia de oxígeno y se genera peróxido de hidrógeno. Para la determinación:

1. Se mide la concentración de peróxido de hidrógeno por un método colorimétrico, empleando un agente reductor cromóforo.
2. Se mide la concentración de peróxido de hidrógeno amperométricamente, aplicando un potencial de oxidación al electrodo.
3. Se mide la concentración de peróxido de hidrógeno por un método quimioluminiscente, en presencia de luminol.
4. Se mide la concentración de oxígeno por un método amperométrico con un electrodo de Clark.
5. Todas las anteriores son válidas.

206. En la determinación de sodio por espectrometría de emisión atómica en llama se puede observar que la intensidad de emisión aumenta en presencia de potasio porque:

1. El potasio constituye una interferencia espectral.
2. Se forman óxidos mixtos refractarios en la llama.
3. El potasio suprime la ionización del sodio.
4. La nebulización de la muestra es más eficaz.
5. Ninguna de las anteriores es correcta.

207. Los valores de pK_a del ácido carbónico son pK_1 = 6.4 y pK_2 = 10.3. La curva de valoración de una disolución de carbonato sódico 0.1 M con ácido clorhídrico 0.1 M muestra:

1. Un punto final a pH 8.35.
2. Un punto final a pH 8.35 y otro peor definido a pH 3.90.
3. Un punto final a pH 3.90.
4. Un punto final a pH 10.3 y otro peor definido a pH 6.4.
5. Un punto final al añadir un exceso de valorante.

208. Las técnicas de espectrometría de emisión en plasma por acoplamiento inductivo (ICP) e ICP-espectrometría de masas tienen sobre la espectrometría de fluorescencia atómica o la espectrometría de absorción atómica con vaporización electrotérmica la ventaja de que:

1. Los límites de detección son 100-1000 veces más bajos.
2. La posibilidad de determinaciones analíticas multielementales.
3. Es posible la determinación de un mayor número de elementos.
4. Las muestras de composición más compleja son más fáciles de analizar.
5. Las muestras han de ser necesariamente sólidos.

209. Para determinar un compuesto por gravimetría se aplica un método de precipitación homogénea. Por tanto:

1. No se forman partículas sólidas visibles en la disolución.
2. No se forma precipitado.
3. Se genera el reactivo valorante en el seno de la disolución.
4. El reactivo valorante se añade gota a gota dejándolo resbalar por las paredes del recipiente.
5. La disolución del reactivo valorante es homogénea con la de la muestra.

210. Para la determinación del contenido de inmunoglobulina G2a (anti-histamina) en una muestra de sangre, la técnica más apropiada es:

1. La cromatografía líquida de adsorción.
2. La electroforesis zonal.
3. La cromatografía de gases.
4. La cromatografía de afinidad.
5. La cromatografía supercrítica.

211. La ecuación de Van Deemter puede escribirse mediante la expresión H = A + B/u + Cu. ¿Qué expresa el término B?:

1. La altura de plato teórico.
2. La velocidad lineal de la fase móvil.
3. La difusión longitudinal.
4. Coeficiente de transferencia de materia en fase estacionaria.
5. Coeficiente de transferencia de materia en fase móvil.

212. Un potenciostato es un instrumento que utiliza tres electrodos para controlar el potencial del electrodo de trabajo y se caracteriza por:

1. Tener un electrodo de gotas de mercurio.
2. Tener un electrodo de calomelanos.
3. Porque la electrolisis se realiza entre el electrodo auxiliar y el electrodo de trabajo.
4. Porque por el electrodo auxiliar no pasa corriente.
5. Porque la electrolisis se realiza entre el electrodo auxiliar y el electrodo de referencia.

213. Empleando una disolución de NH_3 0.2 M se desea preparar una disolución reguladora NH_4^+/NH_3 de máxima capacidad reguladora, con una concentración total 0.1 M. Si pK_a (NH_4^+) = 9.2:

1. Debe diluirse al doble la disolución de NH_3 con agua.
2. Debe mezclarse un volumen de la disolución de NH_3 con el mismo volumen de otra disolución de HCl 0.1 M.
3. Debe diluirse al doble la disolución de NH_3 con otra de HCl 0.2 M.
4. Debe añadirse el volumen necesario de HCl 0.2 M hasta pH 9.2.
5. Debe añadirse el volumen necesario de HCl conc. hasta pH 4.8.

214. La dispersión de luz:

1. Es siempre una interacción inelástica entre la luz y la materia.
2. Por las moléculas que componen el aire tiene lugar sólo en una dirección, razón por la cual podemos ver un objeto claramente.
3. Representa una fracción de la luz que se utiliza en técnicas analíticas espectroscópicas.
4. No puede ser base de un método analítico ya que se trata sólo de una forma de interferencia espectral.
5. No cumple ninguna de las anteriores premisas.

215. Un electrodo combinado de pH consta de un electrodo de vidrio y un electrodo de referencia y además:

1. Tiene un puente salino que es necesario para efectuar las medidas.
2. No tiene puente salino. No es necesario.
3. Tiene una disolución interna de NaOH 0.1 M.
4. Tiene una disolución interna de etanol 0.1 M.
5. Tiene una disolución interna de Ca^{2+} 0.1 M.

216. El límite de confianza de un valor predicho por la recta de regresión es menor si la señal analítica medida (y) está situada en:

1. El centro del calibrado.
2. Dos veces el límite de detección.
3. Tres veces el límite de cuantificación.
4. Dos veces el rango lineal.
5. Tres veces el límite de detección.

217. En la separación de los hidrocarburos aromáticos policíclicos benceno, naftaleno, pireno, antraceno y criseno y por cromatografía líquida sobre una columna C18 y una fase móvil metanol-agua, el orden de elución es:

1. Benceno, naftaleno, pireno, antraceno y criseno.
2. Benceno, pireno, naftaleno, antraceno y criseno.
3. Criseno, benceno, naftaleno, pireno y antraceno.
4. Criseno, naftaleno, antraceno, benceno y pireno.
5. Benceno, naftaleno, antraceno, pireno y criseno.

218. El valor del coeficiente de reacción secundaria de un ligando complejante es siempre:

1. Igual o superior a cero.
2. Igual a 1.
3. Superior a 1.
4. Igual o superior a 1.
5. Menor que 1.

219. Un electrodo selectivo de calcio se caracteriza por:

1. Tener una membrana que es un cristal sólido.
2. Tener una membrana líquida.
3. Tener una disolución interna de HCl 0.1 M.
4. Ser un electrodo de platino platinado.
5. Ser un electrodo basado en sales de plata.

220. El análisis de un agua proporciona una concentración media de Ca^{2+} de 70 mg/ml, con un límite de confianza de ± 3 mg/ml, para n = 10, y

t de Student al 95%. Este resultado significa que:

1. Hay un 5% de probabilidad de que el valor verdadero se encuentre entre 67 y 73 mg/ml.
2. Hay un 95% de probabilidad de que el valor verdadero sea igual a 70 mg/ml.
3. Hay un 95% de probabilidad de que el valor medio sea menos exacto que cualquiera de los resultados.
4. Hay un 5% de probabilidad de que haya que rechazar algún dato.
5. Hay un 95% de probabilidad de que el valor verdadero se encuentre entre 67 y 73 mg/ml.

221. Cuando la radiación en la región visible del espectro electromagnético interacciona con la materia tienen lugar transiciones:

1. En las capas electrónicas internas de los átomos.
2. En las capas electrónicas externas de los átomos.
3. Núcleo-spin.
4. Electrónicas ionizantes.
5. Que no corresponden a ninguno de los casos anteriores.

222. El cloruro sódico puede ser valorado con Ag^+ mediante el método de Mohr utilizando CrO_4^{2-} como indicador. ¿Qué cambio de color se produce en el punto final?:

1. Rojo → amarillo.
2. Incoloro → verde.
3. Incoloro → amarillo.
4. Verde → incoloro.
5. Amarillo → incoloro.

223. En cromatografía líquida de intercambio catiónico, el grupo funcional responsable de la separación puede ser:

1. Un sulfonato.
2. Una amina secundaria.
3. Un carbamato.
4. Una amina primaria.
5. Un benceno.

224. El valor de la constante condicional de un quelato metálico:

1. Disminuye generalmente al disminuir el pH de la disolución.
2. Aumenta generalmente al aumentar la concentración de un complejante secundario.
3. No depende de la temperatura.
4. No depende de la composición del regulador de pH.
5. Aumenta en presencia de un agente precipitante del metal.

225. Un electrodo selectivo de oxígeno o electrodo de Clark se caracteriza por:

1. Tener un fundamento potenciométrico.
2. Tener un fundamento amperométrico.
3. Tener un electrodo interno de pH.
4. Tener una membrana líquida.
5. No tener electrodo de platino.

226. Quiere determinarse la pureza de un medicamento por cromatografía líquida. Para poner a punto el método habrá que optimizar, entre otras, las siguientes variables:

1. La composición de la fase móvil, la fase estacionaria y la temperatura del horno.
2. La composición de la fase móvil, el diámetro del capilar y el potencial de campo.
3. La composición de la fase móvil, la fase estacionaria y las variables del detector.
4. La fuerza iónica y la temperatura del capilar.
5. El gradiente de temperatura y el caudal del portador.

227. ¿Cuál de los siguientes componentes NO debería encontrarse en un Espectrofotómetro Vis-UV?:

1. Monocromador.
2. Tubo fotomultiplicador.
3. Una fuente de excitación de arco de mercurio.
4. Un detector de diodos en serie.
5. Un selector de rendija.

228. El detector, prácticamente universal, más habitualmente empleado en cromatografía de gases es:

1. Fotométrico.
2. Nitrógeno – fósforo.
3. Ionización de llama.
4. Plasma.
5. Captura de electrones.

229. El permanganato potásico no es patrón primario. ¿Con cuál de estas especies químicas se normaliza habitualmente?:

1. Sulfato cérico.
2. Dicromato potásico.
3. Bromo.
4. Hidrógeno carbonato sódico.
5. Oxalato sódico.

230. ¿Se pueden realizar valoraciones amperométricas con dos electrodos indicadores de la misma naturaleza?:

1. Sí, si entre los dos electrodos existe una diferencia de potencial constante.
2. No, necesitaríamos un electrodo de referencia.
3. No, necesitaríamos que los dos electrodos fueran de distinta naturaleza.

4. Sí, si los dos electrodos fueran de platino.
5. No, este tipo de valoraciones no existen.

231. **Se preparan tres disoluciones de acetato amónico en concentración 0.1 M, 0.01 M y 0.001 M. Estas disoluciones:**
Datos: pK_a HAc = 4.8; pK_a NH_4^+ = 9.2.

1. Tienen valores de pH que se diferencian en una unidad.
2. Tienen el mismo valor de pH.
3. Son alcalinas.
4. Son ácidas.
5. Pueden utilizarse como disoluciones reguladoras de pH 7.

232. **El límite de detección de una técnica analítica espectrofotométrica se calcula empleando la expresión:**

1. $3\sigma_B$/ordenada en el origen.
2. $3\sigma_B$/sensibilidad.
3. $3\sigma_B$/precisión.
4. $3\sigma_B$/concentración.
5. $3\sigma_B$/reproducibilidad.

233. **El método de calibración por adiciones estándar se utiliza para:**

1. Aumentar la pendiente del calibrado de patrones.
2. Ampliar el intervalo lineal del calibrado de patrones.
3. Disminuir la señal del blanco.
4. Corregir el efecto matriz.
5. Eliminar interferencias.

234. **La forma reducida del dinucleótido de adenina y nicotinamida (NADH) es una importante coenzima y altamente fluorescente. Tiene un máximo de absorción a 340 nm, mientras que el máximo de la banda de emisión de fluorescencia aparece:**

1. A una frecuencia inferior.
2. A una longitud de onda inferior.
3. Depende del cruce intersistemas de la molécula.
4. Depende de la dispersión Raman del agua.
5. A 680 nm.

235. **Si valoramos ácido ascórbico con yodo (en realidad I_3^-), en el punto final se observará el siguiente cambio de color:**

1. Incoloro → rojo.
2. Rojo → incoloro.
3. Incoloro → verde.
4. Azul → incoloro.
5. Incoloro → azul.

236. **El camino óptico que sigue la radiación de la fuente de excitación en un espectrofluorímetro es:**

1. Fuente → muestra → monocromador → tubo fotomultiplicador.
2. Fuente → monocromador → muestra → tubo fotomultiplicador.
3. Fuente → tubo fotomultiplicador → muestra → monocromador.
4. Fuente → monocromador → muestra → tubo fotomultiplicador → monocromador.
5. Fuente → monocromador → muestra → monocromador → tubo fotomultiplicador.

237. **El aspecto más destacado de cualquier determinación culombimétrica es:**

1. Que se realice a potencial constante.
2. Que se realice a intensidad constante.
3. El tamaño del electrodo de trabajo.
4. La utilización de un puente salino.
5. Que la eficiencia en corriente se acerque al 100%.

238. **El permanganato potásico es un reactivo muy utilizado como valorante redox ya que:**

1. Sus disoluciones son estables indefinidamente.
2. Es un fuerte reductor.
3. Su potencial normal no depende del pH.
4. Es autoindicador.
5. Es una sustancia patrón tipo primario.

239. **Se pretende llevar a cabo el análisis de un grupo de sustancias volátiles que difieren notablemente en sus puntos de ebullición. ¿Qué técnica y modo de elución escogería?:**

1. HPLC con gradiente de elución.
2. GC con temperatura constante.
3. GC con programación de temperatura.
4. GC isocrático.
5. HPLC isotérmico.

240. **Un electrodo selectivo de CO_2 se caracteriza por:**

1. Tener como membrana un cristal sólido.
2. Tener una membrana líquida.
3. Contener en el líquido interior un intercambiador catiónico.
4. Contener un electrodo de vidrio sensible al pH.
5. Contener un electrodo de platino platinado.

241. **¿A qué pH comienza a precipitar una disolución 0.01 M de Fe^{3+}?:**
Datos: pK_s $(Fe(OH)_3)$ = 33.

1. 3.7.
2. 10.3.

3. 1.5.
4. 2.3.
5. 2.5.

242. **La característica más importante de una valoración culombimétrica es:**

1. Que el electrodo de trabajo se mantiene a un potencial constante.
2. Que la intensidad de corriente se mantiene constante.
3. Que el reactivo se añade desde una bureta.
4. Que no se necesita agitación.
5. Que no se necesita ningún indicador de punto final.

243. **Una muestra de inyectable contiene 3.20 mg de un medicamento puro. Para su análisis se extrae, se evapora el disolvente y el residuo se disuelve en 10 ml. Después se cromatografía, y se compara la señal de la muestra (13.46 unidades) con la de un patrón (18.25 unidades). Si el patrón contenía 40.0 mg del producto puro en 100 ml de agua, ¿cuál ha sido la recuperación en la preparación de la muestra?:**

1. 73.7%.
2. 80.0%.
3. 92.2%.
4. 108.0%.
5. 82.3%.

244. **El diámetro interno de las columnas capilares habitualmente empleadas en cromatografía de gases está comprendido entre:**

1. 0.05 – 0.25 mm.
2. 1.0 – 3.0 mm.
3. 3.0 – 10.0 mm.
4. 0.1 – 0.3 cm.
5. 0.001 – 0.002 mm.

245. **El detector de captura electrónica utilizado en cromatografía de gases, ioniza la muestra mediante:**

1. Una lámina de ^{63}Ni radiactivo.
2. Una llama de H_2/aire.
3. Una corriente eléctrica.
4. Un láser de N_2.
5. Una lámpara de deuterio.

246. **En espectrometría de absorción atómica la corrección del fondo denominada de Smith-Hieftje utiliza:**

1. Una lámpara de deuterio.
2. Una lámpara de cátodo hueco.
3. Una lámpara de UV.
4. Un diodo láser.
5. Un campo magnético.

247. **Se pretende acortar el tiempo de análisis en una separación por electroforesis capilar. Para ello:**

1. Aumentaría la longitud del capilar.
2. Disminuiría el potencial aplicado.
3. Disminuiría el pH.
4. Disminuiría la longitud del capilar y aumentaría el campo eléctrico.
5. Disminuiría el diámetro del capilar y la cantidad de muestra inyectada.

248. **Una masa de 0.3675 g de ácido fórmico (peso molecular = 50) se disolvió en 100.0 ml de disolución de hidróxido sódico 0.10 M y se valoró el exceso de base con ácido clorhídrico 0.1235 M. El volumen de ácido gastado fue de:**

1. 21.5 ml.
2. 59.5 ml.
3. 8.1 ml.
4. 12.6 ml.
5. 14.1 ml.

249. **Si las lecturas inicial y final en una bureta tienen una desviación estándar de 0.02 mL, la desviación estándar del volumen medido se calcula mediante la expresión:**

1. $0.02+0.02$.
2. $(0.02+0.02)^{1/2}$.
3. $(0.02+0.02)/2$.
4. $(0.02+0.02) \times 2$.
5. $(0.02+0.02)^2$.

250. **En espectroscopia atómica con horno de grafito se añaden habitualmente modificadores de matriz para:**

1. Disminuir la longitud de onda de trabajo.
2. Aumentar el volumen de muestra a utilizar.
3. Disminuir la volatilidad del analito.
4. Aumentar la volatilidad del analito.
5. Disminuir la longitud del horno.

251. **Los microtúbulos:**

1. Están formados por α y β-tubulina.
2. Son estructuras apolares.
3. Ayudan al desplazamiento de la miosina.
4. Son estructuras estáticas, ni se elongan ni se cortan.
5. Median el movimiento de la quinesina sin aporte de energía.

252. **Los límites de detección por espectrometría de absorción atómica en llama para la mayoría de los elementos se encuentra en el intervalo de:**

1. 1-100 ppb.
2. 0.1-10 ppm.
3. 10-1000 ppm.
4. 0.1-1%.
5. 0.01-10%.

253. Para la separación de moléculas no cargadas mediante electroforesis capilar se utiliza habitualmente:

1. Un tampón de pH mayor de 10.
2. Un tampón de pH menor de 10.
3. Un surfactante o tensioactivo.
4. Un medio de elevada conductividad.
5. Un medio de baja conductividad.

254. El llamado ácido ortosilícico, de fórmula Si(OH)$_4$, es una especia molecular que:

1. Se conoce en estado puro.
2. Es un ácido fuerte.
3. No se forma añadiendo gel de sílice al agua.
4. No tiene tendencia a condensar por eliminación de agua.
5. Se encuentra en concentraciones muy bajas en las aguas naturales.

255. ¿Cuál de las siguientes especies es hidrogenoide?:

1. H^+.
2. He^+.
3. He^-.
4. Li^+.
5. Be^{2+}.

256. La síntesis de DNA por parte de las DNA polimerasas:

1. Requiere un grupo hidroxilo libre en el extremo 5'.
2. No necesita de un molde.
3. Se realiza mediante la incorporación de nucleótidos de forma aleatoria.
4. Se realiza en dirección 5'-3'.
5. Se denomina transcripción.

257. El procesamiento del extremo 3' de muchos precursores de los RNA mensajeros de eucariotas:

1. Supone la adición terminal de la secuencia CCA.
2. Supone la unión de un resto metil-guanilato al primer nucleótido.
3. Tiene lugar en los ribosomas.
4. Supone la adición de una cola de poliadenilato, poli(A).
5. Intervienen exonucleasas.

258. El polimorfismo en la longitud de los fragmentos de restricción (RFLP):

1. También se denomina polimorfismo en la conformación del DNA monocadena.
2. Es un método que se utiliza para detectar cambios en las bases del DNA que no alteran dianas de enzimas de restricción.
3. Permite evaluar el papel de un aminoácido específico en una proteína.
4. Permite determinar el origen clonal de los tumores.
5. Produce DNA a partir de RNA vírico.

259. En el espectrómetro de masas los alquilbencenos del tipo $C_6H_5CH_2R$, experimentan la ruptura del enlace bencílico para formar como pico base m/z:

1. 80.
2. 81.
3. 95.
4. 97.
5. 91.

260. Una característica común de la celulosa, el almidón y el glucógeno es que son:

1. Polisacáridos de almacenamiento.
2. Polisacáridos estructurales.
3. Polisacáridos ramificados.
4. Homopolímeros de D-glucosa.
5. Polímeros de α-D-glucopiranosa.

Titulación: QUÍMICA
Convocatoria: 2007
Nº de versión de examen: 0
V = Nº de la pregunta en versión de examen 0.
RC = Respuesta correcta

V	RC	V	RC	V	RC	V	RC	V	RC
1	2	53	3	105	3	157	5	209	3
2	3	54	4	106	3	158	3	210	4
3	5	55	5	107	4	159	2	211	3
4	3	56	3	108	2	160	4	212	3
5	4	57	4	109	3	161	2	213	
6	2	58	3	110	1	162	3	214	5
7	2	59	1	111	3	163	4	215	1
8	3	60	4	112	4	164	2	216	1
9	2	61	2	113	2	165	2	217	5
10	4	62	1	114	3	166	4	218	4
11	4	63	4	115	1	167	1	219	2
12	2	64	1	116	3	168	4	220	5
13	4	65	5	117	4	169	3	221	2
14	1	66	4	118	2	170	2	222	
15	3	67	2	119	4	171	1	223	1
16	2	68	3	120	3	172	2	224	1
17	1	69	5	121	1	173	3	225	2
18	3	70	3	122	2	174	2	226	3
19	3	71	2	123	5	175	4	227	3
20	1	72	5	124	2	176	3	228	3
21	5	73		125	1	177	2	229	5
22	3	74	2	126	3	178	5	230	1
23	1	75	2	127	3	179	1	231	2
24	2	76	4	128	5	180	3	232	2
25	2	77	3	129	1	181	4	233	4
26	4	78	5	130	2	182	4	234	1
27	3	79	2	131	3	183	5	235	
28	5	80	3	132	5	184	4	236	5
29	3	81	3	133	1	185	2	237	5
30	5	82	1	134	2	186	1	238	4
31	4	83	3	135	4	187	4	239	3
32	3	84	2	136	3	188	2	240	4
33	1	85	3	137	5	189	4	241	1
34	5	86	2	138	1	190	1	242	2
35	4	87	4	139	4	191	3	243	3
36	5	88	3	140	5	192	1	244	1
37	2	89	2	141	2	193	5	245	1

38	4	90	1	142	3	194	4	246	2
39	3	91	3	143	1	195	3	247	4
40	1	92	1	144	3	196	1	248	1
41	3	93	3	145	4	197	3	249	2
42	1	94	2	146	3	198	2	250	
43	3	95	3	147	1	199	5	251	1
44	2	96	2	148	3	200	4	252	2
45	5	97	3	149	1	201	3	253	3
46	2	98	3	150	4	202	3	254	5
47	1	99	5	151	3	203	2	255	2
48	5	100	3	152	5	204	1	256	4
49	4	101	4	153	1	205	5	257	4
50	5	102	2	154	1	206	3	258	4
51	3	103	3	155	3	207		259	5
52	1	104	2	156	4	208	2	260	4

MINISTERIO DE SANIDAD Y CONSUMO

PRUEBAS SELECTIVAS 2008

CUADERNO DE EXAMEN

QUÍMICOS

ADVERTENCIA IMPORTANTE

ANTES DE COMENZAR SU EXAMEN, LEA ATENTAMENTE LAS SIGUIENTES

INSTRUCCIONES

1. Compruebe que este Cuaderno de Examen lleva todas sus páginas y no tiene defectos de impresión. Si detecta alguna anomalía, pida otro Cuaderno de Examen a la Mesa.

2. La "Hoja de Respuestas" está nominalizada. Se compone de tres ejemplares en papel autocopiativo que deben colocarse correctamente para permitir la impresión de las contestaciones en todos ellos. Recuerde que debe firmar esta Hoja y rellenar la fecha.

3. Compruebe que la respuesta que va a señalar en la "Hoja de Respuestas" corresponde al número de pregunta del cuestionario.

4. **Solamente se valoran** las respuestas marcadas en la "Hoja de Respuestas", siempre que se tengan en cuenta las instrucciones contenidas en la misma.

5. Si inutiliza su "Hoja de Respuestas" pida un nuevo juego de repuesto a la Mesa de Examen y **no olvide** consignar sus datos personales.

6. Recuerde que el tiempo de realización de este ejercicio es de **cinco horas improrrogables** y que están **prohibidos** el uso de **calculadoras** (excepto en Radiofísicos) y la utilización de **teléfonos móviles**, o de cualquier otro dispositivo con capacidad de almacenamiento de información o posibilidad de comunicación mediante voz o datos.

7. Podrá retirar su Cuaderno de Examen una vez finalizado el ejercicio y hayan sido recogidas las "Hojas de Respuesta" por la Mesa.

1. **El radio metálico:**

   1. Es la distancia entre los átomos más cercanos en una red metálica en estado sólido.
   2. Es la mitad de la distancia entre los átomos más cercanos en una red metálica en estado sólido.
   3. Es el doble de la distancia entre los átomos más cercanos en una red metálica en estado sólido.
   4. No depende del número de coordinación.
   5. Se determina experimentalmente a la temperatura de fusión del metal.

2. **La solubilidad en agua de las sales de plomo (II) depende mucho del anión, siendo muy soluble:**

   1. El sulfato de plomo (II).
   2. El cromato de plomo (II).
   3. El carbonato de plomo (II).
   4. El acetato de plomo (II).
   5. El cloruro de plomo (II).

3. **El óxido de fósforo (V), P_4O_{10}, tiene las siguientes propiedades:**

   1. Funde a 20ºC.
   2. Reacciona con agua en exceso para dar ácido fosfónico $H_2P_4O_3$ y oxígeno.
   3. Deshidrata el ácido sulfúrico generando óxido de azufre (VI).
   4. Es uno de los agentes químicos más oxidantes.
   5. No es muy ácido, prácticamente no reacciona en caliente con óxidos básicos.

4. **Los números de coordinación de esferas en las redes cúbica centrada en el cuerpo, cúbica simple y cúbica compacta son, respectivamente:**

   1. 8, 6, 12.
   2. 6, 8, 12.
   3. 6, 12, 8.
   4. 8, 8, 12.
   5. 8, 12, 12.

5. **El ión amonio es:**

   1. La base conjugada del amoniaco.
   2. En disolución acuosa una base más fuerte que el agua.
   3. Un ácido de Lewis.
   4. Una base de Brönsted.
   5. En disolución acuosa un ácido más fuerte que el agua.

6. **Los complejos con índice de coordinación 5:**

   1. Adoptan una geometría tetraédica.
   2. Suelen adoptar una estructura de bipirámide trigonal o de pirámide de base cuadrada.
   3. Son muy raros, de hecho prácticamente no se conoce ninguno.
   4. Suelen adoptar una geometría plana pentagonal.
   5. Son más abundantes que los de índice de coordinación 4 o 6.

7. **El dióxido de nitrógeno, un posible agente contaminante de la atmósfera, es:**

   1. Un gas incoloro.
   2. Un gas que se forma por oxidación del NO con oxígeno.
   3. Un gas inodoro.
   4. Un dímero a 150ºC.
   5. Una sustancia diamagnética.

8. **Un óxido metálico anfótero:**

   1. Tiene carga positiva.
   2. Es un anión.
   3. Reacciona con ácidos y con bases.
   4. No reacciona con iones hidróxido.
   5. No reacciona con ácidos.

9. **El platino en estado de oxidación (II):**

   1. Forma muchos complejos plano-cuadrados.
   2. Nunca forma complejos plano-cuadrados.
   3. Solo forma complejos plano-cuadrados cuando el ligando es CN^-.
   4. Apenas forma complejos.
   5. Sobre todo forma complejos con índice de coordinación siete.

10. **El titanio es un elemento muy utilizado en la industria de los materiales debido, entre otras cosas, a que:**

    1. No puede reaccionar con oxígeno.
    2. No forma óxidos.
    3. Es más abundante en la corteza terrestre que el aluminio.
    4. Es uno de los metales más densos.
    5. Tiene mucha resistencia a la corrosión.

11. **La concentración del agua deuterada al 99,9% es aproximadamente:**

    1. 55 molar.
    2. 5,5 molar.
    3. 50 molar.
    4. 20 molar.
    5. 2 molar.

12. **El sulfuro de Zinc (ZnS) es una sustancia sólida que:**

    1. Es fosforescente.
    2. Presenta la estructura del cloruro de sodio.
    3. Es de color amarillo.
    4. Es soluble en agua.
    5. No reacciona con el oxígeno.

13. **En una red de cloruro de sodio. ¿Cuántos iones Na^+ y Cl^- existen por celda unidad?:**

1. Uno de cada uno de ellos.
2. Dos de cada uno de ellos.
3. Tres de cada uno de ellos.
4. Cuatro de cada uno de ellos.
5. Uno de Na^+ y dos de Cl^-.

14. **El trióxido de dicromo es un compuesto de interés industrial que:**

    1. Tiene la estructura del corindón.
    2. No reacciona con hidróxido sódico fundido.
    3. No reacciona con ácido sulfúrico.
    4. Es incoloro.
    5. Es inestable cerca de los 500ºC.

15. **El nitrógeno es un gas:**

    1. Constituido por moléculas cíclicas de 4 miembros.
    2. Que es necesario para que arda la madera.
    3. Que es muy poco reactivo a temperatura ambiente.
    4. Que es incapaz de actuar como ligando.
    5. Que no reacciona con los metales ni aun subiendo la temperatura.

16. **Una hibridación sp en el átomo central del disulfuro de carbono es la que se requiere para:**

    1. La formación de dos enlaces dobles C=S.
    2. La formación de los componentes sigma (σ) de dos enlaces dobles.
    3. La formación de dos enlace sigma (σ) y dos enlaces pi (π).
    4. La colocación de un par solitario y la formación de un enlace sigma (σ).
    5. La ocupación por los dos pares de electrones solitarios.

17. **Un ejemplo de un compuesto que cristaliza con una estructura laminar es:**

    1. CdI_2.
    2. CaF_2.
    3. ZnS.
    4. SnO_2.
    5. $CsCl$.

18. **El cloruro de mercurio (I), es:**

    1. Un sólido con la estructura del NaCl.
    2. Un sólido de color negro.
    3. Inestable cerca de los 100ºC.
    4. Un sólido que consta de moléculas lineales.
    5. Muy soluble en agua.

19. **El cloruro de berilio:**

    1. Es una joya de color azul muy apreciada en joyería.
    2. Tiene la estructura del rutilo.
    3. Presenta una estructura en cadenas, en la que el índice de coordinación del berilio es cuatro.
    4. Es un gas verde venenoso a temperatura ambiente.
    5. Es insoluble en agua.

20. **Una celda unidad de trióxido de renio es una disposición cúbica de átomos de renio con los átomos de oxígeno en el centro de cada arista del cubo. ¿Cuál es el número de coordinación de cada átomo de renio?:**

    1. Seis.
    2. Tres.
    3. Ocho.
    4. Dos.
    5. Doce.

21. **El azufre elemental:**

    1. Reacciona con agua a 100ºC para dar H_2 y SO_2.
    2. Sublima a temperatura ambiente.
    3. Arde en el aire para dar SO_3.
    4. Se combina directamente con el hidrógeno para dar HS_2.
    5. Tiene cierta tendencia a formar enlaces consigo mismo.

22. **El H_2S es uno de los posibles contaminantes de la atmósfera, el cual:**

    1. Es un producto natural.
    2. Es un gas inodoro.
    3. Descompone en azufre e hidrógeno a partir de los 200ºC.
    4. Es un ácido fuerte.
    5. Para secarlo se le hace burbujear en ácido sulfúrico concentrado.

23. **Indicar cuál es la hibridación más apropiada para el átomo central del tribromuro de boro:**

    1. sp^3.
    2. sp^2.
    3. sp.
    4. dsp^2.
    5. p^2d^2.

24. **El sodio es un metal que:**

    1. Es fácil de obtener a partir de sus compuestos mediante los reductores químicos tradicionales.
    2. Es muy duro y muy denso.
    3. Recién cortado aguanta mucho tiempo al aire húmedo sin reaccionar.
    4. Arde al aire para dar principalmente peróxido de sodio.
    5. Reacciona violentamente con el agua desprendiendo oxígeno.

25. **El oro es un metal de color amarillo, que:**

1. Se disuelve en ácido clorhídrico 12 N.
2. Se disuelve al aire en una disolución acuosa de cianuro potásico.
3. No forma aleaciones.
4. Solo da compuestos de coordinación cuando se encuentra en estado de oxidación (III).
5. Tiene una estructura en capas.

26. **Indicar cuál es la simetría del ión nitrato:**

    1. C_{2v}.
    2. D_{3d}.
    3. C_{3v}.
    4. C_3.
    5. D_{3h}.

27. **El enlace en el ión nitrato puede describirse mediante la contribución predominante de tres formas resonantes. En relación con ellas, ¿cuál de las afirmaciones siguientes es INCORRECTA?:**

    1. Cada estructura resonante posee dos enlaces dobles localizados.
    2. El átomo de nitrógeno en cada estructura tiene una carga formal positiva.
    3. El conjunto de las estructuras resonantes tiene en cuenta la equivalencia de los enlaces N-O.
    4. El átomo de nitrógeno obedece la regla del octeto en cada estructura.
    5. En todas las estructuras el átomo de nitrógeno es el átomo central.

28. **El yodo es un sólido gris oscuro con brillo metálico, que tiene una estructura:**

    1. Tridimensional, y cuya celdilla unidad es un cubo centrado en el cuerpo.
    2. Molecular, I_2, si bien las moléculas están dispuestas en capas.
    3. En capas, en todo análoga a la del grafito, en la que cada átomo de yodo está rodeado de oros tres átomos situados a igual distancia.
    4. Molecular, I_3, con geometría angular.
    5. Tridimensional, en la que cada átomo está tetraédricamente unido a otros cuatro.

29. **En relación con el enlace en el diborano, ¿cuál de las siguientes afirmaciones es verdadera?:**

    1. Se puede desarrollar una descripción de enlaces deslocalizados en la que cada átomo de boro obedezca la regla del octeto.
    2. En los enlaces B-H terminal no pueden considerarse interacciones 2c-2e.
    3. En la descripción de los enlaces hay enlaces puente multicéntricos.
    4. Se sugiere la presencia de una interacción localizada B-B apoyada en datos estructurales.
    5. No existe ningún átomo puente.

30. **Las aleaciones son:**

    1. Compuestos formados por dos metales, uno de los cuales es siempre un elemento del grupo 11.
    2. Metales que funden por debajo de 100ºC.
    3. Óxidos metálicos que conducen la corriente eléctrica.
    4. Mezclas de metales coloreadas.
    5. Mezclas de metales.

31. **¿Cuándo se genera un potencial de unión líquida?:**

    1. Cuando ponemos en contacto una disolución con una membrana inerte.
    2. Cuando ponemos en contacto una disolución con un vidrio poroso inerte.
    3. Cuando un vidrio poroso inerte separa dos disoluciones de electrolito idénticas.
    4. Cuando un vidrio poroso inerte separa dos disoluciones de electrolito de diferente composición.
    5. Cuando introducimos un electrodo de platino en un electrolito.

32. **¿Cuál de las siguientes afirmaciones respecto a la Espectrofotometría Infrarroja con Transformada de Fourier (FTIR) es FALSA?:**

    1. El compartimento de muestra debe estar continuamente purgado con nitrógeno para reducir la absorción del CO_2 y del vapor de agua.
    2. Un interferograma contiene un elevado número de frecuencias.
    3. La inversa de la transformada de Fourier puede utilizarse para obtener un interferograma a partir de un espectro vibracional.
    4. Se utiliza generalmente un ordenador para procesar el interferograma.
    5. Para incrementar la resolución de la FTIR se mueve el espejo por pasos y se disminuye la distancia en la que se desplaza en cada ciclo.

33. **En el análisis de componentes principales se buscan componentes que:**

    1. Sean combinaciones lineales de las variables originales.
    2. No sean combinaciones lineales de las variables originales.
    3. Sean medias de las variables originales.
    4. Sean las desviaciones estándar de las variables originales.
    5. No sean combinaciones lineales de las variables originales.

34. **Uno de los siguientes requisitos NO es imprescindible en un método volumétrico:**

    1. La reacción base del método debe ser estequiométrica.
    2. La reacción debe ser rápida.
    3. La reacción debe ser cuantitativa.
    4. La reacción debe dar lugar a un punto final

coloreado.
5. Disponer de material volumétrico calibrado.

35. **En cromatografía líquida de intercambio aniónico, el grupo funcional responsable de la separación puede ser:**

    1. Un sulfonato.
    2. Una amina secundaria.
    3. Un carbamato.
    4. Un carboxilato.
    5. Un fenilo.

36. **Un inspector pretende averiguar si los aguardientes que se sirven en los bares de copas de su ciudad con naturales o sintéticos (de garrafón). Para ello, a las muestras recogidas se les van a analizar los alcoholes superiores. ¿Qué técnica empleará?:**

    1. Una simple cata.
    2. Espectrometría UV-Vis.
    3. Cromatografía de líquidos.
    4. Cromatografía de gases.
    5. Rayos X.

37. **En presencia de lluvia ácida, elementos tóxicos como el plomo, procedente de minerales estables como el sulfuro o el carbonato, son absorbidos por plantas y animales. Esto es debido a que:**

    1. La lluvia ácida contiene aniones como el nitrato o el sulfato que forman sales solubles de plomo y otros metales.
    2. Los ácidos nítrico y sulfúrico presentes en la lluvia ácida son oxidantes y pueden transformar los sulfuros metálicos en sulfatos más solubles.
    3. La lluvia ácida contiene agentes complejantes orgánicos que actúan como ligandos de los metales formando compuestos de coordinación estables.
    4. La lluvia ácida arrastra los minerales, que son lixiviados disminuyendo el tamaño de partícula.
    5. Al pH de la lluvia ácida, los aniones básicos pueden protonarse, aumentando así la solubilidad.

38. **Si la reacción redox de un indicador es: In (Ox) + ne → In (Red), y su potencial normal es E^0, su intervalo de viraje:**

    1. Depende del número de electrones n.
    2. Es independiente de E^0.
    3. Depende del pH.
    4. Depende del potencial del sistema valorado en el punto de equivalencia teórico.
    5. Depende del número de electrones transferidos en la reacción redox de valoración.

39. **¿Un electrodo de membrana líquida necesita un electrodo de referencia interno?:**

    1. No, sólo necesita uno externo.
    2. Sí, es imprescindible.
    3. No, sólo necesita un líquido intercambiador de iones.
    4. Sí y además un monocristal de LaF_3.
    5. No, sólo necesita una disolución interna de $CaCl_2$.

40. **El tiosulfato sódico utilizado en las valoraciones en las que interviene el anión I_3^- no es patrón primario. ¿Cuál de las siguientes especies se utiliza para su normalización?:**

    1. BaO.
    2. Na_2CO_3.
    3. $HNaCO_3$.
    4. KIO_3+KI.
    5. K_2MnO_4.

41. **La configuración más utilizada para llevar a cabo medidas de fluorescencia es iluminando la muestra en ángulo recto respecto al sistema de detección, porque:**

    1. Ninguna fluorescencia procedente de la cubeta, ni radiación reflejada en sus superficies, llega al detector.
    2. Se puede utilizar para materiales opacos, sólidos o para disoluciones que tengan una alta absorción.
    3. Es la única forma de iluminar la muestra en Espectrofotometría de Fluorescencia.
    4. El monocromador de emisión en configuración lineal a la fuente podría saturarse y deteriorarse.
    5. Ninguna de las anteriores es correcta.

42. **La sensibilidad de un equipo de fluorescencia molecular se valida midiendo:**

    1. La fluorescencia del agua.
    2. La dispersión rotatoria de la quinina.
    3. La relación señal/ruido de la banda Raman del agua.
    4. La relación señal/ruido de la banda de dispersión Rayleigh de la quinina.
    5. El límite de detección de la fluoresceína.

43. **El electrodo de oxígeno de Clark:**

    1. Tiene fundamento potenciométrico.
    2. Tiene un cátodo de platino.
    3. Tiene un ánodo de oro.
    4. Lleva en su interior un electrodo de vidrio.
    5. Tiene una disolución interna de oxígeno.

44. **Una muestra sólida de 4.03 g que contiene $NaNO_2$ y $NaNO_3$ se disuelve en 500 ml de agua. A continuación se toma una alícuota de 25.0 ml y se trata con 50.0 ml de una disolución de Ce (IV) 0.12 M, y el exceso de Ce (IV) se valora por**

retroceso con **31.0 ml de Fe (II) 0.04 M**. Calcular el % de $NaNO_2$ en la muestra:
Datos: Pm $NaNO_2$ = 69

1. 40.7%.
2. 76.3%.
3. 95.0%.
4. 81.5%.
5. 85.0%.

45. Cual de las siguientes especies químicas es mejor como desecante:

1. Perclorato de magnesio anhidro.
2. Pentóxido de fósforo.
3. Alumina.
4. Cloruro sódico.
5. Nitrato potásico.

46. La aplicación de un método de extracción líquido-líquido requiere:

1. El empleo de un volumen de disolvente extractante mayor que la alícuota de la muestra.
2. Utilizar un disolvente miscible con el utilizado para preparar la muestra.
3. Que el disolvente empleado disuelva únicamente las impurezas de la muestra.
4. Optimizar el tipo de disolvente y el tiempo de agitación.
5. Emplear agitación ultrasónica para lograr la disolución de los componentes de la muestra.

47. Cuando se valora el anión cloruro mediante el método de Volhard el punto final se detecta por:

1. La aparición de un precipitado blanco.
2. La aparición de un precipitado pardo.
3. La decoloración de la disolución inicial.
4. La aparición de un color verde.
5. La aparición de un color rojo.

48. El límite de detección de una técnica analítica espectrofotométrica se calcula empleando la expresión:

1. $3\sigma_B$/selectividad.
2. $3\sigma_B$/sensibilidad.
3. $3\sigma_B$/precisión.
4. $3\sigma_B$/concentración.
5. $3\sigma_B$/reproducibilidad.

49. Se tiene una disolución de $Na_2HPO_4 \cdot 12H_2O$ que contiene **35.822 g por litro**. ¿Qué volumen se requerirá para precipitar el calcio, como fosfato cálcico, de una disolución que contiene **0.8500 g** de nitrato de calcio?:
Datos: Pm $Na_2HPO_4 \cdot 12H_2O$ = 358; Pm $Ca(NO_3)_2$ = 164

1. 77.7 ml.
2. 27.6 ml.
3. 34.5 ml.
4. 25.9 ml.
5. 155.4 ml.

50. Las valoraciones amperométricas a potencial controlado utilizan:

1. Dos electrodos indicadores.
2. Dos electrodos de referencia.
3. Un electrodo de vidrio.
4. Un electrodo indicador.
5. Un electrodo de calcio.

51. El Iodo-131 (tiempo de vida medio, 8.04 días) se utiliza como tratamiento en el cáncer de tiroides. ¿Cuántos mg de una muestra de 80.1 mg de I-131 permanecerán en el organismo después de 40.2 días del tratamiento?:

1. 40.05.
2. 10.01.
3. 2.50.
4. 20.03.
5. 1.25.

52. Se valoran 50 mL de Fe(II) 0.1 M (E^0 = 0.77 V) con Ce(IV) 0.1 M (E^0 = 1.70). Cuando el volumen de Ce(IV) añadido sea de 25 mL el potencial de la disolución resultante será:

1. 0.77/2 V.
2. 1.70/2 V.
3. 0.77+1.70 V.
4. 1.70-0.77 V.
5. (1.70+0.77)/2.

53. La voltametría cíclica se caracteriza porque:

1. La señal de excitación del potencial es de forma triangular.
2. La señal de excitación es una onda cuadrada.
3. Siempre se utiliza un electrodo de Hg.
4. En esta técnica se eliminan las corrientes capacitivas.
5. Es una técnica hidrodinámica.

54. En espectrometría de masas la ionización mediante electronebulización utiliza como agente ionizante:

1. Un gas a elevada temperatura.
2. Un plasma de He.
3. Electrones muy energéticos.
4. Un elevado campo eléctrico.
5. Un haz de iones.

55. El método Soxhlet es uno de los métodos estándar más utilizado para la extracción de muestras sólidas. Una de sus principales ventajas es:

1. La muestra está en contacto repetidas veces con porciones frescas de disolvente.
2. Es necesaria la filtración después de la extracción.
3. Es un método muy complejo.
4. Las recuperaciones dependen del tipo de matriz.
5. La extracción se realiza con el disolvente frío.

56. Dos analitos A y B de respuesta similar y cromatografiados en una columna capilar se pueden considerar separados si el valor de la resolución Rs es:

    1. 0.5.
    2. 0.7.
    3. 0.9.
    4. 1.0.
    5. 1.5.

57. Una disolución reguladora HA/A$^-$ de pH = pK$_a$ cambia significativamente de pH:

    1. Al diluir moderadamente.
    2. Al añadir un ácido fuerte en concentración moderada.
    3. Al añadir una base fuerte en concentración moderada.
    4. Al modificar la relación de concentraciones [HA] / [A$^-$].
    5. Al modificar la suma de concentraciones [HA] + [A$^-$].

58. En cromatografía líquida en fase normal, la fase móvil es:

    1. Mas polar que la fase estacionaria.
    2. Menos polar que la fase estacionaria.
    3. Igual que la fase estacionaria.
    4. Nitrógeno.
    5. CO_2 en condiciones supercríticas.

59. En la determinación de sodio por Espectrometría de Emisión Atómica en Llama se puede observar que la intensidad de emisión aumenta en presencia de potasio porque:

    1. El potasio constituye una interferencia química.
    2. El potasio constituye una interferencia espectral.
    3. El potasio suprime la ionización del sodio.
    4. La nebulización de la muestra es más eficaz.
    5. Ninguna de las anteriores es correcta.

60. En la polarografía normal de impulsos:

    1. El impulso de potencial coincide con el inicio de la vida de la gota de Hg.
    2. El polarograma tiene forma de pico.
    3. El impulso de potencial tiene siempre la misma amplitud.
    4. El impulso de potencial coincide con el final de la vida de la gota de Hg.
    5. El impulso de potencial no tiene forma rectangular.

61. Una especie H$_2$A (pK$_{1a}$ = 5; pK$_{2a}$ = 10) se extrae dos veces con un disolvente orgánico adecuado. ¿A qué valor de pH será más eficaz el proceso de extracción (mayor fracción extraída)?:

    1. 1.
    2. 5.
    3. 10.
    4. 7.
    5. 14.

62. El pH de una disolución de etilamina 0.1 M es 11.8. ¿Cuál es el valor de pK$_b$ de esta amina?:

    1. 22.6.
    2. 8.6.
    3. 5.9.
    4. 10.6.
    5. 3.4.

63. Con el fin de averiguar el tipo de leche empleado en la fabricación de un queso, se decidió analizar los ácidos grasos. Escoger el tratamiento de muestra y la técnica más adecuada:

    1. Directamente por HPLC de intercambio iónico.
    2. Extracción con hexano, obtención de los esteres metílicos y cromatografía de gases.
    3. Extracción con hexano, obtención de los esteres metílicos y HPLC.
    4. Extracción con agua y cromatografía de gases.
    5. Directamente por electroforesis capilar.

64. Los complejos metálicos de tipo quelato:

    1. Son muy estables, ya que el metal se coordina con un número de ligandos monodentados igual a su número de coordinación.
    2. Están formados por un ion central y varias moléculas de ligandos polidentados.
    3. Contienen un núcleo central coordinado a un ligando polidentado y a varios ligandos monodentados hasta saturar el índice de coordinación del metal.
    4. Están formados por un ligando polidentado que se une al ion metálico a través de varias posiciones de coordinación.
    5. Poseen constantes de estabilidad elevadas, ya que se caracterizan por formar estructuras planas.

65. La siguiente afirmación: "El pH de una disolución de HCl 0.100 M a 25ºC es 1.092":

    1. Es falsa, porque el ácido clorhídrico está totalmente disociado y el pH debería ser igual a 1.0.
    2. Es verdadera, porque el factor de actividad del

protón es distinto de la unidad.
3. Es falsa, porque a esa fuerza iónica, el pH debería ser menor que 1.0.
4. Es falsa, porque la fuerza iónica es moderada y se cumple la constante de disociación termodinámica.
5. Es verdadera, porque a fuerza iónica 0.1, la actividad del HCl es distinta de la unidad.

66. **Si se pretenden eliminar los cationes responsables de la dureza del agua mediante extracción sólido - líquido, utilizaría un cartucho de:**

    1. Exclusión por tamaño.
    2. Florisil.
    3. Alúmina.
    4. Intercambio aniónico.
    5. Intercambio catiónico.

67. **¿Por qué es difícil extraer con un disolvente orgánico el complejo de aluminio con AEDT y en cambio es fácil extraer su complejo con 8-hidroxiquinoleína?:**

    1. Porque el complejo con AEDT es muy estable en medio acuoso.
    2. Porque el complejo con AEDT es insoluble en medio acuoso.
    3. Porque el complejo con 8-hidroxiquinoleína es inestable en medio acuoso.
    4. Porque el complejo con 8-hidroxiquinoleína es neutro.
    5. Porque el complejo con 8-hidroxiquinoleína está muy disociado en medio orgánico.

68. **El AEDT (ácido etilendiaminotetraacético) se utiliza como valorante en complexometría y posee, entre otras, las siguientes ventajas:**

    1. Forma complejos únicamente con los metales de transición de índice de coordinación seis.
    2. Permite una cierta selectividad entre metales en función del pH de la valoración.
    3. Las constantes de formación de los complejos AEDT-ion metálico son más altas cuanto mayor es el pH de la valoración.
    4. Pueden valorarse todos os metales a pH neutro.
    5. No es necesario añadir disolución reguladora de pH a la disolución a valorar.

69. **Una disolución patrón primario en una valoración NO debe:**

    1. Ser preparada a partir de un reactivo de alta pureza.
    2. Tener una concentración exactamente conocida.
    3. Mantener su composición con el tiempo.
    4. Reaccionar de forma instantánea.
    5. Dar lugar a reacciones secundarias.

70. **En electroforesis capilar se consigue una resolución excelente debido a que:**

    1. Sólo se aplica a la separación de mezclas sencillas.
    2. Los solutos están cargados y se repelen entre sí.
    3. Se introducen pequeños volúmenes de muestra.
    4. Los picos son muy estrechos al no existir fase estacionaria.
    5. No se produce ensanchamiento en el detector.

71. **El espectro de Dicroísmo Circular de una proteína da información sobre:**

    1. La estructura primaria.
    2. La estructura secundaria.
    3. La posición exacta de las hélices α.
    4. La estructura cuaternaria.
    5. El punto isoeléctrico.

72. **En la curva de valoración de una base débil con un ácido fuerte, el pH en el punto de equivalencia teórico:**

    1. Depende de la concentración del ácido empleado.
    2. Es independiente del volumen de la disolución a valorar.
    3. Es tanto más básico cuanto mayor sea el pK_b de la base.
    4. Es igual al pK_a del ácido conjugado.
    5. Es independiente de la concentración de la disolución a valorar.

73. **El gráfico de Scatchard:**

    1. Se utiliza para determinar velocidades de reacción.
    2. Es una transformación de Fourier de una ecuación de saturación.
    3. Se utiliza para calcular constantes de afinidad ligando-proteína.
    4. Representa la variación de la concentración del complejo antígeno-anticuerpo en función del pH.
    5. Sólo se puede representar si se conoce el punto isosbéstico de la mezcla.

74. **¿Cuál de las siguientes técnicas instrumentales es más adecuada para establecer la fórmula molecular de un péptido desconocido?:**

    1. Voltametría de Redisolución Anódica.
    2. Espectroscopia ^{1}H RMN.
    3. Espectroscopia ^{13}C RMN.
    4. Espectrometría de Masas de Alta Resolución.
    5. Potenciometría Directa.

75. **La función de acidez de Hammett, H_0, es una medida de la fuerza ácida de un disolvente:**

    1. Tiene un valor negativo en disoluciones áci-

das muy diluidas.
2. Cuanto más negativo es su valor, mayor es la fuerza ácida del disolvente.
3. Toma valores positivos para disoluciones de ácido fuerte en concentración superior a 1 M.
4. Es igual a cero a pH neutro.
5. Es igual a 14 a pH neutro.

76. **Las bases débiles:**

    1. Lo son únicamente frente a los ácidos débiles.
    2. Son los aniones de los ácidos fuertes.
    3. Son más fuertes en disolventes apróticos.
    4. Reaccionan cuantitativamente con el ion amonio.
    5. Son los aniones de los ácidos débiles.

77. **En cromatografía líquida de alta resolución, la eficacia de una columna cromatográfica se mide mediante:**

    1. El tiempo de retención.
    2. El tiempo de retención relativo.
    3. La constante de distribución.
    4. El número de platos teóricos por metro.
    5. El factor de capacidad.

78. **La extracción con fluidos supercríticos es una técnica que emplea un fluido en condiciones supercríticas. ¿Cuál es el más utilizado en la práctica?:**

    1. El agua por ser barata y tener una temperatura y presión críticas muy bajas, además no es contaminante.
    2. El CO_2 por ser barato y tener una temperatura y presión críticas muy bajas y eliminarse fácilmente.
    3. El butano por ser abundante, barato y no inflamable.
    4. El amoniaco por no ser corrosivo.
    5. Cualquier disolvente si se superan la temperatura y presión críticas.

79. **Para ajustar una disolución a pH 1 puede emplearse como reguladora:**

    1. Una disolución de ácido clorhídrico 0.1 M.
    2. Una disolución de ácido acético 0.1 M.
    3. Una disolución de un ácido con pK_a = 1.0.
    4. Una mezcla equimolar de un ácido con pK_a = 2 y su base conjugada.
    5. Todas las anteriores son válidas.

80. **Indicar la respuesta FALSA: en las valoraciones complexométricas con AEDT, el pH debe ajustarse cuidadosamente:**

    1. Con un regulador de pH debido a que se liberan protones en la reacción de complejación.
    2. Para lograr que la constante de formación del complejo sea lo más alta posible.
    3. Añadiendo un complejante auxiliar para que no precipite el ion metálico a valorar.
    4. Para que el AEDT esté totalmente disociado.
    5. Para determinar un metal en presencia de otros.

81. **La hidrogenación de un alqueno catalizada por PtO_2 es una reacción de:**

    1. Adición *anti* estereoespecífica.
    2. Adición *sin*, regioespecífica.
    3. Adición polar.
    4. Adición *sin*, estereoespecífica.
    5. Ninguna de las anteriores.

82. **La espectroscopia ultravioleta y visible permite:**

    1. Calcular el número de heteroátomos presentes en una molécula.
    2. Estimar el número de grupos hidroxilos de una molécula.
    3. Determinar los grupos funcionales presentes.
    4. Estimar la extensión de la conjugación de una molécula.
    5. Determinar el número de anillos presentes.

83. **La reacción de aldehídos y cetonas con aminas secundarias conduce a:**

    1. Alcoholes.
    2. Ácidos carboxílicos.
    3. Alcaloides.
    4. Enaminas.
    5. Hidrocarburos.

84. **La reacción de Wolff-Kishner es una:**

    1. Oxidación de carbonilos para dar ácidos.
    2. Reducción de carbonilos a alcoholes.
    3. Desoxigenación de carbonilos que se realiza en medio alcalino.
    4. Desoxigenación de carbonilos que se realiza en medio ácido.
    5. Desoxigenación de carbonilos que se realiza en medio neutro.

85. **Los enolatos por naturaleza son iones:**

    1. Poco reactivos.
    2. Ambidentados.
    3. Monodentados.
    4. Muy estables.
    5. Ninguna de las anteriores.

86. **La adición de reactivos organometálicos a carbonilos α,β-insaturados es una reacción:**

    1. 1,2 pero nunca 1,4.
    2. 1,4 pero nunca 1,2.
    3. 1,2 ó 1,4.
    4. Controlada térmicamente.
    5. Ninguna de las anteriores.

87. **Por reacción de aminas primarias con ácidos**

dicarboxílicos se consiguen:

1. Diamidas.
2. Dioximas.
3. Imidas.
4. Hidrazonas.
5. Anhídridos.

88. La reacción de sales de diazonio aromáticas con agua caliente produce:

1. Hidroxilaminas.
2. Anilinas.
3. Fenoles.
4. Hidrocarburos aromáticos.
5. Ninguna de las anteriores.

89. La reacción de alil-fenil-éteres. (Transposición de Claisen) es:

1. Concertada, fotoquímica.
2. Concertada, térmica.
3. Iónica con catálisis ácida.
4. Iónica con catálisis básica.
5. Ninguna de las anteriores.

90. Los hidrocarburos son compuestos constituidos por:

1. Agua y acetileno.
2. Átomos de carbono e hidrógeno.
3. Agua y carbono.
4. Átomos de carbono y oxígeno.
5. Átomos de hidrógeno y oxígeno.

91. Los polímeros lineales cuyas moléculas se mantienen unidas entre sí por fuerzas intermoleculares, como enlaces de hidrógeno e interacciones dipolo-dipolo se denominan:

1. Fibras.
2. Elastómeros.
3. Plásticos.
4. Termoplásticos.
5. Cauchos.

92. Un compuesto que rota el plano de la luz polarizada se dice que es:

1. Enantiómero.
2. Diastereoisómero.
3. Ópticamente activo.
4. Dextrorotatorio.
5. Levorotatorio.

93. Se conoce como reordenamiento de Claisen, al reordenamiento [3,3] sigmatrópico de:

1. Un alquil vinil eter.
2. Una cetona.
3. Un dieno 1,5.
4. Un alil vinil eter.
5. Una sulfona.

94. El almidón es el componente mayoritario de las patatas, arroz, maíz, etc., es una mezcla de dos polisacáridos que son:

1. Celulosa y galactosa.
2. Celobiosa y galactosa.
3. Quitina y celulosa.
4. Amilosa y amilopectina.
5. Amilasa y celulosa.

95. Para la sustitución electrofílica aromática, el bromobenceno con respecto al benceno está más:

1. Desactivado y la dirige a orto y para.
2. Activado y la dirige a orto y para.
3. Desactivado y la dirige a meta.
4. Activado y la dirige a meta.
5. Activado y la dirige a la posición ipso.

96. Al tratar una amina primaria con ácido nitroso se forma:

1. Nitrosoamina.
2. Sal de diazonio.
3. Diazometano.
4. Piridina.
5. Nitrosamina.

97. Una estructura que no puede superponerse con su imagen especular es:

1. Isómera.
2. Plana.
3. Quiral.
4. Aquiral.
5. Diastereoisómera.

98. Las bases DBN (1,5-diazabiciclo[3,4,0]-5-noneno) y DBU (1,8-diazabiciclo[5,4,0]-7-undeceno) son:

1. Nitrosaminas.
2. Sales de diazonio.
3. Amidas.
4. Amidinas.
5. Aminas.

99. Los compuestos que tienen dos anillos unidos en el mismo átomo se conocen como:

1. Aromáticos.
2. Adjuntos.
3. Anillos puente.
4. Fusionados.
5. Spiro.

100. La formación de un nuevo enlace σ entre los extremos de un polieno conjugado o la reacción inversa se conoce como:

1. Reacción electrocíclica.

2. Cicloadición.
3. Cicloreversión.
4. Reacción conjugada.
5. Reordenamiento pericíclico.

101. Las especies neutras que poseen un átomo de carbono con sólo seis electrones de valencia se conocen como:

1. Alenos.
2. Carbenos.
3. Hexanos.
4. Ciclohexanos.
5. Etanos.

102. El orden de reactividad de los derivados de ácidos carboxílicos es:

1. Anhídridos > cloruros de ácido > tioésteres > ésteres > amidas.
2. Cloruros de ácido > tioésteres > ésteres > amidas > anhídridos.
3. Cloruros de ácido > anhídridos > tioésteres > ésteres > amidas.
4. Cloruros de ácido > anhídridos > tioésteres > amidas > ésteres.
5. Cloruros de ácido > anhídridos > amidas > tioésteres > ésteres.

103. Los ordenamientos espaciales diferentes de una molécula que se generan por rotación en torno a enlaces sencillos se conocen como:

1. Estereoisómeros.
2. Configuraciones.
3. Conformaciones.
4. Diastereoisómeros.
5. Enantiómeros.

104. El pH en el cual el aminoácido no tiene carga neutra se denomina punto:

1. Básico.
2. Ácido.
3. Atónico.
4. Neutro.
5. Isoeléctrico.

105. Las tres posibles metilpiridinas también se conocen como:

1. Pirimidinas.
2. Imidazolinas.
3. Picolinas.
4. Purinas.
5. Indolizidinas.

106. El heterociclo de seis miembros totalmente insaturado con un oxígeno que soporta una carga positiva se conoce como:

1. Piridina.
2. Catión pirilio.
3. Furano.
4. Tiofeno.
5. Quinolina.

107. Las pirimidinas componentes de los ácidos nucleicos, en forma de nucleósidos son:

1. Adenina, guanina y uracilo.
2. Adenina, guanina y citosina.
3. Uracilo, timina y citosina.
4. Adenina, uracilo y citosina.
5. Uracilo, timina y guanina.

108. Los heterociclos de seis miembros con un átomo de nitrógeno y uno de oxígeno se conocen sistemáticamente como:

1. Azoles.
2. Tiazoles.
3. Pirroles.
4. Oxazinas.
5. Furanos.

109. Cuando se reemplaza un CH en posición 3 de los anillos de furano y de tiofeno por un nitrógeno se obtienen:

1. Azol y pirazol.
2. Piridina y tiopirilio.
3. Pirrol y pirrolina.
4. Oxazina y tiazina.
5. Oxazol y tiazol.

110. Un grupo de compuestos clorofluorcarbonados que se utilizan como refrigerantes, propelentes y disolventes se llama genéricamente:

1. Uretanos.
2. Nylon.
3. Rayon.
4. Poliamidas.
5. Freones.

111. Un reactivo de Grignard es un compuesto organometálico que contiene:

1. Magnesio.
2. Cromo.
3. Titanio.
4. Cobre.
5. Oro.

112. La acilación de una amina produce una:

1. Olefina.
2. Amida.
3. Azida.
4. Enona.
5. Enamina.

113. La regla que indica que un sistema continuo de orbitales p, plano, monocíclico, posee estabilidad aromática cuando contiene (4n+2) electro-

nes π, se conoce como regla de:

1. Paterson.
2. Woodward.
3. Crick.
4. Hückel.
5. Hofmann.

114. La radiación infrarroja es la porción del espectro electromagnético comprendida entre:

1. Ultravioleta y rayos X.
2. Visible y rayos X.
3. Visible y ultravioleta.
4. Microondas y ondas de la radio.
5. Microondas y visible.

115. Los sulfuros reaccionan con los haluros de alquilo para dar:

1. Sales de sulfonio.
2. Sulfonas.
3. Sulfóxidos.
4. Éteres.
5. Tioéteres.

116. Cuando se calientan los hidróxidos de amonio cuaternario para dar una olefina y una amina, la reacción se conoce como:

1. Olefinación de Wittig.
2. Eliminación de Hofmann.
3. Olefinación de Tebbe.
4. Olefinación de Horner-Emmons.
5. Eliminación de Chichibabin.

117. El kevlar un polímero que se utiliza en chalecos y cascos blindados, se obtiene al calentar:

1. ε-caprolactama y ácido adípico.
2. Ácido adípico y etilendiamina.
3. Fenol y ácido ciclohexanocarboxílico.
4. 1,4-bencenodiamina y el cloruro de acilo del ácido tereftálico.
5. Fenol y formaldehído.

118. Las aminas primarias reaccionan con ácido nitroso y forman sales de:

1. Sulfonio.
2. Amonio.
3. Piridonio.
4. Diazonio.
5. Fosfonio.

119. Cuando el ión fenóxido reacciona con dióxido de carbono genera:

1. Anisol.
2. Ácido ftálico.
3. Ácido benzoico.
4. Ácido salicílico.
5. Aldehído salicílico.

120. ¿Cuál de los ácidos representados a continuación tiene un menor pKa?:

1. Hidroxiacético.
2. Cloroacético.
3. Tricloroacético.
4. Cianoacético.
5. Nitroacético.

121. Los iluros de fósforo, reaccionan con aldehídos y cetonas y se transforman en:

1. Alcanos.
2. Alquenos.
3. Alquinos.
4. Alcoholes.
5. Éteres.

122. La adición de una especie electrofílica a un alqueno, origina un:

1. Carbanión.
2. Carbocatión.
3. Carbeno.
4. Radical.
5. Nitreno.

123. Los compuestos, cuya estructura difiere en la disposición de sus átomos, pero que existen en un equilibrio rápido, se denominan:

1. Confórmeros.
2. Racémicos.
3. Tautómeros.
4. Diasterómeros.
5. Enantiómeros.

124. ¿Cuál de los compuestos que se relacionan a continuación reaccionan con bromuro de etilo en presencia de etóxido sódico?:

1. Etileno.
2. Benzaldehído.
3. Malonato de dietilo.
4. 2-Butino.
5. Anisol.

125. El compuesto conocido como imidazol es un:

1. Éter.
2. Hidrocarburo.
3. Alcohol.
4. Heterociclo.
5. Ácido carboxílico.

126. Cuando se hace reaccionar un alqueno con un halógeno en presencia de agua, se genera:

1. Alcohol.
2. Éter.
3. Derivado halogenado.
4. Halohidrina.

5. Epóxido.

127. ¿Cuál de los siguientes compuestos es el más reactivo, frente a la sustitución nucleofílica del grupo acilo?:

1. Anhídrido de ácido.
2. Ácido carboxílico.
3. Cloruro de ácido.
4. Ester.
5. Amida.

128. La reacción de un compuesto carbonílico con una amina primaria en medio ácido, conduce a:

1. Oximas.
2. Iminas.
3. Enaminas.
4. Hidrazonas.
5. Semicarbazonas.

129. ¿Qué reactivo se deberá emplear para reducir el grupo carbonilo a alcohol, sin modificar el grupo éster?:

1. Borohidruro sódico.
2. Hidruro de litio y aluminio.
3. Amalgama de zinc en medio ácido.
4. Hidracina en medio básico.
5. Sodio en metanol anhidro.

130. Cuando se hace reaccionar un ácido carboxílico con un tiol, se obtiene un:

1. Ester.
2. Tioester.
3. Sulfona.
4. Alcohol.
5. Anhídrido.

131. Señala la respuesta FALSA:

1. Los enantiómeros son siempre uno D y otro L.
2. Los anómeros son siempre uno alfa y el otro beta.
3. Los anómeros son epímeros del carbono hemiacetálico.
4. Una molécula con 3 carbonos asimétricos tiene un toltal de 8 estereoisómeros.
5. Los epímeros son siempre uno dextrógiro y otro levógiro.

132. El conjunto de transportadores de electrones en la mitocondria, están organizados:

1. De mayor a menor masa molecular de los citocromos.
2. En orden creciente de afinidad electrónica.
3. En orden decreciente de afinidad electrónica.
4. En función del número de compuestos ferrosulfurados.
5. En orden creciente o decreciente, dependiendo de la naturaleza de los sustratos disponibles.

133. Las isoenzimas:

1. Son enzimas que con la misma secuencia aminoacídica catalizan diferentes reacciones.
2. Están codificadas por los mismos genes.
3. Son enzimas que catalizan la misma reacción con diferentes secuencias aminoacídicas.
4. Poseen el mismo valor de Km.
5. Alcanzan la misma Vmax.

134. Los receptores de las hormonas esteroideas se localizan en:

1. Las membranas celulares.
2. El núcleo.
3. Los ribosomas.
4. Las mitocondrias.
5. El aparato de Golgi.

135. ¿Cuál de los siguientes compuestos NO está relacionado con la síntesis o la degradación de colesterol?:

1. Escualeno.
2. Acetil CoA.
3. Mevalonato.
4. Ácido cólico.
5. Palmitato.

136. El imidazol es:

1. Un heterociclo que contiene azufre y que forma parte de algunos aminoácidos.
2. Un aminoácido básico.
3. Un anillo aromático que forma parte del aminoácido prolina.
4. Un heterociclo que confiere a la histidina propiedades básicas al poder cargarse positivamente.
5. El precursor del grupo guanidinio de la arginina.

137. ¿Qué proteína es la más abundante en la mayoría de los vertebrados?:

1. Actina.
2. Fibroína.
3. Colágeno.
4. Elastina.
5. Hemoglobina.

138. Las estructuras secundarias de las proteínas:

1. Son siempre de tipo regular.
2. Como su nombre indica, son un nivel estructural poco importante.
3. Usualmente están formadas por dobles hélices.
4. Algunas proteínas nativas no tienen este nivel estructural.
5. Se estabilizan principalmente mediante puentes de hidrógeno.

139. El colesterol presente en las lipoproteínas LDL:

1. Se une a los receptores celulares y difunde a través de la membrana.
2. Cuando entra en la célula inhibe la actividad ACAT (acil CoA colesterol aciltransferasa).
3. Una vez en la célula se convierte en ésteres del colesterol por la LCAT (lecitina colesterol aciltransferasa).
4. Una vez acumulado en el interior de la célula inhibe la reposición de los receptores LDL.
5. Se incorpora a los quilomicrones del plasma.

140. Determine cuál de los siguientes enunciados acerca de interacciones no covalentes es verdadero:

1. Los enlaces iónicos son resultado de atracciones electrostáticas entre dos grupos funcionales ionizados con cargas opuestas.
2. Los puentes de hidrógeno son producto de la interacción de un anión con un átomo de hidrógeno.
3. Las interacciones hidrofóbicas son atracciones electrostáticas entre grupos funcionales no polares y el agua.
4. Los iones H^+ y OH^- interactúan por medio de enlaces iónicos para formar agua.
5. Las interacciones hidrofóbicas no son importantes en la formación de micelas, como cuando al agua se añade el detergente, dodecanoato de sodio, $CH_3(CH_2)_{10}COO^-Na^+$.

141. Los citocromos:

1. Tienen un grupo prostético no coloreado.
2. Su grupo prostético posee cobre.
3. Son holoproteínas.
4. No tienen parte proteica.
5. Son proteínas porfirínicas con un grupo hemo.

142. ¿Qué son los puentes de hidrógeno en el agua líquida?:

1. Interacciones dipolo-dipolo.
2. Interacciones entre protones e hidroxilos del agua líquida.
3. Interacciones entre dos átomos de H.
4. Interacciones hidrofóbicas.
5. Iones covalentes.

143. La enzima que cataliza la reacción limitante de la vía de biosíntesis *de novo* de nucleótidos purínicos:

1. Es una proteína multifuncional.
2. Utiliza fosforribosil pirofosfato como sustrato.
3. Requiere AMP para su actividad.
4. Está controlada fundamentalmente por la disponibilidad de sustratos.
5. Posee cinética sigmoidal para sus sustratos.

144. La poliadenilación de precursores de los RNA mensajeros eucariotas:

1. Supone la adición terminal de la secuencia CCA.
2. Supone la unión de un resto metil-guanilato al primer nucleótido.
3. Tiene lugar en los ribosomas.
4. Es parte del procesamiento del extremo 3´ de muchos precursores de mRNAs eucariotas.
5. Intervienen exonucleasas.

145. Para la DNA polimerasa se cumple que:

1. Requiere un molde.
2. No posee ninguna actividad hidrolítica conocida.
3. Si además del resto de los componentes necesarios se le suministra [γ-^{32}P]-dGTP el DNA resultante será radiactivo.
4. En presencia de dATP es capaz de sintetizar una hebra de poli-A.
5. Es una isoenzima de la RNA polimerasa.

146. En la formación de los cebadores para la replicación del DNA, intervienen:

1. La actividad exonucleasa 5´ → 3´ de la DNA Polimerasa.
2. Un fragmento de RNA molde.
3. Una actividad endonucleasa.
4. Desoxirribonucleósidos monofosfato utilizados como sustratos.
5. Una actividad RNA Polimerasa denominada Primasa.

147. Propiedades del agua:

1. Su calor específico hace que enfríe o caliente con poca pérdida o ganancia de calor.
2. Su densidad aumenta siempre con el descenso de temperatura.
3. Disuelve sustancias polares mediante la formación de puentes de H.
4. Se encuentra en fase líquida en un intervalo pequeño de temperaturas.
5. Ninguna es una propiedad del agua.

148. El complejo de iniciación 70S se forma:

1. A partir del complejo de iniciación 80S.
2. Por interacción de la subunidad ribosómica 30S y la subunidad 50S.
3. Por recombinación génica.
4. Con la participación de GTP.
5. En los nucleosomas.

149. Los aminoácidos:

1. Tienen comportamiento anfipático.
2. En medio ácido se comportan como ácidos.
3. Se comportan como ácidos si tienen grupos ácidos en su cadena lateral.

4. Se encuentran en la forma dipolar neutra en el punto isoeléctrico.
5. Tienen carga negativa a pH fisiológico.

150. El enlace peptídico:

1. Tiene un carácter parcial de doble enlace, lo que evita la rotación a su alrededor y restringe la conformación del esqueleto polipeptídico.
2. Es un enlace sencillo entre el grupo carboxilo de un aminoácido y el grupo amino del siguiente que permite una rotación libre.
3. No es plano ya que el carbono carbonílico adopta una configuración tetraédrica.
4. Es el enlace entre aminoácidos en una proteína y se forma gracias a la acción de ribozimas presentes en el ribosoma.
5. Sólo puede existir en configuración *cis*, donde los dos átomos de carbono alfa están en el mismo lado del enlace peptídico.

151. La fosforilación oxidativa:

1. Tiene lugar en el citoplasma celular.
2. Permite lanzar los electrones del NADH citosólico a la mitocondria.
3. Acopla la oxidación de combustibles a la síntesis de ATP con un gradiente de protones.
4. Permite la oxidación de proteínas fosforiladas.
5. Su enzima más importante es la Glicerol-3-fosfato deshidrogenasa.

152. Indicar cual de los siguientes compuestos posee la mayor energía libre estándar de hidrólisis:

1. Glicerol-3-fosfato.
2. Pirofosfato.
3. Creatina fosfato.
4. Fosfoenolpiruvato.
5. ATP.

153. Al referirnos a la constante de Michaelis de una reacción enzimática podemos decir que:

1. Es siempre igual para cualquier sustrato de la enzima.
2. Su valor aparente disminuye en presencia de un inhibidor no competitivo.
3. Depende de la concentración de sustrato.
4. Es una relación de constantes de velocidad.
5. Su valor no se modifica en presencia de un inhibidor competitivo.

154. Las etapas de separación de cadenas, hibridación de cebadores y síntesis de DNA constituyen:

1. Un ciclo de amplificación en la técnica de PCR o reacción en cadena de la polimerasa.
2. La base de las técnicas de mutagénesis dirigida.
3. Los pasos básicos de la biosíntesis de DNA vírico en retrovirus.
4. Los pasos básicos de la biosíntesis de los telómeros por medio de las telomerasas.
5. Los pasos requeridos para la biosíntesis de DNA a partir de RNA catalizada por la transcriptasa inversa.

155. En los procesos de fosforilación en los que participa la proteína quinasa C, actúa como activador:

1. El cAMP.
2. La Coenzima A.
3. El diacilglicerol (DAG).
4. La serina.
5. El 2,3-bisfosfoglicerato (2,3-BPG).

156. La caja Pribnow es:

1. Una secuencia que actúa como centro promotor de la replicación del DNA.
2. Una secuencia que actúa como centro promotor de la transcripción del DNA.
3. Una estructura en horquilla que define el sitio de terminación de la transcripción.
4. Un cofactor compuesto por iones cinc en estructura tetraédrica.
5. Una estructura compuesta por aminoácidos que determina la zona de endocitosis de ciertos receptores.

157. ¿En qué organismos se encuentra comúnmente el colesterol?:

1. Mamíferos.
2. Plantas.
3. Levaduras.
4. Bacterias.
5. Hongos.

158. El piruvato:

1. Se genera a partir de lactato.
2. Se metaboliza a dióxido de carbono en ausencia de oxígeno.
3. Se decarboxila en ausencia de oxígeno originando acetaldehído y posteriormente etanol.
4. Es oxidado por el NADH para formar lactato.
5. Por descarboxilación oxidativa origina Acetil-CoA en el aparato de Golgi.

159. La actividad Topoisomerasa:

1. Es una endonucleasa que corta los telómeros.
2. Es una polimerasa que replica los extremos de los cromosomas lineales.
3. Es una helicasa que desenrolla el DNA.
4. Está implicada en el procesamiento de los tRNAs.
5. Es la actividad que interconvierte isómeros topológicos de DNA.

160. Las enzimas alostéricas:

1. Responden a cambios de concentración del sustrato.
2. Siguen una cinética de Michaelis-Menten.
3. Muestran cinéticas hiperbólicas.
4. Están constituidos por una sola unidad.
5. No exhiben cooperatividad.

161. **¿Qué es el RNA de interferencia?:**

1. Es un intermediario de la replicación del DNA.
2. Es un precursor del RNA mensajero.
3. Es el RNA de los retrovirus.
4. Es un RNA que facilita la escisión de RNA mensajero complementario.
5. Es el RNA de los intrones.

162. **El Primosoma es:**

1. Complejo de proteína-RNA responsable del procesamiento de los intrones en los precursores de los mRNAs eucarióticos.
2. Complejo enzimático que se encuentra en la horquilla de replicación.
3. Secuencia de DNA que puede unirse a la RNA polimerasa dando lugar a la iniciación de la transcripción.
4. Secuencia de RNA codificante que se traduce a un polipéptido.
5. Complejo de proteasas dependientes de ATP.

163. **Los nucleótidos que forman el ARN son ribonucleótidos:**

1. 5′ monofosfato de A, G, C y U.
2. 5′ monofosfato de A, G, T y U.
3. 3′ monofosfato de A, G, C y T.
4. 5′ difosfato de A, G, C y T.
5. 5′ monofosfato de A, G, C y T.

164. **¿Cuál de estas enzimas pertenece a uno de los complejos de la cadena respiratoria?:**

1. Lactato deshidrogenasa.
2. β-cetotiolasa.
3. Citocromo c oxidasa.
4. Ferredoxina reductasa.
5. Alcohol oxidasa.

165. **La hidroxiprolina y la hidroxilisina:**

1. Son segundos mensajeros en las vías de transducción de señales.
2. Actúan como neurotransmisores en las sinapsis.
3. Se encuentran en la composición de aminoácidos de numerosas proteínas de plantas.
4. Son los constituyentes mayoritarios en la composición de aminoácidos de las histonas.
5. Forman parte de la composición de aminoácidos del colágeno.

166. **Respecto a los disacáridos:**

1. Tienen siempre poder reductor.
2. La lactosa no tiene poder reductor.
3. La sacarosa tiene poder reductor.
4. La maltosa tiene poder reductor.
5. Nunca tienen poder reductor.

167. **¿Dónde se encuentran las principales reservas de glucógeno en el hombre?:**

1. En los eritrocitos.
2. En los huesos.
3. En el hígado y cerebro.
4. En el músculo cardíaco.
5. En el hígado y músculo esquelético.

168. **En un nucleótido no se encuentran enlaces de tipo:**

1. Fosfodiéster.
2. N-glicosídico.
3. Éster fosfórico.
4. Hemiacetálico.
5. Todas las respuestas son correctas.

169. **Las balsas lipídicas o "rafts" son:**

1. Acumulaciones de ácidos grasos en el citoplasma de los adipocitos.
2. Liposomas que circulan por el torrente sanguíneo, formados a partir de los quilomicrones.
3. Estructuras de membrana resultantes de la formación de complejos entre el colesterol y algunos fosfolípidos.
4. Estructuras micelares de lípidos asociados a detergentes.
5. Vesículas de fosfolípidos ácidos y ceramidas localizadas en el retículo endoplásmico de la célula.

170. **¿Cuál es el agente causal de la encefalopatía espongiforme bovina o enfermedad de las vacas locas?:**

1. Un virus.
2. Agregados de proteínas o priones.
3. Una bacteria.
4. Un hongo.
5. Un defecto enzimático congénito.

171. **En el código genético:**

1. Un aminoácido puede estar codificado por varios codones.
2. Un codón puede codificar varios aminoácidos.
3. Cada codón codifica un único aminoácido.
4. Hay tres codones de iniciación y tres de terminación.
5. Hay un codón de iniciación y uno de terminación.

172. **En el contexto mitocondrial, el gradiente eléc-**

trico se denomina con frecuencia:

1. Potencial eléctrico.
2. Potencial de membrana.
3. Gradiente electroquímico.
4. Gradiente de protones.
5. Fuerza protón-motriz.

173. **Una región determinante de la complementariedad (CDR) es:**

1. Una secuencia consenso en una proteína que es específica de su interacción con un receptor.
2. Una secuencia activadora del factor X de la coagulación.
3. Un bucle variable en una inmunoglobulina.
4. Una secuencia específica en un antígeno que representa el sitio de interacción con el anticuerpo.
5. Una secuencia de nucleótidos que representa el sitio de reconocimiento en el DNA por parte de la helicasa.

174. **¿Cuál de los siguientes transportadores es específico de las mitocondrias?:**

1. Transportador de glucosa.
2. Transportador de iones Na^+.
3. Transportador de agua.
4. Transportador de calcio.
5. Transportador de citrato.

175. **La unión del oxígeno a la hemoglobina:**

1. No modifica su estructura cuaternaria.
2. No altera la posición del hierro del grupo hemo al que se une.
3. Aumenta en presencia de 2,3-bisfosfoglicerato.
4. Tiene normalmente una cinética hiperbólica.
5. Es menor cuando desciende el pH.

176. **El complejo F0-F1-ATPasa:**

1. Es el transportador que intercambia ADP por ATP.
2. Es una bomba de protones de la membrana plasmática.
3. Contiene un canal de protones y la enzima que sintetiza ATP.
4. Co-transporta protones y ATP a la matriz mitocondrial.
5. Es un complejo multienzimático con tres enzimas y cinco coenzimas.

177. **Las porinas se diferencias de las demás proteínas de membrana en que:**

1. Necesitan una modificación postraduccional de miristilación para atravesar la membrana lipídica.
2. Necesitan una modificación postraduccional de palmitilación para atravesar la membrana lipídica.
3. Forman oligómeros para atravesar la membrana.
4. Atraviesan la membrana lipídica a través de estructuras de lámina β en forma de cilindros.
5. Atraviesan la membrana lipídica a través de hélices α anfipáticas.

178. **El complejo ATP-ADP translocasa se inhibe de forma específica por:**

1. Antimicina-A.
2. Actractilósido.
3. 2,4-dinitrofenol.
4. Rotenona.
5. Oligomicina.

179. **Identifique el reactivo o característica que describe la β-oxidación a diferencia del resto que describen la síntesis de ácidos grasos:**

1. Las enzimas se encuentran en el citoplasma.
2. Se requiere $NADPH + H^+$.
3. Acil CoA.
4. Malonil CoA.
5. Proteína transportadora de acilo (ACP).

180. **Las secuencias palindrómicas en el DNA:**

1. Son repeticiones especulares de una secuencia.
2. Se dan exclusivamente en las células eucarióticas.
3. Existe una sola por cada gen.
4. Se dan exclusivamente en las bacterias.
5. Poseen un eje binario de simetría.

181. **Señale cuál de las siguientes aseveraciones es FALSA:**

1. Los enlaces no covalentes casi siempre se rompen más fácilmente que los covalentes.
2. La energía de un enlace no covalente típico es, por lo general, no inferior a 300 kJ/mol.
3. Las interacciones no covalentes suelen suceder sólo entre ciertas moléculas.
4. Los enlaces no covalentes se forman y se rompen de manera reversible a temperatura ambiente.
5. Ninguna de las aseveraciones anteriores es verdadera.

182. **La DNA polimerasa I:**

1. Requiere un RNA mensajero como molde.
2. Posee actividad DNA-ligasa.
3. Si además del resto de los componentes necesarios se le suministra γ-^{32}PdGTP el DNA resultante será radiactivo.
4. Tiene actividad $3' \rightarrow 5'$ exonucleasa.
5. La reacción que cataliza es termodinámicamente desfavorable.

183. ¿Qué es la carnitina?:

   1. Un tipo de lípido presente en las membranas biológicas.
   2. Un transportador de ácidos grasos.
   3. Un transportador de colesterol
   4. Una hormona que activa la síntesis lipídica.
   5. Una vitamina.

184. ¿Qué hormonas favorecen la lipolisis?:

   1. La adrenalina exclusivamente.
   2. El glucagón exclusivamente.
   3. La adrenalina y el glucagón.
   4. La insulina exclusivamente.
   5. La insulina y la adrenalina.

185. El motivo estructural denominado cremallera de leucina que poseen algunos factores de transcripción:

   1. Se forma en una región de la proteína con estructura de hoja β antiparalela.
   2. Contiene al menos 4 leucinas contiguas.
   3. Contiene al menos 4 leucinas separadas por 4 aminoácidos.
   4. Contiene al menos 4 leucinas separadas por 5 aminoácidos.
   5. Contiene al menos 4 leucinas separadas por 6 aminoácidos.

186. ¿Qué importante ruta metabólica se encuentra bloqueada en los pacientes con anemia hemolítica?:

   1. Glucólisis.
   2. Ruta de las pentosas fosfato.
   3. Glucogenolisis.
   4. Síntesis del grupo hemo.
   5. Degradación del grupo hemo.

187. Un citocromo es:

   1. Una proteína transportadora de electrones que contiene un grupo ferrosulfo.
   2. Una molécula orgánica pequeña que participa en la cadena de transporte electrónico.
   3. Una proteína citosólica que contiene cromo.
   4. Una proteína transportadora de electrones que contiene un grupo hemo.
   5. Un grupo hemo idéntico al de la hemoglobina pero susceptible de oxidación.

188. La estructura en α-hélice de las cadenas polipeptídicas:

   1. Es una hélice doble.
   2. Adopta una forma de hoja plegada.
   3. Es un tipo de estructura secundaria.
   4. Es similar a la estructura secundaria del DNA.
   5. Se estabiliza mediante enlaces covalentes.

189. En la formación del complejo de iniciación de la síntesis proteica en procariotas se requieren:

   1. Peptidil transferasa.
   2. EF-Tu.
   3. mRNA.
   4. EF-G.
   5. NADPH.

190. Los telómeros son secuencias lineales de nucleótidos situadas en:

   1. Los ribosomas.
   2. Los cromosomas.
   3. Los extremos del RNA de transferencia.
   4. El DNA bacteriano.
   5. Los RNA catalíticos o ribozimas.

191. ¿A partir de qué compuesto o compuestos se sintetiza el grupo hemo?:

   1. Clorofila.
   2. Nucleótidos.
   3. Vitamina B12.
   4. Acetato y glicina.
   5. Histidina.

192. Las topoisomerasas son enzimas que:

   1. Introducen o eliminan superenrollamientos en la molécula de DNA.
   2. Catalizan la interconversión cis-trans de los residuos de prolina en las proteínas.
   3. Participan como chaperonas en el plegamiento de proteínas.
   4. Utilizan la hidrólisis de ATP para transformar moléculas de DNA de doble cadena en DNA de cadena sencilla y viceversa.
   5. Catalizan la racemización de aminoácidos en el metabolismo intermediario.

193. Las glucoproteínas:

   1. Son todas ellas proteínas de membrana con azúcares unidos covalentemente.
   2. Son proteínas de membrana o solubles que tienen azúcares unidos a través de los grupos hidroxilo de cadenas laterales de serina o treonina exclusivamente.
   3. Son proteínas que se glucosilan en la luz del retículo endoplásmico y en el complejo de Golgi.
   4. Son proteínas que se glucosilan a través de residuos de asparagina en el retículo endoplásmico y en el aparato de Golgi, mientras que la glucosilación a través de serina o treonina tiene lugar exclusivamente en el citosol.
   5. Son en su mayoría proteínas que sirven de reserva energética a las células por acumular hidratos de carbono.

194. ¿Qué característica común tienen las miosinas, las quinesinas y las dineínas?:

1. Son proteínas estructurales del citoesqueleto de células musculares.
2. Son familias de proteínas motrices o motores moleculares.
3. Son las proteínas que interaccionan con el monómero de actina para generar los filamentos proteicos de actina.
4. Son proteínas que participan en el transporte de vesículas de secreción entre células eucarióticas.
5. Son enzimas proteolíticas que actúan en la cascada de coagulación.

195. ¿Cuáles son los principales precursores gluconeogénicos?:

    1. Glucógeno y aminoácidos.
    2. Ácidos grasos.
    3. Lactato, piruvato y aminoácidos.
    4. Lactosa y maltosa.
    5. Nucleótidos.

196. ¿Cuál de estos aminoácidos forma parte de la estructura del glutatión?:

    1. Cisteina.
    2. Serina.
    3. Metionina.
    4. Ácido aspártico.
    5. Taurina.

197. La piruvato deshidrogenasa es:

    1. Una enzima formada por una única cadena polipeptídica que transforma piruvato en acetil-CoA.
    2. Un complejo multienzimático que, en células eucariotas, se encuentra en el citoplasma y genera acetil-CoA a partir de piruvato.
    3. Una enzima formada por una única cadena polipeptídica de elevada masa molecular que requiere de cinco coenzimas: pirofosfato de tiamina, ácido lipoico, FAD, coenzima A y NAD^+.
    4. Un complejo multienzimático presente en la matriz mitocondrial cuya principal actividad catalítica es la transformación de piruvato en lactato.
    5. Un complejo multienzimático de la matriz mitocondrial que conecta la glicolisis con el ciclo de los ácidos tricarboxílicos (ciclo del ácido cítrico).

198. La vía de las pentosas fosfato:

    1. Sólo tiene lugar en las células vegetales.
    2. Es una ruta metabólica de síntesis de azúcares de cinco átomos de carbono que requiere la oxidación de grandes cantidades de NADPH.
    3. Es una ruta metabólica totalmente independiente de la glucólisis.
    4. Es una ruta metabólica muy importante para procesos biosintéticos y de destoxificación que requieren NADPH.
    5. Es una ruta metabólica cuya funcionalidad esencial es la síntesis de glucosa-6-fosfato a partir de azúcares de cinco átomos de carbono.

199. Las propiedades farmacológicas de la aspirina y del ibuprofeno se deben a su acción como:

    1. Activadores de la bomba de sodio y potasio en la membrana celular.
    2. Activadores de las vías de señalización dependientes de AMP cíclico.
    3. Inhibidores de la biosíntesis de prostaglandinas.
    4. Inhibidores de la biosíntesis de colesterol.
    5. Reguladores de la presión sanguínea mediante la inhibición de la enzima convertidora de angiotensina.

200. El siquimato y el corismato son:

    1. Metabolitos formados en la degradación de ácidos grasos.
    2. Metabolitos formados en la degradación de aminoácidos.
    3. Precursores en la biosíntesis de ácido araquidónico.
    4. Intermediarios de la biosíntesis de aminoácidos aromáticos.
    5. Intermediarios de la biosíntesis de ácidos grasos.

201. En el proceso de biosíntesis del RNA:

    1. Se copia toda la información contenida en la hebra molde de DNA.
    2. Se utilizan como molde cualquiera de las dos hebras del DNA.
    3. Se copia la información correspondiente a una unidad de transcripción.
    4. El RNA sintetizado es idéntico en secuencia a la hebra molde de DNA.
    5. Intervienen Ribonucleasas.

202. La deficiencia de propionil-CoA carboxilasa supone:

    1. Aumento de la síntesis de ácidos grasos de número impar de átomos de carbono.
    2. Excreción urinaria de lisina.
    3. Hiperamonemia.
    4. Aumento de la síntesis de biotina hepática.
    5. Elevados niveles séricos de ornitina.

203. Los grupos hemo de la hemoglobina:

    1. Unen oxígeno cuando contienen Fe^{3+}.
    2. En su forma oxigenada tienen la quinta posición de coordinación ocupada por el oxígeno.
    3. Están unidos a las histidinas distales de la proteína.
    4. Pueden unirse al CO_2.
    5. Pueden unirse al agua.

204. **El NADH:**

    1. Es un citocromo transportador de electrones.
    2. Es una quinona liposoluble transportadora de electrones.
    3. Marca las proteínas para su degradación proteolítica.
    4. Es una coenzima de oxido-reducción de numerosas deshidrogenasas.
    5. Contiene un grupo hemo.

205. **La aciduria orótica se caracteriza por:**

    1. Excreción de altos niveles de UMP.
    2. Deficiencia de orotato fosforibosiltransferasa.
    3. Deficiencia de dihidroorotato deshidrogenasa.
    4. Exceso de orotidina descarboxilasa.
    5. Inhibición de la biosíntesis "*de novo*" de bases púricas.

206. **Los sistemas de transporte activo se caracterizan por:**

    1. Ser saturables.
    2. Crear un potencial de membrana.
    3. funcionar a favor de gradiente de concentración.
    4. Funcionar mediante cotransporte.
    5. Ser electrogénicos.

207. **Los esteroides:**

    1. Derivan del benceno.
    2. Están formados por la unión de moléculas de terpeno.
    3. Uno de ellos es el mentol.
    4. Incluyen muchas sustancias de origen vegetal con olores o sabores característicos.
    5. Derivan del escualeno.

208. **La ATP sintasa:**

    1. Está formada por dos únicas cadenas polipeptídicas, una de ellas transmembrana (F0) que se inserta en la membrana interna mitocondrial, y otra (F1) situada en la matriz mitocondrial y que presenta la actividad catalítica sintasa.
    2. Es un complejo enzimático compuesto por numerosas cadenas polipeptídicas que aprovecha la fuerza protón-motriz para sintetizar ATP.
    3. Es un complejo enzimático encargado de la síntesis de ATP aprovechando un gradiente de protones y que existe únicamente en las mitocondrias de las células eucariotas, no habiéndose detectado en procariotas.
    4. Es un complejo enzimático encargado de la síntesis de ATP que, en las células eucariotas, está soluble en la matriz mitocondrial.
    5. Es un complejo enzimático que al sintetizar ATP genera un gradiente de protones entre la matriz mitocondrial o de los cloroplastos de las células vegetales y el espacio intermembrana.

209. **Las reacciones oscuras de la fotosíntesis:**

    1. Producen NADPH y ATP.
    2. Suponen una síntesis reductora de hidratos de carbono a partir de glucosa y agua.
    3. Suponen una síntesis de hidratos de carbono a partir de CO_2 y agua.
    4. Son reacciones que sólo ocurren en ausencia de luz.
    5. Se producen en la membrana interna del cloroplasto.

210. **¿Se puede sintetizar glucosa en células de mamíferos a partir de?:**

    1. Ácidos grasos.
    2. Alanina.
    3. Adenosina 5´-trifosfato.
    4. Colesterol.
    5. Leucina.

211. **¿Cuál de los siguientes complejos enzimáticos está localizado en la membrana mitocrondrial interna?:**

    1. Piruvato deshidrogenasa.
    2. Hexoquinasa.
    3. Lactato deshidrogenasa.
    4. Succinato Q reductasa.
    5. Fumarasa.

212. **El número de recambio de una enzima:**

    1. Es el número de moléculas de sustrato convertidas en producto por unidad de tiempo por una molécula de enzima.
    2. Es el número de moléculas de la enzima necesarias para convertir un mol de sustrato por unidad de tiempo.
    3. Representa la concentración de sustrato a la que la velocidad de reacción ha alcanzado la mitad de su valor máximo.
    4. Es una medida de la eficacia catalítica, que se obtiene por la relación Kcat/Km.
    5. Es una medida de la especificidad de la enzima por un sustrato, que se obtiene por la relación Km/Kcat.

213. **Considerando que el glutamato tiene uno valores de pKa de 1.9; 3.1 y 10.5 se puede afirmar que su pI será:**

    1. 6.2.
    2. 6.8.
    3. 2.5.
    4. 5.16.
    5. Mayor de 3.1.

214. **El fosfatidato o ácido fosfatídico:**

1. Hace referencia a cualquier fosfolípido de carácter ácido.
2. Es el miembro más simple del grupo de los fosfoglicéridos.
3. Es la molécula base de un fosfolípido, constituida por dos ácidos grasos y un fosfato.
4. Es el esqueleto sobre el que se construyen los fosfolípidos de esfingosina.
5. Es el compuesto resultante de la degradación del diacilglicerol-3-fosfato.

215. El óxido nitrico se forma a partir de:

1. Ornitina.
2. Citrulina.
3. Asparragina.
4. Lisina.
5. Arginina.

216. ¿Cuál de los siguientes orgánulos desempeña un papel clave en la muerte celular programada?:

1. Mitocondria.
2. Lisosoma.
3. Ribosoma.
4. Nucleosoma.
5. Aparato de Golgi.

217. ¿Cuál de los siguientes compuestos actúa como desacoplador de la fosforilación oxidativa?:

1. Cianuro.
2. Oligomicina.
3. Rotenona.
4. 2,4-dinitrofenol.
5. Formaldehído.

218. ¿Cuál de las siguientes características NO es propia de los plásmidos bacterianos?:

1. Son vectores de clonación de gran utilidad.
2. Son moléculas de DNA lineal.
3. Son moléculas de DNA extracromosómico que dirigen su replicación.
4. Tienen estructura circular cerrada.
5. Ninguna respuesta anterior es correcta.

219. Un paciente diagnosticado con esfingolipidosis carece de la capacidad para degradar los esfingolípidos, que son compuestos químicos en los que:

1. Existe un esqueleto común de glicerol a todos.
2. Nunca existen restos de compuestos aminados.
3. Pueden existir restos de oligosacáridos sialilados, originándose los denominados gangliósidos.
4. Existe un resto de ácido fosfoatídico.
5. El resto aminado se lo proporciona la glicina.

220. Al referirnos a las propiedades de los aminoácidos que componen las proteínas, podemos afirmar que:

1. Todos son ópticamente activos.
2. Todos se encuentran usualmente en la forma D.
3. Solamente la treonina posee dos carbonos asimétricos.
4. La forma predominante de la glicina es la L.
5. La isoleucina tiene dos centros quirales.

221. ¿Cuál de los siguientes aminoácidos no se encuentra en un dominio transmembrana?:

1. Histidina.
2. Leucina.
3. Valina.
4. Prolina.
5. Serina.

222. La "triada catalítica" conforma el centro activo de las:

1. Proteasas ácidas.
2. Deshidrogenadas dependientes de NAD^+.
3. Quinasas.
4. Serín proteasas.
5. Fosforilasas.

223. Los cofactores enzimáticos:

1. Son siempre moléculas complejas.
2. Nunca son de naturaleza orgánica.
3. Son de naturaleza proteica.
4. Forman parte de la holoenzima.
5. Siempre son iones.

224. Si se trata una suspensión de mitocondrias simultáneamente con oligomicina y dinitrofenol:

1. Hay síntesis de ATP.
2. Hay transporte electrónico con consumo de oxígeno, pero no hay síntesis de ATP.
3. Hay transporte electrónico con consumo de oxígeno y síntesis de ATP.
4. No hay ni transporte ni síntesis de ATP.
5. La mitocondria actúa como un sumidero de electrones.

225. Entre las características generales del colágeno podemos destacar:

1. El estar formado siempre por tres cadenas peptídicas iguales.
2. La localización intracelular de sus formas maduras.
3. Su riqueza en cisteína.
4. Su bajo contenido de glicina.
5. Que es menos estable cuando hay carencia de vitamina C.

226. Con relación a las mutaciones durante la replicación del DNA:

1. Las "de sentido equivocado" producen un codon de parada.
2. Las "silenciosas" producen la pérdida de una sola base.
3. Las de los tipos "silenciosas", "de pérdida de sentido" y "sin sentido" son mutaciones puntuales.
4. La anemia drepanocítica está producida por una mutación sin sentido en uno de los alelos de la α-globina.
5. Las talasemias se producen únicamente mediante mutaciones "sin sentido".

227. **Si el péptido –Asp-Arg-Cys-Tyr-Ile-Gly– se trata con tripsina y quimotripsina produce:**

1. Asp y Arg-Cys-Tyr-Ile-Gly.
2. Asp-Arg, Cys-Tyr-Ile y Gly.
3. Asp-Arg-Cys-Tyr y Ile-Gly.
4. Asp-Arg, Cys-Tyr y Ile-Gly.
5. Asp-Arg-Cys y Tyr-Ile-Gly.

228. **Los sistemas de transporte activo primario:**

1. Funcionan a favor del gradiente de concentración del soluto.
2. Están acoplados directamente a la hidrólisis del ATP.
3. No son capaces de generar un gradiente de concentración.
4. Actúan acoplados a la energía de un gradiente de concentración.
5. Se conocen como difusión facilitada.

229. **La ricina es:**

1. Una proteína que actúa como inhibidor inespecífico de ribonucleasas.
2. Un antibiótico que inhibe la síntesis de la pared bacteriana mediante su unión irreversible a β-lactamasas.
3. Un antibiótico de naturaleza oligosacárida que inhibe la síntesis de proteínas en bacterias.
4. Una toxina que bloquea la entrada del tRNA en el ribosoma.
5. Una N-glicosidasa que inhibe la síntesis de proteínas por modificación covalente del rRNA.

230. **¿Cuál de los siguientes reactivos y condiciones desnaturalizarán el DNA de doble cadena?:**

1. Calor.
2. Urea.
3. Cambios de pH extremos.
4. Etanol.
5. Todas las respuestas anteriores son correctas.

231. **Las inmunoglobulinas IgG:**

1. Están constituidas por dos cadenas polipeptídicas.
2. Son lipoproteínas.
3. Poseen homología de secuencia en la región carboxi-terminal.
4. Son las inmunoglobulinas minoritarias del plasma.
5. Son las primeras inmunoglobulinas que se sintetizan en respuesta a un antígeno.

232. **Al referirnos a las enzimas es cierto que:**

1. No siempre son de naturaleza proteica.
2. Alteran el equilibrio de las reacciones en las que intervienen.
3. Modifican la energía libre estándar del proceso que catalizan.
4. Aumentan la energía del estado de transición.
5. Siempre requieren cofactores para su actividad.

233. **El surfactante pulmonar:**

1. Aumenta la tensión superficial del agua en los alvéolos pulmonares.
2. Su componente mayoritario es la dipalmitoilfosfatidilcolina.
3. El síndrome disneico de los bebés prematuros está relacionado en parte con un aumento de su síntesis.
4. Sin su presencia, los alvéolos se inflan con excesiva facilidad y están casi siempre permanentemente inflados.
5. Su función es facilitar el intercambio de oxígeno, uniéndose a él.

234. **Todas las moléculas de tRNA conocidas comparten las siguientes características:**

1. El residuo 5´ terminal es pC.
2. Contienen iones Zn^{2+}.
3. El aminoácido activado esta unido a un grupo hidroxilo 3´ del anticodon.
4. Tienen una estructura tridimensional de hoja plegada β.
5. Contiene la secuencia de tres nucleótidos CCA en el extremo 3´ de la molécula.

235. **Las conformaciones de silla y bote son adoptadas por:**

1. Las pentosas de los mononucleótidos.
2. Los anillos de furanosa.
3. Los anillos de piranosa.
4. La cadena lateral del aminoácido prolina.
5. El grupo imidazol de la cadena lateral del aminoácido histidina.

236. **Las lectinas:**

1. Son proteínas que se encuentran sólo en plantas.
2. Se unen a carbohidratos de forma no específica.
3. Facilitan el contacto intercelular.

4. Se unen mediante fuertes interacciones con carbohidratos presentes en la superficie de la célula.
5. Degradan la glicoproteína cuando interaccionan con ella.

237. **Las moléculas de ribulosa 5-fosfato y ribosa 5-fosfato son importantes en la ruta del fosfogluconato. ¿Qué relación estructural existe entre estos compuestos?:**

1. Enantiómeros.
2. Epímeros.
3. Anómeros.
4. Isómeros estructurales.
5. No hay relación.

238. **La glucosa-6-fosfato:**

1. Puede convertirse en glucosa libre en el riñón y liberarse en la sangre.
2. Puede entrar en la vía de las pentosas fosfato para producir NADPH y derivados de la ribosa.
3. Es originada por la enzima fosforilasa a partir de la glucosa-1-fosfato.
4. Cuando se incorpora al glucógeno se produce la hidrólisis de dos moléculas de ATP.
5. Es capaz de transportarse fuera de la célula.

239. **¿Cuál de estas proteínas cataliza la rotura de enlaces peptídicos por el lado carboxílico de residuos de lisina y arginina?:**

1. Quimotripsina.
2. Trombina.
3. Termolisina.
4. Subtilisina.
5. Tripsina.

240. **En una mutación transicional:**

1. Una purina se sustituye por una pirimidina.
2. Se eliminan uno o varios pares de bases.
3. Se adicionan uno o varios pares de bases.
4. Se forman dímeros de pirimidinas.
5. Se forman dímeros de purinas.

241. **¿Cuál de los siguientes compuestos NO es un compuesto de partida para la síntesis *de novo* de los nucleótidos de pirimidina?:**

1. Aspartato.
2. Fosforribosil pirofosfato.
3. NH_4^+.
4. Xantina.
5. CO_2.

242. **Indica cuál de estos metabolitos NO forma parte de la ruta de las pentosas fosfato:**

1. Ribosa-5-fosfato.
2. Ribulosa-5-fosfato.
3. Fructosa-6-fosfato.
4. Dihidroxiacetona-fosfato.
5. Gliceraldehído-3-fosfato.

243. **¿Cuál de estos aminoácidos tiene grupo R alifático?:**

1. Metionina.
2. Valina.
3. Tirosina.
4. Asparagina.
5. Histidina.

244. **La glucógeno fosforilasa es:**

1. Una enzima clave en la biosíntesis de glucógeno.
2. Una enzima esencial para la fosforilación del glucógeno.
3. Una enzima clave en la degradación del glucógeno, generando glucosa-1-fosfato.
4. Una enzima clave en la degradación del glucógeno, estando en el músculo en forma activada permanentemente.
5. Una enzima dimérica en el músculo que puede inactivarse por fosforilación.

245. **El enlace peptídico:**

1. Adopta generalmente la configuración *cis*.
2. Posee libertad de rotación.
3. Es un doble enlace.
4. Es un enlace tipo éster.
5. Es un enlace tipo amida.

246. **Al realizar la representación de Lineweaver-Burk para una reacción monosustrato en presencia y en ausencia de un inhibidor, se obtienen dos líneas rectas que se cortan en el eje de abscisas, lo cual indica que:**

1. Es una inhibición irreversible.
2. Es una inhibición competitiva.
3. El inhibidor reduce la Vmax.
4. El inhibidor aumenta la Km.
5. La relación Vmax/Km es igual en ambas reacciones.

247. **La síntesis *de novo* de ácidos grasos:**

1. Requiere acetil-CoA, ATP y poder reductor bajo la forma de NADH.
2. Tiene lugar en la matriz mitocondrial, donde se produce el acetil-CoA.
3. Tiene lugar en el citoplasma y el acetil-CoA se transporta desde la matriz mitocondrial mayoritariamente bajo la forma de citrato.
4. Tiene lugar en el citoplasma y el acetil-CoA se transporta desde la matriz mitocondrial mayoritariamente por interacción con la carnitina.
5. Sólo puede darse en procariotas.

248. **El diacilglicerol:**

    1. Tiene receptores en la membrana del retículo endoplásmico.
    2. Activa a la proteína quinasa A.
    3. Activa a la proteína quinasa C.
    4. Aumenta la concentración de GMPc.
    5. Se produce tras activación de proteínas Gs.

249. **La fosfofructoquinasa-1 está modulada de forma positiva por:**

    1. El ATP.
    2. El piruvato.
    3. La fructosa-1,6-bisfosfato.
    4. El citrato.
    5. La baja carga energética.

250. **La variación de energía libre estándar de una reacción:**

    1. Depende de las concentraciones de sustratos y productos.
    2. Tiene que ser negativa para que la reacción sea espontánea.
    3. Disminuye a medida que transcurre la reacción.
    4. Determina el estado de equilibrio de la reacción.
    5. Se reduce por la acción enzimática.

251. **El ácido palmítico es un ácido graso con:**

    1. 16 átomos de carbono y ninguna insaturación.
    2. 18 átomos de carbono y ninguna insaturación.
    3. 18 átomos de carbono y una insaturación.
    4. 16 átomos de carbono y una insaturación.
    5. 20 átomos de carbono y ninguna insaturación.

252. **El denominado "Gas de síntesis" que se utiliza para la preparación de metanol en gran escala consiste en una mezcla de presión de:**

    1. CO e hidrógeno.
    2. CO_2 e hidrógeno.
    3. CO, hidrógeno y agua.
    4. CO_2, hidrógeno y agua.
    5. Ninguna de las anteriores.

253. **Se pretende llevar a cabo el análisis de residuos de acaricidas halogenados en un alimento por cromatografía de gases. ¿Qué detector escogería?:**

    1. Fotométrico.
    2. Nitrógeno-fósforo.
    3. Ionización de llama.
    4. Plasma.
    5. Captura de electrones.

254. **Indicar cuáles son las hibridaciones más adecuadas para los átomos de carbono en la molécula de ácido acético:**

    1. sp^3 y sp.
    2. sp^3 y sp^2.
    3. sp^2 y sp.
    4. sp^3 y sp^3.
    5. sp^2 y sp^2.

255. **Los triacilgliceroles son:**

    1. Lípidos localizados selectivamente en la membrana celular.
    2. Ésteres de ácidos grasos con glicerol y sin carga eléctrica.
    3. Lípidos compuestos de un aminoalcohol y un ácido graso.
    4. Estructuras lipídicas anfipáticas presentes en todos los tipos celulares.
    5. Ésteres de ácidos grasos con glicerol y con carga eléctrica.

256. **Con Yodo se puede realizar una oxidación suave de:**

    1. Olefinas a alcoholes.
    2. Acetilenos a carbonilos.
    3. Fenoles a ácidos.
    4. Tioles a disulfuros.
    5. Ninguna de las anteriores.

257. **El compuesto de fórmula B $(OH)_3$ es un sólido blanco que:**

    1. Es un hidróxido iónico.
    2. Consta de moléculas planas.
    3. Es un ácido fuerte.
    4. Pierde agua a temperatura ambiente formando B_2O_3.
    5. Es una sustancia oxidante.

258. **Las serinas proteasas:**

    1. Contienen un residuo de aspartato esencial en el centro catalítico.
    2. Son exopeptidasas.
    3. Se sintetizan en forma activa.
    4. Hidrolizan enlaces peptídicos en los que el extremo amino terminal de la serina está implicado.
    5. Se inactivan por diisopropilfluorofosfato (DIPF).

259. **En la biosíntesis de proteínas:**

    1. Se traduce la información contenida en las dos cadenas de DNA.
    2. Se traduce la información contenida en la región codificante de un mRNA maduro.
    3. Se produce la iniciación en la secuencia del promotor.
    4. Comienza con el aminoácido más abundante.
    5. Comienza con diferente aminoácido según la proteína a sintetizar.

260. Un electrodo de calomelanos:

1. Es un electrodo indicador de mercurio.
2. Es un electrodo de referencia que se construye con Ag y AgCl.
3. Es un electrodo de vidrio.
4. Es un electrodo de referencia que se construye con Hg y Hg_2Cl_2.
5. Es un electrodo de referencia que se construye con Ag y Hg_2Cl_2.

Titulación: QUÍMICA
Convocatoria: 2008
Nº de versión de examen: 0
V = Nº de la pregunta en versión de examen 0.
RC = Respuesta correcta

V	RC	V	RC	V	RC	V	RC	V	RC
1	2	53	1	105	3	157	1	209	3
2	4	54	4	106	2	158		210	2
3	3	55	1	107	3	159	5	211	4
4	1	56	5	108	4	160	1	212	1
5	5	57	4	109	5	161	4	213	3
6	2	58	2	110	5	162	2	214	2
7	2	59	3	111	1	163	1	215	5
8	3	60	4	112	2	164	3	216	1
9	1	61	1	113	4	165	5	217	4
10	5	62	5	114	5	166	4	218	2
11	3	63	2	115		167	5	219	3
12	1	64	4	116	2	168		220	5
13	4	65	2	117	4	169	3	221	1
14	1	66	5	118	4	170	2	222	4
15	3	67	4	119	4	171	1	223	4
16	2	68	2	120	3	172	2	224	2
17	1	69	5	121	2	173	3	225	5
18	4	70	4	122	2	174	5	226	3
19	3	71	2	123	3	175	5	227	4
20	1	72	1	124	3	176	3	228	2
21	5	73	3	125	4	177	4	229	5
22	1	74	4	126	4	178		230	5
23	2	75	2	127	3	179	3	231	3
24	4	76	5	128	2	180	5	232	1
25	2	77	4	129	1	181		233	2
26	5	78	2	130	2	182	4	234	5
27	1	79	1	131	5	183	2	235	3
28	2	80	4	132	2	184	3	236	3
29	3	81	4	133	3	185	5	237	4
30	5	82	4	134	2	186	2	238	2
31	4	83	4	135	5	187	4	239	5
32	5	84	3	136	4	188	3	240	
33	1	85	2	137	3	189	3	241	4
34	4	86	3	138	5	190	2	242	4
35	2	87	3	139	4	191	4	243	2
36	4	88	3	140	1	192	1	244	3
37	5	89	2	141	5	193	3	245	5

38	1	90	2	142	1	194	2	246	3
39	2	91	1	143	2	195	3	247	3
40	4	92	3	144	4	196	1	248	3
41		93	4	145	1	197	5	249	5
42	3	94	4	146	5	198	4	250	
43	2	95	1	147	3	199	3	251	1
44	4	96	2	148	2	200	4	252	1
45	1	97	3	149	4	201	3	253	5
46	4	98	4	150	1	202	1	254	2
47	5	99	5	151	3	203	5	255	2
48	2	100	1	152	4	204	4	256	4
49	3	101	2	153	4	205	2	257	2
50	4	102	3	154	1	206	1	258	
51	3	103	3	155	3	207		259	2
52		104		156	2	208	2	260	4

MINISTERIO DE SANIDAD Y POLÍTICA SOCIAL

PRUEBAS SELECTIVAS 2009

CUADERNO DE EXAMEN

QUÍMICOS

ADVERTENCIA IMPORTANTE

ANTES DE COMENZAR SU EXAMEN, LEA ATENTAMENTE LAS SIGUIENTES

INSTRUCCIONES

1. Compruebe que este Cuaderno de Examen lleva todas sus páginas y no tiene defectos de impresión. Si detecta alguna anomalía, pida otro Cuaderno de Examen a la Mesa.

2. La "Hoja de Respuestas" está nominalizada. Se compone de tres ejemplares en papel autocopiativo que deben colocarse correctamente para permitir la impresión de las contestaciones en todos ellos. Recuerde que debe firmar esta Hoja y rellenar la fecha.

3. Compruebe que la respuesta que va a señalar en la "Hoja de Respuestas" corresponde al número de pregunta del cuestionario.

4. **Solamente se valoran** las respuestas marcadas en la "Hoja de Respuestas", siempre que se tengan en cuenta las instrucciones contenidas en la misma.

5. Si inutiliza su "Hoja de Respuestas" pida un nuevo juego de repuesto a la Mesa de Examen y **no olvide** consignar sus datos personales.

6. Recuerde que el tiempo de realización de este ejercicio es de **cinco horas improrrogables** y que están **prohibidos** el uso de **calculadoras** (excepto en Radiofísicos) y la utilización de **teléfonos móviles**, o de cualquier otro dispositivo con capacidad de almacenamiento de información o posibilidad de comunicación mediante voz o datos.

7. Podrá retirar su Cuaderno de Examen una vez finalizado el ejercicio y hayan sido recogidas las "Hojas de Respuesta" por la Mesa.

1. La reacción del haloformo es una reacción típica de:

   1. Aldehídos.
   2. Ácidos carboxílicos.
   3. Metil cetonas.
   4. Alcaloides.
   5. Acetilenos.

2. A escala preparativa, los ácidos aldónicos se obtienen por oxidación de las aldosas con:

   1. Reactivo de Collins.
   2. Perrutenato.
   3. Dioxiranos.
   4. Bromo en disolución acuosa tamponada.
   5. Ácido nítrico tamponado y calentando.

3. La regla que indica, que un compuesto bicíclico con puente no puede tener un doble enlace en la posición del puente a menos que uno de los anillos contenga como mínimo ocho átomos de carbono se conoce como regla de:

   1. Saytzev.
   2. Hoffmann.
   3. Bredt.
   4. Wittig.
   5. Demianov.

4. ¿Cuál de los compuestos relacionados a continuación, presenta un mayor momento dipolar?:

   1. Acetonitrilo.
   2. Acetona.
   3. Agua.
   4. Amoniaco.
   5. Metanol.

5. Los reactivos organocupratos se adicionan a los aldehídos y cetonas α,β-insaturados preferentemente en la forma:

   1. Adición 1,2 a los aldehídos y 1,4 a las cetonas.
   2. Adición 1,2 a las cetonas y 1,4 a los aldehídos.
   3. Adición 1,2.
   4. Adición 1,4.
   5. No se adicionan.

6. El heterociclo de seis miembros totalmente insaturado con un oxígeno que soporta una carga positiva en el mismo se denomina:

   1. Furanilo.
   2. Catión pirilio.
   3. Pirano.
   4. Furano.
   5. Oxirano.

7. Los alcanos y cicloalcanos son no polares e insolubles en agua. Las fuerzas de atracción entre las moléculas de los alcanos son:

   1. Puentes de hidrógeno.
   2. Covalentes.
   3. Dipolo inducido-dipolo inducido.
   4. Aniónicas.
   5. Catiónicas.

8. Los sustituyentes en el anillo aromático tienen un efecto en la sustitución electrofílica aromática. Cual de las siguientes sentencias es correcta:

   1. Los sustituyentes fuertemente desactivadores son directores orto y para.
   2. Los sustituyentes halógeno son ligeramente desactivadores y dirigen a meta.
   3. Los sustituyentes halógeno son ligeramente activadores y dirigen a orto y para.
   4. Todos los sustituyentes activadores son directores meta.
   5. Todos los sustituyentes activadores son directores orto y para.

9. ¿Cuál de los siguientes hidrocarburos, tiene un menor calor de combustión?:

   1. Ciclobutano.
   2. Ciclopentano.
   3. Ciclopropano.
   4. Ciclohexano.
   5. Ciclooctano.

10. El cloruro de tris(trifenilfosfina)rodio es conocido como catalizador de Wilkinson y es muy efectivo en reacciones de:

    1. Sustitución nucleofílica aromática.
    2. Sustitución electrofílica aromática.
    3. Hidrogenación de alquenos.
    4. Eliminación de halógenos.
    5. Sustitución nucleofílica.

11. El grupo carbonilo en la nomenclatura de moléculas orgánicas:

    1. Tiene preferencia sobre el grupo carboxilo.
    2. Tiene preferencia sobre los grupos hidroxilo, alquenilo y alquinilo.
    3. No tiene preferencia sobre los grupos hidroxilo, alquenilo y alquinilo.
    4. No tiene preferencia sobre los hidrocarburos cíclicos.
    5. Ninguna de las anteriores.

12. Las aminas secundarias se adicionan a aldehídos y cetonas para formar carbinolaminas. Estas carbinolaminas intermedias pueden deshidratarse y formar un producto estable conocido como:

    1. Enamina.
    2. Piridina.
    3. Pirrolidina.
    4. Iluro.
    5. Lactida.

13. Un intermedio reactivo, con un átomo de carbono neutro que tiene únicamente dos enlaces y dos pares de electrones no enlazantes se denomina:

    1. Carbono polar.
    2. Carbono tetrahédrico.
    3. Reactivo de Wittig.
    4. Iluro.
    5. Carbeno.

14. En espectrometría de masas, la pérdida de un fragmento alqueno mediante un reordenamiento de un compuesto carbonílico que posee hidrógenos en posición γ se denomina reordenamiento:

    1. De McLafferty.
    2. De Cope.
    3. De oxi-Cope.
    4. Pericíclico.
    5. De Claisen.

15. Cuando un derivado halogenado se trata con trifenilfosfina, se forma:

    1. Iluro de fosforo.
    2. Sal de fosfonio.
    3. Tioéter.
    4. Tiol.
    5. Azida.

16. La reacción de un alqueno con un peroxiácido conduce a:

    1. Un alcohol y una cetona.
    2. Un epóxido y un aldehído.
    3. Un alcohol y un peroxiácido.
    4. Un epóxido y un ácido carboxílico.
    5. Dos alcoholes.

17. La reacción de esterificación de un ácido carboxílico transcurre con catálisis ácida a través de un mecanismo de:

    1. Sustitución electrófila.
    2. Adición electrófila.
    3. Adición-eliminación.
    4. Adición-reducción.
    5. Oxidación de aldehídos.

18. La oxidación vigorosa de los tioles los transforma en:

    1. Disulfuros.
    2. Ácido sulfónico.
    3. Sulfuros.
    4. Sales de sulfonio.
    5. Sulfotas.

19. Los heterociclos de seis miembros con un átomo de nitrógeno y uno de oxígeno se conocen sistemáticamente como:

    1. Piridazinas.
    2. Oxazoles.
    3. Oxazinas.
    4. Pirazinas.
    5. Oxazolidinas.

20. ¿Cuál de los ácidos relacionados a continuación, presenta una mayor acidez?:

    1. Fórmico.
    2. Cianhídrico.
    3. Bromhídrico.
    4. Acético.
    5. Iodhídrico.

21. Los orbitales que tienen la misma energía se llaman:

    1. Isoelectrónicos.
    2. Degenerados.
    3. Iguales.
    4. De Hückel.
    5. Neutros.

22. El ácido monocarboxílico formado por la oxidación del grupo aldehído de una aldosa se denomina:

    1. Piranósico.
    2. Alditol.
    3. Aldárico.
    4. Aldónico.
    5. Furanósico.

23. Los tosilatos reaccionan fácilmente con los alcóxidos, generando:

    1. Alcoholes.
    2. Aldehídos.
    3. Éteres.
    4. Esteres.
    5. Sulfuros.

24. Un alqueno se disuelve en tetracloruro de carbono, se agrega N-bromosuccinimida y la mezcla de reacción se calienta, o se ilumina con una lámpara solar o ambos. Los productos de reacción son:

    1. Un diol y una amina.
    2. Un diol y una amida.
    3. Un alcohol y una succinimida.
    4. Un halogenuro vinílico y una succinimida.
    5. Un halogenuro alílico y una succinimida.

25. Los alquenos pueden reaccionar consigo mismo, en presencia de:

    1. Metales en disolución.
    2. Carbonilo, cuando están conjugados.
    3. Hidrocarburos saturados y a elevadas tempera-

turas.
4. Un catalizador apropiado como un ácido, un radical, una base o un metal de transición.
5. Consigo mismo no reaccionan nunca.

26. **El desplazamiento químico de los hidrógenos alquinílicos en RMN ^{1}H:**

    1. Es mayor que el de los hidrógenos aromáticos.
    2. Es bajo si se compara con los hidrógenos alquenílicos.
    3. Es menor que el de los hidrógenos de los alcanos.
    4. Aparecen por debajo de 1 ppm.
    5. Ninguna de las anteriores.

27. **Los éteres cíclicos de seis miembros con dos átomos de oxígeno, se denominan:**

    1. Oxiranos.
    2. Oxetanos.
    3. Dioxanos.
    4. Oxolanos.
    5. Oxanos.

28. **En condiciones adecuadas, una amina primaria reacciona con una cetona o un aldehído para formar una:**

    1. Enamina.
    2. Imina.
    3. Oxima.
    4. Hidrazona.
    5. Azina.

29. **Cuando se tratan los alquenos con bromo o cloro en solución acuosa se convierten en:**

    1. Un compuesto carbonílico.
    2. Un alcohol.
    3. Un derivado dihalogenado.
    4. Un diol.
    5. Una halohidrina vecinal.

30. **Los puentes de hidrógeno de las aminas son más débiles que los de los alcoholes debido a que:**

    1. El nitrógeno es más electronegativo que el oxígeno.
    2. El nitrógeno es menos electronegativo que el oxígeno.
    3. Las aminas son más polares que los alcoholes.
    4. Las aminas tienen puntos de ebullición más altos que los alcoholes.
    5. Las aminas son insolubles en agua, mientras que los alcoholes sí lo son.

31. **¿Qué compuesto de los relacionados a continuación es no aromático?:**

    1. Piridina.
    2. Pirimidina.
    3. Pirrol.
    4. Pirano.
    5. Furano.

32. **Los uretanos son los esteres estables del ácido inestable:**

    1. Carbámico.
    2. Carbónico.
    3. Acético.
    4. Aldárico.
    5. Propiónico.

33. **La hidratación de alquinos terminales, catalizada por una combinación de ácido sulfúrico y iones mercurio II, es una forma muy útil de obtener:**

    1. Alcoholes.
    2. Éteres.
    3. Metilcetonas.
    4. Esteres
    5. Alquenos.

34. **Las aminas secundarias reaccionan con el ión nitrosonio para formar:**

    1. Enaminas.
    2. Sales de amonio.
    3. Sales de diazonio.
    4. N-nitrosoaminas.
    5. Azocompuestos.

35. **La reacción de metales como litio o magnesio con haloalcanos permite la formación de un tipo de compuestos denominados:**

    1. Reactivos organometálicos.
    2. Reactivo de Wittig.
    3. Reactivo de Simmons-Smith.
    4. Reactivo de Raney.
    5. Reactivo de Mannich.

36. **¿Qué compuesto de los relacionados a continuación es quiral?:**

    1. 1-bromobutano.
    2. 1-pentanol.
    3. 2-pentanol.
    4. 3-pentanol.
    5. Clorociclohexanol.

37. **La transesterificación es una reacción que puede utilizarse para transformar un éster en:**

    1. Su ácido carboxílico.
    2. Otro éster.
    3. Una amida.
    4. Un alcohol.
    5. Un carbonilo.

38. **Los compuestos nitrogenados básicos, encontrados principalmente en plantas, pero también en microorganismos y animales se conocen**

como:

1. Terpenos.
2. Lignanos.
3. Alcaloides.
4. Prostaglandinas.
5. Policétidos.

39. **La donación o retirada de densidad electrónica a través de enlaces sigma se conoce como efecto:**

    1. Mesómero.
    2. Hiperconjugativo.
    3. Resonante.
    4. Inductivo.
    5. Polar.

40. **La relación determinada experimentalmente entre las configuraciones de dos moléculas, incluso cuando no se conoce la configuración absoluta de ninguna de ellas se denomina:**

    1. Configuración absoluta.
    2. Configuración relativa.
    3. Configuración resonante.
    4. Formas mesómeras.
    5. Formas resonantes.

41. **La sulfonación del benceno es un proceso:**

    1. Irreversible.
    2. Inviable.
    3. Reversible.
    4. Que sólo se produce en presencia de un reductor.
    5. Que sólo se produce en presencia de un metal de transición.

42. **La reacción de Diels-Alder es una cicloadición concertada y estereoespecífica que sigue la regla *endo* y tiene lugar entre:**

    1. Un alcano y un dieno.
    2. Un alcano y un dienófilo.
    3. Un dieno s-*trans* y un dienófilo.
    4. Un dieno s-*cis* y un dienófilo.
    5. Un alcano y un dienófilo cíclico.

43. **El tratamiento de una amida primaria con hidróxido sódico y bromo o cloro produce una amina primaria. Esta reacción se denomina:**

    1. Degradación de Cope.
    2. Degradación de Hofmann.
    3. Síntesis de Gabriel.
    4. Reacción de Sandmeyer.
    5. Reacción de diazotación.

44. **Los reactivos organometálicos arílicos pueden actuar como:**

    1. Electrófilos de tres carbonos.
    2. Ácidos de Lewis.
    3. Nucleofilos de tres carbonos.
    4. Compuestos solubles en agua.
    5. Compuestos inertes.

45. **La reacción de oximercuriación-desmercuriación es un método sintético útil de transformar los alquenos en:**

    1. Ácidos.
    2. Alcoholes o éteres.
    3. Aldehídos.
    4. Hidrocarburos saturados.
    5. Halogenuros de alquilo.

46. **La regla de Markovnikov predice la regioselectividad en las reacciones de:**

    1. Adición nucleófila.
    2. Sustitución nucleófila.
    3. Sustitución electrófila aromática.
    4. Adición electrófila.
    5. Oxidación de alcoholes.

47. **¿Cuál de los alquenos relacionados a continuación, presenta una mayor estabilidad?:**

    1. 2-metil-2-buteno.
    2. *cis*-2-buteno.
    3. Propeno.
    4. *trans*-2-buteno.
    5. 1-buteno.

48. **El anión formado por la desprotonación de un alcohol se conoce como:**

    1. Acetato.
    2. Iluro.
    3. Éter.
    4. Carboxilato.
    5. Alcóxido.

49. **Las reacciones de alquilación de Friedel-Crafts conducen a productos que:**

    1. Facilitan las reacciones de diazotación.
    2. Facilitan las reacciones de formación de éteres.
    3. Desactivan el anillo aromático frente a otras sustituciones.
    4. Activan el anillo aromático frente a otras sustituciones.
    5. Ninguna de las anteriores.

50. **¿Cuántos estereoisómeros tiene el *cis*-1,2-dimetilciclopentano?:**

    1. Uno.
    2. Dos.
    3. Tres.
    4. Cuatro.
    5. Ninguno.

51. **Una red cristalina puede contener defectos de**

Schottky. ¿Cuál de los defectos siguientes NO pertenece a esta categoría?:

1. En un compuesto MX, una vacante catiónica y una vacante aniónica.
2. En una estructura MX_2, dos posiciones aniónicas vacantes por cada posición catiónica vacante.
3. En una red M_2X, dos posiciones catiónicas vacantes por cada posición aniónica vacante.
4. En una red metálica la posición de un átomo vacante.
5. En cualquier red iónica, posiciones vacantes al azar.

52. El mercurio es un metal que:

1. Reacciona violentamente con el oxígeno a temperatura ambiente.
2. Reacciona con el O_2 a 300°C para dar HgO. El HgO se descompone en sus elementos al calentar por encima de 400°C.
3. Los compuestos de Hg con azufre reciben el nombre genérico de amalgamas.
4. El $HgCl_2$ es el único compuesto del mercurio con los halógenos.
5. El índice de coordinación del Hg en $HgCl_2$ es plano trigonal.

53. Las barras de combustible de los reactores nucleares son de:

1. Hexafluoruro de uranio enriquecido en ^{235}U.
2. Uranio natural metálico.
3. Dióxido de uranio enriquecido en ^{235}U.
4. Una mezcla de grafito y uranio enriquecido en ^{235}U.
5. Tubos rellenos de una suspensión en agua pesada de uranio enriquecido.

54. Se denomina anación a la sustitución de un ligando:

1. Neutro por un ligando aniónico.
2. Neutro por otro ligando sin carga.
3. Aniónico por otro ligando aniónico.
4. Aniónico por un ligando no cargado.
5. Aniónico.

55. El bismuto es:

1. Un líquido a temperatura ambiente.
2. Un sólido metálico de color negro.
3. Uno de los elementos utilizados para preparar fármacos.
4. Un elemento que no reacciona con oxígeno.
5. Un elemento que reacciona vigorosamente con el agua.

56. El número de nodos radiales que posee un orbital 5f es:

1. Cero.
2. Uno.
3. Dos.
4. Tres.
5. Cuatro.

57. El carburo de silicio (carborundo) es una sustancia de gran dureza que:

1. Tiene estructura de NaCl.
2. Es inerte frente al oxígeno incluso por encima de 1000°C.
3. Se hidroliza en agua.
4. Cuando está puro y cristalino es de color negro.
5. Se obtiene por reacción de cuarzo y carbón.

58. ¿Cuál de las siguientes series de iones lantánidos contiene solo iones paramagnéticos?:

1. La^{3+}, Ce^{3+}, Sm^{3+}.
2. Sm^{3+}, Ho^{3+}, Lu^{3+}.
3. Ce^{3+}, Eu^{3+}, Yb^{3+}.
4. La^{3+}, Gd^{3+}, Eu^{3+}.
5. La^{3+}, Eu^{2+}, Yb^{3+}.

59. El monóxido de carbono es tóxico porque:

1. En agua genera ácido fórmico HCOOH.
2. La hemoglobina tiene más afinidad por el CO que por el O_2.
3. Con el ácido clorhídrico del estómago produce HCOCl.
4. Es isoestructural con el cianuro de hidrógeno.
5. Es muy soluble en agua.

60. El sulfato de sodio es un compuesto de alto interés industrial que:

1. Se encuentra en la naturaleza.
2. Se obtiene industrialmente por reacción de sodio y ácido sulfúrico.
3. A 300 °C se descompone en Na_2O y SO_3.
4. Es insoluble en agua.
5. Es de color amarillo pálido.

61. ¿Cuál es el estado de oxidación más frecuente del torio en sus compuestos?:

1. +2.
2. +3.
3. +4.
4. +5.
5. +6.

62. El Xenón:

1. No forma ningún tipo de compuesto.
2. Sólo forma compuestos con flúor.
3. Sólo forma compuestos con oxígeno.
4. Forma con oxígeno un compuesto, el XeO_4, que es tetraédrico.
5. Forma un único compuesto con flúor el XeF_9.

63. R.H. Grubbs fue uno de los galardonados con el Nobel de Química en 2005. Los catalizadores de Grubbs típicos contienen:

    1. Ru y un ligando carbeno.
    2. Rh y un ligando carbeno.
    3. Ru y un ligando alqueno.
    4. Rh y un ligando alqueno.
    5. Rh y ligandos carbonilo.

64. ¿Cuál de los siguientes superconductores tiene el valor más alto de su temperatura crítica (Tc)?:

    1. Nb_3Sn.
    2. MgB_2.
    3. TiO.
    4. Hg.
    5. $YBa_2Cu_3O_7$.

65. Los estudios de proteínas que contienen Zn (II) con frecuencia incluyen la sustitución de ión cinc por ión cobalto. Cual de las siguientes afirmaciones es correcta:

    1. Tanto el Zn^{2+} como el Co^{2+} en geometría tetraédrica son diamagnéticos.
    2. La coordinación tetraédrica es una de las diversas geometrías encontradas tanto en la química del Zn^{2+} como del Co^{2+}.
    3. El radio iónico del Co^{2+} es considerablemente más pequeño que el del Zn^{2+}.
    4. El espectro visible de complejos de Co^{2+} es similar al de complejos análogos de Zn^{2+}.
    5. El comportamiento redox de ambos iones en complejos de estructura semejante es muy parecido.

66. La solubilidad en agua de los compuestos de talio (I) depende del anión, siendo muy insoluble el de:

    1. Sulfato.
    2. Nitrato.
    3. Carbonato.
    4. Sulfuro.
    5. Hidróxido.

67. El platino es un metal que:

    1. Reacciona exotérmicamente con el oxígeno a 25°C para dar PtO_3.
    2. Se emplea en la industria automovilística para hacer motores.
    3. Solo forma compuestos con el oro y con el oxígeno.
    4. Tiene un gran número de compuestos en estados de oxidación 1 y 5.
    5. Se utiliza en la industria para fabricar electrodos.

68. El fluoruro de hidrógeno es un líquido cuyo punto de ebullición es 19°C aproximadamente, y que en disolución acuosa:

    1. Ataca al polietileno y al platino.
    2. No ataca a ningún metal.
    3. Es un ácido más débil que el ácido clorhídrico.
    4. No presenta enlace de hidrógeno, nunca forma unidades F-H-F$^-$.
    5. Puede almacenarse en botellas de vidrio ámbar.

69. La cinética de la isomerización de *cis* a *trans*-$[Mo(CO)_4(Pt_3)_2]$ puede ser seguida por espectroscopia IR. ¿Cuál de las siguientes regiones del espectro IR elegiría para seguir la marcha de la reacción?:

    1. 3500-3000 cm^{-1}.
    2. 2000-1800 cm^{-1}.
    3. 1600-1400 cm^{-1}.
    4. 1200-900 cm^{-1}.
    5. 900-600 cm^{-1}.

70. El berilio, es un elemento:

    1. Radiactivo.
    2. Aislante.
    3. Muy tóxico.
    4. Ya conocido en la Roma antigua.
    5. Que reacciona violentamente con el agua.

71. Entre los compuestos de manganeso:

    1. Los estados de oxidación más frecuentes son 2, 3, 4 y 7.
    2. La basicidad de los óxidos en agua aumenta con el nº de oxidación.
    3. Las sales de Mn^{2+} son muy oxidantes.
    4. El permanganato potásico es un oxidante muy débil.
    5. El único índice de coordinación conocido es el 5.

72. El cianuro, CN^-:

    1. Apenas es tóxico, no causa mayores problemas si se ingiere.
    2. Presenta un electrón más que el CO o el N_2, por eso tiene carga negativa.
    3. Se usa para la extracción del oro de alguna de sus menas.
    4. Solo actúa como ligando monodentado, uniéndose al metal por el N.
    5. De potasio es insoluble en agua.

73. El símbolo del término fundamental del ión Eu^{3+} es:

    1. $^7F_6$.
    2. $^7F_0$.
    3. $^3F_0$.
    4. $^3F_6$.
    5. $^8S_0$.

74. La principal característica de una reacción de Fischer-Tropsch es:

1. La isomerización de alquenos.
2. La polimerización de propileno.
3. La formación de hidrocarburos.
4. La polimerización de etileno.
5. Una hidroformilación.

75. El NO, un agente contaminante de la atmósfera, es:

1. Un gas rojizo.
2. Un gas que puede formarse por reacción de N_2 con O_2.
3. Un gas no tóxico.
4. Un dímero a temperatura ambiente.
5. Una sustancia diamagnética.

76. Los complejos de los metales de transición del tipo:

1. ML_4 son prácticamente todos plano-cuadrados.
2. ML_6 son todos octaédricos.
3. ML_7 son cúbicos.
4. ML_8 son bipirámides pentagonales.
5. ML_{12} son icosaédros.

77. El cobre es un metal de color rojo:

1. Cuyos compuestos son muy tóxicos para algas, hongos y bacterias.
2. Que permanece brillante durante muchos años sin recubrirse de pátina.
3. Que se disuelve rápidamente en HCl (en ausencia de aire).
4. Que es muy mal conductor de la electricidad.
5. Cuyas aleaciones son prácticamente desconocidas y apenas se usan.

78. ¿Cuál de las siguientes afirmaciones es correcta?:

1. Un mecanismo disociativo es un mecanismo en dos etapas con el grupo saliente marchándose en la segunda etapa.
2. Un mecanismo asociativo es un mecanismo en dos etapas. El intermedio tiene un número de coordinación menor que el complejo de partida.
3. En un mecanismo de intercambio disociativo la ruptura de enlace predomina sobre la formación de enlace.
4. En un mecanismo de intercambio asociativo el grupo entrante se asocia con el sustrato después de que el grupo saliente se ha ido.
5. Un estado de transición ocurre en un mínimo de energía y a veces puede ser aislado.

79. El cloruro de mercurio (II), es una sustancia:

1. De color negro.
2. Con la estructura del CdI_2.
3. Insoluble en agua.
4. Que se emplea como fungicida.
5. Que no es tóxica.

80. En relación con los semiconductores. ¿Cuál de las siguientes afirmaciones es INCORRECTA?:

1. Una banda totalmente ocupada está separada de otra no ocupada por una pequeña energía.
2. Un portador de carga es un hueco positivo o un electrón.
3. Los semiconductores tipo n y tipo p son semiconductores intrínsecos.
4. El silicio dopado con galio es un semiconductor tipo p.
5. Dopando silicio con arsénico se introduce un nivel dador por debajo de la banda de conducción.

81. Cuando un ión metálico M^{n+} no tiene un indicador adecuado para su valoración con AEDT se puede recurrir a la siguiente reacción: $M^{n+} + MgY^{4-}$ (exceso) $\rightarrow MY^{n-4} + Mg^{2+}$. ¿Cómo se denomina esta modalidad de valoración?:

1. Directa.
2. Por desplazamiento.
3. Por retroceso.
4. Por enmascaramiento.
5. Doble directa.

82. Se dispone de tres disoluciones acuosas 0.1 M de cada una de las siguientes sales: NaCl, $MgCl_2$ y $AlCl_3$. ¿Cuál de ellas presenta mayor fuerza Iónica?:

1. Todas tienen una fuerza iónica igual a 0.1 M porque son sales totalmente disociadas en agua.
2. El cloruro sódico es la sal que posee un carácter iónico más puro, por lo que es la que aporta mayor fuerza iónica.
3. La fuerza iónica depende del tamaño de los iones y es mayor en la segunda disolución por ser el magnesio el ión de menor tamaño.
4. La fuerza iónica depende de la carga de los iones, por lo que es mayor en la disolución de tricloruro de aluminio.
5. La fuerza iónica de la primera disolución es la más alta ya que el ión sodio tiene una menor tendencia a la hidrólisis.

83. La cromatografía de gases es el método de elección para la separación de sustancias:

1. Fácilmente disociables y volátiles.
2. Estables por encima de 400ºC.
3. No volátiles y térmicamente estables.
4. Inorgánicas y termoinestables.
5. Volátiles y térmicamente estables.

84. En un conjunto de medidas repetidas, la preci-

sión hace referencia:

1. Al tamaño de la muestra.
2. Al valor medio del conjunto de medidas.
3. A la mayor o menor cercanía de las medidas.
4. A la mediana del conjunto de medidas.
5. A la cercanía al valor aceptado o "verdadero".

85. **Una disolución de la sal acetato amónico, siendo pK_a HAc = 4.8 y pK_a NH_4^+ = 9.2:**

    1. Tiene pH ácido debido al carácter ácido del ión amonio.
    2. Tiene pH básico debido a la basicidad del anión acetato.
    3. No cambia de pH al añadir un ácido fuerte en concentración moderada.
    4. Tiene pH neutro a cualquier concentración de la sal.
    5. Se comporta como una disolución reguladora de pH.

86. **¿Se puede realizar una valoración potenciométrica con dos electrodos indicadores de la misma naturaleza?:**

    1. No, porque no tendríamos electrodo de referencia.
    2. No, porque nunca se vería un salto de potencial.
    3. No, porque los dos electrodos tomarían el mismo potencial.
    4. Sí, es posible si los electrodos están bien limpios.
    5. Sí, si se impone entre los dos una intensidad constante pequeña.

87. **El cobre metálico reduce el Fe(III) a Fe(II) y el se oxida a Cu(II) según la siguiente reacción a Cu(s) + b Fe(III) → c Fe(II) + d Cu(II). Señalar los valores de a y b:**

    1. a=1; b=1.
    2. a=1; b=2.
    3. a=1; b=3.
    4. a=2; b=1.
    5. a=2; b=3.

88. **En el modo de separación de fase reversa de la cromatografía líquida de alta eficacia, la fase móvil es:**

    1. Más polar que la fase estacionaria.
    2. Menos polar que la fase estacionaria.
    3. De polaridad semejante a la fase estacionaria.
    4. Generalmente de naturaleza apolar.
    5. Una disolución acuosa con elevada densidad superficial.

89. **Una disolución patrón primario en una valoración NO debe:**

    1. Ser preparada a partir de un reactivo de alta pureza.
    2. Tener una concentración exactamente conocida y un elevado peso equivalente.
    3. Mantener su composición con el tiempo.
    4. Reaccionar de forma estequiométrica con la sustancia a valorar.
    5. Dar lugar a reacciones secundarias.

90. **En electroquímica, el término polarización hace referencia:**

    1. Al potencial de unión líquida a través de la interfase entre dos disoluciones.
    2. A la constante de equilibrio de una reacción química obtenida potenciométricamente.
    3. Al potencial limite.
    4. A la desviación del potencial de electrodo respecto al valor teórico.
    5. Al potencial de asimetría.

91. **Las valoraciones amperométricas con diferencia de potencial controlada:**

    1. Utilizan dos electrodos indicadores de la misma naturaleza.
    2. Utilizan dos electrodos de referencia.
    3. Utilizan un electrodo indicador.
    4. Utilizan un electrodo indicador y otro de referencia.
    5. No necesitan electrolisis.

92. **Uno de los siguientes requisitos NO es imprescindible en un método volumétrico:**

    1. La reacción base del método debe ser estequiométrica.
    2. La reacción debe ser rápida.
    3. La reacción debe ser cuantitativa.
    4. La reacción debe dar lugar a un punto final visible.
    5. Disponer de material volumétrico calibrado.

93. **Se tiene un precipitado de una sal desconocida AB↓ cuya solubilidad aumenta al añadir ácido nítrico. Esto indica que:**

    1. El protón actúa disgregando la sal, con lo cual ésta se ioniza y se disocia.
    2. El anión nitrato actúa como complejante del catión de la sal, formándose un complejo soluble que hace disminuir la cantidad de precipitado.
    3. La sal contiene un anión de ácido débil, por lo que reacciona en medio ácido para formar especies protonadas.
    4. El catión de la sal es un ácido débil.
    5. Se trata de una sal de tipo nitrato.

94. **La fluorescencia y la fosforescencia son procesos que hacen referencia a:**

    1. La absorción de radiación electromagnética.
    2. La emisión de radiación electromagnética.

3. La reflexión de radiación electromagnética.
4. La difracción de radiación electromagnética.
5. La transmisión de radiación electromagnética.

95. ¿Cuál es la afirmación FALSA?. Las partes por billón son:

1. Los gramos de soluto contenidos en un billón de gramos de disolución.
2. Los gramos de soluto contenidos en un billón de mililitros de disolución.
3. En disoluciones acuosas diluidas, las dos definiciones anteriores son equivalentes.
4. Los microgramos de un compuesto contenidos en un kilogramo de muestra.
5. Ninguna respuesta es válida.

96. Un modo de cromatografía líquida en columna es la cromatografía de exclusión por tamaños. Se denomina límite de exclusión al peso molecular:

1. De una especie por encima del cual no existe retención.
2. Por debajo del cual las moléculas de soluto pueden penetrar completamente en los poros.
3. Por debajo del cual las moléculas eluyen en una sola banda.
4. De la sustancia que se encuentra en la zona de exclusión selectiva.
5. Dividido por el volumen de retención.

97. Las rayas espectrales de una lámpara de cátodo hueco son en general más estrechas que las líneas emitidas por átomos en una llama porque:

1. La temperatura es menor en la lámpara que en la llama.
2. La lámpara no tiene electrodos.
3. Se produce un *sputtering* o pulverización catódica que limita la emisión.
4. Porque se produce un tampón de radiación.
5. Ninguna de las anteriores es correcta pues las líneas emitidas por átomos en la llama son más estrechas que las emitidas por la lámpara.

98. Indicar la respuesta FALSA. En las valoraciones por retroceso:

1. Se añade un exceso de reactivo valorante.
2. Después de la reacción con el analito, se determina el exceso sobrante realizando una segunda valoración.
3. No hace falta conocer la concentración del reactivo valorante, ya que ésta se determina con la segunda valoración.
4. Hay que preparar dos disoluciones patrón.
5. Se determinan complexométricamente iones metálicos para los que no se dispone de un buen indicador.

99. **La ecuación general que describe la situación de equilibrio en una disolución acuosa de NaOH es la siguiente:**

1. $[H_3O^+] = [OH^-]$.
2. $[H_3O^+] = [OH^-] + [Na^+]$.
3. $[Na^+] = [OH^-] + [H_3O^+]$.
4. $[H_3O^+] = [Na^+]$.
5. $[Na^+] + [H_3O^+] = [OH^-]$.

100. El producto de solubilidad del cromato de plomo es 1.8×10^{-14}. ¿Cuánto vale la solubilidad de este compuesto en una disolución 0.02 M de Pb(NO$_3$)$_2$?:

1. 9.0×10^{-13} M.
2. 1.3×10^{-7} M.
3. 0.9×10^{-7} M.
4. 9.0×10^{-7} M.
5. 3.6×10^{-16} M.

101. En espectrometría de masas, la técnica denominada de ionización química utiliza una fuente de:

1. Electrones emitidos por un filamento.
2. Una intensa radiación electromagnética.
3. Un elevado campo eléctrico.
4. Un gas reactivo como amoniaco.
5. Un elevado campo magnético.

102. El electrodo de Clark:

1. Es un sensor potenciométrico basado en la ecuación de Nernst para medir la actividad del oxígeno.
2. Se basa en la reacción de oxidación del agua en presencia de oxígeno cuando se aplica a la célula un potencial elevado.
3. Contiene un cátodo de platino y se basa en la reacción electroquímica de reducción del oxígeno.
4. Es un biosensor amperométrico que requiere para su funcionamiento la presencia de una enzima de tipo oxidasa, que cataliza la formación de oxígeno.
5. Se basa en la adición de glucosa, que reduce químicamente el oxígeno, detectándose la disminución de éste en la célula electroquímica.

103. Indique la respuesta FALSA. El ácido fórmico:

1. Es un ácido menos débil cuando se disuelve en amoniaco líquido que disuelto en agua.
2. Se disocia menos cuando se disuelve en presencia de formiato sódico.
3. Se disocia menos cuando se disuelve en ácido clorhídrico.
4. Se disocia más cuando se disuelve en presencia de cloruro sódico 1 M.
5. Es un ácido débil, y su disociación no depende de las condiciones de la disolución.

104. **Los tubos fotomultiplicadores no son adecuados para la detección de la radiación infrarroja debido a que los fotones de esta zona:**

   1. Tienen poca energía para la fotoemisión.
   2. Tienen mucha energía para la fotoemisión.
   3. Tienen una energía similar a los rayos X.
   4. Tienen una energía similar a las ondas de radio.
   5. Se reflejan con facilidad.

105. **Para efectuar el tratamiento de una muestra de achicoria que contiene inulina (un polisacárido de masa molecular >5000) y fructosa, se emplea la técnica de cromatografía de filtración en gel. Cuando se filtra una disolución de la muestra, el carbohidrato que aparece primero es:**

   1. La fructosa, por ser el compuesto de menor tamaño molecular.
   2. La fructosa, por ser el compuesto menos afín por la fase estacionaria.
   3. La inulina, porque es un compuesto no cargado, y por tanto no se retiene en la fase estacionaria.
   4. La inulina, porque es el compuesto de mayor tamaño molecular.
   5. Ninguno de los dos, porque al ser carbohidratos, ambos quedan retenidos en este tipo de geles.

106. **En un método potenciostático:**

   1. No se necesita electrodo de referencia.
   2. No se necesita electrodo indicador.
   3. El potencial del electrodo de trabajo se mantiene constante.
   4. El electrodo de trabajo es un macroelectrodo.
   5. El electrodo de trabajo es de mercurio.

107. **Se necesita preparar una disolución de bromo a partir de bromato potásico y bromuro potásico. Para ello se mezclan ambas sales en medio ácido, produciéndose la reacción:**

   1. $BrO_3^- + Br^- + 2H^+ \Leftrightarrow Br_2 + O_2 + H_2O$.
   2. $BrO_3^- + Br^- + 2H^+ \Leftrightarrow 2BrO^- + H_2O$.
   3. $2BrO_3^- + 2Br^- + 4H^+ \Leftrightarrow 2Br_2 + 2H_2O + 2O_2$.
   4. $BrO_3^- + 5Br^- + 6H^+ \Leftrightarrow 3Br_2 + 3H_2O$.
   5. $BrO_3^- + 3Br^- + 2H^+ \Leftrightarrow Br_2 + 2BrO^- + H_2O$.

108. **¿Qué punto de la curva de valoración de un ácido débil con una base fuerte proporciona directamente el valor de pK_a del ácido?:**

   1. El punto de semineutralización (50% valorado).
   2. El punto inicial (0% valorado).
   3. El punto de equivalencia (100% valorado).
   4. El punto de equivalencia, conociendo el volumen de valorante añadido.
   5. El punto de equivalencia, conociendo el intervalo de viraje del indicador.

109. **Para llevar a cabo una valoración en el laboratorio, los aparatos volumétricos indispensables son:**

   1. Una bureta, una probeta y un matraz aforado.
   2. Una bureta, un vaso de precipitados y una varilla agitadora.
   3. Un milivoltímetro y un recipiente de valoración.
   4. Un erlenmeyer, una probeta y un vaso de precipitados.
   5. Un erlenmeyer y una bureta.

110. **Los indicadores ácido-base:**

   1. Son compuestos orgánicos que cambian de color al pasar de pH ácidos a básicos y a la inversa.
   2. Presentan coloraciones características que dependen del pK_a de la especie a valorar.
   3. Presentan intervalos de viraje que se sitúan en todos los casos en torno al valor de pH neutro.
   4. Exhiben un cambio de color neto cuando se alcanza aproximadamente un pH mayor en una unidad a su valor de pK_a.
   5. Tienen carácter ácido cuando se valoran bases y básico cuando se valoran ácidos.

111. **Un problema fundamental del acoplamiento de la cromatografía de líquidos con la espectrometría de masas es:**

   1. El gran contraste que existe entre los volúmenes grandes de disolvente en cromatografía y los requerimientos de vacío de un espectrómetro de masas.
   2. La gran diferencia entre el bajo caudal de la columna cromatográfica y el requerido por la cámara de ionización del espectrómetro de masas.
   3. La elevada cantidad de gas portador que acompaña al analito y debe eliminarse mediante un separador de chorro.
   4. La falta de detectores compactos con trampas de iones de elevado rendimiento.
   5. El pequeño volumen muerto que se obtiene entre el analizador de iones y el detector de impacto electrónico.

112. **En la técnica ICP-MS las denominadas interferencias isobáricas hacen referencia a:**

   1. Iones que tienen la misma velocidad.
   2. Iones que tienen masas semejantes.
   3. Iones que tienen la misma masa que el Ba.
   4. Iones con carga múltiple.
   5. Las especies que no tienen carga.

113. **Las volumetrías y las gravimetrías son métodos analíticos absolutos porque:**

1. Para su aplicación no es necesario calibrar ningún instrumento ni aparato.
2. Pueden determinarse varios analitos con una sola medida de volumen o de masa.
3. Las cantidades o concentraciones del analito se calculan por diferencia.
4. La transformación del analito debe ser completa.
5. Los resultados no dependen de los datos experimentales.

114. La ecuación de van Deemter se formula habitualmente como H = A+B/u+Cu donde H es la altura de plato y u la velocidad lineal de flujo. ¿Qué significado tiene el término A?:

1. Es la difusión longitudinal en fase móvil.
2. Es la difusión longitudinal en fase estacionaria.
3. Es el coeficiente de transferencia de masa en fase estacionaria.
4. Es el coeficiente de transferencia de masa en fase móvil.
5. Es el coeficiente denominado de camino múltiple.

115. La ecuación del balance de cargas para una disolución que contiene: H_2O, H_3O^+, OH^-, NO_3^-, Cl^-, Fe^{3+} Mg^{2+} y CH_3CH_2OH es:

1. $[H_3O^+] + [OH^-] = [Fe^{3+}] + [Mg^{2+}] + 3[NO_3^-] + 2[Cl^-]$.
2. $[H_3O^+] + [Fe^{3+}] + [Mg^{2+}] = [NO_3^-] + [Cl^-] + [OH^-]$.
3. $[H_3O^+] + 3[Fe^{3+}] + 2[Mg^{2+}] = [NO_3^-] + [Cl^-] + [OH^-]$.
4. $[H_3O^+] + [OH^-] = [Fe^{3+}] + [NO_3^-] = [Mg^{2+}] + [Cl^-]$.
5. $[H_3O^+] + 3[Fe^{3+}] + 2[Mg^{2+}] + [CH_3CH_2OH_2^+] = [NO_3^-] + [Cl^-] + [OH^-] + [CH_3CH_2O^-]$.

116. En las aplicaciones analíticas de la ley de Beer es necesario iluminar la muestra con un haz de luz monocromática. Esto significa:

1. Que el haz debe contener radiación de una única longitud de onda.
2. Que la anchura del haz debe ser inferior a la de la célula de medida.
3. Que el haz debe contener un número de longitudes de onda inferior a 2 log T veces la longitud de onda del máximo de absorción del cromóforo.
4. Que la anchura del haz debe ser mucho menor que el ancho de la banda de absorción del cromóforo.
5. Que la rendija de salida del monocromador debe ser inferior a la anchura de la célula de medida.

117. En análisis gravimétrico, la precipitación homogénea se lleva a cabo mediante:

1. La adición conjunta del analito y el precipitante con agitación vigorosa.
2. La adición conjunta del analito y el precipitante sin agitación vigorosa.
3. La generación rápida del precipitante antes de añadir el analito.
4. La generación rápida del precipitante después de añadir el analito.
5. La generación lenta del precipitante mediante una reacción química.

118. La anilina, con $pK_b = 9.4$, es una base muy débil para que pueda valorarse con un ácido en medio acuoso. Sin embargo, podría valorarse:

1. Con ácido perclórico en amoniaco.
2. Con cualquier ácido fuerte en un disolvente más polar que el agua.
3. Con ácido perclórico en medio acético.
4. Con ácido perclórico en un disolvente de menor constante dieléctrica.
5. En medio acuoso empleando una disolución no acuosa de valorante.

119. Si valoramos 50 ml de NaOH 0.0200M con el ácido fuerte HBr en concentración 0.1000M, el pH del punto de equivalencia es:

1. 3.
2. 6.
3. 7.
4. 2.
5. 1.

120. La ferroína (Fna) es un indicador redox que intercambia un electrón. Si el valor de su potencial normal es de 1.14 V, el intervalo de viraje viene dado por:

1. $\Delta E = 1.14 \pm 0.059$.
2. $\Delta E = 1.14 \pm 0.059 \log [Fna]$.
3. $\Delta E = 1.14 \pm 0.059 \log [Fna] - 0.059 \log (1/[Fna])$.
4. $\Delta E = 1.14 \pm 0.059 \log ([Fna]/10 [Fna])$.
5. $\Delta E = 1.14 \pm 0.059 \log (1/10 [Fna])$.

121. Una disolución patrón es:

1. La que puede prepararse por pesada exacta de una sustancia.
2. La que permanece estable indefinidamente.
3. La que sirve para valorar otras sustancias.
4. Una de concentración conocida.
5. Una que no hace falta normalizar.

122. Los detectores amperométricos utilizados en cromatografía líquida:

1. Se aplican a compuestos iónicos y se basan en la medida de la corriente eléctrica que se genera por movimiento de cargas en el interior de la columna.
2. Se basan en la medida de la densidad de corriente que se establece cuando un soluto in-

teracciona con una fase estacionaria electroactiva.
3. Se basan en la ley de Faraday.
4. Se utilizan para determinar solutos electroactivos en función de la ecuación de Nernst.
5. Se basan en las medidas de corriente a potencial constante frente a un electrodo de referencia.

123. ¿Dónde tiene lugar una reacción electroquímica?:

1. En la superficie del electrodo.
2. En la interfase electrodo-disolución.
3. En el seno de la disolución.
4. En la parte interna del electrodo.
5. En el puente salino.

124. El calcio de 20 mL de una muestra de leche se determina por permanganimetría. Para eso se precipita como oxalato (CaC_2O_4), el precipitado se disuelve en medio ácido y se valora con 26 mL de $KMnO_4$ 0.01 M. Si la reacción es: $2MnO_4^- + 5C_2O_4^{2-} + 16 H^+ \leftrightarrow 2Mn^{2+} + 10 CO_2 + 8 H_2O$. ¿Cuántos mg de Ca contiene la muestra de leche analizada?:
Dato: Pm Ca = 40

1. 26 mg.
2. 4.16 mg.
3. 52 mg.
4. 20.8 mg.
5. 10.4 mg.

125. En las técnicas de absorción atómica, el efecto Doppler:

1. Se aprovecha para corregir el ruido de fondo.
2. Explica la elevada población de átomos en estado fundamental a altas temperaturas.
3. Es el causante de la curvatura de los calibrados por saturación de la señal.
4. Se produce como consecuencia de choques entre átomos.
5. Origina ensanchamiento de las líneas de absorción.

126. La estabilidad de la temperatura del atomizador es un factor crítico:

1. En la técnica de emisión por ICP, ya que la temperatura del plasma es poco estable.
2. En la técnica de absorción atómica, ya que la población de átomos en estado fundamental aumenta bruscamente al aumentar la temperatura.
3. En todas las técnicas atómicas, porque al aumentar la temperatura lo hace el ruido de fondo.
4. En la técnica de emisión de llama, porque al disminuir la temperatura disminuye significativamente el número de átomos excitados.
5. En las técnicas de llama, afectando de igual forma a las de absorción y de emisión atómica.

127. Se disolvieron 12.2 mg de un ácido orgánico puro, H_2A (Pm = 122), en 10 ml de agua y se midió el pH de la disolución resultante, que fue 3.1. A continuación se añadieron 10 ml de NaOH 0.01 M a esta disolución, alcanzándose un pH de 6.4. ¿Cuáles son las constantes de disociación ácida de este compuesto?:

1. pK_1 = 5.2; pK_2 = 7.2.
2. pK_1 = 5.2; pK_2 = 7.6.
3. pK_1 = 4.2; pK_2 = 8.6.
4. pK_1 = 4.2; pK_2 = 7.6.
5. pK_1 = 6.2; pK_2 = 10.6.

128. En la cromatografía de intercambio aniónico:

1. El ión fijo tiene carga negativa y los solutos catiónicos pueden retenerse.
2. El ión fijo y el contraión son aniónico y catiónico, respectivamente.
3. La fase estacionaria tiene grupos catiónicos y aniónicos que interaccionan entre sí.
4. El contraión tiene carga negativa y son los solutos aniónicos los que se intercambian.
5. El contraión tiene carga positiva y los solutos aniónicos son los que se intercambian.

129. Una disolución de Ba^{2+} 10^{-5} M se mezcla con un volumen igual a otra disolución de IO_3^- 10^{-3} M. Si el producto de solubilidad de la sal formada es K_s = 1.5 x 10^{-9}:

1. Se produce la precipitación cuantitativa de la sal.
2. Aparece precipitado pero la precipitación no es cuantitativa.
3. No aparece precipitado en frío, pero sí al calentar la disolución.
4. Se forma hidróxido de bario, debido al carácter básico del anión yodato.
5. No aparece precipitado.

130. Se quiere determinar el contenido de hierro de un suplemento dietético mediante un método gravimétrico. Si cada pastilla del producto contiene aproximadamente 15 mg de hierro. ¿Cuántas pastillas habrá que analizar para obtener al menos 0.250 g de Fe_2O_3?:
Datos: Pa Fe = 55.8; Pa O = 16.

1. 12.
2. 6.
3. 17.
4. 16.
5. 60.

131. Los ácidos grasos en los mamíferos:

1. Ninguno puede ser sintetizado y deben ser ingeridos en la dieta.
2. Se pueden sintetizar "de novo" mediante una

ruta metabólica exclusivamente mitocondrial a partir de acetil-CoA.
3. Se sintetizan y degradan mediante la misma ruta metabólica reversible muy finamente regulada.
4. Se sintetizan en el citoplasma a partir de acetil-CoA, que sale de la mitocondria en forma de citrato.
5. Aparecen frecuentemente ramificados.

132. **La etapa final de la biosíntesis del colesterol comienza con la:**

    1. Fosforilación del dimetilalilpirofosfato.
    2. Ciclación del escualeno.
    3. Reducción del farnesilpirofosfato.
    4. Carboxilación del lanosterol.
    5. Degradación del isoprenilpirofosfato.

133. **El precursor enzimático inactivo de una enzima proteolítica se denomina:**

    1. Zimógeno.
    2. Lisozima.
    3. Grupo prostético.
    4. Centro inactivo.
    5. Proenzima.

134. **Un inhibidor competitivo es una sustancia que:**

    1. Inhibe las reacciones iniciales de la Glucólisis.
    2. Disminuye la energía de activación de las reacciones enzimáticas.
    3. Inhibe una reacción enzimática compitiendo con el sustrato por el centro activo de la enzima.
    4. Inhibe una reacción enzimática al unirse a un lugar de la enzima distinto del centro activo.
    5. Inhibe de forma irreversible.

135. **En la fotofosforilación cíclica:**

    1. Se genera NADPH.
    2. Se genera ATP y NADPH.
    3. Se genera ATP y se libera O_2.
    4. Se genera ATP.
    5. Participa el fotosistema II de plantas.

136. **La actividad Telomerasa:**

    1. Es una endonucleasa que corta los telómeros.
    2. Es una polimerasa especializada que replica los telómeros.
    3. Es una topoisomerasa que interconvierte isómeros topológicos de DNA.
    4. Es una helicasa que desenrolla el DNA.
    5. Está implicada en el procesamiento de los tRNAs.

137. **El compuesto que enlaza el ciclo de la urea con el ciclo de Krebs es:**

    1. Urea.
    2. Aspartato.
    3. Citrato.
    4. Fumarato.
    5. Acetil-CoA.

138. **El bromuro de cianógeno es un reactivo utilizado para:**

    1. La secuenciación de proteínas mediante la técnica de la degradación de Edman.
    2. Cortar una cadena polipeptídica específicamente en el lado amino de los residuos de cisteína.
    3. Cortar una cadena polipeptídica específicamente en el lado carboxilo de los residuos de metionina.
    4. Identificar el residuo amino terminal de una proteína.
    5. Identificar el residuo carboxilo terminal de una proteína.

139. **Las ribozimas se caracterizan por:**

    1. Ser enzimas con actividad fosforiladora de ribosa.
    2. Participar en la replicación del DNA.
    3. Ser factores de transcripción.
    4. Ser moléculas de RNA con actividad catalítica.
    5. Participar en la traducción de proteínas.

140. **Las moléculas con igual forma empírica y diferente estructura espacial y con quiralidad se denominan:**

    1. Enantiómeros.
    2. Isómeros de constitución.
    3. Diastereómeros.
    4. Isómeros *cis-trans*.
    5. Epímeros.

141. **El rendimiento energético máximo (en número de moles de ATP) que puede ser generado durante la oxidación completa de un mol de glucosa es:**

    1. 26.
    2. 38.
    3. 16.
    4. 24.
    5. 32.

142. **El sustrato para la síntesis de glucógeno por parte de la glucógeno sintasa es:**

    1. Glucosa.
    2. ADP-Glucosa.
    3. GDP-Glucosa.
    4. UTP-Glucosa.
    5. UDP-Glucosa.

143. **Los aminoácidos proteicos que contienen grupos hidroxilo alifáticos son:**

1. La serina y la treonina.
2. La treonina, la tirosina y la arginina.
3. La serina y la alanina.
4. La serina, la treonina y la tirosina.
5. La arginina y la alanina.

144. **La estructura primaria de las proteínas:**

    1. Es un polímero ramificado constituido por aminoácidos.
    2. Está basada en enlaces éster entre los residuos de aminoácidos.
    3. Se nombra empezando por el extremo carboxilo.
    4. No está determinada genéticamente.
    5. Se nombra empezando por el extremo amino.

145. **La propiedad esencial de la DNA polimerasa empleada en la reacción en cadena de la polimerasa (PCR) es que:**

    1. No requiere cebador.
    2. Es termoestable.
    3. Replica el DNA de doble cadena.
    4. Permite subclonar directamente fragmentos de DNA.
    5. Su temperatura óptima depende de la naturaleza del DNA que se va a amplificar.

146. **La enzima polinucleótido fosforilasa:**

    1. Forma polímeros de tipo DNA.
    2. Es igual que la DNA fosforilasa.
    3. Requiere de un molde.
    4. Se utilizó para deducir el código genético.
    5. Es utilizada por las células para la síntesis de RNA.

147. **La metilación de un residuo de Lys de las histonas genera:**

    1. La aparición de actividad Lys desaminasa.
    2. La activación de las DNA metiltransferasas.
    3. Un aumento del consumo de SAM.
    4. Heterocromatina.
    5. La activación de un dominio dimetilasa.

148. **La fermentación láctica es un proceso:**

    1. Que forma parte de la glucolisis.
    2. En el que se oxida NADH.
    3. Que implica una fosforilación.
    4. En el que se produce CO_2.
    5. Típico de aerobiosis.

149. **La transcripción en eucariotas no puede regularse por atenuación porque:**

    1. Falta la maquinaria enzimática necesaria.
    2. Los mRNAs contienen poli-A.
    3. Los ribosomas nunca están en contacto con los mRNAs nacientes.
    4. Se requieren bajos niveles de triptófano.
    5. Se activa la represión por catabolito.

150. **¿Qué complejo molecular digieren las proteínas marcadas con ubiquitina?:**

    1. Lisozima.
    2. Lisosoma.
    3. Fagocito.
    4. Proteasoma.
    5. Autofagosoma.

151. **La transcriptasa inversa:**

    1. Se encuentra en los virus con RNA.
    2. Es un componente de los ribosomas eucarioticos.
    3. Cataliza la unión del mRNA al ribosoma.
    4. Elimina los intrones del DNA.
    5. Forma parte del replisoma.

152. **Los tRNAs de los eucariotas:**

    1. No tienen procesamiento postranscripcional.
    2. Contienen una doble hebra de RNA.
    3. Contienen intrones.
    4. Requieren de una caja TATA.
    5. Contienen el codón.

153. **Los RNAs ribosómicos:**

    1. Son DNAs de doble cadena.
    2. Participan en la replicación del DNA.
    3. Desempeñan un papel fundamental en la transcripción.
    4. Desempeñan un papel fundamental en la biosíntesis de proteínas.
    5. Participan en la escisión de los intrones de los pre-mRNAs.

154. **La glucólisis es:**

    1. La ruta metabólica de síntesis del glucógeno a partir de glucosa.
    2. Una secuencia de reacciones que convierte la glucosa en piruvato con la producción de cantidades relativamente escasas de ATP.
    3. La ruta metabólica de movilización del glucógeno.
    4. La ruta de síntesis de glucosa a partir de precursores no glucídicos.
    5. Una ruta de síntesis de pentosas-fosfato.

155. **¿Cuál de las siguientes afirmaciones es cierta?:**

    1. La estructura terciaria de las proteínas se conserva evolutivamente más que la estructura primaria.
    2. Las proteínas no tienen estructura terciaria, sólo tridimensional.
    3. La función de las proteínas depende exclusivamente de la estructura cuaternaria.
    4. La estructura terciaria de las proteínas se con-

serva evolutivamente menos que la estructura primaria.
5. La estructura de las proteínas no sufre cambios a lo largo de la evolución.

156. **Las fermentaciones:**

1. Aportan más energía que la combustión completa de la glucosa mediante la respiración aerobia.
2. Tienen como productos de desecho CO_2 y H_2O.
3. Requieren el aporte de electrones por parte del O_2.
4. Aportan energía utilizable en ausencia de oxígeno.
5. Son dos, la fermentación láctica y la alcohólica.

157. **¿Cuál de estas afirmaciones es FALSA respecto a la molécula de rodopsina?:**

1. Es la molécula fotorreceptora de los bastones.
2. Está formada por la proteína opsina ligada al grupo prostético 11-cis-retinal.
3. Absorbe la luz en la región visible, alrededor de los 700 nm.
4. Su coeficiente de extinción es superior al del triptófano.
5. Su componente proteico es un miembro de la familia de receptores 7TM.

158. **Las enzimas son catalizadores biológicos que:**

1. Son siempre de naturaleza proteica.
2. Facilitan la formación del estado de transición.
3. Desplazan el equilibrio de reacción a la derecha.
4. Tienen mucha afinidad por el sustrato.
5. Estabilizan el complejo enzima-sustrato.

159. **Los gangliósidos son:**

1. Glicoproteínas.
2. Neurotransmisores.
3. Hidratos de carbono.
4. Esteroides del sistema nervioso.
5. Glicolípidos de membrana.

160. **El inositol trisfosfato es un segundo mensajero intracelular que:**

1. Aumenta los niveles de calcio intracelular.
2. Se produce a través de la proteína Gs.
3. Activa a la proteína quinasa C.
4. Activa a la adenilato ciclasa.
5. Activa al diacilglicerol.

161. **El antibiótico puromicina:**

1. Impide la replicación.
2. Impide que se forme el ribosoma 70S.
3. Modifica la transcripción.
4. Bloquea la elongación de la cadena peptídica.
5. Bloquea la iniciación de la cadena peptídica.

162. **La enzima que es capaz de romper selectivamente los enlaces contiguos al extremo carboxilo de aminoácidos hidrofóbicos como Trp, Tyr, Phe y Met es:**

1. Trombina.
2. Quimotripsina.
3. Tripsina.
4. Quinina.
5. Carboxipeptidasa.

163. **En el DNA:**

1. Sus unidades monoméricas son los nucleósidos.
2. Intervienen las bases nitrogenadas Adenina, Guanina, Citosina y Uracilo.
3. El sitio de esterificación más común en los nucleótidos es el hidroxilo unido al C5´ de la desoxirribosa.
4. El N6 de una purina o el N5 de una pirimidina se une al C1´ de la desoxirribosa.
5. En la orientación estándar (=la configuración del enlace glicosídico es β), la base nitrogenada se sitúa por debajo del plano de la desoxirribosa.

164. **¿Cuál de las siguientes coenzimas utilizan las aminotransferasas o transaminasas?:**

1. Tetrahidrofolato.
2. Ácido lipoico.
3. Tiamina pirofosfato.
4. Piridoxal-fosfato.
5. Biotina.

165. **El principal fotorreceptor de los cloroplastos de la mayoría de las plantas verdes es:**

1. Rodopsina.
2. Clorofila a.
3. Citocromo c.
4. β-caroteno.
5. Plastoquinasa.

166. **Dentro de las reacciones del ciclo del ácido cítrico, la isomerización entre citrato e isocitrato la cataliza la:**

1. Citrato sintasa.
2. Isocitrato deshidrogenasa.
3. Fumarasa.
4. Succinasa.
5. Aconitasa.

167. **El cociente K_{cat}/K_m de una enzima es una medida de:**

1. Su eficiencia catalítica.
2. El número de recambio de la enzima.

3. La afinidad de la enzima por el sustrato.
4. El número de veces que se transforma el sustrato por unidad de tiempo.
5. La constante de unión al centro activo.

168. **Un homoglicano formado por unidades de D-glucopiranosa modificadas por grupos N-acetilamino se denomina:**

    1. Celulosa.
    2. Gangliósido.
    3. Almidón.
    4. Quitina.
    5. Glucógeno.

169. **El efecto hidrofóbico del agua es la:**

    1. Tendencia a reducir al mínimo su contacto con las moléculas hidrofóbicas.
    2. Tendencia a aumentar su contacto con las moléculas hidrofóbicas.
    3. Capacidad de disolver sustancias polares.
    4. Capacidad de disolver sustancias apolares.
    5. Capacidad de reaccionar con las sustancias hidrofóbicas.

170. **En el proceso de β-oxidación, la cadena carbonada de los ácidos grasos se convierte en:**

    1. Dióxido de carbono.
    2. Grupos malonilo.
    3. Grupos succinilo.
    4. Grupos acetilo.
    5. Piruvato.

171. **¿A cuál de estas enzimas glucolíticas regula directamente la carga energética?:**

    1. Aldolasa.
    2. Piruvato quinasa.
    3. Hexoquinasa.
    4. Fosfoglicerato quinasa.
    5. Fosfoglucosa isomerasa.

172. **Sobre los aminoácidos que componen las proteínas, podemos decir que:**

    1. Todos son ópticamente activos.
    2. Todos se encuentran usualmente en la forma D.
    3. Solamente la treonina posee dos centro quirales.
    4. El isómero predominante de la glicina es la forma D.
    5. La isoleucina tiene dos carbonos asimétricos.

173. **Todas las moléculas de tRNA conocidas comparten las siguientes características:**

    1. El aminoácido activado esta unido a un grupo hidroxilo 2´ o 3´ de la adenosina terminal.
    2. El residuo 5´ terminal es generalmente pA.
    3. El triplete del anticodón es igual al triplete del codón.
    4. No poseen en su estructura bases modificadas.
    5. Contienen estructuras palindrómicas.

174. **De los siguientes alcoholes, uno de ellos NO forma parte de la estructura de los fosfoglicéridos:**

    1. Serina.
    2. Glicerol.
    3. Inositol.
    4. Colesterol.
    5. Colina.

175. **Un inhibidor suicida de una enzima:**

    1. Es un análogo del estado de transición del sustrato.
    2. Es un sustrato modificado que será transformado en un producto que se une covalentemente a un resto del centro activo.
    3. Es un análogo del sustrato que se une reversiblemente al centro activo.
    4. Hace que disminuyan aparentemente la K_m y la V_{max} de la enzima para su sustrato.
    5. No tiene similitud estructural con el sustrato de la enzima, pero se une de forma irreversible a un residuo del centro activo de ésta.

176. **La replicación bidireccional de una molécula de DNA significa que contiene dos:**

    1. Orígenes.
    2. Cadenas.
    3. Horquillas de replicación.
    4. Segmentos de DNA que se replican independientemente.
    5. Puntos de terminación.

177. **¿Qué disacárido se origina por la unión de los carbonos anoméricos de la glucosa y la fructosa?:**

    1. Sacarosa.
    2. Glucosa.
    3. Lactosa.
    4. Manosa.
    5. Maltosa.

178. **Las endonucleasas de restricción son enzimas que:**

    1. Intervienen en la síntesis de DNA.
    2. Intervienen en la síntesis de RNA.
    3. Metilan el DNA.
    4. Cortan un ácido nucleico quitando residuos terminales.
    5. Cortan un ácido nucleico frecuentemente en secuencias palindrómicas internas.

179. **En una cinética simple de Michaelis-Menten, la velocidad máxima de la reacción:**

1. Varía con la concentración de sustrato.
2. Varía inversamente con la concentración de enzima.
3. Es una constante de cada enzima que depende sólo de parámetros termodinámicos.
4. Es directamente proporcional a la concentración total de enzima.
5. Depende directamente de la concentración total de enzima e inversamente de la constante de Michaelis-Menten.

180. **Las lectinas:**

    1. Son lípidos de la superficie celular.
    2. Son proteínas que facilitan el contacto intercelular.
    3. Se unen específicamente a ácidos nucleicos.
    4. Interaccionan fuertemente con proteínas, estableciendo enlaces covalentes.
    5. Interaccionan con lípidos de la superficie celular.

181. **La metamioglobina:**

    1. Es la forma de la mioglobina que tiene más afinidad por el oxígeno.
    2. Es una forma de mioglobina que no puede almacenar oxígeno por carecer del átomo de hierro en el anillo de protoporfirina.
    3. Es una forma de la mioglobina que contiene hierro férrico (Fe^{3+}) y que, por tanto, pierde su capacidad de unir oxígeno.
    4. Es una forma de la mioglobina que contiene hierro ferroso (Fe^{2+}) y que, por tanto, pierde su capacidad de unir oxígeno.
    5. Es la parte proteica de la mioglobina sin el grupo hemo.

182. **En inhibición enzimática, los marcadores de afinidad y los inhibidores suicidas son distintos tipos de inhibidores:**

    1. Alostéricos.
    2. Reversibles competitivos.
    3. Reversibles no competitivos.
    4. Prostéticos.
    5. Irreversibles.

183. **¿Cuál de los siguientes aminoácidos tiene su cadena lateral básica a pH fisiológico?:**

    1. Glutamina.
    2. Glicina.
    3. Histidina.
    4. Tirosina.
    5. Asparagina.

184. **La glicólisis:**

    1. Es una ruta metabólica de degradación de glucosa con producción de energía en forma de ATP que tiene lugar íntegramente en las mitocondrias.
    2. Es una ruta metabólica de degradación de glucosa con producción de energía en forma de ATP y que requiere la presencia de oxígeno.
    3. Es una ruta metabólica de degradación de glucosa con producción de energía en forma de ATP que tiene lugar exclusivamente en células eucariotas.
    4. Es la secuencia de reacciones que convierte una molécula de glucosa en dos de piruvato con la producción concomitante de dos moléculas de ATP.
    5. Es la secuencia de reacciones que convierte una molécula de glucosa en dos de acetil-CoA, teniendo lugar todo este proceso en el citoplasma.

185. **La transformación de piruvato en acetil-CoA en las células eucariotas:**

    1. Es una reacción irreversible que conecta la glicólisis y el ciclo del ácido cítrico.
    2. Es una reacción que tiene lugar en la matriz mitocondrial y que requiere una única actividad enzimática.
    3. Es una reacción que tiene lugar en el citoplasma y que requiere tres actividades enzimáticas y cinco coenzimas.
    4. Requiere la formación previa de ácido láctico.
    5. Está catalizada por la piruvato deshidrogenasa, que es una enzima formada por una única cadena polipeptídica de baja masa molecular.

186. **¿Qué es el ácido fosfatídico?:**

    1. El fosfolípido mayoritario de las membranas.
    2. Un glicerofosfolípido.
    3. Un tipo particular de glicolípido.
    4. Un lípido sin grupo polar.
    5. Un triglicérido.

187. **La proteína de *E. coli* que se mueve a lo largo de una doble hebra de DNA separando las dos hebras por delante de ella y uniéndolas por detrás es:**

    1. recA.
    2. RuvC (resolvasa).
    3. *chi*.
    4. DNA ligasa.
    5. recBCD.

188. **El modelo de mosaico fluido:**

    1. Fue propuesto por Danielli y Davson en 1935.
    2. Indica que las membranas no son asimétricas.
    3. Admite el movimiento lateral de los componentes de la membrana pero considera muy improbable la translocación a través de ella.
    4. Propone que la membrana está formada por una bicapa lipídica entre dos capas de proteínas.
    5. Supone que todas las membranas de las

diferentes células del organismo tienen la misma composición.

189. **El glutatión:**
    1. Es una hormona pancreática relacionada con el metabolismo de hidratos de carbono.
    2. Es un tripéptido con un grupo tiol libre que actúa como protector frente al estrés oxidativo.
    3. Es un antioxidante que contiene seleniocisteína.
    4. Es un aminoácido no proteico derivado del ácido glutámico.
    5. Es un potente oxidante presente en la matriz mitocondrial.

190. **¿Cuál de los siguientes grupos de enzimas considera que tiene una participación fundamental en muchas vías de transducción de señales?:**
    1. Serín proteasas.
    2. Deshidrogenasas NAD dependientes.
    3. Deshidrogenasas FAD dependientes.
    4. Proteínas quinasas.
    5. Fosfatasas alcalinas.

191. **¿Qué riesgo comporta la reducción del O_2 en la cadena respiratoria?:**
    1. Ralentiza la velocidad del ciclo del ácido cítrico.
    2. Despolariza la membrana interna mitocondrial.
    3. Disminuye las reservas de la Coenzima Q.
    4. Aumenta el pH de la matriz mitocondrial.
    5. Genera especies reactivas de oxígeno.

192. **Las interacciones entre dipolos permanentes o inducidos se conocen como:**
    1. Puentes salinos.
    2. Fuerzas de Van der Waals.
    3. Puentes de hidrógeno.
    4. Enlaces disulfuro.
    5. Enlaces covalentes.

193. **El glucógeno:**
    1. Se sintetiza y degrada por vías metabólicas diferentes.
    2. Es una proteína estructural muy abundante en el tejido conjuntivo intersticial.
    3. Es un polímero muy grande de glucosa que, al no presentar ramificaciones, es fácilmente hidrolizable.
    4. Es una hormona peptídica pancreática que actúa en el metabolismo de los hidratos de carbono.
    5. Es una hormona esteroídica que actúa en el metabolismo de los hidratos de carbono.

194. **La existencia de ramificaciones en las uniones covalentes de las unidades monoméricas para formar los polímeros de ciertas biomoléculas es característica de:**
    1. El colágeno.
    2. El ácido ribonucleico (RNA).
    3. El ácido desoxirribonucleico (DNA).
    4. El glucógeno.
    5. Los ácidos grasos.

195. **Indicar cuál de estas expresiones es correcta:**
    1. El número de genes es mayor que el número de proteínas.
    2. Las proteínas son los almacenes de la información genética.
    3. El número de proteínas es mayor que el de genes.
    4. El número de proteínas distintas es pequeño pero sufren modificaciones postranscripcionales.
    5. Las fusiones de genes originan la variabilidad proteica.

196. **Una mutación que convierte un codón codificante de un aminoácido en un codón de parada se conoce como mutación:**
    1. Supresora.
    2. Sin sentido.
    3. Ámbar.
    4. Al azar.
    5. Transversal.

197. **La reacción catalizada por una proteasa consiste en una:**
    1. Transferencia de un enlace peptídico.
    2. Esterificación.
    3. Hidrólisis.
    4. Desaminación.
    5. Carboxilación.

198. **Las chaperonas moleculares son proteínas que:**
    1. Evitan el plegamiento incorrecto de otras proteínas.
    2. Facilitan la degradación de otras proteínas.
    3. Agregan otras proteínas.
    4. Intervienen en la síntesis de ATP en la mitocondria.
    5. Intervienen en la replicación del DNA.

199. **Una snRNP ("small nuclear ribonucleoprotein") es:**
    1. Un componente del nucleosoma.
    2. Un componente del espliceosoma.
    3. Un componente del ribosoma.
    4. Un tránscrito alternativo originado en la maduración del RNA.
    5. Un componente del replisoma.

200. **Los sistemas de transporte activo secundario se caracterizan porque:**

1. Son equivalentes a la difusión facilitada.
2. Son electrogénicos.
3. Usan menos energía que los de transporte activo primario.
4. Están acoplados directamente a la hidrólisis del ATP.
5. Funcionan gracias a la energía de un gradiente de concentración.

201. El rRNA 16S:

1. Es un componente de la subunidad 50S del ribosoma bacteriano.
2. Es un componente de la subunidad 60S del ribosoma eucariótico.
3. Se aparea con la secuencia Shine-Dalgarno.
4. Se utiliza para clonar un gen en un plásmido.
5. Participa en el superenrrollamiento de DNA.

202. Los telómeros son las estructuras que se encuentran:

1. En los ribosomas.
2. En los cromosomas eucariotas lineales.
3. En la cromatina.
4. Unidas a los retrovirus.
5. Unidas a los transposones.

203. ¿Cuál es la función de la ubiquitina?:

1. Marcar las proteínas para su destrucción.
2. Transportar proteínas.
3. Transportar colesterol.
4. Facilitar el plegamiento de las proteínas.
5. Agente antioxidante.

204. La enzima que isomeriza el citrato a isocitrato en el ciclo de Krebs es:

1. La enolasa.
2. La isocitrato deshidrogenasa.
3. La aconitasa.
4. La citrato sintasa.
5. La fumarasa.

205. La glucogenina es:

1. La enzima que cataliza la transferencia de grupos glucosilo en la síntesis del glucógeno.
2. La proteína que inicia la síntesis del glucógeno sintetizando una cadena de unos ocho restos de glucosa.
3. La enzima que hidroliza el glucógeno en respuesta a una señal de la hormona glucagón.
4. Una enzima que regula la actividad de la glucógeno sintasa.
5. Una molécula de glucógeno no ramificada.

206. ¿Cómo es la unión del oxígeno a la hemoglobina?:

1. De mayor afinidad que la de la mioglobina.
2. No regulada alostéricamente.
3. Cooperativa y no regulada alostéricamente.
4. Cooperativa y regulada alostéricamente.
5. No cooperativa y regulada alostéricamente.

207. ¿Cuál de estas enzimas forma parte de la glucólisis pero NO de la gluconeogénesis?:

1. Fosfoglucosa isomerasa.
2. Aldolasa.
3. Fosfofructoquinasa.
4. Fosfoglicerato quinasa.
5. Fosfoglicerato mutasa.

208. ¿Qué son las isoenzimas?:

1. Son enzimas que difieren en sus secuencias aminoacídicas, pero que catalizan la misma reacción.
2. Son cada una de las enzimas que participan en un mismo complejo multienzimático.
3. Se denominan así a las cadenas polipeptídicas de las enzimas oligoméricas en las que todas sus subunidades son idénticas.
4. Se denominan así a cada una de las diferentes cadenas polipeptídicas de las enzimas oligoméricas en las que todas sus subunidades son distintas.
5. Son enzimas que, conteniendo una estructura tridimensional muy similar, llevan a cabo funciones diferentes.

209. El complejo piruvato deshidrogenasa:

1. Cataliza una reacción reversible.
2. Se localiza en el citosol de las células eucarióticas.
3. Produce lactato.
4. Usa NADP como coenzima.
5. Usa tiamina pirofosfato como coenzima.

210. ¿Cuál de las siguientes afirmaciones relacionadas con el enlace peptídico NO es cierta?:

1. Es un enlace amida.
2. Tiene cierto carácter de doble enlace.
3. Presenta múltiples conformaciones.
4. Conforma una estructura planar, denominada plano peptídico.
5. Se forma entre el grupo alfa-carboxilo de un aminoácido y el grupo alfa-amino del siguiente aminoácido.

211. La ruta de las pentosas fosfato:

1. Es fundamental para la obtención de NADH.
2. Es fundamental para la obtención de NADPH.
3. No implica reacciones de oxidación.
4. No está relacionada con la biosíntesis reductora de ácidos grasos y nucleótidos.
5. No utiliza glucosa-6-fosfato.

212. ¿Cuál de los compuestos indicados NO es un

metabolito del ciclo de Krebs?:

1. Piruvato.
2. Isocitrato.
3. Succinil-CoA.
4. Oxalacetato.
5. Succinato.

213. Respecto a las acuaporinas, decir cual de las siguientes afirmaciones es FALSA:

1. Son conductos específicos para transportar agua.
2. Abundan en los eritrocitos.
3. Están compuestas por 6 hélices alfa.
4. Su actividad altera el gradiente de protones.
5. Abundan en los túbulos renales.

214. En las proteínas, los aminoácidos apolares se sitúan, preferentemente:

1. En los extremos.
2. En el interior.
3. En el exterior de las estructuras de hélice alfa.
4. Cerca del grupo prostético.
5. Alejados de los iones metálicos.

215. ¿Cuál es el mecanismo de acción de antiinflamatorios no esteroideos como la aspirina o el ibuprofeno?:

1. Estimulan la síntesis de endorfinas.
2. Inhiben la síntesis de endorfinas.
3. Estimulan la síntesis de neurotransmisores.
4. Estimulan la síntesis de prostaglandinas.
5. Inhiben enzimas que intervienen en la síntesis de prostaglandinas.

216. El complejo α-cetoglutarato deshidrogenasa:

1. Participa en la glucólisis.
2. No es un complejo multienzimático.
3. Cataliza la descarboxilación oxidativa del α-cetoglutarato.
4. Cataliza la obtención de succinil-CoA a partir de piruvato.
5. Utiliza FAD^+ como coenzima.

217. ¿Cómo se transportan los ácidos grasos activados (acil-CoA) al interior de la mitocondria para su degradación en la β-oxidación?:

1. La β-oxidación se realiza en el citosol.
2. Mediante un cotransporte con ornitina.
3. Mediante un transportador específico de acil-CoA.
4. Mediante la transferencia de su porción acilo a la carnitina y un transportador específico de carnitina.
5. Mediante la transferencia de su porción acilo a la ornitina y un transportador específico de ornitina.

218. La proteína más abundante en el plasma sanguíneo es:

1. Inmunoglobulina.
2. Albúmina.
3. Alfa-globulina.
4. Beta-globulina.
5. Gamma-globulina.

219. La enzima acetil-CoA carboxilasa está sujeta, entre otras, a las siguientes regulaciones:

1. Activación por fosforilación y por citrato.
2. Inactivación por fosforilación y por citrato.
3. Activación por glucagón e inactivación por citrato.
4. Inactivación por glucagón y activación por citrato.
5. Inactivación por insulina y activación por citrato.

220. La vía metabólica en la que las enzimas hexoquinasa y piruvato quinasa catalizan, respectivamente, la primera y la última reacción es:

1. La glicólisis.
2. La gluconeogénesis.
3. El ciclo del ácido cítrico, o ciclo de Krebs.
4. La fosforilación oxidativa.
5. La degradación de ácidos grasos.

221. En las proteínas, los enlaces peptídicos *cis* más comunes son las uniones:

1. Prolina-X, siendo X cualquier aminoácido con cadena lateral no aromática.
2. X-Prolina, siendo X cualquier aminoácido.
3. X-Triptófano, siendo X cualquier aminoácido.
4. X-Glicocola, siendo X cualquier aminoácido con cadena lateral aromática.
5. Glicocola-X, siendo X cualquier aminoácido con cadena lateral aromática.

222. La fosforilación/desfosforilación en las enzimas constituye un tipo de regulación:

1. Intrínseca.
2. Retroinhibición.
3. Mutacional.
4. Covalente.
5. Alostérica.

223. El enzima limitante en la biosíntesis de los ácidos grasos es:

1. La citrato sintasa.
2. La citrato liasa.
3. La acil transferasa.
4. La gliceroquinasa.
5. La acetil-CoA carboxilasa.

224. La heparina y el ácido hialurónico son:

1. Prostaglandinas.
2. Glicosaminoglicanos.
3. Aminoácidos no proteicos.
4. Fosfolípidos.
5. Vitaminas liposolubles.

225. **La cola de poli(A) en los transcritos primarios de mRNA:**

    1. Se adiciona por el extremo 5´.
    2. Se adiciona mediante la adenilato quinasa.
    3. En la adición participan los complejos del espliceosoma.
    4. Se adiciona por el extremo 3´.
    5. Se modifica por la acridina.

226. **Los ácidos grasos de número impar de átomos de carbono:**

    1. No pueden ser degradados por las células animales.
    2. Se oxidan de la misma forma que los ácidos grasos de cadena par, pero en el último ciclo de la degradación se genera propionil-CoA y acetil-CoA.
    3. Sufren un proceso de incorporación de 1 átomo de carbono en forma de CO_2 previo a su degradación oxidativa.
    4. No existen en las células eucariotas.
    5. Sufren un proceso de eliminación de 1 átomo de carbono en forma de CO_2 previo a su degradación oxidativa.

227. **¿Qué tipo de reacción o mecanismo enzimático multisustrato se caracteriza por la existencia de un intermediario consistente en la enzima temporalmente modificada?:**

    1. Bidireccional.
    2. Alostérico.
    3. Secuencial ordenado.
    4. Secuencial al azar.
    5. Ping-pong.

228. **Todas las vitaminas del grupo B actúan como:**

    1. Inductores o represores de operones.
    2. Inhibidores alostéricos.
    3. Segundos mensajeros en la transducción de señales.
    4. Coenzimas.
    5. Antioxidantes.

229. **Si la guanina sufre desaminación, se transforma en:**

    1. Adenina.
    2. Hipoxantina.
    3. Xantina.
    4. Uracilo.
    5. Citosina.

230. **¿Qué enzima del virus de la gripe es inhibida por agentes como el oseltamivir (Tamiflu) y zanamir (Relenza)?:**

    1. Hemaglutinina.
    2. Neuraminidasa.
    3. Selectina.
    4. Lectina.
    5. Ribonucleasa.

231. **¿Cuál de los siguientes tipos de inhibidor puede alterar la Km de una enzima pero no la Vmax?:**

    1. Competitivo.
    2. No competitivo.
    3. Acompetitivo.
    4. Irreversible.
    5. Alostérico de clase V.

232. **¿Qué estructura de las proteínas se refiere a disposiciones particularmente estables de los aminoácidos que dan lugar a patrones estructurales repetidos?:**

    1. Primaria.
    2. Secundaria.
    3. Terciaria.
    4. Cuaternaria.
    5. Ninguna respuesta es correcta.

233. **¿Cuál de las siguientes hormonas tiene un receptor nuclear?:**

    1. Insulina.
    2. Glucagón.
    3. Adrenalina.
    4. Óxido nítrico.
    5. Testosterona.

234. **¿Cuál es la composición de los nucleótidos?:**

    1. Un azúcar de 6 carbonos, una base nitrogenada, uno o varios grupos fosfato.
    2. Un azúcar de 6 carbonos, una base fosfatada, uno o varios grupos fosfato.
    3. Un azúcar de 5 carbonos, una base nitrogenada, uno o varios grupos fosfato.
    4. Un azúcar de 4 carbonos, una base nitrogenada, varios grupos fosfato.
    5. Un azúcar de 5 carbonos, una o varias bases nitrogenadas, un grupo fosfato.

235. **Durante el reciclaje de la hemoglobina en el bazo, el grupo hemo es convertido en:**

    1. Estercobilina.
    2. Urobilina.
    3. Urobilinógeno.
    4. Bilirrubina.
    5. Porfirina.

236. **Las purinas y pirimidinas presentes en los ácidos nucleídos se caracterizan por:**

1. Formar entre ellas enlaces de tipo covalente para estabilizar sus estructuras.
2. Absorber luz a longitudes de onda cercanas a 260 nm.
3. Poseer un eje binario de simetría.
4. Absorber luz a longitudes de onda en el espectro visible.
5. Estar unidas a moléculas de 6 átomos de carbono.

237. **Las hélices alfa de las proteínas:**

    1. Suelen ser levógiras.
    2. Son estructuras poco frecuentes.
    3. Usualmente están formadas por dos cadenas peptídicas.
    4. Son un elemento de la estructura primaria.
    5. Se estabilizan principalmente mediante puentes de hidrógeno.

238. **Las sulfonilureas:**

    1. Se emplean en el tratamiento de la pancreatitis.
    2. Inhiben la absorción de la glucosa.
    3. Bloquean los receptores de glucagón.
    4. Aumentan la secreción de insulina.
    5. Disminuyen la susceptibilidad de infección.

239. **La flexibilidad de las cadenas peptídicas está restringida debido a:**

    1. Las secuencias de prolina.
    2. Las cadenas laterales.
    3. Los enlaces peptídicos.
    4. El entorno intracelular.
    5. La presencia de proteasas.

240. **Indica cuál de los siguientes compuestos es el destino metabólico directo del esqueleto carbonado del aspartato:**

    1. Citrato.
    2. Succinato.
    3. Succinil-CoA.
    4. Oxalacetato.
    5. Piruvato.

241. **Refiriéndonos al colágeno podemos afirmar que:**

    1. Todos los tipos poseen tres cadenas peptídicas iguales.
    2. Sus formas maduras se localizan dentro de las células.
    3. Es un tipo de proteína rica en cisteína.
    4. Su contenido en glicina es bajo.
    5. Posee secuencias de aminoácidos repetidas.

242. **El consumo excesivo de etanol afecta directamente a:**

    1. La síntesis de cuerpos cetónicos.
    2. La gluconeogénesis.
    3. La glucólisis.
    4. Al pH citoplasmático.
    5. La síntesis de proteínas.

243. **¿Cuáles de las siguientes proteínas reconocen de manera específica glúcidos de la superficie celular?:**

    1. Lisozimas.
    2. Proteasas.
    3. Lectinas.
    4. Nucleasas.
    5. Fosfatasas.

244. **¿Qué es el glutatión?:**

    1. Un aminoácido.
    2. Un tripéptido con función antioxidante.
    3. Una proteína antioxidante.
    4. Un lípido.
    5. Un radical libre.

245. **Cuanto más reducida está una molécula, es decir, cuantos más átomos de hidrógeno contiene:**

    1. Posee menos energía.
    2. Es menos reactiva.
    3. Se hidroliza.
    4. Posee más energía.
    5. Posee menor tamaño.

246. **Elegir la respuesta correcta de las siguientes:**

    1. El ATP puede hidrolizarse para formar ADP y Pi (ortofosfato).
    2. La hidrólisis del ATP en AMP y pirofosfato se utiliza para impulsar reacciones con valores $\Delta G^{o'}$ positivos elevados.
    3. El ATP puede hidrolizarse a AMP y PPi (pirofosfato).
    4. El ATP contiene ribosa.
    5. Todas las anteriores.

247. **¿Cuál de las siguientes afirmaciones sobre la RNA polimerasa es cierta?:**

    1. Las bacterias tiene tres RNA polimerasas diferentes.
    2. La RNA polimerasa II de eucariotas es responsable de la síntesis de los precursores de RNA mensajero.
    3. La RNA polimerasa II de eucariotas es responsable de la síntesis de los RNA ribosomales.
    4. La RNA polimerasa II de eucariotas es responsable de la síntesis de los RNA de transferencia.
    5. No existe la RNA polimerasa II en eucariotas.

248. **La unión del oxígeno a la hemoglobina:**

1. Aumenta en presencia de 2,3-bisfosfoglicerato.
2. Favorece la formación del estado T.
3. No modifica su estructura cuaternaria.
4. Tiene normalmente una cinética hiperbólica.
5. Es menor cuando desciende el pH.

249. **En la reparación del DNA por escisión de base:**

    1. Participan las DNA fotoliasas.
    2. Participan dimeros de timina.
    3. Se requiere luz azul.
    4. Se generan sitios apurínicos o apirimidínicos.
    5. Se modifican las bases.

250. **La capacidad de corrección de errores de las DNA polimerasas depende de su actividad:**

    1. Polimerizante 5´ → 3´.
    2. Exonucleasa 3´.
    3. Exonucleasa 5´.
    4. Endonucleasa.
    5. Ribonucleasa.

251. **Un codón es:**

    1. Una serie de tres bases en la cadena de DNA que determina la identidad de un aminoácido.
    2. Una secuencia de tres bases en el tRNA que constituye el lugar de reconocimiento del molde en el proceso de transcripción.
    3. Una región de la secuencia de una proteína que es reconocida por una proteasa específica.
    4. Un conjunto de aminoácidos que constituyen la secuencia de unión a azúcares.
    5. La serie de bases nucleotídicas que es reconocida por una endonucleasa de restricción.

252. **La electrocromatografía capilar puede considerarse como:**

    1. Una técnica de separación cromatográfica donde la columna tiene un diámetro de 10 mm.
    2. Una técnica de separación cromatográfica donde la columna tiene un diámetro mayor de 10 mm.
    3. Un híbrido de GC y electroforesis capilar.
    4. Un híbrido de HPLC y electroforesis capilar.
    5. Un híbrido de HPLC, GC y electroforesis capilar.

253. **Las proteínas se pueden separar en base a su carga neta mediante:**

    1. Cromatografía de filtración por gel.
    2. Diálisis.
    3. Cromatografía de afinidad.
    4. Cromatografía de intercambio iónico.
    5. Cromatografía líquida de alta presión.

254. **¿Cuál de las siguientes fuentes de excitación NO debería encontrarse en un Espectrofotómetro Vis-UV-infrarrojo cercano?:**

    1. Lámpara de deuterio.
    2. Lámpara de arco de xenón.
    3. Lámpara de filamento de wolframio.
    4. Lámpara de hidrógeno.
    5. Lámpara de cátodo hueco.

255. **Las unidades estructurales responsables de las reacciones características de una molécula orgánica se denominan:**

    1. Enlaces covalentes.
    2. Grupos funcionales.
    3. Híbridos de resonancia.
    4. Formas mesómeras.
    5. Unidades iónicas.

256. **En un gen eucariota codificador de una proteína:**

    1. El primer codón que se transcribe siempre codifica una metionina.
    2. El transcrito primario (pre-mRNA) se corresponde con los exones del gen.
    3. El transcrito primario contiene regiones 3´ y 5´ que no se van a traducir.
    4. El sitio de terminación de la transcripción siempre coincide con el sitio de poliadenilación.
    5. La presencia de intrones es imprescindible.

257. **En resonancia magnética nuclear de ^{1}H, el protón del grupo hidroxilo de un grupo HOOC aparece por lo general entre:**

    1. 10 y 12 ppm.
    2. 6 y 8 ppm.
    3. 4 y 6 ppm.
    4. 2 y 4 ppm.
    5. 0 y 2 ppm.

258. **La histidina:**

    1. Es una amina biológica con una potente actividad vasodilatadora que procede de la descarboxilación de la histamina.
    2. Es un aminoácido no proteico.
    3. Es una molécula que contiene un grupo imidazol que puede estar cargado positivamente o sin carga en las proximidades del pH neutro.
    4. Es un aminoácido que contiene un grupo tiólico y que suele estar presente en el centro activo de algunas enzimas.
    5. Es un aminoácido con un valor de pK_a que le confiere carga negativa a pH neutro.

259. **Alosterismo:**

    1. Es un tipo de patología relacionada con una desregulación de la secreción de ciertas hormonas esteroídicas.
    2. Es un tipo de inhibición enzimática por unión del inhibidor al centro activo de la enzima.

3. En lo relativo a las enzimas, aparece esta característica cuando el sustrato puede unirse a dos centros catalíticos en la misma cadena polipeptídica.
4. En lo relativo a hormonas, este fenómeno aparece cuando dos o más hormonas esteroídicas tienen efectos contrarios.
5. En lo relativo a las enzimas, es un efecto que se produce sobre la actividad de una parte de la enzima (como un centro catalítico) por la unión de un efector a una parte diferente de la enzima.

260. El silicio:

1. Es insoluble en todos los ácidos excepto en la mezcla Nítrico/Fluorhídrico.
2. Reacciona a 25°C con el oxígeno del aire para dar SiO_2, por lo que los ordenadores no pueden superar nunca esa temperatura.
3. Solo forma compuestos con el oxígeno.
4. Solo forma compuestos con el oxígeno y con el flúor.
5. No forma ningún compuesto con los metales.

Titulación: QUÍMICA
Convocatoria: 2009
Nº de versión de examen: 0
V = Nº de la pregunta en versión de examen 0.
RC = Respuesta correcta

V	RC	V	RC	V	RC	V	RC	V	RC
1	3	53	3	105	4	157	3	209	5
2	4	54	1	106	3	158	2	210	3
3	3	55	3	107	4	159	5	211	2
4	1	56	2	108	1	160	1	212	1
5	4	57	5	109	5	161	4	213	4
6	2	58	3	110	4	162	2	214	2
7	3	59	2	111	1	163	3	215	5
8	5	60	1	112	2	164	4	216	3
9	3	61	3	113	4	165	2	217	4
10	3	62	4	114	5	166	5	218	2
11	2	63	1	115	3	167	1	219	4
12	1	64	5	116		168	4	220	1
13		65	2	117	5	169	1	221	2
14	1	66	4	118	3	170	4	222	4
15	2	67	5	119	3	171	2	223	5
16	4	68	3	120	1	172	5	224	2
17	3	69		121		173	1	225	4
18	2	70	3	122	5	174	4	226	2
19	3	71	1	123	2	175	2	227	5
20	5	72	3	124	1	176	3	228	4
21	2	73	2	125	5	177	1	229	3
22	4	74	3	126	4	178	5	230	2
23	3	75	2	127	3	179	4	231	1
24	5	76	5	128	4	180	2	232	2
25	4	77	1	129	5	181	3	233	5
26	2	78	3	130	1	182	5	234	3
27	3	79	4	131	4	183	3	235	4
28	2	80	3	132	2	184	4	236	2
29	5	81	2	133	1	185	1	237	5
30	2	82	4	134	3	186	2	238	4
31	4	83	5	135	4	187	5	239	3
32	1	84	3	136	2	188	3	240	4
33	3	85	4	137	4	189	2	241	5
34	4	86	5	138	3	190	4	242	2
35	1	87	2	139	4	191	5	243	3
36	3	88	1	140	1	192	2	244	2
37	2	89	5	141	2	193	1	245	

38	3	90	4	142	5	194	4	246	5
39	4	91	1	143	1	195	3	247	2
40	2	92	4	144	5	196	2	248	5
41	3	93	3	145	2	197	3	249	4
42	4	94	2	146	4	198	1	250	2
43	2	95	5	147	4	199	2	251	1
44		96	1	148	2	200	5	252	4
45	2	97	1	149	3	201	3	253	4
46	4	98	3	150	4	202	2	254	5
47	1	99	5	151	1	203	1	255	2
48	5	100	1	152	3	204	3	256	3
49	4	101	4	153	4	205	2	257	1
50		102	3	154	2	206	4	258	3
51	5	103	5	155	1	207	3	259	5
52	2	104	1	156	4	208	1	260	1

MINISTERIO DE SANIDAD, POLÍTICA SOCIAL E IGUALDAD

PRUEBAS SELECTIVAS 2010

CUADERNO DE EXAMEN

QUÍMICOS

ADVERTENCIA IMPORTANTE

ANTES DE COMENZAR SU EXAMEN, LEA ATENTAMENTE LAS SIGUIENTES

INSTRUCCIONES

1. Compruebe que este Cuaderno de Examen lleva todas sus páginas y no tiene defectos de impresión. Si detecta alguna anomalía, pida otro Cuaderno de Examen a la Mesa.

2. La "Hoja de Respuestas" está nominalizada. Se compone de tres ejemplares en papel autocopiativo que deben colocarse correctamente para permitir la impresión de las contestaciones en todos ellos. Recuerde que debe firmar esta Hoja y rellenar la fecha.

3. Compruebe que la respuesta que va a señalar en la "Hoja de Respuestas" corresponde al número de pregunta del cuestionario.

4. **Solamente se valoran** las respuestas marcadas en la "Hoja de Respuestas", siempre que se tengan en cuenta las instrucciones contenidas en la misma.

5. Si inutiliza su "Hoja de Respuestas" pida un nuevo juego de repuesto a la Mesa de Examen y **no olvide** consignar sus datos personales.

6. Recuerde que el tiempo de realización de este ejercicio es de **cinco horas improrrogables** y que están **prohibidos** el uso de **calculadoras** (excepto en Radiofísicos) y la utilización de **teléfonos móviles**, o de cualquier otro dispositivo con capacidad de almacenamiento de información o posibilidad de comunicación mediante voz o datos.

7. Podrá retirar su Cuaderno de Examen una vez finalizado el ejercicio y hayan sido recogidas las "Hojas de Respuesta" por la Mesa.

1. **El berilio es un elemento del grupo 2 que:**

   1. No forma aleaciones.
   2. Suele adoptar el estado de oxidación +3.
   3. Tiene una gran tendencia al índice de coordinación 4.
   4. Prácticamente solo presenta compuestos iónicos.
   5. Forma un compuesto con Cloro, el $BeCl_2$ que es una potente base de Lewis.

2. **Los ligandos de los complejos octaédricos se ordenan por su capacidad para generar un campo mayor o menor dando lugar a la serie espectroquímica, de acuerdo con la cual:**

   1. El CO genera un campo más fuerte que el Yodo.
   2. El Yodo genera un campo más fuerte que el CO.
   3. El Yodo genera un campo más fuerte que la piridina.
   4. La piridina genera un campo más fuerte que el CO.
   5. El Bromo genera un campo más fuerte que la piridina.

3. **La solubilidad en agua de los compuestos de plata(I) depende del anión, siendo muy insoluble el:**

   1. Nitrato.
   2. Sulfato.
   3. Perclorato.
   4. Cloruro.
   5. Fluoruro.

4. **La plata es un metal que:**

   1. Conduce mal el calor y la electricidad.
   2. Es poco dúctil y apenas es maleable.
   3. No se oxida al aire, el color negruzco que adquiere es por formación del sulfuro.
   4. Es soluble en ácido clorhídrico.
   5. Es incapaz de recubrir objetos de cobre o de vidrio.

5. **¿En cuál de las siguientes moléculas es posible identificar enlaces de hidrógeno?:**

   1. Diborano.
   2. Metano.
   3. Silano.
   4. Estibano.
   5. Fluoruro de hidrógeno.

6. **El sulfuro de plomo:**

   1. Es el mineral llamado blenda.
   2. Libera azufre al ser calentado con aire a altas temperaturas.
   3. Es un sólido con brillo metálico y la estructura del NaCl.
   4. Es soluble en agua.
   5. Debido a su resistencia química no sirve como producto de partida para la obtención industrial de plomo.

7. **El gas de agua es una mezcla de:**

   1. $CO(g) + H_2(g)$.
   2. $C_3H_8(g) + H_2O(g)$.
   3. $CO_2(g) + H_2O(g)$.
   4. $CO_2(g) + H_2(g)$.
   5. $H_2(g) + O_2(g)$.

8. **El monóxido de nitrógeno, NO:**

   1. En estado gaseoso es una molécula dimagnética.
   2. Se oxida al catión NO^+, en el que el orden de enlace se reduce a uno.
   3. No es tóxico en absoluto.
   4. Dimeriza en estado sólido.
   5. Es un gas marrón que se decolora al convertirse en NO_2.

9. **Los hidruros iónicos:**

   1. Reaccionan con el agua dando una disolución básica.
   2. Reaccionan con el agua dando una disolución ácida.
   3. No reaccionan con el agua.
   4. Reaccionan con el agua y no modifican el pH de la disolución.
   5. Son líquidos a temperatura ambiente.

10. **El N_2O, un gas presente en trazas en la atmósfera terrestre:**

    1. Es de color amarillo.
    2. Se obtiene por oxidación directa del nitrógeno.
    3. Se emplea como anestésico.
    4. Reacciona fácilmente con el agua.
    5. Es una sustancia paramagnética.

11. **El rutenio forma compuestos binarios con los halógenos y con el oxígeno en distintos estados de oxidación:**

    1. No hay compuestos con oxígeno en estado de oxidación (VI) ni en estado de oxidación (VIII).
    2. El $RuBr_8$ es muy oxidante.
    3. El $RuCl_8$ es particularmente estable.
    4. El RuI_8 es difícil de obtener.
    5. Se conocen los haluros RuX_3 (X=F, Cl, Br, I).

12. **En la separación de dihidrógeno gaseoso de otros gases se puede utilizar:**

    1. Plata.
    2. Oro.
    3. Paladio.
    4. Platino.

5. Mercurio.

13. **En un alto horno se producen los siguientes fenómenos:**
    1. Cuando sale el aire de las toberas oxida al coque para dar CO_2 como producto principal.
    2. El óxido de hierro se reduce a hierro por acción del CO.
    3. Gran parte del arrabio se oxida con el aire de las toberas.
    4. Se generan solo 2 productos: el arrabio y la mezcla de gases CO/CO_2.
    5. El arrabio no tiene casi nada de carbono (del orden del 0.01%).

14. **Un reactivo de Grignard cristaliza en éter como un solvato de fórmula: $EtMgBr \cdot 2Et_2O$. La geometría del átomo de magnesio es:**
    1. Lineal.
    2. Angular.
    3. Triangular plana.
    4. Cuadrado plana.
    5. Tetraédrica.

15. **El nitruro de boro es una sustancia polimórfica que:**
    1. Presenta estructuras análogas al diamante y al grafito.
    2. Se descompone fácilmente liberando N_2 y boro.
    3. Se hidroliza en agua hirviendo.
    4. Se obtiene calentando óxido de boro y nitrógeno a altas temperaturas.
    5. Es de color negro.

16. **El yodo:**
    1. No es un elemento tóxico.
    2. No se encuentra en el cuerpo humano.
    3. Es un líquido violeta-rojizo a temperatura ambiente y presión atmosférica.
    4. Sólo tiene un isótopo natural.
    5. Es algo más reactivo que el cloro.

17. **¿Cuál es el estado de oxidación del Xe en el compuesto $FXeOSO_2F$?:**
    1. + 1.
    2. + 2.
    3. + 3.
    4. + 4.
    5. + 6.

18. **El silano SiH_4:**
    1. Se puede obtener a partir del $SiCl_4$ por reacción con H^- (o AlH_4^-).
    2. Adopta una geometría plano cuadrada.
    3. Es un sólido cuyo punto de fusión es 600ºC.
    4. Arde en el aire para dar Si_3N_4 y H_2O.
    5. Es muy estable frente al agua.

19. **Los complejos $TiCl_4$, $Ni(CO)_4$ y MnO_4^-:**
    1. Son complejos octaédricos.
    2. Son complejos plano cuadrados.
    3. Son todos tetraédricos.
    4. Cada uno tiene una geometría diferente.
    5. Son cúbicos.

20. **¿Para cuál de los siguientes elementos es más importante la catenación?:**
    1. Carbono.
    2. Silicio.
    3. Germanio.
    4. Estaño.
    5. Plomo.

21. **En relación con la fabricación industrial del NH_3 a partir de la reacción de H_2 y N_2 indique cuál de las siguientes afirmaciones es INCORRECTA:**
    1. La reacción de formación de NH_3 es exotérmica.
    2. Para la reacción de formación de NH_3 $\Delta S_f^°$ es positiva.
    3. Un aumento de la temperatura aumenta la velocidad de reacción.
    4. Un aumento de la temperatura disminuye el rendimiento.
    5. La reacción es muy lenta a 298 K y un bar de presión.

22. **En relación con los silicatos señale la afirmación que es INCORRECTA:**
    1. El silicio tiene número de coordinación cuatro.
    2. Algunos silicatos contienen iones SiO_4^{4-} aislados.
    3. El talco y la mica son ejemplos de silicatos con estructuras monodimensionales.
    4. Los piroxenos son silicatos con estructuras en cadena.
    5. Las zeolitas son aluminosilicatos.

23. **El galio es:**
    1. Un líquido denso por encima de 30ºC.
    2. Un sólido metálico amarillo.
    3. Uno de los elementos esenciales para el cuerpo humano.
    4. Un elemento tóxico.
    5. Muy reactivo frente al aire.

24. **El bromo:**
    1. Se encuentra libre en la naturaleza.
    2. Reacciona con los cloruros para dar cloro, reduciéndose a bromuro.
    3. Se disuelve en sosa para dar bromitos y bromatos.

4. Es el único elemento que, junto con el mercurio, es líquido a temperatura ambiente.
5. Es un sólido de color violeta que desprende vapores rojizos.

25. De las siguientes parejas que incluyen la fórmula de una especie molecular y su grupo puntual. ¿Cuál es INCORRECTA?:

    1. XeF_4 : D_{4h}.
    2. KrF_2 : $D_{\infty h}$.
    3. XeO_3 : D_{3h}.
    4. XeO_4 : T_d.
    5. $OXeF_4$: C_{4v}.

26. La fortaleza de la acidez de los oxoácidos $EO_m(OH)_n$ sigue unas reglas bastante sencillas, de acuerdo con los cuales el:

    1. ClO_4H es más fuerte que el $ClOH$.
    2. ClO_4H es tan fuerte como el $ClOH$.
    3. ClO_4H es menos fuerte que el $ClOH$.
    4. SiO_4H_4 es más fuerte que el ClO_4H.
    5. PO_3H_3 es más fuerte que el ClO_4H.

27. Los carbonilos:

    1. Son compuestos conocidos desde la edad media.
    2. No tienen ninguna aplicación catalítica.
    3. $M(CO)_n$ suelen tener puntos de fusión particularmente altos.
    4. $M(CO)_n$ son todos, sin excepción, de carácter radicalario.
    5. $M(CO)_n$ suelen seguir la regla de los 18 electrones, en particular los de cromo, hierro y níquel.

28. Las siguientes opciones emparejan el número total de electrones de valencia con la geometría de un cluster metálico. Señale la respuesta INCORRECTA:

    1. 48 ev, triángulo.
    2. 60 ev, tetraedro.
    3. 64 ev, cuadrado.
    4. 74 ev, bipirámide trigonal.
    5. 90 ev, prisma trigonal.

29. El nitrato de sodio es un compuesto de alto interés industrial que:

    1. Es un producto natural.
    2. Al ser isomorfo con $CaCO_3$ es insoluble en agua.
    3. Se obtiene industrialmente partiendo de sulfato sódico.
    4. Funde a 308°C con descomposición.
    5. No reacciona con ácido sulfúrico.

30. La reacción de $(\eta^6\text{-}C_7H_8)Mo(CO)_3$ con $[Ph_3C][BF_4]$ produce:

    1. $[(\eta^7\text{-}C_7H_7)Mo(CO)_3]^-$.
    2. $[(\eta^5\text{-}C_7H_7)Mo(CO)_3]^-$.
    3. $[(\eta^7\text{-}C_7H_7)Mo(CO)_3]^+$.
    4. $[(\eta^5\text{-}C_7H_7)Mo(CO)_3]^+$.
    5. No hay reacción.

31. Si valoramos 50.0 ml de un ácido débil de pKa = 4.0 en concentración 0.2 M con NaOH en concentración 0.2 M, el pH del punto de equivalencia es:

    1. 2.5.
    2. 4.5.
    3. 6.5.
    4. 8.5.
    5. 12.5.

32. Los precipitados son más solubles:

    1. En disolventes poco disociantes.
    2. En medios de baja constante dieléctrica.
    3. En una disolución que contenga un ión común con los del precipitado.
    4. En disolventes orgánicos.
    5. En una disolución que contenga una sal inerte.

33. Una de las técnicas más populares de manipulación de muestra sólidas en Espectroscopia Infrarroja es la formación de pastillas con haluros alcalinos por ser transparentes a la radiación en diferentes intervalos de frecuencia. Los haluros más utilizados son:

    1. RbCl y CsI.
    2. KF y LiCl.
    3. KBr y CsI.
    4. NaF y KI.
    5. LiF y RbBr.

34. Si disponemos de una población normalmente distribuida de valor medio μ y desviación estándar σ, el intervalo de confianza para un 95% de probabilidad, de un valor aislado (X_i), se calcula mediante la expresión:

    1. $X_i = \mu \pm 0.50\ \sigma$.
    2. $X_i = \mu \pm 1.00\ \sigma$.
    3. $X_i = \mu \pm 1.50\ \sigma$.
    4. $X_i = \mu \pm 2.00\ \sigma$.
    5. $X_i = \mu \pm 1.96\ \sigma$.

35. Calcular la constante de equilibrio de la reacción de oxidación del Sn (II) por el Fe (III) sabiendo que:
    $E^0(Sn(IV)/Sn(II)) = 0.15$ V y $E^0(Fe(III)/Fe(II)) = 0.77$ V.

    1. log K = 21.0
    2. log K = 2.5
    3. log K = 13.0
    4. log K = 6.2
    5. log K = 1.24

36. **En espectroscopía atómica:**

    1. No existen interferencias químicas.
    2. Se producen interferencias espectrales cuando aparecen señales que solapan con el pico del analito.
    3. Las interferencias espectrales se evitan añadiendo agentes supresores.
    4. El corrector Zeeman se emplea para evitar el ruido de Doppler.
    5. La disminución de la temperatura evita las interferencias químicas.

37. **¿Cuál de las siguientes afirmaciones es cierta respecto a la Espectroscopia de Resonancia Magnética Nuclear (RMN)?:**

    1. La materia absorbe radiación electrónica de alta energía.
    2. La absorción de radiación electromagnética transforma un protón en un átomo de deuterio.
    3. La absorción de radiación electromagnética provoca la emisión de luz por núcleos en resonancia.
    4. Las experiencias realizadas se llevan a cabo bajo un intenso campo magnético.
    5. La absorción de radiación electromagnética provoca escisiones nucleares en los átomos.

38. **La cromatografía de gases es el método de elección para la separación de sustancias:**

    1. Volátiles y térmicamente estables.
    2. Orgánicas y estables por encima de 200ºC.
    3. No volátiles y térmicamente estables.
    4. Termoinestables e inorgánicas.
    5. Con pesos moleculares superiores a 1000.

39. **La precisión de un conjunto de medidas repetidas puede expresarse mediante la:**

    1. Media aritmética
    2. Raíz cuadrada de la media aritmética.
    3. Varianza.
    4. Media geométrica.
    5. Raíz cuadrada de la media geométrica.

40. **El detector de captura de electrones empleado en cromatografía de gases:**

    1. Mide las variaciones de la conductividad térmica de las mezclas gaseosas en función de su composición.
    2. Se basa en un dispositivo denominado catarómetro, con dos termistores idénticos.
    3. Produce fragmentos de descomposición catiónicos en compuestos que contienen nitrógeno o fósforo.
    4. Es muy sensible a derivados halogenados de compuestos orgánicos.
    5. Incluye una lámpara ultravioleta que emite fotones muy energéticos.

41. **El uso de ultramicroelectrodos en análisis es ventajoso porque:**

    1. Permiten trabajar en medios de elevada resistencia.
    2. Desarrollan elevadas caídas óhmicas.
    3. Son fibras de carbono.
    4. No necesitan electrodos de referencia.
    5. Presentan elevadas corrientes capacitivas.

42. **Una de las siguientes afirmaciones NO es correcta respecto al empleo de la Espectrofotometría Molecular UV-Vis aplicada al estudio de ácidos nucleicos:**

    1. Permite seguir el proceso de desnaturalización térmica de una molécula de ADN determinando la relación $\Delta A_{260} = \Delta A_{260 \text{ máxima}}/2$ en función de la temperatura.
    2. Es una herramienta valiosa para el estudio de la interacción de ácidos nucleicos con ligandos de bajo peso molecular.
    3. Es una técnica adecuada para el estudio de la interacción de ácidos nucleicos con proteínas.
    4. La relación A_{260}/A_{280} se utiliza para estimar la pureza de ácidos nucleicos durante procesos de purificación.
    5. La interacción del bromuro de etidio (colorante) con la doble hélice del ADN no modifica las características espectrales del colorante, lo que permite estudiar su interacción con el ácido nucleico a una longitud de onda constante.

43. **La denominada ecuación de van Deemter expresa:**

    1. La velocidad de la fase móvil en función de la altura de plato teórico.
    2. La altura de plato teórico en función de la velocidad de la fase móvil.
    3. La altura de plato teórico en función de la eficacia de la columna.
    4. La velocidad de la fase móvil en función de la temperatura de la columna.
    5. La velocidad de la fase móvil en función de la difusión molecular.

44. **En la valoración de 50.0 ml de Ag^+ 0.1 M con SCN^- 0.1 M ¿Cuál sería el valor del pAg en el punto de equivalencia (Producto de solubilidad del AgSCN = 10^{-12})?:**

    1. 1.
    2. -1.
    3. 6
    4. -6.
    5. 12.

45. **La determinación de plomo en aguas por voltamperometría de redisolución anódica se basa en:**

1. La reducción al estado elemental sobre un electrodo de mercurio y la oxidación posterior, originando una corriente proporcional a la concentración de plomo.
2. La oxidación directa sobre un electrodo de mercurio, originando una corriente proporcional a la concentración de plomo.
3. La reducción al estado elemental sobre un electrodo de mercurio y el registro posterior de una curva potencia-tiempo, cuya altura es proporcional a la concentración de plomo.
4. La oxidación sobre un electrodo de mercurio y la reducción posterior, originando una corriente proporcional a la concentración de plomo.
5. La reducción al estado elemental sobre un electrodo de mercurio originando una corriente proporcional a la concentración de plomo.

46. **Para la separación cromatográfica de compuestos quirales se necesita:**

    1. Una fase estacionaria no quiral para que se retengan ambos enantiómeros.
    2. Una fase móvil que no contenga ningún disolvente quiral.
    3. Trabajar en la modalidad de gradiente de quiralidad.
    4. Una fase estacionaria preparada por impresión molecular de los dos enantiómeros.
    5. Una fase estacionaria con un agente quiral inmovilizado.

47. **Si se valoran 40.0 ml de Cd (II) 0.1 M con AEDT 0.1 M, el número de ml gastados de AEDT cuando se alcance el punto de equivalencia será de:**

    1. 10.0 ml.
    2. 20.0 ml.
    3. 30.0 ml.
    4. 40.0 ml.
    5. 50.0 ml.

48. **En el modo de separación de fase inversa de la cromatografía de líquidos de alta eficacia, la fase móvil:**

    1. Es más polar que la fase estacionaria.
    2. Es menos polar que la fase estacionaria.
    3. Tiene como base grupos siloxano.
    4. Consiste en una superficie de sílice saturada con agua.
    5. Es generalmente metanol con un modificador orgánico.

49. **Indicar cuál es la respuesta FALSA:**
    En voltamperometría cíclica, la respuesta analítica depende:

    1. De la velocidad de barrido de potencial.
    2. Del número de electrones transferido en la reacción electroquímica.
    3. De la corriente que circula entre el electrodo de trabajo y el de referencia.
    4. Del coeficiente de difusión de la sustancia electroactiva.
    5. De la superficie del electrodo.

50. **A partir de una disolución de un anfolito HA^- perteneciente al sistema del ácido H_2A, con $pKa_1 = 4$ y $pKa_2 = 8$, se puede preparar:**

    1. Una única disolución reguladora de capacidad reguladora máxima y pH = 6.
    2. Dos disoluciones reguladoras en las que predominan, respectivamente, las especies HA^- y A^{2-}.
    3. Una única disolución reguladora de pH = 8.
    4. Tres disoluciones reguladoras en las que predominan, respectivamente, las especies H_2A, HA^- y A^{2-}.
    5. Dos disoluciones reguladoras de capacidad reguladora máxima y pH = 4 y 8.

51. **En la valoración redox de Fe(II) con Ce(IV), el potencial en el punto de equivalencia depende:**

    1. De la concentración inicial de la especie valorada.
    2. Del volumen de la disolución a valorar.
    3. De la relación de concentraciones de las especies reaccionantes.
    4. De los potenciales normales de los sistemas implicados.
    5. Todas las anteriores son ciertas.

52. **En las medidas de fosforescencia a temperatura ambiente el estado triplete del analito a medir se protege utilizando disoluciones:**

    1. En medio muy ácido.
    2. Que contienen tensoactivos.
    3. Que contiene oxidantes.
    4. Que contienen dicromato sódico.
    5. Que contienen AEDT.

53. **En una yodometría:**

    1. El analito oxidante se trata con un exceso de yoduro y el yodo formado se valora con tiosulfato.
    2. El analito reductor se valora con una disolución de yodo.
    3. Se añade una concentración conocida de yodo sobre el analito reductor y el yoduro formado se valora con tiosulfato.
    4. Se añade una mezcla de yoduro y periodato y el exceso se valora con tiosulfato.
    5. El analito oxidante se valora con yoduro.

54. **Uno de los métodos de cuantificación que pueden emplearse en cromatografía es el método de normalización interna. Éste:**

    1. Se basa en la realización de adiciones de un estándar en concentración creciente a todas las

disoluciones de analito.
2. Se basa en el empleo de un factor de respuesta relativo para cada compuesto a medir con respecto a un marcador empleado como referencia.
3. Emplea una curva de calibrado externa realizada de forma previa a la cuantificación.
4. Está reservado a mezclas en las cuales se pueden identificar los constituyentes (picos separados en el cromatograma) con el fin de poder establecer la composición completa de la muestra dada.
5. Se basa en la comparación de las áreas de los productos a cuantificar con las de un compuesto de referencia, llamado patrón interno, introducido en una concentración conocida en la muestra.

55. **En las reacciones electródicas con muy bajas concentraciones de especies electroactivas, la corriente capacitiva:**

1. Es prácticamente inexistente.
2. Puede ser incluso más grande que la corriente faradaica.
3. Siempre es inferior a la corriente faradaica.
4. Siempre es superior a la corriente faradaica.
5. Depende del electrodo de referencia.

56. **En la aplicación de un método instrumental al análisis de muestras reales se observa que las pendientes del calibrado de patrones externo y el de adiciones sobre la muestra son diferentes. Para realizar la determinación será preciso:**

1. Aplicar el método de adiciones patrón.
2. Llevar a cabo un pretratamiento de la muestra para eliminar interferencias.
3. Restar el fondo para que el calibrado pase por el origen de coordenadas.
4. Rebajar el intervalo de concentración del analito en el calibrado de patrones externo para que no se sature la señal.
5. Calcular la señal correspondiente al límite de detección del método y restar este valor a todos los puntos del calibrado de la muestra.

57. **El soluto A tiene un coeficiente de reparto, $K_D = 3$ entre tolueno y agua. Si se extraen de una sola vez 100 mL de una disolución acuosa 0.01 M de A con 500 mL de tolueno, ¿qué fracción de A queda en la fase acuosa?:**

1. 6.2.
2. 0.62.
3. 0.062.
4. 0.0062.
5. 62.

58. **La técnica conocida como PAGE-SDS es muy empleada en la separación de proteínas. En esta técnica electroforética:**

1. Se añade el detergente SDS en cantidad inferior a la concentración micelar crítica.
2. La carga por unidad de masa es prácticamente constante para todos los complejos proteína / SDS.
3. Al proporcionar dos cargas negativas cada molécula de SDS, los complejos proteína / SDS no están cargados uniformemente.
4. Pueden emplearse condiciones oxidantes o no oxidantes para producir la ruptura de los puentes disulfuro.
5. Se añade un detergente que produce un flujo electroosmótico nulo.

59. **¿Se podría realizar una valoración potenciométrica a la intensidad nula con dos electrodos indicadores de naturaleza diferente?:**

1. No, a intensidad nula no se puede realizar ninguna valoración potenciométrica.
2. No, siempre necesitaríamos un electrodo de referencia.
3. Sí, si uno de los electrodos es de mercurio.
4. Sí, es un método potenciométrico más.
5. No, sólo es posible si se realiza una potenciometría a intensidad constante.

60. **¿Puede influir el potencial de unión líquida en la medida del pH de un electrodo combinado de vidrio?:**

1. Sí, si la disolución del analito es diferente de la del tampón estándar.
2. No, porque no afecta a la membrana de vidrio.
3. Sí, si el pH es ácido.
4. Sí, si el pH es alcalino.
5. No, porque el electrodo de referencia va integrado en el sistema combinado.

61. **En la precipitación en fase homogénea el reactivo precipitante se genera lentamente mediante una reacción química. ¿Cuál de estos reactivos se utiliza para generar iones OH⁻?:**

1. Oxalato de etilo.
2. Urea.
3. Permanganato potásico.
4. Tioacetamida.
5. Sulfato de dimetilo.

62. **En electroforesis capilar, la electroósmosis produce:**

1. Un flujo parabólico de velocidad en el capilar.
2. Un aumento de viscosidad del líquido.
3. Una disminución de la conductividad de la disolución.
4. Un perfil plano en la sección transversal del capilar.
5. Un aumento del movimiento de convección de los solutos.

63. El método de Liebig para la determinación de cianuro se basa en:

    1. La precipitación de cianuro de plata y su posterior redisolución en exceso de ión plata.
    2. La formación de un complejo soluble de plata con estequiometría $1Ag^+ \Leftrightarrow 2CN^-$.
    3. La formación del precipitado de cianuro de plata y su redisolución en medio ioduro potásico.
    4. La formación de cianuro de plata insoluble que se redisuelve en medio amoniacal.
    5. La valoración de cianuro con una disolución del complejo de plata con AEDT.

64. ¿Cuál es la fuerza iónica de una disolución que es 0.05 M en Na_2SO_4 y 0.10 M en KNO_3?:

    1. 0.30 M.
    2. 0.15 M.
    3. 0.25 M.
    4. 0.80 M.
    5. 0.10 M.

65. A una disolución de Tl^+ 0.01 M se le añade sulfuro en cantidad suficiente como para lograr la precipitación cuantitativa (99.9%). La concentración de sulfuro que queda en disolución es: ($K_{ps} = 10^{-20,3}$).

    1. 5×10^{-17} M.
    2. 5×10^{-11} M.
    3. 5×10^{-19} M.
    4. 5×10^{-20} M.
    5. 5×10^{-15} M.

66. Los errores sistemáticos:

    1. Se originan por efectos incontrolables.
    2. No pueden ser eliminados.
    3. No son reproducibles.
    4. No dependen del funcionamiento de los equipos.
    5. Pueden aparecer por un fallo en el diseño del experimento.

67. En la valoración de una base débil B con un ácido fuerte HA, el pH en el punto de semineutralización viene dado por:

    1. 1/2 pKa (HB^+).
    2. pKb (B).
    3. pKa (HB^+).
    4. pKb (A^-).
    5. 1/2 [pKa (HB^+) + pKa (HA)].

68. Indicar la respuesta FALSA: La constante condicional de formación de un complejo metálico con AEDT depende:

    1. Del pH de la disolución.
    2. Del valor de la constante aparente del complejo.
    3. De la presencia de otros agentes complejantes.
    4. De la concentración del ión metálico.
    5. De la presencia de otros iones metálicos.

69. El punto final de una valoración complexométrica puede detectarse:

    1. Visualmente, empleando un indicador metalocrómico que forme complejos con el ión metálico.
    2. Mediante una potenciometría, empleando un electrodo indicador del ión metálico.
    3. Con un indicador ácido-base, valorando con una base los protones liberados en la reacción de complejación.
    4. Midiendo el cambio de color en el punto de equivalencia con un espectrofotómetro.
    5. Todas las anteriores son ciertas.

70. La primera ley de Faraday relaciona la cantidad de sustancia electrolizada con:

    1. La resistencia de la célula electrolítica.
    2. La cantidad de electricidad que pasa por la célula electrolítica.
    3. La capacidad de la doble capa del electrodo de trabajo.
    4. La migración iónica.
    5. El peso del electrodo de trabajo.

71. La principal dificultad que hay que superar en el acoplamiento GC-MS (cromatografía de gases - espectrometría de masas) es:

    1. Disminuir la ionización por impacto electrónico de las moléculas volátiles.
    2. Aumentar la velocidad de flujo hasta llegar a la requerida por el espectrómetro de masas.
    3. Introducir un compuesto que está sometido a una elevada presión en un flujo del orden de ml/min.
    4. Introducir un compuesto que se encuentra a presión atmosférica en el alto vacío al que opera el espectrómetro de masas.
    5. Conseguir la dispersión de los iones de salida del cromatógrafo.

72. Una columbimetría indirecta o valoración culombimétrica:

    1. Debe llevarse a cabo a intensidad constante.
    2. Debe llevarse a cabo a potencial constante.
    3. Necesita un sistema potenciostático.
    4. Necesita una malla de platino.
    5. Necesita un electrodo indicador y uno de referencia.

73. Un electrodo selectivo de fluoruro se caracteriza por:

    1. Tener una membrana de vidrio dopada con fluoruro de europio.
    2. Tener una membrana líquida con una concen-

tración fija de fluoruro.
3. Ser un electrodo de membrana cristalina.
4. Prescindir de disolución interna.
5. Prescindir de electrodo de referencia interno.

74. **La técnica de separación de analitos volátiles de muestras líquidas, en la que los componentes se retienen sobre un soporte sólido se denomina:**

    1. Purga y trampa.
    2. Extracción Soxhlet.
    3. Espacio de cabeza dinámico.
    4. Extracción líquido-líquido.
    5. Espacio de cabeza estático.

75. **Una disolución 0.1 M de un ácido diprótico H_2A, con $pKa_2 = 3.0$ y $pKa_2 = 8.0$, se lleva a pH = 6.5. La concentración de la especie A^{2-} es:**

    1. 0.097 M.
    2. 3.06×10^{-12} M.
    3. 3.06×10^{-3} M.
    4. 9.7×10^{-7} M.
    5. 0.0306 M.

76. **En las separaciones mediante cromatografía de gases, el detector de captura electrónica se utiliza fundamentalmente para analitos:**

    1. Fácilmente ionizables mediante radiación UV.
    2. Que contienen halógenos en su molécula.
    3. Que contienen fósforo en su molécula.
    4. Que contienen nitrógeno en su molécula.
    5. Que tienen menos de 10 átomos de carbono.

77. **En la polarografía normal de impulsos:**

    1. El impulso de potencial coincide con el inicio de la vida de la gota de Hg.
    2. El polarograma tiene forma de pico.
    3. El impulso de potencial tiene siempre la misma amplitud.
    4. El impulso de potencial coincide con el final de la vida de la gota de Hg.
    5. El impulso de potencial no tiene forma rectangular.

78. **En la valoración de una base débil B, de concentración 0.2 M y $pK_b = 3.0$, con un ácido fuerte de la misma concentración, el pH en el punto de equivalencia es:**

    1. 2.0.
    2. 11.0.
    3. 1.5.
    4. 7.0.
    5. 6.0.

79. **La determinación de azúcares por cromatografía líquida con detección electroquímica sobre un electrodo de cobre, se basa en:**

    1. La medida de la diferencia de potencial del eluato, que es inversamente proporcional al logaritmo de la concentración de los analitos.
    2. La medida del tiempo de retención de los componentes de la mezcla, que es proporcional a la concentración de los azúcares.
    3. La medida del área del pico, que depende inversamente de la concentración.
    4. La medida de la altura del pico, que es función directa de la concentración de los analitos.
    5. La medida del área del pico al tiempo de retención máximo, que depende de la concentración total de los azúcares.

80. **El factor de separación o factor de selectividad (α) para dos analitos A y B en una columna cromatográfica concreta se define como:**

    1. $(t_R)_A + (t_R)_{AB}$.
    2. K_A/K_B.
    3. $K_A + K_B$.
    4. $(t_M)_A + (t_M)_B$.
    5. $K_A - 2^* K_B$.

81. **Indicar cuántos estereoisómeros presenta el 1,2-dimetilciclopentano:**

    1. Cero.
    2. Uno.
    3. Dos.
    4. Tres.
    5. Cuatro.

82. **El calentamiento de una anilina con glicerol y ácido sulfúrico para obtener quinoleína se conoce como síntesis de:**

    1. Skraup.
    2. Doebner-von Miller.
    3. Combes.
    4. Friedländer.
    5. Friedl-Crafts.

83. **Los hidroxiácidos pueden esterificarse intramolecularmente formando:**

    1. Lactamas.
    2. Imidas.
    3. Lactonas.
    4. Carbamatos.
    5. Nitronas.

84. **Existen dos tipos de anillos de 3 miembros conteniendo dos nitrógenos, que pueden aislarse:**

    1. Diaziridinas saturadas y 3H-diazirinas.
    2. Pirimidinas y aziridinas.
    3. Pirazinas y pirroles.
    4. Imidazoles y piridazinas.
    5. Pirazinas y piridazinas.

85. **Cuando se hace reaccionar un derivado halogenado con trifenilfosfina, se genera una sal de:**

1. Sulfonio.
2. Diazonio.
3. Amonio.
4. Piridonio.
5. Fosfonio.

86. Las reacciones S$_N$1 son procesos en los que la cinética:

    1. Depende de la concentración del nucleófilo.
    2. No depende de la concentración del nucleófilo.
    3. Depende de la concentración del oxidante.
    4. No depende de la concentración del oxidante.
    5. Ninguna de las anteriores.

87. Los organometálicos pueden considerarse como reactivos:

    1. Nucleófilos.
    2. Electrófilos.
    3. Oxidantes.
    4. Reductores.
    5. Ninguna de las anteriores.

88. Las reacciones que conducen a la formación preferente de un estereoisómero sobre otros que podrían formarse se conocen como reacciones:

    1. Homogéneas.
    2. Polares.
    3. Diastereoselectivas.
    4. Enantioselectivas.
    5. Estereoselectivas.

89. La *N*-bromosuccinimida es un reactivo que se utiliza para obtener:

    1. Alcoholes alílicos.
    2. Bromuros de alilo.
    3. Bromohidrinas.
    4. Derivados dibromados.
    5. Aldehídos.

90. El pirrol es un compuesto aromático con un nitrógeno en un anillo de:

    1. Tres miembros.
    2. Cuatro miembros.
    3. Cinco miembros.
    4. Seis miembros.
    5. Siete miembros.

91. Indicar, cuál de los siguientes alquenos es el más estable:

    1. *Cis*-2-buteno.
    2. *Trans*-2-buteno.
    3. 2-metil-2-buteno.
    4. 2,3-dimetil-2-buteno.
    5. 2,3-dimetil-1-buteno.

92. El bromobenceno reacciona con amiduro potásico para dar anilina a través de un mecanismo:

    1. Sustitución-adición.
    2. SN1.
    3. SN2.
    4. Sustitución electrofílica aromática.
    5. Eliminación-adición.

93. La reacción del haloformo es sintéticamente útil al convertir metilcetonas en:

    1. Alcoholes.
    2. Ácidos.
    3. Fenoles.
    4. Olefinas.
    5. Éteres.

94. La alcoximercuriación-desmercuriación, transforma los alquenos en:

    1. Alcoholes.
    2. Aldehídos.
    3. Cetonas.
    4. Éteres.
    5. Ésteres.

95. Una molécula neutra que tiene un carbono negativo adyacente a un heteroátomo positivo se denomina:

    1. Dipolo.
    2. Isotáctico.
    3. Iluro.
    4. Aminoácido.
    5. Wittig.

96. La oxidación con ácido nítrico de (+)-glucosa conduce al compuesto ópticamente activo:

    1. Alditol.
    2. Glucitol.
    3. Ácido aldónico.
    4. Ácido aldárico.
    5. Aldehído.

97. Los carbocationes son:

    1. Bases de Lewis.
    2. Ácidos de Lewis.
    3. Ácidos de Brønsted.
    4. Bases de Brønsted.
    5. Dipolos.

98. La abstracción de hidrógeno del grupo metilo del tolueno produce un radical denominado:

    1. Bencílico.
    2. Fenílico.
    3. Alílico.
    4. Vinílico.
    5. Isopropílico.

99. Los acetiluros de sodio reaccionan con com-

puestos carbonílicos y generan:

1. Éteres.
2. Ésteres.
3. Alcóxidos.
4. Aldehídos.
5. Alquenos.

100. Los isómeros conformacionales que son compuestos estables y aislables se conocen como:

1. Atropoisómeros.
2. Diastereoisómeros.
3. Enantiómeros.
4. Opuestos.
5. Dipolos.

101. Cuando se hace reaccionar un cloruro de ácido con un exceso de un reactivo de Grignard, se generan:

1. Alcoholes primarios.
2. Alcoholes secundarios.
3. Alcoholes terciarios.
4. Ésteres.
5. Éteres.

102. El clorocromato de piridinio (PCC) es un reactivo que transforma los alcoholes primarios en:

1. Alquenos.
2. Alquinos.
3. Ácidos.
4. Aldehídos.
5. Éteres.

103. La condensación de Darzens, consiste en el acoplamiento de compuestos carbonílicos con aniones de α-haloésteres para producir:

1. Furanos.
2. Pirroles.
3. Aziridinas.
4. Oxetanos.
5. Epóxidos.

104. Un anillo de seis miembros totalmente insaturado con un átomo de oxígeno soportando una carga positiva se conoce como catión:

1. Piridinio.
2. Pirilio.
3. Pirimidinio.
4. Piridazinio.
5. Furilio.

105. Los éteres cíclicos de seis miembros con dos átomos de oxígeno se denominan:

1. Oxolanos.
2. Oxanos.
3. Dioxanos.
4. Oxiranos.
5. Oxetanos.

106. El anillo de purina es la fusión de dos heterociclos aromáticos de:

1. Pirimidina e imidazol.
2. Piridina e imidazol.
3. Pirimidina y furano.
4. Piridina y oxazol.
5. Piridazina e imidazol.

107. Cuando un dialquilcuprato de litio se trata con un cloruro de acilo se genera:

1. Alcano.
2. Alqueno.
3. Alquino.
4. Cetona.
5. Alcohol.

108. Los éteres cíclicos pueden prepararse por reacción de:

1. Sarret.
2. Williamson.
3. Perkin.
4. Wolff-Kishner.
5. Robinson.

109. Los haluros de alquenilo se acoplan a alquenos por catálisis con metales en la reacción de:

1. Heck.
2. Suzuki.
3. Sonogashira.
4. Strecker.
5. Wacker.

110. El 1,3-ciclobutadieno es un polieno cíclico:

1. Aromático.
2. No aromático.
3. Antiaromático.
4. Carbonílico.
5. Ninguna de las anteriores.

111. Las amidas reaccionan con pentóxido de fósforo y generan:

1. Ácidos.
2. Ésteres.
3. Anhídridos.
4. Éteres.
5. Nitrilos.

112. Las aminas secundarias, cuando reaccionan con ácido nitroso generan:

1. Sal de diazonio.
2. Sal de amonio.
3. Sal de amina.
4. N-Nitrosoaminas.
5. Diazohidróxido.

113. Las aminas primarias y secundarias, reaccionan con los cloruros de sulfonilo y generan:

    1. Sulfatos.
    2. Sulfonas.
    3. Sulfonamidas.
    4. Sulfóxidos.
    5. Sulfuros.

114. Los aldehídos y cetonas reaccionan con iluros de fósforo y generan:

    1. Alcanos.
    2. Alquenos.
    3. Alquinos.
    4. Alcoholes.
    5. Ésteres.

115. Un intermedio reactivo, con un átomo de carbono neutro que tiene únicamente dos enlaces y dos pares de electrones no enlazantes se denomina:

    1. Carbono polar.
    2. Carbono tetrahédrico.
    3. Reactivo de Wittig.
    4. Iluro.
    5. Carbeno.

116. Indicar, qué compuesto presenta una mayor polaridad:

    1. Etano.
    2. Metilamina.
    3. Metanol.
    4. Clorometano.
    5. Tetracloruro de carbono.

117. La oxidación de 1,2 y 1,4-bencenodioles forma compuestos coloreados que se denominan:

    1. Lactonas.
    2. Quinonas.
    3. Azidas.
    4. Antracenos.
    5. Sulfonas.

118. El grupo hidroxilo de un alcohol puede ser un buen grupo saliente mediante conversión en un:

    1. Sulfonato.
    2. Éter.
    3. Sulfuro.
    4. Benzoato.
    5. Bencil derivado.

119. Indica cuál de las siguientes series refleja el orden correcto de acidez:

    1. 4-metilfenol > 4-nitrofenol > fenol > 4-clorofenol.
    2. 4-metilfenol > 4-clorofenol > fenol > 4-nitrofenol.
    3. Fenol > 4-clorofenol > 4-nitrofenol > 4-metilfenol.
    4. 4-nitrofenol > 4-clorofenol > fenol > 4-metilfenol.
    5. 4-nitrofenol > 4-metilfenol > fenol > 4-clorofenol.

120. En el espectro de masas el pico de mayor intensidad se conoce como:

    1. Pico determinante.
    2. Pico alto.
    3. Pico base.
    4. Ión de McLafferty.
    5. Ión molecular.

121. Los ácidos reaccionan con haluros de acilo para producir:

    1. Ésteres.
    2. Anhídridos de ácido.
    3. Amidas.
    4. Nitrilos.
    5. Cetenas.

122. El benceno reacciona con bromo en presencia de tribromuro de hierro para dar bromobenceno en una reacción que se conoce como:

    1. Reacción de acilación de Friedel y Crafts.
    2. $S_N 1$.
    3. $S_N 2$.
    4. Sustitución nucleofílica aromática.
    5. Sustitución electrofílica aromática.

123. Las reacciones de hidrogenación que involucran platino, paladio o níquel, finamente divididos e insolubles, se dice que proceden mediante catálisis:

    1. Dipolar.
    2. Polar.
    3. Homogénea.
    4. Heterogénea.
    5. En monofase.

124. La reacción que produce el acoplamiento catalizado por Pd(0) de un alqueno con un haluro de vinilo o arilo se conoce con el nombre de reacción de:

    1. Suzuki.
    2. Heck.
    3. Stille.
    4. Sonogashira.
    5. Grubb.

125. Los compuestos organometálicos reaccionan con los nitrilos dando:

    1. Aminoácidos.
    2. Alcoholes.

3. Cetonas.
4. Lactonas.
5. Ninguna de las anteriores.

126. Los compuestos nitrogenados básicos encontrados principalmente en plantas, pero también en microorganismos y animales, se conocen como:

1. Terpenos.
2. Lignanos.
3. Alcaloides.
4. Quinonas.
5. Flavonoides.

127. Los haluros de alquenilo:

1. Experimentan reacciones S_N2.
2. Experimentan reacciones S_N1.
3. Experimentan reacciones S_N2 y S_N1.
4. No experimentan reacciones S_N2 o S_N1.
5. Ninguna de las anteriores.

128. Los orbitales que tienen la misma energía se llaman:

1. Isoelectrónicos.
2. Degenerados.
3. Iguales.
4. De Hückel.
5. Neutros.

129. Las reacciones S_N2 son procesos:

1. De dos etapas.
2. No concertados de dos etapas.
3. Concertados de una única etapa.
4. Pericíclicos.
5. Ninguna de las anteriores.

130. ¿Qué halógenos reaccionan con metano mediante una reacción radicalaria en cadena generando halometanos?:

1. Todos.
2. Flúor y cloro.
3. Bromo y cloro.
4. Yodo.
5. Flúor, cloro y bromo.

131. La diálisis a través de membranas semipermeables:

1. Permite eliminar cualquier tipo de proteínas de las preparaciones de ácidos nucleicos.
2. Permite el paso de ácidos nucleicos de la disolución interna a la externa, pero no permite el paso de proteínas.
3. Es una técnica útil para retirar las sales u otras moléculas pequeñas de una disolución.
4. Permite sólo el paso de moléculas pequeñas, pero es imprescindible que posean carga.
5. Es una técnica útil para la separación de proteínas en estado nativo en función de su carga.

132. En la estructura de los nucleosomas:

1. Intervienen proteínas no histónicas.
2. Intervienen todas las histonas.
3. Es importante la secuencia del DNA.
4. hay interacciones de carga entre aminoácidos y el DNA.
5. Las protaminas aportan estabilidad.

133. La cola de poli(A) en los transcritos primarios de mRNA:

1. Se adiciona por el extremo 5'.
2. Se adiciona mediante la adenilato quinasa.
3. En la adición participan los complejos del espliceosoma.
4. Se adiciona por el extremo 3'.
5. Se modifica por la acridina.

134. ¿Cuál de los siguientes compuestos aumenta la actividad de la enzima fosfofructoquinasa-1 (PFK-1) favoreciendo así el flujo hacia la glucólisis?:

1. AMP.
2. Ácido cítrico.
3. ATP.
4. Glucosa-6-P.
5. Ninguna respuesta es correcta.

135. El DNA repetitivo disperso de la familia Alu está muy asociado con:

1. tRNA.
2. Topoisomerasas.
3. mRNA.
4. Intrones.
5. Centrómeros y telómeros.

136. Respecto a la movilización de los triacilgliceroles almacenados para dar ácidos grasos:

1. Se liberan a partir del músculo, donde se almacenan.
2. La enzima lipasa se activa por hormonas como la adrenalina y/o el glucagón.
3. Los triacilgliceroles acumulados como reserva nunca se utilizan.
4. Los ácidos grasos liberados se transportan a otros tejidos, por la sangre, unidos a caseína.
5. Los ácidos grasos liberados se utilizan preferentemente en el tejido adiposo.

137. La electroforesis en gel de poliacrilamida en presencia de dodecilsulfato sódico (SDS) y β-mercaptoetanol, se emplea:

1. Para separar proteínas de acuerdo a sus masas moleculares.
2. Para separar ácidos nucleicos en condiciones nativas.
3. Para separar proteínas en condiciones nativas.

4. Para separar proteínas en función de su carga.
5. Para la purificación y análisis de proteínas.

138. La enzima glutatión peroxidasa:

    1. Es una enzima clave para la generación de peróxidos en macrófagos para la eliminación de bacterias.
    2. Es una enzima esencial para los organismos anaeróbicos.
    3. Es una cisteín-enzima implicada en la biosíntesis de hidratos de carbono complejos.
    4. Está implicada en la rotura de los enlaces peptídicos e isopeptídicos de la molécula de glutatión empleando peróxidos como cosustratos.
    5. Es una enzima que contiene un residuo de seleniocisteína.

139. ¿Cuál de los siguientes términos describe mejor la clase de reacción catalizada por una deshidrogenasa?:

    1. Reducción.
    2. Desprotonación.
    3. Oxidación.
    4. Redox.
    5. Protonación.

140. Los receptores de las hormonas lipófilas como las yodotironinas (T_3 y T_4) se encuentran principalmente en:

    1. El interior del núcleo celular.
    2. Las hormonas lipófilas no tienen receptor.
    3. La membrana plásmatica.
    4. La membrana nuclear.
    5. La matriz mitocondrial.

141. ¿Cuál es la función fundamental de la glucólisis?:

    1. Sintetizar glucosa.
    2. Generar energía.
    3. Producir FAD(2H).
    4. Sintetizar glucógeno.
    5. Utilizar ATP para generar calor.

142. ¿Cuál es la ruta por excelencia en los mamíferos para la formación de NADPH?:

    1. Ruta de las pentosas fosfato.
    2. Glucólisis.
    3. Ciclo de los ácidos tricarboxílicos.
    4. Catabolismo de los ácidos grasos.
    5. Todas las anteriores son correctas.

143. Las enzimas de restricción, o endonucleasas de restricción:

    1. Cortan las dos hebras de moléculas de DNA bicatenario dejando siempre extremos cohesivos.
    2. Son enzimas presentes exclusivamente en los virus que ayudan a estos a insertar su información genética en otras células.
    3. Son enzimas cuya actividad está restringida a la degradación de histonas en la cromatina.
    4. Son enzimas que reconocen determinadas secuencias de bases en el DNA de doble hélice y cortan las dos hebras de ese dúplex en lugares específicos.
    5. Son enzimas que reconocen determinadas secuencias de bases en el DNA de doble hélice y cortan sólo una de las dos hebras de ese dúplex dejando una mella en el DNA.

144. La ATPasa de Ca^{2+}:

    1. Es una bomba de iones de tipo F.
    2. Es una bomba de iones de tipo V.
    3. Es una bomba de iones de tipo P.
    4. Ejerce un transporte activo secundario.
    5. Es un canal de iones.

145. Las transaminasas tienen como coenzima:

    1. Biotina.
    2. NADH.
    3. Coenzima A.
    4. Coenzima Q.
    5. Piridoxal fosfato.

146. En la fosforilación oxidativa la síntesis de ATP está acoplada con:

    1. El transporte de electrones a la matriz mitocondrial.
    2. El retorno de protones a la matriz mitocondrial.
    3. La energía producida por un cambio conformacional de la ATP sintasa.
    4. La modificación química de los complejos I y III de la cadena respiratoria.
    5. El poder reductor acumulado en la coenzima NADPH.

147. El valor de la Keq de una reacción:

    1. Disminuye al aumentar la temperatura.
    2. Aumenta proporcionalmente con la [S].
    3. No varía por la presencia o ausencia de un catalizador.
    4. Aumenta en presencia de un catalizador.
    5. Aumenta proporcionalmente con la [E].

148. Durante la etapa metabólica de la glucólisis:

    1. Se consumen 2 moléculas de ATP y se forman 2 moléculas de ATP.
    2. La glucosa-6-fosfato se isomeriza a fructosa-6-fosfato.
    3. Se oxida una molécula de NADH.
    4. Tiene como producto final 2 moléculas de lactato.
    5. Es una etapa aerobia.

149. Las concentraciones altas de citrato y ATP inhiben:

1. La glucólisis.
2. La gluconeogénesis.
3. La fosforilación oxidativa.
4. Las dos primeras rutas.
5. La enzima glucosa 6-fosfatasa.

150. Las enzimas que separan las hebras de DNA de doble cadena utilizando la energía del ATP se denominan:

1. ATPasas.
2. ATP translocasas.
3. Topoisomerasas.
4. Helicasas.
5. DNA translocasas.

151. ¿Cuál de los siguientes metabolitos no forma parte del ciclo del ácido cítrico?:

1. Succinato.
2. Fumarato.
3. Glutamato.
4. *cis*-Aconitato.
5. α-Cetoglutarato.

152. El 1,3-*bis*fosfoglicerato:

1. Es un modulador alostérico de la hemoglobina.
2. Es un intermediario de la glucólisis.
3. Es un componente esencial de casi todos los fosfolípidos.
4. Es un potente inhibidor de la biosíntesis de ácidos grasos.
5. Se une a la mioglobina favoreciendo su oligomerización.

153. En la ruta de las pentosas fosfato:

1. Se genera NADPH y se sintetizan azúcares de seis átomos de carbono.
2. Se genera NADH y se sintetizan azúcares de cinco átomos de carbono.
3. Se consume NADPH y se sintetizan azúcares de cinco átomos de carbono.
4. Se genera NADPH y se sintetizan azúcares de cinco átomos de carbono.
5. Supone la conversión de ribosa 5-fosfato en glucosa 6-fosfato en la fase oxidativa.

154. Indicar cuál de estas expresiones acerca de los sistemas lanzadera es correcta:

1. Sirven para la incorporación de equivalentes reductores a la mitocondria.
2. Sirven para transportar el RNA maduro a través de la membrana nuclear.
3. Sirven para transportar hormonas desde el torrente sanguíneo a los tejidos.
4. Sirven para transportar protones en el proceso de la fosforilación oxidativa.
5. Transportan glucosa al interior de las células.

155. ¿Qué son los *rafts* lipídicos?:

1. Un tipo de fosfolípidos.
2. Un tipo de esteroide.
3. Microdominios de membrana enriquecidos en colesterol y glucoesfingolípidos.
4. Componentes de las membranas bacterianas.
5. Proteínas asociadas a lípidos.

156. Las coenzimas y los cofactores:

1. Son imprescindibles para la actividad enzimática.
2. Siempre forman parte del centro activo.
3. Suelen ser iones metálicos.
4. Disminuyen la Energía Libre de Activación.
5. Todas las respuestas son verdaderas.

157. A un paciente se le diagnosticó una deficiencia de la enzima lisosómica α-glucosidasa. El nombre de la enzima deficiente sugiere que hidroliza un enlace glucosídico que es un enlace formado por:

1. Múltiples enlaces de hidrógeno entre dos moléculas de azúcar.
2. El carbono anomérico de un azúcar y un –OH (o –NH) de otra molécula.
3. Dos carbonos anoméricos en los polisacáridos.
4. El carbono anomérico de un monosacárido y el grupo hidroxilo de su propio quinto carbono.
5. El carbono que contiene el grupo aldol o ceto y el carbono α.

158. La biosíntesis *de novo* de ácidos grasos:

1. Transcurre por la misma ruta que la beta-oxidación, pero en sentido contrario.
2. Tiene lugar exclusivamente en la mitocondria.
3. Tiene como etapa limitante la formación de malonil-coenzima A.
4. No puede tener lugar en mamíferos, que requieren la presencia de los ácidos grasos en la dieta.
5. Emplea siempre como agente reductor NADH.

159. ¿Qué característica de las membranas plasmáticas NO es correcta?:

1. Tiene una permeabilidad selectiva.
2. Está formada principalmente por lípidos y proteínas.
3. Los lípidos y las proteínas difunden lateralmente en la bicapa.
4. Poseen proteínas transportadoras que atraviesan la bicapa.
5. Tiene la misma distribución de fosfolípidos en las dos monocapas.

160. Señalar un derivado de nucleótido entre los siguientes compuestos:

   1. Adrenalina.
   2. Coenzima A.
   3. Piridoxina.
   4. Riboflavina.
   5. Serotonina.

161. Las enzimas:

   1. Alteran las velocidades de reacción pero no los equilibrios.
   2. Alteran los equilibrios pero no la velocidad de la reacción.
   3. Modifican los estados estables inicial y final de los reactivos y los productos.
   4. Funcionan como los catalizadores no biológicos.
   5. Se clasifican según el producto de la reacción catalizada.

162. La DNA polimerasa III de los procariotas:

   1. Tiene una masa molecular menor que la DNA polimerasa I.
   2. Tiene actividad 3'→5' polimerasa.
   3. Tiene actividad 3'→5' exonucleasa.
   4. Contiene dos subunidades.
   5. Tiene actividad 5'→3' exonucleasa.

163. El estado de transición en una reacción enzimática tiene:

   1. Mayor energía que los reactivos y los productos de la reacción.
   2. Mayor energía que los reactivos pero menor que la de los productos.
   3. Mayor energía que los productos pero menor que la de los reactivos.
   4. La misma energía que los reactivos y los productos.
   5. Menor energía que los reactivos y los productos de la reacción.

164. Los microtúbulos:

   1. Son polímeros de tubulina presentes en la matriz extracelular.
   2. Sirven de guías para la proteína miosina.
   3. Participan en la contracción y relajación de los músculos.
   4. Son importantes en la separación de los cromosomas hijos durante la mitosis.
   5. Están formados por la unión de moléculas de actina.

165. ¿Cuántos nucleótidos de separación hay entre el lugar de inicio de la transcripción y la caja TATA en un promotor eucariota?:

   1. Aproximadamente 75.
   2. Aproximadamente 30.
   3. Aproximadamente 5050.
   4. Menos de 16.
   5. Menos de 8.

166. ¿Qué par de aminoácidos es susceptible de modificación covalente por fosforilación?:

   1. Tirosina y Triptófano.
   2. Serina y Metionina.
   3. Serina y Fenilalanina.
   4. Cisteína y Glicina.
   5. Serina y Treonina.

167. El esqueleto de una cadena de DNA está formado por:

   1. Azúcares y bases.
   2. Fosfatos y azúcares.
   3. Bases y fosfatos.
   4. Nucleótidos y azúcares.
   5. Fosfatos y nucleósidos.

168. El primer paso en la síntesis de los ácidos grasos es:

   1. La hidrólisis de la coenzima A.
   2. La conversión de acetil-CoA en acetoacetil-CoA.
   3. La carboxilación de la acetil-CoA hasta malonil-CoA.
   4. El transporte de la acetil-CoA al interior de la mitocondria.
   5. La reducción de la acetil-CoA.

169. Respecto al metabolismo de los aminoácidos:

   1. Los aminoácidos cetogénicos se degradas a piruvato e intermediarios del ciclo del ácido cítrico.
   2. Los aminoácidos glucogénicos, que son los mayoritarios, se degradan a acetil-CoA.
   3. El esqueleto carbonado de los aminoácidos cetogénicos puede servir para la síntesis de glucosa.
   4. El esqueleto carbonado de los aminoácidos glucogénicos puede convertirse en glucosa y glucógeno.
   5. El esqueleto carbonado de los aminoácidos glucogénicos puede servir para la síntesis de cuerpos cetónicos.

170. Los cuerpos cetónicos:

   1. Se forman cuando hay una glucólisis muy activa y elevada concentración de acetil-coenzima A.
   2. Se forman a partir de acetil-coenzima A cuando predomina la degradación de grasas y no hay carbohidratos disponibles.
   3. Sólo ser forman cuando la concentración de acetil-coenzima A y de oxalacetato son elevadas.

4. Se forman a partir de oxalacetato cuando existe un exceso de concentración de acetil-coenzima A.
5. Son incapaces de atravesar la barrera hematoencefálica.

171. La fermentación alcohólica:

1. Se da exclusivamente en microorganismos aeróbicos.
2. Produce más energía que la combustión completa de la glucosa.
3. No requiere la presencia de oxígeno y posibilita la obtención de energía en condiciones anaeróbicas.
4. Es la principal vía de degradación de la glucosa en mamíferos.
5. Genera etanol que se transforma finalmente en lactato.

172. En la estabilidad de las proteínas influye el aminoácido N-terminal. ¿Cuál de los aminoácidos siguientes es más desestabilizante?:

1. Val.
2. Met.
3. Gly.
4. Leu.
5. Ser.

173. El RNA de las telomerasas es:

1. Rico en A y C.
2. Una forma de tRNA.
3. Una transcriptasa reversa.
4. De doble banda.
5. Un telómero.

174. La unión del oxígeno a la hemoglobina:

1. Aumenta en presencia de 2,3-bisfosfoglicerato.
2. Favorece la formación del estado T.
3. No modifica su estructura cuaternaria.
4. Tiene normalmente una cinética hiperbólica.
5. Es mayor cuando aumenta el pH.

175. ¿Cuál de las siguientes afirmaciones describe mejor las funciones de las topoisomerasas?:

1. Las de tipo I catalizan la rotura de las dos hebras del DNA y su posterior religación
2. Las de tipo I catalizan la relajación del DNA superenrollado.
3. Las de tipo I acoplan la hidrólisis del ATP a la topoisomerización del DNA.
4. Las de tipo II catalizan la separación de la doble hebra del DNA en hebras simples.
5. Las de tipo II acoplan la hidrólisis del ATP a la eliminación de superenrollamientos negativos del DNA.

176. De entre las siguientes enzimas ¿Cuál de ellas colabora en el plegamiento adecuado de algunas proteínas?:

1. Tripsina.
2. Ribonucleasa.
3. Chaperoninas ó chaperonas moleculares.
4. Inmunoglobulinas.
5. Todas las anteriores son correctas.

177. ¿Qué es lo que determina el ordenamiento de los aminoácidos en las proteínas?:

1. La forma del mRNA.
2. Los uracilos del DNA.
3. El orden en que están los nucleótidos en el tRNA.
4. El orden en que están los nucleótidos en el DNA.
5. La actividad de las aminoacil tRNA sintetasas.

178. Las enzimas alteran la velocidad de reacción porque:

1. Disminuyen la temperatura.
2. Disminuyen la energía de activación.
3. Disminuyen la Keq.
4. Atraen hacia sí las moléculas de sustrato.
5. Todas las respuestas son falsas.

179. La conversión de fumarato a malato, catalizada por la fumarasa, es una reacción perteneciente a:

1. La biosíntesis de colesterol.
2. La biosíntesis de ácidos grasos.
3. El ciclo de la urea.
4. El ciclo de Calvin.
5. El ciclo del ácido cítrico.

180. Acerca del ciclo de la urea se cumple que:

1. Tiene lugar principalmente en el riñón.
2. No se consume energía en forma de ATP.
3. El amoníaco entra en el ciclo como carbamil fosfato.
4. Tiene lugar en el músculo esquelético durante el ejercicio.
5. La urea se produce directamente por la hidrólisis de glutamina.

181. ¿Cuál de las siguientes afirmaciones relacionadas con los ácidos grasos es correcta?:

1. Uno es precursor de prostaglandinas.
2. El ácido fosfatídico es uno de ellos.
3. Todos contienen uno o más dobles enlaces.
4. Son constituyentes de los esteroles.
5. Son fuertemente hidrofílicos.

182. El urato:

1. Es una molécula muy soluble que se origina en el catabolismo de las purinas.

2. Se genera en el ciclo de la urea.
3. En el ser humano, es el producto final de la degradación de las purinas y se elimina por la orina.
4. Se utiliza como fármaco para prevenir la gota.
5. Es la forma principal de eliminación del nitrógeno en los peces.

183. **Las enzimas unidas a las membranas del retículo endoplasmático liso llevan a cabo la:**

    1. Traducción de proteínas.
    2. Degradación de ácidos grasos.
    3. Degradación de lípidos.
    4. Síntesis de lípidos.
    5. Degradación de proteínas.

184. **¿Cuál de los siguientes compuestos inhibe la hexoquinasa en la regulación alostérica de la glucólisis?:**

    1. Fructosa-2,6-bisfosfato.
    2. Fructosa-1,6-bisfosfato.
    3. Glucosa-6-fosfato.
    4. Citrato.
    5. Acetil-CoA.

185. **El aminoácido proteico que posee un grupo guanidinio en su cadena lateral es:**

    1. Arginina.
    2. Asparagina.
    3. Lisina.
    4. Triptófano.
    5. Prolina.

186. **El código genético está representado por el siguiente número de codones:**

    1. 4.
    2. 64.
    3. 4 x 3.
    4. 300.
    5. 43.

187. **Sobre los aminoácidos que componen las proteínas, podemos decir que:**

    1. Todos son ópticamente activos.
    2. Todos se encuentran usualmente en la forma D.
    3. Solamente la isoleucina posee dos centros quirales.
    4. El isómero predominante de la glicina es la forma D.
    5. La treonina tiene dos carbonos asimétricos.

188. **De entre las siguientes estructuras. ¿Cuál de ellas resulta de la combinación de una base esfingoide (esfingosina) y un ácido graso?:**

    1. Fosfolípido.
    2. Gangliósido.
    3. Esfingomielina.
    4. Ceramida.
    5. Ninguna de las anteriores.

189. **¿Cuál de las siguientes enzimas participa en la síntesis de glucógeno?:**

    1. Amilo-(1,4→1,6)-transglucosilasa.
    2. Glucosa-6-fosfatasa.
    3. Glucógeno fosforilasa quinasa.
    4. Piruvato quinasa.
    5. Todas las anteriores son correctas.

190. **¿Cuáles de las siguientes moléculas son aminoácidos no proteicos?:**

    1. La arginina y la tirosina.
    2. La ornitina y la citrulina.
    3. El ácido aspártico y el ácido glutámico.
    4. El ácido araquidónico y el ácido succínico.
    5. La colina y el glutatión.

191. **En la cromatografía de intercambio iónico:**

    1. Las proteínas no se unen a la matriz cromatográfica.
    2. Las proteínas retenidas no pueden liberarse aumentando la concentración de cloruro sódico.
    3. Las moléculas pequeñas se absorben mejor en la columna.
    4. Las proteínas retenidas pueden liberarse modificando el pH del eluyente.
    5. Suelen utilizarse matrices de almidón.

192. **La tetraciclina es un antibiótico:**

    1. Inhibidor de la traducción.
    2. Peptídico.
    3. De transporte.
    4. Intercalador en la doble hélice de DNA.
    5. Que actúa como inhibidor suicida.

193. **La estructura de hélice α de las proteínas:**

    1. Es una hélice doble.
    2. Adopta una forma de hoja plegada.
    3. Es una estructura helicoidal estabilizada por puentes de hidrógeno.
    4. Es similar a la estructura secundaria del DNA.
    5. Se estabiliza mediante enlaces covalentes.

194. **De los siguientes compuestos y enzimas ¿cuál participa en el transporte de ácidos grados al interior de la mitocondria?:**

    1. Carnitina.
    2. CoA-SH.
    3. Carnitina aciltransferasa I.
    4. Carnitina aciltransferasa II.
    5. Todos los anteriores.

195. **La fuerza protón-motriz hace referencia a:**

1. La energía que se libera cuando se hidroliza el ATP en la mitocondria.
2. La distribución desigual de protones entre el espacio intermembrana y la matriz mitocondrial que impulsa la síntesis de ATP.
3. La elevada acidez presente en la matriz mitocondrial que permite a la ATP sintasa generar ATP.
4. La bajada del pH que se origina en dominios localizados de la membrana plasmática por la presencia de fosfolípidos ácidos, y que está relacionada con la síntesis de ATP.
5. El mecanismo por el cual las células secretoras de ácido clorhídrico en el estómago secretan este ácido.

196. ¿Cuál de los siguientes tejidos puede metabolizar glucosa, ácidos grasos y cuerpos cetónicos para la producción de ATP?:

1. Hepatocito.
2. Músculo.
3. Eritrocito.
4. Cerebro.
5. Todos los anteriores.

197. El ácido γ-aminobutírico, GABA se sintetiza a partir de:

1. Aspartato.
2. Triptófano.
3. Glutamato.
4. Tirosina.
5. Asparagina.

198. Los centros de hierro-azufre se encuentran en:

1. Los complejos III y IV de la cadena respiratoria.
2. Los complejos I, II y III de la cadena respiratoria.
3. Los complejos I, II y V de la cadena respiratoria.
4. Los complejos I, II, III y IV de la cadena respiratoria.
5. El complejo V de la cadena respiratoria.

199. ¿Cuál de los siguientes compuestos es un tetraterpeno?:

1. Geraniol.
2. Farneseno.
3. Fitol.
4. Escualeno.
5. β-caroteno.

200. La RNA polimerasa III eucariota:

1. Se localiza en el nucléolo.
2. Sintetiza el precursor del 5S rRNA.
3. Sintetiza los precursores de mRNA.
4. No reconoce a los promotores.
5. Tiene actividad 5'→3' exonucleasa.

201. La formación de lactato:

1. Se emplea para reoxidar NADH en anaerobiosis.
2. Tiene lugar principalmente en el hígado.
3. Es un producto de la fermentación alcohólica.
4. Es un producto de desecho no reutilizable.
5. Se lleva a cabo sólo por las bacterias de la fermentación láctica.

202. Un zimógeno:

1. Es un inhibidor inespecífico de proteasas.
2. Es sinónimo de apoenzima.
3. Es la forma inactiva de una enzima.
4. Se activa por iones metálicos.
5. Es la forma activa de una enzima.

203. ¿Cuál de los siguientes aminoácidos contiene azufre en la cadena lateral?:

1. Fenilalanina.
2. Tirosina.
3. Serina.
4. Metionina.
5. Leucina.

204. En una representación de Lineweaver-Burk para una reacción monosustrato en presencia y en ausencia de un inhibidor, se observan dos líneas rectas que se cortan en el eje de ordenadas, lo cual indica que:

1. La relación V_{max}/K_M no varía.
2. Hay una inhibición por producto.
3. El inhibidor se une al centro activo.
4. El inhibidor es irreversible.
5. El inhibidor disminuye la V_{max}.

205. ¿Cuál de las siguientes reacciones cataliza la superóxido dismutasa?:

1. $O_2^- + e^- + 2H \rightarrow H_2O_2$.
2. $2O_2^- + 2H^+ \rightarrow H_2O_2 + O_2$.
3. $O_2^- + OH^- + H^+ \rightarrow CO_2 + H_2O$.
4. $H_2O_2 + O_2 \rightarrow 4H_2O$.
5. $O_2^- + H_2O_2 + H^+ \rightarrow 2H_2O_2 + O_2$.

206. La actividad específica de una enzima se define como:

1. La cantidad de enzima que produce la transformación de 1.0 µmol de sustrato por minuto.
2. Las unidades totales de enzima en una disolución.
3. El número de unidades enzimáticas por miligramo de proteína total.
4. La concentración de enzima, en µmol/ml, que produce la transformación de 1 µmol de sustrato.
5. La relación entre las actividades de una enzi-

ma frente a dos sustratos diferentes.

207. ¿Cuál de las siguientes alteraciones del metabolismo de los nucleótidos provoca defectos congénitos como la espina bífida?:

1. Pérdida de la actividad adenosina desaminasa.
2. Niveles elevados de urato en sangre.
3. Mutaciones en una enzima de las vías de recuperación.
4. Carencia de ácido fólico.
5. Ninguna de las respuestas anteriores es correcta.

208. ¿Cuál de los siguientes compuestos es sustrato de la gluconeogénesis?:

1. Leucina.
2. Lactato.
3. Ácidos grasos.
4. Acetil-CoA.
5. Ninguno de los anteriores es correcto.

209. El transporte activo secundario a través de la membrana:

1. Es un transporte que tiene lugar a favor de gradiente de concentración.
2. Su velocidad no depende de la concentración del soluto a transportar.
3. Es un tipo de difusión simple.
4. No está mediado por proteínas.
5. Utiliza un gradiente de concentración de un ión para potenciar la formación de otro gradiente.

210. ¿Cuál de las siguientes afirmaciones describe mejor la carga del DNA en condiciones fisiológicas?:

1. Carga positiva uniforme a lo largo de su longitud.
2. Carga negativa uniforme a lo largo de su longitud.
3. Sin carga a lo largo de su longitud.
4. Carga heterogénea con regiones positivas y negativas a lo largo de su longitud.
5. Carga heterogénea con regiones positivas y neutras a lo largo de su longitud.

211. La espectrometría de masas es una técnica que permite:

1. Analizar formas no ionizadas de moléculas en fase sólida:
2. Analizar la estructura atómica de las macromoléculas en disolución.
3. Analizar estructuras proteicas a detalle atómico.
4. Analizar formas ionizadas de moléculas en fase gaseosa.
5. Ninguna de las anteriores.

212. Uno de los siguientes términos NO se corresponde con una de las clases principales de enzimas. Indicarlo:

1. Hidrolasas.
2. Liasas.
3. Ligasas.
4. Oxidorreductasas.
5. Proteasas.

213. La degradación de los fosfolípidos de produce en:

1. El aparato de Golgi.
2. El retículo endoplásmico.
3. Los lisosomas.
4. Las mitocondrias.
5. Las balsas lipídicas o "rafts".

214. La función de la proteína primasa (DnaG) en la replicación del DNA de *E. coli* es:

1. Sintetizar los cebadores de RNA.
2. Unir hebras simples de DNA.
3. Metilar las secuencias 5'GATC en el oriC.
4. Facilitar la actividad de la proteína DnaA.
5. Facilitar la unión de la proteína DnaB al oriC.

215. ¿Qué cantidad de nucleótidos poseen los tRNA de eucariotas?:

1. Menos de 50.
2. Más de 2000.
3. Entre 300 y 320.
4. Entre 70 y 100.
5. Menos de 32.

216. La lipasa pancreática:

1. Cataliza la degradación de ácidos grasos.
2. Cataliza la síntesis de fosfolípidos en el páncreas.
3. Hidroliza los triacilgliceroles en el intestino delgado.
4. Hidroliza las hormonas de carácter lipídico en el páncreas.
5. Hidroliza la lipoamida.

217. En las horquillas de replicación de *Escherichia coli*:

1. Las topoisomerasas abren el DNA.
2. La DNA polimerasa I sintetiza la mayor parte del DNA.
3. Los fragmentos de Okazaki se sintetizan en sentido 3' → 5'.
4. Las proteínas SSB sintetizan los cebadores de RNA.
5. La cadena conductora sólo necesita un cebador.

218. El término Proteoma se usa para describir:

1. La estructura secundaria de una proteína.
2. La estructura terciaria de una proteína.
3. Los orgánulos celulares constituidos por proteínas.
4. El total de las proteínas expresadas por el genoma de un organismo.
5. Regularidades en la estructura de las proteínas.

219. Las hélices alfa de las proteínas:

1. Suelen ser dextrógiras.
2. Son estructuras poco frecuentes.
3. Usualmente están formadas por dos cadenas peptídicas.
4. Son un elemento de la estructura primaria.
5. Se estabilizan principalmente mediante puentes disulfuro.

220. La Piruvato Deshidrogenasa cataliza:

1. Una reacción de la Glucólisis.
2. La reducción del Piruvato a Lactato.
3. La carboxilación del Piruvato a Oxalacetato.
4. La descarboxilación oxidativa del Piruvato a Acetil-CoA.
5. La oxidación del Piruvato a Acetaldehído.

221. Las enzimas alostéricas:

1. Son reguladas por quinasas y fosfatasas.
2. Están compuestas por más de un polipéptido.
3. Generalmente tienen un solo centro activo.
4. Presentan una cinética de Michaelis-Menten.
5. Catalizan al menos dos reacciones diferentes en la misma vía metabólica.

222. Las lipoproteínas son complejos macromoleculares de proteínas transportadoras específicas y ¿cuál de los siguientes compuestos?:

1. Fosfolípidos.
2. Colesterol.
3. Triacilgliceroles.
4. Ésteres de colesterol.
5. Todas las anteriores son correctas.

223. La Coenzima Q, también llamada Ubiquinona:

1. Es una coenzima de óxido-reducción.
2. Marca las proteínas para su degradación proteolítica.
3. Es una quinona liposoluble transportadora de electrones.
4. Es un citocromo transportador de electrones.
5. Contiene un grupo hemo.

224. La α-queratina y el colágeno son ejemplos de:

1. Polisacáridos ramificados.
2. Polisacáridos no ramificados.
3. Proteínas globulares.
4. Proteínas fibrosas.
5. Enzimas de la membrana plasmática.

225. En una reacción catalizada por una enzima, las especies químicas transitorias denominadas "intermedios de reacción":

1. Tienen un tiempo de vida químico finito.
2. Constituyen productos secundarios excepcionales.
3. Son estables a pH y temperatura fisiológicas.
4. Suelen ser especies muy parecidas a los productos.
5. Todas las afirmaciones son falsas.

226. ¿Cuáles de las siguientes características define mejor la estructura del DNA Z?:

1. Levógiro, 10.5 pares de bases/giro.
2. Levógiro, 12 pares de bases/giro.
3. Dextrógiro, 10.5 pares de bases/giro.
4. Dextrógiro, 11 pares de bases/giro.
5. Dextrógiro, 26 pares de bases/giro.

227. El enlace fosfato de mayor energía del ATP está situado entre ¿cuál de los siguientes grupos?:

1. Adenosina y fosfato.
2. Ribosa y fosfato.
3. Ribosa y adenina.
4. Dos grupos hidroxilo del anillo de ribosa.
5. Dos grupos fosfato.

228. ¿Qué es el ácido hialurónico?:

1. La forma oxidasa de la glucosa.
2. El componente mayoritario de la pared celular bacteriana.
3. Uno de los principales glucosaminoglucanos de la matriz extracelular.
4. Una glucoproteína.
5. Un agente tamponante.

229. ¿Cuál de estos polisacáridos está presente en la pared bacteriana?:

1. N-acetilglucosamina.
2. Peptidoglucanos.
3. Glucosaminoglucanos.
4. Almidón.
5. Hialuronato.

230. Las formas A, B y Z son diferentes tipos de conformaciones que puede adoptar:

1. La doble hélice de DNA.
2. El RNA mensajero.
3. Un polisacárido ramificado.
4. Una proteína que posee estructura cuaternaria.
5. Un complejo multienzimático.

231. Los fragmentos de Okazaki son:

1. Péptidos que se generan tras la degradación de proteínas ubiquitinadas en el proteasoma.

2. Fragmnentos de DNA que se originan por la acción de endonucleasas específicas sobre el DNA cromosómico bacteriano.
3. Moléculas de RNA sintetizadas por la primasa que actúan como cebadores para la síntesis de DNA.
4. Pequeños fragmentos de DNA recién sintetizado que se localizan durante un tiempo breve en las proximidades de la horquilla de replicación.
5. Fragmentos de DNA que se liberan durante el proceso de replicación, cuando la DNA polimerasa detecta errores durante la síntesis.

232. **La DNA polimerasa I de los procariotas:**

1. Tiene una masa molecular menor que la DNA polimerasa II.
2. Tiene actividad 3'→5' polimerasa.
3. Contiene siete subunidades.
4. Tiene actividad 5'→3' reductasa.
5. Tiene actividad 3'→5' exonucleasa.

233. **La fosfofructoquinasa-1 está modulada de forma positiva por:**

1. El citrato.
2. La fructosa-1,6-bisfosfato.
3. El AMP y el ADP.
4. La glucosa-6-fosfato.
5. El 2,3-bisfosfoglicerato.

234. **Respecto a la gluconeogénesis:**

1. Permite mantener la concentración de glucosa en sangre en períodos entre comidas y ayuno prolongado.
2. Es exclusiva de animales.
3. Se produce en el músculo esquelético durante el ejercicio.
4. Utiliza las 10 enzimas de la glucólisis en sentido inverso.
5. Parte de precursores de dos átomos de carbono.

235. **¿Cuál de los siguientes derivados porfirínicos concede a las heces su característico color marrón?:**

1. Biliverdina.
2. Urobilinógeno.
3. Hemo.
4. Estercobilina.
5. Urobilina.

236. **Las ribozimas son:**

1. Proteínas con actividad enzimática que están implicadas en la madruación de moléculas de RNA ribosómico.
2. Moléculas de RNA con actividad catalítica.
3. Enzimas implicadas en la degradación de los ribosomas.
4. Enzimas que requieren ribosa como co-sustrato.
5. Enzimas implicadas en la biosíntesis de ribosa a partir de otros hidratos de carbono.

237. **¿Qué característica tienen en común la mioglobina y los citocromos?:**

1. Son proteínas que participan en la fosforilación oxidativa.
2. Son proteínas transportadoras de oxígeno en la sangre.
3. Son proteínas que intercambian oxígeno en el músculo esquelético.
4. Contienen piridoxal fosfato como grupo prostético.
5. Contienen un grupo hemo como grupo prostético.

238. **Si una célula eucariótica no dispone de la proteína TFIIE:**

1. No se activa la transcripción.
2. Se producen mutaciones graves.
3. Se bloquea la iniciación de la síntesis de proteínas.
4. El promotor utiliza a otras proteínas diferentes para formar una caja TATA.
5. La expresión de los genes ribosomales es constitutiva.

239. **En la purificación de proteínas mediante cromatografía de filtración en gel:**

1. Es importante añadir las muestras previamente desaladas.
2. Se usan soportes cromatográficos con grupos cargados.
3. No es necesario usar fase móvil.
4. Las moléculas pequeñas fluyen más lentamente por la columna.
5. No es posible separar entre sí proteínas de tamaño inferior a 5000 Da.

240. **Los grupos hemo de la hemoglobina:**

1. Unen oxígeno cuando contienen Fe^{3+}.
2. Pueden unirse al CO_2.
3. Están unidos a las histidinas distales.
4. En su forma oxigenada tienen la quinta posición de coordinación ocupada por el oxígeno.
5. Pueden unirse al CO.

241. **¿Cuáles de los siguientes compuestos contienen ácido N-acetilneuramínico o ácidos siálicos en su estructura?:**

1. Cardiolipinas.
2. Gangliósidos.
3. Fosfatidilcolinas.
4. Cerebrósidos.
5. Esfingomielinas.

242. Además de para producir urea, las reacciones del ciclo de la urea sirven también como ruta para la biosíntesis de:

1. Arginina.
2. Leucina.
3. Lisina.
4. Serina.
5. Todas las anteriores son correctas.

243. La estructura terciaria de una proteína:

1. Describe la secuencia.
2. Puede ser en hélice alfa o en lámina beta.
3. Describe todos los aspectos del plegamiento tridimensional.
4. Describe la relación estructural entre las subunidades de una proteína.
5. Describe el número y situación de los puentes disulfuro presentes.

244. La metamioglobina es:

1. Una metaloenzima que posee Fe^{3+} en su centro activo.
2. Un tipo de molécula de mioglobina con mayor afinidad por el oxígeno.
3. Una molécula de mioglobina que ha perdido el átomo de hierro del grupo hemo.
4. Un tipo especial de hemoglobina presente de forma exclusiva en aves y reptiles.
5. Una molécula de mioglobina con el átomo de hierro en estado férrico y que no une oxígeno.

245. El procesamiento del extremo 3' de muchos precursores de los RNA mensajeros de eucariotas:

1. Supone la adición terminal de la secuencia CCA.
2. Supone la unión de un resto metil-guanilato al primer nucleótido.
3. Tiene lugar en los ribosomas.
4. Supone la adición de una cola de poliadenilato, poli(A).
5. Intervienen exonucleasas.

246. Además de la metionina, ¿cuál es el único aminoácido codificado por un solo codón?:

1. Cisteína.
2. Serina.
3. Triptófano.
4. Histidina.
5. Fenilalanina.

247. La estructura más estable que puede adoptar un DNA de secuencia aleatoria es:

1. La forma Z.
2. Una hélice levógira con 10 pares de bases por vuelta de hélice.
3. La forma B.
4. Una hélice dextrógira con 15 pares de bases por vuelta.
5. La forma A.

248. ¿La deficiencia de cuál de las siguientes vitaminas produce hemorragias subcutáneas?:

1. A.
2. K.
3. D.
4. C.
5. E.

249. Refiriéndonos al colágeno podemos afirmar que:

1. Todos los tipos poseen tres cadenas peptídicas iguales.
2. Sus formas maduras se localizan dentro de las células.
3. Es un tipo de proteína rica en cisteína.
4. Tiene un elevado contenido de glicina.
5. No posee secuencias repetidas de aminoácidos.

250. ¿Cuántos tipos de rRNA diferentes poseen los ribosomas procariotas?:

1. 1.
2. 2.
3. 3.
4. 4.
5. 5.

251. ¿Cuál de los siguientes lípidos NO se encuentra en ningún tipo de membrana celular?:

1. Cerebrósidos.
2. Gangliósidos.
3. Fosfatidilinositol.
4. Esfingomielinas.
5. Triacilgliceroles.

252. El molibdeno es:

1. Uno de los elementos esenciales para el cuerpo humano.
2. Un metal con la dureza del plomo.
3. Un metal amarillento.
4. Un metal que resiste el oxígeno a muy altas temperaturas.
5. Es resistente al ácido sulfúrico caliente.

253. Una reacción redox es una reacción de transferencia de electrones en la cual:

1. El oxidante se oxida.
2. El reductor se reduce.
3. Se desprende siempre hidrógeno.
4. Se necesita un ánodo y un cátodo.
5. El oxidante toma electrones.

254. Las disposiciones moleculares temporales que se

producen como resultado de la rotación de grupos alrededor de enlaces simples se conocen como:

1. Configuraciones.
2. Conformaciones.
3. Enantiómeras.
4. Diastereoisómeras.
5. Disposiciones barca.

255. La RNA polimerasa III sintetiza:

1. tRNAs.
2. Ribosomas 70S.
3. mRNAs.
4. Se localizan en el citoplasma.
5. Contiene subunidades glucoproteicas.

256. La Hemoglobina:

1. Es la proteína transportadora de oxígeno del músculo.
2. Es un anticuerpo.
3. Es una proteína monomérica.
4. Une oxígeno de manera cooperativa.
5. Tiene más afinidad por el oxígeno que la mioglobina.

257. En el modo de electroforesis capilar conocido como isoelectroenfoque, el capilar se rellena con:

1. Una disolución tampón que contiene un polímero hidrófilo que genera una red, consecuencia de las interacciones entre las macromoléculas.
2. Una disolución tampón que contiene un detergente en concentración superior a la concentración micelar crítica.
3. Una disolución acuosa conteniendo un modificador orgánico en la proporción adecuada para producir el enfoque de los solutos.
4. Dos disoluciones tampón de diferente conductividad: el frontal y el terminal.
5. Una mezcla de anfolitos, normalmente sustancias de carácter zwitteriónico de diferentes valores de pH.

258. El tetraóxido de dihierro y níquel tiene la estructura de:

1. Espinela normal.
2. Corindón.
3. Ilmenita.
4. Espinela invertida.
5. Perowskita.

259. La absorción de radiación infrarroja provoca:

1. Ruptura de enlaces.
2. Transferencia electrónica.
3. Excitación vibracional de los enlaces.
4. Oxidaciones y reducciones.
5. Ninguna de las anteriores.

260. ¿Qué reactivo de los mencionados es el más adecuado para llevar a cabo la hidrólisis de enlaces peptídicos en el extremo carboxílico de residuos aromáticos o hidrófóbicos voluminosos?:

1. CNBr.
2. Urea.
3. Quimotripsina.
4. Ninhidrina.
5. Ácido Perfórmico.

Titulación: QUÍMICA
Convocatoria: 2010
Nº de versión de examen: 0
V = Nº de la pregunta en versión de examen 0.
RC = Respuesta correcta

V	RC	V	RC	V	RC	V	RC	V	RC
1	3	53	1	105	3	157	2	209	5
2	1	54	4	106	1	158	3	210	2
3	4	55	2	107	4	159	5	211	4
4	3	56	1	108	2	160	2	212	5
5	5	57	3	109	1	161	1	213	3
6	3	58	2	110	3	162	3	214	1
7	1	59	4	111	5	163	1	215	4
8	4	60	1	112	4	164	4	216	3
9	1	61	2	113	3	165	2	217	5
10	3	62	4	114	2	166	5	218	4
11	5	63	2	115		167	2	219	1
12	3	64	3	116	4	168	3	220	4
13	2	65	2	117	2	169	4	221	2
14	5	66	5	118	1	170	2	222	5
15	1	67	3	119	4	171	3	223	3
16	4	68	4	120	3	172	4	224	4
17	2	69	5	121	2	173	1	225	1
18	1	70	2	122	5	174	5	226	2
19	3	71	4	123	4	175	2	227	5
20	1	72	1	124	2	176	3	228	3
21	2	73	3	125	3	177	4	229	2
22	3	74		126	3	178	2	230	1
23	1	75		127	4	179	5	231	4
24	4	76	2	128	2	180	3	232	5
25	3	77	4	129	3	181	1	233	3
26	1	78	5	130	5	182	3	234	1
27	5	79	4	131	3	183	4	235	4
28	4	80	2	132	4	184	3	236	2
29	1	81	4	133	4	185	1	237	5
30		82	1	134	1	186	2	238	1
31	4	83	3	135	5	187	5	239	4
32	5	84	1	136	2	188	4	240	5
33	3	85	5	137	1	189	1	241	2
34	5	86	2	138	5	190	2	242	1
35	1	87	1	139	4	191	4	243	3
36	2	88	5	140	1	192	1	244	5
37	4	89	2	141	2	193	3	245	4

38	1	90	3	142	1	194	5	246	3
39	3	91	4	143	4	195	2	247	3
40	4	92	5	144	3	196	2	248	
41	1	93	2	145	5	197	3	249	4
42	5	94	4	146	2	198	2	250	3
43	2	95	3	147	3	199	5	251	5
44	3	96	4	148	2	200	2	252	1
45	1	97	2	149	1	201	1	253	5
46	5	98	1	150	4	202	3	254	2
47	4	99	3	151	3	203	4	255	1
48	1	100	1	152	2	204	3	256	4
49	3	101	3	153	4	205	2	257	5
50	5	102	4	154	1	206	3	258	4
51	4	103	5	155	3	207	4	259	3
52	2	104	2	156	1	208	2	260	3

MINISTERIO DE SANIDAD, SERVICIOS SOCIALES E IGUALDAD

PRUEBAS SELECTIVAS 2011

CUADERNO DE EXAMEN

QUÍMICOS

ADVERTENCIA IMPORTANTE

ANTES DE COMENZAR SU EXAMEN, LEA ATENTAMENTE LAS SIGUIENTES

INSTRUCCIONES

1. Compruebe que este Cuaderno de Examen lleva todas sus páginas y no tiene defectos de impresión. Si detecta alguna anomalía, pida otro Cuaderno de Examen a la Mesa.

2. La "Hoja de Respuestas" está nominalizada. Se compone de tres ejemplares en papel autocopiativo que deben colocarse correctamente para permitir la impresión de las contestaciones en todos ellos. Recuerde que debe firmar esta Hoja y rellenar la fecha.

3. Compruebe que la respuesta que va a señalar en la "Hoja de Respuestas" corresponde al número de pregunta del cuestionario.

4. **Solamente se valoran** las respuestas marcadas en la "Hoja de Respuestas", siempre que se tengan en cuenta las instrucciones contenidas en la misma.

5. Si inutiliza su "Hoja de Respuestas" pida un nuevo juego de repuesto a la Mesa de Examen y **no olvide** consignar sus datos personales.

6. Recuerde que el tiempo de realización de este ejercicio es de **cinco horas improrrogables** y que están **prohibidos** el uso de **calculadoras** (excepto en Radiofísicos) y la utilización de **teléfonos móviles**, o de cualquier otro dispositivo con capacidad de almacenamiento de información o posibilidad de comunicación mediante voz o datos.

7. Podrá retirar su Cuaderno de Examen una vez finalizado el ejercicio y hayan sido recogidas las "Hojas de Respuesta" por la Mesa.

1. **En el grupo 13 de la tabla periódica, el estado formal de oxidación +1 es el más estable para:**

   1. Tl.
   2. Al.
   3. B.
   4. Ga.
   5. In.

2. **Los elementos del grupo 4 (Ti, Zr y Hf):**

   1. No reaccionan directamente con la mayor parte de los elementos representativos, ni siquiera a altas temperaturas.
   2. En forma masiva son bastante inertes a temperatura ambiente por la película de óxido que los recubre.
   3. Los compuestos en estado de oxidación +4 son iónicos.
   4. Tienen la mayor parte de sus compuestos en estados de oxidación inferiores a +4.
   5. Dado el número de electrones de su última capa forman compuestos estables con ligandos π-aceptores como los carbonilos.

3. **El calcio elemental se obtiene industrialmente:**

   1. Por reducción del CaO con aluminio.
   2. Por reducción del CaO con hidrógeno.
   3. Por reducción del CaO con carbón.
   4. Por calentamiento de calcita con carbón.
   5. A partir de la ilmenita.

4. **En el mineral espinela, $MgAl_2O_4$:**

   1. Los iones Mg^{2+} se encuentran en huecos octaédricos rodeados de iones O^{2-}.
   2. Tanto los iones Mg^{2+} como los Al^{3+} se encuentran en huecos octaédricos rodeados por iones óxido.
   3. El valor del parámetro lambda es igual a 0.5.
   4. Los iones Al^{3+} se encuentran en huecos tetraédricos rodeados de iones O^{2-}.
   5. Los iones Mg^{2+} se encuentran en huecos tetraédricos rodeados de iones O^{2-}.

5. **El óxido de cinc que se emplea como pigmento blanco:**

   1. Tiene la estructura del cloruro de sodio.
   2. Tiene la estructura del rutilo.
   3. No es tóxico.
   4. No existe como tal en la naturaleza.
   5. Es soluble en agua.

6. **El tetraóxido de rutenio, RuO_4:**

   1. Se puede obtener a partir de sus sales con oxidantes moderados.
   2. Pertenece al grupo de óxidos en el mayor estado de oxidación conocido.
   3. Tiene una estructura tridimensional iónica extraña.
   4. Es muy básico.
   5. Es oxidante muy moderado.

7. **El yodo elemental, un sólido negro-violeta con varias aplicaciones biomédicas, es:**

   1. No toxico.
   2. Fácilmente accesible a partir de la perovskita.
   3. Insoluble en disolventes orgánicos.
   4. Una sustancia radiactiva.
   5. Una sustancia ligeramente soluble en agua.

8. **¿Cuál de los siguientes compuestos de plomo es muy soluble en agua?:**

   1. $PbSO_4$.
   2. PbI_2.
   3. $Pb(NO_3)_2$.
   4. PbO_2.
   5. PbO.

9. **¿A qué grupo puntual pertenece la molécula dímera Al_2Cl_6?:**

   1. D_{2h}.
   2. D_{2d}.
   3. D_2.
   4. C_2.
   5. C_{2v}.

10. **Solo uno de los metales del grupo 13 de la tabla periódica reacciona directamente con N_2 a temperatura elevada para formar un nitruro. ¿Cuál es el metal?:**

    1. Sn.
    2. In.
    3. Ga.
    4. Al.
    5. Tl.

11. **Las sales solubles del catión $Hg(CH_3)^+$ en el medio ambiente:**

    1. Proceden de las excreciones de algunas especies de peces.
    2. Proceden exclusivamente de la contaminación humana.
    3. Acumulan compuestos de mercurio en la carne de los peces.
    4. No tienen efectos sobre la salud humana.
    5. No tienen efectos medioambientales.

12. **La oxidación catalítica del amoniaco durante la preparación industrial del ácido nítrico es:**

    1. El proceso Solvay.
    2. El proceso Ostwald.
    3. El proceso llamado de las cámaras de plomo.
    4. El proceso Bayer.
    5. Una reacción muy lenta.

13. ¿Qué afirmación es INCORRECTA?:

    1. Las zeolitas son aluminosilicatos.
    2. Existe un subóxido de carbono de fórmula C_3O_2.
    3. El GeO_2 se disuelve en medio básico dando $[Ge(OH)_6]^{2-}$.
    4. El Sn_3N_4 tiene una estructura tipo espinela.
    5. El cianógeno es un radical.

14. Las respuestas siguientes emparejan la fórmula de un compuesto o un ión con su forma geométrica. ¿Cuál es la correcta?:

    1. CO_3^{2-} ; pirámide trigonal.
    2. $[SiH_3]^-$; forma de T.
    3. CS_2 ; angular.
    4. $[CMe_3]^+$; plana triangular.
    5. $[Sn(OH)_6]^{2-}$; hexagonal.

15. ¿Cuál de los siguientes compuestos es el aceptor más fuerte de iones haluro?:

    1. $SiCl_4$.
    2. $SnCl_4$.
    3. $SnBr_4$.
    4. SnI_4.
    5. SnF_4.

16. El hidrógeno es un gas que se genera por reacción del vapor de agua con:

    1. Carbón a 1000° C.
    2. Carbón a 100° C.
    3. Carbón a 20° C.
    4. Hidrocarburos a 100° C.
    5. CO a 70° C.

17. El oxígeno es muy oxidante y se puede reducir:

    1. Pero no se puede oxidar.
    2. Para dar el anión superóxido O_2^- donde la distancia O-O es más larga que en la molécula de oxígeno diatómico O_2.
    3. Para dar el anión peróxido O_2^{2-} donde la distancia O-O es más corta que en la molécula de oxígeno diatómico O_2.
    4. Para dar el anión superóxido diatómico O_2 que no reacciona con agua.
    5. Para dar el anión oxido O^{2-} de color azul intenso.

18. El hexafluoruro de azufre:

    1. Es un compuesto iónico con una estructura infrecuente.
    2. No se forma en la reacción del azufre con el flúor.
    3. Es muy poco reactivo.
    4. No tiene aplicaciones prácticas.
    5. Se parece mucho al SBr_6 aunque el bromuro es más estable.

19. En el grupo 18 de la tabla periódica el helio es diferente a los demás. ¿Por qué?:

    1. Tiene una configuración octética en su estado fundamental.
    2. Tiene mayor reactividad que los restantes elementos del grupo.
    3. Es líquido en un amplio intervalo de temperaturas.
    4. Es un elemento muy abundante en el universo.
    5. Forma una sal que contiene el ion $[He_2]^+$.

20. El ion permanganato MnO_4^{3-}:

    1. Es muy oxidante en medio alcalino y en medio ácido.
    2. Al actuar como oxidante en medio ácido se reduce normalmente a MnO_4^{2-}.
    3. Que es incoloro cambia a violeta intenso cuando se reduce a Mn (II).
    4. Es muy estable en medio ácido, especialmente si le da la luz.
    5. Nunca se ha detectado el anión MnO_4^{2-}.

21. ¿En cuál de las reacciones siguientes cambia el estado formal de oxidación del elemento del grupo 14 de la tabla periódica?:

    1. $3 SiCl_4 + 4 NH_3 \rightarrow Si_3N_4 + 12 HCl$.
    2. $Si + 4 OH^- \rightarrow SiO_4^{4-} + 2 H_2$.
    3. $GeCl_4 + 2(Et_4N)Cl \rightarrow [Et_4N]_2[GeCl_6]$.
    4. $SiCl_4 + 4NH_3 \rightarrow Si(NH_2)_4 + 4 HCl$.
    5. $SiH_4 + O_2 \rightarrow SiO_2 + 2H_2O$.

22. El magnesio es un metal:

    1. De color rojizo, semejante al cobre.
    2. Que no juega ningún papel importante en los seres vivos.
    3. Que arde en el aire dando un intenso color azul para dar Mg_3O_4.
    4. Que reacciona con el nitrógeno para dar Mg_3N_2.
    5. Que es muy poco reductor.

23. El berilio elemental es un metal:

    1. Extremadamente tóxico.
    2. Más abundante en la corteza terrestre que el estroncio.
    3. Que se oxida fácilmente al aire.
    4. Que reacciona fácilmente con agua.
    5. Insoluble en todos los ácidos.

24. El tricloruro de fósforo:

    1. No es un producto de la reacción de fósforo con cloro.
    2. Reacciona con agua para dar ácido fosfónico y ácido clorhídrico.
    3. Reacciona con oxigeno y otros oxidantes para dar PO_2Cl_3.

4. Reacciona con cloro para dar PCl$_6$.
5. Como es un ácido de Lewis no puede actuar como ligando.

25. **Entre los óxidos de cromo:**

    1. El CrO$_3$ es ácido y covalente.
    2. El CrO$_3$ tiene la estructura del corindón.
    3. El Cr$_2$O$_3$ es muy reductor.
    4. El Cr$_2$O$_3$ se disuelve en medio ácido para dar una química acuosa de Cromo (IV) muy abundante.
    5. El CrO$_2$ se utiliza como aislante eléctrico diamagnético.

26. **El galio es un elemento químicamente similar al aluminio y, de hecho:**

    1. Es un sólido de alto punto de fusión.
    2. Se obtiene a partir de la ilmenita.
    3. Se obtiene a partir de las bauxitas.
    4. Reacciona con agua con desprendimiento de hidrógeno.
    5. Arde al calentarle en aire a presión atmosférica.

27. **Entre los gases nobles, el helio es:**

    1. El que mejor reacciona con flúor.
    2. El que tiene la menor energía de ionización.
    3. El más abundante en la atmósfera.
    4. El más soluble en agua.
    5. El de menor punto de ebullición.

28. **El níquel:**

    1. No forma aleaciones con el hierro.
    2. Suele adoptar el estado de oxidación +6 en sus compuestos.
    3. Suele adoptar el estado de oxidación 0 en disolución acuosa.
    4. Se disuelve en medio ácido para dar Ni^{2+} y H$_2$.
    5. Forma complejos en bajos estados de oxidación con ligandos fluor.

29. **Los complejos de cobalto (III):**

    1. Son casi todos aniónicos.
    2. Con ligandos amina son desconocidos.
    3. Constituyen la base de nuestros conocimientos sobre la química de los complejos octaédricos.
    4. Solo pueden obtenerse por reducción de los cromatos y dicromatos.
    5. Son incoloros de forma mayoritaria.

30. **El carbonato de sodio o sosa Solvay, es un compuesto de alto interés industrial que:**

    1. No reacciona con los ácidos.
    2. Es insoluble en agua.
    3. Es inerte ante el dióxido de carbono.
    4. No puede obtenerse anhidro porque se descompone por el calor.
    5. Se encuentra de modo natural en la naturaleza.

31. **En el curso de la valoración de un ácido diprótico H$_2$A (pK$_a$1=3.0 y pK$_a$2=7.0) con NaOH, ¿cuántas disoluciones reguladoras de capacidad reguladora máxima se forman y de qué pH?:**

    1. Dos, de pH 3.0 y 7.0.
    2. Dos, de pH 1.5 y 5.0.
    3. Una de pH 4.5.
    4. Una, de pH 1.5.
    5. Tres, de pH 1.5, 4.5 y 7.0.

32. **Los electrodos selectivos de iones presentan respuestas lineales en función:**

    1. De la concentración de analito.
    2. Del logaritmo de la concentración de analito.
    3. De la actividad del analito.
    4. Del logaritmo de la actividad del analito.
    5. De la fuerza iónica de la disolución.

33. **Cuantas veces mas precisa que una medida individual es la media de 9 medidas repetidas de una muestra:**

    1. 1.
    2. 3.
    3. 5.
    4. 7.
    5. 9.

34. **La cromatografía iónica (CI) emplea un mecanismo natural para la detección universal de las especies iónicas que es la medida de la conductividad. Hay dos formas de medir la conductividad en CI. Indica cuál de ellas NO ES CORRECTA:**

    1. Cromatografía iónica sin supresión.
    2. Medida de los cambios de conductividad del eluyente, manteniendo la conductividad de la fase móvil muy baja.
    3. Cromatografía iónica con aditivos quirales.
    4. Supresión de forma selectiva del exceso de eluyente a la salida de la columna analítica y medida posterior de la conductividad.
    5. Cromatografía iónica con supresión.

35. **Indica la respuesta FALSA. La solubilidad de un precipitado:**

    1. Depende de la naturaleza del disolvente.
    2. Disminuye en presencia de un ion común.
    3. Aumenta en presencia de iones distintos.
    4. Depende de la temperatura.
    5. Disminuye cuando hay reacciones colaterales.

36. **Una serie de medidas proporcionan los siguientes datos: 10, 2, 8, 4, 10, 5, 5, 2, 6, 6. Si el resul-**

tado verdadero era igual a 5.7, ¿qué se puede decir del conjunto de datos?:

1. Que es exacto y preciso.
2. Que es preciso pero no exacto.
3. Que no es exacto ni preciso.
4. Que es exacto pero no preciso.
5. Que tiene sesgo.

37. **La culombimetría a potencial controlado:**

    1. Es más selectiva que la culombimetría a corriente constante.
    2. Es más rápida que la culombimetría a corriente constante.
    3. Necesita de una instrumentación más barata que la culombimetría a corriente constante.
    4. Se realiza siempre con dos electrodos: un electrodo de referencia y un microelectrodo.
    5. Mide la plata depositada.

38. **En cromatografía de líquidos el sistema de inyección de la muestra más empleado es la válvula rotativa de seis entradas o vías, en la que:**

    1. Las seis vías están conectadas dos o dos mediante unos bucles externos o "loops".
    2. Separa el flujo de fase móvil mientras se produce la carga de la muestra.
    3. La muestra es mezclada en un sistema de alta presión con la fase móvil.
    4. En la posición de inyección la muestra se inserta en el bucle sin perturbar el paso de fase móvil hacia la columna.
    5. El funcionamiento está basado en la alternancia entre dos posiciones: carga e inyección.

39. **En las separaciones mediante enfoque isoeléctrico capilar (CIEF), el principio específico por el que se produce la separación es:**

    1. La movilidad libre de las moléculas en el medio de separación.
    2. El tamaño de cada una de las moléculas a separar.
    3. El punto isoeléctrico que tiene cada molécula.
    4. La carga que tiene cada molécula.
    5. La distribución en una fase estacionaria.

40. **En electroforesis capilar el flujo electroosmótico puede ser reducido notablemente mediante el paso de un amortiguador de pH:**

    1. 9.
    2. 1.
    3. 11.
    4. 10.
    5. 12.

41. **El modo de separación de fase normal de la cromatografía de líquidos de alta eficacia se caracteriza porque:**

    1. La fase estacionaria es no polar o débilmente polar y la fase móvil es más polar.
    2. La fase móvil consta de un único disolvente.
    3. Ambas fases, móvil y estacionaria son de polaridad semejante.
    4. La fase estacionaria es polar y la fase móvil menos polar.
    5. Emplea una elución en gradiente continuo.

42. **La peptización de coloides previamente coagulados es un proceso no deseado en las gravimetrías por precipitación. Habitualmente se puede evitar lavando con:**

    1. Ácido sulfúrico.
    2. Agua a 5ºC.
    3. Agua a 20ºC.
    4. Agua que contenga un electrolito no volátil.
    5. Agua que contenga un electrolito volátil.

43. **En la polarografía de corriente alterna:**

    1. Se consigue una meseta controlada por difusión.
    2. El potencial de pico (E_p) está fuertemente relacionado con el valor del potencial de semionda ($E_{1/2}$).
    3. Se incrementa la corriente faradaica.
    4. Se registra el polarograma con solo una gota de mercurio.
    5. No existe el potencial de pico (E_p) porque se registra una meseta.

44. **Indicar la respuesta FALSA. La técnica de voltamperometría de redisolución:**

    1. Es de alta sensibilidad.
    2. Permite la determinación de trazas metálicas.
    3. No requiere el empleo de electrodo auxiliar.
    4. Requiere la aplicación de una etapa de preconcentración.
    5. Puede aplicarse a la determinación múltiple de analitos.

45. **En una disolución regulada de pH formada por las sales Na_2HPO_4 y NaH_2PO_4, ambas en concentración 0.1 M, la capacidad reguladora es:**

    1. 0.050.
    2. 0.102.
    3. 8.68.
    4. 0.115.
    5. 0.101.

46. **En un análisis de S y C en una muestra, las moléculas de SO_2 y CO_2 absorben radiación IR:**

    1. Produciendo vibración y rotación de dichas moléculas.
    2. Dando lugar a transiciones entre distintos niveles electrónicos.
    3. Originando un espectro de líneas.
    4. Originando un espectro continuo.

5. Dando lugar a cambios en la longitud de onda.

47. Si valoramos 25.00 mL de ácido acético (pKa= 4.8) con NaOH, el pH, cuando hayamos valorado el 50% del ácido inicial, será:

1. 4.
2. 4.2.
3. 4.4.
4. 4.6.
5. 4.8.

48. El intervalo dinámico lineal de un método analítico es el margen de concentraciones en el que:

1. Se obtiene la línea de calibrado.
2. La señal varía con la concentración.
3. La señal y la concentración pueden relacionarse con una misma ecuación.
4. Se obtiene un calibrado recto.
5. La pendiente del calibrado varía con la concentración.

49. ¿Ánodo es el electrodo donde tiene lugar?:

1. Una oxidación.
2. Una reducción.
3. Un proceso faradaico.
4. Un proceso capacitivo.
5. Donde no puede oxidarse un catión.

50. Para determinar el contenido de arsénico (As) mediante espectrometría de absorción atómica con generación del hidruro, el As de una muestra en forma de H_3AsO_3, se reduce a H_3As añadiendo Zn metálico en medio ácido según la siguiente reacción:
$\underline{A}$ H_3AsO_3 + $\underline{B}$ Zn + $\underline{C}$ HCl → D H_3As (g) + E $ZnCl_2$ + F H_2O
¿Qué valores toman los coeficientes A, B y C en esta reacción?:

1. A=1; B=3; C=5.
2. A=1; B=4; C=5.
3. A=1; B=3; C=6.
4. A=2; B=3; C=5.
5. A=2; B=3; C=6.

51. La primera ecuación cinética que explica la influencia de la velocidad de la fase móvil en la columna cromatográfica fue propuesta en 1956 por van Deemter, quien la desarrolló para columnas empaquetadas en cromatografía de gases. Esta ecuación en su forma simplificada:

1. Incluye dos términos, ambos relacionados con la transferencia de masa.
2. Está representada por una parábola que pasa por un máximo.
3. Relaciona la altura equivalente de plato teórico con el volumen de fase móvil en la columna, o volumen muerto.
4. Incluye tres términos, relacionados con la difusión laminar, la difusión longitudinal y la transferencia de calor.
5. Relaciona la altura equivalente de plato teórico con la velocidad lineal media de caudal de fase móvil.

52. Si realizamos un número elevado de medidas de una muestra, la distribución de resultados se aproxima a una curva de Gauss y podemos esperar que cuando realizamos nuevas medidas, entre $\mu \pm 2\sigma$ se encuentran el:

1. 50% de las medidas.
2. 68.3% de las medidas.
3. 95.4% de las medidas.
4. 99.2% de las medidas.
5. 99.7% de las medidas.

53. ¿Cuál es la concentración de ácido fórmico no disociada en una disolución 0.085 M preparada a pH 3.2?:
Dato: pKa (HCOOH)= 3.74

1. 0.066 M.
2. 0.019 M.
3. 0.085 M.
4. 0.004 M.
5. 0.083 M.

54. En la técnica de espectroscopia de absorción atómica:

1. Se requiere un monocromador de paso de banda muy estrecho para aislar las líneas de emisión de la fuente.
2. No se necesita fuente de excitación.
3. Los elementos de la muestra emite su radiación característica.
4. Se necesita una fuente externa que excite los elementos.
5. Las líneas espectrales de los elementos en la muestra se hacen más estrechas debido a colisiones entre átomos.

55. Para la extracción de analitos, fundamentalmente no polares, en determinadas muestras se puede utilizar un fluido supercrítico. El fluido supercrítico que más se utiliza en este tipo de procesos de extracción esta constituido por:

1. Pentano.
2. Dióxido de carbono.
3. Agua.
4. Xenón.
5. Amoniaco.

56. La media de dos o más mediciones es:

1. Su valor promedio.
2. El valor central de una serie ordenada de datos.
3. La semisuma de los datos.
4. El valor promedio del par central en una serie

ordenada de datos.
   5. La suma de los N datos dividida por N-1.

57. **Los detectores amperométricos son un tipo de detector electroquímico empleado en cromatografía de líquidos que responden a sustancias que se oxidan o reducen, midiendo la corriente producida en función del potencial eléctrico aplicado. La celda de medida habitual consta de:**

   1. Dos electrodos: el electrodo de referencia y el electrodo auxiliar.
   2. Un electrodo anódico, un contraelectrodo y un electrodo auxiliar.
   3. Un electrodo indicador, un contraelectrodo y un electrodo de trabajo.
   4. Un electrodo de referencia, un electrodo auxiliar y un electrodo de trabajo.
   5. Un electrodo de trabajo, un contraelectrodo y un electrodo auxiliar.

58. **Indicar la respuesta FALSA. La eficiencia de una columna cromatográfica depende:**

   1. De la velocidad lineal de la fase móvil.
   2. Del factor de retención.
   3. Del tamaño de partícula del empaquetamiento.
   4. Del espeso del recubrimiento líquido de la fase estacionaria.
   5. Del factor de selectividad

59. **No es posible valorar los tres protones de una solución acuosa de ácido fosfórico (pK_1= 2.2; pK_2= 7.2; pK_3= 12.3) con NaOH utilizando indicadores ácido-base porque el valor del:**

   1. pK_3 es muy elevado.
   2. pK_1 es muy pequeño.
   3. pK_2 es muy elevado.
   4. pK_2 es muy pequeño.
   5. pk_1 es muy elevado.

60. **En un electrodo de vidrio:**

   1. No existe el potencial de asimetría.
   2. Si existe el potencial de asimetría pero es estable.
   3. El potencial de asimetría existe y varía con el tiempo.
   4. Sólo existe el potencial de asimetría en los electrodos combinados.
   5. El potencial de asimetría se elimina hidratando bien la membrana.

61. **La llama que mayor temperatura proporciona, para su utilización en absorción atómica, está constituida por una mezcla de:**

   1. Propano/aire
   2. Acetileno/ Oxígeno.
   3. Hidrógeno/aire.
   4. Acetileno/aire.
   5. Propano/hidrógeno.

62. **El punto de equivalencia de una valoración:**

   1. Es el que corresponde al viraje del indicador.
   2. Se sitúa en el punto de inflexión de la curva de valoración.
   3. Es el máximo de la primera derivada de la curva de valoración.
   4. No lleva asociado ningún error.
   5. Sólo puede detectarse por métodos instrumentales.

63. **¿Cuáles son los componentes de la corriente residual?:**

   1. Corrientes de origen capacitivo.
   2. Corrientes de origen faradaico.
   3. Corrientes de origen capacitivo más corrientes de origen faradaico.
   4. Corrientes debido a impurezas.
   5. Corrientes debido al oxígeno disuelto.

64. **La cromatografía de afinidad se basa en las interacciones específicas entre dos biomoléculas, que permiten el reconocimiento molecular incluso en mezclas muy complejas. ¿Cuál de las siguientes respuestas no se puede considerar una interacción de afinidad?:**

   1. Heparina – Factores de coagulación.
   2. Digoxina – Antidigoxina.
   3. Concanavalina A (Lectina) – Residuos monosacáridos del tipo α-manopiranósidos y α-glucopiranósidos.
   4. Proteína A de *Staphylococcus aureus* - Anticuerpos.
   5. Proteína G- β-ciclodextrina.

65. **Para determinar el contenido de Fe (III) por formación de un complejo coloreado por espectrofotometría UV- visible, se emplea como fuente de radiación:**

   1. Una lámpara de cátodo de hierro.
   2. Una fuente de radiación continua.
   3. Una lámpara de hidrógeno.
   4. Una lámpara multielemental.
   5. Una fuente de radiación discontinua.

66. **El potencial de semionda es:**

   1. Otra forma de denominar al potencial estándar.
   2. Un potencial que depende de la corriente alterna impuesta.
   3. La suma del potencial anódico más el potencial catódico partido por dos.
   4. Un potencial que está estrechamente relacionado con el potencial estándar.
   5. Un potencial que coincide con el potencial límite.

67. **En las valoraciones por desplazamientos con AEDT se añade a la disolución del ion metálico a valorar:**

    1. Un exceso de AEDT patrón y el sobrante se determina con una disolución de Zn^{2+}.
    2. Una concentración conocida de Mg^{2+} y se valoran ambos con AEDT patrón.
    3. Un anión que forme un precipitado. Después, el precipitado se disuelve y se valora el ion metálico con AEDT.
    4. Un enmascarante como el cianuro, que libere al anión de la sal, valorando a continuación con una disolución de ácido patrón.
    5. Una disolución de complejo Mg^{2+} con AEDT, valorando a continuación el Mg^{2+} liberado.

68. **La utilización de un patrón interno incrementa:**

    1. El límite de detección.
    2. La sensibilidad.
    3. La exactitud.
    4. La precisión.
    5. La rapidez.

69. **La cromatografía iónica es una técnica en la que la fase móvil está constituida por un medio acuoso iónico y la fase estacionaria por un intercambiador de iones. En este contexto, para separar cationes se puede emplear:**

    1. Una columna cuya fase estacionaria sea un polímero que posea grupos sulfato.
    2. Una fase móvil que tenga aniones bicarbonato en abundancia como contraiones.
    3. Una fase estacionaria polihidroxilada que se hincha en medio acuoso dando lugar a un gel.
    4. Una fase móvil a la que se ha añadido un compuesto como el dodecilsulfato sódico para formar micelas cargadas.
    5. Una columna cuya fase estacionaria sea un polímero que tiene enlazados grupos amonio.

70. **El agua es un disolvente anfótero porque:**

    1. Disuelve a las sales disociándolas en aniones y cationes.
    2. Cuando está pura, su pH no es ácido ni alcalino.
    3. Puede actuar como ácido y como base.
    4. Su molécula es dipolar.
    5. En su seno pueden producirse reacciones de oxidación y de reducción.

71. **En un análisis cromatográfico, una sustancia tiene un tiempo de retención de 16.40 min y la anchura máxima del pico en su base es de 1.11 min. ¿Cuál es el número de platos teóricos?:**

    1. 240.
    2. 3493.
    3. 3872.
    4. 2235.
    5. 3877.

72. **En la cromatografía en capa fina o TLC (thin layer chromatography), se hace avanzar por capilaridad una fase móvil sobre una fase estacionaria plana, de forma que los solutos de la muestra aplicada se separan por su diferente factor de retardo (R_f). Éste es:**

    1. Un factor termodinámico relacionado con la selectividad a través del índice de Kovats.
    2. El producto del caudal o flujo de fase móvil por el tiempo de retención del soluto.
    3. El cociente entre la distancia avanzada por el frente y la distancia avanzada por un soluto.
    4. Característico de cada soluto y siempre mayor que uno.
    5. La relación entre la distancia avanzada por un soluto y la distancia avanzada por el frente.

73. **Indica la respuesta FALSA:**

    1. El nebulizador es el encargado de transformar la disolución en gotitas de vapor.
    2. El fotomultiplicador transforma la energía radiante en corriente eléctrica.
    3. La llama proporciona la energía para obtener átomos en estado excitando, que interaccionan con la radiación.
    4. La longitud de la ranura del mechero es el espesor del medio absorbente.
    5. La fuente emite radiación elemental característica.

74. **Un modo de cromatografía líquida en columna es la cromatografía de exclusión por tamaños. El intervalo de separación de las moléculas está comprendido entre:**

    1. El límite de exclusión y el volumen vacío.
    2. El volumen vacío y el fraccionamiento total.
    3. La capacidad específica del volumen del lecho y el límite de exclusión.
    4. El límite de exclusión y la permeación total.
    5. El volumen de ruptura y el fraccionamiento total.

75. **Un potentiostato es un instrumento que se caracteriza por:**

    1. Tener un electrodo indicador.
    2. Medir corrientes.
    3. Medir potenciales.
    4. Tener un electrodo de referencia.
    5. Mantener constante el potencial del electrodo de trabajo.

76. **En los procesos fotoluminiscentes (excitación-emisión) se conoce como conversión interna a:**

    1. La emisión de radiación electromagnética.
    2. La emisión de luz en la zona UV del espectro.

3. Un proceso de relajación radiante del estado excitado.
4. Un proceso de relajación no radiante del estado excitado.
5. Un proceso de emisión fluorescente.

77. ¿Cuál de las siguientes afirmaciones es verdadera en fluorescencia molecular?:

    1. La emisión de fluorescencia no está favorecida en moléculas rígidas.
    2. Los metales de transición presentan fluorescencia molecular en disolventes viscosos.
    3. Los compuestos orgánicos con anillos aromáticos condensados son fluorescentes.
    4. La emisión de fluorescencia aumenta al aumentar la temperatura.
    5. La fluorescencia sólo se observa en disolución.

78. Las valoraciones amperométricas a potencial controlado:

    1. Se llevan a cabo con un solo electrodo indicador y necesitan de un electrodo de referencia.
    2. Se llevan a cabo con dos electrodos indicadores de distinta naturaleza.
    3. Se llevan a cabo con un sistema potenciostático que utiliza 3 electrodos indicadores.
    4. Se realizan siempre con un electrodo de mercurio como electrodo indicador.
    5. Necesitan siempre un electrodo de referencia Ag/AgCl.

79. Para determinar el contenido de Mg (II) en una muestra se toman 25.00 mL y se valoran con AEDT 0.2000 M consumiéndose 15.00 mL. ¿Cuantos milimoles de Mg (II) contiene la muestra?:

    1. 1.0.
    2. 1.5.
    3. 2.0.
    4. 2.5.
    5. 3.0.

80. La sensibilidad de un método analítico instrumental está relacionada con:

    1. La pendiente del calibrado.
    2. La reproducibilidad del método.
    3. La repetibilidad de las medidas.
    4. La frecuencia del muestreo.
    5. El intervalo de linealidad.

81. El catalizador de Lindlar permite llevar a cabo hidrogenaciones de alquinos con selectividad:

    1. ANTI.
    2. SIN.
    3. Enantiomérica.
    4. Polar.
    5. No tiene selectividad.

82. Los grupos con efecto resonante electrodonador son:

    1. Desactivantes y orto/para-dirigentes.
    2. Desactivantes y meta-dirigentes.
    3. Activantes y orto/para-dirigentes.
    4. Activantes y meta-dirigentes.
    5. Desactivantes y no orientan a ninguna posición.

83. El naftaleno experimenta sustituciones electrófilas debido a la estabilidad del intermedio carbocatiónico en:

    1. C1.
    2. C2.
    3. C3.
    4. C4.
    5. C5.

84. Los alquenos reaccionan con halógenos en solución acuosa y forman:

    1. Aldehídos.
    2. Metil cetonas.
    3. Éteres.
    4. Halohidrinas.
    5. Epóxidos.

85. Las aminas primarias dan reacciones de condensación con aldehidos y cetonas produciendo:

    1. Enaminas.
    2. Iminas.
    3. Amidas.
    4. Hidrazinas.
    5. Purinas.

86. Las fuerzas de atracción que ocasionan que los puntos de ebullición de los ésteres sean más altos que los hidrocarburos de forma y peso molecular semejantes son:

    1. Fuerzas covalentes.
    2. Fuerzas iónicas.
    3. Fuerzas dipolo-dipolo.
    4. Puentes de hidrógeno.
    5. Ninguna de ellas.

87. Cuando un compuesto γ-dicarbonílico se trata con una amina primaria da lugar a:

    1. Furanos.
    2. Pirroles.
    3. Tiofenos.
    4. Piranos.
    5. Tiopiranos.

88. Los alquinos se hidrogenan en presencia del catalizador de Lindlar y forman:

    1. Alcanos.

2. *Trans*-Alquenos.
3. *Cis*-Alquenos.
4. Alcoholes vinílicos.
5. Cetonas.

89. Los tioles y sulfuros presentan reactividad similar a la de:

    1. Alquenos y alquinos.
    2. Ácidos y tiocarbonilos.
    3. Furanos y pirroles.
    4. Alcoholes y éteres.
    5. Ninguna de las anteriores.

90. En la transposición de Beckmann una oxima se convierte en una:

    1. Enamina.
    2. Amida.
    3. Imina.
    4. Sal de diazonio.
    5. Amina.

91. El compuesto heterocíclico formado por la fusión de un anillo de benceno con un pirrol, se llama:

    1. Quinolina.
    2. Isoquinolina.
    3. Indol.
    4. Benzofurano.
    5. Benzotiofeno.

92. Los hidrocarburos espiro se caracterizan por la presencia de:

    1. Un solo átomo de carbono común a dos anillos.
    2. Un anillo aromático.
    3. Un centro asterogénico.
    4. Una conformación alternada.
    5. Ninguno de ellos.

93. El carbocatión conocido como ion arenio o catión ciclohexadienilo, se forma en las reacciones de:

    1. Sustitución nucleofílica aromática.
    2. Sustitución electrofílica aromática.
    3. Adición nucleofílica.
    4. Adición electrofílica.
    5. Oxidación.

94. Indicar cuál de los siguientes compuestos presenta una mayor acidez:

    1. Amoniaco.
    2. Acetileno.
    3. Metanol.
    4. Etileno.
    5. Metano.

95. Las aminas primarias alifáticas reaccionan con ácido nitroso para dar:

    1. Sales de diazonio.
    2. Óxido de nitrógeno.
    3. Sales de amonio.
    4. Amidas.
    5. Ninguna de ellas.

96. La reacción de sustitución nucleofílica en donde un ión alcanotiolato ataca a un halogenuro de alquilo conduce a:

    1. Una olefina.
    2. Un sulfóxido.
    3. Un sulfuro.
    4. Un eter.
    5. Una sulfona.

97. Los peroxiácidos en exceso, convierten los sulfuros en:

    1. Tioles.
    2. Disulfuros.
    3. Sulfatos.
    4. Sulfonas.
    5. Sales de sulfonio.

98. Los anhídridos de ácido se pueden preparar por reacción de:

    1. Esteres con hidruros metálicos.
    2. Ácidos con haluros de acilo.
    3. Amidas con nitrilos.
    4. Ácidos con diazometano.
    5. Ninguna de las anteriores.

99. La reacción en la que un haluro de vinilo o arilo reacciona con un vinil, aril o alquinil borato en presencia de un catalizador de Pd(0) se conoce como de:

    1. Suzuki.
    2. Heck.
    3. Stille.
    4. Sonogashira.
    5. Sharpless.

100. La separación de una mezcla racémica en sus enantiómeros se denomina:

    1. Precipitación.
    2. Disolución.
    3. Resolución.
    4. Sublimación.
    5. Reducción.

101. Cuando se trata propeno con *N*-bromosuccinimida en CCl_4, en presencia de peróxidos o luz, se forma:

    1. Bromopropano.
    2. Bromuro de alilo.
    3. 1,3-dibromopropano.

4. 1,2-dibromopropano.
5. Ciclopropano.

102. La base conjugada de un aldehído o cetona se llama ion:

1. Hidronio.
2. Iminio.
3. Alcóxido.
4. Hidroxilo.
5. Enolato.

103. Una reacción química que da lugar al producto más estable se dice que está regida por:

1. Control cinético.
2. La temperatura.
3. Control termodinámico.
4. La presión.
5. La fuerza de los ácidos.

104. La síntesis de los derivados de la ciclohexanona, mediante la adición de Michael, seguida por una condensación aldólica intramolecular se llama:

1. Condensación de Claisen-Schmidt.
2. Cicloadición de Diels-Alder.
3. Ciclación de Dieckmann.
4. Anillación de Robinson.
5. Reacción de Wittig.

105. Ciertos aldehídos, cuando se tratan con hidróxido de sodio o potasio se transforman en cantidades iguales del anión carboxilato y el alcohol correspondiente. Este proceso se denomina:

1. Condensación aldólica.
2. Reacción de Cannizaro.
3. Transposición de Beckmann.
4. Reordenamiento bencílico.
5. Reacción de Cope.

106. Cuando se calientan los hidróxidos de amonio cuaternarios, sufren una β eliminación para formar un alqueno y una amina. Esta reacción se denomina:

1. Reordenamiento de Claisen.
2. Reacción de Gabriel.
3. Reacción de diazotación.
4. Reacción de Sandmeyer.
5. Eliminación de Hofmann.

107. Indicar que compuesto es antiaromático:

1. Ciclooctatetraeno.
2. Benceno.
3. 1,3-ciclobutadieno.
4. Decalina.
5. Ninguno de las anteriores.

108. Los nucleófilos fuertemente básicos, como los reactivos de Grignard, reaccionan con los nitrilos y forman:

1. Alcoholes.
2. Ésteres.
3. Éteres.
4. Cetonas.
5. Ácidos.

109. Dos estereoisómeros que guardan una relación entre sí de imagen especular no superponible se denominan:

1. Diasteroisómeros.
2. Enantiómeros.
3. Confórmeros.
4. Isómeros configuracionales.
5. Ninguno de ellos.

110. La reacción en la que un areno es reducido a un dieno no conjugado por tratamiento con sodio en amoniaco líquido en presencia de un alcohol se conoce como:

1. Reacción de Friedel y Crafts.
2. Reacción de Nazarov.
3. Reducción de Birch.
4. Reducción de Clemmensen.
5. Reducción de Wolf-Kishner.

111. Los reactivos de alquil-litio se pueden preparar por reacción de litio metal con:

1. Haloalcanos.
2. Alcoholes.
3. Haluros de ácido.
4. Hidrocarburos.
5. Ninguna de las anteriores.

112. Indicar cuál de los siguientes fenoles es el más ácido:

1. Fenol.
2. *p*-cresol.
3. *p*-clorofenol.
4. *p*-nitrofenol.
5. *p*-metoxifenol.

113. La reacción de un halogenuro de alquilo con un compuesto aromático en presencia de un ácido de Lewis da por resultado el reemplazo de un hidrógeno por un sustituyente alquilo. Esta reacción con formación neta de enlaces carbono-carbono se conoce como alquilación de:

1. Beckmann.
2. Cannizaro.
3. Friedel-Crafts.
4. Diels-Alder.
5. Claisen.

114. A la oxidación de las cetonas con peroxiácidos

para la preparación de ésteres se le llama:

1. Oxidación de Baeyer-Villiger.
2. Esterificación.
3. Epoxidación.
4. Oxidación bencílica.
5. Oxidación de Openhauer.

115. La síntesis con éster malónico es un método importante para preparar:

1. Ésteres.
2. Alquenos.
3. Cetonas.
4. Aldehídos.
5. Ácidos.

116. La reacción de transposición de Hofmann de amidas proporciona:

1. Aldehidos.
2. Cetonas.
3. Aminas.
4. Ácidos.
5. Ninguna de las anteriores.

117. Indicar cuál de los siguientes compuestos es el menos reactivo frente a la sustitución nucleofílica del grupo acilo:

1. Anhídrido.
2. Tioéster.
3. Éster.
4. Amida.
5. Cloruro de ácido.

118. Las reacciones en las que la cinética no depende de la concentración de nucleofilo, son reacciones:

1. S_N2.
2. S_N1.
3. Pericíclicas.
4. Radicalarias.
5. Ninguna de las anteriores.

119. Cuando se calienta piridina y amiduro sódico en N, N-dimetilanilina como disolvente después de trabajar la reacción, se obtiene 2-aminopiridina. Esta reacción se conoce con el nombre de:

1. Paal-Knorr.
2. Hanztsch.
3. Chichibabin.
4. Fischer.
5. Bischler.

120. Las reacciones de un solo paso, que proceden a través de un estado de transición cíclico, como las reacciones de Diels-Alder, se llaman:

1. De adición.
2. De sustitución.
3. Radicalarias.
4. Pericíclicas.
5. Espontáneas.

121. La reacción de Heck permite el acoplamiento, por reacción catalizada con metales, entre:

1. Haluros de alquenilo y alquenos.
2. Haluros de alquenilo y alcanos.
3. Acetilenos y halogenuros de arilo.
4. Aminoacidos y boranos.
5. Ninguna de las anteriores.

122. La heterociclos hexagonales aromáticos con dos átomos de nitrógeno en el anillo se conocen como:

1. Piridinas.
2. Diazinas.
3. Pirroles.
4. Imidazoles.
5. Oxazoles.

123. Los alcoholes pueden ser oxidados a ácidos carboxílicos con:

1. $NaBH_4$.
2. $AlCl_3$.
3. $LiAlH_4$.
4. Permanganato potásico.
5. Ninguno de ellos.

124. El tratamiento de un nitrilo con un reactivo de Grignard o un organolitio seguido de hidrólisis produce:

1. Una cetona.
2. Un aldehido.
3. Un ácido.
4. Una amina.
5. Una pirrolidina.

125. La reacción entre un cloruro de ácido y un alcohol produce un:

1. Anhídrido.
2. Aldehído.
3. Amida.
4. Ácido.
5. Éster.

126. Los poliéteres que coordinan iones metálicos solubilizándolos en medios hidrofóbicos se conocen como:

1. Furanos.
2. Epóxidos.
3. Ionóforos.
4. Tetrahidropiranos.
5. Ninguno de ellos.

127. La síntesis de Williamson puede utilizarse para

preparar:

1. Lactonas.
2. Éteres.
3. Amidas.
4. Alcoholes.
5. Olefinas.

128. La estructura electrónica de los triples enlaces consta de:

1. Dos enlaces π, perpendiculares entre sí y un enlace σ formado por solapamiento de dos orbitales híbridos sp.
2. Dos enlaces π, perpendiculares entre sí y un enlace σ formado por solapamiento de dos orbitales híbridos sp^2.
3. Dos enlaces π, perpendiculares entre sí y un enlace σ formado por solapamiento de dos orbitales híbridos sp^3.
4. Dos enlaces σ, perpendiculares entre sí y un enlace π formado por solapamiento de dos orbitales híbridos sp.
5. Dos enlaces σ, perpendiculares entre sí y un enlace π formado por solapamiento de dos orbitales híbridos sp^2.

129. Las aminas secundarias se adicionan a aldehídos y cetonas para formar como productos más estables:

1. Oximas.
2. Enaminas.
3. Azinas.
4. Semicarbazidas.
5. Iminas.

130. Los reactivos organometálicos, diorganocupratos, reaccionan con los cloruros de alcanoilo para dar:

1. Aminoácidos.
2. Alcoholes.
3. Cetonas.
4. Lactonas.
5. Ninguna de las anteriores.

131. ¿Cuál de las siguientes afirmaciones relacionadas con el enlace peptídico es cierta?:

1. Es un enlace tipo éster.
2. Es un enlace amida, que tiene cierto carácter de triple enlace.
3. Solo aparece en péptidos, no en proteínas.
4. Es un enlace amida, que tiene cierto carácter de doble enlace.
5. Se forma por interacción entre el grupo alfa-amino del primer aminoácido y el grupo alfa-carboxilo del siguiente aminoácido.

132. En el metabolismo de los aminoácidos. ¿Qué compuesto es el principal donador de grupos amino en las reacciones catalizadas por las aminotransferasas?:

1. La alanina.
2. El oxalacetato.
3. El ácido aspártico.
4. La glutamina.
5. El ácido glutámico.

133. ¿Cuál de las siguientes activaciones de zimógenos pancreáticos es iniciada por la enteropeptidasa?:

1. Quimotripsinógeno → Quimotripsina.
2. Proelastasa → Elastasa.
3. Tripsinógeno → Tripsina.
4. Prolipasa → Lipasa.
5. Procarboxipeptidasa → Carboxipaptidasa.

134. ¿Cuál de los siguientes compuestos se utiliza para la síntesis de los gangliósidos pero no para la del resto de glicoesfingolípidos?:

1. Ácido siálico.
2. Glucosa.
3. Ácido graso.
4. Esfingosina.
5. Ninguna de las anteriores es correcta.

135. Las mutaciones:

1. Son alteraciones del DNA que dan lugar a cambios permanentes en la información genética codificada.
2. Son alteraciones de las características cinéticas de las enzimas.
3. Son intercambios de sustratos entre enzimas.
4. Son roturas de los puentes de hidrógeno entre las bases en la estructura secundaria del DNA.
5. Son alteraciones del metabolismo mitocondrial.

136. La histidina es:

1. Un aminoácido hidrofóbico.
2. Un aminoácido cuya cadena lateral tiene un pK = 9.
3. Una base nitrogenada.
4. Un compuesto que interviene en la respuesta alérgica.
5. Un aminoácido con cadena lateral ionizable con un pK próximo a la neutralidad.

137. ¿Qué dos aminoácidos se convierten en α-cetoglutarato?:

1. Glutamato y Triptófano.
2. Prolina e Isoleucina.
3. Lisina y Arginina.
4. Glutamina y Arginina.
5. Histidina y Alanina.

138. ¿Qué compuesto es el precursor inicial en la síntesis de colesterol?:

 1. Acetoacetato.
 2. Isopentenil pirofosfato.
 3. Mevalonato.
 4. Hidroxibutirato.
 5. Acetil-CoA.

139. ¿Qué son los dextranos?:

 1. Proteínas de la placa dental.
 2. Polisacáridos presentes en bacterias y levaduras.
 3. Glucosa con actividad óptica dextrógira.
 4. Una clase de almidón.
 5. Una clase de glucógeno.

140. El enlace *O*-glucosídico está formado:

 1. Por múltiples puentes de hidrógeno entre dos monosacáridos.
 2. Internamente entre el carbono anomérico de un monosacárido y su propio grupo hidroxilo en carbono 5.
 3. Entre el carbono anomérico de un monosácarido y el grupo hidroxilo de otro.
 4. Entre el carbono que porta el grupo ceto o aldol y el carbono alfa.
 5. Ninguna de las anteriores es correcta.

141. ¿Cuál de las siguientes afirmaciones relacionadas con los niveles estructurales de las proteínas NO es cierta?:

 1. La estructura primaria de una proteína es su secuencia de aminoácidos.
 2. Los enlaces disulfuro no forman parte de la estructura secundaria.
 3. La estructura cuaternaria se forma por interacción entre diferentes estructuras terciarias.
 4. La estructura secundaria se estabiliza mediante puentes de hidrógeno entre las cadenas laterales de diferentes aminoácidos.
 5. Todos los niveles estructurales vienen determinados por la secuencia de aminoácidos.

142. ¿Cuál de los siguientes es el componente más abundante en los quilomicrones?:

 1. ApoB-48.
 2. Triacilgliceroles.
 3. Fosfolípidos.
 4. Colesterol.
 5. Ésteres de colesterol.

143. Indica cuál de las siguientes reacciones químicas del metabolismo produce una ruptura de enlaces por adición de agua:

 1. Oxidación-reducción.
 2. Adición o eliminación de grupos funcionales.
 3. Isomerización.
 4. Transferencia de grupos.
 5. Hidrólisis.

144. La hemoglobina:

 1. Une oxígeno de manera cooperativa.
 2. Es la proteína transportadora de oxígeno del músculo.
 3. Es un anticuerpo o inmunoglobina.
 4. Es una proteína monomérica.
 5. Tiene más afinidad por el oxígeno que la mioglobina.

145. Los aminoácidos presentes en las proteínas:

 1. No poseen actividad óptica.
 2. Todos desvían la luz polarizada a la derecha.
 3. Todos desvían la luz polarizada a la izquierda.
 4. Son L-estereoisómeros.
 5. Son D-estereoisómeros.

146. El monóxido de carbono (CO) es sumamente tóxico porque:

 1. Da lugar a especies reactivas de oxígeno.
 2. Se acumula en los pulmones.
 3. Se une a la hemoglobina con mayor afinidad que el oxígeno.
 4. Es un agente mutagénico.
 5. Determina la agregación de los eritrocitos.

147. En el proceso de la fermentación láctica:

 1. Actúa la piruvato descarboxilasa.
 2. Se oxida NADH.
 3. Se obtiene ATP.
 4. Hay transferencia de grupos acilo.
 5. Hay una deshidratación del lactato.

148. ¿Cuál de las siguientes enzimas NO es característica de la gluconeogénesis?:

 1. Glucosa-6-fosfatasa.
 2. Fructosa-1,6-bisfosfatasa.
 3. Fosfoenolpiruvato carboxiquinasa.
 4. Piruvato carboxilasa.
 5. Piruvato deshidrogenasa.

149. ¿Cuál de las siguientes afirmaciones es correcta respecto al ciclo del ácido cítrico?:

 1. Tiene lugar en el citosol de las células eucariotas.
 2. Es un proceso anabólico.
 3. Es un proceso catabólico.
 4. Es un proceso anfibólico.
 5. Ninguna de las anteriores es correcta.

150. La dopamina es:

 1. Un derivado de una base nitrogenada.
 2. Una poliamina.

3. Un derivado de un aminoácido.
4. Un derivado del colesterol.
5. Un zimógeno.

151. Indique cuál será la carga neta de la glicina para un valor de pH por debajo del pI:

    1. Negativa.
    2. Positiva.
    3. Sin carga.
    4. Cero.
    5. Es necesario conocer el valor exacto de pH para poder contestar a esta pregunta.

152. ¿Cuál de los siguientes compuestos derivan del ácido araquidónico?:

    1. Ácidos Retinoicos.
    2. Calciferoles.
    3. Ácidos Biliares.
    4. Estrógenos.
    5. Prostaglandinas.

153. La carga neta del siguiente péptido Arg-Leu-Pro-Leu-Glu-Asp-Asp-Gln a pH 7 es:

    1. -3.
    2. +3.
    3. 0.
    4. +5.
    5. -4.

154. De entre los siguientes compuestos, indique de cuál derivan las prostaglandinas en el ser humano:

    1. Glucosa.
    2. Acetil-CoA.
    3. Ácido araquidónico.
    4. Ácido oleico.
    5. Leucotrienos.

155. ¿Qué molécula no está implicada en la síntesis de ácidos grasos?:

    1. NADPH.
    2. NADH.
    3. Acetil-CoA.
    4. Malonil-CoA.
    5. Proteína Transportadora de Acilos.

156. Un nucleótido de RNA puede estar formado por:

    1. Ribosa, timidina y un grupo fosfato.
    2. Fructosa, guanosina y un grupo fosfato.
    3. Ribosa, uridina y un grupo fosfato.
    4. Ribosa y uridina.
    5. Desoxiribosa, uridina y un grupo fosfato.

157. El centro activo de una enzima esta formado por:

    1. Todos los aminoácidos de la misma.
    2. El sitio de unión al sustrato y los sitios alostéricos.
    3. El sitio catalítico y los sitios alostéricos.
    4. El sitio catalítico y el sitio de unión al sustrato.
    5. El sitio catalítico, el sitio de unión al sustrato y los sitios alostéricos.

158. En animales, una enzima específica de la gluconeogénesis es:

    1. Enolasa.
    2. Fosfogliceromutasa.
    3. Gliceraldehído 3-fosfato deshidrogenasa.
    4. Aldolasa.
    5. Fructosa 1,6-bisfosfatasa.

159. El ciclo de Cori:

    1. Relaciona la actividad catabólica del músculo con la actividad anabólica del hígado.
    2. Está relacionado con la oxidación de los ácidos grasos en el músculo.
    3. Implica un metabolismo en condiciones aeróbicas en el músculo.
    4. Permite la síntesis de glucosa por parte del músculo.
    5. No implica a las isoenzimas lactato deshidrogenasa muscular y hepática.

160. Señale cual de las siguientes afirmaciones es FALSA respecto a los RNA de transferencia:

    1. Cada uno está formado por una cadena única que contiene entre 73 y 93 ribonucleótidos (~ 25 kDa).
    2. Todos los nucleótidos de los tRNAs están apareados para formar dobles hélices.
    3. El extremo 5′ del tRNA esta fosforilado. El residuo del extremo 5′ generalmente es pG.
    4. El aminoácido activo está unido a un grupo hidroxilo de adenosina localizado en el extremo CCA en 3′, componente del tallo aceptor. Esta región tiene estructura de cadena sencilla en el extremo 3′ de los tRNA maduros.
    5. El anticodón está ubicado en el lazo próximo al centro de la secuencia.

161. La enzima acetil-CoA carboxilasa:

    1. Está regulada alostericamente por el lactato.
    2. Participa en la degradación de los ácidos grasos.
    3. Cataliza la síntesis de malonil-CoA.
    4. Cataliza la síntesis de acetil-CoA.
    5. Se activa mediante fosforilaciones.

162. Señale cuál de las siguientes características del código genético es FALSA:

    1. Tres nucleótidos codifican un aminoácido.

2. No se solapa.
3. No tiene puntuación.
4. Es universal.
5. No está degenerado.

163. **La estructura terciaria de un polipéptido:**

    1. Describe todos los aspectos del plegamiento tridimensional del polipéptido.
    2. Puede ser en hélice alfa o en lámina beta.
    3. Describe la secuencia del polipéptido.
    4. Describe la relación estructural entre las subunidades de una proteína.
    5. Describe el número y situación de los puentes disulfuro presentes en un polipéptido.

164. **¿Por qué se dice que el ciclo del ácido cítrico tiene carácter anfibólico?:**

    1. Porque es una ruta característica de los anfibios.
    2. Porque su función es fundamentalmente catabólica.
    3. Porque sus intermediarios son degradados completamente hasta compuestos inorgánicos.
    4. Porque aunque es una ruta fundamentalmente anabólica, algunos de sus intermediarios son degradados completamente.
    5. Porque aunque es una ruta fundamentalmente catabólica, algunos de sus intermediarios son precursores para la síntesis de otros compuestos.

165. **¿Cuál de los siguientes compuestos actúa como agente reductor en la biosíntesis de ácidos grasos?:**

    1. NADH.
    2. NADPH.
    3. FAD^+.
    4. FADH.
    5. $NADP^+$.

166. **¿Cuál de los siguientes enunciados es descriptivo de una característica de la hemoglobina?:**

    1. La histidina distal (E7) situada en la hélice E es el residuo responsable de unir el O_2.
    2. El 2,3-bisfosfoglicerato (2,3-BpG) se une al mismo sitio de unión que el O_2.
    3. El CO_2 se une en la desoxihemoglobina al Fe^{2+} del grupo hemo.
    4. La histidina distal se une mediante un enlace de hidrógeno al oxígeno.
    5. Las uniones del O_2 a los cuatro sitios de unión se producen de forma independiente sin alteraciones en la afinidad de unión.

167. **¿Cuál de las siguientes enzimas del ciclo del ácido cítrico produce una reacción de fosforilación a nivel de sustrato?:**

    1. Citrato sintasa.
    2. Aconitasa.
    3. Succinil-CoA sintetasa.
    4. Malato deshidrogenasa.
    5. Fumarasa.

168. **El RNA de interferencia permite:**

    1. La síntesis de proteínas poli-Ile.
    2. Controlar la expresión génica.
    3. La síntesis de glicoproteínas de membrana.
    4. Controlar la actividad del ribosoma.
    5. Controlar la actividad del proteosoma.

169. **La O-glicosilación de las proteínas tiene lugar exclusivamente en:**

    1. Los ribosomas.
    2. El retículo endoplasmático.
    3. El aparato de Golgi.
    4. La membrana plasmática.
    5. El núcleo.

170. **La estructura ramificada del glucógeno:**

    1. Favorece la actuación de la enzima glucógeno fosforilasa, debido a la existencia de múltiples extremos reductores.
    2. Favorece la actuación de la enzima glucógeno sintasa, debido a la existencia de múltiples extremos reductores.
    3. Impide la actuación de la enzima glucógeno fosforilasa.
    4. Favorece la actuación de la enzima glucógeno fosforilasa debido a la existencia de múltiples extremos no reductores.
    5. Impide la actuación de la enzima glucógeno sintasa, debido a la existencia de múltiples extremos no reductores.

171. **La anemia drepanocítica o falciforme se produce como consecuencia de:**

    1. La mutación de dos nucleótidos del gen de la cadena α de la hemoglobina A.
    2. La mutación de un solo nucleótido del gen de la cadena α de la hemoglobina A.
    3. La mutación de un solo nucleótido del gen de la cadena β de la hemoglobina A.
    4. La inhibición de la DNA polimerasa de los eritrocitos.
    5. La inhibición de la RNA polimerasa de los eritrocitos.

172. **Indica cual de las siguientes afirmaciones es correcta con relación a la glucosa 6-forfato deshidrogenasa:**

    1. Su deficiencia origina un tipo de anemia hemolítica.
    2. Cataliza el primer paso de la fase oxidativa de la vía de las pentosas fosfato.
    3. Su deficiencia es una anomalía que se hereda

como un carácter ligado al cromosoma X.
4. Su deficiencia es una anomalía inducida por la pamaquina, un fármaco antipalúdico.
5. Todas las respuestas anteriores son ciertas.

173. ¿Qué transporte de los aquí indicados supone un gasto energético?:

1. El transporte a través de ionóforos.
2. El cotransporte sodio-glucosa.
3. La difusión facilitada.
4. El transporte pasivo.
5. El transporte a favor de un gradiente de concentración.

174. **El síndrome de Lesch-Nyhan se produce por:**

1. Exceso de adenina fosforribosil transferasa.
2. Deficiencia de adenilsuccinato liasa.
3. Exceso de GMP sintetasa.
4. Exceso de IMP deshidrogenasa.
5. Deficiencia de hipoxantina guanina fosforribosil transferasa.

175. ¿Qué relación hay entre la cadena de transporte de electrones mitocondrial y la fosforilación oxidativa?:

1. No existe ninguna relación.
2. Están acopladas gracias a la fuerza protonmotriz creada por el bombeo de protones generado durante el transporte de electrones.
3. Están acopladas gracias a la utilización del complejo II durante el transporte de electrones.
4. Son la misma ruta.
5. Están acopladas gracias a la energía obtenida en la reducción de NADH y $FADH_2$.

176. Los quilomicrones transportan:

1. Ácidos grasos sintetizados en el hígado.
2. Triglicéridos sintetizados en el hígado, hacia los tejidos periféricos.
3. Triglicéridos ingeridos en la dieta, hacia los tejidos periféricos.
4. Colesterol desde los tejidos periféricos hacia el hígado.
5. Colesterol desde el hígado hacia los tejidos periféricos.

177. La ATP sintasa mitocondrial en eucariotas:

1. Consta de dos dominios fundamentales: F_o y F_1.
2. Acopla la transferencia electrónica con la síntesis de ATP en la mitocondria.
3. Su acción enzimática es inhibida por el antibiótico oligomicina.
4. La catálisis rotacional explica el funcionamiento de esta enzima.
5. Todas las anteriores son correctas.

178. Con respecto a las interacciones de las cadenas laterales de los aminoácidos indique cuál de las siguientes afirmaciones es VERDADERA:

1. Dos residuos de cisteina pueden unirse a través de un enlace disulfuro.
2. La cadena lateral de serina absorbe luz ultravioleta a 280nm.
3. La cadena lateral de una leucina puede participar en la actividad de un enzima como grupo catalítico.
4. El anillo de la cadena lateral de la fenilalanina puede formar enlaces de hidrógeno con otro residuo y con el agua.
5. La asparagina puede unirse a otro residuo a través de las cadenas laterales mediante interacciones iónicas.

179. ¿Qué tipo de inhibición enzimática se supera aumentando la concentración de sustrato?:

1. No ompetitiva.
2. Competitiva.
3. Acompatitiva.
4. Irreversible.
5. Parcial.

180. ¿Cuál de las siguientes afirmaciones, relacionadas con la hemoglobina, es verdadera?:

1. La histidina distal se une mediante un enlace de coordinación al grupo hemo.
2. La hemoglobina no presenta cooperatividad en la unión al oxígeno.
3. La metahemoglobina se obtiene cuando el catión hierro está en su forma reducida Fe^{2+}.
4. La hemoglobina tiene más afinidad por el oxígeno que la mioglobina.
5. La histidina proximal se une mediante un enlace de coordinación al grupo hemo.

181. El colesterol es precursor de los siguientes compuestos, excepto:

1. Vitamina D_3.
2. Ácidos biliares.
3. Prostaglandinas.
4. Aldosterona.
5. Pregnenolona.

182. ¿Cuál de las siguientes afirmaciones sobre los ribosomas es cierta?:

1. Los ribosomas de los organismos procariotas y eucariotas tienen el mismo número de proteínas ribosomales.
2. En el ribosoma existen tres lugares de unión para los RNA de transferencia.
3. La subunidad pequeña de los ribosomas no tiene RNA ribosomal.
4. La unión al RNA mensajero se produce una vez que se han unido las dos subunidades del

ribosoma.
5. Uno de los RNA ribosomales tiene un anticodón complementario al codón de iniciación del RNA mensajero.

183. **La heparina es:**

    1. Un glucosaminoglucano muy sulfatado.
    2. Una proteína con acción anticoagulante.
    3. Un glucosaminoglucano con función estructural.
    4. Un polisacárido de la pared bacteriana.
    5. Una glicoproteína del sistema inmune.

184. **El ácido desoxirribonucleico (DNA):**

    1. Tiene una estructura en hélice alfa.
    2. Es un ácido fosfórico.
    3. Está formado por unidades monosacarídicas.
    4. Es el molde directo para la biosíntesis de las proteínas.
    5. Es una doble hélice que almacena información genética.

185. **La ruta de las pentosas fosfato es responsable de la síntesis de:**

    1. NADH.
    2. $FADH_2$.
    3. NADPH.
    4. NADH y NADPH.
    5. NADH y $FADH_2$.

186. **En la reacción catalizada por las DNA polimerasas:**

    1. Se libera ribosa-5-fosfato.
    2. El hidroxilo 5′ de una base ataca al fosfato 3′ del dNTP entrante.
    3. Se incorpora pirofosfato.
    4. El hidroxilo 3′ de una base ataca al fosfato 5′ del dNTP entrante.
    5. Se incorporan NTPs al DNA cebador-molde de dos en dos.

187. **Las enzimas:**

    1. Funcionan como los catalizadores no biológicos.
    2. Modifican los estados estables inicial y final de los reactivos y los productos.
    3. Alteran las velocidades de reacción pero no los equilibrios.
    4. Alteran los equilibrios pero no la velocidad de reacción.
    5. Se clasifican según el producto de la reacción catalizada.

188. **La fosforilación de proteínas es un modo muy eficaz de:**

    1. Aumentar la actividad de las enzimas.
    2. Añadir cargas negativas.
    3. Regular el metabolismo.
    4. Disminuir la actividad de las enzimas.
    5. Todo es verdadero.

189. **La RNA polimerasa III transcribe:**

    1. RNA ribosómico 18S.
    2. Los genes que codifican proteínas.
    3. RNA ribosómico 28S.
    4. RNA ribosómico 5S.
    5. RNAs pequeños.

190. **La glutamato deshidrogenasa:**

    1. Cataliza la formación de α-cetoglutarato, metabolito del ciclo de Krebs.
    2. Cataliza una reacción de desaminación oxidativa.
    3. Utiliza nucleótidos de flavina como coenzima.
    4. Es una aminotransferasa.
    5. Es una enzima citosólica.

191. **Indicar una enzima que participe en la actividad anaplerótica del ciclo del ácido cítrico:**

    1. Piruvato carboxilasa.
    2. Piruvato quinasa.
    3. Aconitasa.
    4. Aldolasa.
    5. Piruvato deshidrogenasa.

192. **La vía de las pentosas es una ruta metabólica que transcurre en:**

    1. Las crestas mitocondriales.
    2. El tilacoide de los cloroplastos.
    3. La matriz mitocondrial.
    4. El citosol.
    5. El espacio intermembranoso de la mitocondria.

193. **¿Qué nucleótido no nucleico se libera durante las reacciones luminosas de la fotosíntesis?:**

    1. $NADP^+$.
    2. NADH.
    3. $FADH_2$.
    4. NAD^+.
    5. NADPH.

194. **¿Cuál de las siguientes afirmaciones sobre la glucolisis es FALSA?:**

    1. El balance neto de la glucolisis es de 2 ATP.
    2. La reacción catalizada por enzima piruvato quinasa es una fosforilación a nivel de sustrato.
    3. La reacción de síntesis de 1,3-bisfosfoglicerato implica el gasto de 1 ATP.
    4. La enzima fosfoglucoisomerasa permite la transformación de glucosa-6-fosfato en fructosa-6-fosfato.

5. La glucolisis se realiza en el citosol.

195. **En relación a los aminoácidos, ¿Cuál de estas afirmaciones es CORRECTA?:**

    1. El anillo aromático de la tirosina contiene un grupo hidroxilo.
    2. La leucina es un aminoácido aromático.
    3. El triptófano es un aminoácido con carácter ácido.
    4. La glicocola tiene un grupo metilo en su cadena lateral.
    5. La cisteína posee un anillo aromático en su cadena lateral.

196. **La glucólisis anaeróbia:**

    1. Fosforila glucosa para que salga de la célula.
    2. Produce acetil-CoA en el músculo.
    3. Tiene como productos ATP y NADPH.
    4. Requiere la activación simultánea de la gluconeogénesis de la misma célula.
    5. Tiene como función producir ATP en el citosol rápidamente.

197. **El transporte activo a través de una membrana es un proceso bioquímico que ocurre:**

    1. Sin tener en cuenta el gradiente de concentración, y sin gasto energético.
    2. A favor de un gradiente de concentración y sin gasto alguno de energía.
    3. En contra de una gradiente de concentración y con gasto energético.
    4. Sólo cuando las concentraciones están igualadas.
    5. Ninguna de las anteriores es correcta.

198. **La degradación de Edman permite:**

    1. Determinar la estructura tridimensional de una proteína.
    2. Determinar la secuencia de aminoácidos de una proteína.
    3. Determinar el número de puentes disulfuro que hay en una proteína.
    4. Sintetizar un péptido.
    5. La liberación de los aminoácidos de una proteína desde el extremo carboxilo terminal.

199. **¿Qué son los plasmalógenos?:**

    1. Un tipo de esfingolípido.
    2. Un tipo de lípido exclusivo de células vegetales.
    3. Un lípido de reserva.
    4. Un tipo de fosfolípido con función éter.
    5. Un glicolípido.

200. **¿Qué parámetro cinético se utiliza para comparar la afinidad de una enzima por dos sustratos?:**

    1. K_{cat}.
    2. K_M.
    3. Número de recambio.
    4. Una enzima es altamente específica y sólo tiene un sustrato.
    5. V_{max}.

201. **Las DNA polimerasas de procariotas:**

    1. Utilizan como molde una doble hebra de DNA.
    2. Usan desoxinucleósidos monofosfato como sustratos.
    3. Usan desoxinucleósidos trifosfato como sustratos.
    4. No tienen actividad correctora de errores 3' → 5'.
    5. Elongan la cadena de DNA en el sentido 3' → 5'.

202. **La síntesis de RNA en organismos eucariotas:**

    1. Se realiza en dirección 3' → 5'.
    2. Requiere la presencia de un RNA cebador.
    3. Tiene una procesividad nula.
    4. Permite incorporar nucleótidos al azar.
    5. Se lleva a cabo por tres RNA polimerasas nucleares.

203. **Las enzimas de restricción:**

    1. Reconocen secuencias específicas de 3 nucleótidos en el RNA.
    2. Son sintetizadas por las células hepáticas.
    3. Cortan el DNA en fragmentos.
    4. Se purifican mediante electroforesis horizontal en agarosa.
    5. Se utilizan en la técnica analítica del "Western".

204. **¿Cuál es la explicación metabólica de la enfermedad denominada favismo?:**

    1. Presencia de un componente tóxico en las habas.
    2. Deficiencia de la enzima glucógeno fosforilasa.
    3. Sobreexpresión de la enzima glucógeno fosforilasa.
    4. Deficiencia de la enzima glucosa-6-fosfato deshidrogenasa.
    5. Sobreexpresión de la enzima glucosa-6-fosfato deshidrogenasa.

205. **La principal fuente de nucleótidos en los linfocitos es:**

    1. La síntesis *de novo*.
    2. Las vías de recuperación.
    3. La hidrólisis de coenzimas.
    4. La degradación de ATP y CTP.
    5. La degradación de purinas y primidinas.

206. ¿Cuál de estas enzimas participa en el ciclo de ácido cítrico?:

1. β-glactósido permeasa.
2. Peptidil transferasa.
3. Enolasa.
4. Piruvato deshidrogenasa.
5. Aconitasa.

207. La ACP o proteína transportadora del acilo está implicada en:

1. Las lanzaderas del sustrato.
2. El transporte de cuerpos cetónicos.
3. El transporte de Coenzima A.
4. La biosíntesis del palmitato.
5. El ciclo de Krebs.

208. En las proteínas, la hélice α es un tipo de estructura secundaria que se caracteriza por:

1. Estar estabilizada por interacciones entre los grupos R.
2. Aparecer principalmente en el colágeno.
3. Estar formada por muchos residuos polares.
4. Ser rica en residuos de prolina y glicina.
5. Ser característica de centros activos enzimáticos.

209. Los citocromos de la cadena respiratoria son proteínas que tienen en común:

1. Ser lipoproteínas de membrana.
2. Tener centros Fe-S.
3. Tener grupos hemo.
4. Ceder electrones al O_2.
5. Generar gradientes de electrones.

210. La glicina cuando actúa como neurotransmisor:

1. Abre canales de Na^+.
2. Cierra canales de K^+.
3. Cierra canales de Cl^-.
4. Abre canales de Ca^{2+}.
5. Abre canales de Cl^-.

211. En una situación de ayuno, ¿qué sustancias aumentan su concentración en sangre?:

1. Glucosa.
2. Cuerpos cetónicos.
3. Ácidos grasos.
4. Glucógeno.
5. Insulina.

212. ¿Por qué en las células cancerosas se producen altas tasas de glucólisis?:

1. Debido a un aumento de la síntesis de enzimas glicolíticas.
2. Debido a la represión de los transportadores de glucosa.
3. Porque aumenta la movilización de proteínas.
4. Porque aumenta la movilización de lípidos.
5. Porque las células están muy oxigenadas.

213. Un complejo proteico que se localiza en la horquilla de replicación y es responsable de la síntesis de DNA es:

1. Proteasoma.
2. Espliceosoma.
3. Endosoma.
4. Replisoma.
5. Polisoma.

214. La hemoglobina fetal:

1. Es idéntica a la hemoglobina adulta.
2. Posee menor afinidad por el oxígeno que la hemoglobina materna.
3. Posee mayor afinidad por el oxígeno que la hemoglobina materna.
4. Procede de la hemoglobina de la madre.
5. Es un dímero, a diferencia de la adulta que es tetrámero.

215. La función de una proteína depende de:

1. Su contenido en aminoácidos ácidos.
2. Su contenido en aminoácidos básicos.
3. Su contenido en aminoácidos no polares.
4. Su punto isoeléctrico.
5. Su secuencia de aminoácidos.

216. El 2,3- Bisfosfoglicertato disminuye la afinidad de la Hemoglobina por el O_2 porque:

1. Favorece la forma Tensa de la proteína.
2. Favorece la forma Relajada de la proteína.
3. Es una molécula neutra.
4. Compite con el CO_2.
5. Compite con el O_2.

217. La β-oxidación del ácido palmítico proporciona:

1. 8 moléculas de Acetil-CoA.
2. 8 moléculas de Acil-CoA.
3. 9 moléculas de Acetil-CoA.
4. 8 moléculas de Propionil- CoA.
5. 9 moléculas de Propionil- CoA.

218. La glucólisis:

1. Es una vía de consumo de energía.
2. Sólo utiliza glucosa.
3. Puede utilizar otros sustratos diferentes a glucosa como fructosa o galactosa.
4. Es exclusiva de células animales.
5. Es exclusiva de microorganismos.

219. ¿En cuál de los siguientes metabolitos se transforma la alanina por acción de la alanina aminotransferasa?:

1. Glicinato.
2. Citrato.
3. Succinato.
4. Oxalacetato.
5. Piruvato.

220. **La acetilación de las histonas del nucleosoma:**

1. Dificulta la unión de los factores de trasncripción.
2. Determina que las interacciones entre las histonas y el DNA sean más débiles.
3. Determina que las interacciones entre las histonas y DNA sean más fuertes.
4. Es un paso previo a la metilación del DNA.
5. Aumenta el número de cargas positivas.

221. **¿Cuál de los siguientes compuestos no pertenece al grupo de las hormonas esteroideas?:**

1. Glucocorticoides.
2. Mineralcorticoides.
3. Estrógenos.
4. Andrógenos.
5. Leucotrienos.

222. **¿Qué aminoácidos intervienen en la síntesis *de novo* de los nucleótidos de purina:**

1. Glicina, glutamina y ácido aspártico.
2. Glicina, ácido glutámico y ácido aspártico.
3. Alanina, valina y leucina.
4. Ácido glutámico y ácido aspártico.
5. Glicina y ácido glutámico.

223. **La lecitina es:**

1. Una proteína.
2. Un fosfolípido.
3. Un ácido graso.
4. Un anticuerpo.
5. Un aminoácido.

224. **¿Cuál de los siguientes transportadores de glucosa, presente en el intestino delgado, funciona principalmente como transportador de fructosa?:**

1. GLUT1.
2. GLUT2.
3. GLUT3.
4. GLUT4.
5. GLUT5.

225. **Una proteína alostérica es una proteína:**

1. Monomérica.
2. Glicosilada.
3. Que une de forma cooperativa y reversible compuestos halogenados.
4. En la cual la unión del ligando afecta a las propiedades de unión de otro sitio de la misma proteína.
5. A la cual no se une el ligado.

226. **El ácido fosfatídico es un:**

1. Precursor de glicerofosfolípidos.
2. Grupo fostafo de alta energía.
3. Metabolito del ciclo de la urea.
4. Metabolito del ciclo de Krebs.
5. Glicolípido.

227. **El inositol trisfosfato es un metabolito implicado en la transducción de señales que:**

1. Se produce a través de la proteína G_s.
2. Actúa en la membrana del retículo endoplásmico.
3. Activa a la proteína quinasa C.
4. Tiene receptores en la membrana plasmática.
5. Es sintetizado por la fosfolipasa D.

228. **En la relación con los ácidos grasos de la especie humana:**

1. Presentan una cadena hidrocarbonada ramificada.
2. Son ácidos grasos saturados exclusivamente.
3. Son ácidos grasos insaturados exclusivamente.
4. Todos son sintetizados por células humanas.
5. El ácido linolénico debe ingerirse en la dieta.

229. **La Respiración Celular hace alusión:**

1. A la síntesis de ATP.
2. Al intercambio de CO_2 por O_2 en la Hemoglobina.
3. Al metabolismo aerobio.
4. Al intercambio de CO_2 por O_2 en lo alveolos.
5. A la glucólisis.

230. **¿Cuándo utiliza el hígado los cuerpos cetónicos?:**

1. Siempre.
2. Cuando no dispone de ácidos grasos.
3. Cuando el ayuno es muy prolongado.
4. Nunca.
5. Cuando falta ácido oxalacético para que continúe el ciclo del ácido cítrico.

231. **Señale cuál de los siguientes lípidos está formado por un esqueleto de glicerol al que se le unen dos cadenas de ácidos grasos y un alcohol fosforilado:**

1. Colesterol.
2. Fosfoglicérido.
3. Esfingosina.
4. Fosfolípido.
5. Esfingomielina.

232. **¿En cuál de las siguientes inhibiciones el inhibidor se une solamente al complejo enzima-**

sustrato?:

1. Competitiva.
2. No competitiva.
3. Reversible.
4. Irreversible.
5. Acompetitiva.

233. **Las proteínas G:**

1. Forman parte de las fibras musculares.
2. Están implicadas en la transducción de señales.
3. Están formadas por glicina.
4. Forman parte de la matriz extracelular.
5. Son globulares.

234. **¿Cuál es el principal precursor gluconeogénico después de una actividad física intensa?:**

1. Ácido pirúvico.
2. Ácido glutámico.
3. Ácido láctico.
4. Glicerol.
5. Alanina

235. **Señale cuál de los siguientes aminoácidos es un aminoácido No esencial:**

1. Histidina.
2. Isoleucina.
3. Fenilalanina.
4. Valina.
5. Aspartato.

236. **La hexoquinasa IV o glucoquinasa:**

1. Tiene alta afinidad por la glucosa.
2. Se regula por glucosa.
3. Se inhibe por frutosa-1,6-bisfosfato.
4. Se inhibe por glucosa-6-P.
5. Existe en todos los tejidos.

237. **Señale cuál de las siguientes afirmaciones sobre la recombinación del DNA es FALSA:**

1. Algunas escisiones de doble hebra en el DNA se reparan por recombinación.
2. En la meiosis, el intercambio limitado de material genético entre cromosomas emparejados proporciona un mecanismo sencillo para generar diversidad genética en una población.
3. Algunos virus utilizan vías de recombinación para integrar su material genético en el DNA de la célula huésped.
4. La recombinación se utiliza para manipular genes en la generación de ratones carentes de algún gen ("gen knockout").
5. Cuando se detiene la replicación, los procesos de recombinación no pueden reajustar la maquinaria replicativa para que la replicación pueda continuar.

238. **¿Cuál de los siguientes cebadores permitiría hacer copia del DNA monocatenario de secuencia 5' – CCGTAGGGCTAATGCCTAGGTC - 3'?:**

1. 5' – ATGCC - 3'.
2. 5' – TACGG - 3'.
3. 5' – CTGGA - 3'.
4. 5' – GACCT - 3'.
5. 5' – GATTC - 3'.

239. **Indica cuál de los siguientes pares de azúcares son epímeros entre sí:**

1. D-gliceraldehido y D-dihidroxiacetona.
2. D-glucosa y D-manosa.
3. D-glucosa y D-frutosa.
4. α-D-glucosa y β-D-glucosa.
5. D-ribosa y D-ribulosa.

240. **La lipoproteína lipasa es una enzima presente en los capilares sanguíneos del tejido adiposo y muscular que actúa principalmente sobre:**

1. VLDL y LDL.
2. LDL.
3. LDL y HDL.
4. HDL.
5. Quilomicrones y VLDL.

241. **¿Cuál de los siguientes enunciados es cierto para la glucólisis?:**

1. Se genera ATP por fosforilación oxidativa.
2. Se genera un piruvato y tres moléculas de CO_2 a partir de la oxidación de una molécula de glucosa.
3. Se gastan dos moléculas de ATP en el inicio de la ruta.
4. La reacción tiene lugar en la matriz mitocondrial.
5. La enzima limitante es la piruvato quinasa.

242. **¿Cuál de los siguientes fenómenos es más probable que ocurra en un individuo normal tras una ingesta rica en hidratos de carbono?:**

1. Disminuye la concentración de insulina y glucagón.
2. Aumenta la concentración de insulina y glucagón.
3. Sólo disminuye la concentración de insulina.
4. Sólo aumenta la concentración de insulina.
5. Sólo aumenta la concentración de glucagón.

243. **Señale cuál de las siguientes estructuras tienen en común todos los esfingolípidos:**

1. Glicerol.
2. Ceramida.
3. Colina.
4. Ácido N-acetil-neuramínico.

5. Todas las anteriores son correctas.

244. **Un tRNA que posee un anticodón 5' – IGC- 3' reconoce en un mRNA el codón:**

    1. 5' – GCU- 3'.
    2. 5' – UCG- 3'.
    3. 5' – UCI - 3'.
    4. 5' – ICI - 3'.
    5. 5' – CUC -3'.

245. **Las aminoacil-tRNA sintetasas:**

    1. Catalizan la síntesis de los tRNA.
    2. Catalizan reacciones reversibles en condiciones fisiológicas.
    3. Contienen piridoxal fosfato como grupo prostético.
    4. Tienen capacidad de corrección de lectura.
    5. Cada aminoácido posee varias sintetasas específicas.

246. **¿Cuál de estos aminoácidos no tiene grupo R polar?:**

    1. Asparagina.
    2. Histidina.
    3. Lisina.
    4. Arginina.
    5. Prolina.

247. **La peptidil transferasa:**

    1. Participa en la secreción celular de péptidos.
    2. Es una ribozima.
    3. Cataliza la formación de enlaces N-glicosídicos.
    4. Inhibe la síntesis de proteínas.
    5. Se localiza exclusivamente en el núcleo celular.

248. **La adrenalina activa:**

    1. El ciclo de la urea.
    2. La Glucólisis.
    3. La Gluconeogénesis.
    4. La Lipogénesis.
    5. La Lipolisis.

249. **¿Qué es un polisoma?:**

    1. La parte proteica del replisoma.
    2. Sinónimo de lisosoma.
    3. Una variedad de melanoma.
    4. Un mRNA procesado por varios ribosomas.
    5. Sinónimo de replisoma.

250. **Respecto de los ácidos desoxirribonucleicos, las regiones que no se traducen se denominan:**

    1. Intrínsecas.
    2. Intrones.
    3. Exones.
    4. Histonas.
    5. Insertos.

251. **En una levadura, ¿qué ruta metabólica sigue el piruvato que se forma en la glicolisis en ausencia de oxígeno?:**

    1. La fermentación láctica.
    2. El ciclo de Krebs.
    3. La fermentación alcohólica.
    4. La respiración anaerobia.
    5. La vía de las pentosas.

252. **¿En una potenciometría directa el electrodo indicador se trata?:**

    1. Siempre como si fuera un ánodo.
    2. Siempre como si fuera un cátodo.
    3. Como cátodo sólo en el caso de que sea mercurio.
    4. Como ánodo si el electrodo indicador es un electrodo de vidrio.
    5. Indistintamente como ánodo o como cátodo.

253. **La apertura nucleófila de epóxidos por reacción S_N2:**

    1. No es regioselectiva.
    2. No es estereoespecífica.
    3. Es enantioespecífica.
    4. Es regioselectiva y estereoespecífica.
    5. Ninguna de las anteriores.

254. **Señale la afirmación CORRECTA con relación a la interacción antígeno- anticuerpo:**

    1. Es muy específica y con una constante de afinidad muy elevada.
    2. Es inespecífica y con una constante de afinidad muy elevada.
    3. Es específica y con una constante de afinidad muy baja.
    4. Se produce en las regiones constantes del anticuerpo.
    5. Es poco estable.

255. **¿Cuál es la función de las aminoacil-tRNA sintetasas?:**

    1. Corregir la unión del tRNA a un codón del mRNA.
    2. Unir los aminoácidos de las cadenas polipeptídicas.
    3. Unir los aminoácidos correctos a sus tRNAs.
    4. Ayudar a que el tRNA alcance su estructura correcta.
    5. Unir los aminoácidos al RNA ribosómico.

256. **Cuando en una representación de Lineweaver-Burk, para una reacción monosustrato en presencia y en ausencia de un inhibidor, se obtiene dos líneas rectas que se cortan en el eje de abscisas:**

1. El inhibidor aumenta la K_M.
2. La Vmax disminuye en presencia de inhibidor.
3. En inhibidor reduce la afinidad del sustrato por la enzima.
4. La relación Vmax/K_M es igual en ambos casos.
5. Se trata de una inhibición irreversible.

257. El llamado ferroceno es el compuesto organometálico:

1. Que forma el cloruro de Fe (III) con acetileno.
2. Que forma el cloruro de Fe (III) con etileno.
3. De fórmula [Fe $(C_5H_5)_2$].
4. De fórmula [Fe (C_6H_6)].
5. De fórmula [$(CO)_4$Fe=Fe$(CO)_4$]

258. En una valoración fue necesario añadir 0.04 mL más de valorante para detectar el cambio de color del indicador. ¿Cuál fue el error relativo en porcentaje si el volumen total de valorante añadido fue de 50.00 mL?:

1. 2.0%.
2. 0.2%.
3. 0.8%.
4. 0.08%.
5. 0.02%.

259. Las reacciones polares, concertadas en una sola etapa y estereoespecíficas, son reacciones:

1. S_N1.
2. Hidrólisis en medio ácido.
3. S_N2.
4. Hidrólisis en medio alcalino.
5. Ninguna de las anteriores.

260. ¿Cuál de los siguientes términos no se corresponde con una de las seis clases principales de enzimas?:

1. Proteasas.
2. Oxidorreductasas.
3. Hidrolasas.
4. Liasas.
5. Transferasas.

Titulación: QUÍMICA
Convocatoria: 2011
Nº de versión de examen: 0
V = Nº de la pregunta en versión de examen 0.
RC = Respuesta correcta

V	RC	V	RC	V	RC	V	RC	V	RC
1	1	53	1	105	2	157	4	209	3
2	2	54	4	106	5	158	5	210	5
3	1	55	2	107	3	159	1	211	2
4	5	56	1	108	4	160	2	212	1
5	3	57	4	109	2	161	3	213	4
6	2	58	5	110	3	162	5	214	3
7	5	59	1	111	1	163	1	215	5
8	3	60	3	112	4	164	5	216	1
9	1	61	2	113	3	165	2	217	1
10	4	62	4	114	1	166	4	218	3
11	3	63	3	115	5	167	3	219	5
12	2	64	5	116	3	168	2	220	2
13	5	65	2	117	4	169	3	221	5
14	4	66	4	118	2	170	4	222	1
15	5	67	5	119	3	171	3	223	2
16	1	68	3	120	4	172	5	224	5
17	2	69	1	121	1	173	2	225	4
18	3	70	3	122	2	174	5	226	1
19	4	71	2	123	4	175	2	227	2
20		72	5	124	1	176	3	228	5
21	2	73		125	5	177	5	229	3
22	4	74	4	126	3	178	1	230	4
23	1	75	5	127	2	179	2	231	2
24	2	76	4	128	1	180	5	232	5
25	1	77	3	129	2	181	3	233	2
26	3	78		130	3	182	2	234	3
27	5	79	5	131	4	183	1	235	5
28	4	80	1	132	5	184	5	236	2
29	3	81	2	133	3	185	3	237	5
30		82	3	134	1	186	4	238	4
31	1	83	1	135	1	187	3	239	
32	4	84	4	136	5	188	5	240	5
33	2	85	2	137	4	189		241	3
34	3	86	3	138	5	190	2	242	4
35	5	87	2	139	2	191	1	243	2
36	4	88	3	140	3	192	4	244	1
37	1	89	4	141	4	193	5	245	4

38	5	90	2	142	2	194	3	246	5
39	3	91	3	143	5	195	1	247	2
40	2	92	1	144	1	196	5	248	5
41	4	93	2	145	4	197	3	249	4
42	5	94	3	146	3	198	2	250	2
43	2	95	1	147	2	199	4	251	3
44	3	96	3	148	5	200	2	252	2
45	4	97	4	149	4	201	3	253	4
46	1	98	2	150	3	202	5	254	1
47	5	99	1	151	2	203	3	255	3
48	4	100	3	152	5	204	4	256	2
49	1	101	2	153		205	2	257	3
50	3	102	5	154	3	206	5	258	4
51	5	103	3	155	2	207	4	259	3
52	3	104	4	156	3	208		260	1

MINISTERIO DE SANIDAD, SERVICIOS SOCIALES E IGUALDAD

PRUEBAS SELECTIVAS 2012

CUADERNO DE EXAMEN

QUÍMICOS

ADVERTENCIA IMPORTANTE

ANTES DE COMENZAR SU EXAMEN, LEA ATENTAMENTE LAS SIGUIENTES

INSTRUCCIONES

1. Compruebe que este Cuaderno de Examen integrado por 225 preguntas más 10 de reserva, lleva todas sus páginas y no tiene defectos de impresión. Si detecta alguna anomalía, pida otro Cuaderno de Examen a la Mesa.

2. La "Hoja de Respuestas" está nominalizada. Se compone de tres ejemplares en papel autocopiativo que deben colocarse correctamente para permitir la impresión de las contestaciones en todos ellos. Recuerde que debe firmar esta Hoja y rellenar la fecha.

3. Compruebe que la respuesta que va a señalar en la "Hoja de Respuestas" corresponde al número de pregunta del cuestionario.

4. **Solamente se valoran** las respuestas marcadas en la "Hoja de Respuestas", siempre que se tengan en cuenta las instrucciones contenidas en la misma.

5. Si inutiliza su "Hoja de Respuestas" pida un nuevo juego de repuesto a la Mesa de Examen y **no olvide** consignar sus datos personales.

6. Recuerde que el tiempo de realización de este ejercicio es de **cinco horas improrrogables** y que están **prohibidos** el uso de **calculadoras** (excepto en Radiofísicos) y la utilización de **teléfonos móviles**, o de cualquier otro dispositivo con capacidad de almacenamiento de información o posibilidad de comunicación mediante voz o datos.

7. Podrá retirar su Cuaderno de Examen una vez finalizado el ejercicio y hayan sido recogidas las "Hojas de Respuesta" por la Mesa.

1. ¿Qué relación hay en entre los tamaños de los cationes Na⁺ y Mg²⁺?:

   1. Son iguales porque ambos cationes tiene el mismo número de electrones.
   2. Son iguales porque ambos cationes tienen el mismo número de protones.
   3. El radio del Na⁺ es mayor que el del Mg²⁺.
   4. El radio del Mg²⁺ es mayor que el del Na⁺.
   5. No se puede predecir sin más datos cómo será la relación entre sus tamaños.

2. El óxido mixto de fórmula $MgFe_2O_4$ pertenece al grupo de:

   1. Perovskitas.
   2. Espinelas.
   3. Ilmenitas.
   4. Bronces.
   5. Magnesitas.

3. ¿Cuántos electrones desapareados tiene un catión Cr^{3+} situado en un entorno octaédrico de campo débil?:

   1. 0.
   2. 1.
   3. 2.
   4. 3.
   5. 4.

4. ¿Cuál de las siguientes fórmulas es correcta para un complejo de platino?:

   1. $K[PtCl_4]$.
   2. $K_2[PtCl_4]$.
   3. $K[PtCl_6]$.
   4. $(NH_3)_2[PtCl_4]$.
   5. $(NH_3)_2[PtCl_6]$.

5. La forma del anión nitrato es:

   1. Lineal, con el átomo de N en un extremo de la cadena.
   2. Lineal, con el átomo de N en el interior de la cadena.
   3. Triangular, con el átomo de N en el centro del triángulo.
   4. Triangular, con el átomo de N en un vértice del triángulo.
   5. Tetraédrico, con el átomo de N en un vértice del tetraedro.

6. En el $CaTiO_3$, con estructura tipo perovskita, ¿cuál es la coordinación de los cationes Ca^{2+}?:

   1. 4.
   2. 6.
   3. 8.
   4. 10.
   5. 12.

7. ¿Por qué el agua tiene un punto de ebullición mayor que el amoníaco?:

   1. El agua tiene fuerzas de van der Waals más fuertes.
   2. El agua presenta enlaces de hidrógeno y el amoníaco no.
   3. Ambos presentan enlaces de hidrógeno, pero éstos son más numerosos en el agua.
   4. El agua es polar y el amoníaco apolar.
   5. Ambos son polares, pero el agua tiene mayor momento dipolar.

8. En sus compuestos, el nitrógeno:

   1. Puede encontrarse en todos los estados de oxidación desde el -3 al +5.
   2. Solo se encuentra en los estados de oxidación -3, 0, +3 y +5.
   3. Se encuentra en los estados de oxidación +3 o +5.
   4. Puede encontrarse en todos los estados de oxidación desde el -1 al +5.
   5. Solo se encuentra en los estados de oxidación -3, 0, +2, +3, +4 y +5.

9. Según la teoría de orbitales moleculares, la molécula de dioxígeno:

   1. Es paramagnética, con un electrón desapareado, y su orden de enlace es 2.
   2. Es paramagnética, con dos electrones desapareados, y su orden de enlace es 2.
   3. Es diamagnética, y su orden de enlace es 1.5.
   4. Es diamagnética, y su orden de enlace es 2.
   5. Es diamagnética, y su orden de enlace es 2.5.

10. El hidrógeno:

    1. Es oxidado por todos los demás elementos.
    2. Es reducido por todos los demás elementos.
    3. Reacciona con todos los demás elementos a temperatura ambiente.
    4. Reacciona con algunos óxidos metálicos para dar agua y el correspondiente metal.
    5. Carece de aplicaciones industriales.

11. ¿Qué relación existe entre el diamante y el grafito?:

    1. Son isomorfos.
    2. Son polimorfos.
    3. Son alótropos.
    4. Son isómeros.
    5. Son politipos.

12. Los halogenuros de Be, Mg, Ca, Sr y Ba:

    1. Son sólidos a temperatura ambiente.
    2. Tienen todos la misma estructura.
    3. Están constituidos por moléculas a temperatu-

ra ambiente.
4. Se presentan en distintos estados de oxidación.
5. Contienen tres halógenos por cada metal.

13. **Al burbujear cloro en una disolución de hidróxido sódico:**

    1. Se produce una reacción ácido-base, formándose clorito sódico.
    2. Se produce una reacción redox, formándose clorito sódico.
    3. Se produce una reacción ácido-base, formándose hipoclorito sódico.
    4. Se produce una reacción redox, formándose hipoclorito sódico.
    5. No ocurre nada, las burbujas de cloro salen de la disolución sin sufrir ninguna transformación.

14. **El Ozono:**

    1. Es muy reductor.
    2. Es una molécula con 6 átomos de oxígeno.
    3. Es bastante menos oxidante que el oxígeno diatómico.
    4. Es muy poco reactivo frente a la materia orgánica.
    5. Puede servir para localizar dobles enlaces en un compuesto orgánico insaturado.

15. **La geometría de los complejos:**

    1. ML_3 es piramidal.
    2. ML_4 es simplemente tetraédrica.
    3. ML_5 es bipirámide trigonal o piramidal de base cuadrada.
    4. ML_6 es únicamente octaédrica.
    5. ML_6 puede ser dodecahédrica.

16. **En la radiación natural:**

    1. El tiempo de vida media de un núcleo depende de su concentración.
    2. Los núcleos radiactivos suelen ser los más pesados (Z>83).
    3. Sólo se emiten partículas alfa.
    4. Se emiten partículas alfa, que son núcleos de hidrógeno.
    5. Se emiten partículas beta, que son protones.

17. **"Estructura cúbica centrada en las caras de aniones con los cationes ocupando la mitad de los huecos tetraédricos" es la definición de la estructura cristalina tipo:**

    1. Cloruro sódico.
    2. Cloruro de cesio.
    3. Fluorita.
    4. Rutilo.
    5. Blenda.

18. **La solubilidad del cloruro sódico en agua aumenta con la temperatura porque:**

    1. Es un proceso endotérmico.
    2. Es un proceso espontáneo.
    3. Es un proceso exotérmico.
    4. La entropía aumenta considerablemente durante el proceso.
    5. La entropía disminuye considerablemente durante el proceso.

19. **El vanadio es un elemento:**

    1. Que nunca llega a alcanzar el estado de oxidación +5.
    2. Que sólo tiene un óxido conocido, el V_2O_5.
    3. Que alcanza el estado de oxidación +5 en V_2O_5.
    4. Cuyo óxido V_2O_5 tiene una estructura molecular.
    5. Del que no se conocen cloruros ni bromuros.

20. **En la estructura tipo cloruro de cesio, el número de fórmulas por celdilla unidad y la coordinación de aniones y cationes es, respectivamente:**

    1. 1 y 6:6.
    2. 1 y 8:8.
    3. 4 y 4:4.
    4. 4 y 6:6.
    5. 4 y 8:8.

21. **El potencial formal de un sistema redox:**

    1. Se refiere siempre al electrodo estándar de hidrógeno.
    2. Su valor coincide con el del potencial estándar.
    3. Se mide siempre con un electrodo de oro.
    4. No se ve afectado nunca por la fuerza iónica.
    5. Es un potencial condicional que se mide a un pH de 7.4.

22. **En cromatografía de líquidos, la variable que influye de manera decisiva sobre el ensanchamiento de banda es:**

    1. La composición de la fase móvil.
    2. El gradiente de temperatura.
    3. El tamaño de partícula del relleno de la columna.
    4. La altura del plato.
    5. El número de platos.

23. **Se preparan dos disoluciones reguladoras de pH=pKa2 por adición de los volúmenes necesarios de NaOH 0.1 M a una disolución del ácido H_2A. Las disoluciones resultantes tienen:**

    1. La misma concentración y la misma capacidad reguladora.
    2. La misma concentración y distinta capacidad

reguladora.
3. La misma capacidad reguladora.
4. Distinta concentración y la misma capacidad reguladora.
5. Distinta concentración y distinta capacidad reguladora.

24. **En la valoración de carbonato con un ácido patrón, la disolución suele hervirse cuando se observan los primeros indicios del viraje del indicador. Esto se hace:**

    1. Para exaltar el color de la forma ácida del indicador, más intensa en caliente.
    2. Para eliminar el ácido carbónico y que el pH aumente, logrando así un viraje más nítido.
    3. Para que se forme un regulador CO_3^{2-}/HCO_3^- y se mantenga fijo el pH en el punto final de la valoración.
    4. Para concentrar la disolución y que así el cambio de pH sea más brusco.
    5. Para eliminar el exceso de ácido añadido a la disolución y así corregir error por exceso.

25. **La solubilidad del precipitado AgCl:**

    1. Aumenta en presencia de un ligando L^- capaz de formar complejos AgL_n solubles.
    2. Disminuye en presencia de KNO_3 porque el nitrato de plata es más soluble.
    3. Aumenta en presencia de HCl porque hay efecto de ion común.
    4. No varía en presencia de KNO_3 porque no hay efecto de ion común
    5. No varía en presencia de HCl porque este es un ácido fuerte.

26. **Si valoramos 25 mL de una solución 0.02 M de un ácido R-COOH (pKa=4.0) con NaOH 0.02 M el pH del punto de equivalencia es:**

    1. 1.
    2. 4.
    3. 7.
    4. 8.
    5. 10.

27. **El método de Kjeldahl para la determinación de nitrógeno puede aplicarse a sales nitrato:**

    1. Realizando una reducción previa de la muestra en medio alcalino.
    2. Disolviendo la muestra en hidróxido sódico y destilando el amoniaco resultante.
    3. En ausencia de catalizadores.
    4. Valorando directamente el ion amonio con una disolución de carbonato sódico patrón.
    5. Empleando óxido de mercurio como catalizador para la transformación de nitrato a ion amonio.

28. **Cuál de las siguientes combinaciones es estable en aguas naturales:**

    1. $OH^- + H^+$.
    2. $OH^- + CO_3^{2-}$.
    3. $OH^- + HCO_3^-$.
    4. $OH^- + H^+ + CO_3^{2-}$.
    5. $HCO_3^- + H^+$.

29. **Un electrodo de CO_2:**

    1. Tiene una membrana selectiva de CO_2.
    2. Tiene una membrana líquida.
    3. Tiene una membrana biocatalítica.
    4. Tiene una disolución interna de NaCl y HCl.
    5. Contiene un electrodo de vidrio.

30. **Una de las fuentes de ionización en espectrometría de masas molecular es la denominada ionización química (CI). ¿Cuál es el agente ionizante?:**

    1. Electrones.
    2. Iones gaseosos.
    3. Fotones.
    4. Un campo eléctrico.
    5. Un campo magnético.

31. **En una separación cromatográfica de dos analitos A y B, se obtuvieron los siguientes datos: Tiempos de retención 6.3 y 6.4 min y anchuras de pico medidos en la base de 0.04 y 0.06 min. ¿Cuál es la resolución de ambos picos?:**

    1. 1.
    2. 1.5
    3. 2.
    4. 2.5.
    5. 3.

32. **En electroforesis capilar, una de las formas de introducir la muestra, es la inyección hidrodinámica. ¿Cómo se lleva a cabo esta forma de inyección?:**

    1. Aplicando agua a presión elevada.
    2. Aplicando una diferencia de potencial elevada.
    3. Aplicando una pequeña diferencia de potencial.
    4. Aplicando un fluido supercrítico.
    5. Aplicando una pequeña presión.

33. **Un ácido orgánico soluble en agua, de $pK_a=5$, se extrae una sola vez con un disolvente orgánico adecuado. ¿Qué valor de pH elegiría para obtener una mayor fracción extraída?:**

    1. 2.
    2. 5.
    3. 7.
    4. 10.
    5. 14.

34. **Uno de los modos de electroforesis capilar más empleado en la separación de proteínas, polinucleótidos y fragmentos de DNA es:**

    1. Isoelectroenfoque con mezcla de anfolitos de baja conductividad y elevada absorbancia en el UV (IE-MA).
    2. Electroforesis en gel de poliacrilamida con SDS como agente desnaturalizante (SDS-PAGE).
    3. Cromatografía electrocinética micelar con gel de agarosa entrecruzado (MEKC-CA).
    4. Isotacoforesis capilar con un mismo electrolito en zona frontal y terminal (CTIP).
    5. Electroforesis capilar en zona con gel de polisuccinimida lineal (CZE-PSGE).

35. **La cromatografía de afinidad se basa en el reconocimiento molecular altamente específico de ciertas biomoléculas y suele emplearse con fines de purificación y aislamiento de moléculas, incluso en muy bajas concentraciones. ¿Cuáles de estos ejemplos no puede considerarse una interacción de afinidad?:**

    1. Proteína A – IgG (región Fc).
    2. Hebra de DNA – Hebra complementaria.
    3. Heparina – Factor de coagulación.
    4. Estreptavidina – Antibiotina.
    5. Fluoresceína – Antifluoresceína.

36. **La voltametría puede definirse como una técnica analítica en la que:**

    1. Se miden potenciales.
    2. Se miden culombios consumidos.
    3. Se mide intensidad de corriente.
    4. Se mide la resistencia.
    5. No se utilizan electrodos metálicos.

37. **El acoplamiento entre la cromatografía de gases y la espectrometría de masas (GC-MS) permite unir una poderosa técnica de separación con otra que proporciona un alto grado de información estructural. La ionización por impacto electrónico (EI) y la ionización química (CI) son las más comunes. En la primera de ellas:**

    1. Se obtienen espectros de masas ricos en fragmentos que proporcionan información estructural.
    2. Se produce menos fragmentación y por lo tanto los iones moleculares son más abundantes que en CI.
    3. Las moléculas de la muestra son ionizadas por electrones emitidos desde un filamento de wolframio o renio (ánodo) y acelerados hacia el cátodo.
    4. Se obtienen espectros de masas que proporcionan la masa molecular pero poca información estructural.
    5. Se introducen los analitos provenientes de un alto vacío en el analizador de masas a presión atmosférica.

38. **El acoplamiento de la cromatografía de líquidos con la espectrometría de masas necesita una interfase por la diferencia entre presiones, temperaturas y flujos de trabajo. ¿Cuál de las siguientes respuestas no se corresponde con una interfase que permita la introducción e ionización de la muestra?:**

    1. Bombardeo por átomos rápidos en régimen continuo.
    2. Ionización de flujo recombinante.
    3. Nebulización térmica.
    4. Ionización química a presión atmosférica.
    5. Electronebulización.

39. **¿Cuántos milimoles de una especie que tiene una masa molecular de 200 g/mol hay en 2.0 g de esa especie?:**

    1. 0.01.
    2. 20.
    3. 0.1.
    4. 10.
    5. 0.2.

40. **Los detectores amperométricos son un tipo de detector electroquímico empleado en HPLC que responde a sustancias que son oxidables o reducibles. En ellos:**

    1. La celda de medida consta de dos electrodos: uno de trabajo y uno auxiliar.
    2. El electrodo de referencia se coloca en el interior de la columna para realizar una detección "on-column".
    3. Se mide la corriente entre los electrodos en función del potencial eléctrico aplicado.
    4. Se registra la diferencia de potencial entre el electrodo de trabajo y el electrodo de referencia al paso del analito por la celda de medida.
    5. La capacitancia entre los electrodos conductores es registrada y relacionada con la concentración del analito.

41. **La fluorescencia molecular es una emisión de radiación que se debe a transiciones desde el nivel vibracional más bajo de un estado electrónico excitado (singulete). ¿Cuál de estas situaciones favorece la fluorescencia?.**

    1. La rigidez estructural.
    2. La presencia de átomos pesados (ej. halógenos).
    3. El aumento de temperatura.
    4. La presencia de oxígeno disuelto.
    5. La disminución de la viscosidad del disolvente.

42. **En una fibra óptica:**

    1. El índice de refracción del núcleo de la fibra es menor que el del material envolvente.
    2. Se produce una reflexión total interna que permite la transmisión de la luz.
    3. La luz que se propaga a su través no depende del ángulo de entrada.
    4. La luz que incide sobre la misma viaja siempre en la misma dirección.
    5. Se produce la transmisión de luz gracias al fenómeno de fotorresistencia.

43. **Se dice que un electrodo indicador tiene un comportamiento nernstiano:**

    1. Cuando la corriente generada en el proceso sigue la ecuación de Nernst.
    2. Cuando se aplica al electrodo el potencial obtenido a través de la ecuación de Nernst.
    3. Si la diferencia de potencial varía logarítmicamente con la concentración de analito.
    4. Si se utiliza para la medida de pH.
    5. Cuando la pendiente del calibrado es igual a 0.059/n.

44. **En una valoración volumétrica el punto de equivalencia se alcanza cuando se ha añadido una cantidad de valorante:**

    1. Que precipita el indicador.
    2. Que óxida al indicador.
    3. Teórica, estequiometricamente equivalente al analito a determinar.
    4. Que modifica el color de la fenolftaleina.
    5. Que modifica el color del indicador metalocrómico.

45. **En cromatografía de líquidos, la elución en gradiente es una de las estrategias que se emplean para abordar una separación, permitiendo:**

    1. Disminuir la velocidad de desplazamiento de los solutos menos retenidos provocando una mejora en la altura de plato teórico.
    2. Mantener la fuerza eluyente de la fase móvil constante durante la elución de los componentes con factores de retención semejantes.
    3. Optimizar la resolución variando la composición de la fase estacionaria de la columna.
    4. Incrementar la fuerza eluyente de la fase móvil a lo largo del análisis para provocar una disminución de los factores de retención.
    5. Emplear un programa preestablecido en el que la temperatura se varía para permitir incluir todos los componentes en un solo cromatograma.

46. **En electroanálisis el transporte por migración:**

    1. Es deseable.
    2. Se elimina con el electrolito soporte.
    3. Hace más reproducible la señal analítica.
    4. Se elimina con un tensoactivo.
    5. Se potencia con el electrolito soporte.

47. **En la mayoría de análisis espectroscópicos, los monocromadores son un tipo de selectores de longitud de onda:**

    1. Que tienen como componentes ópticos: rendija de entrada, lente o espejo colimador, prisma o red dispersiva, elemento focalizador y rendija de salida.
    2. Cuya capacidad para separar diferentes longitudes depende del poder de captación de luz.
    3. Que pueden contener una red de escalera donde se produce la absorción de ciertas zonas del espectro.
    4. Que incluyen una cuña de interferencia con un par de placas transparentes separadas por una capa de material dieléctrico.
    5. Que se basan en el efecto Fabry-Perot de interferencias ópticas para dar bandas de radiación bastante estrechas.

48. **En el análisis por redisolución potenciométrica:**

    1. La etapa de redisolución se realiza haciendo un barrido de potenciales.
    2. La reoxidación se lleva a cabo mediante un agente oxidante presente en la disolución.
    3. En la etapa de preconcentración no se agita.
    4. En la etapa de redisolución no se agita.
    5. Es muy importante el cambio de medio.

49. **Un electrodo selectivo de fluoruros:**

    1. Utiliza fluoruro de europio para mejorar la conductividad.
    2. No necesita disolución de referencia interna.
    3. Utiliza fluoruro de lantano sin dopar como membrana.
    4. No se puede utilizar por encima de 50º C.
    5. Es un electrodo de membrana líquida.

50. **En los procesos faradaicos:**

    1. No existe transferencia de cargas entre el electrodo y la disolución.
    2. Sí existe transferencia de cargas entre el electrodo y la disolución.
    3. Se deposita plata.
    4. No existe migración iónica.
    5. La difusión es el único fenómeno de transporte que existe.

51. **El potencial de unión líquida:**

    1. Desaparece con el puente salino.
    2. No origina ninguna diferencia de potencial.
    3. Es un potencial que se conoce con precisión.
    4. Depende del potencial de semionda.

5. Es una limitación importante en las medidas potenciométricas.

52. En una voltamperometría de barrido lineal para un sistema reversible:

1. El potencial de semionda coincide con el potencial de pico.
2. El potencial de semionda coincide con el potencial de semipico.
3. El potencial de semionda se sitúa entre el potencial de pico y el potencial de semipico.
4. La intensidad máxima coincide con el potencial de semionda.
5. La intensidad máxima coincide con el potencial de semipico.

53. Los indicadores redox utilizados en las valoraciones:

1. Presentan coloraciones distintas en sus formas oxidada y reducida.
2. Se eligen en función del número de electrones que se transfieren en la reacción global.
3. Reaccionan con el analito, oxidándolo o reduciéndolo según el sentido de la valoración.
4. Cuando se valora en el sentido de la oxidación, deben presentar un potencial normal lo más parecido posible al del sistema oxidante.
5. Sólo se utilizan en valoraciones con reactivos oxidantes.

54. El electrodo de oxígeno de Clark:

1. Utiliza una membrana selectiva al oxígeno.
2. Tiene un fundamento potenciométrico.
3. Utiliza un electrodo de vidrio como transductor.
4. En su interior no hay ningún electrolito.
5. Mide el oxígeno de una disolución amperométricamente.

55. Una de las formas de determinar el contenido de dióxido de azufre (SO_2) en la atmósfera es recogerlo sobre una disolución oxidante para valorar posteriormente el H_2SO_4 generado. ¿Cuál de estas disoluciones se utiliza para recoger el gas?:

1. Sn(II) en medio ácido.
2. Ácido clorhídrico 1.0 M.
3. Agua oxigenada.
4. Ácido sulfúrico.
5. Agua a pH=7.

56. El reductor de Jones, utilizado como reductor previo en valoraciones redox, está constituido por:

1. Zn.
2. Zn(Hg).
3. Ag.
4. Ag(Hg).
5. Al+Zn+Cu.

57. Las partículas coloidales se caracterizan por:

1. Poseer una carga superficial positiva o negativa.
2. Retener iones por un proceso de absorción.
3. Dispersarse en los líquidos al añadir un electrólito.
4. Coagular por un fenómeno denominado peptización.
5. Dispersarse por agitación.

58. Las llamas, plasmas, arcos y chispas son fuentes de radiación comúnmente empleadas en espectrometría de emisión atómica. Indica cuál de estas respuestas no es correcta:

1. Un plasma es un gas ionizado que es macroscópicamente neutro.
2. Los arcos y chispas son más empleados en el análisis de sólidos mientras que las llamas y plasmas son muy adecuados para el análisis de muestras en disolución.
3. La espectrometría de absorción con llama ha reemplazado prácticamente a la de emisión con llama, siendo ésta última aplicada a la determinación de elementos alcalinos y alcalinotérreos.
4. El arco se genera por aplicación de un alto voltaje entre dos redes de difracción que son sometidas a una baja corriente.
5. Los plasmas se clasifican según el tipo de campo que se emplea para generarlo y mantenerlo, siendo lo más comunes los obtenidos con un campo de microondas (MIP), un campo de alta frecuencia a través de una bobina (ICP) o una corriente directa entre electrodos (DCP).

59. En las complexometrías, las valoraciones por desplazamiento se basan en:

1. La adición de AEDT a una disolución de complejo del analito y la valoración del ligando desplazado.
2. La adición de complejo de magnesio con AEDT a la disolución de analito y la valoración del magnesio desplazado.
3. La adición de AEDT en exceso a la disolución de analito y la valoración del que no ha reaccionado.
4. La adición del complejo de magnesio con AEDT a una disolución de complejo del analito y la valoración del magnesio y el ligando desplazados.
5. La adición de AEDT a la disolución del analito y la valoración de los protones desplazados.

60. En un electrodo de vidrio:

1. No existe el potencial de asimetría.
2. Existe pero tiene un valor despreciable.
3. Existe y se corrige calibrando el electrodo.
4. El potencial de asimetría depende de la disolución interna.
5. Existe y no se puede corregir.

61. **La reacción de un alqueno con un peroxiácido produce:**

    1. Oxetanos.
    2. Hidroperoxidos.
    3. Carbonilos.
    4. Piranos.
    5. Epoxidos.

62. **La reacción que tiene lugar entre s-cis y un dienófilo, y conduce a derivados del ciclohexeno se conoce como reacción de:**

    1. Nazarov.
    2. Markonikov.
    3. Diels-Alder.
    4. Friedel y Crafts.
    5. Gabriel.

63. **La estructura electrónica de los triples enlaces consta de:**

    1. Dos enlaces π, perpendiculares entre sí y un enlace σ, formado por solapamiento de dos orbitales híbridos sp^2.
    2. Dos enlaces π, perpendiculares entre sí y un enlace σ, formado por solapamiento de dos orbitales híbridos sp.
    3. Dos enlaces π, perpendiculares entre sí y un enlace σ, formado por solapamiento de dos orbitales híbridos sp^3.
    4. Dos enlaces σ, perpendiculares entre sí y un enlace π, formado por solapamiento de dos orbitales híbridos sp.
    5. Dos enlaces σ, perpendiculares entre sí y un enlace π, formado por solapamiento de dos orbitales híbridos sp^2.

64. **La reacción en la que un compuesto con hidrógenos activos se condensa con aldehídos o cetonas se conoce como reacción de:**

    1. Knoevenagel.
    2. Mannich.
    3. Michael.
    4. Gabriel.
    5. Markonikov.

65. **Indicar qué compuesto, de los relacionados a continuación, presenta un mayor punto de ebullición:**

    1. Metano.
    2. Clorometano.
    3. Diclorometano.
    4. Triclorometano.
    5. Tetraclorometano.

66. **La transposición de Claisen, de alil-fenil-éteres es una reacción:**

    1. Concertada, fotoquímica.
    2. Iónica con catálisis ácida.
    3. Iónica con catálisis básica.
    4. Concertada, térmica.
    5. Ninguna de las anteriores.

67. **La formación de un nuevo enlace σ entre los extremos de un polieno conjugado o su inversa se conoce como:**

    1. Reacción electrocíclica.
    2. Reordenamiento sigmatrópico.
    3. Cicloadición.
    4. Cicloreversión.
    5. Reacción polar.

68. **Un procedimiento de obtención de aminas consiste en la:**

    1. Reacción de Baeyer-Villiger.
    2. Reacción de Friedel-Crafts.
    3. Transposición de Hofmann.
    4. Reacción de adición de Michael.
    5. Ninguna de las anteriores.

69. **El oxetano es un compuesto de fórmula molecular:**

    1. C_2H_4O.
    2. C_3H_6O.
    3. C_4H_8O.
    4. $C_5H_{10}O$.
    5. C_5H_8O.

70. **La poli (p-fenilentereftalamida) es un polímero conocido con el nombre comercial de:**

    1. Nylon.
    2. Poliamida.
    3. PVC.
    4. Poliéster.
    5. Kevlar.

71. **Los alcoholes y éteres presentan reactividad similar a la de:**

    1. Alquenos y alquinos.
    2. Ácidos y tiocarbonilos.
    3. Furanos y pirroles.
    4. Tioles y sulfuros.
    5. Ninguna de las anteriores.

72. **Indicar cuál de los alquenos, relacionados a continuación, presenta un menor calor de hidrogenación:**

1. *Trans*-2-buteno.
2. *Cis*-2-buteno.
3. 2,3-dimetil-2-buteno.
4. *Trans*-2-penteno.
5. 2-metil-2-penteno.

73. **El bromobenceno reacciona con amiduro sódico en amoniaco líquido a través de un mecanismo:**

    1. De sustitución electrofílica aromática.
    2. De eliminación-adición.
    3. Pericíclico.
    4. De aminación reductora.
    5. Ninguna de ellas.

74. **Un procedimiento industrial que utiliza la reacción de carbón con hidrógeno a elevadas temperaturas permite obtener:**

    1. Metanol.
    2. Metanal.
    3. Ácido fórmico.
    4. Etino.
    5. Ninguna de las anteriores.

75. **Las enaminas se obtienen por reacción de:**

    1. Carbonilos con aminas primarias.
    2. Ácidos carboxílicos con aminas primarias.
    3. Carbonilos con aminas secundarias.
    4. Ácidos carboxílicos con aminas secundarias.
    5. Carbonilos o ácidos carboxílicos con aminas terciarias.

76. **Un procedimiento de preparación de éteres es la síntesis de:**

    1. Robinson.
    2. Williamson.
    3. Baeyer-Villiger.
    4. Huang-Minlon.
    5. Ninguna de las anteriores.

77. **Los iluros de fósforo reaccionan con los aldehídos y cetonas y se transforman en:**

    1. Alcoholes.
    2. Éteres.
    3. Alcanos.
    4. Ésteres.
    5. Alquenos.

78. **¿Cuál es el orden correcto de acidez de mayor a menor?:**

    1. Etino > eteno > etano.
    2. Etano > eteno > etino.
    3. Etano > etino > eteno.
    4. Eteno > etino > etano.
    5. Etino > etano > eteno.

79. **La reacción del cloruro de bencenodiazonio con $Cu_2(CN)_2$ y KCN a 50° C produce benzonitrilo. Esta reacción se conoce como reacción de:**

    1. Alquilación de Friedel-Crafts.
    2. Diels-Alder.
    3. Acilación de Friedel-Crafts.
    4. Sandmeyer.
    5. Beckmann.

80. **Los iones N-alquilpiridinio iones añaden hidróxido reversible y exclusivamente en la posición:**

    1. Uno.
    2. Dos.
    3. Tres.
    4. Cuatro.
    5. No se añaden.

81. **Un procedimiento de obtención de cetonas consiste en la reacción de:**

    1. Magnesianos con cloruros de alcanoilo.
    2. Magnesianos con ésteres.
    3. Diorganocupratos con cloruros de alcanoilo.
    4. Diorganocupratos con epóxidos.
    5. Ninguna de las anteriores.

82. **El tratamiento de las N-metil-N-nitrosoaminas con una base produce:**

    1. Amoniaco.
    2. Etilamina.
    3. Metilamina.
    4. Diazometano.
    5. Pirano.

83. **La síntesis con éster malónico, es un buen procedimiento para preparar:**

    1. Metil cetonas.
    2. Ésteres α,β-insaturados.
    3. β-cetoácidos.
    4. β-hidroxiácidos.
    5. Ácidos.

84. **La oxidación de Baeyer-Villiger es un procedimiento que permite transformar las cetonas en:**

    1. Ácidos carboxílicos.
    2. Ésteres.
    3. Amidas.
    4. Nitrilos.
    5. Alcoholes.

85. **Indicar qué compuesto de los relacionados a continuación, presenta una mayor reactividad:**

    1. Anhídrido acético.
    2. Tioacetato de etilo.
    3. Cloruro de acetilo.

4. Acetato de etilo.
5. Acetamida.

86. **Los dialquicupratos de litio, reaccionan con los halogenuros de alquilo y forman:**

    1. Éteres.
    2. Alcoholes.
    3. Alquinos.
    4. Alcanos.
    5. Alquenos.

87. **Las reacciones S_N2 son reacciones:**

    1. Concertadas y estereoespecíficas.
    2. No concertadas.
    3. No estereoespecíficas.
    4. Concertadas y no estereoespecíficas.
    5. Ninguna de las anteriores.

88. **Los valores de las constantes físicas de los alcanos lineales (densidad, punto de fusión, punto de ebullición) aumentan conforme:**

    1. Disminuye el número de carbonos.
    2. Aumenta el número de carbonos.
    3. No guardan ninguna relación con el número de carbonos.
    4. Se complica su geometría.
    5. Ninguna de las anteriores.

89. **Indicar cuál de los siguientes compuestos reacciona más rápidamente con metoxido sódico en metanol:**

    1. Cloro-4-nitrobenceno.
    2. Cloro-2,4-dinitrobenceno.
    3. 2-cloro-1, 3, 5-trinitrobenceno.
    4. Benceno.
    5. Clorobenceno.

90. **La hidroboración-oxidación, es un procedimiento para transformar alquenos en:**

    1. Aldehídos.
    2. Éteres.
    3. Cetonas.
    4. Alcoholes.
    5. Ácidos carboxílicos.

91. **Indicar cuál de los siguientes compuestos presenta una mayor velocidad de reacción en la sustitución electrofílica aromática:**

    1. Trifluorometilbenceno.
    2. Benceno.
    3. Tolueno.
    4. Nitrobenceno.
    5. Acetanilida.

92. **El hidruro de aluminio y litio es un nucleófilo suficientemente fuerte para adicionarse al grupo carbonilo de los iones carboxilatos. Este proceso permite la reducción de ácidos carboxílicos a:**

    1. Alcoholes primarios.
    2. Alcoholes secundarios.
    3. Alcoholes terciarios.
    4. Alcanos.
    5. Cetonas.

93. **Cuando se hace reaccionar sulfuro de dimetilo con yoduro de metilo, se obtiene:**

    1. Yoduro de amonio.
    2. Yoduro de diazonio.
    3. Yoduro de trimetilsulfonio.
    4. Sulfona.
    5. Ácido metanosulfónico.

94. **Las aminas primarias y secundarias dan reacciones de condensación con aldehídos y cetonas produciendo:**

    1. Piridinas y pirroles, respectivamente.
    2. Iminas y enaminas, respectivamente.
    3. Piridinas y quinolinas, respectivamente.
    4. Iminas y quinolinas, respectivamente.
    5. Enaminas e iminas, respectivamente.

95. **Cuando se calienta a 100ºC, una disolución de 1,3-butadieno y acroleína se obtiene con un buen rendimiento:**

    1. Hexanal.
    2. Ciclohexano-carbaldehído.
    3. Ciclohexeno-2-carbaldehído.
    4. Ciclohexeno-3-carbaldehído.
    5. Ciclohexeno-4-carbaldehído.

96. **Los carbenos y carbenoides son útiles para la síntesis a partir de alquenos de:**

    1. Ciclopropanos.
    2. Ciclobutanos.
    3. Pirroles.
    4. Piridinas.
    5. Tetrahidropiranos.

97. **Un anillo de benceno y un anillo de piridina pueden compartir un lado común en dos formas diferentes, llamadas:**

    1. Indol y benzofurano.
    2. Quinolina e Indol.
    3. Quinolina e isoquinolina.
    4. Quinolina y benzotiofeno.
    5. Indol y benzotiofeno.

98. **La etapa determinante en las reacciones de sustitución electrofílica aromática, es la formación del ion:**

1. Bromonio.
2. Hidronio.
3. Iminio.
4. Oxonio.
5. Arenio.

99. **Una diferencia entre el hidrocarburo cicloheptatrieno y el catión cicloheptatrienilo es:**

    1. El número de átomos de carbono.
    2. El carbocatión es aromático y el hidrocarburo no lo es.
    3. El hidrocarburo es aromático y el carbocatión no lo es.
    4. La presencia en el carbocatión de un oxígeno.
    5. No hay diferencia, ambos son aromáticos.

100. **En la nitración del clorobenceno, su velocidad es aproximadamente 30 veces menor que la correspondiente a la nitración del benceno y los productos principales son:**

    1. o-cloronitrobenceno y m-cloronitrobenceno.
    2. m-cloronitrobenceno y p-cloronitrobenceno.
    3. o-cloronitrobenceno y p-cloronitrobenceno.
    4. Nitrobenceno y m-cloronitrobenceno.
    5. Clorobenceno y nitrobenceno.

101. **Por reacción de litio con haloalcanos se forman:**

    1. Alcoholes.
    2. Haluros de ácido.
    3. Hidrocarburos.
    4. Alquil-litio derivados.
    5. Ninguna de las anteriores.

102. **La condensación aldólica da lugar a:**

    1. Compuestos carbonílicos saturados.
    2. Compuestos carbonílicos α,β-insaturados.
    3. Compuestos carbonílicos β,γ-insaturados.
    4. Aminas aromáticas.
    5. Nitroderivados.

103. **Los grupos con efecto resonante electroatrayente son:**

    1. Desactivantes y orto/para-dirigentes.
    2. Desactivantes y meta-dirigentes.
    3. Activantes y orto/para-dirigentes.
    4. Activantes y meta-dirigentes.
    5. Desactivantes y no orientan a ninguna posición.

104. **Por reacción de ácidos con haluros de acilo se pueden preparar:**

    1. Ésteres con hidruros metálicos.
    2. Amidas con nitrilos.
    3. Anhídridos de ácido.
    4. Cetenas.
    5. Ninguna de las anteriores.

105. **Indicar qué carbocatión, de los relacionados a continuación, presenta una mayor estabilidad:**

    1. Metilo.
    2. *Ter*-butilo.
    3. Etilo.
    4. Isopropilo.
    5. Butilo.

106. **El glucagón:**

    1. Se sintetiza en las células β-pancreáticas.
    2. Es una hormona esteroidea.
    3. Se sintetiza en respuesta a altas concentraciones de glucosa en sangre.
    4. Estimula la fosforilación de enzimas reguladoras.
    5. Se sintetiza a partir de la fenilalanina.

107. **En el músculo, la insulina:**

    1. Se transporta por GLUT4.
    2. Estimula al receptor β-adrenérgico.
    3. Activa la proteína quinasa (PKA).
    4. Estimula al receptor α-adrenégico.
    5. Estimula la síntesis de glucógeno.

108. **En las horquillas de replicación del DNA de procariotas:**

    1. Los fragmentos de Okazaki se sintetizan en sentido 3'→5'.
    2. La primasa y la helicasa se asocian físicamente.
    3. La DNA pol I puede ser sustituida por la DNA pol III.
    4. La DNA pol III sólo sintetiza la hebra retrasada.
    5. Las topoisomerasas deshacen la doble hélice.

109. **¿Cuál de las siguientes características define a la forma B del DNA de doble cadena?:**

    1. Cada vuelta de hélice contiene 10 pares de bases.
    2. Hay varias moléculas de H_2O interaccionando con las bases nitrogenadas.
    3. Los grupos fosfato están en el interior de la hélice.
    4. Las dos hebras están en disposición paralela.
    5. La doble hélice está girada a izquierdas.

110. **El experimento de Meselson-Stahl estableció que:**

    1. El modelo de Watson y Crick de la doble hélice de DNA era incorrecto.
    2. La replicación del DNA era semiconservativa.
    3. La replicación del DNA era conservativa.

4. Tras dos generaciones de crecimiento de las bacterias había más DNA pesado que ligero.
5. La replicación del DNA era bidireccional.

111. En una electroforesis de tipo SDS-PAGE:

1. Las proteínas se desnaturalizan por el efecto del SDS.
2. Todas las proteínas tienen un cociente masa-carga similar.
3. Las proteínas con menor masa (peso molecular) migran más rápido a través del gel.
4. La fuerza que mueve la molécula es el potencial eléctrico.
5. Todas las anteriores son correctas.

112. ¿Cuál de los siguientes disacáridos carece de carbono anomérico?:

1. Maltosa.
2. Sacarosa.
3. Lactosa.
4. Ninguno de los anteriores.
5. Todos los anteriores.

113. Indique cuál de las siguientes moléculas no deriva del colesterol:

1. Ácido araquidónico.
2. Ácidos biliares.
3. Aldosterona.
4. Cortisol.
5. Estradiol.

114. La galactosemia es una enfermedad metabólica causada por:

1. Deficiencia de galactoquinasa.
2. Deficiencia de UPD-glucosa.
3. Deficiencia de actividad galactosa-1-fosfato uridil transferasa.
4. Excesiva ingestión de galactosa.
5. Imposibilidad de digerir lactosa.

115. La fosfoenolpiruvato carboxiquinasa (PEPCK) convierte:

1. Oxalacetato en fosfoenolpiruvato.
2. NADH en NAD^+.
3. Piruvato en oxalacetato.
4. ATP en ADP+Pi.
5. Oxalacetato en malato.

116. En el péptido cuya secuencia es Phe-Ala-Gly-Arg,¿qué aminoácido corresponde al extremo N-terminal?:

1. Ala.
2. Phe.
3. Phe y Arg.
4. Arg.
5. Ninguno de los anteriores.

117. Las proteínas G:

1. Se desactivan mediante la hidrólisis de GTP.
2. Son heterotetraméricas.
3. En su estado inactivo están unidas al nucleótido de guanina GTP.
4. Están continuamente activadas.
5. Se desactivan espontáneamente mediante la fosforilación del GDP.

118. Las lipoproteínas son complejos macromoleculares de proteínas transportadoras específicas y ¿cuál de los siguientes compuestos?:

1. Fosfolípidos.
2. Colesterol.
3. Triacilgliceroles.
4. Ésteres de colesterol.
5. Todas las anteriores son correctas.

119. Los fármacos antiinflamatorios no esteroideos (AINES) ejercen su función bloqueando la producción de:

1. Esfingolípidos.
2. Ácidos biliares.
3. Cerebrósidos.
4. Prostaglandinas.
5. Estradiol.

120. El receptor α-adrenérgico:

1. Está acoplado al sistema de la adenilato ciclasa.
2. Está acoplado al control de los niveles intracelulares de calcio.
3. Se localiza en la superficie de los miocitos.
4. Es un receptor intracelular.
5. Está acoplado al gangliosido GM1.

121. La parte glucídica de los glucolípidos:

1. Se localiza en la cara citoplasmática de la membrana.
2. Tiene siempre ácido siálico.
3. No tiene poder antigénico.
4. Determina los grupos sanguíneos AB0.
5. Es un oligómero de glucosa.

122. La hemoglobina y la mioglobina:

1. Poseen la misma afinidad por el O_2.
2. Son proteínas alostéricas.
3. Unen reversiblemente O_2.
4. Carecen de grupo prostérico.
5. No contienen His.

123. La piruvato carboxilasa utiliza como grupo prostético:

1. Piridoxal fosfato.

2. Piridoxamina fosfato.
3. Tiamina pirofosfato.
4. Coenzima-A.
5. Biotina.

124. **Indique cuál de las siguientes afirmaciones referidas a los esfingolípidos es cierta:**

    1. Los cerebrósidos y los gangliósidos son esfingolípidos.
    2. Están formados por glicerol y ácidos grasos.
    3. Contienen dos ácidos grasos esterificados.
    4. Pueden presentar carga, pero no son moléculas anfipáticas.
    5. Son extremadamente hidrofóbicos.

125. **El 2,3 bisfosfoglicerato:**

    1. Es un efector alostérico positivo de la unión de oxígeno a la mioglobina.
    2. Se une a residuos de histidina en los laterales de la molécula.
    3. Es un efector alostérico de la unión de oxígeno a la hemoglobina.
    4. Es un regulador alostérico de la unión de oxígeno a la mioglobina.
    5. Es un metabolito esencial del ciclo de Krebs.

126. **La hélice α es una estructura:**

    1. Helicoidal doble unida por enlaces covalentes.
    2. Terciaria frecuente en las proteínas.
    3. Secundaria frecuente en las proteínas.
    4. Secundaria frecuente en los ácidos nucleicos.
    5. Plegada y estabilizada mediante enlaces covalentes.

127. **La alaninas aminotrasferasa (ALT) utiliza como grupo prostético:**

    1. FAD.
    2. Piridoxamina fosfato.
    3. Tiamina pirofosfato.
    4. Coenzima-A.
    5. Biotina.

128. **La síntesis de fructosa-2,6-bisfosfato se:**

    1. Estimula por glucagón.
    2. Estimula por la proteína quinasa A (AKA).
    3. Inhibe por fosfoproteína fosfatasa 1 (PP-1).
    4. Inhibe por insulina.
    5. Produce exclusivamente en el hígado.

129. **La glucólisis:**

    1. Transforma una molécula de glucosa en dos moléculas de acetil-CoA.
    2. Es una vía común a células eucariotas y procariotas.
    3. Supone un balance de energía neto de pérdida de dos moléculas de ATP.
    4. Se produce en la matriz mitocondrial.
    5. Es una ruta anabólica.

130. **Señale la afirmación correcta:**

    1. A pO_2 bajas la mioglobina está saturada de O_2 que la hemoglobina.
    2. El CO_2 aumenta la afinidad de la hemoglobina por el O_2.
    3. El 2,3-bisfosfoglicerato está fuertemente unido en la hemoglobina oxigenada.
    4. Los tejidos que producen lactato liberan más O_2.
    5. A pO_2 altas la hemoglobina tiene 2 subunidades.

131. **¿Cuál de estos aminoácidos no tiene grupo R alifático?:**

    1. Leucina.
    2. Lisina.
    3. Valina.
    4. Metionina.
    5. Serina.

132. **En el ciclo del ácido cítrico:**

    1. Se oxidan unidades de 3 átomos de carbono.
    2. Hay una etapa inicial en la que se unen unidades de 3 átomos de carbono al oxalacetato.
    3. Se utiliza como combustible la acetil-CoA.
    4. Se originan dos moléculas de NADH.
    5. Se consumen dos ATP.

133. **La glucógeno fosforilasa muscular se:**

    1. Activa por glucosa-6-fosfato.
    2. Activa por ATP.
    3. Inhibe por glucosa.
    4. Activa por AMP.
    5. Activa por glucosa-1-fosfato.

134. **En el flujo cíclico de electrones de la fotosíntesis:**

    1. Se produce NADPH en lugar de ATP.
    2. Se produce NADPH y ATP.
    3. Se produce $NADP^+$.
    4. Participa el Fotosistema II.
    5. Se produce ATP en lugar de NADPH.

135. **La hemoblobina es una proteína oligomérica que además de los grupos prostéticos hemo presenta:**

    1. Seis cadenas polipeptídicas (dos cadenas α y cuatro cadenas β).
    2. Dos cadenas de polipéptidos (una cadena α y una cadena β).
    3. Cuatro cadenas polipeptídicas (dos cadenas α

y dos cadenas β).
4. Cinco cadenas polipeptídicas (dos cadenas α y tres cadenas β).
5. Ninguna de las anteriores es correcta.

136. ¿Cuál de estas frases no es cierta acerca de la fotosíntesis C4?:

1. Se inicia en las células del mesófilo.
2. Se inicia en las células de la vaina.
3. El CO_2 se une a fosfoenolpiruato para formar oxalacetato.
4. El ciclo de Calvin tiene lugar en las células de la vaina.
5. Es característica de plantas que crecen en climas cálidos.

137. De las siguientes afirmaciones de la cadena transportadora de electrones ¿Cuál es verdadera?:

1. Una molécula de FADH puede generar hasta 2.5 moléculas de ATP.
2. Una molécula de NADH puede generar hasta 1.5 moléculas de ATP.
3. Los electrones fluyen de potenciales de reducción más positivos a potenciales de reducción más negativos.
4. El complejo II (utilizado por el $FADH_2$) no transfiere protones al espacio intermembrana.
5. El complejo III utiliza como cofactores átomos de cobre (Cu).

138. La replicación del DNA tiene lugar en dirección:

1. 5'→3'.
2. 3'→5'.
3. 5'→5'.
4. 3'→3'.
5. Ninguna de las anteriores.

139. La enzima ramificante, que participa en la síntesis de glucógeno:

1. También se denomina glucogenina.
2. Transfiere fragmentos de glucógeno de siete residuos.
3. Genera el intermediario catalítico glucosa-1,6-bisfosfato.
4. Tiene actividad transpeptidasa.
5. Produce glucosa-6-fosfato libre en el músculo.

140. ¿Cuál de las siguientes opciones es cierta?:

1. La fructosa es un isómero óptico de la glucosa.
2. Si se reducen todos los carbonos de la glucosa se incrementa su solubilidad en agua.
3. Una aldohexosa tiene más carbonos asimétricos que una cetohexosa.
4. En la formación de un enlace hemiacetal, que da lugar a un carbono anomérico, se libera una molécula de agua.
5. Ninguna de las anteriores.

141. En la fostorilación oxidativa, ¿qué enzima cataliza la reducción de oxígeno molecular a agua?:

1. Succinato deshidrogenasa.
2. Citocromo reductasa.
3. NADH-Q oxidorreductasa.
4. Citocromo c oxidasa.
5. Superóxido dismutasa.

142. La transformación de quimotripsinógeno en quimotripsina:

1. Es intracelular.
2. Se debe a una modificación covalente reversible.
3. Es una activación por proteolísis.
4. Produce una proteasa de mayor peso molecular.
5. Es reversible.

143. ¿Cuál de los siguientes grupos funcionales está ordenado de más oxidado a más reducido?:

1. Hidroxilo-carbonilo-metilo-carboxilo.
2. Carbonilo-carboxilo-hidroxilo-metilo.
3. Metilo-hidroxilo-carbonilo-carboxilo.
4. Hidroxilo-carboxilo-carbonilo-metilo.
5. Carboxilo-carbonilo-hidroxilo-metilo.

144. Los inhibidores no competitivos:

1. No alteran la Vmax.
2. Actúan disminuyendo el número de recambio de la enzima.
3. Disminuyen la afinidad del sustrato por la enzima.
4. Se unen al centro activo de la enzima.
5. Se unen solamente al complejo enzima-sustrato.

145. Indique cuáles de los siguientes aminoácidos se encuentran con frecuencia en el interior de un giro β:

1. Ala y Gly.
2. Pro y Gly.
3. Dos Cys.
4. Dos Pro.
5. Dos aminoácidos apolares.

146. ¿A partir de qué compuesto se sintetiza el colesterol?:

1. Acetil-CoA.
2. Esterano.
3. Esfingomielina.
4. Ceramida.

5. Escualeno.

147. El DNA recombinante es:

1. Una molécula de DNA que activa la recombinación heteróloga.
2. Una molécula de RNA mensajero precursor.
3. Una molécula de DNA compuesta de segmentos unidos covalentemente procedentes de dos o más fuentes.
4. Una molécula de DNA diploide.
5. Un complejo multienzimático de DNA polimerasas unidas covalentemente.

148. En el código genético:

1. Un triplete puede codificar varios aminoácidos.
2. Un aminoácido puede estar codificado por más de un triplete.
3. Hay dos codones de terminación.
4. GUG codifica Met.
5. Los aminoácidos N-terminales no están codificados.

149. De los siguientes compuestos y enzimas ¿Cuál participa en el transporte de ácidos grasos al interior de la mitocondria?.

1. Carnitina.
2. CoA-SH.
3. Carnitina aciltransferasa I.
4. Carnitina aciltransferasa II.
5. Todos los anteriores.

150. De entre los siguientes aminoácidos indique cuál es intermediario en el ciclo de la urea:

1. Serina.
2. Arginina.
3. Leucina.
4. Lisina.
5. Todas las anteriores son correctas.

151. El diacilglicerol es un metabolito implicado en la transducción de señales que:

1. Pertenece a la cascada de los fosfoinosítidos.
2. Pertenece a la vía del AMPc.
3. Activa a la protein quinasa PKB/AKT.
4. Activa a la protein quinasa PKD.
5. Se produce tras activación de proteínas Gs.

152. ¿Cuál de las siguientes enzimas se inhibe por ATP?:

1. Fosfofructoquinasa (PFK1).
2. Piruvato quinasa.
3. Piruvato deshidrogenasa.
4. Citrato sintasa.
5. Todas las anteriores son correctas.

153. La estructura del DNA:

1. Es una doble hélice alfa.
2. Está formada por unidades monosacarídicas unidas covalentemente.
3. Está formada por residuos aminoacídicos unidos por enlaces fosfoéster.
4. Hace posible su separación y replicación con fidelidad casi perfecta.
5. Hace posible su utilización como molde directo para la síntesis de las proteínas.

154. ¿Qué parámetro cinético se utiliza para medir la eficiencia catalítica de una enzima cuando la concentración de sustrato es menor que la K_M?:

1. K_{cat}.
2. K_M.
3. K_{cat}/K_M.
4. La velocidad de la reacción para una concentración de sustrato en la zona lineal de la curva.
5. V_{max}.

155. Los sistemas de transporte activo a través de membranas se caracterizan por:

1. Crear un potencial de membrana.
2. Usar siempre ATP.
3. Funcionar mediante cotransporte.
4. Ser siempre electrogénicos.
5. Ser siempre saturables.

156. En la fermentación alcohólica:

1. Interviene la piruvato deshidrogenasa.
2. Interviene la piruvato descarboxilasa.
3. Interviene la lactato deshidrogenasa.
4. Se regenera NADH.
5. Hay una reacción de desfosforilación.

157. La secuencia de iniciación de la transcripción o promotor en procariotas:

1. Es reconocida por factores de transcripción independientes.
2. No es indispensable para comenzar la transcripción.
3. Posee secuencias conocidas como promotores reconocidas por el factor sigma.
4. Se encuentra en la región 3' del tránscrito primario.
5. Está compuesta por secuencias ricas en pares de bases GC.

158. ¿Cuál de los siguientes es un ejemplo de la estructura terciaria de una proteína?:

1. Una proteína multimérica.
2. Una hélice alfa.
3. Una conformación de hoja beta.
4. Un dominio globular.

5. Todas las anteriores son correctas.

159. La respuesta inmune humoral a un antígeno:

1. No es capaz de desarrollar la memoria inmunológica hacia ese antígeno.
2. Es mediada por linfocitos T citotóxicos.
3. Es ejercida por inmunoglobulinas o anticuerpos.
4. Es mediada por receptores de membrana de linfocitos T.
5. Es inespecífica.

160. La DNA polimerasa I es una enzima que:

1. Participa en la replicación de eucariotas.
2. No es procesiva.
3. Está compuesta de varias subunidades.
4. No tiene actividad exonucleasa de 5' a 3'.
5. Tiene actividad exonucleasa de 3' a 5'.

161. Señala cuál de los siguientes términos corresponde a una de las seis clases principales de enzimas:

1. Carboxipeptidasas.
2. Oxidorreductasas.
3. Proteasas.
4. Lipasas.
5. Fosfatasas.

162. La fosforilación a nivel de sustrato se produce cuando:

1. Se convierte el fosfoenolpiruvato en piruvato y al mismo ADP y Pi en ATP.
2. Se obtiene ATP mediante un gradiente de protones.
3. Se transfiere un grupo fosfato del ATP al AMP.
4. Es lo mismo que la fosforilación oxidativa.
5. Se fosforila la glucosa en la fotosíntesis.

163. El 3-fosfoglicerato:

1. Es un precursor del aminoácido lisina.
2. Es un precursor del aminoácido serina.
3. Es un intermediario del Ciclo de Krebs.
4. Se produce en la mitocondria.
5. Es precursor de los aminoácidos aromáticos.

164. ¿Cuál de los siguientes lípidos no se encuentra en ningún tipo de membrana celular?:

1. Gangliósidos.
2. Ceramidas.
3. Esfingomielinas.
4. Triacilgliceroles.
5. Colesterol.

165. ¿Cuál de los siguientes compuestos no funciona como coenzima?:

1. Pirofosfato de tiamina.
2. $NADP^+$.
3. Ubiquitina.
4. Piridoxal fosfato.
5. Lipoamida.

166. Indica cuál de los siguientes compuestos se forma mediante transaminación a partir del aspartato:

1. Oxalacetato.
2. Citrato.
3. Succinato.
4. Isocitrato.
5. Piruvato.

167. Entre las reacciones irreversibles del ciclo del ácido cítrico está la catalizada por la:

1. Aconitasa.
2. Malato deshidogenasa.
3. Succinil-CoA sintetasa.
4. Fumarasa.
5. Citrato sintasa.

168. La reacción inicial del ciclo del ácido cítrico:

1. Tiene lugar en el citosol.
2. Es la unión del oxalacetato con la acetil-CoA formado citrato.
3. Realiza la oxidación de citrato a isocitrato.
4. Produce un compuesto de cinco carbonos.
5. Utiliza pirofosfato de tiamina como coenzima.

169. Cuando el oxígeno se une a la hemoglobina:

1. No se produce ningún cambio en la estructura de la proteína.
2. La hemoglobina pasa de un estado R (relajado) a un estado T (tenso).
3. Se producen cambios en la estructura cuaternaria de la hemoglobina.
4. Disminuye la afinidad del oxígeno a los demás centros de unión de oxígeno.
5. Se produce un giro entre los dímeros $\alpha_1\beta_1$ y $\alpha_2\beta_2$ de 30° entre sí.

170. ¿Qué pareja de grupos funcionales puede establecer puentes de hidrógeno entre sí?:

1. Hidroxilo-metilo.
2. Carboxilo-fenilo.
3. Metilo-etilo.
4. Amina-hidroxilo.
5. Hidroxilo-fenilo.

171. El factor de iniciación IF-2:

1. Lleva asociada una molécula de ATP a la molécula de proteína.

2. Participa en la iniciación de la traducción.
3. Cataliza la unión de cada aminoácido a su correspondiente tRNA.
4. Transporta todos los aminoacil-tRNA al sitio A del ribosoma.
5. Induce la asociación de las dos subunidades del ribosoma.

172. **La glucógeno sintasa muscular se:**

1. Activa por glucosa-6-fosfato.
2. Inhibe por ATP.
3. Inhibe por glucosa.
4. Activa por AMP.
5. Activa por glucosa-1-fosfato.

173. **Los efectos biológicos de las lectinas se basan en su capacidad de unirse a:**

1. Moléculas anfipáticas.
2. Lípidos específicos.
3. Oligosacáridos específicos.
4. Moléculas hidrofóbicas.
5. Proteínas específicas.

174. **¿Cuál de estas enzimas produce tres RNAs ribosómicos?:**

1. RNA polimerasa II.
2. RNA polimerasa IV.
3. RNA polimerasa III.
4. RNA polimerasa I.
5. RNA polimerasa I y III.

175. **Si se oxida sólo el primer carbono de la D-glucosa:**

1. En la posición 1 habrá un COOH.
2. La D-glucosa se convierte en ácido D-glucurónico.
3. La D-glucosa se convierte en ácido D-glucónico.
4. Las opciones 1 y 2 son ciertas.
5. Las opciones 1 y 3 son ciertas.

176. **La fosforilación oxidativa requiere que:**

1. Esté bloqueada la cadena respiratoria.
2. Esté intacta la membrana externa mitocondrial.
3. Esté intacta la membrana interna mitocondrial.
4. Haya un ionóforo en la membrana interna mitocondrial.
5. Haya termogenina en la membrana interna mitocondrial.

177. **La glucógeno fosforilasa hepática:**

1. Degrada glucógeno a glucosa-1-fosfato.
2. Cataliza la síntesis del piridoxal-5'-fosfato.
3. Utiliza ATP como sustrato.
4. Degrada glucógeno a glucosa-6-fosfato.
5. Utiliza UDP-glucosa como sustrato.

178. **¿Cuál de las siguientes respuestas es correcta respecto a un tRNA?:**

1. El tRNA tiene un anticodón que sirve para reconocer al DNA molde.
2. El aminoácido se le une al extremo 5'.
3. Contiene una cola de poli A en su extremo 3'.
4. Puede contener inosina en el anticodón.
5. Sirve de gen para algunos virus.

179. **Entre las enzimas específicas de la gluconeogénesis podemos citar a la:**

1. Fosfofructoquinasa 2.
2. Fosfofructoquinasa 1.
3. Fructosa-1,6-bisfosfatasa 1.
4. Fosfoglicerato quinasa.
5. Aspartato aminotransferasa.

180. **Respecto a los diferentes nutrientes de los tejidos:**

1. El glucógeno es nutriente favorito del tejido nervioso.
2. La glucosa es nutriente favorito del tejido nervioso.
3. El músculo cardiaco capta piruvato de la sangre para reducirlo por vía aerobia.
4. El músculo esquelético capta lactato de la sangre para oxidarlo por vía anaerobia.
5. Los triglicéridos son nutrientes importantes del cerebro.

181. **¿Cuál de las siguientes modificaciones sufre un tRNA de células eucariotas?:**

1. Modificaciones en las bases y las ribosas.
2. Eliminación del extremo 3'.
3. Eliminación del extremo 5' por la RNasa P.
4. Adición del trinucleótido CCA.
5. Todas las anteriores.

182. **La enfermedad de almacenamiento del glucógeno tipo I (enfermedad de von Gierke), está asociada a un defecto en la :**

1. Glucógeno sintasa.
2. Fosforilasa quinasa.
3. Fosfofructoquinasa.
4. Glucosa-6-fosfatasa.
5. Glucógeno foforilasa.

183. **La glucógeno fosforilasa se activa por:**

1. Desfosforilación de la serina-14.
2. Acción de la fosfoproteína fosfatasa 1.
3. Acción de la proteína quinasa A (PKA).
4. Acción de la fosfodiesterasa de AMPcíclico.
5. Fosforilación de la calmodulina.

184. La anhidrasa carbónica:

    1. Es una enzima extracelular.
    2. Cataliza la conversión de ácido carbónico en CO_2 y agua.
    3. Tiene un número de recambio muy bajo.
    4. Cataliza la reacción de conversión de H_2CO_3 en HCO_3^- y H^+.
    5. Se regula por fosforilación.

185. La síntesis de urea:

    1. Es una forma de eliminar el nitrógeno procedente de la degradación de aminoácidos.
    2. Es utilizada por las aves para eliminar nitrógeno.
    3. Es una ruta síntesis de ácidos grasos.
    4. Utiliza metionina como donador de nitrógeno.
    5. Tiene lugar en casi todos los tejidos del organismo.

186. La enzima desramificante, que participa en la degradación del glucógeno:

    1. También se denomina fosfoglucomutasa.
    2. Produce glucosa-6-fosfato libre en el hígado.
    3. Genera el intermediario catalítico glucosa-1,6-bisfosfato.
    4. Tiene actividad transpeptidasa.
    5. Actúa como una glucosiltransferasa.

187. Las DNA polimerasas:

    1. Tienen actividad transcriptasa reverva.
    2. Contienen RNA.
    3. Participan en la replicación del genoma.
    4. Evitan que los extremos de los cromosomas se acorten.
    5. Son enzimas de vida media corta.

188. ¿Cuál es la función de las nucleósido monofosfato quinasas?:

    1. Transferir el grupo fosforilo entre dos nucleótidos provocando la hidrólisis.
    2. Transferir el grupo fosforilo de un nucleósido monofosfato a un nucleósido trifosfato.
    3. Fosforilar la DNA polimerasa I.
    4. Transferir el grupo fosforilo entre dos nucleótidos sin provocar la hidrólisis.
    5. Hidrolizar los enlace fosfodiéster entre dos nucleótidos.

189. La heparina es:

    1. Un polisacárido catiónico.
    2. Una proteína con estructura cuaternaria.
    3. Un fosfolípido presente en la pared celular.
    4. Un proteoglicano.
    5. Un glucosaminoglucano.

190. Indique cuál será la carga neta de un aminoácido con un grupo R no ionizable para un valor de pH por debajo de su pI:

    1. Carga neta positiva.
    2. Carga neta negativa.
    3. Sin carga.
    4. Es necesario conocer el valor exacto de pH para contestar esta pregunta.
    5. La carga eléctrica de los aminoácidos no varía en función del pH.

191. Las proteínas tienen a menudo regiones que presentan un patrón de plegamiento o función característica. Estas regiones se denominan:

    1. Subunidades.
    2. Giros beta.
    3. Dominios.
    4. Tríadas.
    5. Pentapéptidos.

192. En una α hélice, los puentes de hidrógeno:

    1. Son aproximadamente paralelos al eje de la hélice.
    2. Son aproximadamente perpendiculares al eje de la hélice.
    3. Se producen principalmente entre los átomos electronegativos de las cadenas laterales de los aminoácidos.
    4. Se producen sólo cerca del extremo amino de la hélice.
    5. Se producen sólo cerca del extremo carboxilo de la hélice.

193. Indique cuál de los siguientes compuestos no es un agente desnaturalizante de proteínas:

    1. El jabón común.
    2. El SDS (Dodecyl-Sulfato-Sódico).
    3. La urea.
    4. El ión guanidino.
    5. El tampón fosfato.

194. El compuesto formado por una desoxirribosa unida mediante un enlace N-glucosídico al N-9 de la adenina es:

    1. Un desoxirribonucleótido.
    2. Un nucleótido de purina.
    3. Ácido adenílico.
    4. Desaxiadenosina.
    5. Un nucleótido de pirimidina.

195. La enzima reguladora de la síntesis de colesterol es:

    1. Colesterol esterasa.
    2. Cetotiolasa.
    3. Fosfolipasa C.
    4. 3-hidroximetil glutaril-CoA reductasa.
    5. Colesterol sintasa.

196. Indique cuál de las siguientes afirmaciones es cierta para el oligonucleótido de DNA AGCTTG:

    1. Tiene 7 grupos fosfato.
    2. Tiene un grupo hidroxilo en si extremo 3'.
    3. Tiene un grupo fosfato en su extremo 3'.
    4. Tiene una A en su extremo 3'.
    5. Carece de bases nitrogenadas púricas.

197. Las interacciones hidrofóbicas entre moléculas apolares:

    1. Son interacciones muy energéticas.
    2. Se establecen en entornos apolares.
    3. Se deben a la tendencia del agua a minimizar el contacto con moléculas hidrofóbicas.
    4. Se deben a la tendencia del agua a maximizar el contacto con moléculas hidrofóbicas.
    5. Se deben a la atracción entre segmentos apolares.

198. Las señales que definen el comienzo y el final de la síntesis de una proteína están contenidas en el (la):

    1. m-RNA.
    2. tRNA.
    3. rRNA.
    4. Ribosoma.
    5. Proteína.

199. Los triacilgliceroles o triglicéridos:

    1. Están más oxidados que los glúcidos.
    2. Están menos oxidados que los glúcidos.
    3. Son compuestos polares.
    4. Aportan menos energía que los glúcidos.
    5. Contienen exclusivamente ácidos grasos insaturados.

200. Elija la respuesta correcta en relación con las enzimas alostéricas:

    1. Siguen una cinética michaeliana.
    2. Son proteínas monoméricas.
    3. No son enzimas reguladas.
    4. Se unen a un único ligando.
    5. Presentan el fenómeno de cooperatividad.

201. La acilcarnitina:

    1. Cataliza la generación de acetil-CoA.
    2. Participa en la entrada de citrato en la mitocondria.
    3. Es un medio de transporte de los ácidos grasos.
    4. Transporta el piruvato desde el citosol a la mitocondria.
    5. Implica la utilización de CO_2.

202. La termodinámica:

    1. Establece el estado estacionario de las rutas metabólicas.
    2. Dicta la velocidad de las reacciones.
    3. Controla la energía de las reacciones.
    4. Clasifica las vías como anabólicas o catabólicas.
    5. Dicta la dirección de las reacciones.

203. ¿Cuál de los siguientes compuestos es un derivado de aminoácido?:

    1. Testosterona.
    2. Ácido retinoico.
    3. Biotina.
    4. Adrenalina.
    5. Retinol.

204. ¿A qué se denomina cetosis?:

    1. Al aumento de cuerpos cetónicos en casos de inanición y diabetes descontrolada.
    2. A un tipo de aterosclerosis.
    3. Al metabolismo de los acilgliceroles.
    4. A la ingesta exagerada de grasas saturadas.
    5. Al proceso de obtención de energía por parte del tejido cardíaco.

205. Elija la respuesta correcta en relación con los glucosaminoglucanos:

    1. Son glúcidos de reserva.
    2. Están presentes en la matriz extracelular.
    3. Son polisacáridos homogéneos de carácter polar.
    4. Forman parte de la pared celular bacteriana.
    5. Son abundantes en vegetales.

206. En relación con la enzima aconitasa es cierto que:

    1. Es una enzima exclusiva de la matriz mitocondrial.
    2. Posee un centro de Mo y S.
    3. Es clave en la regulación de la homeostasis del hierro.
    4. Su sustrato es el *cis*-aconitato.
    5. Cataliza la oxidación de citrato.

207. La mayor parte de la síntesis de colesterol en los vertebrados tiene lugar en:

    1. Páncreas.
    2. Intestino delgado.
    3. Membrana celular.
    4. Hígado.
    5. Todas las anteriores son correctas.

208. La rodopsina:

    1. Es una molécula fotorreceptora presente en los

conos.
   2. Está formada por la proteína opsina unida al 11-*trans*-retinal.
   3. Es la molécula responsable de la detección de olores.
   4. Absorbe luz en el espectro ultravioleta.
   5. Es una molécula fotorreceptora de los bastones.

209. **¿Cuál es el mecanismo más importante para degradar colesterol?:**

   1. Digestión llevada a cabo por las lipasas.
   2. Conversión en ácidos biliares.
   3. Conversión en HDL.
   4. Conversión en LDL.
   5. Acción directa de las estatinas.

210. **¿Qué células del sistema inmune son las responsables de la inmunidad mediada por células?:**

   1. Células T.
   2. Neutrófilos.
   3. Células Natural Killer.
   4. Células B.
   5. Basófilos.

211. **En una cromatografía de filtración en gel:**

   1. Las proteínas más pequeñas penetran en el gel más fácilmente.
   2. Las proteínas más grandes eluyen antes.
   3. Las proteínas más grandes penetran en la matriz más fácilmente,
   4. La muestra de proteína es la fase estacionaria.
   5. Las respuestas 1 y 2 son correctas.

212. **¿Qué son los microsatélites o repeticiones cortas en tándem?:**

   1. Secuencias repetidas de aminoácidos de una proteína.
   2. Secuencias cortas de RNA.
   3. Estructuras presentes en la membrana plasmática.
   4. Secuencias repetidas de DNA utilizadas como marcadores genéticos.
   5. Estructuras ribosómicas.

213. **El enlace peptídico:**

   1. Es esencialmente plano.
   2. Se produce entre el grupo libre de un aminoácido y el grupo carboxilo del siguiente aminoácido.
   3. Presenta un ángulo de 5° entre un aminoácido y el siguiente.
   4. Es un enlace sencillo.
   5. Presenta una distancia C-N de 5 Å.

214. **Respecto a la afirmación "Los animales No pueden convertir los ácidos grasos en glucosa" indique cuál de las siguientes respuestas es correcta:**

   1. Los animales SÍ que pueden convertir los ácidos grasos en glucosa.
   2. Es debido a la ausencia de malato sintasa.
   3. Es debido a que la acetil-CoA obtenida en la oxidación de los ácidos grasos no se puede convertir en piruvato.
   4. Es debido a la ausencia de α-cetoglutarato-deshidrogenasa.
   5. Ninguna de las anteriores es correcta.

215. **En el hígado la insulina:**

   1. Inhibe la síntesis de glucógeno.
   2. Inhibe la glucógeno sintasa quinasa 3 (GSK3).
   3. Estimula la glucógeno fosforilasa.
   4. Aumenta el número de transportadores GLUT4.
   5. Estimula la fosforilasa quinasa.

216. **La enzima fosfofructoquinasa-1, clave en el control del flujo de la glucosa a través de la glucólisis, se inhibe y se activa respectivamente de forma alostérica por:**

   1. ATP y PEP.
   2. AMP y Pi.
   3. ATP y AMP.
   4. Citrato y ATP.
   5. Ninguna de las anteriores es correcta.

217. **La esfingosina NO es un componente de:**

   1. Globósido.
   2. Ceramida.
   3. Cerebrósido.
   4. Gangliósido.
   5. Ácido fosfatídico.

218. **¿Cuál de las siguientes moléculas ayuda a regular la fluidez de las membranas animales?:**

   1. Proteínas.
   2. Colesterol.
   3. ATP.
   4. Mg^{2+}.
   5. Ninguna de las anteriores.

219. **Las fosfolipasas de tipo A_1:**

   1. Hidrolizan esteres de colesterol.
   2. Son típicos con actividad catalítica.
   3. Actúan sobre la l-estearoil lisofosfatidilcolina.
   4. Se sintetizan a partir de fosfolípidos.
   5. Hidrolizan esteroides fosforilados.

220. **Respecto a la tecnología del DNA recombinante es correcto afirmar que:**

   1. Permite la amplificación selectiva de genes.

2. Precisa del uso de RNA de interferencia.
3. Sólo es posible llevarla a cabo con DNA procariota.
4. No puede usarse para construir proteínas mutantes.
5. La única enzima necesaria es la fosfatasa alcalina.

221. **En transporte del oxalacetato (OAA) desde la mitocondria al citosol:**

1. Es directo gracias a un transportador de OAA de la membrana interna de la mitocondria.
2. Participa la aspartato aminotransferasa (AST).
3. Participa la citrato sintasa.
4. Está acoplado a la NADH deshidrogenasa.
5. Participa la isotrato deshidrogenasa (IDH).

222. **Los esfingolípidos:**

1. Contienen el aminoácido esfingosina.
2. Son precursores de las prostaglandinas.
3. Contienen glicerol.
4. Son exclusivos de las neuronas.
5. Son componentes importantes de las membranas biológicas.

223. **La fructosa-2,6-bisfosfato:**

1. Es un enzima de la gluconeogénesis.
2. Activa la fructosa-1,6-bisfosfatasa 1 (FBPasa-1).
3. Activa la fosfofructoquinasa 1 (PFK-1).
4. Aumenta la afinidad por el oxígeno de la hemoglobina.
5. Es una vitamina.

224. **¿En qué compuesto NO se convierten los aminoácidos glucogénicos?:**

1. Piruvato.
2. α-cetoglutarato.
3. Succinil-CoA.
4. Acetil-CoA.
5. Fumarato.

225. **¿Cuál de las siguientes afirmaciones es correcta en relación con las hormonas que tienen el AMP cíclico (AMPc) como 2º mensajero?:**

1. Todas las hormonas incrementan la concentración de AMPc.
2. Todas las hormonas disminuyen la concentración de AMPc.
3. Algunas hormonas incrementan la concentración de AMPc y otras la disminuyen.
4. Ninguna hormona utiliza AMPc como 2º mensajero.
5. Sólo la adrenalina utiliza AMPc como 2º mensajero.

226. **Los esteroisómeros:**

1. Contienen los mismos enlaces químicos pero con diferente configuración o distribución espacial de sus átomos.
2. Contienen diferentes enlaces químicos pero con la misma distribución espacial de sus átomos.
3. Contienen enlaces tipo éster.
4. Contienen enlaces no covalentes.
5. Nunca existen en compuestos de carbono.

227. **El genoma:**

1. Es el conjunto de proteínas de un organismo.
2. Es el conjunto de biomoléculas de un organismo.
3. Es la información genética presente en el núcleo de un organismo.
4. Es la información genética completa de un organismo.
5. Describe la información genética de los organismos procariotas.

228. **El espectro de emisión de fluorescencia:**

1. Es idéntico al de absorción medido en las mismas condiciones.
2. Se obtiene midiendo la intensidad a una longitud de onda fija mientras se varía la longitud de onda de excitación.
3. Aparece desplazado a longitudes de onda mayores que la de excitación.
4. Es aproximadamente simétrico respecto al de emisión de fosforescencia.
5. Representa las características de absorción de la muestra.

229. **Los compuestos oxigenados de Li, Na, K, Rb y Cs:**

1. Incluyen óxidos, superóxidos y ozónidos.
2. Están constituidos por moléculas a temperatura ambiente.
3. Incluyen solamente óxidos de fórmula M_2O.
4. Sólo contienen oxígeno en estado de oxidación -1.
5. Son todos incoloros.

230. **Los compuestos orgánicos que tienen la misma fórmula molecular pero diferente conectividad son:**

1. Isomeros constitucionales.
2. Distereoisómeros.
3. Enantiómeros.
4. Atropoisómeros.
5. Compuestos meso.

231. **¿Qué metabolito de los indicados participa directamente en el ciclo de Krebs?:**

1. Fosfato.

2. Piruvato.
3. Succinato.
4. Acetato.
5. Glioxilato.

232. Cuando una molécula contiene dos centros de quiralidad, como sucede con el ácido 2,3-dihidroxibutanoico, ¿cuántos estereoisómeros son posibles?:

1. Uno. Se anulan entre sí.
2. Dos.
3. Tres.
4. Cuatro.
5. Ocho.

233. Un determinante antigénico es:

1. Una denominación equivalente a *Antígeno*.
2. Cada uno de los dominios de una inmunoglobulina.
3. El sitio de interacción de la inmunoglobulina con el linfocito B.
4. La zona de la inmunoglobulina que se une al antígeno.
5. Cada estructura molecular dentro del antígeno donde se une un anticuerpo.

234. ¿Qué técnica usaría para la separación de dos proteínas con Pm similar y pI diferente?:

1. Cromatografía de intercambio iónico.
2. Cromatografía de filtración en gel.
3. Cromatografía en capa fina.
4. Electroforesis desnaturalizante con SDS.
5. Electroforesis en poliacrilamida-urea.

235. En relación con la catálisis enzimática, es correcto afirmar que:

1. Permite llevar a cabo reacciones con energía libre positiva.
2. Aumenta la energía de activación.
3. Favorece que el sustrato adquiera el estado de transición.
4. El estado de transición es un estado intermedio muy estable.
5. Puede llevarse a cabo por algunos polisacáridos.

Titulación: QUÍMICA
Convocatoria: 2012
Nº de versión de examen: 1
V1 = Nº de la pregunta en versión de examen 1.
RC = Respuesta correcta

V1	RC	V1	RC	V1	RC	V1	RC	V1	RC
1	3	48	2	95	5	142	3	189	5
2	2	49	1	96	1	143	5	190	1
3	4	50	2	97	3	144	2	191	3
4	2	51	5	98	5	145	2	192	1
5	3	52	3	99	2	146	1	193	5
6	5	53	1	100	3	147	3	194	
7	3	54	5	101	4	148	2	195	4
8	1	55	3	102	2	149	5	196	2
9	2	56	2	103	2	150	2	197	3
10	4	57	1	104	3	151	1	198	1
11	3	58	4	105	2	152	5	199	2
12	1	59	2	106	4	153	4	200	5
13	4	60		107	5	154	3	201	3
14	5	61	5	108	2	155	5	202	5
15	3	62	3	109	1	156	2	203	4
16	2	63	2	110	2	157	3	204	1
17	5	64	1	111	5	158	4	205	2
18	1	65	5	112	2	159	3	206	3
19	3	66	4	113	1	160	5	207	4
20	2	67	1	114	3	161	2	208	5
21	1	68	3	115	1	162	1	209	2
22	3	69	2	116	2	163	2	210	1
23		70	5	117	1	164	4	211	5
24	2	71	4	118	5	165	3	212	4
25	1	72	3	119	4	166	1	213	1
26	4	73	2	120		167	5	214	3
27	1	74	4	121	4	168	2	215	2
28	2	75	3	122	3	169	3	216	3
29	5	76	2	123	5	170	4	217	5
30	2	77	5	124	1	171	2	218	2
31	3	78	1	125	3	172	1	219	3
32	5	79	4	126	3	173	3	220	1
33	1	80		127	2	174	4	221	2
34	2	81	3	128		175	5	222	5
35	4	82		129	2	176	3	223	3
36	3	83	5	130		177	1	224	4

37	1	84	2	131		178	4	225	3
38	2	85	3	132	3	179	3	226	1
39	4	86	4	133	4	180	2	227	4
40	3	87	1	134	5	181	5	228	3
41	1	88	2	135	3	182	4	229	1
42	2	89	3	136	2	183	3	230	1
43	5	90	4	137	4	184	2	231	3
44	3	91	5	138	1	185	1	232	4
45	4	92	1	139	2	186	5	233	5
46	2	93	3	140	3	187	3	234	1
47	1	94	2	141	4	188	4	235	3

MINISTERIO DE SANIDAD, SERVICIOS SOCIALES E IGUALDAD

PRUEBAS SELECTIVAS 2013

CUADERNO DE EXAMEN

QUÍMICOS

ADVERTENCIA IMPORTANTE

ANTES DE COMENZAR SU EXAMEN, LEA ATENTAMENTE LAS SIGUIENTES

INSTRUCCIONES

1. Compruebe que este Cuaderno de Examen integrado por 225 preguntas más 10 de reserva, lleva todas sus páginas y no tiene defectos de impresión. Si detecta alguna anomalía, pida otro Cuaderno de Examen a la Mesa.

2. La "Hoja de Respuestas" está nominalizada. Se compone de tres ejemplares en papel autocopiativo que deben colocarse correctamente para permitir la impresión de las contestaciones en todos ellos. Recuerde que debe firmar esta Hoja y rellenar la fecha.

3. Compruebe que la respuesta que va a señalar en la "Hoja de Respuestas" corresponde al número de pregunta del cuestionario.

4. **Solamente se valoran** las respuestas marcadas en la "Hoja de Respuestas", siempre que se tengan en cuenta las instrucciones contenidas en la misma.

5. Si inutiliza su "Hoja de Respuestas" pida un nuevo juego de repuesto a la Mesa de Examen y **no olvide** consignar sus datos personales.

6. Recuerde que el tiempo de realización de este ejercicio es de **cinco horas improrrogables** y que están **prohibidos** el uso de **calculadoras** (excepto en Radiofísicos) y la utilización de **teléfonos móviles**, o de cualquier otro dispositivo con capacidad de almacenamiento de información o posibilidad de comunicación mediante voz o datos.

7. Podrá retirar su Cuaderno de Examen una vez finalizado el ejercicio y hayan sido recogidas las "Hojas de Respuesta" por la Mesa.

1. **Una aleación Au-Ag:**

   1. Es intersticial, y puede darse en cualquier composición.
   2. Es sustitucional, y puede darse en cualquier composición.
   3. El oro y la plata no pueden alearse.
   4. Puede disolverse una pequeña cantidad de oro en la plata, hasta un límite cercano al 10%, pero no en mayor proporción.
   5. Puede disolverse una pequeña cantidad de plata en el oro, hasta un límite cercano al 10%, pero no en mayor proporción.

2. **El nitrato de socio es un sólido blanco que se encuentra como tal en la naturaleza y que se emplea como fertilizante. Entre sus propiedades físicas y químicas destacan:**

   1. Su insolubilidad en agua.
   2. Su resistencia al ácido sulfúrico concentrado.
   3. Su oxidación al aire hasta nitrito sódico.
   4. Su reducción con sodio en caliente desprendiendo nitrógeno.
   5. La extensa hidrólisis de sus soluciones acuosas.

3. **El grafito es un conductor debido a que:**

   1. La banda de valencia posee vacantes electrónicas.
   2. La banda de conducción posee vacantes electrónicas.
   3. Ambas bandas poseen vacantes electrónicas.
   4. La banda prohibida es muy grande.
   5. La banda prohibida es cero.

4. **Se conoce como "temperatura crítica", T_C, a la temperatura:**

   1. A la que un vidrio reblandece.
   2. A la que un vidrio funde.
   3. Por debajo de la cual un sólido no muestra resistencia eléctrica.
   4. Por debajo de la cual un sólido aumenta su resistencia eléctrica.
   5. A la que un cristal funde.

5. **La vulcanización es una reacción química:**

   1. Que se realiza en las fraguas.
   2. Que origina entrecruzamiento de las cadenas poliméricas.
   3. Que desentrecruza las cadenas poliméricas.
   4. Para preparar materiales compuestos.
   5. Que conduce al desarrollo de volcanes.

6. **Si el potencial normal de reducción del par Zn^{2+}/Zn es -0,76 V:**

   1. Las disoluciones acuosas de Zn^{2+} a pH=0 desprenden oxígeno.
   2. Poniendo Zn metálico en disolución acuosa a pH=0 se desprende oxígeno.
   3. Las disoluciones acuosas de Zn^{2+} a pH=0 desprenden hidrógeno.
   4. Poniendo Zn metálico en disolución acuosa a pH=0 se desprende hidrógeno.
   5. El Zn^{2+} dismuta en disolución acuosa a pH=0.

7. **El wolframio es un elemento muy importante desde el punto de vista tecnológico, que se utiliza, entre otras cosas, en la industria de los aceros. Pero su interés se extiende a otros campos científicos, debido a:**

   1. Que es uno de los elementos esenciales para la vida se seres humanos y animales.
   2. Que es líquido en el intervalo 27ºC-2500ºC, lo que explica su uso en termómetros de alta temperatura.
   3. Su incapacidad para reaccionar con el oxígeno incluso a temperaturas tan elevadas como calentar al rojo.
   4. Su total resistencia al flúor incluso a temperaturas tan elevadas como calentar al rojo.
   5. Su gran resistencia mecánica.

8. **La masa atómica del carbono es:**

   1. La masa de $6,02.10^{23}$ átomos de carbono, siendo todos ellos del isótopo ^{12}C.
   2. La masa de $6,022.10^{23}$ átomos de carbono, promediada según la abundancia natural de sus isótopos.
   3. La doceava parte de la masa de un átomo de carbono del isótopo ^{12}C.
   4. La suma de la masa de 6 protones, 6 neutrones y 6 electrones.
   5. La masa de 12 protones.

9. **Los haluros alcalinos, MX:**

   1. Son sólidos que funden por debajo de los 100ºC.
   2. Forman cristales de colores intensos.
   3. Se pueden obtener por reacción de los carbonatos M_2CO_3 con las disoluciones acuosas de los halogenuros de hidrógeno HX.
   4. Ninguno de ellos se puede encontrar en la naturaleza.
   5. Son líquidos a temperatura ambiente.

10. **¿Cuál de estas especies es un radical libre?**

    1. La molécula NO.
    2. La molécula O_2.
    3. La molécula N_2O.
    4. El anión OH^-.
    5. El anión ClO^-.

11. **El amoníaco habitualmente utilizado en el laboratorio:**

    1. Es un compuesto puro, líquido a temperatura y presión ambientales.

2. Es una disolución de amoníaco gaseoso en agua, muy diluida, pues el amoníaco es muy poco soluble en agua.
3. Es una disolución de amoníaco gaseoso en agua, muy concentrada, pues el amoníaco es muy soluble en agua.
4. Es una disolución de amoníaco gaseoso en etanol, pues el amoníaco gaseoso puro es insoluble en agua.
5. Es una disolución saturada de cloruro amónico en agua.

12. **La constante de equilibrio estándar para una reacción entre gases ideales:**

    1. Depende de las cantidades iniciales de los reactivos.
    2. Toma distintos valores si la reacción se realiza a distintas presiones.
    3. Depende del volumen del recipiente en el que se realiza la reacción.
    4. Solo depende de la temperatura.
    5. Depende de la naturaleza de los gases.

13. **El agente antitumoral cis-platino:**

    1. Es un complejo cuadrado plano de Pt (II) con 2 moléculas de amoníaco y 2 aniones cloruro situados en cis.
    2. Es un complejo cuadrado plano de Pt (IV) con 2 moléculas de amoníaco y 2 aniones cloruro situados en cis.
    3. Es un complejo octaédrico de Pt (IV) con 2 moléculas de amoníaco en cis y 4 aniones cloruro en el resto de posiciones.
    4. Es un complejo octaédrico de Pt (II) con 2 aniones cloruro en cis y 4 moléculas de amoníaco en el resto de posiciones.
    5. Es un alqueno con dos átomos de Pt en las dos posiciones cis respecto al doble enlace.

14. **El sodio metal reacciona violentamente con el agua porque el Na:**

    1. Oxida el agua a oxígeno, y la reacción es muy exotérmica.
    2. Reduce el agua a hidrógeno, y la reacción es muy exotérmica.
    3. Oxida el agua a oxígeno, y al generarse un gas la entropía aumenta enormemente.
    4. Reduce el agua a hidrógeno, y la reacción es muy endotérmica.
    5. Se combina con el agua dando lugar a un hidruro explosivo.

15. **El número de moléculas por celda unitaria es una estructura centrada en todas las caras es de:**

    1. Una.
    2. Dos.
    3. Tres.
    4. Cuatro.
    5. Seis.

16. **El agua regia disuelve al oro porque de sus dos componentes:**

    1. El ácido sulfúrico actúa como oxidante y el ácido clorhídrico forma un complejo clorurado soluble de Au^{3+}.
    2. El ácido clorhídrico aumenta el poder oxidante del ácido nítrico.
    3. El ácido nítrico actúa como oxidante y el ácido clorhídrico forma un complejo clorurado soluble de Au^{3+}.
    4. El ácido clorhídrico actúa como oxidante y el ácido nítrico forma un complejo soluble de Au^{3+}.
    5. El ácido nítrico actúa como oxidante y el ácido clorhídrico forma un complejo clorurado soluble de Au^{2+}.

17. **Un diodo emisor de luz:**

    1. Es lo mismo que una celda fotovoltaica.
    2. Es el inverso a una celda fotovoltaica.
    3. Es lo mismo que una celda fotogalvánica.
    4. Es el inverso de una celda fotogalvánica.
    5. Es equivalente a una celda fotoquímica.

18. **En el caso más general, la función de onda de un sistema mecanocuántico:**

    1. Se define para cada electrón y sólo depende de las coordenadas de ese electrón.
    2. Depende de las coordenadas espaciales de todas las partículas que forman el sistema y del tiempo.
    3. Nunca depende del tiempo.
    4. Se encuentra como solución a las ecuaciones del movimiento propuestas por Newton.
    5. Siempre se puede descomponer en suma de ecuaciones para cada una de las partículas que forman el sistema.

19. **La ecuación de velocidad de una reacción química:**

    1. Se debe determinar a partir de medidas cinéticas y no se puede deducir directamente de la estequiometría de la reacción.
    2. Permite asignar a la constante de la velocidad las unidades de s^{-1} (s = segundo).
    3. Depende del orden total de reacción que, a su vez, se obtiene de los coeficientes estequiométricos de los productos.
    4. Informa detalladamente sobre el mecanismo de reacción.
    5. Depende de las condiciones experimentales del proceso.

20. **El nitrógeno:**

    1. Es un gas sumamente reactivo a temperatura ambiente.

2. Las moléculas de nitrógeno están constituidas por dos átomos unidos entre sí por un enlace sencillo.
3. Presenta una reactividad superior a la de otras moléculas isoelectrónicas como el CO, el CN^- o el NO^+.
4. A suficiente temperatura reacciona con el H_2 para dar NH_3.
5. Apenas forma compuestos binarios con el resto de elementos de la Tabla Periódica.

21. **El número 0.0670 tiene:**

    1. 5 cifras significativas.
    2. 4 cifras significativas.
    3. 3 cifras significativas.
    4. 2 cifras significativas.
    5. 1 cifra significativa.

22. **El coeficiente de correlación de Pearson:**

    1. Siempre es mayor que 1.
    2. Siempre es menor que 1.
    3. Esta comprendido entre 0 y 1.
    4. Esta comprendido entre -1 y 0.
    5. Esta comprendido entre -1 y 1.

23. **Las separaciones mediante electroferesis capilar de zona (CZE) se caracterizan porque el medio electroforético:**

    1. Está formado siempre por HCl 1.0 M.
    2. Esta formado siempre por NH_3 1.0 M.
    3. Es homogéneo a lo largo de todo el capilar.
    4. No es homogéneo a lo largo de todo el capilar.
    5. Tiene un gradiente de pH a lo largo de todo el capilar.

24. **La polarografía de barrido lineal utiliza un electrodo de trabajo de:**

    1. Gotas de mercurio.
    2. Gotas de yodo.
    3. Platino.
    4. Calomelanos.
    5. Gotas de nitrato de cerio.

25. **El yodo es poco soluble en agua (≈ 0.001M). Por ello, para obtener disoluciones útiles como reactivo analítico se disuelve en:**

    1. Nitrato potásico 0.1 M.
    2. Ácido perclórico 0.01 M.
    3. Exceso de nitrato cálcico.
    4. Yoduro potásico.
    5. Agua caliente.

26. **La determinación de cianuro mediante el método de Liebig se basa en la adición de una disolución patrón de nitrato de plata:**

    1. Hasta precipitación completa del cianuro de plata.
    2. Hasta que se inicia la precipitación del cianuro de plata.
    3. Hasta la aparición de un precipitado rojo de cromato de plata.
    4. Hasta que se forma cuantitativamente el complejo AgCN.
    5. Hasta la precipitación de yoduro de plata, amarillo.

27. **Cuando la radiación electromagnética pasa del aire a un medio como el vidrio su longitud de onda:**

    1. Permanece inalterada.
    2. Aumenta aproximadamente 10 nm.
    3. Aumenta aproximadamente 100 nm.
    4. Disminuye aproximadamente 1 nm.
    5. Disminuye aproximadamente 200 nm.

28. **En una valoración se emplea el indicador redox In (ox) + ne^- ↔ In (red), cuyo potencial normal es E^0. El cambio de color se producirá:**

    1. Al potencial del punto de equivalencia.
    2. Al valor de E^0.
    3. En el intervalo $E^0 \pm 0.059 / n$.
    4. En el intervalo E^0 (ox) – E^0 (red) si se valora con un reductor.
    5. Al potencial de $0.059 / n$.

29. **En la valoración permanganimétrica de hierro (II) en presencia de cloruro, el manganeso (II) actúa:**

    1. Disminuyendo el potencial del sistema cloro / cloruro.
    2. Precipitando con el cloruro.
    3. Formando complejos incoloros con el cloruro.
    4. Catalizando la reducción a manganeso (II).
    5. Regulando la fuerza iónica de la disolución.

30. **Cuando se lleva a cabo un diseño experimental, se busca fundamentalmente:**

    1. Conocer mejor la media de los resultados obtenidos y repetidos en un experimento.
    2. Conocer mejor la mediana de los resultados obtenidos en un experimento.
    3. Identificar mejor los factores que pueden afectar al experimento.
    4. Identificar mejor las ecuaciones de regresión en un experimento.
    5. Conocer mejor la desviación estándar de los diferentes datos en el experimento.

31. **El gas empleado para generar el plasma ICP (plasma de inducción acoplado) es:**

    1. Hidrógeno por ser diatómico, químicamente inerte y con una baja energía de ionización.
    2. Oxígeno por ser diatómico, altamente reacti-

vo y con una elevada energía de ionización.

3. Argón, por ser monoatómico, químicamente inerte y con una elevada energía de ionización.
4. Xenón, por ser monoatómico, altamente reactivo y con una baja energía de ionización.
5. Ninguna de las anteriores es correcta, porque el gas utilizado es el helio.

32. **En la curva de valoración de un ácido diprótico, los tres puntos cuyo pH solo depende de las constantes de disociación son:**

1. El punto inicial y los puntos de equivalencia.
2. El primer punto de equivalencia y los dos puntos de semineutralización.
3. El primer punto de semineutralización y los dos puntos de equivalencia.
4. El punto inicial, el primer punto de semineutralización y el primer punto de equivalencia.
5. El punto inicial y los dos puntos de semineutralización.

33. **La validación de un método analítico incluye:**

1. Validar el proceso analítico en su conjunto, validar el intervalo de concentraciones en que se aplica y validar el método en cada una de las matrices a las que se aplicará.
2. Sólo incluye validar el intervalo de concentraciones en que se aplica.
3. Sólo incluye validar el método en cada una de las matrices a las que se aplicará.
4. Sólo es necesario validar las etapas de tratamiento de las muestras previas a la medida analítica.
5. Solamente se precisa validar la instrumentación mediante calibraciones adecuadas.

34. **En una célula electroquímica, el electrólito soporte sirve para:**

1. Que se cumpla el principio de electroneutralidad en la disolución.
2. Que se electrolicen preferentemente sus iones con el fin de prevenir el consumo de sustancia electroactiva.
3. Que en la célula exista transporte por migración, con el fin de lograr una mayor sensibilidad.
4. Que la disolución posea una conductividad eléctrica adecuada.
5. Favorecer el transporte por difusión de la sustancia electroactiva.

35. **La trazabilidad de un método analítico se puede demostrar:**

1. Realizando el estudio de la selectividad del mismo.
2. Mediante comparación con un método de referencia, empleo de materiales de referencia certificados y/o análisis de muestras adicionadas.
3. Comprobando que el límite de detección del mismo es muy bajo.
4. Evaluando la linealidad de la calibración, cuyo criterio más apropiado es el coeficiente de correlación.
5. Haciendo medidas replicadas de los patrones y llevar a cabo el análisis de la varianza.

36. **Un electrodo selectivo de calcio se caracteriza por tener:**

1. Una membrana que es un cristal sólido.
2. Una disolución interna de HCl 0.1 M.
3. Un electrodo interno de plata.
4. Una membrana de sales de plata.
5. Una disolución acuosa interna de $CaCl_2$ saturada de AgCl.

37. **La valoración potenciométrica de cloruro con un electrodo de plata, empleando una disolución patrón de ion plata:**

1. Se basa en la formación de complejos de plata en presencia de una elevada concentración de cloruro.
2. Sigue la ecuación de Nernst, en que la variación del potencial varía linealmente con la concentración de ion plata.
3. Muestra un punto de equivalencia en el que pAg no depende de la concentración de cloruro.
4. Da lugar a variaciones de potencial que dependen de la cantidad de AgCl formado.
5. Proporciona una curva de valoración en la que el salto de pAg no depende de la concentración de cloruro.

38. **El error alcalino se define como:**

1. Error que se comete cuando se valora una base fuerte.
2. Error que presenta un electrodo de vidrio cuando el medio es muy básico.
3. Error que se comete cuando se valora un ácido fuerte.
4. Error que afecta a un electrodo de referencia.
5. Error propio de los electrodos de membrana líquida.

39. **La pérdida de linealidad de la recta de calibrado cuando se utiliza la intensidad de fluorescencia como parámetro analítico puede ser debida a:**

1. Cambios en la densidad del disolvente a medida que la concentración de analito fluorescente aumenta.
2. El oxígeno disuelto, debido a su carácter diamagnético, que favorece el cruce intersistemas.
3. La presencia de inhibidores estáticos de la radiación incidente.

4. Conversión interna, en la que la energía absorbida puede transformarse en energía calorífica.
5. Autoabsorción, al efecto interno de cubeta y a la formación de dímeros y excímeros.

40. Una valoración columbimétrica:

1. Se realiza siempre a potencial controlado.
2. Utiliza siempre un macroelectrodo de platino.
3. No necesita de un sistema indicador del punto final.
4. Necesita que la intensidad de corriente sea controlada.
5. Necesita siempre que el agente valorante se añada desde una bureta.

41. La cromatografía líquida que emplea fases estacionarias enlazadas puede dividirse en la de fase normal y de fase inversa. En este contexto se puede decir que:

1. El mecanismo de separación principal en fase inversa es el reparto, mientras que la adsorción juega también un papel muy importante en la de fase normal.
2. En la cromatografía de fase normal pueden emplearse gran cantidad de fases estacionarias no polares.
3. El mecanismo de separación principal en fase normal es el reparto, mientras que la adsorción juega un papel muy importante en la de fase inversa.
4. En la cromatografía de fase inversa, la fase estacionaria es polar y los eluyentes no polares.
5. En la cromatografía de fase inversa se pueden emplear gran cantidad de fases estacionarias polares.

42. Muchas de las propiedades de la cromatografía líquida (HPLC) y la electroforesis capilar (CE) tienen que ver con su perfil de flujo. De esta manera, el perfil de flujo es:

1. Laminar en HPLC y turbulento en CE.
2. Recto en CE y turbulento en HPLC.
3. Hiperbólico en CE y parabólico en HPLC.
4. Laminar en CE y electroosmótico en HPLC.
5. Parabólico en HPLC y plano en CE.

43. El corrector Zeeman:

1. Se emplea ampliamente en Fluorescencia Molecular para corregir el efecto de filtro interno.
2. Es un corrector de fondo en espectrometría de absorción atómica, que se basa en la propiedad que tienen los átomos en forma de vapor atómico de desdoblar sus niveles de energía electrónicos al ser sometidos a un campo magnético intenso, originándose diversas líneas de emisión para cada transición electrónica.
3. Se basa en el fenómeno de autoabsorción que se produce cuando la lámpara de cátodo hueco se somete a corrientes elevadas y se emplea ampliamente en espectrometría de absorción atómica.
4. Se basa en la emisión de radiación continua en la región ultravioleta de una lámpara de deuterio, empleada como corrector de fondo.
5. Es un corrector de interferencias químicas, ampliamente utilizado en espectrometría de emisión atómica.

44. Cuando se inyecta 1 nanolitro (nL) de muestra nos estamos refiriendo a la inyección de:

1. 10^{-1} L.
2. 10^{-3} L.
3. 10^{-6} L.
4. 10^{-9} L.
5. 10^{-12} L.

45. Para la determinación de bifenilos policlorados es una muestra ambiental por cromatografía de gases, el detector más adecuado sería:

1. De ionización de llama.
2. De captura electrónica.
3. Termoiónico.
4. De fotoionización.
5. Amperométrico.

46. La cromatografía de gases combinada con la espectrometría se masas (GC-MS) es la técnica cromatrográfica acoplada más empleada. La principal dificultad del acoplamiento está en:

1. El análisis de iones moleculares en el mismo sitio en el que son generados.
2. La producción de iones muy fragmentados con generación de electrones acelerados.
3. El aumento de la velocidad de flujo de salida del cromatógrafo, que no puede superar los nL/min.
4. La obtención del espectro bidimensional que permita la separación en función de la relación q/r.
5. La introducción en el alto vacío del analizador de masas, de un compuesto que se encuentra a presión atmosférica.

47. Para el análisis de trazas de constituyentes inorgánicos, en muestras de naturaleza orgánica, se necesita un tratamiento previo de la muestra que consiste normalmente en:

1. Disolver la muestra en agua fría.
2. Disolver la muestra en agua caliente.
3. Disolver la muestra entre 30 y 70 °C.
4. Calentar la muestra entre 400 y 700 °C.
5. Calentar la muestra en ácido clorhídrico 0.1 M.

48. **La voltamperometría de barrido lineal se caracteriza por:**

    1. Ser una técnica fundamentada en un régimen de difusión estacionario.
    2. Ser una técnica voltamperométrica fundamentada en un régimen de difusión pura.
    3. Utilizar un electrodo rotatorio como electrodo de trabajo.
    4. Utilizar un electrodo de gota colgante como electrodo de trabajo.
    5. Tener una etapa de preconcentración electródica.

49. **En la cromatografía iónica de supresión:**

    1. Se emplea una única columna y se mantiene la conductividad de la fase móvil muy baja.
    2. El eluyente debe poder ser eliminado de modo selectivo tras la separación y de forma previa a la medida conductimétrica.
    3. El eluyente incorpora una disolución regenerante de ácido fuerte que fluye en el mismo sentido de la fase móvil.
    4. Se utilizan intercambiadores débiles a partir de polímeros de poliestireno.
    5. Se emplea una fase móvil con gradiente iónico de conductividades.

50. **La voltamperometría de redisolución anódica:**

    1. Se lleva a cabo siempre con electrodos de film de mercurio.
    2. Utiliza un proceso de oxidación con agente químicos.
    3. Se fundamenta en la formación de sales de mercurio en el electrodo.
    4. No necesita de electrolíto de fondo.
    5. Tiene una etapa de electrodeposición.

51. **El infrarrojo cercano es la zona del espectro electromagnético comprendida entre:**

    1. 100-250 nm.
    2. 200-450 nm.
    3. 600-750 nm.
    4. 800-2500 nm.
    5. 3000-8000 nm.

52. **Los métodos voltamperométricos de redisolución anódica:**

    1. Se basan en la preconcentración de analitos en la superficie de un electrodo y se caracterizan por su baja sensibilidad, ya que la superficie del electrodo es muy pequeña.
    2. Se aplican exclusivamente a la determinación de trazas de metales por oxidación sobre un electrodo de mercurio.
    3. Requieren la aplicación de una etapa de acumulación y otra de redisolución en la que se registran curvas intensidad-tiempo.
    4. Se utilizan para la determinación de metales que, una vez depositados, se oxidan electroquímicamente.
    5. Se basan en la variación del potencial que experimenta el electrodo de trabajo a medida que se redisuelve la sustancia depositada.

53. **El detector de conductividad térmica fue uno de los primeros usados en cromatografía de gases y todavía tiene mucha aplicación. Consiste en:**

    1. Una fuente que se calienta mediante electricidad, cuya temperatura a una energía eléctrica constante depende de la conductividad térmica del gas que lo rodea.
    2. Una superficie metálica sobre la que colisionan iones, produciendo emisión de electrones u otros iones, con la consiguiente variación en la conductividad.
    3. Una llama de aire/hidrógeno donde se pirolizan compuestos orgánicos produciendo iones que dan lugar a un cambio de conductividad.
    4. Un emisor de radiación beta que permite la medida de la conductividad del eluyente que sale de la columna cromatográfica.
    5. Una fuente de ionización térmica que produce iones positivos y negativos que cambian la conductividad del gas que pasa por el detector.

54. **Las células electrolíticas:**

    1. Tienen siempre tres electrodos.
    2. Tienen siempre dos compartimentos separados por un puente salino.
    3. Pueden tener un solo compartimento.
    4. Siempre tienen un electrodo de referencia.
    5. Utilizan siempre electrodos de platino.

55. **En algunos tratamientos de muestra se utiliza la técnica de extracción en fase sólida. Dicha técnica:**

    1. Tiene la ventaja de que no se requieren disolventes.
    2. Se aplica poniendo en contacto la muestra sólida con la fase estacionaria contenida en un cartucho.
    3. No requiere la aplicación de presión ni de vacío.
    4. Permite llevar a cabo la preconcentración de muestras de gran volumen.
    5. Se caracteriza por el elevado consumo de disolventes.

56. **¿Cuál de los siguientes transductores no son adecuados en Espectrometría de Masas Atómica?**

    1. Canales multiplicadores de electrones.
    2. Copa de Faraday.
    3. Placas fotográficas.
    4. Detectores de centelleo.
    5. Tubos fotomultiplicadores.

57. Las proteínas pueden exhibir un espectro de emisión fluorescente debido a la presencia de los siguientes fluoróforos intrínsecos que absorben radiación en la región del UV- próximo:

   1. Alanina, valina, glicina.
   2. Triptófano, tirosina, fenilalanina.
   3. Serina, metionina, asparagina.
   4. Cisteína, alanina, metionina.
   5. Ninguna de las anteriores es correcta, las proteínas nunca exhiben fluorescencia.

58. En una potenciometría a intensidad nula el electrodo:

   1. Indicador mide siempre potenciales de equilibrio.
   2. Indicador mide el potencial de semionda.
   3. Indicador puede medir un potencial mixto.
   4. De referencia es siempre un electrodo de platino calomelanos.
   5. Indicador es siempre un electrodo de platino.

59. Un microelectrodo se caracteriza por:

   1. Dar respuestas en estado estacionario.
   2. Necesitar siempre un electrolito inerte.
   3. Necesitar siempre un sistema potenciostático.
   4. No necesitar electrodo de referencia.
   5. Necesitar siempre agitación.

60. Un parámetro de gran importancia en cromatografía es la altura equivalente de plato teórico (H). La ecuación de van Deemter describe el comportamiento de una columna de relleno para cromatografía gas-líquido, siendo H = A+(B/u) +Cu, de manera que:

   1. C es el parámetro que se toma como medida de la calidad del relleno de la columna.
   2. A es el coeficiente que recoge la contribución de la difusión longitudinal.
   3. B es el parámetro que se relaciona con la resistencia a la transferencia de materia que opone la fase estacionaria.
   4. u es la velocidad lineal de la fase móvil.
   5. B se anula en columnas sin relleno.

61. El bromuro de etidio es una molécula que tiene un rendimiento cuántico de fluorescencia muy bajo en disolución. Sin embargo, su rendimiento cuántico aumenta notablemente cuando:

   1. Se atomiza.
   2. Se intercala entre pares de bases consecutivos de la doble hélice de ADN.
   3. Se oxigena la disolución acuosa que la contiene.
   4. Se une a un metal pesado formando un complejo.
   5. Se oxida por acción de la enzima glucosa-oxidasa.

62. ¿Cuál de los siguiente detectores se utiliza en Espectroscopia de Infrarrojos?

   1. Tubo fotomultiplicador.
   2. Detector de ionización de llama.
   3. Potenciostato.
   4. Contador proporcional.
   5. Cristal de sulfato de triglicina deuterado.

63. La determinación de mercurio por la técnica de generación de vapor frío se basa en la reducción del mercurio en disolución ácida y el arrastre del mercurio elemental obtenido a la célula de absorción para su análisis por absorción atómica. Los reductores más utilizados son:

   1. El $SnCl_2$, para mercurio inorgánico y el $NaBH_4$ tanto para compuestos organomercuriales como para mercurio inorgánico.
   2. El citrato, tanto para mercurio inorgánico, como organomercuriales.
   3. El glutatión, especialmente adecuado para todas las especies de mercurio.
   4. El CaH_2, para los organomercuriales y $KMnO_4$ para mercurio inorgánico.
   5. El Na_2SO_3, para todas las especies de mercurio.

64. En cromatografía, puede definirse el tiempo muerto como:

   1. El tiempo transcurrido entre la inyección de una muestra y la aparición de un pico de soluto en el detector.
   2. El factor que indica la cantidad de tiempo que pasa un soluto en la fase estacionaria en relación con el tiempo que pasa en la fase móvil.
   3. El tiempo que una especie no retenida tarda en pasar a través de una columna cromatográfica.
   4. El tiempo que tarda el analito en pasar por el detector cromatográfico.
   5. La relación entre la velocidad lineal media y la longitud de empaquetamiento de la columna.

65. Es muy común el empleo de válvulas rotatorias de 6 puertas o vías, conmutables alternadamente, para la inyección de muestras en cromatografía líquida de alta resolución. ¿Cuál de las siguientes respuestas es correcta?

   1. En la posición de inyección, el fluyo de fase móvil se mantiene hacia la columna sin pasar por el bucle.
   2. En la posición de carga, el bucle encargado de alojar la muestra permanece abierto a la atmósfera con lo que la muestra puede depositarse mediante una jeringa.
   3. En la posición de carga, el flujo de fase móvil se mantiene hacia la columna pasando previamente por el bucle.

4. En la posición de carga, la muestra se inserta en la columna sin perturbar el paso de fase móvil hacia el bucle.
5. En la posición de inyección, todo el volumen interno del bucle se dirige al desecho mientras que la fase móvil arrastra la muestra.

66. **Una partícula cargada en disolución se mueve cuando se sitúa en un campo eléctrico. La velocidad adquirida por el soluto bajo la influencia del voltaje aplicado es el producto de la movilidad aparente del soluto y el campo aplicado. En lo que se refiere a dicha movilidad, se puede afirmar que:**

    1. Una partícula neutra de pequeño tamaño tendrá una movilidad menor que otra neutra de gran tamaño.
    2. Un polímero macromolecular tendrá mayor movilidad que el correspondiente monómero.
    3. Una partícula grande con una carga pequeña tendrá gran movilidad.
    4. Una partícula pequeña de gran carga tendrá gran movilidad.
    5. Una micela con cargas tendrá menor movilidad que otra micela del mismo tamaño pero neutra.

67. **En el análisis cuantitativo por cromatografía de gases, para minimizar las incertidumbres que se introducen con la inyección de la muestra, la velocidad de flujo y las variaciones en las condiciones de las columnas se emplea:**

    1. La estimación manual de las alturas de pico cromatográfico.
    2. La normalización de las áreas.
    3. El método de adiciones estándar.
    4. Un calibrado externo.
    5. El método del patrón interno.

68. **Es ya muy común el empleo de columnas monolíticas y lechos continuos en cromatografía de líquidos. Con este fin:**

    1. Se emplean membranas microporosas de forma que la interacción entre un soluto y la matriz tiene lugar en la parte final del poro.
    2. Se introduce un medio de separación con un mayor grado de continuidad que la fase estacionaria partículada de forma que la fase móvil es forzada a atravesar los grandes poros del medio, mejorando el transporte de masa.
    3. Se emplean partículas monodispersas como fase estacionaria con el fin de mejorar la transferencia de masa.
    4. Se usan geles orgánicos flexibles a partir de polímeros microporosos con el fin de disminuir las velocidades de flujo.
    5. Se usan columnas rellenas de pequeñas partículas de sílice polimerizada.

69. **El pH que proporciona una disolución 0.01 M de ácido benzoico (pKa=4.2) es:**

    1. 1.1.
    2. 2.1.
    3. 3.1.
    4. 4.1.
    5. 4.2.

70. **En la técnica de espectrometría de absorción atómica, la utilización de un atomizador electrotérmico en lugar de la llama proporciona:**

    1. Mayor exactitud.
    2. Mayor precisión.
    3. Mayor consumo de muestra.
    4. Tiempos de análisis más largos.
    5. Mayor sensibilidad.

71. **La reactividad de diversos grupos carbonilo está determinada por su estabilidad relativa. El orden de reactividad hacia los nucleófilos es:**

    1. Amidas > Ésteres > Cetonas > Aldehídos.
    2. Aldehídos > Cetonas > Ésteres > Amidas.
    3. Amidas > Cetonas > Aldehídos > Ésteres.
    4. Aldehídos > Ésteres > Cetonas > Amidas.
    5. Amidas > Cetonas > Ésteres > Aldehídos.

72. **La reacción de un derivado halogenado con trifenilfosfina conduce a una sal de:**

    1. Sulfonio.
    2. Diazonio.
    3. Amonio.
    4. Piridinio.
    5. Fosfonio.

73. **La oxidación de Baeyer-Villiger, es un procedimiento importante para transformar las cetonas en:**

    1. Ácidos.
    2. Aldehídos.
    3. Ésteres.
    4. Éteres.
    5. Alquenos.

74. **Las aminas primarias dan reacciones de condensación con aldehídos y cetonas produciendo:**

    1. Iminas.
    2. Enaminas.
    3. Amidas.
    4. Hidrazinas.
    5. Purinas.

75. **La primera etapa del mecanismo de deshidratación del ciclohexanol con H_2SO_4 es:**

    1. Pérdida de OH^-.
    2. Formación de un éster sulfato.
    3. Protonación del alcohol.
    4. Pérdida de H^+ por parte del alcohol.

5. Eliminación de H₂O a partir del alcohol.

76. **El cloruro de piridinio (PCC) es un reactivo que transforma los alcoholes primarios en:**

    1. Alquenos.
    2. Alquinos.
    3. Ácidos.
    4. Aldehídos.
    5. Éteres.

77. **¿Cuántos estereoisómeros del 3-metilciclohexano-1, 2-diol pueden existir?**

    1. 4.
    2. 5.
    3. 6.
    4. 7.
    5. 8.

78. **La reacción de etanoato de etilo, acetona e hidruro de socio en dietil éter da después de la hidrólisis:**

    1. 3-Hidroxi-4-metil-2-pentanona.
    2. 2-Oxobutanoato de etilo.
    3. 2,4-pentanodiona.
    4. 4-Hidroxi-4-metil-2-pentanona.
    5. 2,3-pentanodiona.

79. **El éter cíclico de seis miembros con un átomo de oxígeno, se denomina:**

    1. Oxolano.
    2. Oxano.
    3. Dioxano.
    4. Oxirano.
    5. Oxetano.

80. **La reacción de *trans*-2-buteno con ácido *m*-cloroperbenzoico (mCPBA) da:**

    1. Una mezcla de diastereoisómeros.
    2. (R)-3-Cloroperbenzoato de 2-butilo.
    3. *cis*-2,3-Dimetiloxaciclopropano.
    4. *trans*-2,3-Dimetiloxaciclopropano.
    5. (±)-3-Cloroperbenzoato de 2-butilo.

81. **El orden de basicidad de los tres comuestos siguientes NH₃ (A), CH₃NH₂ (B) y C₆H₅NH₂ (C) es:**

    1. A>B>C.
    2. B>C>A.
    3. C>A>B.
    4. C>B>A.
    5. B>A>C.

82. **La deshidrogenación de alquilbencenos no es un método de laboratorio conveniente, pero se usa en forma industrial para convertir etilbenceno en:**

    1. Cumeno.
    2. Tolueno.
    3. Estireno.
    4. Fenol.
    5. Naftaleno.

83. **La piridazina es un heterociclo aromático que contiene en su estructura:**

    1. Un nitrógeno.
    2. Dos nitrógenos.
    3. Tres nitrógenos.
    4. Cuatro nitrógenos.
    5. Ningún nitrógeno.

84. **En el confórmero tipo oxaciclohexano del azúcar β-D-(+)-glucopiranosa:**

    1. Uno de los grupos OH⁻ es axial, pero los restantes sustituyentes son ecuatoriales.
    2. El grupo CH₂OH es axial pero los restantes grupos son ecuatoriales.
    3. Todos los grupos son axiales.
    4. Todos los grupos son ecuatoriales.
    5. El grupo CH₂OH es ecuatorial pero los restantes grupos son axiales.

85. **Cuando se hace reaccionar ciclopentanona con pirrolidina se forma:**

    1. Amina.
    2. Amida.
    3. Enamina.
    4. Acetal.
    5. Oxima.

86. **La reacción en la que un haluro de vinilo o arilo reacciona con un alquino terminal en presencia de ioduro cuproso y un catalizador de Pd (0) se conoce como reacción de:**

    1. Suzuki.
    2. Heck.
    3. Stille.
    4. Sonogashira.
    5. Sharpless.

87. **La histidina e histamina son dos compuestos con importancia biológica que presentan en común como unidad estructural:**

    1. Piridina.
    2. Piperidina.
    3. Triazina.
    4. Fenol.
    5. Imidazol.

88. **Las condiciones de reacción para transformar la nonanamida en octanamina y dióxido de carbono son:**

    1. H₂, catalizador metálico.
    2. Exceso de CH₃I, K₂CO₃.

3. Cl_2, NaOH, H_2O.
4. $LiAlH_4$, dietil éter y luego hidrólisis.
5. CH_2N_2, dietil éter.

89. **El número de nodos del LUMO (orbital desocupado de menor energía) del 1,3-butadieno es:**

    1. Ninguno.
    2. Uno.
    3. Dos.
    4. Tres.
    5. Cuatro.

90. **La reacción de 3-metilciclohex-2-enona con dibutilcuprato de litio y adición posterior de clorotrimetilsilano da:**

    1. [(3-Butil-3-metilciclohex-1-en-1-il)oxi]trimetilsilano.
    2. [(1-Butil-3-metilciclohex-2-en-1-il)oxi]trimetilsilano.
    3. Nada.
    4. 3-Butil-3-metil-2-(trimetilsilil)ciclohexanona.
    5. [(6-Butoxi-3-metilciclohex-1-en-1-il)oxi]trimetilsilano.

91. **La selectividad en la apertura nucleófila que se produce en los oxaciclopropanos sustituidos se denomina:**

    1. Enantioselectividad.
    2. Diastereoselectividad.
    3. Regioselectividad.
    4. Mesoselectividad
    5. Ninguno de ellos.

92. **La reacción de 3-nitrobenzaldehído con $NaBH_4$ en metanol acuoso da:**

    1. 3-Aminobenzaldehído.
    2. Ácido 3-nitrobenzoico.
    3. 1-Metil-3-nitrobenceno.
    4. 3-Nitrobenzoato de sodio.
    5. (3-Nitrofenil)metanol.

93. **A 30ºC, la butilamina reacciona con acrilato de etilo en KOH/EtOH y da:**

    1. *N*-Butilprop-2-enamida.
    2. Prop-2-enoato de potasio.
    3. 3-(Butilamino) propanoato de etilo.
    4. No se forma ningún compuesto nuevo.
    5. Buteno, etanol y prop-2-enamida.

94. **Las reacciones que usan sales de cobre (I) como reactivos para sustituir el nitrógeno de las sales de diazonio se llaman reacciones de:**

    1. Sandmeyer.
    2. Chichibabin.
    3. Peterson.
    4. Gabriel.
    5. Diels-Alder.

95. **Las reacciones en las que la cinética no depende de la concentración de nucleofilo, son reacciones:**

    1. Radicalarias.
    2. S_N1.
    3. Pericíclicas.
    4. S_N2.
    5. Ninguna de las anteriores.

96. **Los hidroxiácidos pueden esterificarse intramolecularmente formando:**

    1. Lactamas.
    2. Nitronas.
    3. Imidas.
    4. Carbamatos.
    5. Lactonas.

97. **Las condiciones de reacción para la preparación de 2-metil-1-metoxipropan-2-ol a partir de 2,2-dimetiloxirano son:**

    1. La reacción con metanol en medio ácido.
    2. No hay una ruta sintética eficaz.
    3. La reacción con bromuro de metilmagnesio e hidrólisis posterior.
    4. La reacción con metóxido de sodio en metanol.
    5. La reacción con trifenilfosfina.

98. **El ciclopentadieno es tan reactivo que dejándolo a temperatura ambiente dimeriza lentamente por una reacción de:**

    1. Friedel-Crafts.
    2. Diels-Alder.
    3. Markonikov.
    4. Suzuki.
    5. Gabriel.

99. **Las reacciones de alquilación de Friedel-Crafts conducen a productos que:**

    1. Facilitan las reacciones de diazotación.
    2. Facilitan las reacciones de formación de éteres.
    3. Activan el anillo aromático frente a otras sustituciones.
    4. Desactivan el anillo aromático frente a otras sustituciones.
    5. Ninguna de las anteriores.

100. **El oxígeno de los éteres como el de los alcoholes puede protonarse para generar:**

    1. Iones iminio.
    2. Iones alquiloxonio.
    3. Peróxidos.
    4. Piranos.
    5. Enaminas.

101. Los organometálicos reaccionan con los nitrilos dando:

    1. Aminoácidos.
    2. Lactonas.
    3. Alcoholes.
    4. Cetonas.
    5. Ninguna de las anteriores.

102. El alcohol isopropílico se prepara a partir de petróleo por hidratación de:

    1. Isobuteno.
    2. Eteno.
    3. Penteno.
    4. Buteno.
    5. Propeno.

103. El isopreno es:

    1. 2-metil-1,3-butadieno.
    2. 2-metil-2-buteno.
    3. 2-metil-1-buteno.
    4. 2-etil-1,3-butadieno.
    5. 2-etil-2-buteno.

104. ¿Cuál es el número máximo de estereoisómeros de una aldohexosa?

    1. 2.
    2. 4.
    3. 8.
    4. 16.
    5. 32.

105. La reacción de ácidos peroxicarboxílicos con el grupo carbonilo de cetonas produce:

    1. Ácidos.
    2. Ésteres.
    3. Alcoholes.
    4. Éteres.
    5. Amidas.

106. El hidruro de litio y aluminio reacciona con los ácidos carboxílicos para dar:

    1. Ésteres.
    2. Cetonas.
    3. Alcoholes terciarios.
    4. Alcoholes secundarios.
    5. Alcoholes primarios.

107. Los grupos con efecto resonante electrodonador son:

    1. Desactivantes y orto/para-dirigentes.
    2. Activantes y orto/para-dirigentes.
    3. Desactivantes y meta-dirigentes.
    4. Activantes y meta-dirigentes.
    5. Desactivantes y no orientan a ninguna posición.

108. ¿Qué halógenos reaccionan con metano mediante una reacción radicalaria en cadena generando haloametanos?

    1. Fluor y cloro.
    2. Bromo y cloro.
    3. Fluor, cloro y bromo.
    4. Todos.
    5. Yodo.

109. La reducción de nitrilos con hidruro de diisobutil aluminio (DIBAL) proporciona, tras el correspondiente tratamiento ácido acuoso:

    1. Aminas.
    2. Ácidos.
    3. cetonas.
    4. Aldehídos.
    5. Ninguna de las anteriores.

110. La regla de Markovnikov predice la regioselectividad en las reacciones de:

    1. Sustitución nucleofila.
    2. Sustitución electrófila aromática.
    3. Adición electrófila.
    4. Adición nucleofila.
    5. Oxidación de alcoholes.

111. Los dialquilcupratos de litio reaccionan con halogenuros de alquilo para producir, por formación de enlaces carbono-carbono entre el grupo alquilo del halogenuro y el grupo alquilo del dialquilcuprato:

    1. Alcanos.
    2. Alquenos.
    3. Alquinos.
    4. Aromáticos.
    5. Piranos.

112. El tratamiento de 1-hexino con 1 mol de bromuro de hidrógeno da lugar a:

    1. 1-bromo-1-hexeno.
    2. 1-bromo-2-hexeno.
    3. 1-bromo-3-hexeno.
    4. 2-bromo-1-hexeno.
    5. 2-bromo-2-hexeno.

113. La química de las sales de diazonio proporciona el método sintético principal para preparar fluoruros de arilo mediante un proceso llamado:

    1. Reordenamiento de Claisen.
    2. Reacción de Gabriel.
    3. Reacción de diazotación.
    4. Reacción de Sandmeyer.
    5. Reacción de Schiemann.

114. El terpeno que contiene 10 átomos de carbono y

deriva de dos unidades de isopreno se denomina:

1. Diterpeno.
2. Monoterpeno.
3. Sesquiterpeno.
4. Triterpeno.
5. Meroterpeno.

115. Elige de entre las siguientes frases la que más adecuadamente defina una reacción concertada:

1. Reacción en una sola etapa en la que todos los enlaces que se forman y se rompen lo hacen al mismo tiempo.
2. Reacción en varias etapas en la que todos los enlaces que se forman y se rompen lo hacen al mismo tiempo en la etapa más lenta.
3. Reacción en la que la velocidad de todas las etapas es idéntica.
4. Es una reacción en equilibrio en la que K=1.
5. Reacción en varias etapas en la que todos los enlaces que se forman y se rompen lo hacen al mismo tiempo en la etapa más rápida.

116. El hígado convierte el etanol en:

1. Metanol.
2. Acetona.
3. Acetaldehído.
4. Peróxido de hidrógeno.
5. Glicerol.

117. Los desoxirribonucleótidos se sintetizan:

1. A partir de los ribonucleótidos trifosfato.
2. A partir de los ribonucleótidos difosfato.
3. A partir de NADPH.
4. Por oxidación de ribonucleótidos.
5. Por la DNA polimerasa III.

118. ¿Cuál de las enzimas contiene manganeso?

1. Glutatión S-transferasa.
2. Glutatión reductasa.
3. Glutatión peroxidasa.
4. Superóxido dismutasa.
5. Catalasa.

119. ¿En cuál de los siguientes tipos de inhibición enzimática no disminuye el valor de Vmax?

1. Competitiva.
2. No competitiva.
3. Acompetitiva.
4. Mixta.
5. Disminuye en todos ellos.

120. De acuerdo con la regla del extremo N-terminal, el residuo N-terminal de una proteína determina:

1. Su tasa de plegamiento.
2. Su concentración intracelular.
3. Su localización intracelular.
4. Su vida media.
5. Su tasa de traducción.

121. El glutatión cumple todo lo que siguiente excepto:

1. Es un dipéptido.
2. Elimina peróxidos y radicales libres.
3. Participa en la destoxificación de compuestos.
4. Actúa como cofactor de algunas enzimas.
5. Protege frente al estrés oxidativo.

122. Con respecto a las características de los aminoácidos, indique cuál de las siguientes afirmaciones es falsa:

1. Los aminoácidos son sustancias anfóteras que pueden actuar como ácidos o como bases.
2. Las cadenas laterales de los aminoácidos pueden ser apolares, polares sin carga o pueden presentar carga a determinados valores de pH.
3. La cadena lateral de la Ala puede sufrir un proceso de fosforilación.
4. Las proteínas están constituidas por L-aminoácidos.
5. Los aminoácidos Ser, Thr y Tyr pueden formar enlaces ester con un grupo fosfato.

123. COMPLETAR: en el Ciclo de Krebs se producen 4 reacciones de oxidación, en 3 de ellas el aceptor final se electrones es el ___ y en la otra es el ___ :

1. FAD/FMN.
2. NAD$^+$/FMN.
3. NADP$^+$/FAD.
4. NAD$^+$/FAD.
5. FAD/NAD$^+$.

124. El desenrollamiento y el superenrollamiento del DNA están controlados por las:

1. Helicasas.
2. Topoisomerasas.
3. DNA ligasas.
4. Telomerasas.
5. DNA polimerasa.

125. ¿Cuál de las siguientes definiciones sobre fluorimetría es correcta?

1. La fluorimetría es menos sensible que la espectrometría.
2. La fluorimetría es menos específica que la espectrometría.
3. Moléculas cíclicas insaturadas son frecuentemente fluorescentes.
4. La fluorescencia es directamente proporcional a la temperatura.

5. Ninguna de las opciones es correcta.

126. ¿Cuál de los compuestos siguientes proporciona átomos de nitrógeno a los anillos de purina y pirimidina?

    1. Aspartato.
    2. Carbamoil fosfato.
    3. Dióxido de carbono.
    4. Glutamina.
    5. Tetrahidrofolato.

127. ¿Cuál será la carga del aminoácido glutámico a pH 7?

    1. No tendrá carga neta.
    2. Tendrá carga neta negativa.
    3. Tendrá carga neta positiva.
    4. Su cadena lateral estará protonada.
    5. Su grupo α-amino estará desprotonado.

128. Las HDL:

    1. Son ricas en triglicéridos.
    2. Carecen de apoproteínas minoritarias.
    3. Transportan colesterol de los tejidos al hígado.
    4. Se activan por A-III.
    5. Transportan ácidos grasos esenciales.

129. La gran diversidad de inmunoglobulinas se debe principalmente a la recombinación de:

    1. Epítopos.
    2. Cadenas ligeras.
    3. Cadenas pesadas.
    4. Exones.
    5. Intrones.

130. El término isocrático es utilizado en la cromatografía líquida de alta presión (HPLC) cuando:

    1. La fase móvil está a temperatura constante.
    2. La fase estacionaria está en equilibrio con la fase móvil.
    3. La fase móvil consiste en un solvente único con una composición constante.
    4. La velocidad del flujo de la fase móvil está regulada.
    5. Todas las opciones son correctas.

131. La reacción en cadena de la polimerasa (PCR) engloba tres procesos. Seleccionar el orden de secuencia:

    1. Extensión → Fusión → Desnaturalización.
    2. Fusión → Desnaturalización → Extensión.
    3. Desnaturalización → Fusión → Extensión.
    4. Desnaturalización → Extensión → Fusión.
    5. Extensión → Desnaturalización → Fusión.

132. Todas las afirmaciones siguientes que describen a las endonucleasas de restricción son ciertas EXCEPTO:

    1. No proporcionan extremos de cadena única en las piezas complementarias de DNA.
    2. Están limitadas por la metilación de las secuencias de reconocimiento.
    3. Reconocen secuencias palidrómicas.
    4. Rompen ambas cadenas en el DNA dúplex.
    5. Son específicas de secuencias simétricas cortas.

133. La acetilación de las histonas afecta a las trascripción:

    1. Bloqueando la incorporación de otros componentes de la maquinaria de transcripción.
    2. Impidiendo la remodelación de la cromatina.
    3. Facilitando la acción de las helicasas.
    4. Disminuyendo la sensibilidad a los receptores nucleares.
    5. Reduciendo la afinidad de las histonas por el DNA.

134. ¿Qué grupo de aminoácidos, cuando forman parte de las proteínas, puede fosforilarse?

    1. Val, Ser, Thr.
    2. Phe, Ala, Gly.
    3. Val, Glu, Asp.
    4. Tyr, Ser, Thr.
    5. Lys, Ser, Ile.

135. Las aminoacil-tRNA sintetasas:

    1. Participan en la síntesis de los tRNAs.
    2. Participan en la maduración de los precursores de los tRNAs.
    3. Son responsables de la síntesis de los aminoácidos.
    4. Son responsables de la interpretación del código genético.
    5. Sintetizan partes de los ribosomas.

136. Una reacción clave en la regulación de la expresión génica es la acetilación/desatecilación en las histonas de algunos de sus residuos de:

    1. Serina.
    2. Treonina.
    3. Lisina.
    4. Triptófano.
    5. Alanina.

137. Durante la replicación del DNA:

    1. Las dos hebras se sintetizan de forma continua.
    2. Intervienen ribozimas.
    3. Se oxidan los desoxirribonucleótidos trifosfato.
    4. Interviene una primasa.
    5. Las dos hebras permanecen unidas por

puentes de hidrógeno.

138. ¿Qué aminoácido sirve de partida para la síntesis de porfirinas (grupo hemo)?

    1. Valina.
    2. Alanina.
    3. Asparagina.
    4. Lisina.
    5. Glicina.

139. ¿Qué par de aminoácidos modificados es muy frecuente en el colágeno?

    1. 4-Hidroxi-prolina y 5-Hidroxi-lisina.
    2. Histamina y 5-Metil-lisina.
    3. Carboxiglutamato y 4-Hidroxi-prolina.
    4. S-Adenosil-metionina y 5-Metil-prolina.
    5. Metil-Fenilalanina e Histamina.

140. Las moléculas transportadoras de electrones:

    1. Son coenzimas de naturaleza nucleotídica.
    2. Intercambian electrones en reacciones de oxidación-reducción.
    3. Son moléculas capaces de oxidarse y reducirse.
    4. El FAD (dinucleótido de flavina y adenina) y el FMN (mononucleótidos de flavina) son moléculas transportadoras de electrones.
    5. Todas son ciertas.

141. ¿Cuál de estos compuestos dona directamente el 2º grupo amino al ciclo de la urea?

    1. Aspártico.
    2. Glutámico.
    3. Glutamina.
    4. Glicina.
    5. Ornitina.

142. El complejo mitocondrial α-cetoglutarato deshidrogenasa necesita todos los compuestos siguientes EXEPTO:

    1. CoA.
    2. FAD.
    3. NAD^+.
    4. $NADP^+$.
    5. Tiamina pirofosfato.

143. ¿Cuál de las siguientes hebras del DNA tiene la misma secuencia de nucleótidos (excepto el cambio de T por U) que su transcrito primario?

    1. La hebra adelantada.
    2. La hebra Watson.
    3. La hebra Crick.
    4. La hebra molde.
    5. La hebra codificante.

144. El término DOMINIO se refiere a:

    1. Los extremos de las cadenas polipeptídicas de una proteína.
    2. Segmentos compactos de las proteínas globulares, que son estructuralmente independientes y poseen funciones específicas.
    3. Combinaciones de hélices alfa y hojas beta sin una función particular.
    4. Cada una de las cadenas polipeptídicas individuales de un oligómero.
    5. La estructura de las proteínas fibrosas.

145. En la protrombina, la reacción de conversión de glutamato en γ-carboxiglutamato es dependiente de:

    1. Vitamina K.
    2. Vitamina D.
    3. Vitamina A.
    4. Vitamina C.
    5. Vitamina E.

146. La piruvato carboxilasa se activa alostéricamente por uno de los siguientes compuestos, ¿cuál es?

    1. Piruvato.
    2. Acetil-CoA.
    3. Malato.
    4. Oxalacetato.
    5. NAD^+.

147. ¿Cuál de los siguientes valores es el más cercano al valor estimado para el incremento de energía libre estándar de la hidrólisis de ATP?

    1. $-1,4$ Kcal/mol.
    2. $-2,6$ Kcal/mol.
    3. $+3,5$ Kcal/mol.
    4. $-7,0$ Kcal/mol.
    5. $+7,0$ Kcal/mol.

148. ¿Qué aminoácidos se pueden unir a un azúcar mediante un enlace O-glucosídico?

    1. Ser y Thr.
    2. Cys y Ser.
    3. Asn y Thr.
    4. Lys e His.
    5. Val y Leu.

149. En la alcaptonuria la enzima defectuosa puede ser la:

    1. Dihidrobiopterina reductasa.
    2. Tirosina aminotransferasa.
    3. p-hidroxifenilpiruvato dioxigenasa.
    4. Homogentisico 1,2-dioxigenasa.
    5. Fumarilacetoacetasa.

150. ¿Cuál de las siguientes afirmaciones acerca de la unión y liberación del oxígeno por la hemoglobina es correcta?

1. Por unión al oxígeno, el hierro del grupo protéstico hemo es oxidado pasando de Fe^{2+} a Fe^{3+}.
2. La disminución del pH y un aumento de la concentración de BPG (2,3 *bis* fosfoglicerato) favorecen la liberación de oxígeno por la hemoglobina.
3. Una concentración elevada de 2, 3 *bis* fosfoglicerato en los eritrocitos favorece la unión de oxígeno por la hemoglobina.
4. La unión de oxígeno a cualquiera de los cuatro "hemos" ocurre independientemente de los otros tres.
5. La unión de la hemoglobina al oxígeno sigue una cinética hiperbólica.

151. **Indique cuál de las siguientes vitaminas no es liposuble:**

    1. Vitamina E.
    2. Vitamina D.
    3. Vitamina K.
    4. Vitamina B.
    5. Vitamina A.

152. **¿Cuál de los siguientes pasos no forma parte de la gluconeogénesis?**

    1. Oxalacetato a piruvato.
    2. Piruvato a oxalacetato.
    3. Glucosa-6-P a glucosa.
    4. Fructosa-1, 6-bisP a fructosa-6-P.
    5. Oxalacetato a fosfoenolpiruvato.

153. **Las carboxipeptidasas A y B:**

    1. Son endopeptidasas.
    2. Se excretan por células exocrinas del intestino.
    3. Se excretan por células exocrinas del estómago.
    4. Se sintetizan por células endocrinas del hígado.
    5. Se sintetizan por células exocrinas del páncreas.

154. **Con respecto al enlace peptídico, indique cual de las siguientes afirmaciones es FALSA:**

    1. Tiene carácter parcial de doble enlace.
    2. Forma un pequeño dipolo.
    3. Su formación implica la eliminación de una molécula de agua.
    4. La cadena peptídica gira libremente por el enlace peptídico.
    5. En un enlace amida.

155. **En el colágeno, ¿cuál es el aminoácido que se repite siempre cada tres residuos?**

    1. Glicina.
    2. Alanina.
    3. Prolina.
    4. Lisina.
    5. Hidroxiprolina.

156. **Se ha aislado de E. coli una enzima desconocida que afecta al DNA. Cuando una solución de esta enzima se mezcla con DNA plásmido superenrollado, su único efecto es relajar al DNA. Al final de la exposición a la solución enzimática, el DNA plásmido está cerrado covalentemente y aún es circular. Esta enzima es una:**

    1. Endonucleasa de restricción.
    2. Primasa.
    3. Transcriptasa inversa.
    4. Helicasa.
    5. Topoisomerasa.

157. **Con respecto a los puntos de control de la expresión de los genes eucariotas, indique cuál de las siguientes afirmaciones es falsa:**

    1. Modificación de la estructura del gen.
    2. Regulación de la transcripción.
    3. Maduración del RNA.
    4. Maduración del DNA.
    5. Estabilidad de los RNA.

158. **Indique cual será la carga neta de un aminoácido con un grupo R neutro para un valor de pH por debajo de su pI:**

    1. Carga neta negativa.
    2. Carga neta positiva.
    3. Sin carga.
    4. Es necesario conocer el valor exacto del pH para contestar esta pregunta.
    5. Es necesario conocer la concentración del aminoácido para contestar esta pregunta.

159. **La RNA Polimerasa I de eucariotas transcribe los genes de:**

    1. Los precursores de los mRNAs.
    2. Los precursores de los tRNAs.
    3. Los RNAs ribosómicos 18S, 5,8S y 28S.
    4. Todos los precursores de los RNAs celulares.
    5. Los RNAs catalíticos.

160. **El grado de fluidez de las membranas biológicas depende del porcentaje de:**

    1. Lipidos con colina.
    2. Glicolípidos.
    3. Esfingolípidos.
    4. Ácidos grasos libres.
    5. Ácidos grasos insaturados.

161. **¿Dónde se produce la glicosilación en una célula eucariota?**

    1. En el retículo endoplásmico y el Aparato de Golgi.
    2. Sólo en el Aparato de Golgi.

3. En la mitocondria y el Aparato de Golgi.
4. Sólo en el retículo endoplásmico.
5. En el retículo endoplásmico y la membrana plasmática.

162. ¿En qué tipo de reacción interviene típicamente el citocromo P-450 del hígado?

    1. Hidratación.
    2. Reducción.
    3. Hidrólisis.
    4. Esterificación.
    5. Hidroxilación.

163. El tipo de reacción que implica la adición de un grupo funcional a un doble enlace, o la formación de un doble enlace por eliminación de un grupo, está caracterizado por:

    1. Transferasas.
    2. Isomerasas.
    3. Liasas.
    4. Hidrolasas.
    5. Ligasas

164. La sensibilidad clínica de un parámetro (test) analítico se define como:

    1. La media de concentraciones de dicho test en pacientes sanos.
    2. Una concentración patológica del test en presencia de la enfermedad.
    3. Una concentración patológica del test en ausencia de la enfermedad.
    4. Una concentración normal del test en ausencia de la enfermedad.
    5. Una concentración normal del test en presencia de la enfermedad.

165. ¿Qué relación existe entre turbidimetría y nefelometría?

    1. Nefelometría es la inversa de la turbidimetría.
    2. La turbidimetría es más sensible que la nefelometría.
    3. La nefelometría puede ser medida con un espectrofotómetro convencional.
    4. Ambas tecnologías miden la dispersión de la luz.
    5. Ambas tecnologías son las más sensibles y utilizadas en los laboratorios clínicos.

166. ¿Cómo afecta el incremento de temperatura a la reacción entre antígeno y anticuerpo?

    1. Aumenta la velocidad de reacción y disminuye la afinidad de unión.
    2. Disminuye la velocidad de reacción y aumenta la afinidad de unión.
    3. Aumenta la velocidad de reacción y la afinidad de unión.
    4. Disminuye la velocidad de reacción y la afinidad de unión.
    5. Ninguna de las opciones anteriores es correcta.

167. ¿Cuál de las siguientes modificaciones no forma parte del proceso de maduración que sufren los precursores de los tRNAs?

    1. Modificación de bases.
    2. Eliminación de la secuencia líder del extremo 5´.
    3. Eliminación del segmento final del extremo 3´.
    4. Adición de CCA al extremo 3´.
    5. Poliadenilación del extremo 3´.

168. La actividad de corrección de pruebas de la DNA Polimerasa:

    1. Es una actividad exonucleasa 5´-3´.
    2. Es una actividad exonucleasa 3´-5´.
    3. Es una actividad polimerizante 5´-3´.
    4. Es una actividad endonucleasa.
    5. Es una actividad transesterificadora.

169. La glucólisis es la única ruta productora de ATP en:

    1. Eritrocitos.
    2. Linfocitos.
    3. Hepatocitos.
    4. Neuronas.
    5. Adipocitos.

170. La ribonucleótido reductasa:

    1. Interviene en la síntesis de los desoxirribonucleótidos.
    2. Utiliza el NADPH como coenzima.
    3. Es un sistema enzimático.
    4. Actúa en colaboración con la tiorredoxina.
    5. Todo lo anterior es cierto.

171. ¿Sobre cuál de las siguientes enzimas ejerce el citrato un efecto alostérico positivo?

    1. Piruvato quinasa.
    2. Acetil CoA carboxilasa.
    3. Fosfofructoquinasa.
    4. Ácido graso sintetasa.
    5. Enolasa.

172. El glucagón aumenta la actividad de la:

    1. Proteína quinasa A.
    2. Acetil-CoA carboxilasa.
    3. Piruvato quinasa.
    4. Glucógeno sintasa.
    5. Fosfofructoquinasa-1.

173. Las aminotransferasas:

    1. Participan solo en la síntesis de aminoácidos.
    2. Participan solo en la degradación de aminoá-

cidos.
3. Participan en la síntesis y degradación de aminoácidos.
4. Sus niveles en corazón son muy bajos.
5. Ninguna de las anteriores respuestas es verdadera.

174. **La enzima succinato deshidrogenasa cataliza la reacción de deshidrogenación dependiente de:**

   1. NADPH.
   2. FMN.
   3. NAD^+.
   4. FAD.
   5. CoA.

175. **El Óxido Nítrico (NO) se sintetiza a partir del aminoácido:**

   1. Arginina.
   2. Asparagina.
   3. Alanina.
   4. Aspartato.
   5. Valina.

176. **Una de las enzimas que se mencionan a continuación no interviene en el metabolismo del glucógeno:**

   1. Glucógeno sintasa.
   2. Glucógeno fosforilasa.
   3. Glucosa-6-fosfato deshidrogenasa.
   4. Fosfoglucomutasa.
   5. UDP-glucosa pirofosforilasa.

177. **No está incluido entre los lípidos que se encuentran en las membranas biológicas:**

   1. Isopentenil pirofosfato.
   2. Fosfatidilinositol.
   3. Esfingomielina.
   4. Ácido fosfatídico.
   5. Fosfatidiletanolamina.

178. **Una molécula de bajo peso molecular no inmunogénica, que sí lo es cuando se acopla a una proteína portadora antigénica es un:**

   1. Glicoconjugado.
   2. Paratopo.
   3. Isotipo.
   4. Epítopo.
   5. Hapteno.

179. **Entre las muchas moléculas de compuestos fosfato de energía elevada que se forman como consecuencia del funcionamiento del ciclo del ácido cítrico, una molécula se sintetiza a nivel de sustrato. ¿En cuál de las reacciones siguientes te produce?**

   1. Citrato → α-cetoglutarato.
   2. Succinil-CoA → succinato.
   3. Succinato → fumarato.
   4. Fumarato → malato.
   5. Malato → oxalacetato.

180. **¿Qué significa que la hemoglobina une O_2 cooperativamente?**

   1. Que la unión de una molécula de O_2 a una subunidad de la hemoglobina impulsa la unión de otras subunidades para formar una proteína hemoglobina completa.
   2. Que la unión de una molécula de O_2 a una subunidad de la hemoglobina aumenta la afinidad de la misma subunidad para unir más moléculas de O_2.
   3. Que la unión de una molécula de O_2 a una subunidad de la hemoglobina aumenta la afinidad de otras subunidades por el O_2.
   4. Que la unión de una molécula de O_2 a una proteína hemoglobina provoca la unión de otra molécula de O_2 a otra proteína hemoglobina diferente.
   5. Nada de lo anterior es cierto.

181. **El término "corrección" (o edición) del RNA se refiere a:**

   1. El proceso de autocorrección del RNA sintetizado por la RNA Polimerasa.
   2. El proceso de corte y empalme de los intrones.
   3. El proceso de maduración de los extremos 5´ y 3´ del RNA.
   4. El cambio en la secuencia nucleotídica del RNA tras la transcripción que no obedece a un proceso de maduración.
   5. El proceso de reparación de errores en el DNA que se va a transcribir.

182. **Un clatrato es:**

   1. Un tipo de interacción covalente.
   2. La formación de una red regular del agua alrededor de moléculas no polares.
   3. La formación de una red regular del agua alrededor de moléculas polares.
   4. La estructura de una red lipídica alrededor de una proteína.
   5. Un complejo nucleoproteico.

183. **El flujo electrónico cíclico de la fotosíntesis:**

   1. Utiliza los componentes del fotosistema II junto con la plastocianina y el citocromo b_6f.
   2. Genera ATP y NADPH.
   3. Se produce en situaciones en las que el NADPH escasea.
   4. Genera ATP sin que se reduzca $NADP^+$.
   5. Libera O_2.

184. **La α-queratina consta de:**

   1. Dos hélices α dextrógiras enrolladas para

formar una hélice levógira.
2. Dos hélices β dextrógiras enrolladas para formar una hélice levógira.
3. Dos hélices α levógiras enrolladas para formar una hélice levógira.
4. Dos hélices α levógiras enrolladas para formar una hélice dextrógira
5. Una hélice α levógira y otra dextrógira enrolladas para formar una hélice levógira

185. Indique el aminoácido que, en condiciones fisiológicas, tiene una cadena lateral no cargada:

1. Arginina.
2. Ácido aspártico.
3. Ácido glutámico.
4. Lisina.
5. Treonina.

186. La especificidad clínica de un parámetro (test) analítico, con respecto a una determinada patología, se define como:

1. La media de concentraciones de dicho test en pacientes sanos.
2. Una concentración patológica del test en presencia de la enfermedad.
3. Una concentración patológica del test en ausencia de la enfermedad.
4. Una concentración normal del test en ausencia de la enfermedad.
5. Una concentración normal del test en presencia de la enfermedad.

187. El ácido linolénico (18:3Δ9, 12, 15) es un ácido graso:

1. Poliinsaturado.
2. Saturado.
3. Polisaturado.
4. Con triple enlace.
5. Ramificado.

188. Los factores de transcripción:

1. Se unen a la cromatina por interacción con la histona H2A.
2. Se unen al RNA y regulan el inicio de la transcripción.
3. Se unen al DNA.
4. Se organizan en nucleosomas.
5. Regulan la mutilación del DNA.

189. El metal que aparece más frecuentemente en el sitio activo de las metaloproteasas es:

1. Calcio.
2. Magnesio.
3. Selenio.
4. Sodio.
5. Zinc.

190. Los Aminoacil-tRNAs:

1. Son los precursores de los tRNAs.
2. Son enzimas que catalizan las síntesis de los aminoácidos.
3. Forman parte de los ribosomas.
4. Son los tRNAs cargados con el aminoácido especificado por su secuencia anticodón.
5. Son sintetizados por la RNA Polimerasa II.

191. ¿Cuál de los productos siguientes de la degradación de los triacilgliceroles y posterior β-oxidación puede sufrir gluconeogénesis?

1. Propionil CoA.
2. Acetil CoA.
3. Todos los cuerpos cetónicos.
4. Algunos aminoácidos.
5. β-Hidroxibutirato.

192. La energía libre estándar de activación de una reacción es:

1. La diferencia de energía libre entre el estado basal de los productos y de los sustratos.
2. La diferencia de la entalpía menos la entropía del sistema.
3. La energía basal de los sustratos en una reacción catalizada.
4. La energía libre adicional que han de alcanzar las moléculas para llegar al estado de transición.
5. La energía liberada de una reacción catalizada.

193. La fosforilación oxidativa mitocondrial está regulada por:

1. Hormonas esteroideas mitocondriales.
2. Apoptosis.
3. La termogenina.
4. El citocromo c.
5. La carga energética celular.

194. El esqueleto carbonado de la prolina entra en el ciclo del ácido cítrico en forma de:

1. Fumarato.
2. Isocitrato.
3. α-cetuglutarato.
4. Oxalacetato.
5. Succinato.

195. La actividad piruvato carboxilasa depende del efector alostérico positivo:

1. Succinato.
2. AMP.
3. Isocitrato.
4. Citrato.
5. Acetil CoA.

196. La enzima reguladora clave de la ruta de las pentosas fosfato está regulada de forma positiva

por:

1. NADH.
2. ADP.
3. GTP.
4. NADP⁺.
5. FADH.

197. La ribonucleasa H hidroliza específicamente:

1. El DNA con apareamiento con DNA de secuencia complementaria.
2. El RNA con apareamiento con DNA de secuencia complementaria.
3. El RNA cebador en la replicación.
4. El RNA sin apareamiento con DNA de secuencia complementaria
5. Ciertos intrones en el proceso de maduración.

198. Cuando se dice que el código genético es "degenerado", significa que::

1. Hay varios codones de parada y de inicio.
2. El código genético de los eucariotas es diferente del de las bacterias.
3. Un codón codifica varios aminoácidos.
4. La mayor parte de los aminoácidos están codificados por más de un codón.
5. Ninguna de las opciones anteriores.

199. En el ciclo de la urea:

1. Las enzimas que participan se localizan en la mitocondria.
2. Los defectos genéticos se pueden trata con benzoato.
3. Un metabolito intermediario es el N-acetilglutamato.
4. Se sintetiza lisina.
5. Interviene la carbamilfosfato sintetasa II.

200. El número de enlace del DNA:

1. Es el número de puentes de hidrógeno de un DNA de doble hebra.
2. Es el número de apareamientos óptimos en un DNA de doble hebra.
3. Es el número de enlaces fosfoéster en un DNA de cadena sencilla.
4. Es una propiedad topológica y define el grado de superenrollamiento de un DNA.
5. Es el número de giros en un DNA de doble hebra.

201. En la ruta que conduce en el hígado a la biosíntesis de acetoacetato a partir de acetil CoA, ¿Cuál de las sustancias siguientes es el precursor inmediato del acetoacetato?

1. 3-Hidroxibutirato.
2. Acetoacetil CoA.
3. 3-Hidroxibutiril CoA.
4. Ácido mevalónico.
5. 3-Hidroxi-3-metilglutaril. CoA.

202. ¿Cuál de estos compuestos es un producto generado directamente por la ruta de las pentosas?

1. NADP⁺.
2. NADPH.
3. NADH.
4. Fructosa-1, 6-bisfosfato.
5. CoA.

203. ¿Cuáles de estas vitaminas son compuestos isoprenoides?

1. Vitaminas A, B_2, C y D.
2. Vitaminas A, B_2 y Ácido fólico.
3. Vitaminas A, K y biotina.
4. Vitaminas D, E y C.
5. Vitaminas A, D, E y K.

204. El elemento de repetición de la estructura del DNA se denomina:

1. Espliceosoma.
2. Nucleosoma.
3. Cromosoma.
4. Replisoma.
5. Primosoma.

205. La unión de un activador alostérico a una enzima alostérica típicamente tiene como consecuencia:

1. Disminuir la Vmax.
2. La transición a un estado menos soluble.
3. Disminuir la Km por su sustrato.
4. La transición a una cinética hiperbólica.
5. La disociación de sus subunidades.

206. La secreción de insulina por las células pancreáticas está regulada positivamente por:

1. Inhibición de la hexoquinasa IV.
2. Activación de canales de K⁺.
3. Inactivación de canales de Ca⁺⁺.
4. Alta concentración de ATP.
5. Bajos niveles de glucosa en sangre

207. ¿Cómo es posible que durante la replicación del DNA bacteriano las hebras guía (o adelantada) y retardada se sinteticen de forma coordinada?

1. La hebra guía se sintetiza en dirección 5´-3´ y la retardada en dirección 3´-5´.
2. La holoenzima DNA Polimerasa III contienen dos copias del núcleo catalítico de la enzima.
3. Proteínas unidas a la hebra retardada controlan la velocidad de síntesis de la hebra guía.
4. Enzimas específicas controlan la apertura de la horquilla de replicación.
5. La helicasa controla la velocidad de síntesis en ambas hebras.

208. Señale la afirmación correcta:

1. A pO$_2$ bajas la mioglobina está más saturada de O$_2$ que la hemoglobina.
2. El CO$_2$ aumenta la afinidad de la hemoglobina por el O$_2$.
3. El 2,3 bisfosfoglicerato está fuertemente unido en la hemoglobina oxigenada.
4. Los tejidos que producen lactato liberan más O$_2$.
5. A pO$_2$ altas la hemoglobina tiene 2 subunidades.

209. El glucagón afecta a la glucosa sanguínea al:

1. Inhibir la degradación del glucógeno hepático.
2. Activar la glucólisis hepática.
3. Activar la gluconeogénesis hepática.
4. Inhibir la movilización de ácidos grasos.
5. Inhibir la cetogénesis hepática.

210. ¿Cuál de estas frases sobre la gluconeogénesis no es correcta?

1. En la gluconeogénesis se utilizan reacciones enzimáticas diferentes a la glucolisis.
2. La gluconeogénesis es la síntesis de la glucosa a partir de precursores que son hidratos de carbono.
3. La gluconeogénesis tiene como principales sustratos el lactato, aminoácidos, el propionato y el glicerol.
4. La gluconeogénesis tiene lugar principalmente en el citosol.
5. La gluconeogénesis utiliza enzimas específicas para evitar tres reacciones irreversibles en la glucolisis.

211. Las partículas de reconocimiento de la señal tienen como función:

1. Romper la secuencia señal.
2. Detectar las proteínas citosólicas.
3. Dirigir las secuencias señal a los ribosomas.
4. Unir los ribosomas al retículo endoplásmico.
5. Unir el mRNA a los ribosomas.

212. ¿Qué coenzima interviene en la síntesis de Óxido Nítrico (NO)?

1. NADH.
2. NADPH.
3. FAD.
4. CoA.
5. Tiamina.

213. ¿Cuál de las siguientes tiene mayor probabilidad de ser letal?

1. Sustitución de adenina por citosina.
2. Sustitución de citosina por guanina.
3. Sustitución de metilcitosina por citosina.
4. Pérdida de tres nucleótidos.
5. Inserción de un nucleótido.

214. El efecto prozona de un análisis turbidimétrico puede detectarse midiendo la absorbancia:

1. Después de una ultracentrifugación.
2. Previa concentración de la muestra.
3. Previa dilución de la muestra.
4. Una vez tratada la muestra con SDS.
5. Dos veces consecutivas.

215. La DNA Girasa es:

1. Una Topoisomerasa I eucariótica.
2. Una Topoisomerasa II eucariótica.
3. Una Topoisomerasa I procariótica.
4. Una Topoisomerasa II procariótica.
5. Una Helicasa procariótica.

216. ¿Qué enzima está presente en el complejo II que participa en la fosforilación oxidativa?

1. Coenzima Q: citocromo c oxidorreductasa.
2. NADH deshidrogenasa.
3. Succinato-coenzima Q reductasa.
4. ATP sintasa.
5. Citocromo c oxidasa.

217. ¿Cuál de los siguientes complejos enzimáticos cataliza la reducción de oxígeno molecular a agua durante la fosforilación oxidativa?

1. ATP sintasa.
2. Citocromo c oxidasa.
3. NADH-Q óxido-reductasa.
4. Q-citocromo c óxido-reductasa.
5. Succinato-Q reductasa.

218. La presencia de cuál de las siguientes disposiciones estructurales en una proteína sugiere que es una proteína reguladora de unión al DNA:

1. Lámina β.
2. Región desordenada.
3. Hélice α.
4. Chaperonas.
5. Dedo de zinc.

219. Las reacciones químicas del proceso de corte y empalme de los intrones durante la maduración de los pre-mRNAs consiste en::

1. Una reacción de oxido-reducción.
2. Una reacción de transesterificación.
3. Dos reacciones de transesterificación secuenciales.
4. Tres reacciones de transesterificación secuenciales.
5. Una reacción de transesterificación seguida de otra de oxidación.

220. **La DNA fotoliasa:**

1. Repara los dímeros de ciclobutano pirimidina en presencia de luz visible.
2. Se une al DNA específicamente en los dímeros de purina.
3. Contiene tres cromóforos.
4. Está presente en todas las células eucariotas.
5. Rompe los enlaces que ligan anillos de pirimidinas y después se disocia en presencia de luz visible.

221. **En la biosíntesis de proteínas:**

1. Se traduce la información contenida en las dos cadenas de DNA.
2. El RNA mensajero se traduce en la dirección 5´-3´.
3. Se produce la iniciación en la secuencia del promotor.
4. Comienza con el aminoácido más abundante.
5. Comienza con diferente aminoácido según la proteína a sintetizar.

222. **Las proteínas nuevas destinadas a la secreción se sintetizan en:**

1. Aparado de Golgi.
2. Retículo endoplásmico liso.
3. Polisomas libres.
4. Núcleo.
5. Retículo endoplásmico rugoso.

223. **Durante un ayuno prolongado:**

1. El bajo nivel de azúcar en sangre hace decrecer la secreción de glucagón e incrementar la de insulina.
2. Disminuye la concentración de acetil-CoA.
3. El combustible principal del organismo pasa a ser los ácidos grasos y los cuerpos cetónicos.
4. Las proteínas se degradan y se reponen inmediatamente.
5. El cerebro y el corazón utilizan como combustibles los ácidos grasos.

224. **¿Cuál de las siguientes respuestas es correcta respecto a un tRNA?**

1. El tRNA tiene un anticodón que reconoce al DNA molde.
2. El aminoácido se le une al extremo 5´.
3. Contiene una cola de poliA en su extremo 3´.
4. Puede contener pseudouridina e inosina.
5. Sirve de gen para algunos virus.

225. **¿Cuál de las afirmaciones siguientes con relación a la molécula de DNA de doble cadena es cierta?**

1. Todos los grupos hidroxilo de las pentosas participan en los enlaces.
2. Las bases son perpendiculares al eje.
3. Cada cadena es idéntica.
4. Cada cadena es paralela.
5. Cada cadena se replica a sí misma.

226. **Relativo a las topoisomerasas:**

1. Son enzimas que convierten los D-aminoácidos en L-aminoácidos.
2. Son enzimas que sintetizan DNA.
3. Son enzimas que participan en la unión de las subunidades del ribosoma.
4. Son enzimas que desnaturalizan el DNA.
5. La DNA girasa es una toposimerasa especial.

227. **Una reacción exergónica:**

1. Es siempre espontánea.
2. Es siempre endotérmica.
3. Se hace a una gran velocidad.
4. ΔG es positiva.
5. Todas son correctas.

228. **¿En qué unidades se suele expresar el coeficiente de absortividad molar?**

1. mL mol^{-1} cm.
2. L mol^{-1} cm^{-3}.
3. Fotones por mol.
4. M^{-1} cm^{-1}.
5. Es adimensional.

229. **¿Qué compuesto actúa como amortiguador de sulfhidrilos y como antioxidante?**

1. Glucógeno.
2. Ácido glutámico.
3. Glucagón.
4. Glutation.
5. Ácido Ascórbico.

230. **El calentamiento de ácido 4-metoxi-3,5-dinitrobencenosulfónico con ácido sulfúrico diluido da:**

1. 4-Metoxi-3,5-dinitrofenol.
2. Ácido 3,5–diamino-4- metoxibencenosulfónico.
3. Anhídrido del ácido 4-metoxi-3,5- dinitrobencenosulfónico
4. 2-Metoxi-1,3-dinitrobenceno.
5. Un catión orgánico.

231. **En la nucleación homogénea:**

1. Si las partículas sólidas formadas bajo solidificación tienen un radio menor que el radio crítico, la energía del sistema será más baja si su tamaño aumenta.
2. Si las partículas sólidas formadas bajo solidificación tienen un radio menor que el radio crítico, la energía del sistema será más baja si se redisuelve.

3. Si las partículas sólidas formadas bajo solidificación tienen un radio mayor que el radio crítico, la energía del sistema será más baja si se redisuelve.
4. Si las partículas sólidas formadas bajo solidificación tienen un radio igual al crítico, la energía del sistema será más baja si se redisuelve.
5. No existe relación alguna entre el radio crítico y la tendencia a crecer de tamaño o redisolverse.

232. **En el Ciclo de la Urea, ¿dónde se requiere la hidrólisis de ATP?**

    1. En la formación de Citrulina.
    2. En la formación de Ornitina.
    3. En la formación de Urea.
    4. En la formación de Carbamoil-Fosfato.
    5. 3 y 4 son correctas.

233. **El óxido ferroso, conocido como wustita (FeO) es no estequiométrico debido a que contiene:**

    1. Exceso de hierro.
    2. Exceso de oxígeno.
    3. Defecto de hierro.
    4. Defecto de oxígeno.
    5. Defecto de hierro y oxígeno.

234. **¿Cuál de los nucleófilos relacionados a continuación, presenta una mayor reactividad frente a la reacción de sustitución nucleofílica bimolecular?**

    1. Hidróxido.
    2. Yoduro.
    3. Amoniaco.
    4. Agua.
    5. Ácido acético.

235. **La disposición tridimensional de una proteína se corresponde con:**

    1. Su estructura primaria.
    2. Su estructura secundaria.
    3. Su estructura terciaria.
    4. Su estructura cuaternaria.
    5. Con su estructura primaria, secundaria, terciaria y cuaternaria.

Titulación: QUÍMICA
Convocatoria: 2013
Nº de versión de examen: 0
V = Nº de la pregunta en versión de examen 0.
RC = Respuesta correcta

V	RC	V	RC	V	RC	V	RC	V	RC
1	2	48	2	95	2	142	4	189	5
2		49	2	96	5	143	5	190	4
3	5	50	5	97	4	144	2	191	1
4	3	51	4	98	2	145	1	192	4
5	2	52	4	99	3	146	2	193	5
6	4	53	1	100	2	147	4	194	3
7	5	54	3	101	4	148	1	195	5
8	2	55	4	102	5	149	4	196	4
9	3	56	5	103	1	150	2	197	2
10	1	57	2	104	4	151	4	198	4
11	3	58	3	105	2	152	1	199	2
12	4	59	1	106	5	153	5	200	4
13	1	60	4	107	2	154	4	201	5
14	2	61	2	108	3	155	1	202	2
15	4	62	5	109	4	156	5	203	5
16	3	63	1	110	3	157	4	204	2
17	2	64	3	111	1	158	2	205	3
18	2	65	2	112	4	159	3	206	4
19	1	66	4	113	5	160	5	207	2
20	4	67	5	114	2	161	1	208	1
21	3	68	2	115	1	162	5	209	3
22	5	69	3	116	3	163		210	2
23	3	70	5	117	2	164	2	211	4
24	1	71	2	118	4	165	4	212	2
25	4	72	5	119	1	166	1	213	
26	2	73	3	120	4	167	5	214	3
27	5	74	1	121	1	168	2	215	4
28	3	75	3	122	3	169	1	216	3
29		76		123	4	170	5	217	2
30	3	77	5	124	2	171	2	218	5
31	3	78		125	3	172	1	219	3
32	2	79	2	126	1	173	3	220	1
33	1	80	4	127	2	174	4	221	2
34	4	81		128	3	175	1	222	5
35	2	82	3	129	4	176	3	223	3
36	5	83	2	130	3	177	1	224	4
37	3	84	4	131	3	178	5	225	2

38	2	85	3	132	1	179	2	226	5
39	5	86	4	133	5	180	3	227	1
40	4	87	5	134	4	181	4	228	4
41	1	88	3	135	4	182	2	229	4
42	5	89	3	136	3	183	4	230	4
43	2	90	1	137	4	184	1	231	2
44	4	91	3	138	5	185	5	232	4
45	2	92	5	139	1	186	4	233	3
46	5	93	3	140	5	187	1	234	2
47	4	94	1	141	1	188	3	235	3

MINISTERIO DE SANIDAD, SERVICIOS SOCIALES E IGUALDAD

PRUEBAS SELECTIVAS 2014

CUADERNO DE EXAMEN

QUÍMICOS

ADVERTENCIA IMPORTANTE

ANTES DE COMENZAR SU EXAMEN, LEA ATENTAMENTE LAS SIGUIENTES

INSTRUCCIONES

1. Compruebe que este Cuaderno de Examen integrado por 225 preguntas más 10 de reserva, lleva todas sus páginas y no tiene defectos de impresión. Si detecta alguna anomalía, pida otro Cuaderno de Examen a la Mesa.

2. La "Hoja de Respuestas" está nominalizada. Se compone de tres ejemplares en papel autocopiativo que deben colocarse correctamente para permitir la impresión de las contestaciones en todos ellos. Recuerde que debe firmar esta Hoja y rellenar la fecha.

3. Compruebe que la respuesta que va a señalar en la "Hoja de Respuestas" corresponde al número de pregunta del cuestionario.

4. **Solamente se valoran** las respuestas marcadas en la "Hoja de Respuestas", siempre que se tengan en cuenta las instrucciones contenidas en la misma.

5. Si inutiliza su "Hoja de Respuestas" pida un nuevo juego de repuesto a la Mesa de Examen y **no olvide** consignar sus datos personales.

6. Recuerde que el tiempo de realización de este ejercicio es de **cinco horas improrrogables** y que están **prohibidos** el uso de **calculadoras** (excepto en Radiofísicos) y la utilización de **teléfonos móviles**, o de cualquier otro dispositivo con capacidad de almacenamiento de información o posibilidad de comunicación mediante voz o datos.

7. Podrá retirar su Cuaderno de Examen una vez finalizado el ejercicio y hayan sido recogidas las "Hojas de Respuesta" por la Mesa.

1. **Los complejos de cobalto (III):**

   1. Son todos neutros o aniónicos.
   2. Constituyen la base de nuestros conocimientos sobre las propiedades y mecanismos de reacción de los complejos octaédricos.
   3. Normalmente son plano-cuadrados.
   4. Presentan unas cinéticas de sustitución muy rápidas.
   5. Casi todos son preparados sustituyendo unos ligandos por otros.

2. **Una reacción homogénea entre gases ideales que ha alcanzado el equilibrio químico puede evolucionar (es decir, desplazarse hacia la formación de mayor cantidad de reactivos o productos) de la siguiente forma si este equilibrio se altera:**

   1. Si se aumenta la temperatura a presión constante irá hacia donde se produzcan mayor número de moles.
   2. Si se aumenta la presión a temperatura constante irá hacia donde el volumen sea mayor.
   3. Si se añade un gas inerte irá hacia donde se consuma este gas.
   4. Si se añade un gas que participa en la reacción irá hacia donde se produzca más cantidad de este gas.
   5. Si se disminuye la temperatura irá hacia donde la reacción sea exotérmica.

3. **Cuando se oxida el manganeso al aire a 1000 °C se transforma por completo en Mn_3O_4. Ello se debe a que:**

   1. El Mn_3O_4 es el más volátil de todos los óxidos de manganeso.
   2. El Mn_3O_4 no puede reaccionar más con oxígeno.
   3. No existen óxidos de manganeso con mayor estado de oxidación.
   4. El Mn_3O_4 es el más estable de todos los óxidos de manganeso.
   5. El Mn_3O_4 forma una capa protectora que detiene la oxidación del metal.

4. **Comparando el comportamiento redox de los sistemas de plata y sodio:**

   1. Na^+ es un buen oxidante, por tener su sistema un alto potencial de reducción.
   2. Ag es un excelente oxidante, por lo que no se oxida al aire.
   3. Ag^+ es un buen oxidante, y por tanto fácilmente reducible al metal.
   4. Los dos metales se disuelven en medio ácido liberando H_2
   5. Los dos metales dismutan espontáneamente en agua.

5. **El grafito:**

   1. Da compuestos de intercalación con el flúor.
   2. Reacciona con el sodio para dar un compuesto covalente con enlace C−Na.
   3. Reacciona con el sodio para dar compuestos de intercalación que tienen la misma distancia entre capas que tenía el grafito puro.
   4. Reacciona con el sodio para dar compuestos de intercalación que son mejores conductores eléctricos que el grafito puro.
   5. Da compuestos covalentes con el bromo con enlace C−Br.

6. **Por calentamiento en hornos eléctricos de sílice, carburo de calcio y carbón se obtienen siliciuros de calcio. Uno de ellos:**

   1. Tiene la composición $CaSi_2$.
   2. No reacciona con agua.
   3. No reacciona con ácido sulfúrico.
   4. Es un poderoso agente oxidante.
   5. Su reacción con agua líquida genera silicato de calcio.

7. **El cambio de energía interna cuando se forma un mol de sólido a partir de los iones gaseosos a separación infinita, a presión atmosférica y a 0 K se denomina energía:**

   1. De formación.
   2. De sublimación.
   3. Reticular.
   4. De condensación.
   5. De licuefacción.

8. **El término "enriquecimiento de uranio" alude al aumento de la:**

   1. Cantidad de uranio presente en una mena natural para poder explotarla.
   2. Cantidad del isótopo ^{235}U respecto a la abundancia isotópica natural.
   3. Cantidad del isótopo ^{238}U respecto a la abundancia isotópica natural.
   4. Capacidad de uranio presente en su fluoruro.
   5. Masa atómica del uranio.

9. **La ecuación de Nernst:**

   1. Se cumple tanto para celdas galvánicas reversibles como altamente irreversibles.
   2. Permite calcular la fuerza electromotriz de una celda galvánica con solo conocer la energía de Gibbs estándar de la reacción química de la celda.
   3. Depende únicamente de las actividades de las especies que participan en la reacción química de la celda.
   4. Relaciona la fuerza electromotriz de la celda con las actividades de las especies que participan en la reacción química de la celda y con el potencial estándar de la reacción.
   5. Es independiente del número de electrones transferidos en la reacción electroquímica de la celda

10. **Para detectar cantidades sumamente pequeñas de peróxido de hidrógeno en el agua sirve una mezcla de cloruro de hierro (III) y hexacianoferrato (III) de potasio (ferricianuro potásico). La presencia de H_2O_2 origina, tras un corto tiempo, un intenso color azul oscuro. Ello se debe a que el peróxido de hidrógeno:**

    1. Reduce el hexacianoferrato (III) a hexacianoferrato (II).
    2. Oxida al hexacianoferrato (III).
    3. Oxida al cloruro de hierro (III).
    4. Forma peroxo-ciano complejos de Fe (III).
    5. Oxida a los cianocomplejos hasta cianato complejos

11. **Para la obtención industrial del estaño se parte del mineral:**

    1. Cinabrio.
    2. Blenda.
    3. Wurtzita.
    4. Casiterita.
    5. Pirita.

12. **El mecanismo de una reacción química homogénea:**

    1. Puede incluir intermedios de reacción que no son ninguno de los reactivos ni ninguno de los productos.
    2. Está completamente definido por la reacción química siempre que ésta refleje la estequiometría correcta de la reacción.
    3. Sólo se define para reacciones complejas en las que los reactivos pasan por muchas etapas antes de convertirse en productos.
    4. Es totalmente independiente de la ley de velocidad de la reacción.
    5. No depende de la temperatura y es único para la reacción entre unos reactivos determinados.

13. **Los centros de color o centros F se producen:**

    1. Exclusivamente en cristales que contienen flúor.
    2. Por calentamiento de un cristal en el vapor de un metal alcalino.
    3. Por enfriamiento de un cristal en el vapor de un metal alcalino.
    4. Por calentamiento de un cristal en presencia de flúor.
    5. Por enfriamiento de un cristal en presencia de flúor.

14. **Las "plantillas" utilizadas para la preparación de zeolitas sintéticas ricas en silicio consisten en:**

    1. Estructuras con huecos tetraédricos.
    2. Estructuras con huecos octaédricos.
    3. Estructuras porosas.
    4. Estructuras grandes sin huecos.
    5. Cationes grandes de amonio cuaternario.

15. **Al enfriar rápidamente hasta temperatura ambiente y templar en agua un acero ordinario (de bajo carbono), se forma la estructura conocida como:**

    1. Perlita.
    2. Esferoidita.
    3. Bainita.
    4. Ferrita.
    5. Martensita.

16. **Los materiales cerámicos son:**

    1. Duros y frágiles.
    2. Tenaces y dúctiles.
    3. Blandos y maleables.
    4. Dúctiles y maleables.
    5. Blandos y frágiles.

17. **El tratamiento consistente en mantener un material a una temperatura elevada durante un periodo de tiempo y posteriormente enfriarlo lentamente recibe el nombre de:**

    1. Normalizado.
    2. Templado.
    3. Recocido.
    4. Revenido.
    5. Sinterizado.

18. **El hidróxido de calcio:**

    1. Se prepara añadiendo agua al óxido de calcio.
    2. Es un compuesto de color rojo intenso.
    3. Cristaliza al calentar.
    4. En disolución permanece inalterado al aire durante meses.
    5. Se utiliza para pintar después de neutralizar con HCl.

19. **La ecuación de Arrhenius:**

    1. Relaciona la velocidad de una reacción química con la llamada constante de velocidad y con las concentraciones de los reactivos elevadas a sus coeficientes estequiométricos.
    2. Relaciona la constante de velocidad de una reacción química con la energía de activación de dicha reacción, de modo que si la energía, de activación es alta la reacción es rápida.
    3. Se cumple únicamente para reacciones unimoleculares.
    4. Relaciona la constante de velocidad con la temperatura a través de la energía de activación y el factor pre-exponencial.
    5. Permite obtener la energía de activación de una reacción elemental con sólo representar el logaritmo decimal de la temperatura frente al inverso del tiempo de reacción.

20. **Si se añade cobre metálico a una disolución de cloruro de hierro (III) se produce:**

1. Un precipitado de cloruro de cobre (II).
2. Una disolución de cloruro de cobre (II) y cloruro de hierro (II).
3. Un precipitado de cloruro de hierro (II).
4. Un precipitado de hierro metálico.
5. Una disolución de cloruro de cobre (I) y cloruro de hierro (II).

21. **Las matrices de los materiales compuestos pueden ser:**

    1. Poliméricas.
    2. Poliméricas o metálicas, pero no cerámicas.
    3. Poliméricas o cerámicas, pero no metálicas.
    4. Metálicas o cerámicas, pero no poliméricas.
    5. Poliméricas o metálicas o cerámicas.

22. **El fluoruro de calcio es un sólido blanco que se encuentra como tal en la naturaleza (espato flúor o fluorita, que puede presentarse en muchos colores) y que se emplea como importante fuente de flúor. Entre sus propiedades físicas y químicas destacan:**

    1. Su solubilidad en agua, que le diferencia de los demás fluoruros del grupo 2.
    2. Su resistencia al ácido sulfúrico concentrado.
    3. Su hidrólisis en agua, que le transforma en CaO y HF.
    4. Su punto de fusión relativamente bajo para un mineral.
    5. Su favorable, aunque lenta, oxidación al aire.

23. **Con respecto al coeficiente de distribución de un soluto entre dos líquidos parcialmente miscibles:**

    1. Por ser un cociente entre concentraciones de soluto en las dos fases, es independiente de la temperatura.
    2. No depende de la cantidad total de soluto en ambas partes.
    3. Es útil para determinar la masa molar del soluto.
    4. Si una fase es agua y la otra un disolvente orgánico, suele utilizarse en química médica y ambiental para conocer la distribución de medicamentos y contaminantes entre estos dos tipos de medios.
    5. Sólo tiene significado físico cuando las fases líquidas están en contacto a través de una membrana semipermeable.

24. **El óxido de osmio (VIII), OsO_4:**

    1. Es un compuesto en un estado de oxidación muy común entre los metales de transición.
    2. Es el único compuesto binario de osmio con oxígeno.
    3. Tiene la estructura del trióxido de renio.
    4. Es inerte frente a los hidróxidos alcalinos.
    5. Se utiliza como oxidante en química orgánica.

25. **En relación con las propiedades coligativas de una disolución se puede decir que:**

    1. Tienen su origen en la disminución del potencial químico del disolvente por el hecho de añadirle un soluto.
    2. El descenso en la presión de vapor del disolvente al que se le añade un soluto no volátil es directamente proporcional a la fracción molar del disolvente.
    3. La adición de un soluto a un disolvente hace que el intervalo de temperaturas en las que la disolución se mantiene en estado líquido sea menor que el correspondiente al disolvente puro.
    4. La constante molal de descenso del punto de congelación depende de la naturaleza del soluto disuelto.
    5. El descenso crioscópico es una técnica aplicable a la determinación de la masa molar del disolvente.

26. **La molécula de SO_2 es:**

    1. Lineal, con el átomo de S en el centro.
    2. Lineal, con uno de los átomos de O en el centro.
    3. Angular, con el átomo de S en el centro y con un ángulo próximo a 120° (triángulo equilátero) y un par de electrones libre.
    4. Angular, con uno de los átomos de O en el centro y con un ángulo aproximado a 120° (triángulo equilátero) y un par de electrones libres.
    5. Angular, con el átomo de S en el centro y con un ángulo próximo a 109° (tetraedro) y dos pares de electrones libres.

27. **El galio es el elemento que está debajo del aluminio en el grupo 13 de la tabla periódica. Por ello:**

    1. Arde en oxígeno dando Ga_2O.
    2. Es estable al aire debido a una capa protectora de óxido.
    3. Se disuelve muy rápidamente en ácido nítrico.
    4. No es soluble en agua básica con desprendimiento de hidrógeno.
    5. Tiene un punto de fusión un poco mayor que el aluminio.

28. **Un átomo de carbono aislado es:**

    1. Diamagnético.
    2. Ferromagnético.
    3. Paramagnético, con un electrón desapareado.
    4. Paramagnético, con dos electrones desapareados.
    5. Paramagnético, con tres electrones desapareados.

29. **Si intentamos disolver amoníaco en agua observamos que:**

    1. Es completamente soluble.

2. Es poco soluble.
3. Debería ser poco soluble, pero la solubilidad aumenta notablemente por reacción ácido-base entre ellos, dando lugar a una disolución ácida.
4. Debería ser poco soluble, pero la solubilidad aumenta notablemente por reacción redox entre ellos, liberándose hidrógeno.
5. Es muy soluble, favorecido por la formación de enlaces de hidrógeno entre los dos compuestos.

30. **Entre las reacciones parciales que conducen al carbonato de sodio por el Proceso Solvay, se encuentran:**

    1. La reacción entre el carbonato de calcio y el cloruro de sodio.
    2. La precipitación de hidrogenocarbonato de sodio.
    3. La descomposición térmica del cloruro amónico.
    4. La formación de $CaCO_3$ a partir de CaO y CO_2.
    5. La reacción del amoniaco con el óxido de calcio.

31. **La ecuación de velocidad de van Deemter trata de justificar las contribuciones de los diferentes efectos que provocan el ensanchamiento de la banda cromatográfica, que fundamentalmente son de cuatro tipos:**

    1. Difusión de Eddy, volumen muerto y resistencia a la convección en ambas fases, móvil y estacionaria.
    2. Longitud de la columna cromatográfica, difusión longitudinal en sentido axial y radical, y efecto Joule.
    3. Viscosidad cinemática de la fase móvil, transporte de masa entre la fase móvil y la fase estacionaria, difusión transversal y longitudinal.
    4. Efecto de la transferencia de masa en la fase estacionaria, en la fase móvil, difusión de Eddy y difusión molecular longitudinal.
    5. Difusión molecular en dirección axial, difusión atómica radical, presión interna de la columna y viscosidad de la fase móvil.

32. **La polarografía es una técnica analítica que hace referencia a:**

    1. La absorción de radiación electromagnética.
    2. La emisión de radiación electromagnética.
    3. La voltametría con electrodo de mercurio.
    4. La utilización de paladio como electrodo de referencia.
    5. Al potencial de asimetría.

33. **El plasma ICP es más adecuado para el análisis multielemental rápido que los métodos de absorción atómica con llama porque:**

    1. El intervalo de linealidad no es amplio, lo que permite hacer análisis muy sensibles.
    2. El ICP dispone de varias posibilidades para introducir la muestra empleando diferentes tipos de nebulizadores.
    3. Utilizan dos tubos fotomultiplicadores, uno para la región ultravioleta y otro para el visible.
    4. Dispone de detectores de estado sólido de silicio de acoplamiento de carga que permiten la monitorización simultánea de un número elevado de líneas, reduciendo el tiempo de análisis, el volumen de muestra y mejorando los límites de detección.
    5. No es correcto, pues con el plasma ICP no se pueden hacer análisis multielementales.

34. **La cromatografía líquida en fase normal:**

    1. Emplea una columna con grupos apolares que interaccionan con la parte apolar de los analitos de forma diferencial.
    2. Es un modo de operación que emplea una fase estacionaria polar con una fase móvil de baja polaridad.
    3. Utiliza fases móviles altamente polares como los alcanos o cloroalcanos.
    4. Es un modo de operación que emplea una superficie no polar con una fase móvil mixta acuosa/orgánica.
    5. Emplea fases estacionarias con gran número de ligandos alquílicos hidrofóbicos.

35. **Toda medida experimental viene acompañada del correspondiente error experimental. Los errores experimentales se clasifican en sistemáticos y aleatorios. Sobre éstos últimos se puede afirmar que:**

    1. Se deben a un fallo del experimento o del equipo.
    2. Generalmente originan una desviación positiva de la medida.
    3. Tienen igual probabilidad de ser positivos o negativos.
    4. No afectan al resultado final por ser aleatorios.
    5. Afectan exclusivamente a la exactitud de los resultados que se obtienen.

36. **La fuente de ionización conocida como Plasma de Acoplamiento Inductivo empleada en Espectrometría de Masas Elemental, se caracteriza por:**

    1. Generar mayoritariamente iones monoatómicos.
    2. Fragmentar las moléculas orgánicas en iones moleculares que permiten su identificación.
    3. Ser una fuente de baja energía.
    4. Funcionar a alto vacío.
    5. Alcanzar límites de detección del orden de los mg L^{-1} para la mayoría de los elementos.

37. En cromatografía de gases es muy común la derivatización, con varios objetivos. Uno de los que se comentan a continuación no está entre ellos:

1. Aumentar la volatilidad de compuestos no volátiles.
2. Evitar la descomposición de un compuesto, mejorando su estabilidad.
3. Reducir la absorción sobre superficies activas de las paredes de la columna y el soporte sólido.
4. Fragmentar el analito en iones moleculares de más fácil separación.
5. Mejorar la separación de compuestos estrechamente relacionados y que presentan una separación muy pobre.

38. Es espectroscopia de absorción molecular UV-visible se denomina punto isosbéstico a:

1. La región del espectro donde dos especies tienen la misma capacidad de emisión de radiación.
2. El pH al cual dos especies absorbentes tienen el mismo coeficiente de absorción molecular.
3. La temperatura a la cual dos especies absorbentes en equilibrio dejan de emitir radiación.
4. La longitud de onda a la cual dos especies absorbentes en equilibrio tiene el mismo índice de refracción.
5. La longitud de onda a la cual los coeficientes de absorción molecular de dos especies absorbentes en equilibrio, interconvertibles entre sí, son equivalentes.

39. La solubilidad del hidróxido de cobre en presencia de una concentración elevada de amoníaco:

1. Aumenta por formación de un ion complejo de Cu^{2+} con NH_3.
2. No se ve afectada al no producirse efecto de ion común.
3. Disminuye por efecto de ion común.
4. Disminuye al producirse la oxidación de bromuro a bromo molecular.
5. Disminuye porque los hidróxidos son más solubles en medio ácido.

40. En HPLC y bajo condiciones ideales, los picos cromatográficos deberían tener la forma de picos Gaussianos con simetría perfecta, aunque en realidad, los picos no son perfectamente simétricos y pueden presentar frentes y colas. El factor de asimetría:

1. Se emplea para medir la retención relativa de los dos componentes de una muestra de forma que en compuestos perfectamente simétricos es 0.
2. Se emplea para medir el grado de simetría de un pico y se define a la anchura de pico correspondiente al 10% de la altura del mismo.
3. Es un parámetro que se calcula midiendo la anchura a la semialtura del pico cromatográfico.
4. Relaciona entre sí dos picos cromatográficos sucesivos, de forma que un factor de asimetría 1 indica una resolución total de los mismos.
5. Es un parámetro relacionado con la simetría de los picos, definiéndose a una altura igual al 10% de la anchura del mismo.

41. Un electrodo de calomelanos:

1. Es un electrodo indicador de mercurio.
2. Es un electrodo de referencia que contiene iones nitrato.
3. Es un electrodo indicador para iones nitrato.
4. Es un electrodo de referencia que utiliza plata y cloruro de plata.
5. Es un electrodo de referencia que contiene una solución saturada de cloruro de mercurio (I).

42. En fluorescencia atómica, la emisión de radiación electromagnética denominada florescencia resonante se produce cuando la longitud de onda de excitación es:

1. 100 nm superior a la longitud de onda de emisión.
2. 100 nm inferior a la longitud de onda de emisión.
3. Igual a la longitud de onda de emisión.
4. 100 nm superior a la longitud de onda de excitación.
5. 100 nm inferior a la longitud de onda de excitación.

43. El coeficiente de absorción molar de un compuesto:

1. Tiene como dimensiones $M^{-1} cm^{-1}$, es constante a una longitud de onda concreta y en un disolvente particular.
2. Tiene como dimensiones $mol\ L^{-1} cm^{-2}$ y es constante a una longitud de onda dada y en un disolvente dado.
3. Tiene como dimensiones $L\ mol^{-1} cm^{-3}$ y es constante en toda la región espectral y no está influenciado por el disolvente.
4. Tiene como dimensiones Fotones por mol y varía con la longitud de onda y con el disolvente.
5. Es adimensional, constante y no varía ni con la longitud de onda ni con el disolvente.

44. La isotacoforesis capilar (CITP), separa:

1. Cationes pero no puede separar aniones.
2. Aniones pero no puede separar cationes.
3. Cationes y aniones de forma simultánea.
4. Catones y aniones pero no de forma simultánea.
5. Solo moléculas neutras.

45. ¿Podría usarse un electrodo de vidrio como electrodo de referencia?:

1. Sí, si el electrodo de vidrio es un electrodo combinado.
2. Sí, si se utiliza como electrodo indicador un electrodo de mercurio.
3. No, ya que el electrodo de vidrio es un electrodo selectivo.
4. No, porque su fundamento no es nerstiano.
5. Sí, si la determinación se realiza en un medio tamponado.

46. En el análisis de arsénico por cámara de grafito se pueden producir pérdidas de dicho elemento por volatilización durante la etapa de carbonización. Este hecho puede minimizarse si :

1. Elevamos la temperatura durante la etapa de carbonización.
2. Incrementamos el tiempo de carbonización.
3. Adicionamos modificadores de matriz que estabilicen térmicamente el analito.
4. Bajamos la temperatura durante la etapa de carbonización.
5. Modificamos el programa de secado para vaporizar completamente el disolvente.

47. Si valoramos 25 mL de un ácido H_2A en concentración 0.1000M ($pKa_1=5$; $pKa_2=9$) con NaOH, el pH cuando hayamos valorado el 50% del ácido inicial será:

1. 1.
2. 3.
3. 5.
4. 7.
5. 9.

48. Una modalidad de inyección muy empleada en cromatografía de gases es la inyección con división de flujo o "Split", en la que:

1. La muestra introducida a través del septum se vaporiza bruscamente y es arrastrada por el gas portador hacia la columna.
2. El divisor de flujo se cierra, se introduce la muestra, y se vuelve a abrir después de un periodo controlado de tiempo del orden de 15 a 60 s.
3. El disolvente se condensa a la entrada de la columna formando una fase mixta de elevado espesor cuando se cierra el divisor.
4. El gas portador que arrastra la muestra, una vez evaporada, se divide en dos partes: una pasa a la columna y la otra se envía al exterior.
5. La muestra se introduce en frío y una parte se deposita sobre un relleno y se calienta rápidamente para producir la evaporación homogénea de la disolución.

49. Un biosensor consta de:

1. Un receptor, un transductor, y una marca enzimática.
2. Un receptor y una marca enzimática.
3. Un transductor y una marca enzimática.
4. Un receptor y un transductor.
5. Un receptor y un anticuerpo.

50. El cloruro presente en una disolución se puede determinar volumétricamente, mediante el método de Mohr, utilizando Ag (I) como reactivo. ¿Qué indicador se utiliza en esta valoración?:

1. $K_2Cr_2O_7$.
2. $Fe_2(SO_4)_3$.
3. K_2CrO_4.
4. KSCN.
5. $FeSO_4$

51. En los métodos cinéticos de análisis:

1. Pueden emplearse reacciones lentas.
2. Es necesario que la reacción se complete para poder obtener los datos de las concentraciones en el equilibrio.
3. Pueden determinarse bajas concentraciones de un catalizador siempre que la velocidad de la reacción no dependa de la concentración del mismo.
4. No es necesario un control riguroso de las condiciones experimentales.
5. Pueden determinarse mezclas de analitos siempre que todos ellos reaccionen con un mismo reactivo a la misma velocidad de reacción.

52. En la valoración de una base con ácido clorhídrico, se sabe que el punto de equivalencia aparece a pH 5.54. Si se utiliza como indicador el púrpura de bromocresol, cuyo intervalo de viraje es 5.2-6.8, el punto final se observa a pH:

1. 6.0, con un pequeño error por defecto.
2. 6.8, con un error por exceso.
3. 5.2, con un pequeño error por exceso.
4. 5.54. No hay error.
5. 6.0, con un error por exceso.

53. El electrodo de Clark tiene fundamento:

1. Potenciométrico.
2. Potenciostático.
3. Óptico.
4. Amperométrico.
5. Conductimétrico.

54. Una valoración culombimétrica:

1. No necesita que el rendimiento en corriente sea del 100%.
2. No necesita de un sistema indicador del punto final.
3. Utiliza siempre un sistema potenciostático.

4. Utiliza un agente valorante que se genera electrolíticamente.
5. Necesita de una bureta para añadir el agente valorante.

55. Cuando se lleva a cabo un análisis de trazas en una muestra es habitual realizar un proceso de eliminación de interferentes y/o preconcentración de los analitos. Una de las técnicas utilizadas con este fin es la extracción en fase sólida en la que:

1. La muestra se somete a un proceso de extracción en un lecho fluidizado.
2. El eluyente es un disolvente apolar.
3. El cartucho donde se encuentra la fase estacionaria tiene que ser metálico para soportar la presión del proceso.
4. La naturaleza de la fase extractora puede hacerse variar para permitir la estación de distintas clases de compuesto.
5. No se puede utilizar agua como eluyente porque se disuelve la fase estacionaria depositada en el cartucho.

56. Un componente básico de los espectrofotómetros es el monocromador. Su función es:

1. Conectar las distintas longitudes de onda procedentes de la fuente para lograr mayor potencia de luz.
2. Transformar la señal óptica medida por el detector en una señal eléctrica.
3. Dispersar la luz separando las longitudes de onda que la componen y seleccionar una banda estrecha.
4. Amplificar la señal analítica mejorando la relación señal/ruido.
5. Disminuir la potencia del haz de luz para eliminar el ruido de fondo del espectrofotómetro.

57. La turbidimetría y la nefelometría son técnicas no espectroscópicas basadas en la dispersión de la luz, con interesantes aplicaciones en el análisis bioquímico. Los criterios a tener en cuenta para elegir entre nefelometría y turbidimetría en el análisis de una muestra que contiene partículas en suspensión son:

1. El tamaño de las partículas suspendidas y el detector del instrumento.
2. El tamaño de las partículas suspendidas y la longitud de onda de la radiación empleada.
3. La longitud de onda de la radiación emitida y la forma de las partículas suspendidas.
4. El tamaño de las partículas suspendidas y el color de las mismas.
5. El color de las partículas y su fluorescencia.

58. En las medidas quimioluminiscentes el analito que se quiere determinar tiene que pasar previamente al estado excitado mediante:

1. Absorción de radiación electromagnética.
2. Emisión de radiación electromagnética.
3. Una reacción química.
4. Ondas de radio.
5. Ondas de sonido.

59. Al llevar a cabo la validación de un método analítico es preciso tener en cuenta los siguientes aspectos básicos:

1. Validar el proceso analítico en su conjunto, el intervalo de concentraciones en que se aplica, así como el método en una única matriz para asegurar la selectividad.
2. Validar las etapas previas de tratamiento de la muestra, el intervalo de concentraciones en que se aplica y el método en una única matriz para asegurar la selectividad.
3. Validar el método de medida final, validar el intervalo de bajas concentraciones (trazas) en que se aplica y el método en una única matriz para asegurar la sensibilidad.
4. Lo único que se precisa es validar la instrumentación mediante calibraciones adecuadas.
5. Validar el proceso analítico en su conjunto, el intervalo de concentraciones en que se aplica y el método en cada una de las matrices a las que se aplicará.

60. Si un método analítico permite determinar 1 ppm de Pb, nos estamos refiriendo a:

1. 1 mg/L.
2. 1 mg/mL.
3. 1 µg/L.
4. 1 ng/L.
5. 1 ng/mL.

61. El error alcalino que se produce en los electrodos de vidrio para la media de pH:

1. Se debe a la presencia de una concentración excesiva de protones que se sustituye por iones sodio en la membrana de vidrio.
2. Ocurre a pH neutros debido a la ausencia de protones.
3. Tiene lugar a pH muy alcalinos, en los que el ion sodio se comporta como si fuera un protón.
4. Aparece como consecuencia de la deshidratación de la membrana de vidrio.
5. Ocurre cuando el electrodo se introduce en agua pura debido a la disolución de los iones sodio de la membrana

62. Una de las variables importantes en las técnicas de emisión es la temperatura, porque:

1. La energía emitida por los átomos varía exponencialmente con ella.
2. La población de átomos en estado excitado disminuye cuando aumenta.
3. La población de átomos en estado excitado aumenta cuando disminuye.

4. Al aumentar se evaporan los átomos y disminuye la señal analítica.
5. Al aumentar incrementa la potencia de la radiación electromagnética procedente de la lámpara de cátodo hueco.

63. **Una disolución patrón primario en un valoración no debe:**

    1. Ser preparada a partir de un reactivo de alta pureza.
    2. Tener una concentración exactamente conocida.
    3. Mantener su composición con el tiempo.
    4. Reaccionar de forma instantánea.
    5. Dar lugar a reacciones secundarias.

64. **Una clasificación de detectores de cromatografía de gases que comúnmente se encuentra en la bibliografía los divide en detectores de concentración y de masa, destructivos y no destructivos, integrales o diferenciales y universales o selectivos. Según esta clasificación:**

    1. El detector de conductividad térmica es un detector selectivo.
    2. El detector de ionización en llama responde a la concentración del analito.
    3. El detector de conductividad térmica responde a la concentración del analito.
    4. El detector de fósforo y nitrógeno (NPD) es un detector universal.
    5. El detector termocalorimétrico es de tipo diferencial.

65. **El método de las variaciones continuas se utiliza en espectrofotometría de absorción molecular para:**

    1. Determinar la posición del punto isobéstico en una mezcla de especies absorbentes.
    2. Calcular la posición exacta del máximo de absorción de un complejo absorbente.
    3. Obtener el pH correspondiente al punto final de la valoración de un ácido o una base absorbentes.
    4. Calcular la estequiometría de un complejo absorbente.
    5. Calcular el valor exacto de la constante de disociación de un ácido absorbente.

66. **Una valoración potenciométrica se hace siempre a i = 0:**

    1. Sí, porque es donde se cumple la ecuación de Nerst.
    2. Sí, porque es un requisito instrumental.
    3. No, porque existen valoraciones potenciométricas a i constante.
    4. No, porque nunca se hacen valoraciones potenciométricas a i = 0.
    5. Sí, siempre que se utilice un electrodo indicador y otro de referencia.

67. **En la técnica de análisis por inyección en flujo:**

    1. Se inyecta un volumen relativamente grande de muestra en el sistema, obteniéndose señales en estado estacionario.
    2. Se introduce un pequeño volumen de muestra cuya integridad se mantiene por segmentación con burbujas de aire.
    3. La muestra mantiene su integridad durante todo el proceso ya que se dispone en contenedores separados.
    4. Las respuestas obtenidas tienen forma de pico cuya altura depende de la concentración de la muestra.
    5. La principal dificultad se encuentra en la lentitud de las medidas.

68. **La determinación de oxígeno disuelto en muestras de agua natural, mediante el método de Winkler, se basa en la oxidación previa de Mn (II) en medio alcalino a:**

    1. $Mn(IV)$.
    2. $Mn(VI)$.
    3. $Mn(VII)$.
    4. $Mn(V)$.
    5. $Mn(I)$.

69. **El espectro de Discroísmo Circular de una molécula da información sobre:**

    1. El punto isosbéstico.
    2. El punto isoeléctrico.
    3. Cromóforos ópticamente activos.
    4. Grupos funcionales.
    5. Peso molecular.

70. **En un análisis electrogravimétrico:**

    1. El aumento de masa del electrodo nos indica la cantidad de analito.
    2. El rendimiento en corriente deber ser del 100%.
    3. Se utiliza siempre como electrodo de trabajo una malla de platino.
    4. Se necesita siempre un electrodo de referencia.
    5. No se necesita que la disolución sea conductora.

71. **En la determinación de la dureza del agua debida a la presencia de iones Ca^{2+} y Mg^{2+} se utiliza como reactivo valorante:**

    1. Naranja de metilo.
    2. Una disolución estándar de cloruro potásico.
    3. Negro Eriocromo T.
    4. Una disolución estándar de ácido etilendiaminotetraacético (AEDT).
    5. Una disolución de AEDT previamente estandarizada frente a una disolución de ftalato potásico.

72. La solubilidad del fluoruro de calcio en una disolución de pH<3 es mayor que en agua pura debido a:

1. La ausencia de reacciones de formación de complejos hidroxilados de calcio a esos valores de pH.
2. La menor capacidad de hidratación de las partículas de precipitado a esos valores de pH.
3. La ausencia de reacciones de formación de complejos solubles de calcio y fluoruro a esos valores de pH.
4. Las reacciones de formación de complejos del ion Ca^{2+} con el hidronio.
5. La reacción de protonación del anión fluoruro.

73. Una voltamperometría cíclica:

1. Se fundamenta en un régimen de difusión estacionario.
2. Utiliza macroelectrodos como electrodos de trabajo.
3. Nunca necesita de un sistema potenciostático.
4. Se realiza siempre en una disolución no agitada.
5. Utiliza un formato de onda cuadrada de potencial como sistema de excitación.

74. Cuando se quieren analizar los componentes volátiles de una muestra líquida o sólida por cromatografía de gases, suele emplearse una metodología de espacio de cabeza (HS-GC). En su forma estática:

1. Se genera un aerosol sobre las muestras sólidas haciendo pasar un flujo de gas sobre la misma, lo que provoca la transferencia de compuestos volátiles al mismo. Después de un tiempo, un volumen de éste gas se introduce en la columna.
2. Sirve para analizar un líquido en contacto con un gas, por inyección de un pequeño volumen del líquido en la cabeza de la columna.
3. La muestra se coloca en un vial con un volumen de gas por encima, se cierra y se termostatiza. Una vez alcanzado el equilibrio entre las dos fases, una alícuota de gas se introduce en la corriente del gas portador que va a la columna.
4. La muestra en forma líquida se coloca en un vial y se cierra. Después de un tiempo, se abre el mismo para que se equilibren los componentes volátiles con los del entorno y posteriormente, se introduce un volumen del gas circundante al cromatógrafo.
5. Se realiza una extracción de la muestra liquida o sólida a un gas que fluye sobre la misma en forma continua.

75. En la valoración de una base fuerte con un ácido fuerte el pH del punto de equivalencia:

1. Depende de la base fuerte que se valore.
2. Lo determina el exceso de OH^- de la disolución.
3. Depende del ácido fuerte que se utilice como valorante.
4. Lo determina la disociación del agua.
5. Lo determina el exceso de H^+ de la disolución.

76. Las reacciones en las cuales no hay intermedios se describen como:

1. Concertadas.
2. Polares.
3. Radicalarias.
4. Homolíticas.
5. Heterolíticas.

77. El número de señales en el espectro de RMN de ^{13}C del cis-1,2 dimetilciclopentano con desacoplamiento de protón es:

1. Tres.
2. Cuatro.
3. Cinco.
4. Seis.
5. Siete.

78. ¿Cuál de los siguientes alcoholes presenta el menor valor de pK_a?:

1. Etanol.
2. 2-Cloroetanol.
3. 2-Propanol.
4. 2,2,2-Trifluoroetanol.
5. 1,1-Dimetiletanol.

79. En la reacción de hidrólisis de 1-cloro-2-butenol se forma:

1. Butanal.
2. 1-cloro-3-butanol.
3. 3-buten-2-ol.
4. 4-buten-1-ol.
5. 1-cloro-2-butanol.

80. Las halohidrinas vecinales, cuando se tratan con una base se transforman fácilmente en:

1. Dioles.
2. Alquenos.
3. Alcoholes.
4. Epóxidos.
5. Cetonas.

81. La reacción de Wittig es uno de los procesos más importantes para obtener:

1. Alquenos.
2. Alcanos.
3. Cetonas.
4. Éteres.
5. Nitrilos.

82. El ion arenio es un intermedio de reacción que

se forma en las reacciones de:

1. Adición electrofílica.
2. Sustitución electrofílica aromática.
3. Sustitución nucleofílica.
4. Adición nucleofílica.
5. Sustitución nucleofílica aromática.

83. **A los compuestos de organomagnesio se les denomina comúnmente reactivos de:**

    1. Lipshutz.
    2. Birch.
    3. Grignard.
    4. Noyori.
    5. Blanc.

84. **El dimetilsulfóxido (DMSO):**

    1. Es un disolvente polar prótico.
    2. Es un disolvente polar aprótico.
    3. No es un disolvente.
    4. Es un sólido incoloro.
    5. Ninguna de las anteriores.

85. **La reacción de 5-Decino con sodio en amoniaco y *tert*-butanol produce:**

    1. Decano.
    2. *cis*-5-Deceno.
    3. 5-Decanamina.
    4. *trans*-5-Deceno.
    5. 5,6-Decanodiamina

86. **El acoplamiento de un alquino terminal con haluro de vinilo mediante catálisis con paladio se conoce como reacción de:**

    1. Heck.
    2. Suzuki.
    3. Sonogashira.
    4. Stille.
    5. Nicolaou.

87. **El grupo NR$_3$ de una sal de amonio cuaternario, R$-$NR$_3$, es un buen grupo saliente en reacciones:**

    1. E1.
    2. E2.
    3. S$_N$1.
    4. S$_N$2.
    5. En ninguna de las anteriores.

88. **La reacción de acetato de etilo y acetona en presencia de hidruro de sodio en dietil éter genera, después de la hidrólisis:**

    1. 2,4-Pentanodiona.
    2. 4-Metil-3-penten-2-ona.
    3. 3-Oxobutanoato de etilo.
    4. 2,3-Pentanodiona.
    5. 4-Hidroxi-4-metil-2-pentanona.

89. **Le reacción de Wolff-Kishner es una:**

    1. Oxidación de carbonilos para dar ácidos.
    2. Reducción de carbonilos a alcoholes.
    3. Desoxigenación de carbonilos que se realiza en medio ácido.
    4. Desoxigenación de carbonilos que se realiza en medio alcalino.
    5. Desoxigenación de carbonilos que se realiza en medio neutro.

90. **La reacción de ciclopenteno con una disolución acuosa de bromo a 0 ºC origina:**

    1. *trans*-1,2-dibromociclopentano.
    2. cis-2-bromociclopentanol.
    3. *trans* -2-bromociclopentanol.
    4. *trans* -1,2-ciclopentanodiol.
    5. *cis*-1,2- dibromociclopentano.

91. **La reacción de Chichibabin es un ejemplo de sustitución nucleofila en un anillo de:**

    1. Benceno.
    2. Antraceno.
    3. Bifenilo.
    4. Piridina.
    5. Pirrol.

92. **En la reacción de metoxibenceno con anhídrido acético y tricloruro de aluminio seguido de tratamiento con una disolución acuosa de ácido clorhídrico se forma mayoritariamente:**

    1. Acido 4-metoxibenzoico.
    2. 1-(4-metoxifenil)etanona.
    3. 1-(3-metoxifenil)etanona.
    4. Acido 3-metoxibenzoico.
    5. Acetato de 4-metoxifenilo.

93. **El producto mayoritario de la reacción de 2-metilciclohexanol con HBr es:**

    1. 1-Bromo-2-metilciclohexano.
    2. Metilciclohexano.
    3. 1-Bromo-1-metilciclohexano.
    4. 1-Metilciclohexano.
    5. Ciclohexano.

94. **El hidruro de aluminio y litio es un nucléofilo suficientemente fuerte para adicionarse al grupo carbonilo de los iones carboxilato. Este proceso permite la obtención de:**

    1. Alcoholes primarios.
    2. Alcoholes secundarios.
    3. Alcoholes terciarios.
    4. Cetonas.
    5. Éteres.

95. **La reacción entre una cetona y un reactivo de Grignard origina, tras hidrolizarse la sal formada, un:**

1. Éster carboxílico.
2. Alcohol.
3. Éter.
4. Aldehído.
5. Ácido carboxílico.

96. **En la sustitución electrofílica aromática con un anillo bencénico monosustituido, los halógenos son:**

    1. Orto/para dirigentes pero activantes.
    2. Meta dirigentes pero activantes.
    3. Meta/para dirigentes pero activantes.
    4. Orto/meta dirigentes pero activantes.
    5. Orto/para dirigentes pero desactivantes.

97. **La reducción de Clemensen transforma un carbonilo en un metileno, usando:**

    1. Tioacetal e hidrogeneración posterior.
    2. Hidrazina.
    3. Disolución concentrada caliente de hidróxido sódico.
    4. Zinc metal en ácido clorhídrico.
    5. Amalgama de sodio.

98. **La reacción de 1H-indol con electrófilos tiene lugar de forma selectiva sobre el átomo en posición :**

    1. 1.
    2. 2.
    3. 3.
    4. 4.
    5. 5.

99. **Los iones enolato experimentan adición conjugada a aldehídos y cetonas α,β-insaturados, reacción que se conoce como:**

    1. Adición de Michael.
    2. Adición de Prins.
    3. Transposición de Cope.
    4. Adición radicalaria.
    5. Transposición de Beckman.

100. **El calentamiento de *trans, cis, trans*-2,4,6-octatrieno da lugar a:**

    1. *trans, trans, trans*-2,4,6-Octatrieno.
    2. *cis, cis, cis*-2,4,6-Octatrieno.
    3. No hay reacción.
    4. *trans*-5,6-Dimetil-1,3-ciclohexadieno.
    5. *cis*-5,6-Dimetil-1,3-ciclohexadieno.

101. **Las condiciones de reacción para la preparación de 2-metil-2-metoxipropan-1-ol a partir de 2,2-dimetiloxirano son:**

    1. Metanol en medio ácido.
    2. Hidruro de litio y aluminio en metanol.
    3. Bromuro de metilmagnesio e hidrólisis posterior.
    4. Metóxido de sodio en metanol.
    5. Trifenilfosfina en metanol.

102. **El efecto estabilizador de los grupos alquilo sobre los enlaces π adyacentes se explica en términos de:**

    1. Isomería.
    2. Mesomería.
    3. Efecto inductivo.
    4. Hiperconjugación.
    5. Estereoisomería.

103. **El producto de reacción de la ciclohexanona con bromo catalizado por una base es:**

    1. 2-Bromociclohexanona.
    2. 2,2-Dibromociclohexanona.
    3. 2,2,6-Tribomociclohexanona.
    4. 1,1-Dibromociclohexano.
    5. 2,2,6,6-Tetrabromociclohexanona.

104. **De los siguientes mecanismos de reacción ¿en cuál se produce una inversión de la configuración desde el reactivo al producto de la reacción?:**

    1. Sustitución nucleofílica bimolecular (S_N2).
    2. Eliminación unimolecular (E_1).
    3. Sustitución nucleofílica unimolecular (S_N1).
    4. Adición Markovnikov.
    5. Adición anti-Markovnikov.

105. **Las reglas de nomenclatura sistemática de la IUPAC otorgan prioridad como función principal, de entre los siguientes grupos funcionales, a:**

    1. Aminas.
    2. Ácidos carboxílicos.
    3. Nitrilos.
    4. Éteres carboxílicos.
    5. Aldehídos.

106. **La condensación aldólica da origen a:**

    1. Amidas α,β-insaturadas.
    2. Amidas saturadas.
    3. Compuestos carbonílicos α,β-insaturados.
    4. Compuestos quirales.
    5. Compuestos carbonílicos β,γ-insaturados.

107. **Por reacción de carbonilos con amina primarias y secundarias se obtienen:**

    1. Iminas y oximas.
    2. Iminas y enaminas.
    3. Oxazonas e hidrazonas.
    4. Semicarbazonas y nitronas.
    5. Ninguna de las anteriores.

108. **El denominado "Gas de síntesis" que se utiliza para la preparación de metanol en gran escala consiste en una mezcla a presión de:**

1. CO_2 e hidrógeno.
2. CO, hidrógeno y agua.
3. CO_2, hidrogeno y agua.
4. CO e hidrógeno.
5. Ninguna de las anteriores.

109. **Un compuesto que presenta un esqueleto heterocíclico aromático de cinco miembros con tres átomos de carbono y dos nitrógenos, estos últimos es posiciones 1 y 3, se denomina:**

    1. Pirrol.
    2. Pirimidina.
    3. Pirazol.
    4. Pirazolidina.
    5. Imidazol.

110. **En espectrometría de masas, el patrón de fragmentación más habitual es la ruptura en α, que escinde el enlace alquilo contiguo al carbonilo para dar:**

    1. El correspondiente catión acilio y un radical alquilo.
    2. El correspondiente anión acilio y un radical alquilo.
    3. El correspondiente radical acilio y un radical alquilo.
    4. El correspondiente catión acilio y un catión alquilo.
    5. El correspondiente anión acilio y un anión alquilo.

111. **¿Cuál de los siguientes compuestos tiene mayor carácter básico?:**

    1. Hidróxido sódico.
    2. Etóxido sódico.
    3. Amiduro sódico.
    4. Bicarbonato sódico.
    5. Carbonato sódico.

112. **El reordenamiento de Cope es un reordenamiento:**

    1. De un alil vinil éter.
    2. [1,3]-sigmatrópico.
    3. [1,2]-sigmatrópico.
    4. [3,3]-sigmatrópico.
    5. Es una cicloadición [4+2]

113. **Un método industrial muy importante para la formación de enlaces carbono-nitrógeno es la transposición de Beckman, una reacción que transforma:**

    1. Una cetona en una piridina.
    2. Una oxima en una amina.
    3. Un aldehído en una amida.
    4. Una cetona en una amida.
    5. Una oxima en una amida.

114. **El borohidruro sódico es un reactivo que se utiliza en Química Orgánica por sus propiedades como:**

    1. Reductor.
    2. Oxidante.
    3. Alquilante.
    4. Ácido.
    5. Organometálico.

115. **La reacción de un alqueno con ácido metacloroperbenzoico origina un éter cíclico que se denomina:**

    1. Furano.
    2. Dioxano.
    3. Epóxido.
    4. Azirano.
    5. Lactona.

116. **El tipo de transporte de membrana que usa gradientes iónicos como fuente de energía es:**

    1. Difusión facilitada.
    2. Transporte pasivo.
    3. Transporte activo primario.
    4. Transporte activo secundario.
    5. Difusión simple.

117. **¿Cuál de los siguientes enlaces covalentes no aparece en las proteínas?:**

    1. Enlace fosfodiéster.
    2. Enlace amida.
    3. Enlace O-glucosídico.
    4. Enlace disulfuro.
    5. Enlace de hidrógeno.

118. **Un lugar promotor en el ADN:**

    1. Transcribe el represor.
    2. Inicia la transcripción.
    3. Codifica la ARN polimerasa.
    4. Regula la terminación.
    5. Traduce proteínas específicas.

119. **¿Cuál de los siguientes compuestos no puede servir como precursor para la síntesis de glucosa vía gluconeogénesis?:**

    1. Acetato.
    2. Glicerol.
    3. Lactato.
    4. Oxalacetato.
    5. α-cetoglutarato.

120. **El primer paso en el plegamiento de cadenas polipetídicas desordenadas es:**

    1. Formación de la estructura primaria.
    2. Formación de puentes disulfuro.
    3. Formación de agregados.
    4. Modificaciones postraduccionales.
    5. Formación de elementos de estructura secundaria.

121. ¿Qué ARN Polimerasa eucariota está implicada en la transcripción del ARN mensajero (ARNm)?:

    1. ARN Polimerasa I.
    2. ARN Polimerasa II.
    3. ARN Polimerasa III.
    4. ARN Polimerasa IV.
    5. La transcripción del ARNm se lleva a cabo de manera conjunta por la ARN Polimerasa I y ARN Polimerasa II.

122. Cuál de las siguientes enzimas cataliza la fosforilación utilizando fosfato inorgánico:

    1. Hexoquinasa.
    2. Fosfofructoquinasa.
    3. Gliceraldehído-3-fosfato deshidrogenasa.
    4. Fosfoglicerato quinasa.
    5. Piruvato quinasa.

123. ¿Cuál de las siguientes afirmaciones NO es cierta acerca del glucagón?:

    1. Activa la glucogenogénesis hepática.
    2. Activa la lipólisis en el tejido adiposo blanco.
    3. Activa la glucogenolisis hepática.
    4. Es un polipéptido.
    5. Se sintetiza en las células α de los islotes de Langerhans del páncreas.

124. ¿Cómo se denominan las proteínas implicadas en el enrollamiento y compactación del ADN?:

    1. Quinasas.
    2. Topoisomerasas.
    3. Histonas.
    4. Fosfatasas.
    5. ADN nucleasas.

125. La insulina regula la síntesis de ácidos grasos:

    1. Activando la fosforilasa.
    2. Desfosforilando la acetil CoA carboxilasa.
    3. Inhibiendo la formación de malonil CoA.
    4. Controlando la actividad carnitina-acil CoA transferasa.
    5. Activando la ácido graso sintetasa.

126. La fosforilación oxidativa conlleva:

    1. La oxidación de H_2O para formar O_2.
    2. La oxidación de O_2 para formar H_2O.
    3. La reducción de H_2O para dar O_2.
    4. La reducción de O_2 para dar H_2O.
    5. Ninguna de las anteriores.

127. La glucogenina:

    1. Cataliza la conversión de almidón en glucógeno.
    2. Es la enzima responsable de la formación de ramificaciones en el glucógeno.
    3. Es el gen que codifica la glucógeno sintasa.
    4. Es el cebador sobre el que se inician nuevas cadenas de glucógeno.
    5. Regula la síntesis de glucógeno.

128. Las bases nitrogenadas alteradas o minoritarias:

    1. No se detectan en el ADN.
    2. No se detectan en el ARN.
    3. Protegen la información genética.
    4. No se detectan en el tARN.
    5. No son capaces de aparearse.

129. El precursor de todos lo nucleótidos pirimidínicos de la célula es la :

    1. Uridina monofosfato (UMP).
    2. Timidina monofosfato (TMP).
    3. Citidina monofosfato (cmp).
    4. Inosina monofosfato (IMP).
    5. Guanidina monofosfato (GMP).

130. Todas la afirmaciones siguientes describen características del enlace peptídico EXCEPTO:

    1. Tiene una configuración *trans*.
    2. Es polar pero sin carga.
    3. Forma un enlace sencillo uniendo directamente los carbonos α de aminoácidos adyacentes.
    4. No presenta rotación alrededor del enlace.
    5. Es plano.

131. El CO es tóxico para los organismos aerobios:

    1. Porque oxida los grupos OH de la hemoglobina, evitando que esta pueda fijar O_2 correctamente.
    2. Porque entra en la mitocondria, recogiendo los electrones de la cadena de transporte con menor eficiencia que el O_2.
    3. Porque se une al grupo hemo con mayor afinidad que el O_2.
    4. Porque al tener un mayor carácter dipolar, es más soluble que el O_2 en sangre y bloquea el intercambio de O_2 entre aire y sangre a nivel de los pulmones.
    5. Ninguna de las anteriores es correcta.

132. El piridoxal fosfato es un grupo prostético de las enzimas implicadas en reacciones de:

    1. Acetilación.
    2. Desulfatación.
    3. Metilación.
    4. Reducción.
    5. Transaminación.

133. Cuál de los compuestos siguientes en un intermediario fundamental de la síntesis de triacilgliceroles y fosfolípidos:

    1. CDP-colina.
    2. Fosfatidato.

3. Triglicérido.
4. Fosfatidilserina.
5. CDP-diacilglicerol.

134. **A pH neutro, una mezcla de aminoácidos en disolución serían predominantemente:**

1. Iones dipolares.
2. Moléculas no polares.
3. Positivos y monovalentes.
4. Hidrófobos.
5. Negativos y monovalentes.

135. **Los fosfatidilinositoles:**

1. Son derivados de los glucocerebrósidos.
2. Actúan como señales intracelulares.
3. Son lípidos lisosomales.
4. Son detergentes biológicos.
5. Contienen taurina o glicina.

136. **Durante la fosforilación oxidativa, la fuerza protón-motriz que se genera por el trasporte electrónico se usa para:**

1. Crear un poro en la membrana mitocondrial interna.
2. Generar los sustratos (ADP y Pi) para la ATP sintasa.
3. Inducir un cambio conformacional en la ATP sintasa.
4. Oxidar NADH a NAD^+.
5. Reducir O_2 a H_2O.

137. **Cuál de los compuestos siguientes transfiere grupos acilo:**

1. Pirofosfato de tiamina.
2. Lopoamida.
3. ATP.
4. NADH.
5. FADH.

138. **Indique cuál de las siguientes afirmaciones es cierta acerca de la bilirrubina:**

1. Es un producto catabólico del grupo hemo.
2. Es un producto del ciclo de la urea.
3. Es un intermediario del ciclo de Krebs.
4. Es un precursor de la gluconeogénesis hepática.
5. Es un producto de degradación del colesterol.

139. **Cuál de las afirmaciones siguientes sobre los esfingolípidos es CIERTA:**

1. Pueden presentar carga, pero no son moléculas anfipáticas.
2. Están formados por glicerol y ácidos grasos.
3. Contienen dos ácidos grasos esterificados.
4. Los cerebrósidos y los ganglósidos son esfingolípidos.
5. Los terpenos son los principales esfingolípidos.

140. **En la β-oxidación de ácidos grasos de cadena impar, ¿cuál es la molécula que se forma con los tres últimos carbonos para entrar en el ciclo del ácido cítrico?:**

1. Propionil-CoA.
2. Metilmalonil-CoA.
3. Succinil-CoA.
4. Succinato.
5. Malato.

141. **Cuál de los intermediarios siguientes puede aislarse en las levaduras que fermentan vino y no en el músculo sano:**

1. Lactato.
2. Acetaldehído.
3. Acetil CoA.
4. Citrato.
5. Oxalacetato.

142. **Indicar cuál de los siguientes compuestos tiene acción antioxidante:**

1. Vitamina B.
2. Vitamina D.
3. Vitamina E.
4. Todos los anteriores.
5. Ninguno de los anteriores.

143. **En la secuenciación de ADN por el método de Sanger:**

1. Los 2`-3` didesoxinucleótidos son esenciales.
2. Hay que usar inhibidores suicidas de la ADN polimerasa.
3. El ADN debe mantener su estructura de doble hélice.
4. El ADN es hidrolizado selectivamente.
5. Son fundamentales las endonucleasas de restricción.

144. **En contraste con los bacterianos, los cromosomas eucarióticos necesitan múltiples orígenes de replicación porque:**

1. No pueden replicarse bidireccionalmente.
2. No suelen ser circulares.
3. La procesividad de la ADN polimerasa eucariótica es muy inferior a la de la bacteriana.
4. Su tasa de replicación es mucho más lenta, y necesitarían demasiado tiempo usando un solo origen.
5. Tienen varias ADN polimerasas para distintos propósitos, y necesitan la correspondiente variedad de orígenes.

145. **La estimulación hormonal de la formación del segundo mensajero inositol 1,4,5-trisfosfato (IP_3) conduce rápidamente a la liberación de qué otro mensajero intracelular:**

1. AMP cíclico.

2. Prostaglandina.
3. Calcio.
4. Leucotrieno.
5. Tromboxano.

146. **El alopurinol, como inhibidor de la xantina oxidasa:**

    1. Es de tipo suicida, reversible.
    2. Es de tipo suicida, irreversible.
    3. Es de tipo análogo del estado de transición, reversible.
    4. Inhibe la enzima mediante proteólisis.
    5. El alopurinol no inhibe esa enzima.

147. **Sobre la biología molecular del cáncer:**

    1. Los oncogenes son derivados mutados de genes normales, llamados protooncogenes, cuya función es promover la proliferación o supervivencia celular.
    2. Los oncogenes son genes que sintetizan proteínas que inhiben la proliferación celular.
    3. Los genes supresores de tumores sintetizan proteínas que inhiben la muerte celular.
    4. Los protooncogenes sintetizan proteínas que promueven la muerte celular.
    5. La apoptosis es una forma de activación de los protooncogenes.

148. **De las siguientes afirmaciones de la cadena trasportadora de electrones. ¿Cuál es verdadera?:**

    1. Una molécula de FADH puede generar hasta 2.5 moléculas de ATP.
    2. Una molécula de NADH puede generar hasta 1.5 moléculas de ATP.
    3. Los electrones fluyen de potenciales de reducción más positivos a potenciales de reducción más negativos.
    4. El complejo II (utilizado por el $FADH_2$) no transfiere protones al espacio intermembrana.
    5. El complejo III utiliza como cofactores átomos de cobre (Cu).

149. **Para cuál de los pasos siguientes de la síntesis de proteínas se necesita GTP (Guanosina triosfato):**

    1. Activación de los aminoácidos por las aminioacil-ARNt sintetasas.
    2. Unión de los ribosomas al retículo endoplásmico.
    3. Translocalizacion del complejo naciente ARNt-proteína desde el lugar A al lugar P.
    4. Unión de los ARNm.
    5. Unión de la proteína de reconocimiento de la señal a los ribosomas.

150. **El primosoma:**

    1. También se denomina primasa o proteína Dna G.
    2. Es el complejo responsable de la síntesis de los fragmentos de Okazaki.
    3. Es una ADN ligasa bacteriana.
    4. Se localiza en la mitocondria.
    5. Es una unidad funcional del complejo de replicación bacteriano.

151. **La glucólisis y la gluconeogénesis hepática se regulan de modo recíproco por mecanismos hormonales facilitados, además de por un metabolito importante que determina si la glucosa debe ser sintetizada o degradada. ¿Cuál es?:**

    1. Fructosa 6-fostato.
    2. Fructosa 1,6-bisfosfato.
    3. Fructosa 2,6-bisfosfato.
    4. Piruvato.
    5. Lactato.

152. **¿Cuál de las siguientes enzimas actúa en la ruta de las pentosas fosfato?:**

    1. Aldolasa.
    2. Glucosa 6-fosfato deshidrogenasa.
    3. Glucógeno fosforilasa.
    4. Fosfofructoquinasa-1.
    5. Piruvato quinasa.

153. **Cuál de las siguientes hebras del ADN tiene la misma secuencia de nucleótidos (excepto el cambio de T por U) que su transcrito primario:**

    1. La hebra codificante.
    2. La hebra molde.
    3. La hebra adelantada.
    4. La hebra retardada.
    5. Ninguna.

154. **Cuál de los pasos siguientes de la biosíntesis de colesterol es el que controla la velocidad y el lugar de regulación metabólica:**

    1. Geranil pirofosfato → Farnesil pirofosfato.
    2. Escualeno → Lanosterol.
    3. Lanosterol → Colesterol.
    4. Acetil CoA → Acetoacetil CoA.
    5. 3-Hidroxi-3-metilglutaril CoA → Ácido mevalónico.

155. **En la ruta de biosíntesis de purinas:**

    1. El precursor es la ribulosa 5-fosfato.
    2. La inhibición de la AICAR genera el síndrome de Lesch-Nyham.
    3. Se genera como producto final inosina.
    4. El principal punto de regulación es a nivel de la carbamoil fostato sintetasa II.
    5. El principal punto de regulación es a nivel de la AICAR transformilasa.

156. **¿Cómo se llama la parte del antígeno que es reconocida por el anticuerpo?:**

    1. Ectópico.

2. Epímero.
3. Epíteto.
4. Epítopo.
5. Endógeno.

157. **El incremento de energía libre estándar de la hidrólisis de ATP depende, entre otros, de la siguiente característica estructural:**

1. Su carácter polar.
2. Su naturaleza anfipática.
3. Su estabilización por resonancia.
4. Del número de grupo fosforilo que contiene.
5. Del catión con el que forma la sal soluble.

158. **En la síntesis hepática de metionina a partir de homocisteína se requiere:**

1. N5,N10 metenil-tetrahidrofolato.
2. N10-formil-tetrahidrofolato.
3. N5-formimino-tetrahidrofolato.
4. N5-metil-tetrahidrofolato.
5. N5,N10 metileno-tetrahidrofolato.

159. **En relación con la estructura de los genomas, los intrones:**

1. Se presentan frecuentemente en los genomas procarióticos.
2. Puede haber varios en un mismo gen.
3. Codifican aminoácidos raros en las proteínas.
4. Son transcritos y traducidos.
5. Tienen un alto contenido en pares G:C.

160. **Transporte electrónico mitocondrial y fosforilación oxidativa:**

1. Son dos procesos distintos, pero acoplados. Sin transporte electrónico nunca habrá fosforilación oxidativa.
2. Sin fosforilación oxidativa nunca podrá haber transporte electrónico.
3. El rendimiento neto de la fosforilación oxidativa es de aproximadamente 2.5 moles de ATP por mol de $FADH_2$.
4. El cianuro es tóxico porque se une a la ATP sintasa.
5. Los agentes desacoplantes inhiben la ATP sintasa.

161. **La fracción glucídica de los glicolípidos de la membrana de las células eucarióticas:**

1. Se localiza en la cara citoplasmática de la membrana.
2. Tiene siempre ácido siálico.
3. Se sintetizan por acción de varias glicosil transferasas.
4. Es un oligómero de gluocosa.
5. No tiene poder antigénico.

162. **¿Cuál de las siguientes enzimas cataliza una reacción hidrolítica?:**

1. Lactato deshidrogenasa.
2. Quimotripsina.
3. Fumarasa.
4. Triosa fosfato isomerasa.
5. ARN polimerasa.

163. **Las endonucleasas de restricción de tipo II escinden la molécula de ADN:**

1. Dentro de su secuencia de reconocimiento.
2. Aleatoriamente.
3. Fuera de la secuencia de reconocimiento.
4. En el extremo 5´.
5. En el extremo 3´.

164. **El ADN recombinante es:**

1. Una molécula de ADN que activa la recombinación heteróloga.
2. Una molécula de ARN mensajero precursor.
3. Una molécula de ADN compuesta de segmentos unidos covalentemente procedentes de dos o más fuentes.
4. Una molécula de ADN diploide.
5. Un complejo multienzimático de ADN polimerasas unidas covalentemente.

165. **La actividad de corrección de pruebas de la ADN Polimerasa es una actividad:**

1. Exonucleasa 5´-3´.
2. Exonucleasa 3´-5´.
3. Polimerizante 5´-3´.
4. Endonucleasa.
5. Transesterificadora.

166. **La modificación diferencial del ARN:**

1. Puede dar lugar a múltiples productos a partir de un gen.
2. Se produce gracias a la burbuja de transcripción.
3. Está catalizada por la ARN polimerasa I.
4. Está catalizada por la ARN polimerasa II.
5. Está catalizada por la ARN polimerasa III.

167. **Las proteínas nuevas destinadas a la secreción se sintetizan en:**

1. Aparato de Golgi.
2. Retículo endoplásmico liso.
3. Polisomas libres.
4. Núcleo.
5. Retículo endoplásmico rugoso.

168. **Cuál de las siguientes membranas sería más fluida:**

1. Bicapa de lípidos con ácidos grasos poliinsaturados de 18 átomos de carbono.
2. Bicapa de lípidos con ácidos grasos saturados de 18 átomos de carbono.
3. Bicapa de lípidos con ácidos grasos saturados de 16 átomos de carbono.

4. Bicapa de lípidos con ácidos grasos poliinsaturados de 16 átomos de carbono.
5. Todas son equivalentes en cuanto a fluidez.

169. La desnaturalización del ADN:

1. Aumenta al disminuir la temperatura.
2. Se acompaña por un aumento de la absorción de luz UV.
3. Los ADN con alto contenido en G/C lo hacen a menor temperatura que los ricos en A/T.
4. Es irreversible.
5. Indica la hidrólisis de los enlaces fosfodiéster.

170. Que coenzima se utiliza en las reacciones de transaminación de los aminoácidos:

1. FAD.
2. Biotina.
3. Piridoxal.
4. NAD^+.
5. $NADP^+$.

171. En el estudio de las proteínas. ¿Cuál es el propósito del tratamiento con β-mercaptoetanol?:

1. Hidrolizar la proteína.
2. Romper los puentes disulfuro.
3. Añadir cargas positivas.
4. Añadir cargas negativas.
5. General un derivado de aminoácidos en la degradación de Edman.

172. La catalasa:

1. Actúa sobre el peróxido de hidrógeno.
2. Da lugar a la formación de peróxido de hidrógeno.
3. Actúa sobre el anión superóxido.
4. Convierte el peróxido de hidrógeno en anión superóxido.
5. Utiliza el glutatión como cofactor.

173. ¿Qué sucede con los parámetros cinéticos de una enzima michaeliana en presencia de un inhibidor competitivo?:

1. V_{max} disminuye, K_m aumenta.
2. V_{max} disminuye, K_m disminuye.
3. V_{max} disminuye, K_m no varía.
4. V_{max} no varía, K_m aumenta.
5. V_{max} no varía, K_m disminuye.

174. Cuál de los productos siguientes de la degradación de los triglicéridos y la posterior β-oxidación puede experimentar gluconeogénesis:

1. Propionil CoA.
2. Acetil CoA.
3. Todos los cuerpos cetónicos.
4. Algunos aminoácidos.
5. β-Hidroxibutirato.

175. El centro activo de una enzima:

1. Está formado por grupos funcionales que provienen de la secuencia de aminoácidos central de la enzima.
2. Constituye una gran parte del volumen total de la enzima.
3. Aumenta la ΔG de una reacción, aumentando la velocidad de la misma.
4. Presenta junto a los aminoácidos una elevada cantidad de moléculas de agua.
5. Es la región que se une a los sustratos y contiene los residuos que participan en la formación y ruptura de enlaces.

176. Un modulador alostérico influye en la actividad de una enzima:

1. Compitiendo con un sustrato por el sitio catalítico.
2. Uniéndose a la enzima en un sitio distinto al sitio catalítico.
3. Cambiando la naturaleza del producto formado.
4. Cambiando la especificidad de la enzima por el sustrato.
5. Desnaturalizando la enzima.

177. ¿Por qué es verde la clorofila?:

1. Absorbe todas las longitudes de onda del espectro visible.
2. Absorbe longitudes de onda solo de las partes roja y ultrarroja del espectro (680nm, 700nm).
3. Absorbe longitudes de onda en las partes roja y azul del espectro visible.
4. Absorbe longitudes de onda solo de la parte azul del espectro visible.
5. Absorbe en el ultravioleta próximo.

178. La transcetolasa cataliza la transformación de ribosa-5-fostato y xilulosa-5-fosfato en:

1. Dos moléculas de ribulosa-5-fostato.
2. Sedoheptulosa-7-fosfato y gliceraldehido-3-fosfato.
3. Fructosa-6-fosfato y eritrosa-4-fosfato.
4. Gliceraldehido-3-fosfato y glucosa-6-fosfato.
5. 6-Fosfogluconato y gliceraldehido-3-fosfato.

179. En el estrés oxidativo es característico:

1. Disminución de la concentración de glutatión oxidado.
2. Aumento de la concentración de glutatión reducido.
3. Disminución de la producción de especies reactivas de oxígeno.
4. Aumento de la producción de especies reactivas de oxígeno.
5. Ninguna de las anteriores es cierta.

**180. Qué aminoácido es precursor de neurotransmisiones como dopamina, adrenalina y noradrenalina?:

1. Triptófano.
2. Serina.
3. Tirosina.
4. Aspártico.
5. Glutámico.

181. ¿Cuál de los siguientes compuestos actúa como agente reductor en la biosíntesis de ácidos grasos?:

1. NADH.
2. NADPH.
3. FAD$^+$.
4. FADH.
5. NADP$^{+.}$

182. Si un organismo animal tuviera deficiencias en la ruta de las pentosas fosfato:

1. Habría un exceso de actividad de la enzima glutatión reductasa.
2. Las pentosas fosfato se integrarían en la ruta glicolítica.
3. Se utilizaría NADH en sustitución de NADPH.
4. Se estimularía la síntesis de ácidos grasos en el tejido adiposo.
5. Descendería la concentración de NADPH.

183. La hoja plegada β:

1. Está formada por una sola cadena polipetídica.
2. Presenta una distancia entre aminoácidos adyacentes de aproximadamente 4 ångströms.
3. Se forma por la unión de dos o más hebras mediante puentes de hidrógeno.
4. Presenta las cadenas laterales de aminoácidos contiguos apuntando hacia el mismo lado.
5. Son de dos tipos: paralela, donde las cadenas de la hoja β van en distinto sentido y antiparalela, donde van en el mismo sentido.

184. ¿En qué parte de la célula se sintetiza el ARN ribosómico?:

1. Nucléolo.
2. Ribosomas.
3. Vacuolas.
4. Aparato de Golgi.
5. Retículo endoplasmático.

185. La arginosuccinasa:

1. En una enzima del ciclo del ácido cítrico.
2. Convierte arginina en lisina.
3. Se activa por el efector alostérico N-acetilglutamato.
4. Produce fumarato.
5. Es un aminoácido glucogénico.

186. En los animales, ¿dónde se sintetiza la mayoría de los componentes del material extracelular?:

1. En el retículo endoplasmático liso.
2. En el retículo endoplasmático rugoso.
3. En la propia capa extracelular.
4. En la membrana plasmática.
5. En el citoplasma de la célula.

187. ¿Cuál es la función de la helicasa en la replicación?:

1. Unirse al ADN monocatenario para evitar que se forme de nuevo la doble hélice.
2. Catalizar la unión de nucleótidos.
3. Corregir los errores que se producen en la replicación.
4. Sintetizar un cebador para iniciar la replicación.
5. Separar mecánicamente las hebras del ADN de doble cadena.

188. El óxido nítrico:

1. Se sintetiza a partir de metionina.
2. Activa la proteinquinasa dependiente de AMPc (PKA).
3. Se une a receptores acoplados a proteínas G (GPCR).
4. Induce relajación del endotelio vascular.
5. Se une a receptores con actividad proteína tirosina quinasa (PTK).

189. El proteasoma:

1. Está formado por 21 subunidades homólogas organizadas en 3 anillos.
2. Es un complejo proteico que cataliza la hidrólisis de proteínas ubicuitinadas.
3. Se encuentra únicamente en las células eucariotas animales.
4. Digiere proteínas aciladas.
5. Es activado por un medicamento, el bertezomil, en la terapia para el mieloma múltiple.

190. Respecto de las telomerasas ¿cuál de las siguientes afirmaciones no es cierta?:

1. Tienen actividad transcriptasa inversa.
2. Previenen el acortamiento de los telómeros.
3. Su defecto promueve la carcinogénesis.
4. Su actividad es esencial para la estabilidad de los cromosomas.
5. Son ribozimas.

191. Una persona que presenta en orina una [Urea] elevada, posiblemente lleva una dieta:

1. Muy baja en hidratos de carbono y muy elevada en proteínas.
2. Muy elevada en grasas y baja en proteínas.
3. Equilibrada excepto en hidratos de carbono.
4. Moderada en hidratos de carbono y equilibrada en grasas y proteínas.
5. Muy alta en hidratos de carbono y muy baja

en proteínas.

192. **El ciclo de la urea:**

    1. Supone la degradación de la urea.
    2. Fue propuesto por Hatch y Slack.
    3. Contiene una reacción que transforma la citrulina en ornitina.
    4. Está íntimamente ligado a la glucolisis.
    5. Comienza con la formación de carbamilfosfato.

193. **La velocidad de la cadena de transporte de electrones:**

    1. Depende de la concentración de oxígeno.
    2. Aumenta cuando aumenta la concentración de ATP.
    3. Está determinada por la necesidad de ATP.
    4. Es independiente de la fosforilación de ADP.
    5. Aumenta cuando se eleva la concentración de NADH y $FADH_2$.
    6.

194. **Las enzimas de restricción hidrolizan enlaces:**

    1. Fosfodiéster.
    2. Glucosídicos.
    3. Peptídicos.
    4. Iónicos.
    5. Por puentes de hidrógeno.

195. **En los seres humanos, la síntesis de aspartato a partir de oxalacetato está catalizada por:**

    1. Oxalacetato descarboxilasa.
    2. Aspartato sintetasa.
    3. Aspartato deshidrogenasa.
    4. Transaminasa dependiente de piridoxal fosfato.
    5. Oxalacetato ligasa.

196. **Los micro ARN (miARN):**

    1. Son ARN codificantes.
    2. Inhiben la transcripción.
    3. Inhiben la traducción.
    4. Activan la transcripción.
    5. Activan la traducción.

197. **¿Qué característica no es común en las membranas biológicas?:**

    1. Son fluidas.
    2. Están compuestas por lípidos y proteínas.
    3. Son asimétricas.
    4. Están eléctricamente polarizadas.
    5. Los diversos componentes se ensamblan covalentemente.

198. **Los átomos de hidrógeno con carga parcial positiva de una molécula de agua pueden interaccionar con los átomos de oxígeno, con carga parcial negativa de otra molécula de agua. ¿Qué nombre recibe esta interacción? :**

    1. Hidrofóbica.
    2. Polar.
    3. Puente de Hidrógeno.
    4. Van der Wall.
    5. Zwitterion.

199. **En relación con la replicación del ADN, el termino procesividad indica:**

    1. Tasa de error de la polimerasa.
    2. Deleción de una o más bases en el DNA.
    3. Especificidad en la velocidad de replicación.
    4. Capacidad de la enzima para catalizar múltiples reacciones consecutivas sin desprenderse del sustrato.
    5. 1,2 y 3.

200. **En la síntesis hepática de metionina a partir de homocisteína se requiere:**

    1. Metilmalonil-CoA mutasa.
    2. Metilcobalamina.
    3. 5´-Adenosilcobalamina.
    4. Coenzima B6.
    5. Metionina adenosil transferasa.

201. **La hidrólisis del fosfatidilinositol 4,5- bisfosfato (PIP_2) por parte de la fosfolipasa C genera los siguientes segundos mensajeros:**

    1. Inositol 1,4,5-trisfosfato y triacilglicerol.
    2. Inositol 1,4, 5-trisfosfato y glicerol.
    3. Inositol 1,4, 5-trisfosfato y diacilglicerol.
    4. Inositol 4,5-bisfosfato y diacilglicerol.
    5. Inositol 4,5-bisfosfato y glicerol.

202. **Las LDL:**

    1. Transportan colesterol a los tejidos.
    2. Transportan colesterol al hígado.
    3. Transportan colesterol "bueno".
    4. Niveles bajos en sangre están asociados a menor riesgo de ataque cardiaco.
    5. Tienen una densidad alta.

203. **¿Qué tipo de cadenas laterales de los aminoácidos competirán con los iones salinos por el agua de solvatación?:**

    1. Apolares.
    2. Alifáticas.
    3. Aromáticas.
    4. Polares.
    5. Sin carga.

204. **¿Cuál es el primer nivel de organización del ADN en los cromosomas':**

    1. Histonas.
    2. Nucleosomas.
    3. Cadenas azúcar-fosfato.
    4. Proteosomas.
    5. Nucleótidos.

205. ¿Qué proceso no está relacionado con un gradiente de protones?:

1. Fosforilación oxidativa.
2. Síntesis de NADPH.
3. Glucolisis.
4. Producción de calor.
5. Transporte activo.

206. Los tromboxanos:

1. Inducen la agregación plaquetaria.
2. Inhiben la agregación plaquetaria.
3. Actúan como broncodilatadores en el sistema respiratorio.
4. Se producen en las membranas de todas las células.
5. Son derivados de los ácidos grasos saturados.

207. ¿Qué secuencia de bases del ARN se producirá al transcribirse el fragmento de ADN AGGCCTTTACGC?:

1. TCCGGAAATGCG.
2. AGGCCUUUACGC.
3. UGGCCUUUUGCG.
4. UGGCCUUUUCGC.
5. UCCGGAAAUGCG.

208. La quimotripsina es una enzima digestiva con actividad:

1. DNAsa.
2. Proteasa.
3. RNAsa.
4. Lipasa.
5. Glicosidasa.

209. La biotina es un transportador de:

1. CO_2.
2. Fosforilo.
3. Acilo.
4. Metilo.
5. Electrones.

210. La absorción intestinal de los hidratos de carbono por las células absortivas:

1. Se puede llevar a cabo con monosacáridos y disacáridos.
2. La sacarosa es transportada por la sacarasa.
3. La glucosa se transporta mediante difusión facilitada y por transporte facilitado dependiente de Na^+.
4. Los transportadores facilitados de glucosa, que no unen Na^+, se encuentran en el lado luminal de la célula absortiva.
5. Glucosa y fructosa se absorben por transportadores diferentes del de glucosa.

211. La radiación ultravioleta cambia la estructura del ADN por:

1. Ruptura de enlaces fosfodiéster.
2. Desaminación de las bases nitrogenadas.
3. Despurinización.
4. Formación de anillos ciclobutílicos de pirimidinas.
5. Hidroxilación de las bases nitrogenadas.

212. La apoptosis es:

1. La senescencia celular.
2. Una forma de muerte celular programada.
3. La migración celular.
4. Un modo de reprogramación celular.
5. El proceso de diferenciación celular.

213. El genoma mitocondrial:

1. Es circular.
2. Es de hebra simple.
3. Codifica todas las proteínas mitocondriales.
4. Forma parte del ADN nuclear.
5. Ninguna de las anteriores.

214. La fuente principal de colesterol extracelular de los tejidos humanos es:

1. Lipoproteína de muy baja densidad (VLDL).
2. Quilomicrones.
3. Lipoproteína de densidad elevada (HDL).
4. Lipoproteína de baja densidad (HDL).
5. Lipoproteína de densidad mixta (MDL).

215. La lipogénesis tiene lugar fundamentalmente en:

1. La mitocondria.
2. El citosol.
3. Los peroxisomas.
4. Los lisosomas.
5. Las balsas lipídicas de las membranas.

216. Las moléculas no proteicas que unidas a la parte proteica de la enzima constituyen la enzima completa se denominan:

1. Cofactores.
2. Iones metálicos.
3. Coenzimas.
4. Vitaminas.
5. Grupos prostéticos.

217. La forma B del ADN:

1. Está formada por una doble hélice levógira con dos cadenas de nucleótidos antiparalelas.
2. Es más ancha y más larga que la forma A.
3. Tiene pares de bases nitrogenadas perpendiculares al eje de la hélice.
4. Corresponde al ADN deshidratado.
5. Es la forma minoritaria que presenta el ADN en condiciones fisiológicas.

218. La hidroxilación de residuos de Lys y Pro en el

colágeno requiere:

1. Vitamina B.
2. Vitamina A.
3. Vitamina D.
4. Vitamina C.
5. Ninguna de las opciones anteriores.

219. **Con los datos de los que se dispone actualmente, se considera que el genoma humano contiene alrededor de:**

1. 2.000 genes.
2. 20.0000 genes.
3. 200.000 genes.
4. 2.000.000 genes.
5. 20.000.000 genes.

220. **Todo lo siguiente forma parte de los nucleósidos EXCEPTO:**

1. Grupo fosfato.
2. Desoxirribosa.
3. Ribosa.
4. Pentosa.
5. Base púrica.

221. **Todos los acontecimientos siguientes se producen durante la formación de fosfoenolpiruvato a partir de piruvato EXCEPTO:**

1. Se consume CO_2.
2. Sale CO_2.
3. Se necesita CoA.
4. Se hidroliza ATP.
5. Se hidroliza GTP.

222. **El producto final de la ácido graso sintasa citosólica en el ser humano es el ácido:**

1. Oleico.
2. Araquidónico.
3. Linoleico.
4. Palmítico.
5. Palmitoleico.

223. **¿Cuál de las siguientes opciones NO es un efecto de la insulina?:**

1. Estimula la gluconeogénesis hepática.
2. Estimula la captación de glucosa a nivel del tejido adiposo blanco.
3. Estimula la lipogénesis a nivel del tejido adiposo blanco.
4. Estimula la glucogenogénesis en el músculo esquelético.
5. Estimula la captación de glucosa a nivel muscular.

224. **¿Cuál de las siguientes no es una vitamina liposoluble?:**

1. Vitamina A.
2. Vitamina C.
3. Vitamina D.
4. Vitamina E.
5. Vitamina K.

225. **Sobre los radicales libres:**

1. Son compuestos que contienen dos o tres electrones desapareados en un orbital exterior.
2. Las especies reactivas de oxígeno (ROS) en la célula solo se generan de manera enzimática.
3. El peróxido de hidrógeno es el radical más perjudicial en la célula.
4. El radical hidroxilo se origina de forma no enzimática (reacción de Heber-Weiss) y daña a las proteínas y al DNA.
5. El oxígeno es un trirradical.

226. **¿Cuál de las siguientes características del código genético NO ES CORRECTA?:**

1. La secuencia de bases nitrogenadas de un gen determinado posee un marco de lectura fijo y sin signos de puntuación.
2. Está degenerado, pues para muchos aminoácidos existe más de un codón que lo codifica.
3. La degeneración del código genético supone un mecanismo adaptativo que reduce los efectos perjudiciales de las mutaciones.
4. Es totalmente universal, lo que permite la expresión heteróloga de proteínas humanas (por ejemplo insulina) en organismos procariotas como E. coli.
5. Su lectura se hace siempre desde el extremo 5´ fosfato hacia el hidroxilo del ARN mensajero (ARNm).

227. **Los ácidos sulfónicos se convierten en cloruros de sulfonilo por tratamiento con:**

1. Cloruro de metileno.
2. Cloro.
3. Cloruro sódico.
4. Cloruro de tionilo.
5. Cloroformo.

228. **Las aminoacil-ARNt sintetasas:**

1. En conjunción con otra enzima, unen el aminoácido al ARNt.
2. Interaccionan directamente con los ribosomas libres.
3. Existen en múltiples formas para cada aminoácido.
4. Requieren GTP para activar el aminoácido.
5. "Reconocen" moléculas de ARNt específicas y aminoácidos específicos.

229. **La espectrometría de masas se combina con la cromatografía para generar una herramienta analítica muy poderosa. En lo que se refiere a la espectrometría de masas (MS), se puede decir que:**

1. La ionización electrónica se basa en las reacciones ion-molécula entre los iones de gas reactivo y las moléculas de analito.
2. El analizador de masas de cuadrupolo lineal consiste en cuatro cilindros que se colocan en paralelo de forma que se cargan positiva y negativamente de forma alternativa.
3. El analizador de tiempo de vuelo se basa en un tubo de material altamente cargado de forma que solo entran y se separan los iones de carga contraria.
4. La trampa de iones puede colocarse al final de la columna cromatográfica para iones moleculares a partir de los analitos ya separados e impactar en la pantalla de un detector radiactivo.
5. El método de ionización conocido como MALDI se basa en la desorción de iones de una matriz en forma de gel por bombardeo rápido de gas supercrítico.

230. En la biosíntesis de proteínas, durante el proceso de traducción tiene lugar el apareamiento de bases entre:

1. EL ARN y el ADN.
2. El ADN y el ARN ribosómico.
3. El ARN de transferencia y el ARN ribosómico.
4. El ARN mensajero y el ARN de transferencia.
5. El ARN ribosómico 18S y el ARN ribosómico 5S.

231. La síntesis con éster malónico es un método importante para preparar:

1. Cetonas.
2. Aldehídos.
3. Alcoholes.
4. Amidas.
5. Ácidos.

232. El análisis por redisolución potenciométrica se caracteriza:

1. Por utilizar la onda cuadrada como elemento de excitación.
2. Porque la etapa de redisolución se realiza sin agitación.
3. Porque la etapa de reoxidación se lleva a cabo mediante un agente oxidante.
4. Porque en la etapa de redisolución se miden corrientes.
5. Porque la redisolución se realiza a potencial constante.

233. Tras la reacción de algunos xenobióticos con el glutatión se forman como producto final:

1. Sulfanil urea.
2. Glutatión reducido.
3. Glutatión oxidado.
4. Tiosulfato.
5. Ácido mercaptúrico.

234. Indicar, cuál de los compuestos relacionados a continuación, presenta una mayor acidez:

1. Ácido acético.
2. Bromuro de hidrógeno.
3. Ácido sulfúrico.
4. Ácido carbónico.
5. Ácido nítrico.

235. Una proteína conjugada es:

1. Una proteína que contiene componentes químicos diferentes a los aminoácidos asociados permanentemente.
2. Una proteína que contiene aminoácidos con cadenas laterales con enlaces conjugados.
3. Una proteína que contiene componentes químicos que la hacen insoluble.
4. Una proteína incorrectamente plegada.
5. Una proteína desnaturalizada e inactivada.

Titulación: QUÍMICA
Convocatoria: 2014
Nº de versión de examen: 0
V = Nº de la pregunta en versión de examen 0.
RC = Respuesta correcta

V	RC	V	RC	V	RC	V	RC	V	RC
1	2	48	4	95	2	142	3	189	2
2	5	49	4	96	5	143	1	190	3
3	4	50	3	97		144	4	191	1
4	3	51	1	98	3	145	3	192	5
5	4	52	3	99	1	146	2	193	3
6	1	53	4	100	5	147	1	194	1
7	3	54	4	101	1	148	4	195	4
8	2	55		102	4	149	3	196	3
9	4	56	3	103	5	150	5	197	5
10	1	57	2	104	1	151	3	198	3
11	4	58	3	105	2	152	2	199	4
12	1	59	5	106	3	153	1	200	2
13	2	60	1	107	2	154	5	201	3
14	5	61	3	108	4	155		202	1
15	5	62	1	109	5	156	4	203	4
16	1	63	5	110	1	157	3	204	2
17	3	64	3	111	3	158	4	205	3
18	1	65	4	112	4	159	2	206	1
19	4	66	3	113	5	160	1	207	5
20	2	67	4	114	1	161	3	208	2
21	5	68	1	115	3	162	2	209	1
22	4	69	3	116	4	163	1	210	3
23	4	70	1	117	1	164	3	211	4
24	5	71	4	118	2	165	2	212	2
25	1	72	5	119	1	166	1	213	1
26	3	73	4	120	5	167	5	214	
27	2	74	3	121	2	168	4	215	2
28	4	75	4	122	3	169	2	216	1
29	5	76	1	123	1	170	3	217	3
30	2	77	2	124	3	171	2	218	4
31	4	78	4	125	2	172	1	219	
32	3	79		126	4	173	4	220	1
33	4	80	4	127	4	174	1	221	3
34	2	81	1	128	3	175	5	222	4
35	3	82	2	129	1	176	2	223	1
36	1	83	3	130	3	177	3	224	2

37	4	84	2	131	3	178	2	225	4
38	5	85	4	132	5	179	4	226	4
39	1	86	3	133	2	180	3	227	4
40	2	87	2	134	1	181	2	228	5
41	5	88	1	135	2	182	5	229	2
42	3	89	4	136	3	183	3	230	4
43	1	90	3	137		184	1	231	5
44	4	91	4	138	1	185	4	232	3
45	5	92	2	139	4	186	2	233	5
46	3	93	3	140	3	187	5	234	2
47	3	94	1	141	2	188	4	235	1

MINISTERIO DE SANIDAD, SERVICIOS SOCIALES E IGUALDAD

PRUEBAS SELECTIVAS 2015

CUADERNO DE EXAMEN

QUÍMICOS

ADVERTENCIA IMPORTANTE

ANTES DE COMENZAR SU EXAMEN, LEA ATENTAMENTE LAS SIGUIENTES

INSTRUCCIONES

1. Compruebe que este Cuaderno de Examen integrado por 225 preguntas más 10 de reserva, lleva todas sus páginas y no tiene defectos de impresión. Si detecta alguna anomalía, pida otro Cuaderno de Examen a la Mesa.

2. La "Hoja de Respuestas" está nominalizada. Se compone de dos ejemplares en papel autocopiativo que deben colocarse correctamente para permitir la impresión de las contestaciones en todos ellos. Recuerde que debe firmar esta Hoja y rellenar la fecha.

3. Compruebe que la respuesta que va a señalar en la "Hoja de Respuestas" corresponde al número de pregunta del cuestionario.

4. **Solamente se valoran** las respuestas marcadas en la "Hoja de Respuestas", siempre que se tengan en cuenta las instrucciones contenidas en la misma.

5. Si inutiliza su "Hoja de Respuestas" pida un nuevo juego de repuesto a la Mesa de Examen y **no olvide** consignar sus datos personales.

6. Recuerde que el tiempo de realización de este ejercicio es de **cinco horas improrrogables** y que están **prohibidos** el uso de **calculadoras** (excepto en Radiofísicos) y la utilización de **teléfonos móviles**, o de cualquier otro dispositivo con capacidad de almacenamiento de información o posibilidad de comunicación mediante voz o datos.

7. Podrá retirar su Cuaderno de Examen una vez finalizado el ejercicio y hayan sido recogidas las "Hojas de Respuesta" por la Mesa.

1. ¿Cuál de las siguientes isomerías NO es constitucional?:

    1. De ionización.
    2. De coordinación.
    3. De enlace.
    4. Diaestereoisomería.

2. Seleccione la afirmación correcta en relación con la variación de entropía de un sistema:

    1. Si un sistema cerrado experimenta un aumento de entropía significa que ha sufrido una transformación espontánea.
    2. Un aumento de entropía implica un aumento de desorden molecular y este desorden es mayor si, para una misma variación de entropía, se produce a baja temperatura.
    3. Estudiando el signo de la variación de entropía durante una transformación de un sistema aislado se puede saber si tal transformación es posible o no.
    4. Todos los cambios de fase que puede experimentar una sustancia modificando la presión y la temperatura a las que está sometida son espontáneos y se producen con un aumento de entropía.

3. ¿Con qué criterio se agrupan los ligandos en la serie espectroquímica?:

    1. Según la posición de su banda de absorción más intensa en su espectro electrónico.
    2. Según la posición de su banda de absorción más intensa en su espectro infrarrojo.
    3. Según la intensidad del campo cristalino que crean, de menor a mayor.
    4. Según la intensidad del campo cristalino que crean, de mayor a menor.

4. El potasio forma numerosas sales solubles en agua y algunas pocas insolubles. Entre las insolubles se encuentran el:

    1. Tetrafenilborato de potasio.
    2. Dihidrogenofosfato de potasio.
    3. Carbonato de potasio.
    4. Dicromato de potasio.

5. ¿Es muy reactivo el hidrógeno a temperatura ambiente?

    1. Si, reacciona con todos los elementos a temperatura ambiente.
    2. No, pero a temperaturas altas el hidrógeno reacciona vigorosamente con metales y no metales.
    3. No, incluso en presencia de catalizadores como [RhCl(PPh$_3$)$_3$] necesita temperaturas muy altas y grandes presiones para hidrogenar olefinas.
    4. Si, por ejemplo es muy conocido que reacciona con el nitrógeno a temperatura ambiente para dar amoniaco, siguiendo el procedimiento Haber.

6. ¿Para cuáles de las siguientes configuraciones se dan las situaciones de campo fuerte o espín bajo y campo débil o espín alto?:

    1. d^1 y d^2.
    2. d^3 y d^4.
    3. d^5 y d^6.
    4. d^7 y d^8.

7. ¿Qué compuestos resultan de la reacción del estaño con los halógenos?

    1. Se obtienen los trihaluros SnX_3.
    2. Los únicos productos que se obtienen son los dihaluros SnX_2, que son los únicos haluros conocidos.
    3. No reacciona con los halógenos.
    4. Dan fácilmente los tetrahaluros SnX_4. Por ejemplo, el estaño reacciona con cloro en frio para dar el tetracloruro de estaño.

8. ¿Cuál de los siguientes factores que influyen en la estabilidad de los complejos en disolución es debido a la entropía?:

    1. Efecto del campo de ligandos.
    2. Número y tamaño de los anillos quelatos.
    3. Entalpía de solución de los ligandos.
    4. Repulsión estérica entre los ligandos en el complejo.

9. Con respecto a la constante de equilibrio:

    1. Se puede obtener a partir de la energía de Gibbs estándar de reacción en la situación en la que la energía de Gibbs de reacción alcanza su valor mínimo con respecto al grado de avance de la reacción.
    2. Para un equilibrio entre gases ideales se expresa en términos de una relación entre sus molalidades en la mezcla.
    3. Se incrementa cuando aumenta la presión sobre el equilibrio manteniendo constante la temperatura.
    4. Disminuye cuando lo hace el volumen del recipiente que contiene al sistema en equilibrio a temperatura constante.

10. ¿Qué son las partículas beta:

    1. Electrones emitidos por la corteza electrónica del elemento emisor.
    2. Electrones emitidos por el núcleo del elemento emisor.
    3. Iones positivos.
    4. Protones.

11. ¿Cómo se denomina la mezcla de partículas de cementita en una matriz de ferrita alfa?:

    1. Martensita.
    2. Bainita.

3. Esferoidita.
4. Austenita.

12. **Una de las claves del funcionamiento del método de Solvay para la obtención de carbonato de sodio es:**

    1. La descomposición térmica del hidrogenocarbonato de amonio.
    2. La precipitación del hidrogenocarbonato de sodio.
    3. La reacción del $CaCl_2$ con amoniaco.
    4. La sublimación del $CaCl_2$ al calentar carbonato de calcio con NaCl.

13. **La estructura de la wurtzita está formada por:**

    1. Un empaquetamiento hexagonal compacto de iones sulfuro con los iones cinc ocupando todos los huecos octaédricos.
    2. Un empaquetamiento hexagonal compacto de iones sulfuro con los iones cinc ocupando todos los huecos tetraédricos.
    3. Un empaquetamiento hexagonal compacto de iones sulfuro con los iones cinc ocupando la mitad de los huecos tetraédricos de forma alternada.
    4. Un empaquetamiento hexagonal compacto de iones sulfuro con los iones cinc ocupando la mitad de los huecos octaédricos de forma alternada.

14. **En un semiconductor se cumple que:**

    1. La banda de valencia tiene mayor energía que la de conducción.
    2. La banda de conducción tiene mayor energía que la de valencia.
    3. Ambas bandas tienen la misma energía.
    4. El que las energías sean iguales o distintas depende del semiconductor específico de que se trate.

15. **Es conocido que el estaño es un metal plateado-brillante que, si se mantiene durante mucho tiempo por debajo de 13ºC, se transforma en un sólido de color gris mucho menos denso. Esto es debido a:**

    1. Su oxidación en SnO.
    2. Su oxidación en SnO_2.
    3. Su corrosión en $SnO_2 \cdot nH_2O$.
    4. La transición $\beta \rightarrow \alpha$ estaño.

16. **Sabiendo que las entalpías estándar de combustión de H_2 C_2H_4 y C_2H_2 son -285,83, -1411 y -1300 kJ mol^{-1}, respectivamente, la entalpía estándar de hidrogenación del eteno asciende a:**

    1. -175 kJ mol^{-1}.
    2. -173 kJ mol^{-1}.
    3. -176 kJ mol^{-1}.
    4. -177 kJ mol^{-1}.

17. **¿De qué tipo es el diagrama de fases para el sistema Cu-Ni?:**

    1. Binario con solubilidad total en estado sólido.
    2. Eutéctico con insolubilidad total en estado sólido.
    3. Eutéctico con solubilidad parcial en estado sólido.
    4. Eutectoide.

18. **La circonia estabilizada con óxido de calcio:**

    1. Tiene un enorme exceso en población de oxígeno.
    2. Tiene un enorme defecto en población de oxígeno.
    3. La población de oxígeno es la misma que en la circonia sin óxido de calcio.
    4. No existe relación alguna entre la presencia de calcio y la población de oxígeno.

19. **¿Se puede considerar que el ozono es un buen oxidante?:**

    1. No. Es un potente reductor. De hecho, se emplea habitualmente para obtener hidrógeno del agua (reduciendo los protones del agua).
    2. No, ni siquiera es capaz de oxidar el ioduro a iodo.
    3. Sí. A veces transfiere además un átomo de oxígeno al reductor.
    4. Sí, pero en la práctica no se puede emplear porque es imposible obtener ozono salvo en la estratosfera.

20. **¿Cómo se denomina el conjunto formado por dos metales muy diferentes en contacto eléctrico mediante un electrolito?:**

    1. Batería.
    2. Pila galvánica.
    3. Pila de concentración iónica.
    4. Pila de concentración de oxígeno.

21. **¿Cómo se suele obtener el oxígeno en grandes cantidades, a escala industrial?:**

    1. Se suele preparar por destilación fraccionada del aire.
    2. Normalmente se obtiene mediante la electrolisis del agua.
    3. Habitualmente se prepara mediante descomposición catalítica del agua oxigenada.
    4. Casi siempre se obtiene calentando clorato potásico.

22. **A pesar de su fuerte reactividad, el ácido nítrico concentrado no es capaz de atacar al:**

    1. Cobre.
    2. Mercurio.

3. Aluminio.
4. Estaño.

23. **¿Cómo son los complejos de cromo III solubles en agua?:**

    1. Son generalmente hexacoordinados y octaédricos. Pueden ser neutros, catiónicos o aniónicos.
    2. Habitualmente son plano cuadrados.
    3. Son generalmente hexacoordinados y octaédricos, pero todos los ligandos deben oxigeno-dadores.
    4. Son generalmente tetraédricos. Todos son cinéticamente muy lábiles: las reacciones de sustitución son muy rápidas, duran segundos.

24. **El empaquetamiento cúbico compacto de aniones con los cationes ocupando todos los huecos tetraédricos, a qué estructura tipo corresponde:**

    1. Fluorita.
    2. Antifluorita.
    3. Rutilo.
    4. Cloruro de cesio.

25. **¿Cuál es la geometría de los complejos mononucleares de Ni (II)?**

    1. La mayor parte de los complejos de Ni (II) presentan índice de coordinación 8.
    2. La mayor parte de los complejos de Ni (II) son bipirámides trigonales.
    3. La mayor parte de los complejos de Ni (II) son tetraédricos.
    4. La mayor parte de los complejos de Ni (II) son octaédricos o planocuadrados.

26. **¿Cuál de estas observaciones es explicada mediante el denominado "efecto del par inerte"?**

    1. El aluminio sólo presenta estado de oxidación +3.
    2. Los gases nobles forman muy pocos compuestos.
    3. El talio presenta estados de oxidación +1 y +3.
    4. El hierro presenta estados de oxidación +2 y +3.

27. **En el diagrama de fases de una sustancia pura:**

    1. La línea que representa las condiciones de equilibrio de equilibrio sólido-líquido tiene pendiente positiva para todas las sustancias.
    2. La línea que representa las condiciones de equilibrio líquido-vapor tiene por extremos el punto triple y el punto crítico de dicha sustancia.
    3. Cada sólido sublima a una temperatura fija dependiente únicamente de la naturaleza de dicho sólido.
    4. La ecuación de Clausius-Clapeyron proporciona la pendiente de la presión de vapor de una sustancia en función de su volumen molar cuando la sustancia líquida está en equilibrio con su vapor.

28. **En relación con la simetría molecular, seleccione la afirmación correcta:**

    1. La molécula de agua, formada por tres átomos, pertenece al grupo puntual de simetría C_{3v}.
    2. La diferencia entre los grupos puntuales de simetría C_{2h} y D_{2h} es que el segundo implica la presencia de cuatro ejes binarios perpendiculares al eje C_2.
    3. La operación de simetría rotación impropia de orden n supone una rotación de 360/n grados seguida de una reflexión respecto a un plano perpendicular al eje de esta rotación.
    4. Los grupos cúbicos de simetría tienen un único eje principal de simetría.

29. **La tensión superficial:**

    1. Se define únicamente para interfases planas.
    2. Si tiene un valor alto para una sustancia la obligará a ascender por un capilar, si éste se introduce en su interior.
    3. Existe porque las interfases líquido-vapor tienden espontáneamente a aumentar su tamaño.
    4. Es la constante de proporcionalidad que relaciona el trabajo necesario para aumentar el tamaño de una interfase líquido-vapor con el aumento del área de dicha interfase.

30. **La técnica electroforética conocida como SDS-PAGE es muy utilizada en la determinación de proteínas. En ella:**

    1. Se emplean geles poliméricos de agarosa y el surfactante produce fragmentos de proteína que se van separando en función de su carga/radio.
    2. La muestra disuelta en SDS se aplica por gravedad, de forma que el depósito de muestra, elevado por encima de la fuente de alto voltaje permite la inyección en geles muy restrictivos.
    3. Se produce una electroforesis bidimensional, una primera en un gel de poliacrilamida y otra en un medio sólido modificado con SDS.
    4. Se forman micelas entre el SDS y la proteína de forma que proveen una carga negativa por unidad de masa constante, y las proteínas se pueden separar atendiendo a su masa molar.

31. **¿Se pueden realizar valoraciones potenciométricas a intensidad constante utilizando dos electrodos indicadores de la misma naturaleza?**

1. No, solo se pueden hacer valoraciones potenciométricas a i = 0.
2. Sí.
3. No, solo se pueden llevar a cabo si utilizamos un electrodo de referencia.
4. Sí, pero solo en el caso que los dos electrodos fueran de paladio.

32. **El análisis de componentes principales es una técnica utilizada en quimiometría para:**

    1. Calcular los coeficientes de regresión ajustados.
    2. Estudiar la varianza del conjunto de datos.
    3. Encontrar un diseño experimental óptimo.
    4. Reducir el número de datos.

33. **Para identificar proteínas en muestras clínicas, una técnica analítica especialmente adecuada es:**

    1. ICP-MS (Espectrometría de emisión en Plasma de Inducción Acoplado-Espectrometría de Masas).
    2. Espectrometría de Masas MALDI-TOF (desorción/ionización mediante láser asistida por matriz acoplada a un analizador de tiempo de vuelo).
    3. Absorción Atómica con Horno de Grafito.
    4. Biosensor electroquímico.

34. **Un plasma analítico se define como:**

    1. Una antorcha de cuarzo formada por tres tubos concéntricos a través de los cuales fluyen corrientes de argón y rodeada en la parte superior por una bobina de inducción.
    2. Sistema de ionización consistente en aplicar un elevado potencial eléctrico a la salida del nebulizador de la muestra, la cual se vaporiza liberando iones en fase gaseosa.
    3. Un gas parcialmente ionizado, a elevada temperatura, eléctricamente conductor, que contiene una elevada concentración de cationes y electrones.
    4. Método de análisis por espectroscopia de emisión atómica, en el que la muestra es nebulizada e ionizada en un campo eléctrico donde adquiere una trayectoria de oscilación estable.

35. **Los componentes básicos de un Espectrómetro de Masas son:**

    1. Sistema de introducción de muestra-fuente de ionización-detector de iones-analizador de masas-procesador de la señal-dispositivo de lectura.
    2. Sistema de introducción de muestra-analizador de masas-fuente de ionización-detector de iones-dispositivo de lectura-procesador de la señal.
    3. Sistema de introducción de muestra-fuente de ionización-detector de iones-analizador de masas-dispositivo de lectura-procesador de la señal.
    4. Sistema de introducción de muestra-fuente de ionización-analizador de masas-detector de iones-procesador de la señal-dispositivo de lectura.

36. **¿Se pueden realizar valoraciones amperométricas con dos electrodos indicadores de la misma naturaleza?**

    1. No, necesitamos siempre de un electrodo de referencia.
    2. Sí, si entre los dos electrodos existe una diferencia de potencial constante.
    3. Sí, si los dos electrodos fueran de paladio.
    4. No, este tipo de valoraciones no existen.

37. **Los precipitados coloidales:**

    1. Dan lugar a suspensiones estables debido a que existen cargas positivas y negativas que interaccionan electrostáticamente.
    2. Presentan una elevada superficie, por lo que son capaces de absorber iones en el interior de sus poros.
    3. Son convenientes para realizar determinaciones gravimétricas por su elevada pureza y facilidad de filtración.
    4. Deben tratarse por calentamiento o adición de un electrolito.

38. **Un electrodo selectivo de Oxígeno o electrodo de Clark se caracteriza por:**

    1. Tener un fundamento amperométrico.
    2. Tener un fundamento potenciométrico.
    3. Tener un electrodo interno de pH.
    4. Tener un electrodo de referencia interno.

39. **En las separaciones cromatográficas en fase normal se utiliza:**

    1. Una fase móvil mixta de la misma polaridad que la fase estacionaria.
    2. Una fase móvil más polar que la fase estacionaria.
    3. Una fase móvil menos polar que la fase estacionaria.
    4. Una fase móvil mixta más polar que la fase estacionaria.

40. **En relación con la función de partición molecular, se puede afirmar que:**

    1. Es una magnitud fundamental en Cinética Formal.
    2. Permite calcular la fracción de moléculas de una sustancia que ocupan un determinado nivel energético.
    3. Se puede calcular como suma de las funciones de participación traslacional, rotacional, vibracional y electrónica.
    4. Contiene toda la información necesaria para

calcular las propiedades químico-cuánticas de una molécula.

41. **Una muestra de hidróxido sódico carbonatada se disuelve y se valora con ácido clorhídrico. ¿Cuándo se alcanza el viraje de la fenolftaleína?:**

    1. La disolución contiene iones sodio, carbonato y bicarbonato.
    2. La disolución contiene iones sodio y bicarbonato.
    3. La disolución contiene ácido carbónico.
    4. La disolución contiene ion sodio.

42. **La suma de las desviaciones de n medidas respecto al valor medio siempre es igual a:**

    1. 0,0.
    2. 0,5.
    3. 1,0.
    4. -0,5.

43. **Los enlaces y grupos funcionales que dan lugar a la absorción de radiación visible-ultravioleta se denominan:**

    1. Fotocromos.
    2. Policromos.
    3. Auxocromos.
    4. Cromóforos.

44. **En la valoración del anión cloruro con el ión plata, mediante el método Mohr, la especie que se utiliza como indicador del punto final es:**

    1. Fluoresceína.
    2. Cromato potásico.
    3. Tiocianato potásico +Hierro trivalente.
    4. Azul de bromofenol.

45. **¿Cómo influye la presencia de cloruro potásico disuelto sobre la solubilidad del cloruro de plata?:**

    1. La solubilidad del AgCl no varía porque no tiene lugar ninguna reacción con los iones del precipitado.
    2. Varía el producto de solubilidad, pero no la solubilidad del precipitado.
    3. El precipitado se hace más insoluble.
    4. El producto de solubilidad no varía si no aumenta la fuerza iónica de la disolución.

46. **En cromatografía de gases, las columnas que contienen como fase estacionaria un 100 % de dimetil polixiloxano son:**

    1. Totalmente polares.
    2. Bastantes polares.
    3. Totalmente no polares.
    4. De polaridad intermedia.

47. **Una mezcla de un ácido fuerte HA y otro débil HB se valora con NaOH. El valor de pH en el primer punto de equivalencia:**

    1. Viene dado por la hidrólisis del anión A^-.
    2. Viene dado por la disociación ácida de HB.
    3. Depende de las concentraciones relativas de A^- y HB.
    4. No depende de la fuerza relativa del ácido HB.

48. **¿A qué se llama potencial óhmico?:**

    1. Al voltaje necesario para que pase corriente a través de la celda.
    2. A la resistencia de la celda.
    3. Es el potencial que mide el electrodo indicador cuando no pasa corriente.
    4. Al potencial del electrodo auxiliar.

49. **El pH de una disolución de ácido nítrico 0,1 M es:**

    1. Igual a 0,1.
    2. Igual a 7,0.
    3. Mayor que 7,0.
    4. Menor que 7,0.

50. **En cromatografía de gases, ¿de qué tipo son las columnas capilares conocidas como WCOT?:**

    1. Son columnas abiertas recubiertas con tierra de diatomeas.
    2. Son columnas de pared interna revestida.
    3. No llevan relleno. Son de pared interna de sílice.
    4. Son columnas empaquetadas.

51. **¿Por qué se elimina el oxígeno en polarografía?:**

    1. Porque reacciona con el mercurio.
    2. Porque perjudica al electrodo de referencia.
    3. Porque origina un par de ondas polarográficas.
    4. Porque da lugar a reacciones químicas acopladas.

52. **Un análisis electrogravimétrico se basa en que:**

    1. La eficiencia en corriente sea del 100%.
    2. Se debe utilizar siempre un sistema potenciostático.
    3. La electrólisis se hace a potencial constante.
    4. Se deposita el analito en forma de sólido sobre la superficie del electrodo.

53. **Dentro de las técnicas de detección que pueden acoplarse a la electroforesis capilar está la detección amperométrica. En ella:**

    1. Se mide la corriente resultante de la oxidación o reducción de sustancias electroactivas en la superficie de un electrodo como consecuencia de la aplicación de un potencial.

2. Se mide una diferencia de potencial entre un electrodo selectivo de iones miniaturizado colocado al final del capilar y un electrodo de referencia convencional.
3. Se emplean dos electrodos enfrentados y en contacto con una disolución, de forma que al aplicar un campo eléctrico cruzado los iones se desplazan produciendo una corriente eléctrica que constituye la señal analítica.
4. Se utiliza un desacoplador en combinación con un alto voltaje de forma que el potencial generado aumenta hasta producir la total separación en el detector potenciostático.

54. **La varianza de un conjunto de n resultados experimentales repetidos se define cómo:**

    1. La desviación estándar elevada al cuadrado y dividida por n.
    2. La desviación estándar elevada al cuadrado y dividida por n-1.
    3. La desviación estándar elevada al cuadrado.
    4. La desviación estándar elevada al cuadrado y dividida por n-2.

55. **La espectrometría de masas se combina con la cromatografía para generar una herramienta analítica muy poderosa. En lo que se refiere a este acoplamiento se puede decir que:**

    1. Tanto la cromatografía de gases como la espectrometría de masas operan a alto vacío por lo que el acoplamiento es sencillo.
    2. La espectrometría de masas opera con flujos de ml/min mientras que en HPLC se utilizan flujos muy bajos, del orden de nl/min.
    3. El tiempo de barrido en el infrarrojo cuando se introducen en el espectrómetro de masas gases de elevada volatilidad se reduce considerablemente.
    4. La cromatografía de líquidos trabaja a alta presión y temperatura próxima a la ambiente, mientras que la espectrometría de masas opera con gases a alto vacío y a elevada temperatura.

56. **En la voltamperometría de barrido lineal:**

    1. Se utiliza siempre un electrodo de gota colgante de mercurio.
    2. Potencial aplicado varía linealmente con el tiempo.
    3. La corriente aplicada varía linealmente con el tiempo.
    4. El tiempo no es una variable.

57. **¿Cuál es la etapa común a todos los métodos de redisolución voltamperométrica?:**

    1. La preconcentración por adsorción física de los analitos sobre la superficie del electrodo.
    2. La formación de amalgamas.
    3. La resisolución por barrido de potencial.
    4. La aplicación de un potencial adecuado en la etapa de preconcentración.

58. **Uno de los analizadores de masas más usado en el acoplamiento cromatografía de gases/espectrometría de masas es la trampa de iones. En éste:**

    1. Se almacenan los iones en un espacio definido por electrodos, de forma que el campo eléctrico expulsa secuencialmente los iones de valores m/z crecientes.
    2. Sucede una deflexión de los iones en un campo magnético, de forma que la trayectoria de los iones depende del valor m/z.
    3. Los iones se mueven en un campo de radiofrecuencias de corriente continua, pasando a través sólo los iones que tienen cierto valor de m/z.
    4. Los iones con idéntica energía cinética entran en un tubo de deriva, de forma que la velocidad de deriva y por tanto, el tiempo de llegada al detector dependen de la masa.

59. **En cromatografía líquida en columna la fuerza eluyente o poder de elución de una fase móvil es de gran importancia. En este contexto:**

    1. En una fase móvil formada por una mezcla de agua y modificador orgánico (cromatografía en fase inversa), cuanto menor sea su contenido en modificador mayor será su fuerza eluyente.
    2. Un disolvente B tendrá mayor fuerza eluyente que otro A si un soluto tiene un factor de retención menor en la misma columna cuando se emplea B como fase móvil que cuando se emplea A.
    3. Los eluyentes se clasifican en fuertes y débiles, según que su fuerza eluyente sea baja o alta, respectivamente.
    4. En cromatografía de líquidos en fase inversa, cualquier modificador orgánico es un disolvente débil en comparación con el agua.

60. **¿Pueden aplicarse los métodos potenciométricos con electrodos de membrana a la determinación de especies moleculares?:**

    1. Sí, cuando reaccionan formando un complejo estable con los iones de la disolución.
    2. No, porque estas determinaciones se realizan con electrodos selectivos de iones que solo detectan especies cargadas como el protón o el fluoruro.
    3. Sí, pero las especies a determinar tienen que ser electroactivas.
    4. Sí, utilizando una membrana permeable.

61. **Una metodología electroforética muy empleada en la determinación de proteínas es el isoelectroenfoque. En el método habitual:**

    1. Se genera una zona única de muestra que circula entre dos electrolitos, uno con mayor

movilidad que los solutos (trailing) y otro con menor movilidad que cualquiera de ellos (leading).
2. Se añaden modificadores dinámicos a la disolución reguladora con el fin de generar zonas de diferente conductividad.
3. Se realiza la electroforesis en gradientes de pH, de manera que las proteínas se enfocan en zonas bien definidas en los valores de pH que corresponden a cada pI individual.
4. Se utilizan surfactantes micelares aniónicos (CTAB) capaces de interaccionar diferencialmente con las proteínas.

62. **La eficiencia cuántica de moléculas fluorescentes es más elevada cuando la transición es de tipo $\pi - \pi^*$ porque:**

    1. La absortibidad molar de una transición $n - \pi^*$ es 100-1000 veces superior que la de la transición $\pi - \pi^*$ y, por tanto, el tiempo de vida inherente asociado con el estado $\pi - \pi^*$ es más largo que el del $n - \pi^*$.
    2. La absortobidad molar de una transición $\pi - \pi^*$ es 100-1000 veces superior que la de la transición $n - \pi^*$ y, por tanto, el tiempo de vida inherente asociado con el estado $\pi - \pi^*$ es más largo que el del $n - \pi^*$.
    3. La molécula posee grupos que retiran carga, como grupo nitro, que favorecen el cruce intersistemas.
    4. Las interacciones spin-órbita aumentan en presencia de átomos pesados como el yodo o el bromo o en presencia de moléculas paramagnéticas como el oxígeno molecular.

63. **Para normalizar una disolución de HCl se utiliza como patrón primario:**

    1. Carbonato sódico.
    2. Nitrato sódico.
    3. Ftalato ácido de potasio.
    4. Ácido benzoico.

64. **La utilización del efecto Zeeman para la corrección del fondo se basa en que:**

    1. La absorción del fondo se debe, fundamentalmente, a interferencias espectrales, las cuales están afectadas por la presencia de un campo magnético polarizado, a diferencia de lo que ocurre si no hay interferencias espectrales.
    2. La absorción del fondo debida a, fundamentalmente, a la presencia de partículas refractarias, ésta afectada por la presencia de un campo magnético.
    3. La absorción del fondo se debe, fundamentalmente, a dispersiones y absorción molecular, la cual no es afectada por la presencia de un campo magnético, contrariamente a lo que sucede con la absorción atómica.
    4. La absorción del fondo se debe, fundamentalmente, a radiación polarizada, la cual es afectada por la presencia de un campo magnético, contrariamente a lo que sucede con la lámpara de cátodo hueco.

65. **En cromatografía líquida de alta resolución a una determinada velocidad de flujo, la eficiencia de la columna cromatográfica:**

    1. Aumenta al aumentar el tamaño de partícula.
    2. Aumenta al disminuir el tamaño de la partícula.
    3. La eficiencia no depende del tamaño de la partícula.
    4. La eficiencia depende de las características del detector utilizado.

66. **Cuando se comparan los perfiles de flujo en electroforesis capilar (CE) y en cromatografía líquida de alta resolución (HPLC) se observa que:**

    1. Al ser en HPLC la velocidad lineal mínima en el eje del tubo, se obtiene un perfil de flujo hiperbólico impulsado por un gradiente de presión mecánica.
    2. Al circular el fluido en CE por un tubo cilíndrico recto, sin rellenos ni irregularidades, se produce un perfil de flujo laminar.
    3. Al utilizar en CE un potencial eléctrico como fuerza motora de la separación, el perfil es plano frente al parabólico típico de HPLC.
    4. Al necesitar en CE menos cantidad de muestra, el perfil es muy ancho y largo obteniéndose resoluciones elevadas.

67. **En la Espectrometría en el infrarrojo, la región de la huella dactilar permite determinar pequeñas diferencias en la estructura de las moléculas. Esta región se extiende desde, aproximadamente:**

    1. 4000-3500 cm^{-1}.
    2. 3500-2000 cm^{-1}.
    3. 2000-1500 cm^{-1}.
    4. 1200-800 cm^{-1}.

68. **¿Qué método elegiría para determinar el contenido de calcio, en una muestra de orina de 24h?**

    1. Una vez diluida la muestra a un volumen exacto, se realizaría una valoración con AEDT de una alícuota de la misma, a pH 10, con negro de eriocromo T como indicador.
    2. Una vez diluida la muestra a un volumen exacto, se tomaría una alícuota y se añadiría oxalato para precipitar el calcio. El precipitado se disolvería y se valoraría con AEDT en las mismas condiciones.
    3. Se trataría la muestra directamente, sin diluir, con un exceso de oxalato y, una vez retirado el precipitado, se valoraría una alícuota de la disolución remanente con AEDT en las mismas condiciones.

4. Una alícuota de la muestra, sin diluir, se valoraría con AEDT a pH 10, en las mismas condiciones.

69. **En análisis gavimétrico el fenómeno de oclusión hace referencia a:**

    1. La precipitación no cuantitativa del catión o del anión.
    2. La precipitación del ión a una temperatura inadecuada.
    3. El atrapamiento de impurezas dentro del precipitado.
    4. La sustitución de un ión por otro en la estructura cristalina.

70. **Los indicadores ácido-base tienen un intervalo de viraje de aproximadamente dos unidades de pH debido a que:**

    1. Para pasar de la forma ácida a la básica o viceversa, tiene que formarse primero un producto de reacción intermedio, incoloro.
    2. Las constantes de la disociación ácida de los compuestos orgánicos usados como indicadores, son muy bajas y es necesario añadir un exceso de valorante.
    3. La cinética de la reacción de neutralización de estos compuestos es lenta.
    4. Es preciso que exista un cierto exceso de la forma coloreada para observar el cambio.

71. **En la técnica ICP-MS, las interferencias isobáricas:**

    1. Se dan cuando dos elementos comparten algún isotopo con la misma masa/carga nominal.
    2. En ICP-MS no se dan este tipo de interferencias debido a la fuente de ionización energética que es el ICP.
    3. Se deben a especies moleculares compuestas por dos o más átomos cuya relación masa/carga coincide con la nominal del isotopo del elemento de interés.
    4. Se deben a especies cuya doble carga hace que su relación masa/carga coincida con la nominal del analito de interés.

72. **En cromatografía de exclusión por tamaños:**

    1. El volumen hidrodinámico de una molécula está relacionado exponencialmente con el peso molecular del soluto y su volumen de retención.
    2. Cuando el tamaño de los solutos se aproxima al tamaño medio de los poros del relleno, éstos penetran o se reparten en los poros y eluyen a un tiempo menor que el tiempo muerto.
    3. Los polímeros que no pueden entrar en los poros del relleno eluyen con el volumen de permeación de la columna.
    4. En una separación de polímeros de diferente peso molecular, el volumen muerto o de exclusión total es el volumen intersticial total y es el punto en el cromatograma antes del cual ninguna molécula de polímero puede eluir.

73. **Una clasificación de detectores de cromatografía de gases que comúnmente se encuentra en la bibliografía los divide en detectores sensibles a la concentración o al flujo másico, destructivos y no destructivos, integrales o diferenciales y universales o selectivos. Según esta clasificación:**

    1. El detector de conductividad térmica es un detector selectivo.
    2. El detector de ionización de llama es un detector de flujo másico.
    3. El detector de conductividad térmica es un detector universal que responde a la masa de analito.
    4. El detector de fósforo y nitrógeno (NPD) es un detector diferencial universal.

74. **El factor de selectividad de una columna cromatografía para dos solutos A y B se define como la relación entre:**

    1. La fracción de tiempo que pasa el soluto A en la fase móvil y el tiempo que pasa el soluto B en la estacionaria.
    2. Las actividades de los solutos A y B en la fase estacionaria.
    3. Las concentraciones molares de A y B en cualquier de las fases en un momento determinado de la separación.
    4. La constante de distribución de B (soluto más retenido) con respecto a la de A (soluto menos retenido).

75. **El tratamiento de 3-metilbutanal con hidróxido de sodio acuoso a 5°C genera:**

    1. 3-Hidroxi-2, 6-dimetl-4-heptanona.
    2. 2-Hidroxi-3-metilbutanal.
    3. 2,6-Dimetil-3,4-heptanodiona.
    4. 3-Hidroxi-2-isopropil-5-metilhexanal.

76. **Por reacción catalizada por acido de cetonas o aldehídos con aminas primarias se forman:**

    1. Lactonas.
    2. Oximas.
    3. Iminas.
    4. Hidrazonas.

77. **El número de señales esperadas en el espectro de resonancia magnética nuclear de protón del 1,3-dietil-2-metoxibenceno es:**

    1. Cuatro.
    2. Cinco.

3. Siete.
4. Ocho.

78. **El producto principal de la reacción de la mononitración del 1-isopropil-3-metilbenceno con ácido nítrico y sulfúrico es:**

    1. 4-isopropil-2-metil-1-nitrobenceno.
    2. 2-isopropil-4-metil-1-nitrobenceno.
    3. 1-isopropil-3-metil-2-nitrobenceno.
    4. 1-isopropil-3-metil-5-nitrobenceno.

79. **Indique la causa que impide obtener un reactivo de Grignard al reaccionar magnesio con 4-bromo-1-pentanol en dietiléter:**

    1. Escasa solubilidad de los reactivos.
    2. El precursor orgánico reacciona con el disolvente.
    3. Se requiere la adición de un catalizador ácido.
    4. El hidroxilo reacciona con el reactivo de Grignard formado.

80. **La mayor selectividad de la bromación respecto a la cloración de alcanos puede explicarse recurriendo al:**

    1. Carácter concertado de la reacción.
    2. Postulado de Hammond.
    3. Carácter termoneutro de la etapa determinada de la velocidad de bromación.
    4. Naturaleza iónica de la etapa determinante de la cinética de la reacción.

81. **El mecanismo de la ozonolisis se inicia con la adición electrófila del ozono al doble enlace para dar una especie que se denomina:**

    1. Oxido de carbonilo.
    2. Ozónido.
    3. Monozónido.
    4. Epóxido.

82. **La reacción de una amina primaria con cloroformiato de terc-butilo en presencia de una base débil como la piridina forma:**

    1. Una piperidina.
    2. Un alcohol.
    3. Una olefina.
    4. Un uretano.

83. **La condensación de un alcohol y un ácido carboxílico catalizada por ácidos produce un éster y agua, y se conoce como esterificación de:**

    1. Chichibabin.
    2. Suzuki.
    3. Fischer.
    4. Heck.

84. **¿Cuál de los siguientes sustituyentes se comporta como orientador hacia la posición meta cuando dicho átomo o grupo se encuentra sustituyendo a uno de los hidrógenos del benceno y se lleva a cabo sobre dicho benceno sustituido una reacción de nitración que transcurre por un mecanismo de sustitución electrofílica aromática?:**

    1. Un átomo de cloro.
    2. Un grupo alquilo.
    3. Un grupo amino.
    4. Un grupo nitro.

85. **La adcion de HBr a alquenos es:**

    1. Esteroselectiva.
    2. Regioselectiva.
    3. Enantioespecífica.
    4. Enantioselectiva.

86. **Los tosilatos se utilizan frecuentemente como:**

    1. Grupos salientes en reacciones de sustitución y eliminación.
    2. Disolventes en reacciones de sustitución y eliminación.
    3. Grupos protectores en reacciones de reducción.
    4. Reactivos nucleófilos.

87. **El paso lento de la reacción SN1 involucra la formación de:**

    1. Un ión.
    2. Dos iones.
    3. Tres iones.
    4. Especies sin carga.

88. **La reacción de un halogenuro de alquilo con un compuesto aromático en presencia un ácido de Lewis se conoce como:**

    1. Acilación de Friedel-Crafts.
    2. Alquilación de Friedel-Crafts.
    3. Condensación benzoínica.
    4. Reacción aldólica.

89. **Una característica química de los acetales es:**

    1. Se pueden preparar a partir de aldehídos pero no de cetonas.
    2. No son estables en disolución acuosa a pH básico fuerte.
    3. Son estables en presencia de compuestos organolíticos (RLi).
    4. Son estables a la hidrolisis catalizada por ácido.

90. **¿Qué grupo funcional de los siguientes es prioritario y debe elegirse como función principal según las reglas de nomenclatura sistemática de la IUPAC en una molécula que contuviera todos ellos?:**

    1. Alcohol.

2. Cetona.
3. Éter.
4. Nitrilo.

91. **Las sustancias que contienen uno o más átomos diferentes al carbono como parte de un anillo se llaman compuestos:**

    1. Heterocíclicos.
    2. Estereoisómeros.
    3. Diastereoisómeros.
    4. Enantiomeros.

92. **¿Cómo se denomina el esqueleto heterocíclico aromático de seis miembros con cuatro átomos de carbono y dos nitrógenos, estos últimos en posiciones 1 y 3:**

    1. Pirano.
    2. Pirazol.
    3. Piridina.
    4. Pirimidina.

93. **¿Cuál es la principal utilidad del hidruro de aluminio y litio en Química Orgánica?:**

    1. Es un agente oxidante.
    2. Es un agente reductor.
    3. Es un compuesto ácido.
    4. Es un reactivo organometálico.

94. **El carbono carbonílico tiene hibridación:**

    1. s.
    2. sp.
    3. sp^2.
    4. sp^3.

95. **La reacción de fenol y acetona en presencia de ácido de Lewis produce un material llamado:**

    1. Bisfenol A.
    2. Dacrón.
    3. Bisfenol F.
    4. Poliestireno.

96. **La reactividad de ROH con los metales alcalinos para dar alcóxidos e hidrogeno sigue el orden:**

    1. Terciario>secundario>primario>metilo.
    2. Metilo> primario>secundario>terciario.
    3. Metilo>primario>terciario>secundario.
    4. Metilo>terciario>secundario>primario.

97. **La reacción de 2-ciclohexenona con vinilcuprato de litio da el siguiente compuesto, tras hidrólisis ácida, como producto mayoritario:**

    1. 2-Vinil-ciclohexanona.
    2. 1,3-Divinilciclohexanol.
    3. 1-Vinilciclohex-3-en-1-ol.
    4. 3-Vinilciclohexanona.

98. **¿Qué compuesto se obtiene mayoritariamente al tratar un alcohol primario con dicromato de sodio?:**

    1. Un ácido carboxílico.
    2. Una cetona.
    3. Un éster carboxílico.
    4. Un éter.

99. **Un intermedio de reacción deficiente en electrones y No iónico es un:**

    1. Carbocatión.
    2. Carbanión.
    3. Carbeno.
    4. Radical.

100. **¿Cómo se puede sintetizar un alcohol terciario?:**

    1. A partir de un aldehído y un organomagnesiano.
    2. Por reducción de una cetona con borohidruro sódico.
    3. Por reacción de un aldehído con borohidruro sódico.
    4. Por reacción de un éster carboxílico con un organomagnesiano.

101. **En una reacción de acilación de Friedel-Crafts el electrófilo es un:**

    1. Catión acilo.
    2. Radical acilo.
    3. Anión acilo.
    4. Radical bencílico.

102. **El ácido adípico y el 1,6-diaminohexano reaccionan a alta temperatura para formar una poliamida que se conoce como:**

    1. Celulosa.
    2. Almidón.
    3. Lana.
    4. Nailon 66.

103. **Las moléculas aquirales que contienen centros de quiralidad se denominan:**

    1. Enantiómeros.
    2. Diastereoisómeros.
    3. Formas meso.
    4. Racémicos.

104. **La conversión de un grupo carbonilo en una amina a través de una imina intermedia se conoce como:**

    1. Aminación reductiva.
    2. Reacción de Claisen.
    3. Aminación alquilante.
    4. Reacción de Wittig.

105. **Una reacción en que una sola materia prima**

puede producir dos o más productos estereoisoméricos, pero produce uno de ellos en mayor cantidad que cualquier otro, se conoce como:

1. Enantioespecífica.
2. Estereoselectiva.
3. Diastereoespecífica.
4. Quiral.

106. ¿En cuál de los siguientes mecanismos de reacción se produce una inversión de la configuración desde el reactivo al producto de la reacción?:

1. Adición anti-Markovnikov.
2. Adición Markovnikov.
3. Sustitución nucleofílica bimolecular (S_N2).
4. Sustitución nucleofílica unimolecular (S_N1).

107. El hidruro de aluminio y litio es un nucleófilo suficientemente fuerte para adicionarse al grupo carbonilo de los iones carboxilato. Este proceso permite la reducción de ácidos carboxílicos a:

1. Alcanos.
2. Alcoholes primarios.
3. Alcoholes secundarios.
4. Cetonas.

108. La carga negativa de un ión carboxilato se puede deslocalizar en los dos oxígenos por resonancia. La electronegatividad de estos átomos de oxígeno contribuye a estabilizar la carga por el llamado:

1. Efecto inductivo sustractor de electrones.
2. Efecto mesómero sustractor de electrones.
3. Efecto inductivo donador de electrones.
4. Efecto hiperconjugativo donador de electrones.

109. En las reacciones de eliminación E2 el requisito de alineación periplanar es un ejemplo de control:

1. Estérico.
2. Electrónico.
3. Estereoelectrónico.
4. Regioquímico.

110. Los dienos en que los dos enlaces π comparten un carbono de hibridación sp y son perpendiculares entre si se conocen como:

1. Dienos conjugados.
2. Dienos aislados.
3. Aromáticos.
4. Alenos.

111. La oxidación de Baeyer-Villiger de la ciclohexanona genera:

1. Un alcohol.
2. Una cetona.
3. Una lactona.
4. Una piridina.

112. La cloración y la bromación de una cetona dada promovidas por base ocurren a la misma velocidad debido a que la:

1. Formación del ion enolato es limitante de la velocidad de reacción.
2. Diferente energía de disociación del cloro y el bromo.
3. Pertenencia del electrófilo a la misma familia (halógenos).
4. Ausencia de efecto cinético primario significativo.

113. La espectroscopia de infrarrojo proporciona indicios sobre el tipo específico de grupo carbonilo presente en los derivados de ácido carboxílico. Una banda de absorción a 1650 cm^{-1} es compatible con la estructura de:

1. Cloruro de benzoílo.
2. N,N-dimetilacetamida.
3. Cloruro de acetilo.
4. Benzoato de etilo.

114. Ordene los siguientes compuestos por punto de ebullición decreciente: 1-butanol, cloroetano, 1-propanol, butano.

1. 1-Butanol > cloroetano > butano >1-propanol.
2. 1-Propanol> 1-butanol > butano >cloroetano.
3. 1-Butanol > 1-propanol > cloroetano >butano.
4. Cloroetano > 1-butanol > butano > 1-propanol.

115. El paso más lento y determinante de la velocidad de reacción en la sustitución unimolecular es la disociación del enlace C-X, en que se forma un intermedio:

1. Carbocatiónico.
2. Carbaniónico.
3. Carbeno.
4. Radicálico.

116. El producto mayoritario de la reacción de 3,3-dimetil-1-buteno con ácido clorhídrico diluido es:

1. 1-cloro-3,3-dimetilbutano.
2. 1-cloro-2,2-dimetilbutano.
3. 3-cloro-2,2-dimetilbutano.
4. 2-cloro-2,3-dimetilbutano.

117. Las transiciones entre niveles de energía electrónica que implican radiación electromagnética en el intervalo de 200 a 800 nm forman la base de la espectroscopía de:

1. Infrarrojo.
2. Ultravioleta-Visible.
3. Resonancia Magnética Nuclear.
4. Raman.

118. **Por ozonolisis de un alquino seguida de hidrólisis, se forman dos:**

    1. Alcoholes.
    2. Aldehídos.
    3. Ácidos carboxílicos.
    4. Cetonas.

119. **El mecanismo por el que transcurre la reacción de clorobenceno con amiduro de sodio en amoniaco líquido para dar lugar a anilina, después de la hidrólisis, es:**

    1. Sustitución nucleófila unimolecular.
    2. Sustitución nucleófila bimolecular.
    3. Adición-Eliminación.
    4. Eliminación-Adición.

120. **La reacción de 4-cloropiridina con etóxido de sodio en etanol origina:**

    1. 4-Etoxipiridina.
    2. 4-Cloro-2-etoxipiridina.
    3. No hay reacción.
    4. 4-Etoxipiridina y 3-etoxipiridina (mezcla equimolecular).

121. **La hipótesis de "balanceo" señala una especificidad de apareamiento de bases menos restrictiva de la base:**

    1. Del extremo 5´ del codón.
    2. Del extremo 5´ del anticodón.
    3. Del extremo 3´ del anticodón.
    4. Intermedia del codón.

122. **El esqueleto carbonado de la prolina se convierte durante su catabolismo, total o parcialmente, en:**

    1. Acetil-CoA.
    2. Acetoacetil-CoA.
    3. α-Cetoglutarato.
    4. Fumarato.

123. **Cuál de las siguientes enzimas está fuertemente asociada con la membrana mitocondrial interna:**

    1. Citrato sintasa.
    2. Succinato deshidrogenasa.
    3. Fumarasa.
    4. α-cetoglutarato deshidrogenasa.

124. **La adrenalina en el músculo y el glucagón en el hígado:**

    1. Activan la adenilato ciclasa.
    2. Activan la glucógeno sintasa.
    3. Estimulan la lipogénesis.
    4. Disminuyen la lipolisis.

125. **Un elemento de respuesta a las hormonas se define como**

    1. Una proteína transmembrana a la que se unen las hormonas esteroideas.
    2. Una secuencia de DNA a la que se unen las hormonas esteroideas.
    3. La región del receptor de una hormona esteroidea a la que se une la hormona.
    4. La secuencia de DNA a la que se une un complejo específico hormona-receptor.

126. **¿Cuál de los compuestos siguientes es un regulador alostérico positivo de la gluconeogénesis?:**

    1. AMP.
    2. Acetil-CoA.
    3. Biotina.
    4. Fructosa-2,6-bisfosfato.

127. **¿Cuál de los siguientes fenómenos ocurre en un individuo normal tras la ingesta de carbohidratos?**

    1. Los niveles de insulina y glucagón disminuyen.
    2. Los niveles de insulina y glucagón aumentan.
    3. Sólo disminuye el nivel de insulina.
    4. Sólo aumenta el nivel de insulina.

128. **El efecto de un inhibidor No competitivo:**

    1. Se revierte aumentando la concentración de sustrato frente a la del inhibidor.
    2. Es independiente de la concentración de sustrato.
    3. Disminuye el valor de la V_{max}.
    4. No afecta a la concentración de sustrato que se requiere para que la enzima alcance una $Vi=1/2V_{max}$.

129. **La ribosa-5-fosfato se forma en la ruta de las pentosas fosfato a partir de la:**

    1. Isomerización de la ribulosa-5-fosfato.
    2. Oxidación de la glucosa-6-fosfato.
    3. Reacción de la sedoheptulosa-7-fosfato y la eritrosa-4-fosfato.
    4. Reacción de la fructosa-6-fosfato y el gliceraldehído-3-fosfato.

130. **Señala cuál de estas enzimas cataliza una reacción de fosforilación a nivel de sustrato en la glucolisis:**

    1. Fosfofructoquinasa.
    2. Fosfoglicerato quinasa.
    3. Gliceraldehído-3-fosfato deshidrogenasa.

4. Hexoquinasa.

131. ¿Qué enzima es responsable de la conversión de nucleótidos en desoxinucleótidos?:

1. Ribonucleótido oxidasa.
2. Ribonucleótido deshidratasa.
3. Ribonucleótido deshidrogensasa.
4. Ribonucleótido reductasa.

132. ¿Cuál de las siguientes afirmaciones es correcta?:

1. El triptófano es un aminoácido alifático.
2. La leucina es un aminoácido alifático.
3. La treonina es un aminoácido ácido.
4. La arginina es un aminoácido ácido.

133. ¿Cuál de las siguientes afirmaciones es aplicable a la apoptosis?:

1. Consiste en una muerte celular por endocitosis, que se activa mediante estímulos internos celulares.
2. Consiste en un proceso de autofagia celular en respuesta a estímulos externos.
3. Puede iniciarse por señales externas que activan los receptores de muerte celular como el factor de necrosis tumoral (TNF) o internas que afectan a la integridad de la mitocondria.
4. Consiste en la necrosis de tejidos dañados por agentes químicos.

134. ¿Cuál de las siguientes características es aplicable a la ATP-sintasa mitocondrial?:

1. Se la denomina también F_0F_1ATPasa.
2. Las subunidades que sintetizan ATP se encuentran en la porción F_0, orientadas hacia la matriz mitocondrial.
3. Las subunidades que sintetizan ATP se encuentran en la porción F_1 y están orientadas hacia el espacio de intermembranas.
4. Para la síntesis de ATP, los protones fluyen desde la matriz al espacio de intermembrana, entrando por el canal que forman las subunidades C de la porción F_0.

135. ¿Cuál de los siguientes complejos enzimáticos cataliza de la reducción del oxígeno a agua durante el transporte electrónico?

1. ATP sintasa.
2. Citocromo oxidasa.
3. NADH deshidrogenasa.
4. Ubiquinona:citocromo c oxidorreductasa.

136. La piruvato carboxilasa:

1. Cataliza una reacción gluconeogénica.
2. Sintetiza acetil-CoA partir de piruvato.
3. Cataliza una reacción del ciclo de Krebs.
4. Sintetiza citrato a partir de piruvato.

137. El transporte activo:

1. También se denomina difusión facilitada.
2. Lo realizan los canales iónicos.
3. Se produce a favor del gradiente electroquímico.
4. Puede acoplarse a gradientes iónicos.

138. La expresión de un gen eucariota en procariotas requiere:

1. La presencia de intrones.
2. Un promotor eucariota.
3. Una secuencia Shine-Delgarno (SD) en el mRNA.
4. La utilización de cepas bacterianas con sus ribosomas modificados genéticamente.

139. La fuente más importante de equivalentes reductores para la síntesis de ácidos grasos en el hígado es:

5. Oxidación de la Acetil-CoA.
6. Ruta de las pentosas fosfato.
7. Glucólisis.
8. Ciclo del ácido cítrico.

140. La afirmación que mejor describe a la histona H-1:

1. Es una de las cuatro histonas que constituyen el core del nucleosoma.
2. Es una proteína ácida abundante en el núcleo.
3. Es necesaria para empaquetar el DNA en la fibra de 10 nm.
4. Liga la cromatina a la matriz nuclear.

141. Los cuerpos cetónicos:

1. Incrementan su concentración en la sangre en condiciones de ayuno prolongado.
2. Se forman por eliminación de la CoA del correspondiente intermediario de la β-oxidación.
3. Se sintetizan a partir de β-hidroxi β-metil glutaril-CoA (HMG-CoA) citoplasmático.
4. Se sintetizan en el tejido muscular, fundamentalmente, en el músculo esquelético.

142. Entre los fosfolípidos de membrana están:

1. Las ceramidas.
2. Los cerebrósidos.
3. Las esfingomielinas.
4. Los gangliósidos.

143. En humanos, la síntesis de ácidos grasos insaturados:

1. Tiene lugar fundamentalmente en la mitocondria.
2. Está catalizada por un sistema enzimático

que utiliza un citocromo.
3. Introduce el primer doble enlace en posición Δ12.
4. Introduce dobles enlaces en configuración *trans*.

144. **¿Cuál de los compuestos siguientes se forma directamente en una o más reacciones del ciclo del ácido cítrico?:**

    1. NADH.
    2. ATP.
    3. Ambos.
    4. Ninguno.

145. **Durante la síntesis de proteínas, la enzima que cataliza la formación del enlace peptídico es la:**

    1. Peptidasa.
    2. Peptidil-ligasa.
    3. Peptidil-sintetasa.
    4. Peptidil-transferasa.

146. **Los átomos de hierro de la hemoglobina están unidos a la cadena peptídica a través del aminoácido:**

    1. Prolina.
    2. Triptófano.
    3. Arginina.
    4. Histidina.

147. **La conversión en el ciclo de los ácidos tricarboxílicos del malato en oxalacetato es una reacción de:**

    1. Fosforilación.
    2. Descarboxilación.
    3. Deshidrogenación.
    4. Reducción.

148. **Una membrana rica en ácidos grasos insaturados:**

    1. Será más fluida que una membrana con ácidos grasos saturados.
    2. Será más rígida cuanto mayor sea la temperatura a la que se encuentre dicha membrana.
    3. Será más rígida que una membrana con ácidos grasos saturados.
    4. La naturaleza de los ácidos grasos no interviene en la fluidez de las membranas.

149. **¿Por qué las subunidades F_1 de la ATP sintasa aisladas catalizan la hidrólisis del ATP?**

    1. No catalizan la hidrólisis del ATP.
    2. No es posible aislar las subunidades F_1 del complejo ATP sintasa.
    3. La subunidad F_1 contiene la actividad catalítica de la sintasa.
    4. La hidrólisis del ATP es un proceso endotérmico.

150. **¿Cuál de las siguientes enzimas controla la tasa de síntesis de colesterol?:**

    1. Mevalonato quinasa.
    2. Hidroximetiglutaril–CoA (HMG-CoA) reductasa.
    3. HMG-CoA sintasa.
    4. HMG-CoA liasa.

151. **La membrana interna mitocondrial contiene un transportador para:**

    1. Acetil-CoA.
    2. NADH.
    3. GTP.
    4. Fosfato.

152. **El cianuro:**

    1. Inhibe la respiración mitocondrial pero la producción de ATP no se ve afectada.
    2. Se une al hierro del citocromo a_3.
    3. Se une al cobre de la citocromo oxidasa.
    4. Su efecto se puede revertir al aumentar la concentración de O_2.

153. **¿Qué enzima controla principalmente la velocidad de la gluconeogénesis?:**

    1. Fosfofructoquinasa.
    2. Piruvato quinasa.
    3. Fructosa-1,6-bisfosfatasa.
    4. Fosfoglucosa isomerasa.

154. **Cuando la magnitud de un error aumenta con la concentración de la muestra, se denomina**

    1. Error constante.
    2. Error proporcional.
    3. Error al azar.
    4. Sesgo.

155. **¿En cuál de las siguientes reacciones del ciclo del ácido cítrico se produce la incorporación neta de los elementos del agua a un intermediario del ciclo?:**

    1. Succinil-CoA sintasa.
    2. Succinato deshidrogenasa.
    3. Aconitasa.
    4. Citrato sintasa.

156. **¿Cuál es el rendimiento neto del catabolismo de 1 mol de glucosa por glucólisis anaerobia?:**

    1. Dos moles de lactato y dos moles de ATP.
    2. Dos moles de lactato, dos moles de NADH y dos moles de ATP.
    3. Dos moles de lactato, dos moles de NAD^+ y dos moles de ATP.
    4. Dos moles de piruvato y dos moles de ATP.

157. **¿Cuál es la ecuación correcta que describe el potencial que se describe el potencial que se**

desarrolla en la superficie de un electrodo de ión selectivo?:

1. Van Deemter.
2. Van Slyke.
3. Nernst.
4. Henderson-Hasselbalch.

158. ¿Además del número de verdaderos negativos (VN), cuál de las opciones es necesaria para calcular la especificidad?

1. Verdaderos positivos.
2. Prevalencia.
3. Falsos negativos.
4. Falsos positivos.

159. La desviación estándar se define como:

1. La varianza dividida por dos.
2. La raíz cuadrada de la varianza.
3. La suma de las diferencias entre valores individuales y la media, elevadas al cuadrado.
4. La media de las diferencias entre cualquier valor y la media.

160. Cuál de las afirmaciones siguientes sobre la estructura proteica es correcta:

1. La configuración de la lámina β no se encuentra en las proteínas globulares.
2. La estabilidad de la hélice α se debe principalmente a las interacciones hidrófobas.
3. Las proteínas globulares se pliegan en configuraciones que mantienen las cadenas laterales hidrófobas en el interior de la molécula.
4. La estructura primaria de un péptido no influye en la formación de la configuración tridimensional nativa.

161. Si una reacción se encuentra en equilibrio, ¿Cuál de las afirmaciones siguientes es correcta?:

1. $\Delta G = 0$.
2. $\Delta G = \Delta E_0$.
3. $\Delta G = \Delta G^0$.
4. $G = \ln K_{eq}$.

162. La mejor definición de un operador es:

1. El producto de un gen regulador.
2. Un gen regulado de forma constitutiva que produce proteínas reguladoras de un operón.
3. La región de unión del represor en los operones.
4. La secuencia dentro de un operón que dirige el lugar correcto de iniciación de la trascripción.

163. El aminoácido proteico cuya cadena lateral puede estar sin carga o cargada positivamente en las proximidades del pH neutro, dependiendo del entorno local, es:

1. Lisina.
2. Arginina.
3. Glutamina.
4. Histidina.

164. La metilación de las bases del DNA:

1. Facilita la unión de los factores de transcripción al DNA.
2. Inactiva al DNA para la transcripción.
3. Evita que la cromatina se desenrolle.
4. Se lleva a cabo por las proteínas de mantenimiento del minicromosoma (MCM).

165. Cuál de las afirmaciones siguientes describe la degradación mediada por la ubiquitina de las proteínas en el citosol?:

1. Una molécula de ubiquitina se une a la proteína que va a degradarse.
2. El proceso está catalizado por una única enzima.
3. El proceso depende de ATP.
4. La ubiquitina se une covalentemente al extremo C-terminal de la proteína que va a degradarse.

166. Las proteínas unidas por GPI (glucosil fosfatidilinositol) a la membrana plasmática se localizan:

1. Siempre en la cara citoplasmática.
2. Siempre en la cara extracelular.
3. Indistintamente en la cara citoplasmática o en la cara extracelular.
4. Siempre en el interior de la membrana.

167. Las subunidades sigma de las RNA polimerasas:

1. Reconocen los promotores en el DNA.
2. Añaden la cola de poliA en el mRNA.
3. Forman parte de los espliceosomas.
4. Se unen a la proteína rho para terminar la trascripción.

168. ¿Qué permite aparear una secuencia de Shine-Dalgarno?:

1. La subunidad 30S del ribosoma con la 50S.
2. Un codón de terminación con un factor de terminación.
3. El primer codón del mRNA con su tRNA.
4. La secuencia del mRNA anterior al codón de iniciación con el ribosoma.

169. La liberación de amoniaco de los aminoácidos está catalizada por:

1. Transaminasas y deshidratasas.
2. Transaminasas y aminoácido oxidasas.
3. Transaminasas y glutamato deshidrogenasa.
4. Deshidratasas y glutamato deshidrogenasa.

170. Una unidad internacional de actividad enzimática (UI) es la cantidad de enzima que:

    1. Transforma 1 μmol de sustrato en producto por litro.
    2. Forma 1 mg de producto por decilitro.
    3. Transforma 1 μmol de sustrato en producto por minuto.
    4. Forma μmol de producto por litro.

171. El óxido nítrico (NO) se genera de forma endógena a partir de:

    1. Arginina.
    2. Lisina.
    3. Asparagina.
    4. Glutamina.

172. La degradación del ácido fitánico:

    1. Se lleva a cabo en el hígado por β-oxidación.
    2. Genera propionil-CoA.
    3. Requiere de la acetoacetato descarboxilasa.
    4. Desencadena la enfermedad de Refsum.

173. Los RNA mensajeros eucariotas se diferencian de los RNA mensajeros procariotas en que:

    1. No tienen una región 5′ no traducible.
    2. Las regiones codificantes están separadas por espaciadores.
    3. Tienen un grupo hidroxilo 3′ libre en cada uno de sus extremos.
    4. Tienen secuencias poli A en sus extremos 3′. que están codificadas por los genes de cada mRNA.

174. ¿Cuál es el grupo prostético de la proteína transportadora de grupos acilo (ACP) en la biosíntesis de ácidos grasos?:

    1. El ácido lipoico.
    2. El ácido pantoténico.
    3. La acil-carnitina.
    4. La 4′-fosfopanteteína.

175. En la formación de los aminoacil tRNA por las aminoacil tRNA sintetasas:

    1. El aminoácido adecuado se une al extremo 5′ del tRNA correspondiente.
    2. El aminoácido se une primero a la adenosina monofosfato (AMP).
    3. El paso de activación necesita la hidrólisis del grupo fosfato terminal del GTP.
    4. Sólo un tipo de tRNA sirve como sustrato para cada aminoácido.

176. ¿Qué papel desempeña la Fructosa 2,6-bisfosfato en el metabolismo glucídico?:

    1. Es un intermediario de la glucólisis.
    2. Es un activador de la glucólisis y de la gluconeogénesis.
    3. Es un activador de la glucólisis y un inhibidor de la gluconeogénesis.
    4. Es un inhibidor de la glucólisis y un activador de la gluconeogénesis.

177. Los métodos estadísticos no-paramétricos:

    1. No requieren ningún dato.
    2. No hacen suposiciones sobre la distribución de datos.
    3. Solamente se aplican a tipos de resultados muy específicos.
    4. Generalmente asumen una distribución de chi-cuadrado.

178. En la replicación eucariótica, ¿qué polimerasa es análoga a la primasa de E. coli?:

    1. DNA polimerasa α.
    2. DNA polimerasa β.
    3. DNA polimerasa γ.
    4. DNA polimerasa ε.

179. ¿Cuál de las siguientes afirmaciones es cierta en relación con el efecto del agente desacoplantes de la fosforilación oxidativa 2,4-dinitrofenol?:

    1. Aumenta el gradiente de potencial de membrana.
    2. Disminuye el gradiente de potencial de membrana, pero no el de pH.
    3. Reintroduce H^+ a la matriz mitocondrial.
    4. Incrementa la cantidad de ATP producido.

180. En la reparación del DNA por escisión de base:

    1. Se eliminan entre 10 y 15 nucleótidos.
    2. No se requiere una endonucleasa.
    3. Se reparan únicamente bases que han sido desaminadas.
    4. Se utilizan enzimas denominados DNA glucosilasas.

181. ¿Cuál de los siguientes compuestos no es una coenzima?:

    1. Biocitina.
    2. Hemo.
    3. Lipoato.
    4. Tetrahidrofolato.

182. Los inhibidores competitivos de las enzimas:

    1. Se unen al complejo enzima-sustrato de forma irreversible.
    2. Se unen al complejo enzima-sustrato en un sitio distinto del centro activo.
    3. Compiten con el sustrato por su unión reversible al centro activo.
    4. Modifican únicamente la eficacia catalítica de las enzimas.

183. La azaserina es un antagonista:

 1. De la glutamina.
 2. Utilizado en el tratamiento de la infección por herpesvirus.
 3. Utilizado en el tratamiento de la leucemia aguda.
 4. Inmunosupresor.

184. La DNA Girasa es una:

 1. Topoisomerasa II eucariótica.
 2. Topoisomerasa I eucariótica.
 3. Topoisomerasa II procariótica.
 4. Helicasa eucariótica.

185. La RNA Polimerasa I transcribe:

 1. Los genes de los precursores de los mRNAs.
 2. El gen precursor de los RNAs ribosómicos 18S, 5,8S y 28S.
 3. Los genes de los precursores de los RNAs de transferencia.
 4. Los RNAs catalíticos.

186. Cuando se desacopla la fosforilación oxidativa, cuál de las acciones siguientes tiene lugar:

 1. Se acelera la fosforilación del ADP.
 2. Continúa la fosforilación del ADP, pero se detiene la captura de oxígeno.
 3. Se detiene la fosforilación del ADP, pero continúa la captura de oxígeno.
 4. Se detienen tanto la fosforilación del ADP como la captura del oxígeno.

187. Cuál de las siguientes enzimas NO participa en la glucólisis:

 1. Gliceraldehído-3-fosfato-deshidrogenasa.
 2. Piruvato carboxilasa.
 3. Hexoquinasa.
 4. Piruvato quinasa.

188. ¿Cuál es la ruta por excelencia en los mamíferos para la formación de NADPH?:

 1. Ruta de las pentosas fosfato.
 2. Glucólisis.
 3. Ciclo de los ácidos tricarboxílicos.
 4. Catabolismo de los ácidos grasos.

189. De los siguientes compuestos y enzimas ¿Cuál NO participa en el transporte de ácidos grasos al interior de la mitocondria?:

 1. Carnitina.
 2. Carnitina aciltransferasa I.
 3. Carnitina aciltransferasa II.
 4. Acil-CoA deshidrogenasa.

190. Existen tres pasos irreversibles en la glucólisis y son los catalizados por:

 1. Hexoquinasa, fosfoglicerato quinasa y piruvato quinasa.
 2. Hexoquinasa, fosfofructoquinasa y piruvato quinasa.
 3. Fosfofructoquinasa, aldolasa y fosfoglicero-mutasa.
 4. Gliceraldehído 3-fosfato deshidrogenasa, enolasa y hexoquinasa.

191. Cite tres aminoácidos que estén cargados positivamente a pH neutro:

 1. Lisina, Arginina e Histidina.
 2. Lisina, Histidina y Triptófano.
 3. Arginina, Glicina y Prolina.
 4. Arginina, Lisina y Prolina.

192. Indique cuál de los siguientes compuestos fosforilados presenta el mayor potencial de transferencia de fosforilos:

 1. Creatina Fosfato.
 2. ATP.
 3. Glicerol 3-Fosfato.
 4. Fosfoenolpiruvato.

193. ¿Cuál es la molécula fotorreceptora presente en los bastones?:

 1. 11-cis-retinal.
 2. Opsina.
 3. Rodopsina.
 4. 11-trans-retinal.

194. ¿Qué suministra la vía de las pentosas fosfato?:

 1. Ribosa para la síntesis de ácidos nucleícos.
 2. Glicerol para la síntesis de triglicéridos.
 3. NADH para el ciclo redox del glutatión.
 4. Glucosa-1-fosfato para la síntesis de glucógeno.

195. Sobre las modificaciones metabólicas durante el ayuno prolongado, después de 3 a 5 días de ayuno, cuando el organismo entra en un estado de inanición el:

 1. Músculo aumenta su utilización de cuerpos cetónicos.
 2. Hígado continúa convirtiendo los ácidos grasos en cuerpos cetónicos.
 3. Hígado libera glucosa a la sangre a partir de sus depósitos de glucógeno.
 4. Cerebro capta los cuerpos cetónicos y los reduce para obtener energía.

196. ¿Cuál se las siguientes estructuras de las proteínas se consideran "no repetitivas"?:

 1. Láminas β.
 2. Hoja β plegada.
 3. Giro β.

4. Hélice α.

197. ¿Cómo se regula en el músculo la actividad de la enzima glucógeno fosforilasa?:

1. Mediante efectores alostéricos.
2. Mediante fosforilación-desfosforilación.
3. Mediante efectores alostéricos y fosforilación-desfosforilación.
4. Mediante proteólisis controlada.

198. ¿Cómo explica el modelo concertado la cooperatividad de la hemoglobina?:

1. Los tetrámeros de la hemoglobina están exclusivamente en un estado R.
2. La unión de un ligando a un centro de ensamblaje aumenta la afinidad de unión a centros vecinos, sin que el estado T se convierta en R.
3. El equilibrio se desplaza desde el estado R al estado T.
4. La unión de ligandos desplaza el equilibrio entre dos estados, T y R.

199. ¿Cómo se regula la actividad de la enzima aspartato transcarbamilasa?:

1. Mediante inhibición por CTP, citidín trifosfato, el producto final de la vía que inicia esta enzima.
2. Mediante fosforilación-defosforilación.
3. Mediante activación proteolítica.
4. Mediante isoenzimas.

200. ¿Qué significa que "existe cooperatividad" cuando el oxígeno se une a la desoxihemoglobina?:

1. Que la entrada del primer oxígeno provoca cambios conformacionales en el tetrámero de hemoglobina y entonces los siguientes oxígenos entran con mayor dificultad.
2. Que la entrada del primer oxígeno provoca cambios conformacionales en el tetrámero de hemoglobina de modo que se facilita la entrada del segundo, éste la del tercero y así sucesivamente.
3. Que el CO_2 facilita la entrada del oxígeno.
4. Que el oxígeno desplaza al CO_2 de la hemoglobina.

201. ¿Cuál de las siguientes "especies reactivas de oxígeno (ROS)" es la más reactiva atacando moléculas biológicas?:

1. Anión superóxido.
2. Radical peroxilo.
3. Radical hidroxilo.
4. Peróxido de hidrógeno.

202. Sobre el metabolismo del etanol en el organismo, ¿cuál de las siguientes respuestas es cierta?:

1. En el intestino se absorbe mediante difusión pasiva.
2. Del intestino es transportado mayoritariamente al riñón, en donde es transformado en acetaldehído, el cual es eliminado a la orina.
3. La alcohol deshidrogenasa hepática lo transforma en acetato.
4. La alcohol deshidrogenasa hepática lo transforma en formaldehído y éste es transformado en acetato por la formaldehído deshidrogenasa.

203. ¿Qué molécula producen los ácidos grasos de cadena impar en la tiolisis del último ciclo de oxidación?:

1. Enoil-CoA.
2. Acetil-CoA.
3. Linoleil-CoA.
4. Propionil-CoA.

204. ¿A partir de que aminoácido se sintetizan las melaninas?:

1. Triptófano.
2. Tirosina.
3. Serina.
4. Histidina.

205. Las balsas lipídicas (lipid rafts):

1. Ocupan grandes extensiones en las membranas.
2. Son estructuras rígidas que previenen la ruptura de las membranas.
3. Se proyectan hacia el exterior de las membranas.
4. Son estructuras muy dinámicas que se forman entre moléculas de colesterol y lípidos de membrana.

206. ¿Cuál de las siguientes coenzimas es necesaria para la reacción catalizada por la enzima α-cetoglutarato deshidrogenasa?:

1. Tiamina pirofosfato (TPP).
2. Ácido fólico.
3. Flavín mononucleótido (FMN).
4. Biotina.

207. El producto final del catabolismo de la guanina en el ser humano es:

1. Xantina.
2. Ácido úrico.
3. Urea.
4. B-alanina.

208. La miosina:

1. Está formada por cuatro hélices alfa.
2. Tiene una estructura ovoide.
3. Es la principal proteína de los filamentos

gruesos de las miofibrillas musculares.
4. Es la proteína más abundante del organismo.

209. ¿Cómo se llaman los genes de diferentes especies que tienen una clara relación de secuencia y función?

1. Ortólogos.
2. Homólogos.
3. Parálogos.
4. Heterólogos.

210. La hipótesis quimiosmótica propone que se forma ATP debido a cuál de las razones siguientes:

1. Cambio de permeabilidad de la membrana mitocondrial interna del ADP.
2. Formación de enlaces de energía elevada en las proteínas mitocondriales.
3. Bombeo de ADP fuera de la matriz al espacio intermembrana.
4. Formación de un gradiente de protones a través de la membrana interna.

211. Las telomerasas:

1. Usan RNA como cebador para la síntesis de DNA.
2. Están permanentemente activas en las células somáticas.
3. Tienen actividad retrotranscriptasa.
4. Son necesarias para proteger los inicios de replicación.

212. Las enzimas de restricción:

1. Son ribonucleasas específicas que degradan RNA después de su síntesis.
2. Son endonucleasas que reconocen secuencias específicas.
3. Catalizan la adición de ciertos aminoácidos a los tRNA.
4. Actúan en la membrana celular para restringir el paso de sustancias.

213. La expansión de repeticiones de tres nucleótidos es la causa de:

1. La anemia falciforme.
2. La enfermedad de Tay-Sachs.
3. La enfermedad de Huntington.
4. El escorbuto.

214. En el colágeno, ¿cuál es el aminoácido que se repite siempre cada tres residuos?:

1. Prolina.
2. Hidroxiprolina.
3. Glicina.
4. Alanina.

215. Un compuesto que transfiere equivalentes reductores desde las mitocondrias al citosol durante la gluconeogénesis es:

1. Fosfoenolpiruvato.
2. Glicerol-3-fosfato.
3. Oxalacetato.
4. Malato.

216. Una mutación que convierte el codón de un aminoácido en un codón de parada es:

1. Una mutación sin sentido.
2. Una transversión.
3. Una mutación silenciosa.
4. Una mutación de cambio del marco de lectura.

217. Las secuencias de localización nuclear (NLS):

1. Se eliminan tras el trasporte nuclear de la proteína.
2. Están presentes en cualquier posición en las moléculas de RNA.
3. Se localizan en cualquier posición de la secuencia primaria de la proteína.
4. Son esenciales para la función de la clatrina.

218. Indique cuál de las siguientes enzimas no requiere molde para sintetizar un ácido nucleico:

1. RNA polimerasa I.
2. RNA polimerasa II.
3. Retrotranscriptasa.
4. Polinucleótido fosforilasa.

219. Entre las seis clases de enzimas definidas por la IUB están las:

1. Fosfatasas.
2. Ligasas.
3. Polimerasas.
4. Proteasas.

220. El esqueleto carbonado de la cisteína se convierte durante su catabolismo, total o parcialmente, en:

1. Acetil-CoA.
2. Acetoacetil-CoA.
3. α-Cetoglutarato.
4. Piruvato.

221. En la secuenciación de DNA por el método de Sanger, los 2'-3' didesoxinucleótidos juegan el siguiente papel:

1. Son inhibidores alostéricos de la DNA polimerasa.
2. Son inhibidores suicidas de la DNA polimerasa.
3. Se incorporan al DNA pero impiden la elongación posterior de la hebra.
4. Desestabilizan el DNA.

222. La función de la proteína G$_S$ en la activación

de la adenilato ciclasa es:

1. La proteína G_S forma un complejo con la hormona, y el complejo hormona-proteína G_S activa la adenilato ciclasa.
2. La activación del receptor por la hormona elimina la inhibición de la adenilato ciclasa por la proteína G_S.
3. La proteína G_S activa la adenilato ciclasa en una reacción impulsada por la hidrólisis de GTP a GDP.
4. La subunidad G_α de la proteína G_S intercambia GDP por GTP, se disocia de las subunidades $G_{\beta\gamma}$ y activa la adenilato ciclasa.

223. **¿En qué procesos actúa la lipoproteína lipasa?:**

1. En la hidrólisis de triacilgliceroles a partir de las lipoproteínas plasmáticas para proporcionar ácidos grasos a los tejidos.
2. En la captación intestinal de las grasas de la dieta.
3. En la rotura intracelular de lipoproteínas.
4. En la hidrólisis de lipoproteínas para proporcionar aminoácidos.

224. **¿Cuál de las siguientes afirmaciones se cumple en relación con el ciclo de la urea?:**

1. Tiene lugar principalmente en el riñón.
2. No se consume energía en forma de ATP.
3. Los dos átomos de nitrógeno de la molécula de urea provienen del amoníaco y aspartato.
4. La urea se produce directamente por hodrólisis de citrulina.

225. **Las enzimas de restricción se describen mejor por cuál de las afirmaciones siguientes:**

1. Unen los extremos de las moléculas de DNA recombinante.
2. Confieren una ventaja selectiva a los bacteriófagos invasores.
3. Son enzimas que reconocen y metilan secuencias específicas de DNA.
4. Realizan cortes específicos de secuencia en ambas cadenas de un DNA dúplex.

226. **Una reacción de fosforilación a nivel de sustrato esta catalizada por la:**

1. Piruvato deshidrogenasa.
2. Succinil-CoA sintetasa.
3. Citrato sintasa.
4. Hexoquinasa.

227. **Los cloruro de ácido son los derivados de ácido:**

1. Menos reactivos.
2. Más reactivos.
3. Igual de reactivos que los demás.
4. Que peor se transforman.

228. **En la cromatografía con fluídos supercríticos, la fase móvil que se utiliza de forma habitual es:**

1. Hidrógeno.
2. Dióxido de carbono.
3. Nitrógeno.
4. Hexano.

229. **¿Cómo se explica la gran reactividad de los alcalinos?**

1. Porque pierden fácilmente el electrón de la última capa.
2. Porque pierden fácilmente los dos electrones de la última capa.
3. Porque pueden formar compuestos en muchos estados de oxidación.
4. Porque son muy oxidantes.

230. **¿Cuál de los siguientes procesos celulares da lugar a radicales libres como defensa natural de los neutrófilos frente a bacterias?:**

1. Apoptosis.
2. Necrosis.
3. Fagocitosis e inflamación.
4. Autofagia.

231. **Una molécula no superponible con su imagen especular es definida como:**

1. Enantiomérica.
2. Quiral.
3. Diastereomérica.
4. Mesómera.

232. **En una clectrólisis:**

1. Se fuerza a que tenga lugar una reacción en la dirección que no es espontánea.
2. Se desprende siempre hidrógeno en el cátodo.
3. Se desprende siempre oxígeno en el ánodo.
4. La reacción electroquímica es espontánea.

233. **¿Cuál de los siguientes poliedros NO da lugar a un número de coordinación ocho?:**

1. Cubo.
2. Antiprisma cuadrado.
3. Dodecaedro de caras triangulares.
4. Icosaedro.

234. **¿Qué determina la estructura tridimensional de una proteína?**

1. La cantidad de aminoácidos básicos que hay en la molécula.
2. La secuencia de aminoácidos.
3. El porcentaje de estructura de hélice α.
4. La cantidad de aminoácidos no polares de la proteína.

235. Por oxidación de un alcohol primario se forma inicialmente:

1. Una cetona.
2. Un aldehído.
3. Un cloruro de ácido.
4. Un ester.

Titulación: QUÍMICA
Convocatoria: 2015
Nº de versión de examen: 0
V = Nº de la pregunta en versión de examen 0.
RC = Respuesta correcta

V	RC	V	RC	V	RC	V	RC	V	RC
1	4	48	1	95	1	142	3	189	4
2	2	49	4	96	2	143	2	190	2
3	3	50	2	97	4	144	1	191	1
4	1	51	3	98	1	145	4	192	4
5	2	52	4	99		146	4	193	3
6	3	53	1	100	4	147	3	194	1
7	4	54	3	101	1	148	1	195	2
8	2	55	4	102	4	149	3	196	3
9	1	56	2	103	3	150	2	197	3
10	2	57	3	104	1	151	4	198	4
11	3	58	1	105	2	152	2	199	1
12	2	59	2	106	3	153	3	200	2
13	3	60	4	107	2	154	2	201	3
14	2	61	3	108	1	155	4	202	1
15	4	62		109	3	156	1	203	4
16		63	1	110	4	157	3	204	2
17	1	64	3	111	3	158	4	205	4
18	2	65	2	112	1	159	2	206	1
19	3	66	3	113	2	160	3	207	2
20	2	67	4	114	3	161	1	208	3
21	1	68	2	115	1	162	3	209	1
22	3	69	3	116	4	163	4	210	4
23	1	70	4	117	2	164	2	211	3
24	2	71	1	118	3	165	3	212	2
25	4	72	4	119	4	166	2	213	3
26	3	73	2	120	1	167	1	214	3
27	2	74	4	121	2	168	4	215	4
28	3	75	4	122	3	169	3	216	1
29	4	76	3	123	2	170	3	217	3
30	4	77	2	124	1	171	1	218	4
31	2	78	1	125	4	172	2	219	2
32	4	79	4	126	2	173		220	4
33	2	80	2	127	4	174	4	221	3
34	3	81		128	3	175	2	222	4
35	4	82	4	129	1	176	3	223	1
36	2	83	3	130	2	177	2	224	3

37	4	84	4	131	4	178	1	225	4
38	1	85	2	132	2	179	3	226	2
39	3	86	1	133	3	180	4	227	2
40	2	87	2	134	1	181	2	228	2
41	2	88	2	135	2	182	3	229	1
42	1	89	3	136	1	183	1	230	3
43	4	90	4	137	4	184	3	231	2
44	2	91	1	138	3	185	2	232	1
45	3	92	4	139		186	3	233	4
46	3	93	2	140		187	2	234	2
47	2	94	3	141	1	188	1	235	2

MINISTERIO DE SANIDAD, SERVICIOS SOCIALES E IGUALDAD

PRUEBAS SELECTIVAS 2016

CUADERNO DE EXAMEN

QUÍMICOS

ADVERTENCIA IMPORTANTE

ANTES DE COMENZAR SU EXAMEN, LEA ATENTAMENTE LAS SIGUIENTES

INSTRUCCIONES

1. Compruebe que este Cuaderno de Examen integrado por 225 preguntas más 10 de reserva, lleva todas sus páginas y no tiene defectos de impresión. Si detecta alguna anomalía, pida otro Cuaderno de Examen a la Mesa.

2. La "Hoja de Respuestas" está nominalizada. Se compone de dos ejemplares en papel autocopiativo que deben colocarse correctamente para permitir la impresión de las contestaciones en todos ellos. Recuerde que debe firmar esta Hoja y rellenar la fecha.

3. Compruebe que la respuesta que va a señalar en la "Hoja de Respuestas" corresponde al número de pregunta del cuestionario.

4. **Solamente se valoran** las respuestas marcadas en la "Hoja de Respuestas", siempre que se tengan en cuenta las instrucciones contenidas en la misma.

5. Si inutiliza su "Hoja de Respuestas" pida un nuevo juego de repuesto a la Mesa de Examen y **no olvide** consignar sus datos personales.

6. Recuerde que el tiempo de realización de este ejercicio es de **cinco horas improrrogables** y que están **prohibidos** el uso de **calculadoras** (excepto en Radiofísicos) y la utilización de **teléfonos móviles**, o de cualquier otro dispositivo con capacidad de almacenamiento de información o posibilidad de comunicación mediante voz o datos.

7. Podrá retirar su Cuaderno de Examen una vez finalizado el ejercicio y hayan sido recogidas las "Hojas de Respuesta" por la Mesa.

1. **El óxido dinitrógeno es una sustancia gaseosa que:**

    1. Se emplea como anestésico.
    2. Tiene una estructura angular.
    3. Es insoluble en agua.
    4. Se obtiene industrialmente por oxidación catalítica del amoniaco.

2. **¿Cómo es la molécula de SO_2?:**

    1. Es lineal, con el átomo de S en el centro.
    2. Es lineal, con uno de los átomos de O en el centro.
    3. Es angular, con el átomo de S en el centro.
    4. Es apolar.

3. **El efecto trans es la influencia de un ligando en trans al saliente con respecto a:**

    1. La energía desprendida en la reacción.
    2. La distancia de enlace entre el metal y el ligando entrante.
    3. La energía del enlace entre el metal y el ligando entrante.
    4. La velocidad de sustitución.

4. **El fósforo es un elemento muy reactivo, pero la forma alotrópica más reactiva de todas es:**

    1. El negro.
    2. El blanco.
    3. El violeta.
    4. El rojo.

5. **¿Qué antidetonante añadido a la gasolina fue el causante de la contaminación por plomo producida a gran escala durante el siglo pasado?:**

    1. Pb elemental.
    2. Tetrametilplomo.
    3. Tetraetilplomo.
    4. Dióxido de plomo.

6. **¿Qué ocurre cuando en un diagrama de Frost una especie se encuentra por encima de la línea formada por las dos especies vecinas?:**

    1. Dicha especie es inestable en agua, y desprenderá hidrógeno de la misma.
    2. Dicha especie es inestable en agua, y desprenderá oxígeno de la misma.
    3. Las dos especies vecinas condensan formando la especie indicada.
    4. Dicha especie dismuta formando las dos especies vecinas.

7. **¿Qué efecto produce en el átomo emisor la emisión de una partícula beta?:**

    1. La formación de un catión monovalente.
    2. La formación de un átomo con un número atómico una unidad superior.
    3. La formación de un átomo con un número atómico una unidad inferior.
    4. La formación de un átomo con un número atómico dos unidades inferior.

8. **Una de las claves de la importantísima oxidación catalítica del amoniaco (proceso Ostwald) es:**

    1. Que el tiempo de permanencia de los gases reactivos en el reactor sea muy corto.
    2. Que la proporción amoniaco/oxígeno sea exactamente la estequiométrica.
    3. Que la temperatura supere los 1.100 ºC.
    4. Que el catalizador de rodio no tenga impurezas de platino.

9. **En la formación de acero, ¿cuál de estas afirmaciones es CORRECTA?:**

    1. El carbono es completamente soluble en hierro.
    2. El carbono es altamente soluble en hierro, ya que sus tamaños son parecidos y forman una aleación sustitucional.
    3. El carbono es poco soluble en hierro, ya que sus tamaños son bastantes diferentes y forman una aleación intersticial.
    4. El hierro es completamente soluble en carbono.

10. **¿Con qué elementos forma compuestos el xenon?:**

    1. Con los metales de transición.
    2. Con el hidrógeno.
    3. Con el flúor y con oxígeno.
    4. Con los lantánidos.

11. **¿Qué afirmación es CORRECTA en relación con el número de Avogadro?:**

    1. Permite obtener la masa de una sustancia que reacciona con una cantidad fija de otra.
    2. Indica el número de moléculas de una sustancia cuya masa, expresada en gramos, coincide con la masa de una molécula de esa sustancia, expresada en unidades de masa atómica.
    3. Indica el número de moles contenidos en un volumen de 22,4 litros.
    4. Es un número constante de moléculas y, por tanto, tiene la misma masa para todo tipo de moléculas.

12. **En relación con las posibles transiciones electrónicas producidas por radiación electromagnética, ¿qué afirmación es CORRECTA?:**

    1. Las transiciones electrónicas implican saltos energéticos más grandes que la transiciones entre niveles vibracionales dentro de un mismo estado electrónico.
    2. Puesto que la masa de los núcleos es muy

superior a la de los electrones, durante una transición electrónica la geometría molecular cambia drásticamente.
3. En las llamadas transiciones electrónicas de transferencia de carga la molécula iluminada por la radiación cede un electrón a otra especie capaz de recibirlo.
4. Los espectros visible/ultravioleta de especies en disolución son líneas bien definidas.

13. ¿Qué respuesta es CORRECTA en relación con una entropía de transición de fase a una presión determinada?:

1. La entropía de condensación de una sustancia es positiva.
2. Las entropías de fusión y solidificación de una sustancia difieren en el valor y en el signo.
3. Cuando el sistema pasa a una fase más ordenada su entropía aumenta.
4. La entropía de transición de fase de una sustancia se calcula como el cociente entre la entalpía de transición de fase y la temperatura de dicha transición.

14. ¿Qué dice el primer principio de la termodinámica?:

1. La variación de entalpía de un sistema es igual al calor intercambiado con su entorno si el proceso se realiza a volumen constante.
2. La energía interna, el calor y el trabajo son funciones de estado intensivas.
3. En un sistema aislado la energía interna se mantiene constante.
4. La energía interna y la entropía son funciones de estado.

15. ¿Podría citar tres metales de transición que den carbonilos mononucleares?:

1. Mn, Tc, Re.
2. Cr, Mo, W.
3. Cu, Ag, Au.
4. Co, Rh, Ir.

16. ¿Qué respuesta es CORRECTA en relación con el diagrama de fases de una sustancia pura?:

1. En el equilibrio, el potencial químico de una sustancia es el mismo en toda la muestra, independientemente del número de fases que esté presente.
2. El punto crítico es aquel en el que coexisten las fases sólido-líquido-vapor.
3. La curva de equilibrio sólido-líquido empieza en el punto triple y acaba en el punto crítico.
4. La temperatura del punto triple depende de la presión que se considere.

17. ¿Cuántos microestados presenta una configuración p^2?:

1. 6.
2. 12.
3. 15.
4. 20.

18. ¿Qué respuesta indica la principal característica de las propiedades coligativas de las disoluciones?:

1. Todas derivan del gradiente de concentración que surge cuando se ponen en contacto dos disoluciones de distinta concentración a través de una membrana semipermeable.
2. Explican que la presión de vapor de un disolvente en una disolución sea ligeramente superior a la del disolvente puro.
3. Explican que el rango de temperaturas, a presión normal, en el que una sustancia permanece en estado líquido disminuya cuando se le añade un soluto.
4. Son consecuencia de la reducción de potencial químico del disolvente líquido producida por la presencia de un soluto.

19. ¿Qué respuesta es CORRECTA en relación con la resolución de la ecuación de Schrödinger para el átomo de hidrógeno?:

1. Las funciones de onda permitidas dependen exclusivamente de la distancia entre el núcleo del hidrógeno y el electrón de este átomo.
2. El valor del número cuántico del momento angular varía entre cero e infinito.
3. Las funciones de onda hidrogenoides dependen de cuatro números cuánticos, entre los cuales, el número cuántico principal toma valores entre uno e infinito.
4. Los valores del número cuántico magnético dependen del sentido en el que gira el electrón en el átomo.

20. Si la conductividad molar de un electrolito en una disolución se define como el cociente de su conductividad específica y su concentración molar, ¿debe mantenerse constante la conductividad molar al variar la concentración de la disolución?

1. No, la conductividad molar siempre aumenta si se aumenta la concentración del electrolito en la disolución.
2. No, siempre disminuye al aumentar la concentración, aunque de forma diferente para electrolitos fuertes y débiles.
3. Sí, porque el numerador y el denominador de la definición de la conductividad molar varían de igual forma con la concentración por lo que sus variaciones se cancelan.
4. En general, no. Sólo se mantiene constante para los electrolitos fuertes en los que la conductividad específica es directamente

proporcional a la concentración del electrolito.

21. ¿Qué índices de coordinación puede tener el oxígeno en los óxidos iónicos?:

    1. Plano cuadrado, tetraédrico, octaédrico, cúbico.
    2. Plano triangular, bipirámide triangular.
    3. Pirámide de base cuadrada, bipirámide triangular.
    4. No hay óxidos iónicos.

22. Los polímeros termoplásticos:

    1. No alteran su dureza al calentarse.
    2. Se ablandan al calentarse y se endurecen al enfriarse, de forma reversible.
    3. Se ablandan al calentarse y se endurecen al enfriarse, de forma irreversible.
    4. Funden al calentarse y se mantienen fluidos tras enfriar.

23. ¿Qué ocurre cuando se calienta una pieza de sodio a 100 °C en una corriente de cloro?:

    1. Nada. No hay reacción.
    2. Se produce una fuerte reacción produciéndose $NaCl_2$.
    3. Se produce NaCl.
    4. La reacción progresa lentamente dando Na_2Cl.

24. ¿Cómo se denomina el proceso por el cual un tubo de acero conectado a un tubo de cobre en un calentador de agua doméstico se corroe en la proximidad de la unión?:

    1. Corrosión por concentración.
    2. Corrosión por aireación diferencial.
    3. Corrosión por formación de una pila de concentración.
    4. Corrosión galvánica.

25. ¿Cuál de los siguientes hexahaluros de azufre existe?:

    1. El hexafluoruro.
    2. El hexacloruro.
    3. El hexabromuro.
    4. El hexaioduro.

26. ¿Cómo se denomina la medida del grado de deformación plástica que ha soportado un material hasta la rotura?:

    1. Resiliencia.
    2. Tenacidad.
    3. Ductilidad.
    4. Dureza.

27. El amoníaco es un reductor porque:

    1. Reacciona con O_2 para dar N_2 y H_2O.
    2. Reacciona con Na para dar $NaNH_2$ y H_2.
    3. Se disuelve en agua para dar iones NH_4^+ e iones OH^-.
    4. Reacciona con HCl para dar NH_4Cl.

28. El producto obtenido por la transformación desde un estado no cristalino a uno cristalino mediante tratamiento térmico adecuado de alta temperatura:

    1. Está formado por cristales grandes y se denomina aglomerado de monocristales.
    2. Está formado por un material policristalino de grado fino y se denomina vitrocerámica.
    3. Revierte al estado no cristalino al enfriar y se denomina vidrio.
    4. Forma un único cristal en todo su conjunto y se denomina monocristal.

29. La barbotina es una suspensión de:

    1. Arena y otros materiales plásticos en agua.
    2. Arcilla y otros materiales plásticos en agua.
    3. Arena y otros materiales no plásticos en agua.
    4. Arcilla y otros materiales no plásticos en agua.

30. ¿Qué son entre sí grafito y diamante?:

    1. Polimorfos.
    2. Alótropos.
    3. Isomorfos.
    4. Isótropos.

31. ¿Qué se produce si el litio reacciona con agua?:

    1. Hidrógeno, debido a la reducción del agua.
    2. Oxígeno, debido a la oxidación del agua.
    3. Oxígeno, debido a la reducción del agua.
    4. El catión Li(II), producto de la oxidación del litio elemental.

32. ¿Cómo se lleva a cabo la fractura frágil?:

    1. Con deformación apreciable y por propagación rápida de fisuras.
    2. Con deformación apreciable y por propagación lenta de fisuras.
    3. Sin deformación apreciable y por propagación rápida de fisuras.
    4. Sin deformación apreciable y por propagación lenta de fisuras.

33. ¿Cómo se obtiene el mercurio industrialmente?:

    1. Calentando el sulfuro al aire.
    2. Por electrolisis del óxido.
    3. Por reducción del óxido con hidrógeno.
    4. Por reducción del óxido con monóxido de carbono.

34. ¿Cómo están formados los nanotubos de car-

bono de pared simple?:

1. Por cadenas de carbono de espesor monoatómico unidas entre sí por fuerzas débiles.
2. Por capas sencillas de grafeno enrolladas en un tubo.
3. Por láminas de átomos de carbono con la misma estructura que la superficie del fulereno.
4. Por capas sencillas de anillos tipo benceno condensados entre sí.

35. **Un material compuesto estructural se utiliza en aplicaciones que requieren una elevada resistencia a la tracción y:**

1. Elevada resistencia a la compresión y elevada resistencia a la torsión.
2. Elevada resistencia a la compresión y baja resistencia a la torsión.
3. Baja resistencia a la compresión y elevada resistencia a la torsión.
4. Baja resistencia a la compresión y baja resistencia a la torsión.

36. **¿Cómo se aumenta la fuerza eluyente en cromatografía de líquidos de alta resolución en fase inversa?:**

1. Reduciendo la polaridad de la fase móvil.
2. Aumentando la polaridad de la fase móvil.
3. Aumentando la concentración de la muestra inyectada.
4. Modificando el volumen de la muestra inyectada.

37. **Para separar aniones mediante la técnica de cromatografía líquida de intercambio iónico se puede utilizar como fase estacionaria:**

1. Un polímero entrecruzado que tiene enlazados grupos ácido sulfónico.
2. Un polímero entrecruzado que tiene enlazados grupos ácido carboxílico.
3. Un polímero entrecruzado que tiene enlazados grupos amina cuaternaria.
4. Un polímero entrecruzado de estireno y divinilbenceno.

38. **¿Cuál de las siguientes afirmaciones sobre el KMNO₄ es CORRECTA?:**

1. Es un patrón primario.
2. No puede emplearse como autoindicador en disolución ácida.
3. Se puede estandarizar mediante valoración con oxalato sódico.
4. Es un reductor fuerte en medio ácido.

39. **En la técnica de electroforesis capilar, una de las formas de introducir la muestra en el capilar de separación es mediante inyección hidrodinámica. ¿Cómo se lleva a cabo esta forma de inyección?:**

1. Aplicando una diferencia de potencial elevada entre los extremos del capilar.
2. Aplicando una diferencia de presión a través de los extremos del capilar.
3. Aplicando una diferencia de potencial pequeña entre los extremos del capilar.
4. Aumentando la temperatura del capilar.

40. **En la microextracción líquido-líquido dispersiva ¿qué se añade sobre la muestra acuosa que contiene el analito a extraer? :**

1. Clorobenceno.
2. Metanol.
3. Una mezcla de clorobenceno y metanol.
4. Una mezcla de metanol y acetonitrilo.

41. **¿Cuál de las siguientes secuencias de etapas es la CORRECTA cuando se aplica la técnica de extracción en fase sólida?:**

1. Acondicionamiento del cartucho-aplicación de la muestra-lavado del cartucho para eliminar interferencias retenidas-elución de los analitos de interés.
2. Aplicación de la muestra-acondicionamiento del cartucho-lavado del cartucho para eliminar interferencias retenidas-elución de los analitos de interés.
3. Acondicionamiento del cartucho-elución de los analitos de interés-aplicación de la muestra-lavado del cartucho para eliminar interferencias retenidas.
4. Aplicación de la muestra-acondicionamiento del cartucho-elución de los analitos de interés-lavado del cartucho para eliminar interferencias retenidas.

42. **Las lámparas de deuterio se utilizan como fuente de excitación en Espectrofotometría Molecular en la región del ultravioleta porque en dicha región:**

1. Emiten un espectro continuo.
2. Emiten un espectro de líneas.
3. El deuterio emite fluorescencia.
4. El deuterio emite fosforescencia.

43. **La radiación emitida por una disolución de una molécula fluorescente aparece siempre a:**

1. La misma longitud de onda que la de la radiación de excitación.
2. Longitudes de onda más largas que la de la radiación de excitación.
3. Longitudes de onda más cortas que la de la radiación de excitación.
4. La longitud de onda correspondiente al máximo de su banda de absorción.

44. **El método de calibrado de patrón interno se utiliza en la técnica de cromatografía de gases para:**

1. Favorecer la volatilización de la muestra.
2. Atenuar el ruido del detector.
3. Disminuir los tiempos de retención de los analitos.
4. Disminuir la incertidumbre asociada a la inyección de la muestra.

45. **¿Cómo se comporta la disolución durante una electrolisis?:**

    1. Como un conductor electrónico.
    2. Como un conductor iónico.
    3. Como un semiconductor.
    4. Como un medio aislante.

46. **Para llevar a cabo una valoración potenciométrica a i=0 ¿se necesitaría siempre un electrodo de referencia?:**

    1. No, se podría realizar con dos electrodos indicadores de distinta naturaleza.
    2. Sí, es imprescindible para realizar la curva de valoración.
    3. No, si utiliza un electrodo de mercurio como electrodo indicador.
    4. No, si un sistema es reversible y otro es irreversible.

47. **La precisión de un método analítico se determina:**

    1. Mediante su aplicación a un material de referencia certificado.
    2. Mediante la comparación de sus resultados con los obtenidos con un método de referencia.
    3. Realizando medidas repetidas y evaluando la dispersión de los resultados obtenidos.
    4. Comparando el intervalo de linealidad y el intervalo dinámico.

48. **El ácido triprótico H_3A tiene $pK_{a1} = 2.2$, $pK_{a2} = 7.2$ y $pK_{a3} = 12.3$. ¿Cuál es la especie predominante a pH = 1?:**

    1. A^{3-}.
    2. HA^{2-}.
    3. H_2A^-.
    4. H_3A.

49. **El factor de separación o factor de selectividad (α) de una columna cromatográfica para dos especies A y B:**

    1. Tiene un valor de 1 cuando los tiempos de retención de A y B son idénticos.
    2. Es independiente de los tiempos de retención de A y B.
    3. Depende de la anchura de los picos cromatográficos de A y B.
    4. Depende de la longitud de la columna.

50. **Las separaciones mediante electroforesis capilar de zona se caracterizan porque las especies se desplazan a través de un capilar por acción de un campo eléctrico, de manera que:**

    1. Los aniones salen del capilar antes que los cationes.
    2. Los cationes son las especies que salen en primer lugar del capilar.
    3. Las especies neutras no se mueven a través del capilar.
    4. Todas las especies cargadas se mueven a la misma velocidad.

51. **La cromatografía de gases es el método de elección para la separación de sustancias:**

    1. Volátiles y térmicamente estables.
    2. No volátiles y térmicamente estables.
    3. Orgánicas con pesos moleculares muy elevados.
    4. No volátiles de elevada polaridad.

52. **En algunos procedimientos de preparación y tratamiento de la muestra antes de su análisis, se utiliza la técnica de extracción en fase sólida. Esta técnica:**

    1. Se caracteriza por el elevado consumo de disolventes orgánicos.
    2. Solo sirve para el tratamiento de volúmenes de muestra muy pequeños.
    3. Se aplica haciendo pasar la muestra líquida a través de un sólido adsorbente contenido en una pequeña columna (cartucho).
    4. No requiere la aplicación de presión ni de vacío.

53. **¿Cuántos experimentos deben realizarse en un diseño factorial completo para estudiar cinco factores cada uno de ellos a dos niveles?:**

    1. 5.
    2. 10.
    3. 25.
    4. 32.

54. **En las técnicas de cromatografía líquida en columna se denomina tiempo muerto de la columna a:**

    1. El tiempo que tarda una sustancia en pasar por el detector cromatográfico.
    2. La relación entre el tiempo que pasa una sustancia en la fase estacionaria y el tiempo que pasa en la fase móvil.
    3. El tiempo necesario para que una sustancia no retenida en la columna se desplace desde el inyector hasta el detector.
    4. El tiempo necesario para que llegue al detector la sustancia más fuertemente retenida en la fase estacionaria.

55. **En la técnica de isoelectroenfoque (enfoque isoeléctrico) los analitos se separan por la dife-**

rencia de:

1. Su peso molecular.
2. Sus puntos isoeléctricos.
3. Su relación carga/masa.
4. Sus movilidades electroforéticas.

56. **En una valoración amperométrica realizada a diferencia de potencial controlado:**

    1. Se debe fijar el potencial del electrodo indicador.
    2. Se utilizan dos electrodos indicadores de la misma naturaleza.
    3. Es imprescindible utilizar un sistema potenciostático.
    4. Se necesita siempre un electrodo de referencia.

57. **¿Cuál es el fundamento de un electrodo selectivo de oxígeno o electrodo de Clark?:**

    1. Mide un potencial de unión líquida.
    2. Utiliza una membrana con intercambiador iónico.
    3. El oxígeno de la disolución se mide amperométricamente.
    4. Utiliza un ánodo de platino.

58. **¿Cuál es el requisito más importante en una culombimetría a potencial controlado?:**

    1. Que para controlar el potencial del electrodo de trabajo se utiliza un buen potenciostato.
    2. Que se utilice un buen electrodo de referencia.
    3. Que la eficacia de corriente sea del 100%.
    4. Que se utilice un integrador electrónico para medir el área bajo la curva.

59. **En las separaciones mediante extracción líquido-líquido, la fracción extraída de un analito:**

    1. No depende de la concentración inicial del analito.
    2. Depende de la concentración inicial del analito.
    3. No depende del pH de la disolución.
    4. No depende de la constante de distribución.

60. **El detector de captura electrónica, es un sistema de detección que se utiliza en la técnica de cromatografía de gases. Este detector responde selectivamente a:**

    1. Los compuestos orgánicos que contienen fosforo en su molécula.
    2. Los compuestos orgánicos fácilmente ionizables mediante radiación electromagnética.
    3. Los compuestos orgánicos que contienen grupos funcionales halógenos en su molécula.
    4. Los compuestos orgánicos fácilmente ionizables mediante una llama de hidrógeno/aire.

61. **La cromatografía de exclusión por tamaño es una modalidad de cromatografía líquida en columna en la que:**

    1. Los analitos de mayor tamaño molecular eluyen antes que los de menor tamaño.
    2. Los analitos de menor tamaño molecular eluyen antes que los de mayor tamaño.
    3. La elución de los analitos depende de la polaridad de la fase estacionaria.
    4. La elución de los analitos depende de la composición de la fase móvil.

62. **¿Cuál es el aspecto más básico de una cronotécnica?:**

    1. Que se fundamenta en un régimen de difusión estacionario.
    2. Que la disolución no se agita.
    3. Que utilizan como excitación ondas triangulares.
    4. Que utilizan como excitación ondas sinusoidales.

63. **¿Por qué necesita un potenciostato un electrodo auxiliar?:**

    1. Un potenciostato no necesita ningún electrodo auxiliar.
    2. Porque al no tener un electrodo de referencia necesita uno auxiliar.
    3. Porque la electrolisis se realiza entre el electrodo auxiliar y el electrodo de trabajo.
    4. Porque el electrodo auxiliar minimiza el ruido de fondo.

64. **En una voltamperometría de barrido lineal, el potencial:**

    1. De pico coincide con el potencial de semionda.
    2. De semipico coincide con el potencial de semionda.
    3. De semipico está relacionado con el potencial de semionda.
    4. De semionda se calcula sumando el potencial de pico y el potencial de semipico.

65. **Un ácido orgánico R-COOH (pKa=7) se separa mediante extracción líquido-líquido con un disolvente orgánico adecuado. La mayor fraccion extraida se obtendrá para:**

    1. pH=1.
    2. pH=7.
    3. pH=10.
    4. pH=14.

66. **Considerando una celda electroquímica, el término polarización hace referencia a:**

    1. Un incremento de la intensidad de corriente del electrodo de trabajo.

2. Una disminución de la intensidad de corriente del electrodo de trabajo.
3. Un cambio del electrodo de referencia.
4. Una desviación del potencial según predice la ecuación de Nerst.

67. **En análisis gravimétrico la digestión del precipitado es necesaria para obtener:**

    1. Cristales mucho más pequeños.
    2. Cristales mucho más grandes.
    3. Factores gravimétricos muy elevados.
    4. Factores gravimétricos muy pequeños.

68. **¿Cuál es la especie química que actúa como reductor en la siguiente reacción redox?:**
    $MnO_2 + 3I^- + 4H_3O^+ \rightarrow Mn^{2+} + I_3^- + 6H_2O$

    1. MnO_2.
    2. H_3O^+.
    3. I^-.
    4. Mn^{2+}.

69. **En la espectrofotometría de absorción atómica, ¿qué llama proporciona mayor temperatura?:**

    1. Acetileno/oxígeno.
    2. Acetileno/aire.
    3. Acetileno/óxido nitroso.
    4. Hidrógeno/aire.

70. **En el análisis de datos multivariantes el análisis discriminante lineal (LDA) se considera una técnica de:**

    1. Reconocimiento de pautas no supervisado.
    2. Reconocimiento de pautas supervisado.
    3. Regresión simple.
    4. Comparación de medianas.

71. **¿Cuándo debe aplicarse la técnica de calibración por adición estándar?:**

    1. Cuando la función de calibración no es rectilínea.
    2. Cuando existe un efecto de matriz que no es posible corregir.
    3. Cuando, entre medidas sucesivas, es difícil mantener alguno de los parámetros operatorios o reproducir la cantidad de muestra sometida al proceso de medida.
    4. Cuando no es posible establecer el nivel de falsos negativos.

72. **¿Cuál de los siguientes parámetros se debe modificar para reducir el tiempo de retención de los picos cromatográficos en cromatografía de gases?:**

    1. El programa de temperaturas del horno de la columna cromatográfica.
    2. La cantidad de muestra inyectada.
    3. La relación de división de muestra (*Split* ratio).
    4. La temperatura del inyector.

73. **¿Cuál es la misión del transductor?:**

    1. Reconocer el analito.
    2. Catalizar el sustrato a producto.
    3. Actuar de mediador en la reacción enzimática.
    4. Permitir que todo el proceso dé lugar a una respuesta medible.

74. **¿Cuál de las siguientes herramientas quimiométricas pertenece al grupo de las técnicas de reconocimiento de pautas NO supervisadas?:**

    1. Análisis discriminante lineal (LDA).
    2. Método de los K vecinos más próximos (KNN).
    3. Análisis de agrupamientos (CA).
    4. Modelado independiente de clases (SIMCA).

75. **¿Cuál es el pH de una disolución de HCl 10^{-8}M?:**

    1. pH < 7.
    2. pH = 8.
    3. 8 < pH < 10.
    4. pH > 10.

76. **¿Qué tipo de detectores se utilizan en la técnica de cromatografía iónica con columnas supresoras?:**

    1. Detectores amperométricos.
    2. Detectores espectrofotométricos.
    3. Detectores de conductividad.
    4. Detectores de ionización de llama.

77. **¿Cuál es el reactivo valorante en la determinación de la dureza de una muestra de agua mediante valoración de formación de complejos?:**

    1. El ácido etilendiaminotetraacético.
    2. El ion calcio.
    3. El colorante negro de eriocromo T.
    4. La disolución reguladora amoniaco-cloruro amónico.

78. **¿Cuál de las siguientes afirmaciones del detector de ionización de llama es CORRECTA?:**

    1. Trabaja en el modo de adquisición de datos de relaciones masa/carga (m/z) seleccionadas.
    2. Solo es sensible a los compuestos halogenados.
    3. La muestra se destruye en el detector.
    4. Mide la capacidad de una sustancia para transmitir calor de una región caliente a una fría.

79. **¿Qué proceso tiene lugar en el analizador de un espectrómetro de masa de cuadrupolo?:**

    1. La ionización electrónica de las moléculas.

2. La ionización química de las moléculas.
3. La separación de los iones generados en función de su relación masa/carga (m/z).
4. La detección de los iones.

80. ¿Qué información se representa en el eje de abscisas de un espectro de masa?:

    1. La relación masa/carga.
    2. El tiempo de retención.
    3. La longitud de onda.
    4. El número de onda.

81. Las condensaciones aldólicas cruzadas en las que una cetona reacciona con un aldehído aromático se conocen como:

    1. Condensaciones de Claisen-Schmidt.
    2. Adiciones de Michael.
    3. Reacciones de sustitución.
    4. Eliminaciones de Hofmann.

82. ¿Qué frase de las siguientes es CORRECTA sobre las adiciones de aniones enolatos a compuestos carbonílicos α,β-insaturados?:

    1. Se conocen como reacciones de Grignard.
    2. Los productos de reacción son compuestos 1,5-dicarbonílicos.
    3. Al enolato que participa en esta reacción se le conoce como aceptor.
    4. En estas reacciones se obtienen γ-cetoésteres.

83. La hidrólisis del 2-bromo-2-metilpentano transcurre a través de una sustitución nucleofílica unimolecular, la etapa determinante es la disociación para dar:

    1. Un radical alquilo y un ión haluro.
    2. Un radical alquilo y un radical haluro.
    3. Un anión alquilo y un ión haluro.
    4. Un catión alquilo y un ión haluro.

84. El teflón es un plástico inerte que se obtiene a partir del:

    1. Cloruro de vinilo.
    2. Clorotrifluoroetileno.
    3. Tetrafluoroetileno.
    4. Acrilonitrilo.

85. La reacción sucesiva de tolueno con N-bromosuccinimida, hidróxido de sodio y clorocromato de piridinio genera:

    1. Ácido benzoico.
    2. Benzaldehído.
    3. 4-Metilfenol.
    4. Alcohol bencílico.

86. ¿Cuál de los siguientes compuestos tienen menos carácter ácido que el ácido benzoico?:

    1. El ácido carbónico.
    2. El ácido fórmico.
    3. El ácido p-nitrobenzoico.
    4. El ácido tricloroacético.

87. En las reacciones de Sustitución Nucleofílica de Segundo Orden (S_N2) los sustratos más reactivos son los:

    1. Primarios.
    2. Secundarios.
    3. Terciarios.
    4. Cuaternarios.

88. La preparación de compuestos organometálicos a partir de haloalcanos ilustra un concepto importante de la Química Orgánica sintética:

    1. La inversión de la polarización.
    2. La inversión de la estereoquímica.
    3. La estereoselectividad.
    4. La diastereoselectividad.

89. En la transposición de Beckmann una oxima se convierte en:

    1. Ácido.
    2. Nitrona.
    3. Nitrilo.
    4. Amida.

90. Los grupos –OH, -OR y –NR$_2$ son:

    1. *Meta* dirigentes fuertes.
    2. *Meta* dirigentes moderados.
    3. *Orto-para* dirigentes fuertes.
    4. *Orto-para* dirigentes moderados.

91. El carbono carbonílico de aldehídos y cetonas tiene hibridación:

    1. sp^3.
    2. sp^2.
    3. sp.
    4. dsp^2.

92. La oxidación única del grupo aldehído de un monosacárido conduce a un:

    1. Ácido aldónico.
    2. Ácido urónico.
    3. Ácido aldárico.
    4. Alditol.

93. El calentamiento de ciclopentanocarboxamida con ácido sulfúrico acuoso seguido de tratamiento con cloruro de tionilo y piridina da:

    1. Ácido 1-Clorociclopentanocarboxílico.
    2. Cloruro de ciclopentanocarbonilo.
    3. Ciclopentilmetanamina.
    4. Clorometilciclopentano.

94. ¿Cuál es la forma de la señal que se observa en

el espectro de resonancia magnética nuclear para los cuatro hidrógenos de los metilenos oxigenados del éter dietílico?:

1. Doblete.
2. Doble doblete.
3. Triplete.
4. Cuarteto.

95. ¿Qué grupo funcional de los siguientes es prioritario y debe elegirse como función principal según las reglas de nomenclatura sistemática de la IUPAC en una molécula que contenga todos ellos?:

1. Aldehído.
2. Amida.
3. Amina.
4. Éter.

96. Los intermedios claves en las alcanoilaciones de Friedel-Crafts son:

1. Los cationes acilo.
2. Los aniones acilo.
3. Los cationes alquilo.
4. Los cationes aromáticos.

97. ¿Qué prefijo debe utilizarse para nombrar sistemáticamente al sustituyente de estructura –SH?:

1. Sulfonil.
2. Hidroxitio.
3. Sulfanil.
4. Tio.

98. ¿Qué nombre recibe el hidrocarburo tricíclico aromático formado por anillos fusionados de seis miembros dispuestos en forma lineal y cuya fórmula molecular es $C_{14}H_{10}$?:

1. Antraceno.
2. Fenantreno.
3. Naftaleno.
4. Trifenileno.

99. El producto mayoritario de la reacción de propanoato de metilo y formiato de metilo en metóxido de sodio en metanol y posterior hidrólisis ácida es:

1. 2-Metilmalonato de dimetilo.
2. 2-(Formiloxi)propanoato.
3. 3-Hidroxi-2-metilpropanoato de metilo.
4. 2-Metil-3-oxopropanoato de metilo.

100. ¿Cuántos átomos de flúor tiene la molécula de perfluorooctano?:

1. Dieciocho.
2. Catorce.
3. Diez.
4. Ocho.

101. Al tratar un alcohol primario con HBr se obtiene normalmente el correspondiente haloalcano por reacción S_N2 a través del:

1. Ión alquiloxonio.
2. Radical alquiloxonio.
3. Anión alquiloxonio.
4. Anión alquílico.

102. ¿Cuál es el desplazamiento químico aproximado de la señal singlete que se observa en un espectro de resonancia magnética nuclear para los tres hidrógenos del grupo acetilo presentes en el acetato de etilo?:

1. 1 ppm.
2. 2 ppm.
3. 3 ppm.
4. 4 ppm.

103. ¿De cuántos miembros es el anillo de una β-lactama?:

1. Tres.
2. Cuatro.
3. Cinco.
4. Seis.

104. ¿Qué papel desempeña el sulfuro de dimetilo en la reacción de alquilación que sufre cuando se le hace reaccionar con yoduro de metilo?:

1. Nucleófilo.
2. Electrófilo.
3. Oxidante.
4. Reductor.

105. Los reactivos de Grignard reaccionan con óxido de etileno para producir:

1. Éteres etílicos.
2. Alcoholes terciarios.
3. Alcoholes secundarios.
4. Alcoholes primarios.

106. En las reacciones de Sustitución Nucleofílica de Segundo Orden (S_N2) se produce:

1. Retención de la configuración.
2. Racemización.
3. Inversión de la configuración.
4. Transposiciones.

107. Aldehídos y cetonas reaccionan con iluros de fósforo para dar alquenos y óxido de trifenilfosfina. Esta reacción se conoce como:

1. Reacción de Barton.
2. Reacción de Sonogashira.
3. Reacción de Wittig.
4. Reacción de Robinson.

108. Los compuestos capaces de formar un enolato

reaccionan con iminas de formaldehido y una amina primaria o secundaria para dar compuestos:

1. α-aminoalquil carbonílicos.
2. β-aminoalquil carbonílicos.
3. γ-aminoalquil carbonílicos.
4. δ-aminoalquil carbonílicos.

109. La adición de un ión acetiluro a un grupo carbonilo proporciona después de adicionar agua o ácidos diluidos:

1. Un alcohol.
2. Una olefina.
3. Un ácido carboxílico.
4. Un ester.

110. La oxidación de un fenol con ácido crómico produce:

1. Lactonas.
2. Flavonas.
3. Quinonas.
4. Chalconas.

111. La adición de reactivos de Grignard (Magnesianos) a óxido de etileno, proporciona después de la protonación:

1. Alcoholes con dos átomos de carbono más.
2. Olefinas con dos átomos de carbono más.
3. Carbonilos con dos átomos de carbono más.
4. Esteres con dos átomos de carbono más.

112. En espectroscopía infrarroja, toda molécula orgánica posee señales características por debajo de 1500cm^{-1} que se conoce como región de :

1. Tensión.
2. Huella dactilar.
3. Excitaciones de flexión.
4. Excitaciones vibracionales.

113. La espectroscopía infrarroja es útil para identificar alquinos terminales. Estos poseen bandas características de tensión del triple enlace entre:

1. 3100-3500 cm^{-1}.
2. 1700-1800 cm^{-1}.
3. 2100-2260 cm^{-1}.
4. 1600-1700 cm^{-1}.

114. La ciclohexanona reacciona con la pirrolidina para dar:

1. Una amina secundaria.
2. Un nitrilo.
3. Una amida.
4. Una enamina.

115. La eliminación de Hofmann es una reacción en la que una sal de tetralquilamonio en medio básico se convierte en:

1. Alqueno.
2. Alcohol.
3. Amida.
4. Nitrilo.

116. Los mecanismos de los acoplamientos catalizados por paladio como Stille, Negishi o Suzuki comienzan por:

1. Eliminación oxidativa de un halogenuro orgánico al catalizador.
2. Adición reductora de un halogenuro orgánico al catalizador.
3. Adición oxidativa de un halogenuro orgánico al catalizador.
4. Eliminación reductora de un halogenuro orgánico al catalizador.

117. La oxidación de Swern utiliza sulfóxido de dimetilo (DMSO) como agente oxidante para transformar alcoholes en:

1. Aldehídos y Cetonas.
2. Cetonas y Ácidos carboxílicos.
3. Ácidos carboxílicos y Esteres.
4. Aldehídos y Lactonas.

118. Los hidroxiácidos pueden esterificarse intramolecularmente produciendo:

1. Éteres.
2. Nitrilos.
3. Amidas.
4. Lactonas.

119. Los acetales son grupos protectores que se hidrolizan con:

1. Bases y son estables en condiciones ácidas.
2. Ácidos y son estables en presencia de bases.
3. Ácidos y bases.
4. Disolventes orgánicos neutros.

120. Una amina terciaria se puede conseguir por reacción de cetonas o aldehídos con aminas secundarias en presencia del agente reductor:

1. NaBH$_4$.
2. LiAlH$_4$.
3. Na(CH$_3$COO)$_3$BH.
4. H$_2$/Ni.

121. Las oximas se forman por reacción de aldehídos y cetonas con:

1. Hidracina.
2. Semicarbazida.
3. Fenilhidracina.
4. Hidroxilamina.

122. Cuando el bencino se genera en presencia de

furano se produce:

1. Una alquilación de Friedel-Crafts.
2. Una acilación de Friedel-Crafts.
3. Un aducto de Diels-Alder.
4. Una condensación de Robinson.

123. **El 1,1-dimetilciclohexano posee siempre:**

1. Los dos metilos ecuatoriales.
2. Un grupo metilo ecuatorial y el otro axial.
3. Los dos metilos axiales.
4. Los dos grupos metilos pseudoecuatoriales.

124. **¿Cuántos estereoisómeros del 2-bromo-3-clorobutano son posibles?:**

1. Dos.
2. Tres.
3. Cuatro.
4. Cinco.

125. **La rapidez de nitración de los siguientes compuestos sigue el orden:**

1. Tolueno > benceno > trifluorometilbenceno.
2. Benceno > tolueno > trifluorometilbenceno.
3. Trifluorometilbenceno > tolueno > benceno.
4. Trifluorometilbenceno > benceno > tolueno.

126. **Indique cuál de los siguientes tejidos, órganos o tipos celulares NO puede utilizar cuerpos cetónicos:**

1. Cerebro.
2. Corazón.
3. Eritrocitos.
4. Músculo esquelético.

127. **Las reacciones anaploréticas:**

1. Están catalizadas por deshidrogenasas ligadas a piridina.
2. Forman parte de la vía anabólica de síntesis de colesterol.
3. Son endergónicas.
4. Aportan intermediarios al ciclo del ácido cítrico.

128. **La existencia de un gradiente de protones de un lado a otro de la membrana es esencial para el funcionamiento:**

1. Del núcleo.
2. De las mitocondrias.
3. Del retículo endoplásmico.
4. Del complejo de Golgi.

129. **Indique cuál de las siguientes afirmaciones acerca del tetrahidrofolato (THF) es FALSA:**

1. Es una coenzima que moviliza grupos funcionales de carbono.
2. Su conversión en 10-formil-THF genera energía en forma de ATP.
3. En la síntesis de nucleótidos de timina actúa como donador de carbono.
4. Participa en la síntesis de purinas.

130. **Los cuerpos cetónicos, acetoacetato y β-hidroxibutirato:**

1. Se originan en el hígado, en la matriz mitocondrial celular, como productos de la β-oxidación enzimática de los ácidos grasos.
2. Se originan en el hígado, en el citoplasma celular, durante la biosíntesis enzimática de los ácidos grasos.
3. Son transportados por la sangre, del músculo al hígado, en donde se convierten en Acetil-CoA por la acción de ciertas enzimas.
4. Se originan de forma espontánea en el hígado cuando hay elevadas concentraciones de ácidos grasos.

131. **La deficiencia en tiamina afecta a:**

1. La síntesis de gliceraldehido 3-fosfato (GAP) a partir de 1,3-bisfosfoglicerato (BPG).
2. La actividad de la acil-CoA deshidrogenasa.
3. La oxidación del piruvato.
4. Los dálmatas, pero no a los humanos.

132. **Indique cuál de los siguientes compuestos transfiere equivalentes de reducción desde la mitocondria al citosol durante la gluconeogénesis:**

1. Fosfoenolpiruvato.
2. Glicerol-3-fosfato.
3. Aspartato.
4. Malato.

133. **El flujo electrónico a través de la cadena de transporte electrónico mitocondrial está regulado por:**

1. La relación ATP/ADP.
2. La concentración de acetil CoA.
3. La producción de CO_2.
4. La formación de NADPH.

134. **El complejo piruvato deshidrogenasa:**

1. Se encuentra en el citoplasma de las células eucariotas.
2. Utiliza tiamina pirofosfato como coenzima.
3. Está formado por cinco subunidades diferentes.
4. Cataliza una reacción reversible.

135. **La carbamoil fosfato sintetasa I:**

1. Cataliza una reacción reversible de la vía de biosíntesis de pirimidinas.
2. Cataliza una reacción reversible de la vía de biosíntesis de urea.

3. Está regulado por los niveles intracelulares de N-acetilglutamato.
4. Se localiza en el lumen del retículo endoplásmico.

136. **Todas las enzimas del ciclo del ácido cítrico están situadas en la matriz mitocondrial, A EXCEPCIÓN de una que se encuentra situada en la membrana mitocondrial interna. ¿Cuál de las siguientes es?:**

1. Citrato sintasa.
2. α-cetoglutarato deshidrogenasa.
3. Succinato deshidrogenasa.
4. Fumarasa.

137. **La fumarasa pertenece al grupo de:**

1. Oxidorreductasas.
2. Transferasas.
3. Hidrolasas.
4. Liasas.

138. **El ser humano NO puede:**

1. Convertir glucosa en lactato.
2. Transformar ácidos grasos en hidratos de carbono.
3. Transformar hidratos de carbono en ácidos grasos.
4. Sintetizar bases púricas.

139. **¿Qué otro nombre recibe el complejo III de la cadena de transporte de electrones que se produce en la mitocondria?:**

1. Succinato-coenzima Q reductasa.
2. NADH-deshidrogenasa.
3. Coenzima Q-citocromo c-oxidorreductasa.
4. Citocromo c oxidasa.

140. **El hígado puede formar glucosa a partir de:**

1. Acetoacetato.
2. Alanina.
3. Acetil CoA.
4. Palmitato.

141. **¿Cuáles son las dos finalidades metabólicas más importantes de la ruta de las pentosas fosfato?:**

1. La generación de NADH y la fabricación de componentes de los ácidos nucleicos.
2. La síntesis de fructosa-6-fosfato y la generación de NADPH necesario para rutas biosintéticas.
3. La generación de NADPH necesario para rutas biosintéticas y la generación de α-cetoglutarato para la biosíntesis de aminoácidos.
4. La generación de NADPH necesario para rutas biosintéticas y la producción de ribosa-5-P para la síntesis de nucleótidos.

142. **La enzima acetil CoA carboxilasa:**

1. Forma parte de la ruta de degradación de los ácidos grasos.
2. Cataliza la formación de malonil CoA.
3. Cataliza la formación de hidroximetilglutaril CoA.
4. Es activa cuando se encuentra fosforilada y en su forma monomérica.

143. **¿Cómo se llama la estructura que liga los cromosomas al huso mitótico?:**

1. Cinetocoro.
2. Centrosoma.
3. Microtúbulo.
4. Centrómero.

144. **¿Cuál es la función de la coenzima biotina?:**

1. Interviene en reacciones redox.
2. Interviene en reacciones de hidrólisis.
3. Es necesaria para la actividad de la piruvato deshidrogenasa.
4. Interviene en reacciones de carboxilación.

145. **¿Cuál es el principal transportador de glucosa en el hepatocito?:**

1. GLUT 1.
2. GLUT 2.
3. GLUT 3.
4. GLUT 4.

146. **En relación con el glucógeno, ¿cuál de las siguientes afirmaciones es CORRECTA?:**

1. Es un polímero poco ramificado.
2. Se acumula en grandes cantidades en la mayoría de los tejidos.
3. La glucosa se moviliza a partir de los extremos no reductores de la molécula de glucógeno.
4. Se almacena en el músculo para ser repartido al resto de los tejidos.

147. **Señale de entre las siguientes respuestas la que contiene SÓLO nombres de glicerofosfolípidos:**

1. Ácido fosfatídico, fosfatidilcolina, fosfatidilinositol.
2. Fosfatidiletanolamina, esfingomielina, ceramida.
3. Fosfatidilcolina, fosfatidilserina, colesterol.
4. Fosfatidilcolina, fosfatidilinositol, esfingomielina.

148. **Los combustibles principales del cerebro en caso de ayuno prolongado son:**

1. Aminoácidos procedentes del hígado.
2. Ácidos grasos procedentes del tejido adiposo.

3. Cuerpos cetónicos procedentes del músculo.
4. Cuerpos cetónicos procedentes del hígado.

149. **¿En qué órgano de mamíferos ocurre mayoritariamente la síntesis de urea?:**

    1. En el riñón.
    2. En el hígado.
    3. En el músculo esquelético.
    4. En el intestino delgado.

150. **Las enzimas aumentan la velocidad de las reacciones que catalizan porque:**

    1. Desplazan el equilibrio hacia la formación del sustrato.
    2. Desplazan el equilibrio hacia la formación del producto.
    3. Disminuyen la energía de activación.
    4. Aumentan la energía de activación.

151. **Cuando el oxígeno se une a la mioglobina o a la hemoglobina, los dos enlaces de coordinación del Fe^{2+} perpendiculares al hemo están ocupados por:**

    1. Una molécula de O_2 y un átomo de un aminoácido.
    2. Una molécula de O_2 y un átomo del hemo.
    3. Dos átomos de oxígeno.
    4. Dos moléculas de O_2.

152. **La enzima que limita la velocidad de la lipogénesis es:**

    1. La HGMCoA reductasa.
    2. La acetil-CoA carboxilasa.
    3. La acetil-CoA-ACP transacilasa.
    4. La malonil-CoA-ACP transacilasa.

153. **¿Cuál de los siguientes enunciados es CIERTO para la glucólisis?:**

    1. Se genera ATP por fosforilación oxidativa.
    2. Se genera un piruvato y tres moléculas de CO_2 a partir de la oxidación de una molécula de glucosa.
    3. La reacción tiene lugar en la matriz mitocondrial.
    4. La enzima que regula la velocidad de la ruta es la fosfofructoquinasa 1 (PFK1).

154. **Las enzimas de la gluconeogénesis son citoplasmáticas EXCEPTO una enzima mitocondrial que es la:**

    1. Piruvato carboxilasa.
    2. Fosfoenolpiruvato carboxiquinasa.
    3. Enolasa.
    4. Piruvato quinasa.

155. **La enzima Glucógeno fosforilasa muscular:**

    1. Se encarga de fosforilar el glucógeno.
    2. Degrada el glucógeno a glucosa-1-fosfato.
    3. Degrada el glucógeno a glucosa-6-fosfato.
    4. Es inhibida de forma irreversible por AMP.

156. **El 2,4-dinitrofenol añadido a una célula en respiración aerobia hace que:**

    1. Aumente el gradiente electroquímico de transmembrana en la mitocondria.
    2. Disminuya el consumo de oxígeno.
    3. Se detenga o disminuya la producción de ATP.
    4. Aumenten el consumo de oxígeno y la producción de ATP.

157. **¿Cuál de los siguientes compuestos es común en la gluconeogénesis a partir de Lactato y a partir de Glicerol?:**

    1. Piruvato.
    2. Glucosa-6-fosfato.
    3. Acetil-CoA.
    4. Fosfoenolpiruvato.

158. **Durante la etapa de elongación de la síntesis proteica en eucariotas:**

    1. La estreptomicina puede causar la disociación prematura de un péptido incompleto.
    2. El enlace peptídico se forma por ataque del grupo carboxilo del aminoacil-tRNA entrante sobre el grupo amino del péptido en crecimiento.
    3. El nuevo enlace peptídico sintetizado por la peptidil transferasa requiere hidrólisis de GTP.
    4. El peptidil-tRNA se desplaza al sitio P del ribosoma.

159. **En la formación de un aminoacil-tRNA:**

    1. ADP y Pi son productos de la reacción.
    2. El aminoacil adenilato aparece en la solución como un intermediario libre.
    3. La aminoacil-tRNA sintetasa hidroliza los tRNAs incorrectos que se puedan producir.
    4. Hay una aminoacil-tRNA sintetasa para cada especie de tRNA.

160. **Las chaperonas:**

    1. Mantienen a las proteínas en un estado desplegado que permite su paso a través de las membranas.
    2. Se requieren siempre para dirigir el plegado de las proteínas.
    3. Dirigen la formación correcta de la estructura cuaternaria de las proteínas.
    4. Cuando se unen a una proteína aumentan su velocidad de degradación.

161. **¿Qué compuesto se forma como producto final de la degradación de las purinas?:**

1. Ácido glutámico.
2. Amoníaco.
3. Urea.
4. Ácido úrico.

162. **La desviación estándar se define como:**

1. El promedio de la diferencia entre cualquier valor y la media.
2. La varianza dividida por dos.
3. La raíz cuadrada de la varianza.
4. La suma de los cuadrados de las diferencias entre cualquier valor y la media.

163. **La acetilación de las histonas da lugar a una estructura más abierta porque:**

1. Se debilita la atracción electrostática entre las histonas y el DNA.
2. Se estimula la interacción de las histonas con el dominio C-terminal de la RNA polimerasa.
3. Se facilita la metilación del DNA.
4. Se impide la interacción de los factores de transcripción con el DNA.

164. **En los eucariotas el DNA satélite:**

1. Se puede separar del DNA cromosómico por centrifugación diferencial en tampón fosfato.
2. Está asociado con los centrómeros.
3. Es el microsomal.
4. Está asociado con los lisosomas.

165. **La capacidad de corrección de errores de las DNA polimerasas depende de su actividad:**

1. Exonucleasa 3'→ 5'.
2. Exonucleasa 5'→ 3'.
3. Endonucleasa 5'→ 3'.
4. Endonucleasa 3'→ 5'.

166. **Los inhibidores competitivos:**

1. Disminuyen la K_m.
2. Aumentan la $V_{máx}$.
3. Disminuyen la $V_{máx}$.
4. Aumentan la K_m.

167. **El DNA es más resistente que el RNA a la hidrólisis alcalina porque:**

1. Es bicatenario.
2. Los carbonos 2' están unidos a 2 átomos de H mientras que en el RNA están unidos a un átomo de H y a un grupo OH.
3. El DNA tiene nucleótidos de T en lugar de U.
4. Forma estructuras terciarias estables.

168. **Los precursores de la síntesis del grupo hemo son:**

1. Glicina y succinil CoA.
2. Cisteína y acetil CoA.
3. Cisteína y succinil CoA.
4. Glicina y acetil CoA.

169. **Las reglas de Chargaff, sobre la proporción de bases nitrogenadas en todas las moléculas de DNA, dicen que:**

1. A = G.
2. A = C.
3. A + G = T + C.
4. A + T = G + C.

170. **¿Cuál de los siguientes enunciados sobre las membranas biológicas es CORRECTO?:**

1. Todas las membranas biológicas tienen colesterol.
2. La composición lipídica de todas las membranas de eucariotas es similar.
3. Los ácidos grasos libres son componentes mayoritarios de las membranas.
4. Las capas interna y externa de muchas membranas tienen diferente composición lipídica.

171. **La membrana mitocondrial interna contiene un sistema de transporte para:**

1. NADH.
2. ADP.
3. GDP.
4. Acetil-CoA.

172. **Los dos únicos aminoácidos exclusivamente cetogénicos son:**

1. Leucina y lisina.
2. Cisteína y lisina.
3. Isoleucina y leucina.
4. Triptófano y fenilalanina.

173. **¿Cuál de las siguientes opciones define correctamente un hapteno?:**

1. El calibrador utilizado en un inmunoensayo.
2. Una molécula inmunogénica pequeña que está unida a una mayor formando un nuevo antígeno que estimula la producción de anticuerpos específicos contra la molécula pequeña.
3. Un anticuerpo dirigido contra una sustancia específica en un inmunoensayo.
4. Un anticuerpo producido por tecnología de hibridoma para hacer un inmunoensayo más específico contra una sustancia determinada.

174. **¿Cuál de los siguientes aminoácidos tiene una carga neta positiva en su cadena lateral a pH fisiológico?:**

1. Ácido aspártico.
2. Serina.
3. Lisina.
4. Tirosina.

175. Una muestra de plasma que permanece turbia después de estar durante toda la noche en la nevera (4 °C) contiene cantidades excesivas de:

1. Quilomicrones.
2. VLDL.
3. LDL.
4. HDL.

176. El factor de iniciación IF-2:

1. Transporta todos los aminoacil-tRNA al sitio A del ribosoma.
2. Cataliza la unión de cada aminoácido a su correspondiente tRNA.
3. Lleva asociada una molécula de ATP a la molécula de proteína.
4. Participa en la iniciación de la traducción.

177. ¿Cuáles de las siguientes lipoproteínas transportan los triacilgliceroles formados en el hígado?:

1. Quilomicrones.
2. HDL.
3. VLDL.
4. LDL.

178. Señale cuál de la afirmaciones sobre los gangliósidos es CIERTA:

1. En su molécula hay ácido siálico.
2. Se forman a partir de la esfingomielina por adición de uno o varios residuos de monosacáridos.
3. En su composición participan derivados del ácido N-acetilmurámico.
4. Contienen N-acetilglucosamina esterificando el grupo fosfato de las ceramidas.

179. Uno de los mecanismos catalíticos que utilizan las enzimas es:

1. Efectos de carga y dispersión.
2. Catálisis hidrófila.
3. Efectos de proximidad y orientación.
4. Catálisis estereoselectiva.

180. Las RNA polimerasas dependientes de DNA:

1. Requieren los cuatro desoxirribonucleósidos trifosfato.
2. Requieren un molde de DNA.
3. Requieren un cebador.
4. Añaden ribonucleótidos al extremo 5'-hidroxilo de la cadena de RNA.

181. Los enzimoinmunoanálisis utilizan las enzimas para:

1. Marcar los sustratos de las reacciones enzimáticas.
2. Aumentar la velocidad de las reacciones inmunológicas.
3. Detectar y cuantificar las reacciones inmunológicas.
4. Disminuir la velocidad de las reacciones inmunológicas.

182. Un fragmento de Okazaki es:

1. Un RNA que forma parte de la subunidad ribosómica 30S.
2. Un segmento de mRNA sintetizado por la RNA polimerasa.
3. Un fragmento de DNA que se genera por la acción de una endonucleasa.
4. Un segmento de DNA intermediario en la síntesis de la hebra retardada.

183. El 2,3-BPG (2,3-difosfoglicerato):

1. Es un efector alostérico positivo de la unión de oxígeno a la Mioglobina.
2. Es un regulador alostérico de la unión del oxígeno a la Mioglobina.
3. Es un efector alostérico positivo de la unión de oxígeno a la Hemoglobina.
4. Se une a residuos de Histidina en los laterales de la molécula.

184. En la transformación de fosfoenolpiruvato en piruvato, la piruvato quinasa consume:

1. 1 ADP.
2. 1 ADP + 1 NAD^+.
3. 2 ADP.
4. 2 ADP + 2 NAD^+.

185. Los cuatro elementos más abundantes de la materia viva son:

1. C, H, O, P.
2. C, O, S, P.
3. C, N, O, P.
4. C, O, H, N.

186. En eucariotas, la fosforilación oxidativa:

1. Consume ATP para generar poder reductor.
2. Consiste en la utilización de los electrones del NADH o el $FADH_2$ para reducir el agua a oxígeno molecular.
3. Tiene lugar en la membrana mitocondrial interna.
4. El flujo de electrones a través de la cadena respiratoria da lugar al bombeo de protones hacia el interior de la mitocondria.

187. El número de recambio de una enzima:

1. Se refiere a cada centro catalítico.
2. Refleja la vida media de la enzima.
3. Es variable.
4. Es una función exponencial.

188. ¿Qué efecto provoca el medicamento aspiri-

na?:

1. Aumenta la actividad ciclooxigenasa de la isoenzima COX-1.
2. Aumenta la actividad ciclooxigenasa de la isoenzima COX-2.
3. Acetila un residuo de Treonina del centro activo de COX-1.
4. Inhibe la síntesis de prostaglandinas.

189. ¿Cuál de los siguientes factores desplaza la curva de disociación de la hemoglobina hacia la derecha, favoreciendo la liberación del oxígeno a los tejidos?:

1. El aumento del pH.
2. El aumento de la temperatura.
3. La disminución del 2,3-difosfoglicerato.
4. La presencia de carboxihemoglobinas.

190. ¿Qué inmunoglobulina, de las que se indican a continuación, presenta el mayor peso molecular?:

1. Inmunoglobulina M.
2. Inmunoglobulina A.
3. Inmunoglobulina G.
4. Inmunoglobulina D.

191. ¿Qué ácido reacciona con la acetil-coenzima-A para generar ácido cítrico en el ciclo de Krebs?:

1. Ácido oxalsuccínico.
2. Ácido fumárico.
3. Ácido málico.
4. Ácido oxalacético.

192. De los siguientes tipos de lipoproteínas presentes en el plasma humano, ¿cuál tiene el mayor porcentaje de proteínas en su composición?:

1. Quilomicrones.
2. Lipoproteínas de alta densidad (HDL).
3. Lipoproteínas de baja densidad (LDL).
4. Lipoproteínas de muy baja densidad (VLDL).

193. El movimiento de iones y de moléculas polares a través de las membranas celulares:

1. Es exclusivo de células procariotas.
2. Se lleva a cabo por la hemoglobina y la mioglobina.
3. Requiere proteínas transportadoras.
4. Carece de relevancia biológica.

194. ¿A qué residuos de aminoácidos de las proteínas se pueden unir los hidratos de carbono?:

1. A treonina, prolina y asparagina.
2. A tirosina, treonina y serina.
3. A serina, cisteína y treonina.
4. A serina, treonina y asparagina.

195. Las DNA topoisomerasas:

1. Separan las dos hebras del DNA utilizando energía procedente de la hidrólisis de ATP.
2. Se unen a las hebras separadas del DNA para evitar que se vuelvan a emparejar.
3. Alivian el estrés por torsión generado en la separación de las dos hebras del DNA.
4. Eliminan los fragmentos de RNA cebador gracias a su actividad exonucleasa.

196. La reacción en cadena de la polimerasa (PCR):

1. Permite amplificar exponencialmente fragmentos concretos de DNA.
2. Se basa en el empleo de una RNA polimerasa termolábil.
3. Requiere, entre otros componentes, los cuatro ribonucleósidos trifosfato.
4. Requiere un molde de ácido ribonucleico.

197. ¿Qué efecto provoca la tetrodoxina en las células?:

1. Inhibe los canales de K^+.
2. Inhibe los canales de Na^+.
3. Inhibe los canales de Ca^{2+}.
4. Abre los canales de K^+.

198. ¿Cómo se denomina la forma totalmente reducida de la coenzima Q?:

1. Semiquinona.
2. Quinona.
3. Ubiquinol.
4. Ubiquinona.

199. ¿Cómo estimula la insulina la síntesis de glucógeno?:

1. Activando la glucógeno sintasa quinasa.
2. Desactivando la glucógeno sintasa quinasa.
3. Desactivando la fosforilasa quinasa.
4. Activando la glucógeno sintasa.

200. En las hélices α, los puentes de hidrógeno:

1. Se forman solo entre algunos residuos aminoacídicos de la hélice.
2. Se forman solo cerca de los extremos amino y carboxilo de la hélice.
3. Son casi perpendiculares al eje de la hélice.
4. Son casi paralelos al eje de la hélice.

201. ¿Cuál es el factor regulador más importante de la velocidad de la ruta de las pentosas fosfato?:

1. La concentración de $NADP^+$.
2. La concentración de NAD^+.
3. La concentración de Glucosa-6-fosfato.
4. La concentración de Gliceraldehído-3-fosfato.

202. ¿Por qué los compuestos de cianuro (CN⁻) son tóxicos?:

    1. Porque bloquean el transporte de glucosa.
    2. Porque bloquean el transporte de electrones en la mitocondria.
    3. Porque bloquean la movilización de glucógeno.
    4. Porque inhiben a la ATP sintasa.

203. Determinadas regiones con patrones específicos y estables de plegamiento y/o función pueden aparecer en distintas proteínas. Estas regiones se denominan:

    1. Subunidades.
    2. Dominios.
    3. Oligómeros.
    4. Protómeros.

204. ¿Cuál de los siguientes lípidos contiene fosfato en su molécula?:

    1. Cardiolipina.
    2. Triacilglicerol.
    3. Gangliósido.
    4. Cerebrósido.

205. En la síntesis del colesterol, ¿a qué da lugar la condensación de tres unidades de isopreno activadas?:

    1. Dimetilalil pirofosfato.
    2. Geranil pirofosfato.
    3. Farnesil pirofosfato.
    4. Escualeno.

206. ¿De dónde deriva el óxido nítrico?:

    1. De un grupo amino de la lisina.
    2. Del grupo amino de la glicina.
    3. Del grupo imidazol de la histidina.
    4. Del grupo guanidino de la arginina.

207. En relación con las mutaciones en el DNA:

    1. La despurinización es causada por agentes químicos.
    2. Las desaminaciones ocurren de forma espontánea.
    3. La pérdida de bases implica la ruptura entre éstas y el fosfato.
    4. Las radiaciones UV causan desfosforilación.

208. La difusión facilitada de un sustrato a través de una membrana biológica es:

    1. Impulsada por el gradiente electroquímico.
    2. Impulsada por el ATP.
    3. Endergónica.
    4. Inespecífica respecto al sustrato.

209. Los compuestos relacionados con el ácido nitroso (nitritos, nitrosamina) cambian la estructura del DNA por:

    1. Hidrólisis de enlaces fosfodiéster.
    2. Desaminación de las bases nitrogenadas.
    3. Despurinización.
    4. Formación de anillos ciclobutílicos.

210. Respecto al mecanismo de corte y empalme (splicing) en eucariotas, ¿cuál de las siguientes opciones es CORRECTA?:

    1. Tiene lugar en el citoplasma celular.
    2. Elimina los exones y deja los intrones unidos en un mRNA maduro.
    3. Los intrones de los grupos I y II no necesitan enzimas proteicas para el corte y empalme.
    4. Los intrones de los grupos I y II necesitan ATP para el corte y empalme.

211. La coenzima necesaria en todas las reacciones de transaminación deriva de:

    1. Piridoxina (Vitamina B_6).
    2. Riboflavina.
    3. Tiamina.
    4. Vitamina B_{12}.

212. La Na^+-K^+ ATPasa de la membrana plasmática:

    1. Es un trasportador electroneutro.
    2. Causa la salida de 3 Na^+ e introduce 2 K^+ por molécula de ATP hidrolizada.
    3. Mueve el Na^+ a favor de su gradiente de concentración.
    4. Mueve el K^+ a favor de su gradiente de concentración.

213. En la secuenciación de DNA por el método de Sanger, los 2'-3' didesoxinucleótidos juegan el siguiente papel:

    1. Son inhibidores alostéricos de la DNA polimerasa.
    2. Son inhibidores suicidas de la DNA polimerasa.
    3. Desestabilizan el DNA.
    4. Se incorporan al DNA pero impiden la elongación posterior de la hebra.

214. En el proceso de fermentación, ¿cuál es el objetivo de convertir el piruvato resultante de la glucólisis en lactato o etanol?:

    1. Se regenera NAD^+ para que continúe la glucólisis.
    2. Se genera una molécula adicional de ATP.
    3. El lactato y el etanol son intermediarios de la glucólisis.
    4. El lactato y el etanol entran directamente en el ciclo de Krebs.

215. Si una célula necesita NADPH pero no ribosa-5-fosfato:

1. Únicamente funciona la fase oxidativa de la vía de las pentosas fosfato.
2. Solamente funciona la fase no oxidativa de la vía de las pentosas fosfato.
3. Los átomos de carbono de la glucosa-6-fosfato se liberan como CO_2.
4. La lanzadera malato-aspartato es la responsable de la síntesis del NADPH.

216. ¿Qué subunidades de la RNA polimerasa reconocen los lugares promotores en el DNA?:

1. Las subunidades alfa.
2. Las subunidades omega.
3. Las subunidades beta.
4. Las subunidades sigma.

217. ¿Cuál de los siguientes aminoácidos incorporado en una cadena polipeptídica puede ser fosforilado por proteínas quinasas?:

1. Tirosina.
2. Arginina.
3. Lisina.
4. Ácido aspártico.

218. ¿Cuál de estas frases sobre la gluconeogénesis NO es cierta?:

1. La gluconeogénesis es la producción de nueva glucosa.
2. La gluconeogénesis tiene como principales sustratos el lactato, los aminoácidos, el propionato y la acetil-CoA.
3. La gluconeogénesis utiliza algunas reacciones enzimáticas diferentes a las de la glucólisis.
4. La gluconeogénesis tiene lugar principalmente en el citosol.

219. Los fosfatidilinositoles:

1. Se localizan fundamentalmente en la membrana mitocondrial interna.
2. Liberan Ca^{2+} del retículo endoplasmático.
3. Permiten el anclaje de glicoproteínas a las membranas celulares.
4. Son fosfolípidos neutros.

220. La producción de amonio en la reacción catalizada por la glutamato deshidrogenasa:

1. Requiere la participación de NADH o NADPH.
2. Procede con la formación de una base de Schiff.
3. Puede revertirse si el amonio está en exceso.
4. Está favorecida por elevados niveles de ATP o GTP.

221. La enzima limitante de la velocidad de la ruta de biosíntesis del colesterol es:

1. Isopentenil pirofosfato isomerasa.
2. HMG-CoA sintasa.
3. Escualeno 2,3-epóxido ciclasa.
4. HMG-CoA reductasa.

222. Las exonucleasas:

1. Degradan ácidos nucleicos desde un extremo de la molécula.
2. Degradan exclusivamente DNA.
3. Degradan exclusivamente RNA.
4. Hidrolizan enlaces fosfoéster internos en los ácidos nucleicos.

223. El paso principal que regula la ruta total de la biosíntesis de novo de nucleótidos de purina es:

1. La formación de ribosa-5-fosfato a partir de ribosa-1-fosfato.
2. La formación de 5-fosforribosilamina desde 5-fosfo-α-D-ribosil-1-pirofosfato (PRPP).
3. La formación de inosina-5-monofosfato.
4. La formación de glicinamida ribonucleótido desde 5-fosforribosilamina.

224. La guanilato ciclasa que responde a óxido nítrico (NO):

1. Es un dominio catalítico del receptor de membrana.
2. Se localiza exclusivamente en la musculatura lisa.
3. Es una enzima monomérica.
4. Contiene un grupo hemo.

225. El enlace *O*-glucosídico está formado:

1. Por múltiples puentes de hidrógeno entre dos monosacáridos.
2. Internamente entre el carbono anomérico de un monosacárido y su propio grupo hidroxilo en el carbono 5.
3. Entre el carbono anomérico de un monosacárido y el grupo hidroxilo de otro.
4. Entre el carbono que porta el grupo ceto o aldol y el carbono alfa.

226. La DNA ligasa:

1. Sintetiza DNA a partir de RNA.
2. Cataliza la formación de enlaces fosfodiéster.
3. Une fragmentos de DNA desfosforilado.
4. Tiene preferencia por las bases púricas.

227. La ruta de las pentosas fosfato puede ser una buena vía de metabolización de las ribosas procedentes de la dieta. ¿De qué tipo de componentes proceden principalmente estos residuos?:

1. Ácidos nucleicos.
2. Esteroides.
3. Almidón, lactosa y sacarosa.

4. Proteínas.

228. La regla de selección de Laporte para espectros electrónicos establece que son permitidas las transiciones para las que:

1. No haya cambio en la paridad.
2. Haya cambio en la paridad.
3. Las transiciones serán permitidas independientemente de que cambie o no la paridad.
4. Las transiciones serán prohibidas independientemente de que cambie o no la paridad.

229. En la técnica de electroforesis capilar de zona, la magnitud del flujo electroosmótico se incrementa:

1. Al aumentar el pH del tampón de separación.
2. Al disminuir el pH del tampón de separación.
3. Al aumentar la fuerza iónica del tampón de separación.
4. Al aumentar la temperatura de trabajo.

230. El número de átomos de carbono que tiene un sesquiterpeno es:

1. Diez.
2. Quince.
3. Veinte.
4. Veinticinco.

231. Los tres componentes lipídicos principales de las membranas celulares son:

1. Glicolípidos, ácidos grasos libres y ésteres de colesterol.
2. Triacilgliceroles, ácidos grasos libres y colesterol.
3. Fosfolípidos, esfingolípidos y colesterol.
4. Triacilgliceroles, fosfolípidos y colesterol.

232. Las posiciones más favorables para los sustituyentes cloro y etilo en el *trans*-1-cloro-3-etilciclohexano [ΔG(eq ax) Cl = 2,0; Et = 8,0 KJ/mol] son:

1. Cloro (axial); etilo (ecuatorial).
2. Cloro (axial); etilo (axial).
3. Cloro (ecuatorial); etilo (ecuatorial).
4. Cloro (ecuatorial); etilo (axial).

233. ¿Cómo NO puede ser la fase matriz de compuestos fibrosos?:

1. Metálica.
2. Polimérica.
3. De madera.
4. Cerámica.

234. En las separaciones mediante cromatografía gas-líquido la fase móvil que se utiliza es:

1. Un líquido bastante polar.
2. Un líquido poco polar.
3. Un fluido supercrítico.
4. Un gas.

235. ¿Cuál de las siguientes enzimas NO interviene en la glucólisis?:

1. Piruvato quinasa.
2. Enolasa.
3. Glucosa-6-fosfato deshidrogenasa.
4. Fosfofructoquinasa.

Titulación: QUÍMICA
Convocatoria: 2016
Nº de versión de examen: 0
V = Nº de la pregunta en versión de examen 0.
RC = Respuesta correcta

V	RC	V	RC	V	RC	V	RC	V	RC
1	1	48	4	95	2	142	2	189	2
2	3	49	1	96	1	143	1	190	1
3	4	50	2	97	3	144	4	191	4
4	2	51	1	98	1	145	2	192	2
5	3	52	3	99	4	146	3	193	3
6	4	53	4	100	1	147	1	194	4
7		54	3	101	1	148	4	195	3
8	1	55	2	102	2	149	2	196	1
9	3	56	2	103	2	150	3	197	2
10	3	57	3	104	1	151	1	198	3
11	2	58	3	105	4	152	2	199	2
12	1	59	1	106	3	153	4	200	4
13	4	60	3	107	3	154	1	201	1
14	3	61	1	108	2	155	2	202	2
15	2	62	2	109	1	156	3	203	2
16	1	63	3	110	3	157	2	204	1
17	3	64	3	111	1	158	4	205	3
18	4	65	1	112	2	159		206	4
19	3	66	4	113	3	160	1	207	2
20	2	67	2	114	4	161	4	208	1
21	1	68	3	115	1	162	3	209	2
22	2	69	1	116	3	163	1	210	3
23	3	70	3	117	1	164	2	211	1
24	4	71	2	118	4	165	1	212	2
25	1	72	1	119	2	166	4	213	4
26	3	73	4	120	3	167	2	214	1
27	1	74	3	121	4	168	1	215	3
28	2	75	1	122	3	169	3	216	4
29	4	76	3	123	2	170	4	217	1
30	2	77	1	124	3	171	2	218	2
31	1	78	3	125	1	172	1	219	3
32	3	79	3	126	3	173	2	220	
33	1	80	1	127	4	174	3	221	4
34	2	81	1	128	2	175	2	222	1
35	1	82	2	129	2	176	4	223	2
36	1	83	4	130	1	177	3	224	4
37	3	84	3	131	3	178	1	225	3
38	3	85	2	132	4	179	3	226	2

39	2	86	1	133	1	180	2	227	1
40	3	87	1	134	2	181	3	228	2
41	1	88	1	135	3	182	4	229	1
42	1	89	4	136	3	183		230	2
43	2	90	3	137	4	184	1	231	3
44	4	91	2	138	2	185	4	232	1
45	2	92	1	139	3	186	3	233	3
46	1	93	2	140	2	187	1	234	4
47	3	94	4	141	4	188	4	235	3

www.ingramcontent.com/pod-product-compliance
Lightning Source LLC
Chambersburg PA
CBHW082321220526
45470CB00008B/2365